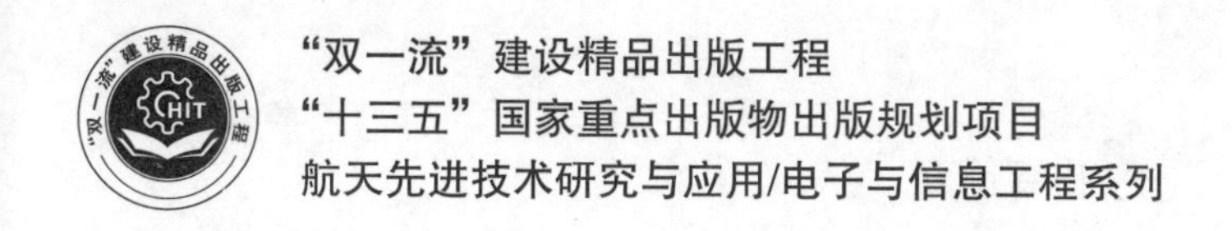

信息理论与编码技术

INFORMATION THEORY AND CODING TECHNIQUES

石 硕 顾术实 编著

顾学迈 主审

哈爾濱工業大學出版社

HARBIN INSTITUTE OF TECHNOLOGY PRESS

内容简介

信息与编码理论是信息技术领域的基础理论，本书根据作者多年教学实践经验和体会系统地介绍了信息理论与编码技术的相关内容。全书共10章，包括信息概念及信息度量、信源熵和信道容量、信源编码定理、信道编码定理及以汉明码、循环码与卷积码为代表的基本编码技术，以及 Turbo 码、LDPC 码、Polar 码、数字喷泉码、网络编码及多用户信息论等扩展内容。本书力求叙述清晰、深入浅出，着重介绍信息理论与编码技术的基本概念和基本方法。

本书适合作为高等院校电子信息类学科的研究生及高年级本科生教材，也可作为信息科学及系统工程专业领域教学科研人员的参考书。

图书在版编目(CIP)数据

信息理论与编码技术/石硕，顾术实编著. —哈尔滨：哈尔滨工业大学出版社，2020.12
ISBN 978-7-5603-8999-8

Ⅰ.①信… Ⅱ.①石…②顾… Ⅲ.①信息学-高等学校-教材 ②编码技术-高等学校-教材 Ⅳ.①G201 ②TN911.21

中国版本图书馆 CIP 数据核字(2020)第152240号

策划编辑 许雅莹
责任编辑 李长波
封面设计 屈 佳
出版发行 哈尔滨工业大学出版社
社 址 哈尔滨市南岗区复华四道街10号 邮编 150006
传 真 0451-86414749
网 址 http://hitpress.hit.edu.cn
印 刷 黑龙江艺德印刷有限责任公司
开 本 787mm×1092mm 1/16 印张 22 字数 546 千字
版 次 2020年12月第1版 2020年12月第1次印刷
书 号 ISBN 978-7-5603-8999-8
定 价 48.00元

前言

PREFACE

信息技术的高速发展与广泛应用已经极大地改变了人们的生活方式和社会的管理方式。随着社会信息化的不断深入,信息的概念早已超越了狭义的通信系统范畴。信息与编码理论不仅是通信系统、信号处理和计算机网络等领域的基础理论,而且在智能控制、管理科学、生物医学以及社会学、语言学等领域也有越来越广泛的应用。

信息论是用概率论和数理统计方法,定量研究信息的获取、加工、处理、传输和控制的一门科学。信息是消息中所包含的新内容与新知识,用以减少和消除人们对于事物认识的不确定性,是系统保持一定结构、实现其功能的基础。狭义信息论是研究在通信系统中普遍存在的信息传递的共同规律,以及如何提高信息传输系统的有效性和可靠性的一门基础理论。广义信息论被理解为是运用狭义信息论的观点来研究相关问题的理论。信息论认为,系统正是通过获取、加工、传递与处理信息而实现其有目的的运动。信息论能够揭示人类认识活动和产生飞跃的实质,掌握信息论有助于探索与研究人们的思维规律并推动与进化人们的思维活动。

通信系统的基本要求是可靠而有效地传递信息。数字化技术是实现信息有效传输的基础,信源编码的目的是在保证信源信息不损失或有限损失的基础上实现信源压缩,进而提高信息传输的有效性。实际通信系统的传输环境通常会受到干扰,包括系统内部和外部噪声以及电波传播时变特性。由于这些干扰的存在,必须采用适当的信道编码方法来保证信息的可靠传输,信道编码理论提供了适合信道环境的信道编码方法。

本书作为高等学校信息类学科专业基础理论课教材,系统地介绍了狭义信息论和编码理论的主要内容。本书根据作者多年教学实践的经验和体会,参考了国内外多部信息与编码理论的相关教材,结合近年来高等学校专业基础课教学手段和授课对象的特点,按照问题提出、解决思路、数学建模、物理实现和实际应用的思维逻辑,系统地介绍了信息理论与编码技术的相关内容。

本书共分 10 章。第 1 章为绪论。主要介绍通信系统的基本模型,信息的基本概念,通信系统的基本要求,信息论的研究范畴以及信息论与信息科学的内涵。第 2 章为离散信源熵与交互信息量。主要介绍信息的度量,信息熵的概念及最大熵定理,交互信息量的概念与性质,同时介绍离散单符号信源、离散多符号信源和马尔柯夫信源的信源熵和交互信息量的计算方法。第 3 章为信道容量与高斯信道。主要介绍离散信道的熵速率与信道容量概念,典型离散信道容量的计算方法,连续信源的熵,连续有噪声信道的信道容量等问题;重点介绍通信理论中最著名的香农公式的形成过程。第 4 章为信源编码与率失真函数。主要介绍信源编码的概念和基本思想,重点介绍香农第一编码定理(无失真信源编码定理)和香农第三编码定理(限失真信源编码定理),同时介绍 Huffman 编码的基本方法。第 5 章为信道编码原理。主要介绍信道编码和译码准则的概念,重点介绍香农第二编码定理(有噪声信道编码定理),同时介绍差错控制编码的基本知识。本章的5.5节经典序列与信道编码定理作为选读内容介绍信道编码定理的证明方法。第6章为代数编码基础。本章作为编码理论的预备知识介绍近世代数和线性代数的相关内容,包括集合与映射、群、域、二元域上多项式和向量空间的相关概念和定理,并通过较多例题来帮助读者掌握编码理论中常用的数学工具。第7章为线性分组码。主要介绍线性分组码及汉明码的概念,线性分组码的矩阵描述,循环码和BCH码的概念及其多项式描述,同时介绍循环码和BCH码的基本编译码方法。第8章为卷积码。主要介绍卷积码的概念和描述方法、卷积码的维特比译码和序列译码的基本原理和基本方法。本章的8.4节介绍卷积码的软判决译码和BCJR译码方法,可作为选读内容。第9章为新兴编码技术。主要介绍Turbo码、LDPC码、Polar码、数字喷泉码以及网络编码等编码方法,主要用于选读,目的是希望读者能够了解和掌握信道编码的最新概念和方法,同时进一步加深对信道编码理论基本思想的理解。第10章为网络信息论,主要用于选读。首先介绍多用户信道模型,重点介绍广播信道、中继信道的信道容量计算方法,之后简要介绍Slepian-Wolf编码定理的基本内容与证明,最后对一般多终端网络的可达码率上界的推导问题进行了简单的讨论。

本书主要作为信息与通信工程学科研究生及高年级本科生的专业基础课教材,也可作为其他信息类相关专业学生了解和掌握信息与编码理论的教学参考书,可根据授课学时数选择部分章节内容。

本书第1~2章、第4~5章、第7~8章由哈尔滨工业大学石硕撰写,第3章、第6章、第9~10章由哈尔滨工业大学(深圳)顾术实撰写。博士研究生张硕、李雨晨、吴尘雨、王孟参加了第9~10章部分内容的撰写,博士研究生张硕,硕士研究生濮俊松、洪堃棋、刘中岳、黄智图参加了本书的修改和校对工作,在此一并表示诚挚感谢。

本书内容虽经多次授课实践并经过不断补充修改,但由于信息理论与编码技术相关内容不断发展,限于作者水平,书中必然还有疏漏和不足,敬请同行专家和读者不吝指教。

作　者

2020年5月于哈尔滨工业大学

目 录

CONTENTS

第1章 绪论…… 1
1.1 通信系统与信息 …… 1
1.2 信息论的研究范畴 …… 4
1.3 信息论与信息科学 …… 6
第2章 离散信源熵与交互信息量…… 9
2.1 离散信源的熵 …… 9
2.2 离散信道的平均交互信息量…… 20
2.3 平均交互信息量的特性…… 27
2.4 离散随机序列信源…… 37
习 题 …… 49
第3章 信道容量与高斯信道 …… 54
3.1 离散信道的信道容量…… 54
3.2 串联信道的交互信息量…… 63
3.3 连续信源的熵…… 68
3.4 连续信源的最大熵…… 72
3.5 连续有噪声信道的信道容量…… 79
3.6* Fano 不等式 …… 89
习 题 …… 92
第4章 信源编码与率失真函数 …… 95
4.1 离散信源编码…… 95
4.2 无失真信源编码定理 …… 100
4.3 Huffman 编码 …… 104
4.4 率失真函数 …… 109
习 题…… 128
第5章 信道编码原理…… 132
5.1 信道编码的基本概念 …… 132
5.2 译码准则 …… 135
5.3 有噪声信道编码定理 …… 140
5.4 信息传输的差错控制方法 …… 144

5.5* 经典序列与信道编码定理 …… 151
习　题 …… 163
第 6 章　代数编码基础 …… 165
6.1　集合与映射 …… 165
6.2　群 …… 166
6.3　域 …… 168
6.4　二元域上多项式 …… 171
6.5　向量空间 …… 180
习　题 …… 186
第 7 章　线性分组码 …… 188
7.1　汉明码 …… 188
7.2　循环码 …… 202
7.3　循环码的译码 …… 208
7.4　BCH 码 …… 218
习　题 …… 230
第 8 章　卷积码 …… 234
8.1　卷积码的编码 …… 234
8.2　卷积码的维特比译码 …… 246
8.3　卷积码的序列译码 …… 257
8.4* 卷积码的其他译码方法 …… 263
习　题 …… 275
第 9 章* 新兴编码技术 …… 277
9.1　Turbo 码 …… 277
9.2　LDPC 码 …… 287
9.3　Polar 码 …… 297
9.4　数字喷泉码 …… 303
9.5　网络编码 …… 309
习　题 …… 313
第 10 章* 网络信息论 …… 315
10.1　多用户信道 …… 315
10.2　相关信源编码 …… 332
10.3　一般多终端问题 …… 339
习　题 …… 341
参考文献 …… 343

第1章 绪 论

信息论是通信系统工程的基础理论,是人们在日常生活中进行信息交流与传输过程中通过不断研究与实践总结和发展起来的一门应用基础科学。信息论是用概率与统计的数学方法来研究信息的传输、变换、存储、处理和应用问题。1948 年,克劳德·艾尔伍德·香农(Claude E. Shannon) 发表了他的经典论文“通信中的数学理论”,随着研究的不断深入和发展,信息论的应用已逐渐超越了通信工程的范畴,被广泛应用到越来越多的科学领域,成为现代信息科学的基础。本章主要介绍信息的基本概念,信息论的基本范畴,信息论与通信理论的关系,信息论在现代信息科学发展中的地位和作用。

1.1 通信系统与信息

1.1.1 通信系统的基本模型

在现代社会中,通信与通信系统的概念已经广泛地被人们所了解。那么准确地讲,什么是通信呢? 香农在“通信中的数学理论” 中描述,“通信的基本问题就是在某一地点精确或者近似地再生另一地点被选择的信息”。在通信理论教科书中的描述是“通信就是相互传递和交换信息” 或“通信就是迅速而准确地传递信息”,等等。

广义上讲,通信是信息或消息的传递,手势、书信、电话、电视及网络等都是消息传递的方式。而狭义上讲,现代通信是指利用光、电能量作为传输媒介的“电子通信”。通信系统的主要任务就是利用电信号作为载体来传递消息。这样,信息、消息、信号就是通信问题中的三个常用术语,它们的准确含义和区别是什么呢? 图 1.1 给出了通信系统的基本模型。

图 1.1 通信系统的基本模型

信源就是信息的源,由信源产生信息,信源可能是人、机器、生物及自然界,因此信源本身是复杂的,而经典信息论研究的信源只是人或机器这类最简单的信源。

信源发出的信息是以消息的形式出现的,消息是由符号、文字、数字、语音、图像等组成的序列。消息的传递一般要借助于载体,因此,载体是消息的物理体现,例如用纸张、磁带、光碟等作为载体。在传统的通信理论中,语言为第一载体,文字为第二载体,电磁波为第三载体。在现代信息技术领域,电磁波是一种最广泛应用的消息载体,这种载体即被称为信号。也就是说,信号是一种载体,信号是消息的物理体现,信号是消息具体化。人们通过时域、

频域及各种变换域来研究信号的波形、频谱等特征,从而形成了系统的通信信号处理理论。

信道是传递消息的通道,广义上讲是指信源与信宿之间传递物理信号的媒介和设备,包括声、光、电,甚至包括神经、脉络、意念等。在电信领域中,导线、电缆、光纤、波导、电磁空间都是典型的信道。通常的传递电信号的信道划分包括有线信道和无线信道,恒参信道和变参信道,数字信道和模拟信道,离散信道和连续信道等。

信宿就是消息传递的对象,是信息的接收者,它可以是人、机器、生物及自然界。

在通常情况下,为了有效地传递消息,信源发出的消息要经过必要的加工或处理,这一过程称为变换。在接收端,为了还原消息要进行反变换。变换与反变换通常是由通信设备完成的,典型的数字通信系统的变换包括能量变换、模数转换、信源编码、信道编码和调制解调等。图1.2给出了一个数字通信系统的模型。

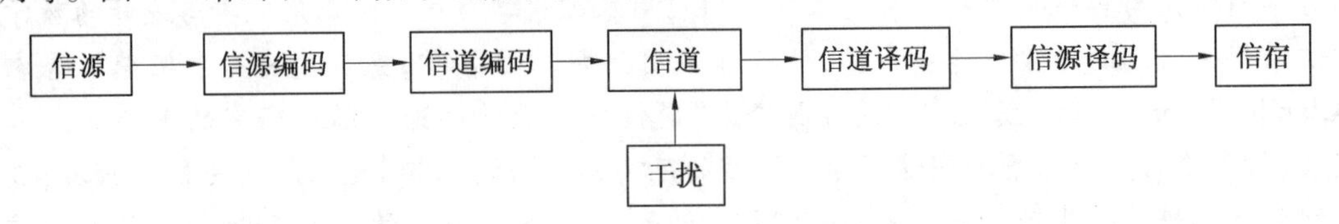

图1.2　数字通信系统的模型

研究通信系统的目的就是要找到信息传输过程的基本规律,提高信息传输的可靠性、有效性、保密性和安全性,以达到信息传输系统最优化。评价通信系统性能的最重要的两个指标是有效性和可靠性。

通信系统的有效性是指用尽可能少的时间、频带、功率和成本传送一定数量的信息。例如,用信息传输速率描述时间有效性,用频带利用率描述频率有效性等,对于数字通信系统来说,信源编码是提高系统有效性的主要手段。通信系统的可靠性是指要使信源发出的消息经过信道传输以后,尽可能准确地、不失真地再现在接收端。在数字通信系统中通常用误码率来衡量可靠性,误码率是接收到错误码元在传送总码元数中的比率,通常用信道编码方法来降低系统误码率,误码率越低,可靠性越高。

从信息论的角度讲,提高可靠性和提高有效性常常会发生矛盾,这就需要通信系统的设计者根据具体应用来统筹兼顾。信息论最早就是从解决通信系统有效性和可靠性问题而发展起来的,香农信息论最大的贡献是在理论上证明了通信系统有效性和可靠性的辩证统一关系。

1.1.2　信息的概念

当今社会被称为信息化社会,信息已经融入人们日常生活的各个方面,因此,人们对信息的概念并不陌生,然而,如何给信息下一个准确的定义却是一个困难的问题。现代科学认为,物质、能量和信息是构成客观世界的三大要素;信息是物质和能量在空间和时间上分布的不均匀程度;信息是关于事物运动的状态和规律;物质、能量和信息三者是相辅相成,缺一不可的。

从广义信息论也就是信息科学的角度来讲,信息有以下三个不同层次上的定义。

语法信息:事物运动状态和运动规律本身就是信息。它只研究事物运动可能出现的各种状态,以及这些状态之间的关系,不研究状态的含义和状态变化的影响。香农信息论定义的信息属于这一层面上的一种描述,即从概率统计的角度来研究事物运动状态及状态变化的关系。

语义信息:事物运动状态和运动规律的具体含义和影响是信息。它研究事物运动状态及运动规律与客观实体的关系,即研究信息的具体含义,语义信息比语法信息更为复杂,更为具体,针对性更强。

语用信息:事物运动状态和运动规律及其含义对观察者的效用才是信息。它研究事物运动状态和规律与使用者的关系,研究信息的主观价值。语用信息比语义信息有更强的主观性和相对性。

语法信息是最抽象的、最基础的层次,狭义信息论和通信系统中讨论的信息主要是语法信息。

信息通常被理解为消息,但严格来说,消息和信号一样只是信息的载体,信息是消息中的内涵。从通信系统的角度讲,如果信宿收到的消息是已知的,就等于没有收到任何信息。人们更关心的是消息中所包含的未知的部分,用概率论的术语来说,就是具有不确定的部分。消息中未知的或不确定的成分通常被称为消息中包含的信息。

由此看来,通信系统中的信息、消息和信号是三个不同层面的概念,通信系统传输的是信号,信号是消息的载体,而消息中的未知成分是信息。信号、消息和信息的特征如下:

信号:是信息的物理表达层,是三个层次中最具体的层次。它是一个物理量,是载荷信息的实体,可测量、可描述、可显示,如电信号、光信号、声信号等。

消息:或称为符号,是信息的数学表达层,它虽不是一个物理量,但是可以定量地加以描述,它是具体物理信号的进一步数学抽象,例如文字、数据、代码、图形等。

信息:信息是指各个事物运动的状态及状态变化的方式。人们从来自对周围世界的观察得到的数据中获得信息,信息是信号和消息的更高表达层次。

尽管我们可以对信息的特征给予基本描述,但是如果要得到信息的准确定义仍然是比较困难的,这就像我们对物质和能量也很难给出精确定义一样。

我国的《辞海》(2019 年 8 月第 7 版) 对信息的描述:① 音讯;消息。② 通信系统传输和处理的对象,泛指消息和信号的具体内容和意义。通常须通过处理和分析来提取。信息的量值与其随机性有关,如在接收端无法预估消息或信号中所蕴含的内容或意义,即预估的可能性越小,信息量就越大。我国的《新华词典》(2020 年 8 月第 12 版) 对“信息”的注释:① 音信;消息。② 信息论中指用符号传送的报道,报道的内容是接收符号者预先不知道的。③ 事物的运动状态和关于事物运动状态的陈述。美国的《韦氏字典》(2014 年 4 月第 1 版) 对信息的解释:信息是用以通信的事实,是在观察中得到的数据、新闻和知识。

控制论创始人维纳认为:信息是适应客观世界过程中与客观世界交换的内容。

我国的信息论教材对信息的描述还包括:信息是人、生物、机器等认知主体所感受或所表达的事物运动状态和运动变化规律的方式;信息是人们在适应外部世界和控制外部世界的过程中,同外部世界进行交换的内容。

信息论创始人香农认为:信息是可以传递的,具有不确定性的消息(情报、数据、信号等) 中所包含的表示事物特性的部分。香农信息论认为信息的多少等于无知度的大小,因此,香农信息也称为概率信息。

综上所述,信息的特征主要包括:① 接收者在收到信息之前,对它的内容是未知的,所

以信息是新内容、新知识;② 信息是能够使认识某一事物的未知程度和不确定性减少的有用知识;③ 信息可以产生,也可以消失,可以传递、交换、携带、存储和处理;④ 信息是可以度量的,信息量有大小或多少的差别。

理解信息的概念有几个要点需要说明:① 狭义来讲,信息不是事物的本身,信息是抽象的,而消息、文字、指令、数据等是具体的,它们本身不是信息,只是信息的载体。② 香农信息论认为,信息的多少等于无知度的大小,人们已知的消息不是信息,而好像、大概、可能之类的不确切的内容包含着信息。因此,有时说"信息冗余"与"信息压缩"是不严格的。③ 广义来讲,信息是具有新内容的消息,是对于决策有价值的情报,是一切所感知的信号,信息就是新知识等。

应该说明,以上的各种解释都试图对信息做出正确及全面的定义;然而,信息科学仍在不断发展,人们对信息的内涵仍在不断丰富,目前在信息科学领域还没有形成一个被普遍认可的、完整的、确切的定义。也就是说,信息的定义本身也是信息科学研究的内容之一。

1.2 信息论的研究范畴

信息论是源于通信实践和发展的一门新兴学科的基础理论,是应用近代概率与数理统计的数学方法研究信息的基本性质和度量方法,研究信息的获取、传输、存储和处理的一般规律的理论。信息论是信息科学的基础,它强调用数学语言来描述信息科学中的共性问题和解决方法。目前,普遍的观点是把信息论划分为狭义信息论、一般信息论和广义信息论三个层面。

1.2.1 狭义信息论

狭义信息论也就是香农信息论,主要是以概率信息的度量为基础,研究通信系统的有效性和可靠性两大基本问题。通信系统的有效性和可靠性涉及信源、信道和信宿各个部分,其重点是信源编码和信道编码。美国数学家香农是控制论创始人维纳的学生,1948 年 6 月到 10 月,香农在《贝尔系统技术杂志》上连载发表了影响深远的论文"通信中的数学理论",1949 年又发表了论文"噪声下的通信"。两篇论文阐明了通信的基本问题,给出了通信系统的模型,提出了信息量的数学表达式,并解决了信道容量、信源统计特性、信源编码、信道编码等一系列基本问题的数学描述,奠定了香农信息论的基础。

狭义信息论讨论的问题主要包括:① 信息的度量,即通信系统中的信息是否可以度量,如何度量;② 信道容量,典型的通信信道如何模型化,信息的传输速率可以提高到什么程度,极限是多少;③ 信源编码,信源的效率如何描述,信源的效率如何提高,极限是多少;④ 信道编码,信道的干扰如何克服,在有干扰的信道上如何提高信息传输速率;⑤ 率失真函数,在允许一定失真的条件下,信源是否可以进一步压缩,压缩到什么程度;⑥ 多用户信道容量,在多用户及网络环境下,信道容量如何描述。

香农信息论的主要贡献就是明确回答了上述问题,分别给出了哈特莱(Hartly) 公式、信息熵、信道容量、三个编码定理及香农公式等,这些问题也就是本书的主要内容。

香农信息论的基本观点包括三个方面:① 非决定论观点,承认偶然性,同时也承认必然性,分析时利用概率论研究事物的统计规律;② 形式化假说,通信的目的只是在接收端恢复消息的形式,而不需要了解消息的内容,假定各种信息的语义信息量等恒定不变,并等于1,以简化分析;③ 不确定性,信息量的大小与消息符号的不确定性大小有关。

香农信息论用概率测度和数理统计的方法系统地讨论了通信的基本问题,得出了几个重要而带有普遍意义的结论。香农理论的核心是:在通信系统中采用适当的编码后能够实现高效率和高可靠性的信息传输,并得出了信源编码定理和信道编码定理。从数学观点看,这些定理是最优编码的存在性定理。但从工程观点看,这些定理不是结构性的,不能从定理的结果直接得出实现最优编码的具体途径。然而,它们给出了编码的性能极限,在理论上阐明了通信系统中各种因素的相互关系,为人们寻找最佳通信系统提供了重要的理论依据。

1.2.2 一般信息论

一般信息论也就是通信基础理论,其中主要包括信号与噪声理论、信号检测理论、信号传输理论、编码理论及信号处理理论等。这些通信基础理论是构成现代通信工程学科领域的理论基础体系,是实现香农信息论通信有效性和可靠性目标的具体实现方法的理论基础。

值得说明的是其中基于维纳滤波理论的信号检测理论。弱信号检测也称为最佳接收,是研究在噪声信道下如何可靠传输信息的理论。信号检测理论是用数理统计的方法研究最佳接收的问题,系统地建立了在有噪声信道下最佳接收机的结构,推导出信号检测的极限性能。所谓最佳是在某些特定的条件及判决准则下,以最小误差检测出有用信号的能力,在通信系统中常用的判决准则有最小误差准则、最大似然准则和最小均方误差准则。

另外需要说明的是编码理论,编码理论是与香农信息论联系极为密切的一个理论体系。编码理论与信息论、数理统计、概率论、随机过程、线性代数、近世代数、数论、有限几何和组合分析等学科有密切关系,已成为应用数学的一个分支。根据编码的目的不同,编码理论有三个分支:① 信源编码,对信源输出的消息进行变换,包括连续信号的离散化、数据压缩以及提高信号传输的有效性而进行的编码;② 信道编码,对信源编码器输出的信号进行再变换,用来适应信道条件和提高通信可靠性而进行的编码;③ 保密编码,对信源或编码器输出的信号进行变换,即为了使信息在传输过程中不易被人窃取而进行的编码。

1.2.3 广义信息论

广义信息论即信息科学理论,涉及更广泛的应用领域,例如社会学、语言学、教育学、心理学、神经科学、遗传学、建筑学等。广义信息论是从语法信息、语义信息和语用信息的层面研究信息的产生、交换和利用的问题,特别是研究信息实效性、目的性和主观性问题。

广义信息论从人们对信息特征的理解出发,从客观和主观两个方面更全面地研究信息的度量、获取、传输、存储、处理、利用和功效等问题,是狭义信息论的进一步深化和推广。由于主观因素的过于复杂,很多问题还受到科学认知水平的限制,因此,广义信息论的理论体系还处在发展和完善的初级阶段。

1.3 信息论与信息科学

1.3.1 信息论的发展历史

信息论是人们在长期的通信实践和理论研究的基础上发展起来的,从香农创建信息论到今天已有半个多世纪,而通信的历史更为久远。通信系统被称为现代社会的神经系统,即使在远古社会也存在最简单的通信工具和通信系统。

人类利用电磁信号进行通信已有近200年的历史,可以看到每当物理学中的电磁学和电子学理论与技术有了发展,都会促进通信系统新概念和新方法的产生和发展,这一点充分表明通信在人类社会发展中的地位和作用,现代社会的日常生活、经济发展、科学研究以及国家安全等各个方面,一切都离不开信息的传递与交换。

1820 ~ 1830年,法拉第发现了电磁感应定律;1837年,莫尔斯发明了电报系统;1876年,贝尔发明了电话系统。

1864年,麦克斯韦预言了电磁波的存在;1888年,赫兹实验证明了这个预言。

1895年,英国的马可尼和俄国的波波夫分别发明了无线电通信。

随着通信手段的发明和技术的发展,通信的理论研究开始逐步展开。

1836年,莫尔斯设计的电报编码对香农的编码理论产生了启发。

1924年,奈奎斯特定理证明了信号传输速率和带宽成正比。

1928年,哈特莱提出信息量定义为可能消息数量的对数,对香农信息论有很大影响。

1933年,阿姆斯特朗提出频率调制概念,指出增加信号带宽可以使抑制噪声干扰的能力增强,使调频实用化,出现了调频通信装置。

1939年,达德利发明了声码器,提出通信所需的带宽至少应与所传信息的带宽相同,达德利和莫尔斯都是信源编码研究的先驱者。

一直到20世纪30年代,理论研究都是把消息看成是一个确定的过程,当时研究所依靠的主要是经典的傅里叶信号分析方法。

20世纪40年代初,维纳在研究防空火炮的控制问题时,发表了论文“平稳时间序列的外推、内插与平滑以及在工程中的应用”,将随机过程和数理统计的方法引入通信与控制系统中,揭示了信息传输和处理过程的统计特性。1946年,柯切尼柯夫基于随机过程提出信号检测理论。

1948年,香农发表了论文“通信中的数学理论”,用概率测度和数理统计的方法系统地研究了通信的基本问题,得出了几个重要的结论,奠定了信息论的基础。香农理论揭示了在通信系统中采用适当的编码就可以实现高效率和高可靠性的信息传输,并得到了信源编码定理和信道编码定理。尽管是非结构性的定理,但是它们给出了编码系统的极限,在理论上阐明了通信系统中各种因素之间的关系,为实现最优化通信系统提供了理论依据。

1952年,范诺提出并证明了Fano不等式,同时给出了香农信道编码定理的逆定理的证明。1957年,沃尔夫维茨采用类似经典序列的方法证明了信道编码的强逆定理。1961年,范诺给出了分组码中码率、码长和错误概率的关系,并给出了香农信道编码定理的充要性证明。1965年,格拉格尔发展了范诺的结论,提供了信道编码定理简单的证明方法。

在信源编码方面,香农在1948年的论文中提出了无失真信源编码定理。1952年,霍夫曼构造了霍夫曼编码,并证明其为最佳编码。1956年,麦克米兰证明了瞬时可译码的克拉夫特不等式。20世纪70年代后期,人们开始研究实用型信源编码问题。1968年,埃利斯发展了香农范诺编码算法,提出了算术编码的思想。1976年,里斯桑内发展了算术编码算法,并在1982年将算术编码实用化。1977年,齐弗和兰佩尔提出LZ编码,并由贝尔在1990年提出改进方法。

在信道编码方面,1948年,香农就提出了纠一位错的(7,4)码。1949年出现了纠三位错的(23,12)格雷码。1950年,美国数学家汉明提出著名的汉明码,对纠错编码产生了重要的影响。1955年出现卷积码。1957年提出了构造简单、易于实现的循环码。1959年,出现能纠正突发错误的哈格伯尔格码和费尔码。1959年,美国的博斯和乔达利与法国的奥昆冈几乎同时独立地发表一种著名的循环码,后来称为BCH码。1967年维特比提出最大似然卷积译码,称为维特比译码。1980年用数论方法实现里德-所罗门码,简称RS码,它实际上是多进制的BCH码。这种纠错编码技术能使编码器集成电路的元件数减少一个数量级,它在卫星通信中得到了广泛的应用。RS码和卷积码结合而构造的级联码,被成功地用于深空通信。

限失真信源编码的研究相对无失真信源编码和信道编码要落后十年左右,但却是近代信息论发展的重点。香农在1948年就提出了率失真函数的思想,1959年他发表了“保真度准则下的离散信源编码定理”。1970年,博尔格给出了一般信源的率失真信源编码定理。率失真信源编码定理是信源编码的基础理论,是数据压缩理论的基础,进而形成了近代信息论的一个重要分支。

1961年,香农的论文“双路通信信道”开拓了网络信息论的研究领域。20世纪70年代以来,随着卫星通信和计算机通信网络的发展,网络信息论成为信息论研究的新方向之一。香农在1949年发表的论文“保密通信的信息理论”中,首先用信息论的观点对信息保密问题做了全面的论述,开创了信息安全理论的新方向,目前人们基于香农信息论基础和数论及代数学理论,形成了近代信息理论的新分支——密码学理论。

1.3.2　信息科学

随着近代科学技术的发展,信息理论和信息技术不仅在通信、计算机网络和电子信息系统等学科领域得到直接的应用,并且在自动控制、系统工程、人工智能、机器人等多个相关学科相互渗透与结合,同时,信息论已经开始广泛地渗透到生物学、医学、生理学、语言学、社会学和经济学等多个学科领域。信息论已经远远超越了通信领域,进而研究各种完全不同的信息形态,形成了很多分支,形成了一门新兴的综合性科学——信息科学。

关于信息科学的定义同样很难描述,早期的描述过于烦琐,近期的描述越来越抽象,这也充分表明了信息科学的基础性和重要性。

信息科学是研究信息运动状态和特性的学科,其研究目的是通过人为控制信息的传递和信息的处理方法获得最佳的信息发布和利用。信息科学涉及的知识领域包括信息的起源、采集、组织、存储、检索、理解、传递、变换和利用,研究内容包括自然和人工系统中的信息表征、高效传输的编码、信息处理器件和技术,学科领域包括数学、逻辑学、语言学、心理学、计算机科学、运筹学、形象艺术、通信、图书馆学、管理学等。信息科学既可以是一个无关应

用的纯科学，又可以是一个需要开发服务和产品的应用科学。

信息科学是以信息为主要研究对象，以信息的概念、分类、性质、运动规律和应用为主要研究内容，以计算和网络为主要工具，以提高人类提取信息能力为主要目标的一门科学。

信息科学是有关信息技术方面的技术以及理论体系。

信息科学是研究信息的产生、获取、存储、传输、处理和应用的一门基础科学。

信息科学是以信息为主要研究对象，以信息过程的运动规律为主要研究内容，以信息科学方法论为主要研究方法，以扩展人类信息功能为主要研究目标的一门科学。

信息科学的主要研究内容可以概括为以下五个方面：

(1) 信息的基本概念和本质。

(2) 信息的定量和度量方法。

(3) 信息使用过程的一般规律，包括信息的感知、识别、变换、传递、存储、检索、处理、再生、表示、控制的过程的一般规律。

(4) 利用信息来优化各种系统(人、生物、机器、团体及社会) 的方法和原理。

(5) 归纳和构建信息科学的方法论。

可以看到，信息科学的研究范畴已经远远超过了香农信息论的范围，已经渗透到控制科学、系统论、人工智能、认知科学、生命科学、社会科学等广泛的领域。

应该指出，香农信息论在整个信息科学领域只是一个分支，它是最早把信息的问题提升到科学问题的，应该说香农信息论开创和促进了信息科学的产生和发展。信息论面向的是通信系统，研究的是统计语法信息；信息科学面向的是整个信息系统，研究的是全信息。一言以蔽之，香农信息论是信息科学的一个重要的科学分支。

第2章 离散信源熵与交互信息量

本章是狭义信息论的最基本内容,主要给出离散信源的模型、信息熵的定义和交互信息量的概念。为什么先介绍离散信源? 因为离散信源描述简单,而且随着数字技术的普及,离散信源也容易被接受。但是,自然信源绝大多数还都是连续信源,只不过绝大多数连续信源都可以利用数字技术转换成为离散信源。

熵(Entropy)的一般解释是体系的混乱程度,它在物理、控制论、概率论、生命科学等领域都有重要应用,在不同的学科中也有引申出的更为具体的定义,是各领域十分重要的参量。熵由鲁道夫·克劳修斯(Rudolf Clausius)在19世纪中期提出,并应用在热力学中;后来在1948年,第一次由香农将熵的概念引入到信息论中。

2.1 离散信源的熵

本节我们以一种最简单的单符号离散信源为例介绍信息的度量方法和信源熵的概念,首先给出简单信源的数学模型,给出信息度量的基本思想和熵的数学表示,同时给出熵函数的数学性质。

2.1.1 信息的度量

1. 单符号离散信源的数学模型

单符号离散信源是最简单的一种离散信源,信源可以逐个地发出离散的消息符号,每个符号的发出(产生)是随机的并可以用概率描述,这样的一种信源被称为单符号离散信源。可见这种信源在实际中是很常见的,例如,计算机键盘可以看作一个单符号离散信源。

定义2.1 如果一个单符号离散信源的消息符号可以表示为一个离散随机变量X,其对应的概率可以表示为$P(X)$,这个随机变量状态空间及其概率空间则可称为信源空间,也就是单符号离散信源的数学模型。这个信源空间可以表示为

$$\begin{bmatrix} X \\ P(X) \end{bmatrix} = \begin{Bmatrix} x_1 & x_2 & \cdots & x_i & \cdots & x_n \\ p(x_1) & p(x_2) & \cdots & p(x_i) & \cdots & p(x_n) \end{Bmatrix} \tag{2.1}$$

通常我们假设X是一个有限状态的离散随机变量,并且是一个完备集合,即有

$$\sum_{i=1}^{n} p(x_i) = 1, \quad p(x_i) \geqslant 0 \tag{2.2}$$

根据单符号离散信源的数学描述,可以看到:

(1) 根据香农信息论的观点,离散信源要含有一定的信息,信源的消息符号就必须具有

随机性,即不确定性,并可以用其概率来表示,这个概率通常称为先验概率。

(2) 离散信源的消息符号(状态)随机地取值于一个离散集合$\{x_1, x_2, \cdots, x_n\}$。

(3) 对离散信源进行数学描述的条件是信源的消息符号(状态)的先验概率是可知的,这是香农信息论的一个基本假说。

(4) 离散信源模型仅仅是对单符号离散无记忆信源的描述,所谓无记忆就是指信源消息符号之间不存在相关性,即信源输出的符号前后不相关,因此也称为不相关信源或独立信源。这完全是为了数学描述的简化。

2. 信源符号不确定性的度量

根据香农信息论的观点,信源的消息符号必须有一定的数量,并且具有随机性,可以理解为信源在某一时刻输出哪一个符号是具有不确定性的。只有不确定性存在,才有信息的存在,收信者获得消息符号后消除了不确定性才得到信息。在一个通信系统中,收信者所获取的信息量,在数量上等于通信前后对信源的不确定性的减少量。

下面我们通过一个简单例子说明不确定性的度量问题。

【例2.1】 把从一个袋子里取出不同颜色小球的过程看作是一个离散信源输出消息符号的过程,考察不同情况下消息符号的不确定性。分三种情况:

(a) 99 个红球,1 个白球。

(b) 50 个红球,50 个白球。

(c) 25 个红球,25 个白球,25 个黑球,25 个黄球。

总体来看,第一种情况的信源不确定性最小,第三种情况的信源不确定性最大。同时还可以想象,第一种情况的信源中的白球出现的可能性最小,那么白球的不确定性就大于红球的不确定性。第三种情况信源的消息符号个数比第二种情况信源的多,因此其不确定性也大。由此可以看出:

信源不确定度的大小与信源的消息符号个数有关;符号数越多,不确定度越大。信源不确定度的大小与信源的消息符号概率有关;概率越小,不确定度越大。另外,信源不确定度应具有可加性,即信源的两个符号的不确定度应该等于各自不确定度之和。

为了满足以上几个条件,信源消息符号不确定度应该具有如下形式。

定义2.2 如果一个单符号离散信源的消息符号可以表示为一个离散随机变量X,定义信源的任意一个消息符号x_i的不确定度为

$$H(x_i) = K\log_2 \frac{1}{p(x_i)} \tag{2.3}$$

这个基本关系式称为哈特莱公式。

同时定义了不确定度的单位根据对数的底不同而不同,以2为底为 bit,以 e 为底为 nat,以 10 为底为 Hartly,通常取常数$K = 1$。

从这个不确定度的基本关系式可以看出,用对数函数表示信源符号不确定性可以满足香农信息论对消息符号中所包含的信息的基本描述。即小概率符号具有更大的信息量,当概率为1时符号不确定性为0,当概率为0时符号不确定性为无穷大。当然概率为零的符号也就是不存在的符号,不确定性为无穷大也就没有意义了。

3. 信源符号的自信息量

所谓信源符号的自信息量,就是一个消息符号所携带的信息量,也就是收信者收到一个

消息符号所得到的信息量，应该等于收到后对这个消息符号不确定度的减少量。

定义 2.3　如果一个单符号离散信源的消息符号可以表示为一个离散随机变量 X，在无噪声信道情况下，信源发出信源符号 x_i，接收者就会收到 x_i，这时接收者收到的信息量等于信源符号 x_i 本身的不确定度，称为信源符号 x_i 的自信息量，记为 $I(x_i)$。

$$I(x_i) = H(x_i) \tag{2.4}$$

【例 2.2】　把一次掷两个骰子的过程看作一个离散信源，求下列事件产生后提供的信息量。

(a) 仅有一个为 3；(b) 至少有一个为 4；(c) 两个之和为偶数。

我们知道一个骰子有 6 种可能的符号状态，两个骰子共有 36 种符号。

(a) 情况的事件样本数为 $5 \times 2 = 10$（另外一个不能为 3）

(b) 情况的事件样本数为 $5 \times 2 + 1 = 11$（加上一个双 4）

(c) 情况的事件样本数为 $6 \times 3 = 18$（第一个的 6 个符号分别与第二个的 3 个符号构成事件）

则：$p(a) = 10/36 = 5/18$；$p(b) = 11/36$；$p(c) = 18/36 = 1/2$；

$$I(a) = H(a) = \log_2 \frac{1}{p(a)} = \log_2 \frac{18}{5} = 1.848 \text{ (bit)}$$

$$I(b) = H(b) = \log_2 \frac{1}{p(b)} = \log_2 \frac{36}{11} = 1.711 \text{ (bit)}$$

$$I(c) = H(c) = \log_2 \frac{1}{p(c)} = \log_2 2 = 1 \text{ (bit)}$$

2.1.2　单符号离散无记忆信源的熵

考察例 2.1 中给出的三种离散信源的自信息量，在(a) 情况下信源输出一个红球的自信息量为 $\log_2(100/99) = 0.015$(bit)，一个白球的自信息量为 $\log_2(100) = 6.64$(bit)。在(c) 情况下信源输出任何一个球的自信息量为 $\log_2 4 = 2$(bit)。这样似乎看不出来哪一种情况下的信源具有更大的不确定性，原因在于自信息量仅仅描述了单个信源符号的不确定性，而不是这个离散随机变量的整体不确定性。

定义 2.4　如果一个单符号离散无记忆信源的消息符号可以表示为一个独立的离散随机变量 X，则称这个随机变量的平均不确定度为离散无记忆信源的熵，记为

$$H(X) = \sum_{i=1}^{n} p(x_i) \log_2 \frac{1}{p(x_i)} \tag{2.5}$$

这个基本关系也就是随机变量 X 的熵函数，实际上它是随机变量 X 的概率的函数。严格来讲，熵函数的单位是比特／符号，有时也简单用比特来表示，在这个表达式中我们约定 $0\log_2 0 = 0$。

在式 (2.1) 规定的信源空间中，任何一个消息符号 x_i 的自信息量为 $I(x_i) = \log_2(1/p(x_i))$，这个自信息量在信源空间中的平均值就是信源的熵，即 $H(X) = E[I(x_i)]$。

$H(X)$ 表示信源发出一个消息状态所携带的平均信息量，也等于在无噪声条件下，接收者收到一个消息状态所获得的平均信息量。

熵的本意为热力学中表示分子状态的紊乱程度，信息论中熵表示信源中消息状态的不确定度。$H(X)$ 表示信源 X 每一个状态所能提供的平均信息量；$H(X)$ 表示信源 X 在没有发

出符号以前，接收者对信源的平均不确定度。

【例 2.3】 重新考虑例 2.1 的三个信源。

信源(a)：

$\begin{bmatrix} X \\ P(X) \end{bmatrix} = \begin{bmatrix} x_1 & x_2 \\ 0.99 & 0.01 \end{bmatrix}$；$H(X) = -0.99\log_2 0.99 - 0.01\log_2 0.01 = 0.08$(bit/符号)。

信源(b)：

$\begin{bmatrix} X \\ P(X) \end{bmatrix} = \begin{bmatrix} x_1 & x_2 \\ 0.5 & 0.5 \end{bmatrix}$；$H(X) = -0.5\log_2 0.5 - 0.5\log_2 0.5 = 1$(bit/符号)。

信源(c)：

$\begin{bmatrix} X \\ P(X) \end{bmatrix} = \begin{bmatrix} x_1 & x_2 & x_3 & x_4 \\ 0.25 & 0.25 & 0.25 & 0.25 \end{bmatrix}$；$H(X) = 2$(bit/符号)。

可以看出，熵函数可以描述一个信源产生信息量的大小。

【例 2.4】 求下面一个二元独立信源的熵函数。

$$\begin{bmatrix} X \\ P(X) \end{bmatrix} = \begin{bmatrix} x_1 & x_2 \\ p(x_1) & p(x_2) \end{bmatrix} = \begin{bmatrix} 0 & 1 \\ \delta & 1-\delta \end{bmatrix}$$

$$H(X) = -\delta\log_2\delta - (1-\delta)\log_2(1-\delta)$$

对于这种二元独立信源的熵函数通常用下式表示：

$$H(\delta) = -\delta\log_2\delta - (1-\delta)\log_2(1-\delta) \tag{2.6}$$

图 2.1 给出了二元独立信源的熵函数特性。

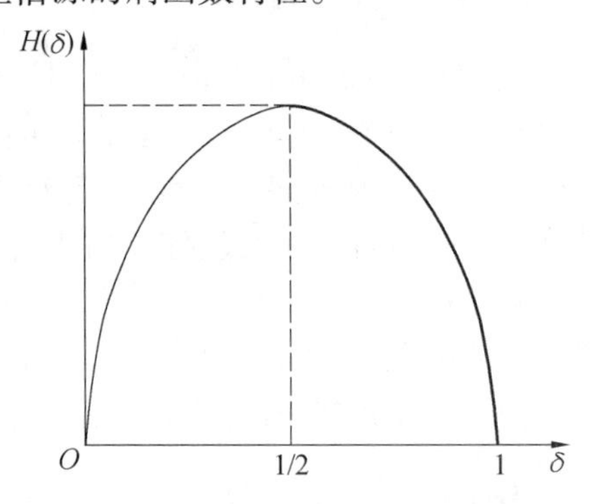

图 2.1　二元独立信源的熵函数特性

从二元独立信源的熵函数曲线上可以看出，当一个符号的概率为 1 时，另一个符号的概率就为 0，这时的熵函数等于零，因为信源已经没有随机性，这样的信源就不包含信息量。而当两个符号的概率相等时，熵函数为最大值，因为这时的信源随机性最大，包含的信息量也最大。

在解决这类问题时，主要是确定信源空间，信源空间确定后，就可以得到自信息量和信源熵。确定信源空间主要是概率论的问题，例如信源符号状态数(事件样本总数) 和符号产生概率。

2.1.3　熵函数的性质

由于熵函数实际上是一组概率的函数,因此,对于一个有限状态的离散随机变量 X,其熵函数可以表示为

$$\begin{cases} H(X) = H(p_1, p_2, \cdots, p_n) = -\sum_{i=1}^{n} p_i \log_2 p_i \\ \sum_{i=1}^{n} p_i = 1 \\ (0 \leqslant p_i \leqslant 1 \quad i = 1, 2, \cdots, n) \end{cases} \tag{2.7}$$

通过熵函数以下几个性质的介绍,我们可以进一步理解熵函数的概念。

性质 1　非负性

$$H(X) \geqslant 0$$

由于 $0 \leqslant p_i \leqslant 1$,所以 $\log_2 p_i \leqslant 0$,进而有 $-\log_2 p_i \geqslant 0$,熵函数 $H(X)$ 总是大于等于零的。

性质 2　对称性

$$H(p_1, p_2, \cdots, p_{n-1}, p_n) = H(p_n, p_1, p_2, \cdots, p_{n-1})$$

根据熵函数的定义和加法交换律可以验证,当变量交换顺序时熵函数的值不变。也就是说熵函数只与概率空间的总体结构有关,而与各概率分量对应的状态顺序无关。

例如,$\begin{bmatrix} x_1 & x_2 & x_3 & x_4 \\ 1/2 & 1/4 & 1/8 & 1/8 \end{bmatrix}$ 和 $\begin{bmatrix} x_1 & x_2 & x_3 & x_4 \\ 1/8 & 1/8 & 1/2 & 1/4 \end{bmatrix}$ 两个信源空间的熵是相同的。

性质 3　确定性

$$H(p_1, p_2, \cdots p_i, \cdots, p_n) = H(0, 0, \cdots, 1, \cdots, 0) = 0$$

在随机变量 X 的概率空间中的任一个状态的概率等于 1,根据完备空间特性,其他状态的概率必为 0,这时的随机变量 X 为一个确定量,不具有随机性,其熵为 0。也就是说,如果一个信源的输出符号必然为某一状态,那么这个信源没有不确定性,信源输出符号后不提供任何信息量。

性质 4　连续性

对于式(2.1) 给出的离散信源空间,当信源的某一符号的概率发生微小波动,而要求符号数保持不变时,其他分量必然发生相应的微小变化,形成另一个信源 X',其信源空间为

$$\begin{bmatrix} X' \\ P(X) \end{bmatrix} = \begin{bmatrix} x_1 & x_2 & \cdots & x_i & \cdots & x_n \\ p_1 + \varepsilon & p_2 - \varepsilon_2 & \cdots & p_i - \varepsilon_i & \cdots & p_n - \varepsilon_n \end{bmatrix}$$

其中,$\varepsilon = \sum_{i=2}^{n} \varepsilon_i, \varepsilon_i \geqslant 0$,并且满足离散信源空间的完备性条件。

这时,考察信源 X' 的熵为

$$H(X) = -(p_1 + \varepsilon)\log_2(p_1 + \varepsilon) - \sum_{i=2}^{n} (p_i - \varepsilon_i)\log_2(p_i - \varepsilon_i)$$

当微小波动趋于 0 时,有

$$\lim_{\varepsilon \to 0} H(X) = -\sum_{i=1}^{n} p_i \log_2 p_i = H(X)$$

这说明熵函数为一个连续函数。

性质 5 扩展性

对于式(2.1) 给出的离散信源空间,当信源的某一符号的概率发生微小波动,而要求其他符号概率保持不变时,必然增加新的分量,形成另一个信源 X',其信源空间为

$$\begin{bmatrix} X' \\ P(X) \end{bmatrix} = \begin{bmatrix} x_1 & x_2 & \cdots & x_i & \cdots & x_n & x_{n+1} & \cdots & x_{n+k} \\ p_1 & p_2 & \cdots & p_i - \varepsilon & \cdots & p_n & \varepsilon_1 & \cdots & \varepsilon_k \end{bmatrix}$$

其中

$$\sum_{l=1}^{k} \varepsilon_l = \varepsilon; \quad 0 < \varepsilon_l < 1 \quad (l = 1,2,\cdots,k)$$

$$0 < (p_i - \varepsilon) < 1; \quad 0 < \varepsilon_l < 1 \quad (l = 1,2,\cdots,k)$$

这时,信源 X' 的熵为

$$H(X) = -\left\{ \sum_{j \neq i} p_j \log_2 p_j \right\} - \left\{ (p_i - \varepsilon) \log_2 (p_i - \varepsilon) \right\} - \left\{ \sum_{l=1}^{k} \varepsilon_l \log_2 \varepsilon_l \right\}$$

当微小波动趋于 0 时,有

$$\lim_{\varepsilon \to 0} H(X) = -\sum_{i=1}^{n} p_i \log_2 p_i = H(X)$$

从这个熵函数的性质可以看出,信源空间中增加某些概率很小的符号,虽然当信源发出这些符号时提供很大的信息量,但由于其概率接近于 0,在信源熵中占极小的比重,几乎使信源熵保持不变。

2.1.4 离散信源的最大熵

1. 一般离散信源的最大熵

对于定义 2.1 给出的单符号离散无记忆信源,在数学上可以证明其熵函数存在最大值,离散信源的熵函数有 n 个变量,根据熵函数的定义和其约束条件,作一个辅助函数:

$$F(p_1, p_2, \cdots, p_n) = H(p_1, p_2, \cdots, p_n) + \lambda \left[\sum_{i=1}^{n} p_i - 1 \right]$$

$$F(p_1, p_2, \cdots, p_n) = -\sum_{i=1}^{n} p_i \log_2 p_i + \lambda \left[\sum_{i=1}^{n} p_i - 1 \right]$$

其中,λ 为待定系数,由$\dfrac{\partial F}{\partial p_i} = 0$,可以得到 n 个方程:

$$\begin{gathered} -(1 + \log_2 p_1) + \lambda = 0 \\ -(1 + \log_2 p_2) + \lambda = 0 \\ \vdots \\ -(1 + \log_2 p_n) + \lambda = 0 \end{gathered}$$

由此方程组可得

$$\log_2 p_i = \lambda - 1 \quad (i = 1,2,\cdots,n)$$

为了计算方便,取自然对数可得

$$p_i = \mathrm{e}^{\lambda - 1} \quad (i = 1,2,\cdots,n)$$

从这个关系可以看出,为了使熵函数达到最大值,随机变量 n 个状态的概率分布应该是一个相等的值。将这个关系式代入约束方程

$$\sum_{i=1}^{n} p_i = \sum_{i=1}^{n} \mathrm{e}^{\lambda - 1} = 1$$

进而得到

$$e^{\lambda-1}=\frac{1}{n}$$

即

$$p_i=\frac{1}{n}\quad(i=1,2,\cdots,n)$$

由此可以证明下面的定理。

定理2.1　对于单符号离散无记忆信源,当随机变量的 n 个状态的概率分布相等时,熵函数取得最大值,其最大熵为

$$H_{\max}(X)=H(\frac{1}{n},\frac{1}{n},\cdots,\frac{1}{n})=\log_2 n\quad(\text{bit/符号})$$

最大熵定理表明,在所有符号数相同,而概率分布不同的离散信源中,当先验概率相等时得到的熵最大,而在其他概率分布情况下的熵都小于这个最大熵。最大熵的值取决于符号状态数,状态数越多,熵越大。

2. 均值受限的离散信源的最大熵

最大熵定理给出了一般情况下单符号离散无记忆信源的最大熵,利用同样的方法还可以求得某种特殊情况下的最大熵问题。在单符号离散无记忆信源的情况下,再增加一个约束条件,即随机变量 X 的平均值为常数,这时考察这类离散信源的最大熵。

$$\sum_{i=1}^{n}x_ip_i=m$$

这时的辅助函数为

$$F(p_1,p_2,\cdots,p_n)=H(p_1,p_2,\cdots,p_n)+\lambda_1[\sum_{i=1}^{n}p_i-1]+\lambda_2[\sum_{i=1}^{n}x_ip_i-m]$$

其中,λ_1 和 λ_2 为两个待定系数,由$\frac{\partial F}{\partial p_i}=0$,可以得到 n 个方程:

$$\begin{gathered}-(1+\log_2 p_1)+\lambda_1+\lambda_2x_1=0\\-(1+\log_2 p_2)+\lambda_1+\lambda_2x_2=0\\\vdots\\-(1+\log_2 p_n)+\lambda_1+\lambda_2x_n=0\end{gathered}$$

由此方程组可得

$$\log_2 p_i=\lambda_1+\lambda_2x_i-1\quad(i=1,2,\cdots,n)$$

为了计算方便,我们取自然对数可得

$$p_i=e^{\lambda_1+\lambda_2x_i-1}\quad(i=1,2,\cdots,n)$$

将这个关系代入第一个约束方程,由 $\sum_{i=1}^{n}e^{\lambda_1+\lambda_2x_i-1}=1$ 可以得到

$$e^{\lambda_1-1}=\frac{1}{\sum_{i=1}^{n}e^{\lambda_2x_i}}\tag{2.8}$$

可知

$$p_i=\frac{e^{\lambda_2x_i}}{\sum_{i=1}^{n}e^{\lambda_2x_i}}\quad(i=1,2,\cdots,n)\tag{2.9}$$

利用第二个约束方程

$$\sum_{i=1}^{n} x_i \mathrm{e}^{\lambda_1+\lambda_2 x_i-1} = m$$

$$\mathrm{e}^{\lambda_1-1}\sum_{i=1}^{n} x_i \mathrm{e}^{\lambda_2 x_i} = m$$

$$\sum_{i=1}^{n} x_i \mathrm{e}^{\lambda_2 x_i} = m\sum_{i=1}^{n} \mathrm{e}^{\lambda_2 x_i} \tag{2.10}$$

对于一个具体的离散无记忆信源,利用式(2.10)可以求出待定系数,然后再代入式(2.9)就可以求出相对于最大熵时的先验概率分布。最后,可以求出所对应的最大熵为

$$\begin{aligned}
H_{\max}(X) &= H(p_1,p_2,\cdots,p_n)\\
&=-\sum_{i=1}^{n} p_i \log_2 p_i\\
&=-\sum_{i=1}^{n}\left\{\frac{\mathrm{e}^{\lambda_2 x_i}}{\sum_{i=1}^{n}\mathrm{e}^{\lambda_2 x_i}}\log_2\frac{\mathrm{e}^{\lambda_2 x_i}}{\sum_{i=1}^{n}\mathrm{e}^{\lambda_2 x_i}}\right\}\\
&=-\sum_{i=1}^{n}\left\{\frac{\mathrm{e}^{\lambda_2 x_i}}{\sum_{i=1}^{n}\mathrm{e}^{\lambda_2 x_i}}\left[\ln \mathrm{e}^{\lambda_2 x_i}-\ln\sum_{i=1}^{n}\mathrm{e}^{\lambda_2 x_i}\right]\right\}\\
&=-\sum_{i=1}^{n}\left\{\frac{x_i\mathrm{e}^{\lambda_2 x_i}}{\sum_{i=1}^{n}\mathrm{e}^{\lambda_2 x_i}}\lambda_2-\frac{\mathrm{e}^{\lambda_2 x_i}}{\sum_{i=1}^{n}\mathrm{e}^{\lambda_2 x_i}}\ln\sum_{i=1}^{n}\mathrm{e}^{\lambda_2 x_i}\right\}\\
&=-\frac{\sum_{i=1}^{n}x_i\mathrm{e}^{\lambda_2 x_i}}{\sum_{i=1}^{n}\mathrm{e}^{\lambda_2 x_i}}\lambda_2+\frac{\sum_{i=1}^{n}\mathrm{e}^{\lambda_2 x_i}}{\sum_{i=1}^{n}\mathrm{e}^{\lambda_2 x_i}}\ln\sum_{i=1}^{n}\mathrm{e}^{\lambda_2 x_i}
\end{aligned}$$

由式(2.10)的结果,可知这种离散信源的最大熵为

$$H_{\max}(X) = H(p_1,p_2,\cdots,p_n) = -m\lambda_2+\ln\left\{\sum_{i=1}^{n}\mathrm{e}^{\lambda_2 x_i}\right\}$$

通过这个特殊离散无记忆信源的最大熵问题的讨论,可以看到不同的约束条件下的信源最大熵是不同的,有时对于复杂的信源情况最大熵的求解也是复杂的。

2.1.5 联合熵与条件熵

前面介绍了单符号离散无记忆信源的熵,为了后面讨论有噪声离散信道以及离散有记忆信源的问题,这里给出联合熵与条件熵的定义。

1. 联合信源的信源空间

考虑这样一种包含两个离散随机变量 X 和 Y 的信源,这两个随机变量有不同的消息符号空间,这时,可以用二维随机变量的联合概率来表示这个信源的统计特性,其信源空间为

$$\begin{bmatrix} X,Y \\ P(X,Y)\end{bmatrix}=\begin{bmatrix} x_1y_1 & \cdots & x_1y_m & x_2y_1 & \cdots & x_2y_m & \cdots & x_ny_1 & \cdots & x_ny_m \\ p(x_1,y_1) & \cdots & p(x_1,y_m) & p(x_2,y_1) & \cdots & p(x_2,y_m) & \cdots & p(x_n,y_1) & \cdots & p(x_n,y_m)\end{bmatrix}$$

同时有

$$\sum_{i=1}^{n}\sum_{j=1}^{m}p(x_i,y_j)=1$$

$$(0\leqslant p(x_i,y_j)\leqslant 1;i=1,2,\cdots,n;j=1,2,\cdots,m)$$

可以把联合信源理解为每次输出一个二维消息符号的离散信源,也可以把 X 和 Y 理解为两个前后输出的消息符号。总之,这类信源是一个双符号信源,由于它是一种二维随机变量,因此通常也把这类信源称为二维离散信源。

在分析这类信源时,考虑到二维消息符号之间的相关性,也就是说 X 与 Y 之间可能存在相关性。因此,它比单符号离散无记忆信源稍微接近真实信源。

2. 联合信源符号的自信息量和条件自信息量

对于上面给定的二维联合信源空间,参照单符号离散信源的自信息量的定义,可以给出联合信源一个二维消息符号的自信息量,即

$$I(x_i,y_j)=-\log_2 p(x_i,y_j) \tag{2.11}$$

我们知道,二维随机变量有以下的概率关系

$$p(x_i,y_j)=p(x_i)p(y_j/x_i)=p(y_j)p(x_i/y_j) \tag{2.12}$$

其中,$p(x_i/y_j)$ 表示在符号 y_j 出现的条件下,随机变量 X 出现符号 x_i 的条件概率,由此可以定义条件自信息量为

$$I(x_i/y_j)=-\log_2 p(x_i/y_j) \tag{2.13}$$

【例 2.5】　由两个二元单符号离散信源构成一个二维联合信源,并假设其信源空间为

$$\begin{bmatrix}X\\P(X)\end{bmatrix}=\begin{bmatrix}x_1 & x_2\\1/2 & 1/2\end{bmatrix};\quad\begin{bmatrix}Y\\P(Y)\end{bmatrix}=\begin{bmatrix}y_1 & y_2\\p(y_1) & p(y_2)\end{bmatrix}$$

$$\begin{bmatrix}X,Y\\P(X,Y)\end{bmatrix}=\begin{bmatrix}x_1y_1 & x_1y_2 & x_2y_1 & x_2y_2\\5/12 & 1/12 & 1/4 & 1/4\end{bmatrix}$$

求这个联合信源的联合自信息量和条件自信息量。

解　首先求出相应的概率,根据已知的联合信源空间,可以把联合概率写成矩阵形式,即

$$[P(X,Y)]=\begin{bmatrix}p(x_1,y_1) & p(x_1,y_2)\\p(x_2,y_1) & p(x_2,y_2)\end{bmatrix}=\begin{bmatrix}5/12 & 1/12\\3/12 & 3/12\end{bmatrix}$$

根据二维随机变量的概率关系式(2.12)可知

$$p(y_j/x_i)=\frac{p(x_i,y_j)}{p(x_i)}$$

由此可以得到

$$[P(Y/X)]=\begin{bmatrix}p(y_1/x_1) & p(y_2/x_1)\\p(y_1/x_2) & p(y_2/x_2)\end{bmatrix}=\begin{bmatrix}5/6 & 1/6\\1/2 & 1/2\end{bmatrix}$$

已知条件中并没有给出随机变量 Y 的概率,但是根据关系可以得到

$$p(y_j)=\sum_{i=1}^{n}p(x_i,y_j)=\sum_{i=1}^{n}p(x_i)p(y_j/x_i)$$

由此可以求出

$$[p(y_1) \quad p(y_2)] = [2/3 \quad 1/3]$$

进一步可以得到

$$[P(X/Y)] = \begin{bmatrix} p(x_1/y_1) & p(x_1/y_2) \\ p(x_2/y_1) & p(x_2/y_2) \end{bmatrix} = \begin{bmatrix} 5/8 & 2/8 \\ 3/8 & 6/8 \end{bmatrix}$$

得到这些基本概率关系之后，就可以很方便地计算联合自信息量和条件自信息量。例如

$$I(x_1, y_1) = -\log_2 p(x_1, y_1) = \log_2 \frac{12}{5} = 1.263(\text{bit})$$

$$I(y_1/x_1) = -\log_2 p(y_1/x_1) = \log_2 \frac{6}{5} = 0.263(\text{bit})$$

$$I(x_2/y_2) = -\log_2 p(x_2/y_2) = \log_2 \frac{8}{6} = 0.415(\text{bit})$$

3. 联合熵与条件熵

参照离散信源熵的定义，可以给出联合信源的定义。

定义 2.5 二元联合信源输出一个消息符号(x_i, y_j)所发出的平均信息量称为联合熵，其熵函数的表达式为

$$H(X,Y) = \underset{x,y}{E}[I(x_i, y_j)] = -\sum_{i=1}^{n}\sum_{j=1}^{m} p(x_i, y_j)\log_2 p(x_i, y_j) \tag{2.14}$$

同样可以给出联合信源条件熵定义。

定义 2.6 二元联合信源输出Y(或X)任一状态后，再输出X(或Y)任一状态所发出的平均信息量称为条件熵，其熵函数的表达式分别为

$$H(X/Y) = \underset{x,y}{E}[I(x_i/y_j)] = -\sum_{i=1}^{n}\sum_{j=1}^{m} p(x_i, y_j)\log_2 p(x_i/y_j) \tag{2.15}$$

$$H(Y/X) = \underset{x,y}{E}[I(y_j/x_i)] = -\sum_{i=1}^{n}\sum_{j=1}^{m} p(x_i, y_j)\log_2 p(y_j/x_i) \tag{2.16}$$

联合信源的熵和条件熵实际上就是二维随机变量的熵函数和条件熵函数，而且可以推广到多维随机变量的情况。如果二维随机变量X与Y相互独立，根据概率关系有

$$\begin{cases} p(x_i, y_j) = p(x_i)p(y_j) \\ p(y_j/x_i) = p(y_j) \\ p(x_i/y_j) = p(x_i) \end{cases} \tag{2.17}$$

这时的联合熵与条件熵分别为

$$H(X,Y) = -\sum_{i=1}^{n}\sum_{j=1}^{m} p(x_i)p(y_j)\log_2 p(x_i)p(y_j) = H(X) + H(Y) \tag{2.18}$$

$$H(X/Y) = -\sum_{i=1}^{n}\sum_{j=1}^{m} p(x_i)p(y_j)\log_2 p(x_i) = H(X) \tag{2.19}$$

$$H(Y/X) = -\sum_{i=1}^{n}\sum_{j=1}^{m} p(x_i)p(y_j)\log_2 p(y_j) = H(Y) \tag{2.20}$$

可以看到，当二维随机变量X与Y相互独立时，其联合熵就等于两个随机变量独立熵之和，而条件熵就等于独立熵。这里所谓的独立熵是指单符号离散无记忆信源的熵函数。

定理2.2　对于满足下列条件的二维随机变量 X,Y

$$\begin{bmatrix} X,Y \\ P(X,Y) \end{bmatrix} = \begin{bmatrix} x_1y_1 & \cdots & x_1y_m & x_2y_1 & \cdots & x_2y_m & \cdots & x_ny_1 & \cdots & x_ny_m \\ p(x_1,y_1) & \cdots & p(x_1,y_m) & p(x_2,y_1) & \cdots & p(x_2,y_m) & \cdots & p(x_n,y_1) & \cdots & p(x_n,y_m) \end{bmatrix}$$

$$\sum_{i=1}^{n}\sum_{j=1}^{m} p(x_i,y_j) = 1$$

$$(0 \leqslant p(x_i,y_j) \leqslant 1; i = 1,2,\cdots,n; j = 1,2,\cdots,m)$$

其联合熵与条件熵之间有以下关系

$$H(X,Y) = H(X) + H(Y/X) \tag{2.21}$$

证明

$$\begin{aligned} H(X,Y) &= -\sum_{i=1}^{n}\sum_{j=1}^{m} p(x_i,y_j)\log_2 p(x_i,y_j) \\ &= -\sum_{i=1}^{n}\sum_{j=1}^{m} p(x_i,y_j)\log_2 p(x_i)p(y_j/x_i) \\ &= -\sum_{i=1}^{n}\sum_{j=1}^{m} p(x_i,y_j)\log_2 p(x_i) - \sum_{i=1}^{n}\sum_{j=1}^{m} p(x_i,y_j)\log_2 p(y_j/x_i) \\ &= -\sum_{i=1}^{n} p(x_i)\log_2 p(x_i) - \sum_{i=1}^{n}\sum_{j=1}^{m} p(x_i,y_j)\log_2 p(y_j/x_i) \\ &= H(X) + H(Y/X) \end{aligned}$$

实际上定理2.2同样说明

$$H(X,Y) = H(Y) + H(X/Y) \tag{2.22}$$

【例2.6】　设一个二维随机变量 X,Y 及其先验概率分布，并以矩阵的形式给出其联合概率：

$$\begin{bmatrix} X \\ P(X) \end{bmatrix} = \begin{bmatrix} 1 & 2 & 3 & 4 \\ 1/2 & 1/4 & 1/8 & 1/8 \end{bmatrix};\quad \begin{bmatrix} Y \\ P(Y) \end{bmatrix} = \begin{bmatrix} 1 & 2 & 3 & 4 \\ 1/4 & 1/4 & 1/4 & 1/4 \end{bmatrix}$$

$$[P(X,Y)] = \begin{bmatrix} 1/8 & 1/16 & 1/16 & 1/4 \\ 1/16 & 1/8 & 1/16 & 0 \\ 1/32 & 1/32 & 1/16 & 0 \\ 1/32 & 1/32 & 1/16 & 0 \end{bmatrix}$$

求二维随机变量构成的联合信源的联合熵及条件熵。

解　根据联合概率与条件概率的关系，可以求出两个条件概率分布

$$[P(Y/X)] = \begin{bmatrix} 1/4 & 1/8 & 1/8 & 1/2 \\ 1/4 & 1/2 & 1/4 & 0 \\ 1/4 & 1/4 & 1/2 & 0 \\ 1/4 & 1/4 & 1/2 & 0 \end{bmatrix};\quad [P(X/Y)] = \begin{bmatrix} 1/2 & 1/4 & 1/4 & 1 \\ 1/4 & 1/2 & 1/4 & 0 \\ 1/8 & 1/8 & 1/4 & 0 \\ 1/8 & 1/8 & 1/4 & 0 \end{bmatrix}$$

$$H(X,Y) = -\sum_{i=1}^{n}\sum_{j=1}^{m} p(x_i,y_j)\log_2 p(x_i,y_j)$$

$$H(X,Y) = \frac{1}{4}\log_2 4 + 2 \times \frac{1}{8}\log_2 8 + 6 \times \frac{1}{16}\log_2 16 + 4 \times \frac{1}{32}\log_2 32$$

$$=\frac{1}{2}+\frac{3}{4}+\frac{3}{2}+\frac{5}{8}=\frac{27}{8}(\text{bit/符号})$$

$$H(X/Y)=-\sum_{i=1}^{n}\sum_{j=1}^{m}p(x_i,y_j)\log_2 p(x_i/y_j)=\frac{2}{8}\log_2 2+\frac{3}{8}\log_2 4+\frac{1}{8}\log_2 8=\frac{11}{8}(\text{bit/符号})$$

$$H(Y/X)=-\sum_{i=1}^{n}\sum_{j=1}^{m}p(x_i,y_j)\log_2 p(y_j/x_i)=\frac{4}{8}\log_2 2+\frac{3}{8}\log_2 4+\frac{1}{8}\log_2 8=\frac{13}{8}(\text{bit/符号})$$

根据 X,Y 两个随机变量的先验概率分布,可以计算它们的独立信源熵为

$$H(X)=-\sum_{i=1}^{n}p(x_i)\log_2 p(x_i)=\frac{1}{2}\log_2 2+\frac{1}{4}\log_2 4+\frac{2}{8}\log_2 8=\frac{14}{8}(\text{bit/符号})$$

$$H(Y)=-\sum_{j=1}^{m}p(y_j)\log_2 p(y_j)=\frac{4}{4}\log_2 4=2(\text{bit/符号})$$

根据以上结果可以验证定理 2.2 中式(2.21)和式(2.22)的结论。

2.2 离散信道的平均交互信息量

2.1 节讨论了离散信源的模型和信息的度量方法问题,其结论就是可以用离散随机变量自信息量和熵函数来描述信源及其信息量的大小。但是香农信息论的基本问题是研究信息的传输问题,也就是通信的问题。对于一个通信系统来说,在信源与信宿之间是由信道连接的,在这一节我们讨论在有噪声信道情况下的信息度量问题。严格来讲,这里仅仅讨论离散无记忆信道(DMC),所谓无记忆就是信道是一个简单时序系统,信道的输出只与当前的输入及信道状态有关,而与过去的输入无关。

2.2.1 离散信道的数学模型

在有噪声信道下,离散信源(随机变量)X 发出一个消息符号 x_i,信宿就会收到一个随机变量 Y 的消息符号 y_j。接收者收到 y_j 后,从 y_j 中获取到关于 x_i 的信息量的过程就是信息的传输过程。这时,由于信道的连接,随机变量 Y 必然与随机变量 X 具有某种相关性,这种相关性可被一个条件概率 $P(Y/X)$ 来描述,这个概率也称为信道转移概率。我们把这种用概率描述离散信源与信宿关系的方法称为离散信道的数学模型。实际上,正是由于这种相关性的存在,接收者才可以从随机变量 Y 中获得随机变量 X 的信息量。可以想象,由于噪声的存在,接收者从 Y 中获得的关于 X 的信息量一定不大于随机变量 X 发出的信息量。

离散信道的数学模型如图 2.2 所示。

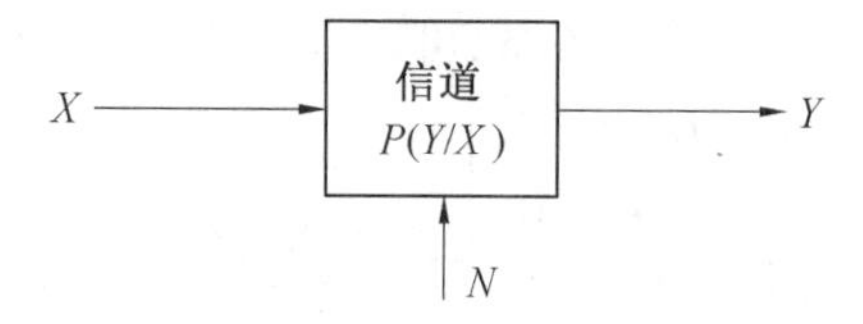

图 2.2 离散信道的数学模型

离散信道模型通常有以下三种描述方法。

(1) 概率空间描述。

信道输入的离散随机变量为 $X=(x_1,x_2,\cdots,x_i,\cdots,x_n)$

信道输出的离散随机变量为 $Y=(y_1,y_2,\cdots,y_j,\cdots,y_m)$

信道转移概率为

$$P(Y/X)=\{p(y_1/x_1),p(y_2/x_1),\cdots,p(y_m/x_1),\cdots,p(y_1/x_n),\cdots,p(y_m/x_n)\}$$

同时满足

$$0\leqslant p(y_j/x_i)\leqslant 1$$

$$\sum_{j=1}^{m}p(y_j/x_i)=1\quad(i=1,2,\cdots,n)\tag{2.23}$$

式(2.23)表明信道为一个因果系统,即有一个输入就一定有一个输出。

(2)转移矩阵描述。

通常用矩阵 $\boldsymbol{P}$ 表示离散信道的信道转移矩阵,有时也称为信道矩阵。

如果信道输入的离散随机变量为 $X=(x_1,x_2,\cdots,x_i,\cdots,x_n)$,信道输出的离散随机变量为 $Y=(y_1,y_2,\cdots,y_j,\cdots,y_m)$,则信道转移矩阵为

$$\boldsymbol{P}=[P(Y/X)]=\begin{bmatrix}p(y_1/x_1) & p(y_2/x_1) & \cdots & p(y_m/x_1)\\ p(y_1/x_2) & p(y_2/x_2) & \cdots & p(y_m/x_2)\\ \vdots & \vdots & & \vdots\\ p(y_1/x_n) & p(y_2/x_n) & \cdots & p(y_m/x_n)\end{bmatrix}\tag{2.24}$$

矩阵 $\boldsymbol{P}$ 为一个 $n\times m$ 矩阵,其每行元素之和等于1,同时满足式(2.23)。

(3)图示法描述。

离散信道的图示法描述如图2.3所示。

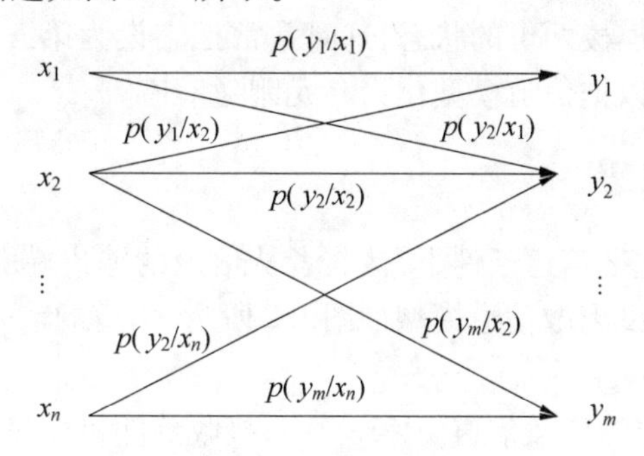

图2.3　离散信道的图示法

上面介绍了离散信道数学模型的三种表示方法,可以根据具体问题选用。

这里给出两种简单的离散信道的例子。

【例2.7】　二元对称信道(BSC)是一种最简单的离散无记忆信道,其输入和输出都是单符号二元随机变量,$X=\{0,1\}$,$Y=\{0,1\}$。信道转移矩阵如下

$$\boldsymbol{P}=\begin{bmatrix}1-p & p\\ p & 1-p\end{bmatrix}$$

二元对称信道图示法如图2.4所示。

二元对称信道很容易被理解,如果参数 p 是一个很小的值就可以被理解为信道差错概率,而 $1-p$ 可以理解为正确传输的概率。当然,从信道模型的角度看 p 仅是一个转移概率参数。

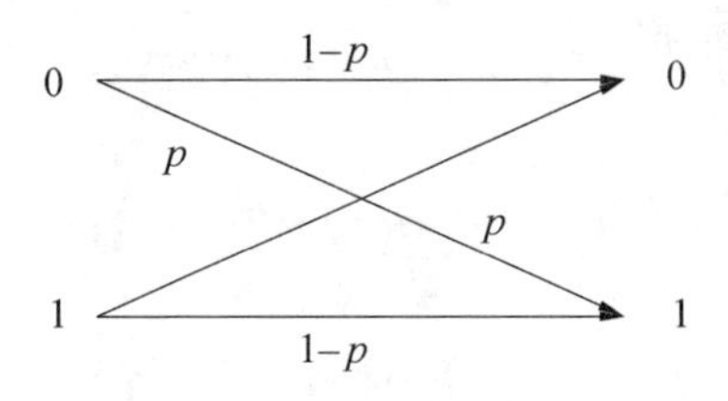

图 2.4　二元对称信道图示法

【例 2.8】　二元删除信道也是一种典型的离散无记忆信道，输入有两个符号状态 $X=\{0,1\}$，输出有三个符号状态 $Y=\{0,?,1\}$，信道转移矩阵如下

$$\boldsymbol{P}=\begin{bmatrix}1-p & p & 0\\ 0 & p & 1-p\end{bmatrix}$$

二元删除信道图示法如图 2.5 所示。

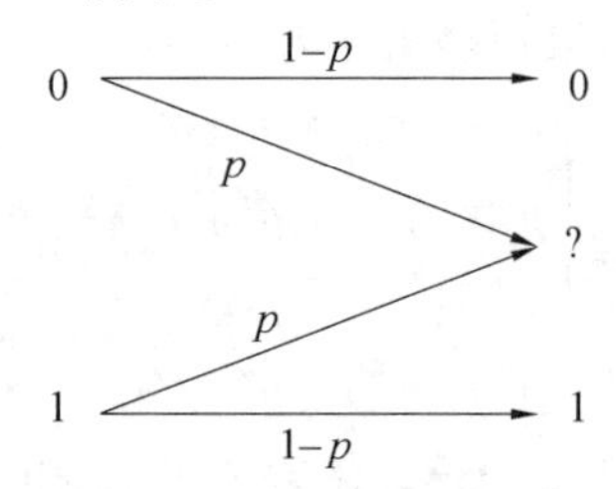

图 2.5　二元删除信道图示法

二元删除信道也是很容易理解的，在信道输出端的接收判决过程中经常会遇到这样的情况，消息符号处于一种模棱两可的状态，这时常常把它设为第三种状态，通过其他辅助手段进行判决，这一过程可以把信道模型化为二元删除信道。

2.2.2　交互信息量

下面讨论在离散无记忆信道条件下，接收者从信道的输出端获得信源从信道的输入端发出的信息量。同样，假设离散信道模型如图 2.2 所示，信道的输入为 $X=(x_1,x_2,\cdots,x_i,\cdots,x_n)$，输出为 $Y=(y_1,y_2,\cdots,y_j,\cdots,y_m)$。

定义 2.7　对于给定的离散信道 $[P(Y/X)]$，接收到随机变量 Y 的任一符号 y_j 后，从 y_j 中获取关于随机变量 X 的任一符号 x_i 的信息量，称为交互信息量。记为

$$I(x_i,y_j)=H(x_i)-H(x_i/y_j)=I(x_i)-I(x_i/y_j) \tag{2.25}$$

由上面交互信息量的定义可以看出，交互信息量等于接收 y_j 前接收者对 x_i 存在的不确定度减去接收 y_j 后接收者对 x_i 仍存在的不确定度，也就是等于通信前后接收者对 x_i 不确定度的变化量。

实际上，以一个观察者的角度考虑这个通信过程，还可以得到从 X 中获得 Y 的信息量的问题，这时可以得到

$$I(y_j,x_i)=H(y_j)-H(y_j/x_i)=I(y_j)-I(y_j/x_i) \tag{2.26}$$

由概率基本关系可以证明

$$\begin{aligned}I(x_i,y_j)&=I(x_i)-I(x_i/y_j)\\&=\log_2\frac{p(x_i/y_j)}{p(x_i)}\end{aligned}$$

$$= \log_2 \frac{p(x_i, y_j)}{p(x_i)p(y_j)}$$

$$= \log_2 \frac{p(x_i)p(y_j/x_j)}{p(x_i)p(y_j)}$$

$$= \log_2 \frac{p(y_j/x_i)}{p(y_j)}$$

$$= I(y_j, x_i)$$

$I(y_j, x_i) = I(x_i, y_j)$ 说明从 y_j 中获得关于 x_i 的信息量等于从 x_i 中获得关于 y_j 的信息量，因此称其为交互信息量。

由概率的基本关系还可以得到

$$I(x_i, y_j) = \log_2 \frac{p(x_i/y_j)}{p(x_i)} = \log_2 \frac{\dfrac{p(x_i)p(y_j/x_i)}{\sum_{i=1}^{n} p(x_i)p(y_j/x_i)}}{p(x_i)}$$

$$I(y_j, x_i) = \log_2 \frac{p(y_j/x_i)}{p(y_j)} = \log_2 \frac{p(y_j/x_i)}{\sum_{i=1}^{n} p(x_i)p(y_j/x_i)}$$

由以上两个公式可以看到：只要已知某一个信源消息符号的先验概率 $p(x_i)$ 及相应的信道转移概率 $p(y_j/x_i)$，就可以得到相应的交互信息量。

下面看几种特殊情况。

如果 $p(x_i/y_j) = 1$，则有 $H(x_i/y_j) = 0, I(x_i, y_j) = I(x_i)$。表明接收者收到 y_j 后可以准确无误地判断 x_i，相当于无噪声信道，收到 y_j 获得的信息量就等于 x_i 的自信息量。

如果 $p(x_i) < p(x_i/y_j) < 1$，则有 $H(x_i) > H(x_i/y_j), I(x_i, y_j) > 0$。表明接收者收到 y_j 后判断信源发出 x_i 的概率，大于收到 y_j 之前判断信源发出 x_i 的概率，通信后接收者对信源符号 x_i 的不确定度减少了，获得的信息量大于 0。

如果 $p(x_i/y_j) = p(x_i)$，则有 $H(x_i) = H(x_i/y_j), I(x_i, y_j) = 0$。表明接收者收到 y_j 后判断信源发出 x_i 的概率，等于收到 y_j 之前判断信源发出 x_i 的概率，通信后接收者对信源符号 x_i 的不确定度没有变化，获得的信息量等于 0。

如果 $0 < p(x_i/y_j) < p(x_i)$，则有 $H(x_i) < H(x_i/y_j), I(x_i, y_j) < 0$。表明接收者收到 y_j 后判断信源发出 x_i 的概率，小于收到 y_j 之前判断信源发出 x_i 的概率，通信后接收者对信源符号 x_i 的不确定度不但没减少，反而增加了，获得的信息量小于 0。

定理 2.3　对于离散无记忆信道，接收者收到的信息量不可能大于信源发出的信息量，只有当信道为无噪声信道时，接收信息量才等于信源发出的信息量。即有

$$I(x_i, y_j) \leqslant I(x_i) \tag{2.27}$$

可以这样理解：

由于有 $0 \leqslant p(x_i/y_j) \leqslant 1$，因此有

$$\frac{p(x_i/y_j)}{p(x_i)} \leqslant \frac{1}{p(x_i)}$$

由于底大于 1 的对数为严格的上凸函数，则有

$$\log_2 \frac{p(x_i,y_j)}{p(x_i)} \leqslant \log_2 \frac{1}{p(x_i)}$$

即
$$I(x_i,y_j) \leqslant I(x_i)$$

实际上,根据这个定理及交互信息量的基本关系,也可以证明交互信息量不大于信宿的自信息量,即有

$$I(x_i,y_j) \leqslant I(y_j) \tag{2.28}$$

【例2.9】 一个二元离散无记忆信道如图2.6所示,信源先验概率$p(M)=p(S)=1/2$,求交互信息量$I(x_i,y_j)$。

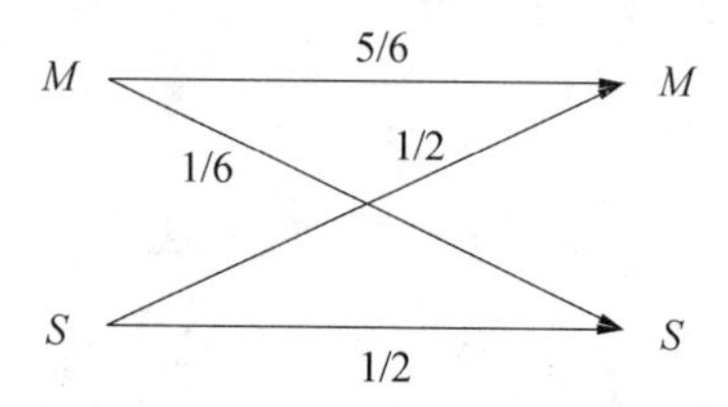

图2.6 例2.9离散信道

解 利用先验概率和转移概率求出后验概率

$$p(x_i/y_j)=\frac{p(x_i,y_j)}{p(y_j)}=\frac{p(x_i)p(y_j/x_i)}{\sum_{i=1}^{n} p(x_i)p(y_j/x_i)}$$

可得
$$p(x_i=M/y_j=M)=5/8;\quad p(x_i=S/y_j=M)=3/8;$$
$$p(x_i=S/y_j=S)=3/4;\quad p(x_i=M/y_j=S)=1/4$$

可分别求出互信息量为

$$I(x_i,y_j)=I(x_i)-I(x_i/y_j)=\log_2 \frac{p(x_i/y_j)}{p(x_i)}$$

$I(M,M)=0.322$ bit; $I(S,S)=0.585$ bit; $I(S,M)=-0.415$ bit; $I(M,S)=-1$ bit

根据先验概率可以得到

$$I(x_i=M)=I(x_i=S)=-\log_2 \frac{1}{2}=1(\text{bit})$$

由此可以看出定理2.3中的式(2.27)成立。

2.2.3 平均交互信息量

1. 平均交互信息量

交互信息量描述了接收者通过某一个信道P从一个信源$[p(x_i)]$获得某一符号x_i信息量的问题,但它不能完全反映一个信道的整体特性,因此,这里定义平均交互信息量。

定义2.8 对于给定的离散信道$[P(Y/X)]$,接收端接收到随机变量Y的任一符号后,获取关于信源随机变量X的任一符号平均信息量,称为平均交互信息量。对于给定的信道模型$\{X,P(Y/X),Y\}$,其平均交互信息量为

$$I(X;Y)=\sum_{i=1}^{n}\sum_{j=1}^{m} p(x_i,y_j)\log_2 \frac{p(x_i/y_j)}{p(x_i)} \tag{2.29}$$

这个关系可以这样来理解:将$I(x_i,y_j)$在X空间取平均

$$I(X,y_j)=\sum_{i=1}^{n}p(x_i/y_j)I(x_i,y_j)\quad(j=1,2,\cdots,m)$$

然后再将 $I(X,y_j)$ 在 Y 空间取平均

$$I(X;Y)=\sum_{j=1}^{m}p(y_j)I(X,y_j)=\sum_{i=1}^{n}\sum_{j=1}^{m}p(y_j)p(x_i/y_j)I(x_i,y_j)=\sum_{i=1}^{n}\sum_{j=1}^{m}p(x_i,y_j)I(x_i,y_j)$$

从上式可以看出,平均交互信息量就是交互信息量在 X,Y 空间的平均值。

同样,还可以以观察者的角度,从 X 得到关于 Y 的平均交互信息量,即

$$I(Y;X)=\sum_{i=1}^{n}\sum_{j=1}^{m}p(x_i,y_j)\log_2\frac{p(y_j/x_i)}{p(y_j)}\tag{2.30}$$

根据概率关系可得

$$\begin{aligned}I(X;Y)&=\sum_{i=1}^{n}\sum_{j=1}^{m}p(x_i,y_j)\log_2\frac{p(x_i/y_j)}{p(x_i)}\\&=\sum_{i=1}^{n}\sum_{j=1}^{m}p(x_i,y_j)\log_2\frac{p(x_i,y_j)}{p(x_i)p(y_j)}\\&=\sum_{i=1}^{n}\sum_{j=1}^{m}p(x_i,y_j)\log_2\frac{p(y_j/x_i)}{p(y_j)}\\&=I(Y;X)\end{aligned}$$

实际上,这就是平均交互信息量的交互性,即

$$I(X;Y)=I(Y;X)\tag{2.31}$$

平均交互信息量给出了信道传输一个信源符号所传递的平均信息量,对于给定的信道和信源平均交互信息量是一个确定的量,平均交互信息量实际上就是接收者收到一个符号通过信道从信源所获得的平均信息量,因此也称为平均接收信息量。

2. 平均交互信息量与熵函数的关系

根据平均交互信息量和熵函数的定义,由式(2.29) 可以得到两者之间的关系。

$$\begin{aligned}I(X;Y)&=\sum_{i=1}^{n}\sum_{j=1}^{m}p(x_i,y_j)\log_2\frac{p(x_i/y_j)}{p(x_i)}\\&=\sum_{i=1}^{n}\sum_{j=1}^{m}p(x_i,y_j)\log_2 p(x_i/y_j)-\sum_{i=1}^{n}\sum_{j=1}^{m}p(x_i,y_j)\log_2 p(x_i)\\&=-\sum_{i=1}^{n}p(x_i)\log_2 p(x_i)+\sum_{i=1}^{n}\sum_{j=1}^{m}p(x_i,y_j)\log_2 p(x_i/y_j)\\&=H(X)-H(X/Y)\end{aligned}$$

从而得到平均交互信息量与熵函数的基本关系为

$$I(X;Y)=H(X)-H(X/Y)\tag{2.32}$$

在这个关系式中,$H(X)$ 为信源熵,它是由信源的先验概率分布决定的,对于接收者作为观察者来说,$H(X)$ 称为先验不确定度。条件熵 $H(X/Y)$ 表示接收者收到 Y 后,对信源 X 仍然存在的平均不确定度,称为后验不确定度,也称为疑义度或可疑度。由此可见,平均交互信息量等于接收者通信前后对信源符号平均不确定度的变化量。

由式(2.31) 的关系,可以验证平均交互信息量与熵函数的关系为

$$I(X;Y)=H(Y)-H(Y/X)\tag{2.33}$$

在这个关系式中，从通信角度看，$H(Y)$ 称为信宿熵，$H(Y/X)$ 称为噪声熵或扩散度。当然如果观察者从信源看信宿，$H(Y)$ 就称为先验熵，而 $H(Y/X)$ 称为后验熵。

由式(2.29)还可以看到

$$
\begin{aligned}
I(X;Y) &= \sum_{i=1}^{n}\sum_{j=1}^{m} p(x_i,y_j)\log_2 \frac{p(x_i/y_j)}{p(x_i)} \\
&= \sum_{i=1}^{n}\sum_{j=1}^{m} p(x_i,y_j)\log_2 \frac{p(x_i,y_j)}{p(x_i)p(y_j)} \\
&= \sum_{i=1}^{n}\sum_{j=1}^{m} p(x_i,y_j)\log_2 \frac{p(y_j/x_i)}{p(y_j)} \\
&= I(Y;X) \\
&= \sum_{i=1}^{n}\sum_{j=1}^{m} p(x_i,y_j)\log_2 p(x_i,y_j) - \sum_{i=1}^{n}\sum_{j=1}^{m} p(x_i,y_j)\log_2 p(x_i) - \\
&\quad \sum_{i=1}^{n}\sum_{j=1}^{m} p(x_i,y_j)\log_2 p(y_j) \\
&= H(X) + H(Y) - H(X,Y)
\end{aligned} \tag{2.34}
$$

在这个关系式中，熵 $H(X,Y)$ 为联合熵，这时的观察者是从通信系统的整体观察信息传输过程，$H(X,Y)$ 表示通信完成之后，观察者对通信系统仍然存在的平均不确定度，$H(X)+H(Y)$ 为先验不确定度，$H(X,Y)$ 为后验不确定度，平均交互信息量等于通信前后不确定度的变化量。

由此，可以得到交互信息量与熵函数的基本关系为

$$I(X;Y) = H(X) - H(X/Y) = H(Y) - H(Y/X) = H(X) + H(Y) - H(X,Y) \tag{2.35}$$

图 2.7 给出了平均交互信息量、信源熵、信宿熵、联合熵、疑义度和扩散度之间的关系，两个圆的相交部分为交互信息量 $I(X;Y)$。

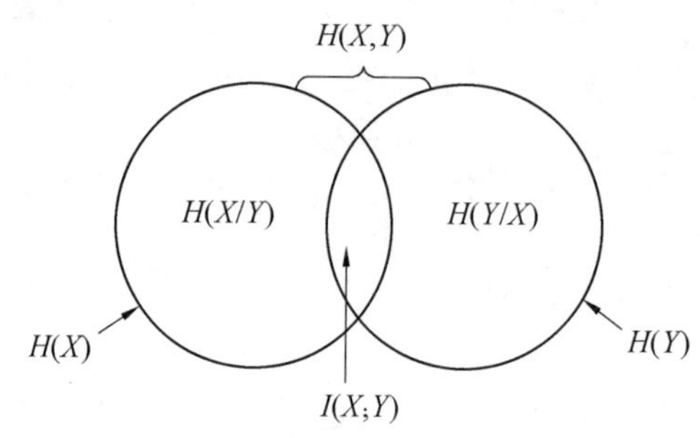

图 2.7 交互信息量与熵函数的关系

【例 2.10】 已知一个二元离散信源连接一个二元离散无记忆信道，如图 2.8 所示。求 $I(X;Y)$，$H(X,Y)$，$H(X/Y)$ 和 $H(Y/X)$。

$$X = \{x_1, x_2\}, \quad [p(x_i)] = \{1/2, 1/2\}$$

解 (1) 求联合概率 $p(x_i,y_j)$

$$p(x_1,y_1) = 0.5 \times 0.98 = 0.49$$
$$p(x_1,y_2) = 0.5 \times 0.02 = 0.01$$
$$p(x_2,y_1) = 0.5 \times 0.20 = 0.10$$
$$p(x_2,y_2) = 0.5 \times 0.80 = 0.40$$

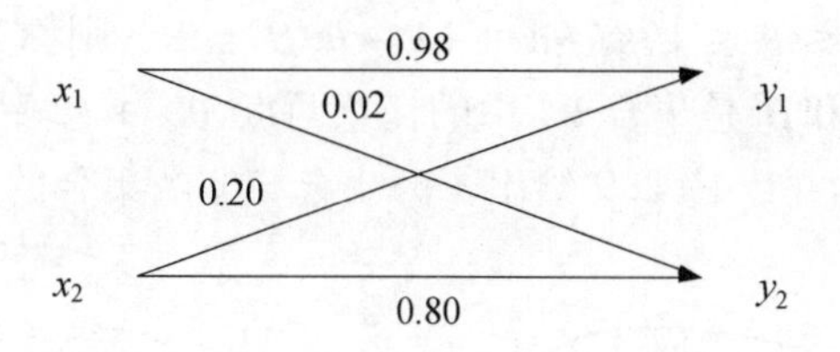

图 2.8　一个二元离散无记忆信道

(2) 求信宿概率 $p(y_j)$

$$p(y_1)=p(x_1,y_1)+p(x_2,y_1)=0.49+0.10=0.59$$
$$p(y_2)=p(x_1,y_2)+p(x_2,y_2)=0.01+0.40=0.41$$

(3) 求后验概率 $p(x_i/y_j)$

$$p(x_1/y_1)=p(x_1,y_1)/p(y_1)=0.831$$
$$p(x_2/y_1)=p(x_2,y_1)/p(y_1)=0.169$$
$$p(x_1/y_2)=p(x_1,y_2)/p(y_2)=0.024$$
$$p(x_2/y_2)=p(x_2,y_2)/p(y_2)=0.976$$

(4) 求熵函数及平均交互信息量

$$H(X)=-\sum_{i=1}^{2}p(x_i)\log_2 p(x_i)=1\ \text{bit}$$
$$H(Y)=-\sum_{j=1}^{2}p(y_j)\log_2 p(y_j)=0.98\ \text{bit}$$
$$H(X,Y)=-\sum_{i=1}^{2}\sum_{j=1}^{2}p(x_i,y_j)\log_2 p(x_i,y_j)=1.43\ \text{bit}$$
$$H(X/Y)=-\sum_{i=1}^{2}\sum_{j=1}^{2}p(x_i,y_j)\log_2 p(x_i/y_j)=0.45\ \text{bit}$$
$$H(Y/X)=-\sum_{i=1}^{2}\sum_{j=1}^{2}p(x_i,y_j)\log_2 p(y_j/x_i)=0.43\ \text{bit}$$
$$I(X;Y)=H(X)-H(X/Y)=H(Y)-H(Y/X)=H(X)+H(Y)-H(X,Y)=0.55\ \text{bit}$$

2.3　平均交互信息量的特性

平均交互信息量 $I(X;Y)$ 在统计平均的意义上描述了信源、信道、信宿组成的通信系统的信息传输特性。这一节将进一步讨论 $I(X;Y)$ 的数学特性，重点介绍其特性的结论和其物理意义。

2.3.1　凸函数和 Jensen 不等式

在证明交互信息量和熵函数的性质时经常用到凸函数和 Jensen 不等式，这里我们给出这方面的简单介绍。

设 K 为欧几里得 n 维空间的一个子集，如果连接 K 内任意两点的线段均包含在 K 内，则称该子集为一个凸集合。

定义 2.9　如果 $\boldsymbol{\alpha}=(\alpha_1,\alpha_2,\cdots,\alpha_n)$ 和 $\boldsymbol{\beta}=(\beta_1,\beta_2,\cdots,\beta_n)$ 是 n 维向量空间 $\mathbf{R}^n$ 中的任

意两个 n 维向量，对于 $0 \leqslant \theta \leqslant 1$，有 $\theta\boldsymbol{\alpha} + (1-\theta)\boldsymbol{\beta} \in \mathbf{R}^n$，则称为一个凸集合。

从几何关系上看，$\boldsymbol{\alpha}$ 和 $\boldsymbol{\beta}$ 是集合 $\mathbf{R}^n$ 中的任意两点，$\theta\boldsymbol{\alpha} + (1-\theta)\boldsymbol{\beta} \in \mathbf{R}^n$ 表示连接这两点的连线也属于这个集合中。图 2.9 给出了凸集合与非凸集合的示意图。

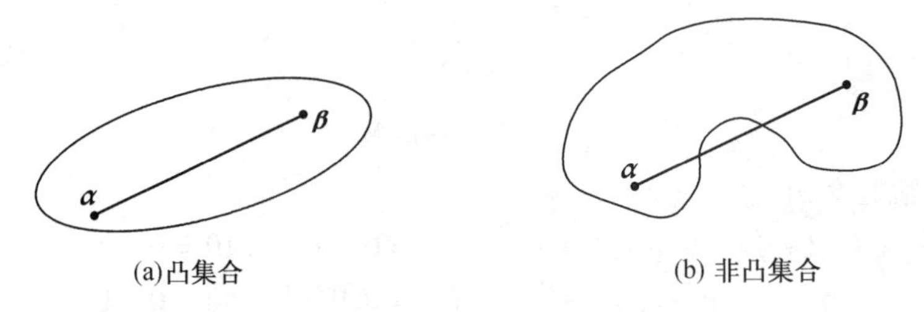

图 2.9　凸集合与非凸集合的示意图

定义 2.10　设 $f(x)$ 是一个实函数，并设 K 是 f 定义域上的一个凸子集，如果对于任意 $x_1, x_2 \in K$，以及 $0 \leqslant \theta \leqslant 1$，有

$$f(\theta x_1 + (1-\theta)x_2) \leqslant \theta f(x_1) + (1-\theta)f(x_2) \tag{2.36}$$

则称 f 为下凸函数。如果当 $x_1 \neq x_2$ 且 $0 \leqslant \theta \leqslant 1$ 时，式(2.36)的不等式严格成立，则称 f 为严格下凸函数。

图 2.10 给出一维空间下凸函数的例子。从几何的角度看，只有当函数 f 的所有弦都在函数 f 的曲线上方或曲线上时，f 才是下凸函数。

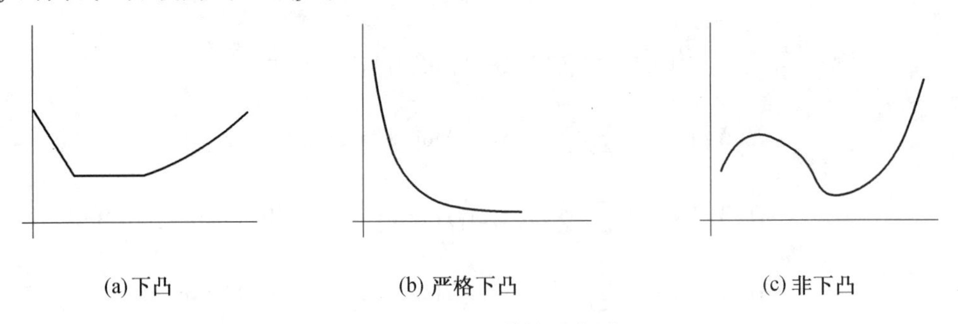

图 2.10　下凸函数的示意图

定义 2.11　设 $f(x)$ 是一个实函数，并设 K 是 f 定义域上的一个凸子集，如果对于任意 $x_1, x_2 \in K$，以及 $0 \leqslant \theta \leqslant 1$，有

$$f(\theta x_1 + (1-\theta)x_2) \geqslant \theta f(x_1) + (1-\theta)f(x_2) \tag{2.37}$$

则称 f 为上凸函数。如果当 $x_1 \neq x_2$ 且 $0 \leqslant \theta \leqslant 1$ 时，式(2.37)的不等式严格成立，则称 f 为严格上凸函数。

图 2.11 给出一维空间上凸函数的例子。从几何的角度看，只有当函数 f 的所有弦都在函数 f 的曲线下方或曲线上时，f 才是上凸函数。

从一维空间的函数来看，如果存在一阶导数，那么一阶导数是递增的为下凸函数，一阶导数是递减的为上凸函数。

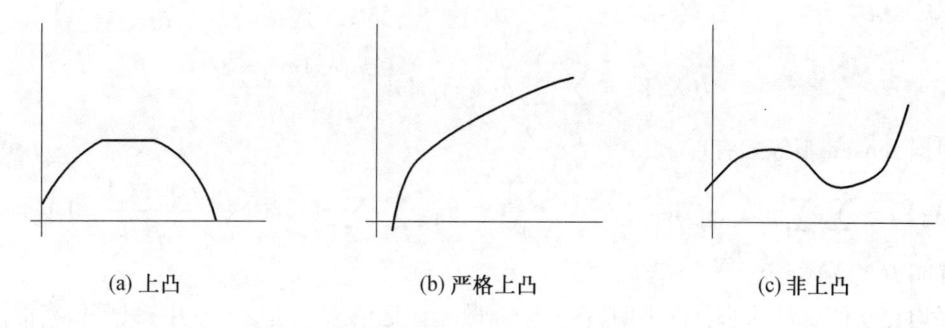

图2.11　上凸函数的示意图

定理2.4　如果 X 是一个随机变量,f 为一个下凸函数,则

$$E[f(X)] \geqslant f(E[X]) \tag{2.38}$$

如果 f 为一个上凸函数,则

$$E[f(X)] \leqslant f(E[X]) \tag{2.39}$$

也就是说,如果 f 是下凸函数,则随机变量函数的均值大于等于随机变量均值的函数;如果 f 是上凸函数,则随机变量函数的均值小于等于随机变量均值的函数。进一步可以验证,如果 f 是严格下凸函数,且等式成立,则意味着 X 为一个常数。这个不等式称为Jensen不等式。

利用Jensen不等式可以更方便地证明单符号离散无记忆信源的最大熵定理(定理2.1)。

【例2.11】　证明对于单符号离散无记忆信源 X,当随机变量的 n 个状态的概率分布相等时,熵函数取得最大值,其最大熵为 $H_{\max}(X) = \log_2 n$,即证明 $H(X) \leqslant \log_2 n$。

证明　设单符号离散无记忆信源的信源空间为

$$\begin{bmatrix} X \\ P(X) \end{bmatrix} = \begin{Bmatrix} x_1, & x_2, & \cdots, & x_i, & \cdots, & x_n \\ p(x_1), & p(x_2), & \cdots, & p(x_i), & \cdots, & p(x_n) \end{Bmatrix}$$

有

$$H(X) - \log_2 n = \sum_{i=1}^{n} p(x_i) \log_2 \frac{1}{p(x_i)} - \log_2 n = \sum_{i=1}^{n} p(x_i) \log_2 \frac{1}{p(x_i) n}$$

可以证明底大于1的对数函数 $\log_2 x$ 是严格上凸函数,利用式(2.28)可得

$$H(X) - \log_2 n = \sum_{i=1}^{n} p(x_i) \log_2 \frac{1}{p(x_i) n} \leqslant \log_2 \sum_{i=1}^{n} p(x_i) \frac{1}{p(x_i) n} = \log_2 \sum_{i=1}^{n} \frac{1}{n} = \log_2 1 = 0$$

即可证明 $H(X) \leqslant \log_2 n$。

2.3.2　平均交互信息量的简单性质

1. 平均交互信息量的非负性

可以方便地验证平均交互信息量的非负性,即

$$I(X;Y) \geqslant 0 \tag{2.40}$$

由平均交互信息量的定义有

$$I(X;Y) = \sum_{i=1}^{n} \sum_{j=1}^{m} p(x_i, y_j) \log_2 \frac{p(x_i / y_j)}{p(x_i)} = \sum_{i=1}^{n} \sum_{j=1}^{m} p(x_i, y_j) \log_2 \frac{p(x_i, y_j)}{p(x_i) p(y_j)}$$

这样有

$$-I(X;Y)=\sum_{i=1}^{n}\sum_{j=1}^{m}p(x_i,y_j)\log_2\frac{p(x_i)p(y_j)}{p(x_i,y_j)}$$

根据 Jensen 不等式有

$$-I(X;Y)=\sum_{i=1}^{n}\sum_{j=1}^{m}p(x_i,y_j)\log_2\frac{p(x_i)p(y_j)}{p(x_i,y_j)}\leqslant\log_2\sum_{i=1}^{n}\sum_{j=1}^{m}p(x_i,y_j)\frac{p(x_i)p(y_j)}{p(x_i,y_j)}=\log_2 1=0$$

即可证明 $I(X;Y)\geqslant 0$。

平均交互信息量的非负性表明,在一个离散无记忆信道的通信系统中,只要信宿的随机变量 Y 与信源 X 具有一定的相关性,那么从统计上讲就一定能够从 Y 中得到关于 X 的信息量。只有当 X 与 Y 相互独立,平均交互信息量才等于零。

因为,当 X 与 Y 相互独立时,对于 $i=1,2,\cdots,n;j=1,2,\cdots,m$ 有

$$p(x_i,y_j)=p(x_i)p(y_j)$$
$$p(x_i/y_j)=p(x_i)$$
$$p(y_j/x_i)=p(y_j)$$

这时有

$$I(X;Y)=H(X)-H(X/Y)=H(Y)-H(Y/X)=H(X)+H(Y)-H(X,Y)=0$$

平均交互信息量的非负性说明,后验熵不可能大于先验熵,噪声熵不可能大于信宿熵,联合熵也不可能大于独立熵之和。实际上,这一点可以很容易地推广为条件熵小于等于无条件熵,联合熵小于等于独立熵之和,即

$$H(X,Y)\leqslant H(X)+H(Y)$$
$$H(X/Y)\leqslant H(X)$$
$$H(Y/X)\leqslant H(Y)$$

2. 平均交互信息量的交互性

平均交互信息量的交互性前面已经给出了证明。实际上就是

$$I(X;Y)=I(Y;X) \tag{2.41}$$

这一性质也可以这样来证明,由于有 $p(x_i,y_j)=p(y_j,x_i)$,因此,根据平均交互信息量的定义

$$I(X;Y)=\sum_{i=1}^{n}\sum_{j=1}^{m}p(x_i,y_j)\log_2\frac{p(x_i,y_j)}{p(x_i)p(y_j)}$$
$$I(Y;X)=\sum_{i=1}^{n}\sum_{j=1}^{m}p(y_j,x_i)\log_2\frac{p(y_j,x_i)}{p(y_j)p(x_i)}$$

必然有 $I(X;Y)=I(Y;X)$。

从图 2.7 中可以看到,平均交互信息量为两个圆的相交部分。平均交互信息量的大小体现了 X 和 Y 的相关程度,X 和 Y 相互独立,两个圆不相交,平均交互信息量为 0;X 和 Y 完全相关,两个圆重合,交互信息量最大,相当于信道无信息损失。

下面通过几个例子看一看平均交互信息量与 X 和 Y 相关性的关系。

【例 2.12】 X 和 Y 完全相关的例子,有以下四种离散无记忆信道的转移概率矩阵,考察其平均交互信息量的情况。

$$\boldsymbol{P}_1=\begin{bmatrix}1&0&0\\0&1&0\\0&0&1\end{bmatrix};\quad \boldsymbol{P}_2=\begin{bmatrix}1&0&0\\0&0&1\\0&1&0\end{bmatrix};\quad \boldsymbol{P}_3=\begin{bmatrix}0&1&0\\1&0&0\\0&0&1\end{bmatrix};\quad \boldsymbol{P}_4=\begin{bmatrix}0&0&1\\0&1&0\\1&0&0\end{bmatrix}$$

可以画出这四种情况下的信道状态图,如图2.12所示。

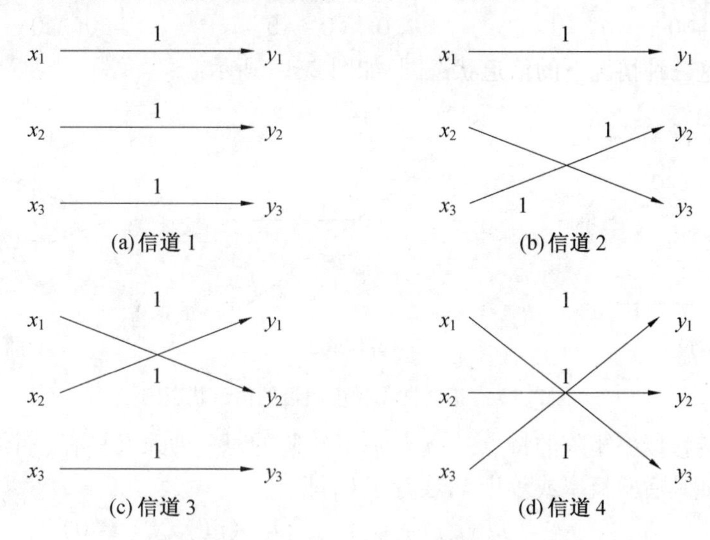

图2.12　X与Y完全相关的信道状态图

这类信道转移概率矩阵的特点是:$n=m$,每行只有一个元素为1,每列也只有一个元素为1。其转移概率或为1,或为0。这时有

$$H(Y/X)=-\sum_{i=1}^{n}\sum_{j=1}^{m}p(x_i)p(y_j/x_i)\log_2 p(y_j/x_i)=0$$

$$H(X/Y)=-\sum_{i=1}^{n}\sum_{j=1}^{m}p(x_i,y_j)\log_2 p(x_i/y_j)$$

这时我们看后验概率,由概率的基本关系

$$p(x_i/y_j)=\frac{p(x_i,y_j)}{p(y_j)}=\frac{p(x_i)p(y_j/x_i)}{\sum\limits_{i=1}^{n}p(x_i)p(y_j/x_i)}=\begin{cases}0 & (p(y_j/x_i)=0)\\1 & (p(y_j/x_i)=1)\end{cases}$$

可以得到

$$H(X/Y)=-\sum_{i=1}^{n}\sum_{j=1}^{m}p(x_i,y_j)\log_2 p(x_i/y_j)=0$$

所以有

$$I(X;Y)=I(Y;X)=H(X)=H(Y)$$

3.平均交互信息量的极值性

平均交互信息量的极值性是指平均交互信息量不可能大于信源熵,也不可能大于信宿熵,即

$$I(X;Y)=H(X)-H(X/Y)\leqslant H(X) \tag{2.42}$$

$$I(Y;X)=H(Y)-H(Y/X)\leqslant H(Y) \tag{2.43}$$

这两个关系的证明很简单,实际上只要证明熵函数$H(X/Y)\geqslant 0$和$H(Y/X)\geqslant 0$即可。下面通过两个例题看两种特殊情况。

【例 2.13】 有一类离散无记忆信道称为扩展性无噪声信道。当信道输入随机变量 X 及输出随机变量 Y,三种信道的转移矩阵如下,考察这时的熵函数的情况。

$$\boldsymbol{P}_1=\begin{bmatrix}1/3 & 2/3 & 0\\ 0 & 0 & 0\\ 0 & 0 & 1\end{bmatrix};\quad \boldsymbol{P}_2=\begin{bmatrix}1/3 & 0 & 2/3\\ 0 & 1 & 0\\ 0 & 0 & 0\end{bmatrix};\quad \boldsymbol{P}_3=\begin{bmatrix}0 & 1 & 0\\ 1/3 & 0 & 2/3\\ 0 & 0 & 0\end{bmatrix}$$

可以画出这三种情况下的信道状态图,如图 2.13 所示。

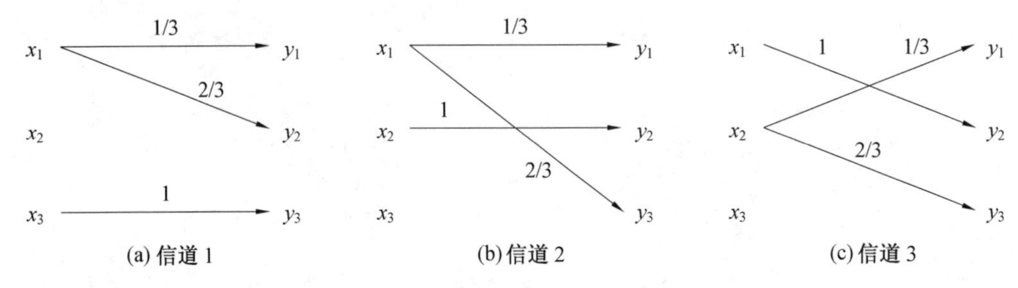

图 2.13 扩展性无噪声信道的信道状态图

这类信道转移概率矩阵的特点是:$n=m$,其矩阵的每一列元素只有一个非零元素,这种情况下可以验证其后验概率或等于 1,或等于 0,即

$$p(x_i/y_j)=\frac{p(x_i)p(y_j/x_i)}{\sum_{i=1}^{n}p(x_i)p(y_j/x_i)}=\begin{cases}1 & (p(y_j/x_i)\neq 0)\\ 0 & (p(y_j/x_i)=0)\end{cases}$$

这时,可知疑义度 $H(X/Y)=0$,平均交互信息量达到最大值 $I(X;Y)=H(X)$。从平均意义上讲,这种信道可以把信源的信息全部传递给信宿,这种信道转移矩阵每列只有一个非 0 元素的信道也是一种无噪声信道,称为扩展性无噪声信道。

以信道 1 为例,再考察噪声熵 $H(Y/X)$,设信源空间和信宿空间分别为

$$\begin{bmatrix}X\\ P(X)\end{bmatrix}=\begin{Bmatrix}x_1 & x_2 & x_3\\ p(x_1) & p(x_2) & p(x_3)\end{Bmatrix};\quad \begin{bmatrix}Y\\ P(Y)\end{bmatrix}=\begin{Bmatrix}y_1 & y_2 & y_3\\ p(y_1) & p(y_2) & p(y_3)\end{Bmatrix}$$

$$\begin{aligned}H(Y/X)&=-\sum_{i=1}^{3}\sum_{j=1}^{3}p(x_i)p(y_j/x_i)\log_2 p(y_j/x_i)\\ &=-\{p(x_1)\frac{1}{3}\log_2\frac{1}{3}+p(x_1)\frac{2}{3}\log_2\frac{2}{3}\}\\ &=-\{p(x_1)\frac{1}{3}\log_2 p(x_1)+p(x_1)\frac{1}{3}\log_2\frac{1}{3}+p(x_1)\frac{2}{3}\log_2 p(x_1)+\\ &\quad p(x_1)\frac{2}{3}\log_2\frac{2}{3}-p(x_1)\log_2 p(x_1)\}\\ &=-\{\frac{1}{3}p(x_1)\log_2\frac{1}{3}p(x_1)+\frac{2}{3}p(x_1)\log_2\frac{2}{3}p(x_1)-p(x_1)\log_2 p(x_1)\}\\ &=-\{\frac{1}{3}p(x_1)\log_2\frac{1}{3}p(x_1)+\frac{2}{3}p(x_1)\log_2\frac{2}{3}p(x_1)+p(x_3)\log_2 p(x_3)\}-\\ &\quad\{-[p(x_1)\log_2 p(x_1)+p(x_3)\log_2 p(x_3)]\}\\ &=H(Y)-H(X)\end{aligned}$$

其中根据概率关系得到

$$p(y_1)=\frac{1}{3}p(x_1),\quad p(y_2)=\frac{2}{3}p(x_2),\quad p(y_3)=p(x_3)$$

可以证明,对于这样一类所谓扩展性无噪声信道,都存在这样的关系,即

$$H(Y/X)=H(Y)-H(X)$$

由于$H(Y/X)$为大于等于0,所以有$H(Y)\geqslant H(X)$。即对于扩展性无噪声信道,信宿熵将大于信源熵。

【例 2.14】　有一类离散无记忆信道称为归并性无噪声信道。当信道输入随机变量 X 及输出随机变量 Y,两种信道的转移矩阵如下,考察这时的熵函数的情况。

$$\boldsymbol{P}_1=\begin{bmatrix}1&0&0\\1&0&0\\0&1&0\end{bmatrix};\quad \boldsymbol{P}_2=\begin{bmatrix}0&1&0\\0&0&1\\0&1&0\end{bmatrix}$$

可以画出这两种情况下的信道状态图,如图 2.14 所示。

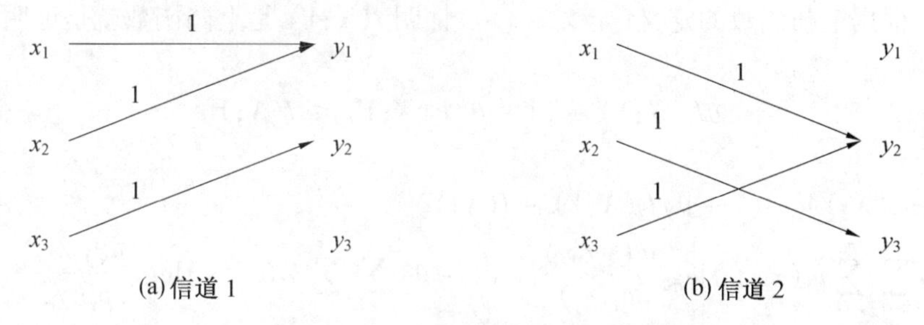

图 2.14　归并性无噪声信道的信道状态图

这类信道的信道转移矩阵的转移概率等于 1 或者等于 0,每一列的元素可有一个或多个 1,这时可知其噪声熵 $H(Y/X)=0$,此时的平均交互信息量达到最大值。

$$I(X;Y)=H(Y)-H(Y/X)=H(Y)$$

同时还可以证明,对于这类信道有

$$H(X/Y)=H(X)-H(Y)$$

由于$H(X/Y)$为大于等于0,所以有$H(X)\geqslant H(Y)$。即对于归并性无噪声信道,信源熵将大于信宿熵。

2.3.3　平均交互信息量的凸函数性

通信的根本问题是信息的有效传递,也就是信源与信道的相互适应性问题。平均交互信息量描述了一个信源符号经过信道后信宿获得的信息量,平均信息量完全可以用信源和信道的统计特性来描述。已知平均交互信息量可以表示为

$$I(X;Y)=\sum_{i=1}^{n}\sum_{j=1}^{m}p(x_i)p(y_j/x_i)\log_2\frac{p(y_j/x_i)}{\sum_{i=1}^{n}p(x_i)p(y_j/x_i)}\tag{2.44}$$

这个表达式表明,平均交互信息量是信源先验概率$p(x_i)$和信道转移概率$p(y_j/x_i)$的函数。也就是说,如果信道固定,$I(X;Y)$就是信源先验概率的函数;如果信源固定,$I(X;Y)$就是信道转移概率的函数。

定理 2.5　当信道给定,即信道转移概率 $p(y_j/x_i)$ 固定时,平均交互信息量 $I(X;Y)$ 是

信源先验概率分布 $p(x_i)$ 的上凸函数。

分析:设信道输入的离散随机变量:$X=(x_1,x_2,\cdots,x_i,\cdots,x_n)$,信道输出的离散随机变量:$Y=(y_1,y_2,\cdots,y_j,\cdots,y_m)$。给定的信道转移概率为

$$P(Y/X)=\{p(y_1/x_1),p(y_2/x_1),\cdots,p(y_m/x_1),\cdots,p(y_1/x_n),\cdots,p(y_m/x_n)\}$$

为了证明平均交互信息量 $I(X;Y)$ 是关于信源先验概率的上凸函数,假设信源 X 有三种不同的先验概率分布,分别记为 $P(X)$,$P_1(X)$ 和 $P_2(X)$,表示为

$$[P(X)]=[p(x_1),p(x_2),\cdots,p(x_i),\cdots,p(x_n)]$$
$$[P_1(X)]=[p_1(x_1),p_1(x_2),\cdots,p_1(x_i),\cdots,p_1(x_n)]$$
$$[P_2(X)]=[p_2(x_1),p_2(x_2),\cdots,p_2(x_i),\cdots,p_2(x_n)]$$

并且其先验概率满足关系

$$p(x_i)=\theta p_1(x_i)+(1-\theta)p_2(x_i)\quad(i=1,2,\cdots,n;0\leqslant\theta\leqslant 1)$$

这三种先验概率分布的信源所对应的交互信息量分别为 $I(X;Y)$,$I_1(X;Y)$ 和 $I_2(X;Y)$。根据上凸函数的定义(定义 2.11),证明 $I(X;Y)$ 是上凸函数就是证明下式成立,即

$$\theta I_1(X;Y)+(1-\theta)I_2(X;Y)\leqslant I(X;Y)\tag{2.45}$$

证明

$$\begin{aligned}
&\theta I_1(X;Y)+(1-\theta)I_2(X;Y)-I(X;Y)\\
&=\theta\sum_{i=1}^{n}\sum_{j=1}^{m}p_1(x_i,y_j)\log_2\frac{p(y_j/x_i)}{p_1(y_j)}+(1-\theta)\sum_{i=1}^{n}\sum_{j=1}^{m}p_2(x_i,y_j)\log_2\frac{p(y_j/x_i)}{p_2(y_j)}-\\
&\quad\sum_{i=1}^{n}\sum_{j=1}^{m}[\theta p_1(x_i,y_j)+(1-\theta)p_2(x_i,y_j)]\log_2\frac{p(y_j/x_i)}{p(y_j)}\\
&=\theta\sum_{i=1}^{n}\sum_{j=1}^{m}p_1(x_i,y_j)\log_2\frac{p(y_j)}{p_1(y_j)}+(1-\theta)\sum_{i=1}^{n}\sum_{j=1}^{m}p_2(x_i,y_j)\log_2\frac{p(y_j)}{p_2(y_j)}\\
&\leqslant\theta\log_2\sum_{i=1}^{n}\sum_{j=1}^{m}p_1(x_i,y_j)\frac{p(y_j)}{p_1(y_j)}+(1-\theta)\log_2\sum_{i=1}^{n}\sum_{j=1}^{m}p_2(x_i,y_j)\frac{p(y_j)}{p_2(y_j)}\\
&=\theta\log_2\sum_{j=1}^{m}\frac{p_1(y_j)p(y_j)}{p_1(y_j)}+(1-\theta)\log_2\sum_{j=1}^{m}\frac{p_2(y_j)p(y_j)}{p_2(y_j)}\\
&=\theta\log_2 1+(1-\theta)\log_2 1=0
\end{aligned}$$

因此证明交互信息量 $I(X;Y)$ 为一个关于信源先验概率的上凸函数。

交互信息量的这个性质说明,对于一定的信道转移概率分布,总可以找到一个先验概率分布为 $p(x_i)$ 的信源 X,使平均交互信息量达到相应的最大值 $I_{\max}(X;Y)$,这时称这个信源为该信道的匹配信源。可以说不同的信道转移概率对应不同的 $I_{\max}(X;Y)$,或者说 $I_{\max}(X;Y)$ 是 $P(Y/X)$ 的函数。

【例 2.15】 设二元对称信道的信源空间为:$X=\{0,1\}$;$[P(X)]=\{\omega,1-\omega\}$;信道状态图如图 2.15 所示,考察平均交互信息量与信源先验概率的关系。

由交互信息量的基本关系

$$I(X;Y)=H(Y)-H(Y/X)$$

首先求得噪声熵为

$$H(Y/X)=-\sum_{i=1}^{2}\sum_{j=1}^{2}p(x_i)p(y_j/x_i)\log_2 p(y_j/x_i)$$

$$
\begin{aligned}
&= -[\omega(1-p)\log_2(1-p) + \omega p\log_2 p + (1-\omega)p\log_2 p + \\
&\quad (1-\omega)(1-p)\log_2(1-p)] \\
&= -[p\log_2 p + (1-p)\log_2(1-p)] = H(p)
\end{aligned}
$$

其中,记

$$H(p) = -[p\log_2 p + (1-p)\log_2(1-p)]$$

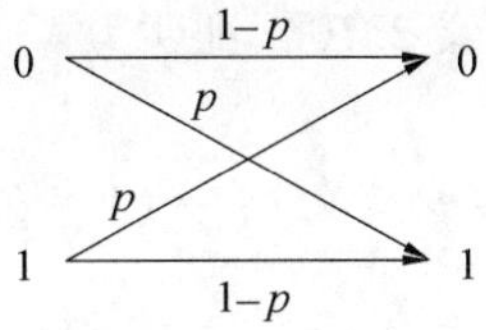

0　1−p　0
p
p
1　1−p　1

图 2.15　二元对称信道的信道状态图

另外,利用概率关系可知

$$p(y=0) = \omega(1-p) + (1-\omega)p$$

$$p(y=1) = \omega p + (1-\omega)(1-p)$$

这时可以求得信宿熵为

$$H(Y) = -\sum_{j=1}^{2} p(y_j)\log_2 p(y_j) = H(\omega(1-p) + (1-\omega)p)$$

可得平均交互信息量为

$$I(X;Y) = H(\omega(1-p) + (1-\omega)p) - H(p)$$

根据这个关系,当 p 值一定,即固定信道时,可知 $I(X;Y)$ 是 ω 的上凸函数,其曲线如图 2.16 所示。

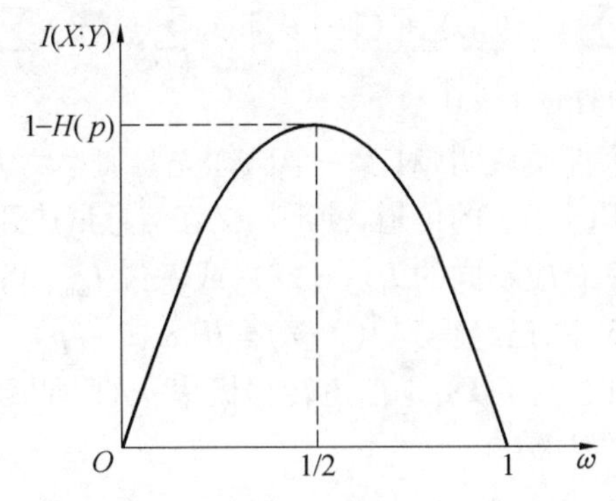

图 2.16　平均交互信息量的上凸函数特性

从图 2.16 中可知,当 BSC 信道的信道转移概率矩阵固定后,若输入符号集 X 的概率分布不同,在接收端平均每个符号获得的信息量就不同。只有当输入为等概分布时,即 $p(0)=p(1)=1/2$ 时,接收端的信息量才为最大值 $[1-H(p)]$,这就是平均交互信息量的上凸函数性质。

定理 2.6　当信源给定,即信源先验概率 $p(x_i)$ 固定时,平均交互信息量 $I(X;Y)$ 是信道转移概率分布 $p(y_j/x_i)$ 的下凸函数。

分析:设信道输入的离散随机变量:$X=(x_1,x_2,\cdots,x_i,\cdots,x_n)$,信道输出的离散随机变量:$Y=(y_1,y_2,\cdots,y_j,\cdots,y_m)$。给定的信道转移概率为

$$P(Y/X) = \{p(y_1/x_1), p(y_2/x_1), \cdots, p(y_m/x_1), \cdots, \cdots, p(y_1/x_n), \cdots, p(y_m/x_n)\}$$

为了证明平均交互信息量 $I(X;Y)$ 是关于信道转移概率的下凸函数,假设信道有三种不

同的转移概率分布,分别记为 $P(Y/X)$,$P_1(Y/X)$ 和 $P_2(Y/X)$,并且满足下列关系

$$p(y_j/x_i)=\theta p_1(y_j/x_i)+(1-\theta)p_2(y_j/x_i)$$
$$(i=1,2,\cdots,n;j=1,2,\cdots,m;0\leqslant\theta\leqslant 1)$$

这三种信道转移概率分布的信源所对应的交互信息量分别为 $I(X;Y)$,$I_1(X;Y)$ 和 $I_2(X;Y)$。根据下凸函数的定义(定义 2.10),证明 $I(X;Y)$ 是下凸函数就是证明下式成立,即

$$I(X;Y)\leqslant\theta I_1(X;Y)+(1-\theta)I_2(X;Y) \tag{2.46}$$

证明

$$\begin{aligned}
&(X;Y)-\theta I_1(X;Y)+(1-\theta)I_2(X;Y)\\
&=\sum_{i=1}^{n}\sum_{j=1}^{m}p(x_i)[\theta p_1(y_j/x_i)+(1-\theta)p_2(y_j/x_i)]\log_2\frac{p(x_i/y_j)}{p(x_i)}-\\
&\quad\theta\sum_{i=1}^{n}\sum_{j=1}^{m}p_1(x_i,y_j)\log_2\frac{p_1(x_i/y_j)}{p(x_i)}+(1-\theta)\sum_{i=1}^{n}\sum_{j=1}^{m}p_2(x_i,y_j)\log_2\frac{p_2(x_i/y_j)}{p(x_i)}\\
&=\theta\sum_{i=1}^{n}\sum_{j=1}^{m}p_1(x_i,y_j)\log_2\frac{p(x_i/y_j)}{p_1(x_i/y_j)}+(1-\theta)\sum_{i=1}^{n}\sum_{j=1}^{m}p_2(x_i,y_j)\log_2\frac{p(x_i/y_j)}{p_2(x_i/y_j)}\\
&\leqslant\theta\log_2\sum_{i=1}^{n}\sum_{j=1}^{m}p_1(x_i,y_j)\frac{p(x_i/y_j)}{p_1(x_i/y_j)}+(1-\theta)\log_2\sum_{i=1}^{n}\sum_{j=1}^{m}p_2(x_i,y_j)\frac{p(x_i/y_j)}{p_2(x_i/y_j)}\\
&=\theta\log_2\sum_{i=1}^{n}\sum_{j=1}^{m}p_1(y_j)p_1(x_i/y_j)+(1-\theta)\log_2\sum_{i=1}^{n}\sum_{j=1}^{m}p_2(y_j)p_2(x_i/y_j)\\
&=\theta\log_2\sum_{j=1}^{m}p_1(y_j)\sum_{i=1}^{n}p(x_i/y_j)+(1-\theta)\log_2\sum_{j=1}^{m}p_2(y_j)\sum_{i=1}^{n}p(x_i/y_j)\\
&=\theta\log_2 1+(1-\theta)\log_2 1=0
\end{aligned}$$

平均交互信息量的这个性质说明,对于一个已知先验概率为 $P(X)$ 的离散信源,总可以找到一个转移概率分布为 $P(Y/X)$ 的信道,使平均交互信息量达到相应的最小值 $I_{\min}(X;Y)$。可以说不同的信源先验概率对应不同的 $I_{\min}(X;Y)$,或者说 $I_{\min}(X;Y)$ 是 $P(X)$ 的函数。

【例 2.16】 在例 2.15 中,已经得到 $I(X;Y)=H(\omega(1-p)+(1-\omega)p)-H(p)$,可以验证,当信源先验概率固定时,$I(X,Y)$ 是信道转移概率 p 的下凸函数,如图 2.17 所示。

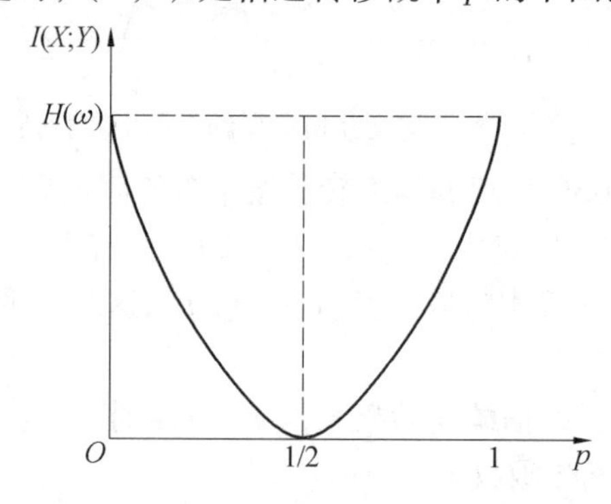

图 2.17　平均交互信息量的下凸函数特性

从图 2.17 中可知,当信源固定后,存在一种 BSC 信道,$p=(1-p)=1/2$,使在信道输出端获得信息量最小,即等于 0。也就是说,信源的信息全部损失在信道中,这是最差的信道。这个性质说明,对于每一个信源都存在一种最差的信道,此信道的干扰最大。

2.4　离散随机序列信源

前面讨论的是单符号离散无记忆信源的情况，这一节我们讨论多符号离散信源。多符号离散信源也就是离散随机向量或随机序列信源，通常这种信源是很复杂的，要进行简化来分析。首先应当认识到这样一个问题，真实的信源多为相关信源，也就是有记忆信源。为了简化分析，一般只考虑平稳随机序列信源，即统计特性不随时间改变。另外，为了进一步简化随机序列信源的相关性分析，采用两个办法，第一个是分段考虑，就是只考虑有限长度的随机序列内部的相关性，例如后面介绍的 N 维随机向量信源。第二个就是利用简化的数学模型来分析，例如这一节后面介绍的马尔可夫信源。

一个多符号离散序列可以表示为

$$\{\boldsymbol{X}\} = \boldsymbol{X}_1(t), \boldsymbol{X}_2(t), \cdots, \boldsymbol{X}_i(t), \cdots$$

如果认为是平稳序列，则可以表示为

$$\{\boldsymbol{X}\} = \boldsymbol{X}_1, \boldsymbol{X}_2, \cdots, \boldsymbol{X}_i, \cdots$$

其中每个信源状态是一个有限长度的 N 维随机向量，表示为

$$\boldsymbol{X}_i = [X_{i1}, X_{i2}, \cdots, X_{iN}]$$

通常这个 N 维向量的各维元素具有相同的取值符号集合，可以不考虑顺序 i，简单表示为

$$\boldsymbol{X} = [\boldsymbol{X}_1, \boldsymbol{X}_2, \cdots, \boldsymbol{X}_i, \cdots, \boldsymbol{X}_N], \quad \boldsymbol{X}_i \in X = \{x_1, x_2, \cdots, x_n\}$$

下面分别讨论几种随机序列信源。

2.4.1　N 维扩展信源的熵

定义 2.12　假设一个离散平稳的随机序列信源的多符号状态可以表示为一个 N 维随机向量，同时 N 维向量的每个符号取值于同一个单符号离散信源空间，即

$$\boldsymbol{X} = [X_1, X_2, \cdots, X_i, \cdots, X_N], \quad X_i \in X = \{x_1, x_2, \cdots, x_n\}$$

N 维随机向量的概率分布为

$$p(\boldsymbol{X}) = p(X_1, X_2, \cdots, X_i, \cdots, X_N)$$

那么，根据熵函数的定义，这个 N 维离散平稳随机序列信源的熵为

$$H(\boldsymbol{X}) = \sum_{X} p(\boldsymbol{X}) \log_2 \frac{1}{p(\boldsymbol{X})} \tag{2.47}$$

这个表达式就是 N 维扩展信源的熵，N 维扩展信源可以表示为 X^N，其含义是这种 N 维扩展信源是由单符号信源 X 扩展而成的。

定义 N 维扩展信源是为了讨论相关信源的问题，但是为了理解扩展信源，先讨论不相关的情况，然后再讨论简单的相关情况。

1. 离散无记忆 N 维扩展信源的熵

如果一个 N 维扩展信源是由一个单符号离散信源扩展而成，即

$$\boldsymbol{X} = [X_1, X_2, \cdots, X_i, \cdots, X_N], \quad X_i \in X = \{x_1, x_2, \cdots, x_n\}$$

其中的单符号信源的空间为

$$\begin{bmatrix} \boldsymbol{X} \\ P(\boldsymbol{X}) \end{bmatrix} = \begin{Bmatrix} x_1 & x_2 & \cdots & x_i & \cdots & x_n \\ p(x_1) & p(x_2) & \cdots & p(x_i) & \cdots & p(x_n) \end{Bmatrix}$$

假设 N 维扩展信源的符号间相互独立,则有

$$p(\boldsymbol{X}) = p(X_1, X_2, \cdots, X_i, \cdots, X_N) = p(X_1)p(X_2)\cdots p(X_N) = \prod_{i=1}^{N} p(X_i) \tag{2.48}$$

由于单符号信源 X 的符号数是 n,则由 X 扩展的 N 维信源的符号状态数为 n^N。可以表示为

$$\boldsymbol{X} \in \{\boldsymbol{X}_1, \boldsymbol{X}_2, \cdots, \boldsymbol{X}_j, \cdots, \boldsymbol{X}_{n^N}\}$$
$$\boldsymbol{X}_j = \{X_{j1}, X_{j2}, \cdots, X_{ji}, \cdots, X_{jN}\}$$

这时的 N 维扩展信源的信源空间可以表示为

$$\begin{bmatrix} \boldsymbol{X} \\ P(\boldsymbol{X}) \end{bmatrix} = \begin{bmatrix} X^N \\ P(X^N) \end{bmatrix} = \begin{Bmatrix} \boldsymbol{X}_1 & \boldsymbol{X}_2 & \cdots & \boldsymbol{X}_j & \cdots & \boldsymbol{X}_{n^N} \\ p(\boldsymbol{X}_1) & p(\boldsymbol{X}_2) & \cdots & p(\boldsymbol{X}_j) & \cdots & P(\boldsymbol{X}_{n^N}) \end{Bmatrix}$$

同时有

$$\sum_{j=1}^{n^N} p(\boldsymbol{X}_j) = \sum_{j=1}^{n^N} p(X_{j1}, X_{j2}, \cdots, X_{jN}) = \sum_{i=1}^{n} \cdots \sum_{iN=1}^{n} p(X_{i1}, X_{i2}, \cdots, X_{iN}) = 1$$

根据熵函数的定义,N 维扩展信源的熵为

$$H(\boldsymbol{X}) = H(X^N) = H(X_1, X_2, \cdots, X_N) = -\sum_{j=1}^{n^N} p(\boldsymbol{X}_j)\log_2 p(\boldsymbol{X}_j) \tag{2.49}$$

利用式(2.48)关系,对于离散无记忆 N 维扩展信源有

$$H(\boldsymbol{X}) = H(X^N) = H(X_1, X_2, \cdots, X_N) = \sum_{i=1}^{N} H(X_i) \tag{2.50}$$

同时,考虑到 N 维扩展信源由同一个单符号离散无记忆信源扩展而成,因此有

$$H(X_1) = H(X_2) = \cdots = H(X_N) \tag{2.51}$$

可以得到

$$H(\boldsymbol{X}) = H(X^N) = N \cdot H(X) \tag{2.52}$$

单符号离散无记忆信源的 N 次扩展信源是一种最简单的多符号信源。

如果 N 维扩展信源是由不同的单符号离散无记忆信源扩展而成,也就是说多符号信源是由不同的单符号信源扩展而成,每个单符号信源的空间为

$$\begin{bmatrix} X_{\mathrm{i}} \\ P(X_i) \end{bmatrix} = \begin{Bmatrix} x_{i1} & x_{i2} & \cdots & x_{ij} & \cdots & x_{in} \\ p(x_{i1}) & p(x_{i2}) & \cdots & p(x_{ij}) & \cdots & p(x_{in}) \end{Bmatrix} \quad (i = 1, 2, \cdots, N)$$

$$\sum_{l=1}^{n} p(x_{il}) = 1 \quad (i = 1, 2, \cdots, N)$$

这时的扩展信源熵就由式(2.49)给出,即等于 N 个不同单符号信源熵之和。

【例 2.17】 已知一个单符号离散信源空间如下,求其二次无记忆扩展信源的熵。

$$\begin{bmatrix} X \\ P(X) \end{bmatrix} = \begin{Bmatrix} x_1 & x_2 & x_3 \\ 1/4 & 1/2 & 1/4 \end{Bmatrix}$$

解 信源 X 的二次扩展信源的符号为一个二维随机向量,可以表示为

$$\boldsymbol{X} = [X_1, X_2]$$

这个二次扩展信源有 $n^N = 9$ 个状态。其信源空间为

$$\begin{bmatrix} \boldsymbol{X} \\ X_1X_2 \\ P(\boldsymbol{X}) \end{bmatrix} = \begin{bmatrix} \boldsymbol{X}_1 & \boldsymbol{X}_2 & \boldsymbol{X}_3 & \boldsymbol{X}_4 & \boldsymbol{X}_5 & \boldsymbol{X}_6 & \boldsymbol{X}_7 & \boldsymbol{X}_8 & \boldsymbol{X}_9 \\ x_1x_1 & x_1x_2 & x_1x_3 & x_2x_1 & x_2x_2 & x_2x_3 & x_3x_1 & x_3x_2 & x_3x_3 \\ 1/16 & 1/8 & 1/16 & 1/8 & 1/4 & 1/8 & 1/16 & 1/8 & 1/16 \end{bmatrix}$$

其中的概率分布计算利用到

$$p(\boldsymbol{X}) = p(X_1,X_2) = p(X_1)p(X_2) = p(X)p(X)$$

利用式(2.48)可以计算得

$$H(\boldsymbol{X}) = H(X^2) = 3\ \text{bit/二元符号}$$

并可计算原来的单符号离散无记忆信源的熵为 $H(X) = 1.5$ bit/符号。

可见

$$H(X^2) = 2H(X)$$

2. 离散有记忆 N 维扩展信源的熵

这里讨论有记忆 N 维扩展信源的熵，首先还是假设 N 维扩展信源是由一个单符号离散信源扩展而成，单符号信源 X 的符号数是 n，则由 X 扩展的 N 维信源的符号状态数为 n^N，N 维扩展信源的信源空间仍然可以表示为

$$\begin{bmatrix} \boldsymbol{X} \\ P(\boldsymbol{X}) \end{bmatrix} = \begin{bmatrix} X^N \\ P(X^N) \end{bmatrix} : \begin{Bmatrix} \boldsymbol{X}_1 & \boldsymbol{X}_2 & \cdots & \boldsymbol{X}_j & \cdots & \boldsymbol{X}_{n^N} \\ p(\boldsymbol{X}_1) & p(\boldsymbol{X}_2) & \cdots & p(\boldsymbol{X}_j) & \cdots & p(\boldsymbol{X}_{n^N}) \end{Bmatrix}$$

由概率关系

$$p(\boldsymbol{X}) = p(X_1,X_2,\cdots,X_N) = p(X_1)p(X_2/X_1)p(X_3/X_1X_2)\cdots p(X_N/X_1,X_2,\cdots,X_{N-1})$$

这时 N 维扩展信源的熵为

$$H(\boldsymbol{X}) = H(X^N) = H(X_1,X_2,\cdots,X_N) = \sum_{j=1}^{n^N} p(\boldsymbol{X}_j)\log_2 \frac{1}{p(\boldsymbol{X}_j)}$$

$$= \sum_X p(X_1,X_2,\cdots,X_N)\left\{\log_2 \frac{1}{p(X_1)} + \log_2 \frac{1}{p(X_2/X_1)} + \cdots + \log_2 \frac{1}{p(X_N/X_1,X_2,\cdots,X_N)}\right\}$$

从而得到

$$H(\boldsymbol{X}) = H(X_1) + H(X_2/X_1) + H(X_3/X_1X_2) + \cdots + H(X_N/X_1,X_2,\cdots,X_{N-1}) \quad (2.53)$$

在信息论中，把这个表达式称为熵的链式规则，它可以写成如下形式

$$H(\boldsymbol{X}) = H(X_1,X_2,\cdots,X_N) = \sum_{j=1}^{N} H(X_j/X_{j-1},X_{j-2},\cdots,X_1) \quad (2.54)$$

$$H(\boldsymbol{X}) = H(X_1,X_2,\cdots,X_N) = \sum_{j=1}^{N} H(X_j/\ X_1^{j-1}) \quad (2.55)$$

链式规则给出一个 N 维扩展信源的符号熵，也就是一个序列符号的熵，那么实际一个信源符号的熵为

$$H(\boldsymbol{X}) = \frac{1}{N}H(X_1,X_2,\cdots,X_N) = \frac{1}{N}\sum_{j=1}^{N} H(X_j/X_{j-1},X_{j-2},\cdots,X_1) \quad (2.56)$$

通过多维随机变量概率的关系可以方便地证明上面的基本表达式。

这里用一个二维扩展信源的情况说明一下。设一个单符号离散无记忆信源为

$$\begin{bmatrix} X \\ P(X) \end{bmatrix} = \begin{Bmatrix} x_1 & x_2 & \cdots & x_i & \cdots & x_n \\ p(x_1) & p(x_2) & \cdots & p(x_i) & \cdots & p(x_n) \end{Bmatrix}$$

由这个单符号信源构成二维扩展信源空间为

$$\begin{bmatrix} \boldsymbol{X} \\ P(\boldsymbol{X}) \end{bmatrix} = \begin{bmatrix} X^2 \\ P(X^2) \end{bmatrix} = \begin{Bmatrix} \boldsymbol{X}_1 & \boldsymbol{X}_2 & \cdots & \boldsymbol{X}_j & \cdots & \boldsymbol{X}_{n^2} \\ p(\boldsymbol{X}_1) & p(\boldsymbol{X}_2) & \cdots & p(\boldsymbol{X}_j) & \cdots & p(\boldsymbol{X}_{n^2}) \end{Bmatrix}$$

其中
$$\boldsymbol{X}_j = [X_{j1}, X_{j2}]$$

设二维扩展信源的符号概率为

$$p(\boldsymbol{X}_j) = p(X_{j1}, X_{j2}) = p(X_{j1})p(X_{j2}/X_{j1}) = p(x_{j1})p(x_{j2}/x_{j1}) \quad (j1, j2 = 1, 2, \cdots, n)$$

这个二维扩展信源的熵,即一个符号状态(两个原始符号)所提供的平均信息量为

$$\begin{aligned} H(\boldsymbol{X}) = H(X_1, X_2) &= -\sum_{j=1}^{n^2} p(X_{j1}, X_{j2}) \log_2 p(X_{j1}, X_{j2}) \\ &= -\sum_{j1=1}^{n}\sum_{j2=1}^{n} p(x_{j1}, x_{j2}) \log_2 p(x_{j1}, x_{j2}) \\ &= -\sum_{j1=1}^{n}\sum_{j2=1}^{n} p(x_{j1}, x_{j2}) [\log_2 p(x_{j1}) + \log_2 p(x_{j2}/x_{j1})] \\ &= -\sum_{j1=1}^{n}\sum_{j2=1}^{n} p(x_{j1}, x_{j2}) \log_2 p(x_{j1}) - \sum_{j1=1}^{n}\sum_{j2=1}^{n} p(x_{j1}, x_{j2}) \log_2 p(x_{j2}/x_{j1}) \\ &= -\sum_{j1=1}^{n} p(x_{j1}) \log_2 p(x_{j1}) - \sum_{j1=1}^{n}\sum_{j2=1}^{n} p(x_{j1}, x_{j2}) \log_2 p(x_{j2}/x_{j1}) \\ &= H(X_1) + H(X_2/X_1) \end{aligned}$$

其中,$H(X_1)$ 表示信源发出第一个符号所提供的平均信息量;$H(X_2/X_1)$ 表示在第一个符号已知的前提下,第二个符号所提供的平均信息量。

二维离散平稳有记忆信源每发一个消息符号(双符号)所能提供的平均信息量是一种联合熵,这种信源的熵等于第一个随机变量的熵加上第一变量已知的条件下第二个变量的条件熵。

从这个简单的离散有记忆二维扩展信源的情况可以看出,扩展信源的熵实际上就是一个联合熵。根据熵函数的性质,条件熵小于等于独立熵,可以得到结论:有记忆扩展信源的熵小于等于两个独立信源熵之和。即

$$H(X_1, X_2) = H(X_1) + H(X_2/X_1) \leqslant H(X_1) + H(X_2)$$

同样,对于 N 维扩展信源,有记忆 N 维扩展信源熵小于等于无记忆 N 维扩展信源的熵,即

$$H(\boldsymbol{X}) \leqslant \sum_{j=1}^{N} H(X_j) \tag{2.57}$$

【例 2.18】 已知一个单符号离散信源空间如下,由其构成一个二维有记忆扩展信源,并已知条件概率,求扩展信源熵。

$$\begin{bmatrix} X \\ P(X) \end{bmatrix} = \begin{Bmatrix} x_1 & x_2 & x_3 \\ 1/4 & 1/4 & 1/2 \end{Bmatrix}, \quad [p(x_2/x_1)] = \begin{bmatrix} 1/2 & 1/2 & 0 \\ 1/8 & 3/4 & 1/8 \\ 0 & 1/4 & 3/4 \end{bmatrix}$$

解 扩展信源熵为

$$\begin{aligned} H(\boldsymbol{X}) = H(X_1, X_2) &= H(X_1) + H(X_2/X_1) \\ &= -\sum_{i=1}^{3} p(x_i) \log_2 p(x_i) - \sum_{i=1}^{2}\sum_{j=1}^{2} p(x_i)p(x_j/x_i) \log_2 p(x_j/x_i) \\ &= 1.5 + 1.4 = 2.9 (\text{bit/ 双符号}) \end{aligned}$$

可以验证:$H(X_1,X_2) \leqslant H(X_1)+H(X_2)$ 及 $H(X_1,X_2) \leqslant 2 \cdot H(X_1)$。

前面已经提到:二维离散平稳有记忆信源或者 N 维离散平稳有记忆信源只是实际有记忆信源的一种简化和近似。对于实际信源来说,是一种无限长的序列,符号间相关性可以延伸到无穷。因此,离散平稳有记忆信源输出一个符号提供的平均信息量为

$$H_{\infty} = \lim \frac{1}{N} H(X_1,X_2,\cdots,X_N) \tag{2.58}$$

这个熵称为离散平稳有记忆信源的极限熵。

3. N 维扩展信源的平均交互信息量

设一个 N 维扩展信源输出的 N 维随机向量 $\boldsymbol{X}=[X_1,X_2,\cdots,X_i,\cdots,X_N]$ 经过一个离散信道后,在信宿端也产生一个 N 维随机向量 $\boldsymbol{Y}=[Y_1,Y_2,\cdots,Y_i,\cdots,Y_N]$。

定理 2.7　如果信源是一个 N 维无记忆扩展信源,即向量 $\boldsymbol{X}=[X_1,X_2,\cdots,X_i,\cdots,X_N]$ 的分量之间是相互独立的,则信道输入 $\boldsymbol{X}$,输出 $\boldsymbol{Y}$ 的平均交互信息量大于等于 N 个单符号平均交互信息量之和,即

$$I(\boldsymbol{X};\boldsymbol{Y}) \geqslant \sum_{i=1}^{N} I(X_i;Y_i)$$

证明　因为是无记忆信源,根据式(2.50)有

$$H(\boldsymbol{X}) = \sum_{i=1}^{N} H(X_i)$$

由式(2.54)可得

$$H(\boldsymbol{X}/\boldsymbol{Y}) = \sum_{i=1}^{N} H(X_i/\boldsymbol{X}_1^{i-1},\boldsymbol{Y}) \leqslant \sum_{i=1}^{N} H(X_i/Y_i)$$

由此可知

$$\begin{aligned} I(\boldsymbol{X};\boldsymbol{Y}) &= H(\boldsymbol{X}) - H(\boldsymbol{X}/\boldsymbol{Y}) \\ &= \sum_{i=1}^{N} H(X_i) - \sum_{i=1}^{N} H(X_i/X_1^{i-1},\boldsymbol{Y}) \\ &\geqslant \sum_{i=1}^{N} H(X_i) - \sum_{i=1}^{N} H(X_i/Y_i) = \sum_{i=1}^{N} I(X_i;Y_i) \end{aligned}$$

以上定理我们还可以利用 Jensen 不等式来证明。

因为 $\boldsymbol{X}$ 是无记忆信源,所以有

$$I(\boldsymbol{X};\boldsymbol{Y}) = E\left[\log_2 \frac{p(\boldsymbol{X}/\boldsymbol{Y})}{p(\boldsymbol{X})}\right] = E\left[\log_2 \frac{p(\boldsymbol{X}/\boldsymbol{Y})}{p(X_1)p(X_2)\cdots p(X_N)}\right]$$

同时有

$$\sum_{i=1}^{N} I(X_i;Y_i) = \sum_{i=1}^{n} E\left[\log_2 \frac{p(X_i/Y_i)}{p(X_i)}\right] = E\left[\log_2 \frac{p(X_1/Y_1)p(X_2/Y_2)\cdots p(X_N/Y_N)}{p(X_1)p(X_2)\cdots p(X_N)}\right]$$

因此

$$\begin{aligned} \sum_{i=1}^{N} I(X_i;Y_i) - I(\boldsymbol{X};\boldsymbol{Y}) &= E\left[\log_2 \frac{p(X_1/Y_1)p(X_2/Y_2)\cdots p(X_N/Y_N)}{p(\boldsymbol{X}/\boldsymbol{Y})}\right] \\ &\leqslant \log_2 E\left[\frac{p(X_1/Y_1)p(X_2/Y_2)\cdots p(X_N/Y_N)}{p(\boldsymbol{X}/\boldsymbol{Y})}\right] = 0 \end{aligned}$$

其中

$$E\left[\frac{p(X_1/Y_1)p(X_2/Y_2)\cdots p(X_N/Y_N)}{p(\boldsymbol{X}/\boldsymbol{Y})}\right]=\sum_{i=1}^{N}\sum_{j=1}^{N}p(\boldsymbol{X},\boldsymbol{Y})\left[\frac{p(X_1/Y_1)p(X_2/Y_2)\cdots p(X_N/Y_N)}{p(\boldsymbol{X}/\boldsymbol{Y})}\right]$$

$$=\sum_{i=1}^{N}\sum_{j=1}^{N}p(\boldsymbol{Y})(p(X_1/Y_1)p(X_2/Y_2)\cdots p(X_N/Y_N))$$

$$=\sum_{j=1}^{N}p(\boldsymbol{Y})=1$$

在这个证明过程可以看到,等式成立的条件为

$$H(\boldsymbol{X}/\boldsymbol{Y})=\sum_{i=1}^{N}H(X_i/Y_i) \tag{2.59}$$

这个条件的含义是,信道是一个离散无记忆信道,也就是多符号序列的后验熵等于各个单符号后验熵之和。

这个定理说明,对一个单符号信源进行 N 维扩展,得到一个多符号信源,如果符号间不相关(无记忆),N 维随机变量的平均交互信息量大于等于 N 个单符号随机变量的平均交互信息量之和。实际上可以验证,对于有记忆信道,扩展长度越大,交互信息量增加越大,其意义是增加编译码长度会得到更大的交互信息量。

下一个定理我们考查如果 N 维随机向量 $\boldsymbol{X}=[X_1,X_2,\cdots,X_i,\cdots,X_N]$ 的分量是相关的,而信道是离散无记忆的情况。

定理 2.8 如果信道是一个离散无记忆信道,则信道输入 $\boldsymbol{X}$ 和输出 $\boldsymbol{Y}$ 的平均交互信息量小于等于 N 个单符号平均交互信息量之和,即

$$I(\boldsymbol{X};\boldsymbol{Y})\leqslant\sum_{i=1}^{N}I(X_i;Y_i)$$

证明 对于离散无记忆信道,有

$$p(\boldsymbol{Y}/\boldsymbol{X})=\prod_{i=1}^{N}p(Y_i/X_i)$$

因此

$$\begin{aligned}
H(\boldsymbol{Y}/\boldsymbol{X})&=-\sum_{x,y}p(\boldsymbol{X},\boldsymbol{Y})\log_2p(\boldsymbol{Y}/\boldsymbol{X})\\
&=-\sum_{X,Y}p(\boldsymbol{X},\boldsymbol{Y})\log_2\prod_{i=1}^{N}p(Y_i/X_i)\\
&=-\sum_{X,Y}p(\boldsymbol{X},\boldsymbol{Y})\log_2p(Y_1/X_1)-\sum_{X,Y}p(\boldsymbol{X},\boldsymbol{Y})\log_2p(Y_2/X_2)-\cdots-\\
&\quad\sum_{X,Y}p(\boldsymbol{X},\boldsymbol{Y})\log_2p(Y_N/X_N)\\
&=-\sum_{x_1,y_1}p(X_1,Y_1)\log_2p(Y_1/X_1)-\\
&\quad\sum_{x_2,y_2}p(X_2,Y_2)\log_2p(Y_2/X_2)-\cdots-\sum_{x_N,y_N}p(X_N,Y_N)\log_2p(Y_N/X_N)\\
&=H(Y_1/X_1)+H(Y_2/X_2)+\cdots+H(Y_N/X_N)\\
&=\sum_{i=1}^{N}H(Y_i/X_i)
\end{aligned}$$

即有

$$H(\boldsymbol{Y}/\boldsymbol{X})=\sum_{i=1}^{N}H(Y_i/X_i) \tag{2.60}$$

另外，由于信源为离散有记忆的，根据式(2.57)有$H(\boldsymbol{X}) \leqslant \sum_{i=1}^{N} H(X_i)$，这种信源经过离散无记忆信道后，输出的符号也一定是离散有记忆的，从而有

$$H(\boldsymbol{Y}) \leqslant \sum_{i=1}^{N} H(Y_i) \tag{2.61}$$

由此分析可以得到

$$I(\boldsymbol{X};\boldsymbol{Y}) = H(\boldsymbol{Y}) - H(\boldsymbol{Y}/\boldsymbol{X}) \leqslant \sum_{i=1}^{N} H(Y_i) - \sum_{i=1}^{N} H(Y_i/X_i) = \sum_{i=1}^{N} I(X_i;Y_i)$$

这个定理同样可以利用 Jensen 不等式来证明。

在这个证明过程可以看到，等式成立的条件为

$$H(\boldsymbol{Y}) = \sum_{i=1}^{N} H(Y_i) \tag{2.62}$$

这个条件的含义是，信宿是一个离散无记忆随机序列，对于离散无记忆信道来说，只能是信源是离散无记忆的。

这个定理说明，如果信道是离散无记忆的，那么N维扩展的多符号相关信源的平均交互信息量小于等于N个单符号信源的平均交互信息量之和。这是香农信息论的一个基本观点，一般在白噪声信道下，信源的相关性将减少信息传递能力。提高通信系统传输效率的手段之一就是减少信源的相关性。

2.4.2　马尔可夫信源

上面介绍N维扩展信源是一种随机序列信源，其特点是只考虑有限长度序列内的相关性。另外还有一类随机序列信源，即马尔可夫信源，它用马尔可夫过程来分析连续相关的随机序列信源。

1. 马尔可夫链

定义 2.13　设一个随机时间序列$\{X(t),\ t = 1,2,3,\cdots\}$取值于正整数空间$I = \{0,1,2,\cdots\}$，或者为$I$的子集，如果有$P\{X(1) = x_1, X(2) = x_2, \cdots, X(t) = x_t\} > 0, x_i \in I = \{0,1,2,\cdots\}; i = 1,2,\cdots$且

$$P\{X(t+1) = x_{t+1}/X(1) = x_1, X(2) = x_2, \cdots, X(t) = x_t\} = P\{X(t+1) = x_{t+1}/X(t) = x_t\}$$

则称序列$\{X(t)\}$为马尔可夫(Markov)链，并称序列这种概率特性为无后致性。

马尔可夫链是一种特殊的随机时间序列，序列“将来”的状态只与“现在”的状态有关，而与“过去”的状态无关。

马尔可夫链序列$\{X(t)\}$中的某一个符号$X(t)$的数值一定为集合I中的某一个元素i(或j)，这时，称i(或j)为随机序列的一个状态S_i。

马尔可夫链的统计特性用状态转移概率(条件概率)来描述，序列从t时刻的状态i到$t+1$时刻的状态j的转移概率为

$$P\{X(t+1) = j/X(t) = i\} = p_{ij}^{(1)}(t) = p_{ij}(t) \tag{2.63}$$

这个条件概率称为马尔可夫链的一步转移概率，它满足

$$p_{ij}^{(1)}(t) \geqslant 0 \qquad (i,j \in I)$$

$$\sum_{j \in I} p_{ij}^{(1)}(t) = 1 \qquad (i \in I)$$

类似的还有马尔可夫链的 k 步转移概率,序列从 t 时刻的状态 i 到 $t+k$ 时刻的状态 j 的转移概率为

$$P\{X(t+k)=j/X(t)=i\}=p_{ij}^{(k)}(t) \tag{2.64}$$

它满足

$$p_{ij}^{(k)}(t)\geqslant 0 \quad (i,j\in I)$$

$$\sum_{j\in I}p_{ij}^{(k)}(t)=1 \quad (i\in I)$$

在数学上,马尔可夫链的 $n=k+l$ 步转移概率与 l 步转移概率存在如下的基本关系

$$p_{ij}^{(n)}(t)=p_{ij}^{(k+l)}(t)=\sum_{s\in I}p_{is}^{(k)}(t)p_{sj}^{(l)}(t+k) \tag{2.65}$$

其中 s 也是马尔可夫链的一个状态。这个关系式的含义是马尔可夫链在时刻 t 从状态 i 经过 $n=k+l$ 步,转移到状态 j 的 n 步转移概率,等于这个马尔可夫链在时刻 t 从状态 i 经过 k 步到达状态 s 的 k 步转移概率,乘上在 $(t+k)$ 时刻从中间状态 s 经 l 步到达状态 j 的 l 步转移概率,然后再将这个乘积对所有可能的中间状态求和。利用这个基本关系,可以由一步转移概率求出多步转移概率。

例如,$k=1,l=1$,则

$$p_{ij}^{(2)}(t)=p_{ij}^{(1+1)}(t)=\sum_{s\in I}p_{is}^{(1)}(t)p_{sj}^{(1)}(t+1)$$

在马尔可夫链中,如果集合 I 为一个整数有限集合 $(1,2,\cdots,r)$,则相应的马尔可夫链称为有限马尔可夫链。对于这种马尔可夫链,其 t 时刻的 n 步转移概率共由 r^2 个概率组成。用矩阵表示为

$$[P^{(n)}(t)]=\begin{bmatrix}p_{11}^{(n)}(t) & p_{12}^{(n)}(t) & \cdots & p_{1r}^{(n)}(t)\\ p_{21}^{(n)}(t) & p_{22}^{(n)}(t) & \cdots & p_{2r}^{(n)}(t)\\ \vdots & \vdots & & \vdots\\ p_{r1}^{(n)}(t) & p_{r2}^{(n)}(t) & \cdots & p_{rr}^{(n)}(t)\end{bmatrix}$$

对于马尔可夫链,我们不加证明地给出如下结论:马尔可夫链的 n 步转移概率,可以由起始时刻的概率和中间所有各时刻的所有一步转移概率来完整描述,即

$$[P^{(n)}(t)]=[P(t)][P(t+1)]\cdots[P(t+n-1)]$$

如果马尔可夫链的统计特性与时间无关,称其为平稳马尔可夫链,这时有

$$[P^{(n)}(t)]=[P^{(n)}]=[P][P]\cdots[P]=[P]^n$$

这种平稳马尔可夫链也称为齐次马尔可夫链,由于这种齐次马尔可夫链的转移概率与时间无关,因此去掉其时间变量 t,一步转移概率表示为 $p_{ij}(1)=p_{ij}$,k 步转移概率表示为 $p_{ij}(k)$,n 步转移概率表示为 $p_{ij}(n)$。一步转移概率矩阵为

$$[P]=\begin{bmatrix}p_{11} & p_{12} & \cdots & p_{1r}\\ p_{21} & p_{22} & \cdots & p_{2r}\\ \vdots & \vdots & & \vdots\\ p_{r1} & p_{r2} & \cdots & p_{rr}\end{bmatrix}$$

齐次马尔可夫链的 n 步转移概率可以由 $[P]$ 得到

$$[P(n)]=[P][P]\cdots[P]=[P]^n$$

2. 各态历经定理

定理2.9　对于一个有限齐次马尔可夫链,如果存在一个正整数 $n_0 > 1$,对于一切 $i,j = 1,2,\cdots,r$ 都有 $p_{ij}(n_0) > 0$,即矩阵 $[P(n_0)]$ 中的所有元素都大于0,则对于每个 $j = 1,2,\cdots,r$ 都存在不依赖 i 的极限 p_j,即

$$\lim_{n\to\infty} p_{ij}(n) = p_j \quad (j = 1,2,\cdots,r)$$

则称这个马尔可夫链是各态历经的,并且其中的极限概率 $p_j = \{p_1,p_2,\cdots,p_r\}$ 是方程组

$$p_j = \sum_{i=1}^{r} p_i p_{ij} \quad (j = 1,2,\cdots,r) \tag{2.66}$$

满足条件 $p_j > 0$ 和 $\sum_{j=1}^{r} p_j = 1$ 的唯一解。

如果一个有限齐次马尔可夫链满足各态历经定理,则说明经过一定时间后这个马尔可夫链所有状态均有一个稳定的出现概率,而且这个概率的值与其起始状态无关。各态历经就是各个状态相通,不会有一个或几个状态到一定步骤后总也不出现。定理一方面说明了极限概率的存在性,无限步转移概率就等于极限概率。另一方面给出了极限概率的求法,已知一步转移概率可以求出极限概率。

满足各态历经定理的马尔可夫链的极限概率就是各状态的稳态概率,注意它不是转移概率,在信源中它相当于先验概率。

根据各态历经定理给出的方法,如果用向量表示极限概率 $[P_j] = [p_1,p_2,\cdots,p_r]$,并已知一步转移概率

$$[P(1)] = \begin{bmatrix} p_{11} & p_{12} & \cdots & p_{1r} \\ p_{21} & p_{22} & \cdots & p_{2r} \\ \vdots & \vdots & & \vdots \\ p_{r1} & p_{r2} & \cdots & p_{rr} \end{bmatrix}$$

则有 $[P_j]^{\mathrm{T}} = [P(1)]^{\mathrm{T}}[P_j]^{\mathrm{T}}$,即方程组

$$\begin{bmatrix} p_1 \\ p_2 \\ \vdots \\ p_r \end{bmatrix} = \begin{bmatrix} p_{11} & p_{21} & \cdots & p_{r1} \\ p_{12} & p_{22} & \cdots & p_{r2} \\ \vdots & \vdots & & \vdots \\ p_{1r} & p_{2r} & \cdots & p_{rr} \end{bmatrix} \begin{bmatrix} p_1 \\ p_2 \\ \vdots \\ p_r \end{bmatrix}$$

【例2.19】　设一个有限齐次马尔可夫链有三个状态,状态取值于 $X = \{0,1,2\}$,已知其一步转移概率如下,求其各状态的极限概率($p > 0, q > 0$)。

$$[P(1)] = \begin{bmatrix} p_{00} & p_{01} & p_{02} \\ p_{10} & p_{11} & p_{12} \\ p_{20} & p_{21} & p_{22} \end{bmatrix} = \begin{bmatrix} q & p & 0 \\ q & 0 & p \\ 0 & q & p \end{bmatrix}$$

解　根据各态历经定理,$p_{ij}(1) > 0$ 不满足,由一步转移概率矩阵不能判断其是否具有各态历经性,求二步转移矩阵得

$$[P(2)] = [P(1)][P(1)] = \begin{bmatrix} q^2 + pq & pq & p^2 \\ q^2 & 2pq & p^2 \\ q^2 & pq & pq + p^2 \end{bmatrix}$$

由二步转移概率矩阵可知,$p_{ij}(2)>0$满足,可以判断该马尔可夫链具有各态历经性,根据各态历经定理,其状态极限概率(稳态概率)可以由下面方程确定

$$\begin{bmatrix} p_0 \\ p_1 \\ p_2 \end{bmatrix} = \begin{bmatrix} q & q & 0 \\ p & 0 & q \\ 0 & p & p \end{bmatrix} \begin{bmatrix} p_0 \\ p_1 \\ p_2 \end{bmatrix}$$

进而得到以下四个方程

$$p_0 = qp_0 + qp_1$$
$$p_1 = pp_0 + qp_2$$
$$p_2 = pp_1 + pp_2$$
$$p_0 + p_1 + p_2 = 1$$

解这个方程组可得三个状态的极限概率分别为

$$p_0 = \frac{q^2}{1-pq};\quad p_1 = \frac{q-q^2}{1-pq};\quad p_2 = \frac{1-q-pq}{1-pq}$$

如果在例题中,一步转移概率矩阵为

$$[P(1)] = \begin{bmatrix} p_{00} & p_{01} & p_{02} \\ p_{10} & p_{11} & p_{12} \\ p_{20} & p_{21} & p_{22} \end{bmatrix} = \begin{bmatrix} 1 & 0 & 0 \\ q & 0 & p \\ 0 & 0 & 1 \end{bmatrix}$$

则可以发现:$[P(n)]=[P(1)]^n=[P(1)]$,它不满足各态历经定理,即不存在状态极限概率。

有限齐次马尔可夫链除了用转移矩阵描述之外,还可以用状态转移图来描述,如例2.19给出的一步转移概率所对应的状态图如图2.18所示。

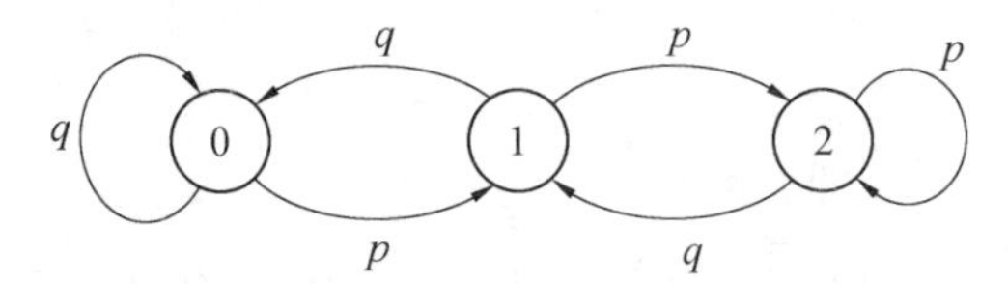

图2.18　马尔可夫链的状态图描述

从这个状态图描述的齐次马尔可夫链可以更直观地看到:① 齐次马尔可夫链为一个不可约闭集,即对链中的任意两个状态,总可以从一个状态经过有限步数转移到另一个状态;② 齐次马尔可夫链具有非周期性,从一个状态到另一个状态的步数不具有周期性。

3. 马尔可夫信源的熵

定义2.14　如果一个离散平稳有记忆随机序列信源$[\boldsymbol{X}]=\cdots,X_1,X_2,\cdots,X_m,X_{m+1},X_{m+2},\cdots$,其任一时刻(如$m+1$)的随机变量$X_{m+1}$的状态只依赖于它前面的$m$个随机变量的状态,与更前面的变量无关,称其为记忆长度为m的离散平稳有记忆信源,也称为m阶马尔可夫信源。

这时,把m阶马尔可夫信源的连续m个随机序列$[\boldsymbol{X}(i)]=[X_1,X_2,\cdots,X_m]$的某一个取值,即信源连续$m$个输出符号表示为$S_i=(x_1,x_2,\cdots,x_k,\cdots,x_m)$,称为一个状态;并假设每个随机符号取值于同一个原始信源符号集合(含有r个符号),即

$$x_k \in A:\{a_1,a_2,\cdots,a_r\};\quad (k=1,2,\cdots,m)$$

同时,把信源下一个符号输出后的信源状态$[\boldsymbol{X}(i+1)]=(X_2,X_3,\cdots,X_{m+1})$的某一取值$S_j$称为$S_i$的后续状态。根据上面的定义,$m$阶马尔可夫信源的状态空间中共有$r^m$个状态。

这样,可以看到马尔可夫信源某一时刻的状态S_i由m个符号组成,当信源输出下一个符号时,信源变为另一个状态S_j,仍然由m个符号组成。从S_i到S_j的一步转移概率为

$$p(S_j/S_i)=p(x_{m+1}/x_1,x_2,\cdots,x_k,\cdots,x_m)\tag{2.67}$$

其中,$i,j=1,2,\cdots,r^m$。

因此,m阶马尔可夫信源的信源空间可以表示为

$$\begin{bmatrix} S \\ P(S_j/S_i) \end{bmatrix}=\begin{bmatrix} S_1 & S_2 & \cdots & S_{r^m} \\ & [p(x_{m+1}/x_1,x_2,\cdots,x_m)] & & \end{bmatrix}$$

$$\sum_{j=1}^{r^m}p(S_j/S_i)=\sum_{m+1=1}^{r}p(x_{m+1}/x_1,x_2,\cdots,x_m)=1$$

根据m阶马尔可夫信源的定义,m阶马尔可夫信源的极限熵就等于m阶条件熵,记为

$$H_\infty=H_{m+1}=-\sum_{i=1}^{r^m}\sum_{j=1}^{r^m}p(S_i)p(S_j/S_i)\log_2 p(S_j/S_i)\tag{2.68}$$

从以上分析可以看到,m阶马尔可夫信源是有记忆信源的一种简化,把一个无限相关信源的问题转化为有限相关的问题。这样,已知m阶马尔可夫信源状态一步转移概率后,可以根据各态历经定理极限概率$p(S_i)(i=1,2,\cdots,r^m)$进而得到信源熵,而$p(S_i)$是马尔可夫信源在稳定状态时的各状态概率。

【例 2.20】　一个随机序列信源的每个符号都取值于同一个二元信源$X=\{0,1\}$,若把这个随机序列信源看作一个二阶($m=2$)马尔可夫信源,并已知其一步转移概率矩阵如下,求这个信源的极限熵。

$$[P(1)]=[P(S_j/S_i)]=\begin{bmatrix} 0.8 & 0.2 & 0 & 0 \\ 0 & 0 & 0.5 & 0.5 \\ 0.5 & 0.5 & 0 & 0 \\ 0 & 0 & 0.2 & 0.8 \end{bmatrix}$$

解　由$r=2,m=2$,该马尔可夫信源共有$r^m=2^2=4$个不同的状态。状态空间为

$$[S]=\{S_1=00,S_2=01,S_3=10,S_4=11\}$$

根据其一步转移概率可得到信源状态转移图如图 2.19 所示。

由状态转移图可以判断,这是一个非周期不可闭集,具有各态历经性。根据各态历经定理的方法同样可以判断,其二步转移概率矩阵的各个元素都大于零,存在状态极限概率。

根据各态历经定理解下面方程组

$$\begin{bmatrix} p(S_1) \\ p(S_2) \\ p(S_3) \\ p(S_4) \end{bmatrix}=\begin{bmatrix} 0.8 & 0 & 0.5 & 0 \\ 0.2 & 0 & 0.5 & 0 \\ 0 & 0.5 & 0 & 0.2 \\ 0 & 0.5 & 0 & 0.8 \end{bmatrix}\begin{bmatrix} p(S_1) \\ p(S_2) \\ p(S_3) \\ p(S_4) \end{bmatrix}$$

结合其约束条件

$$p(S_1)+p(S_2)+p(S_3)+p(S_4)=1$$

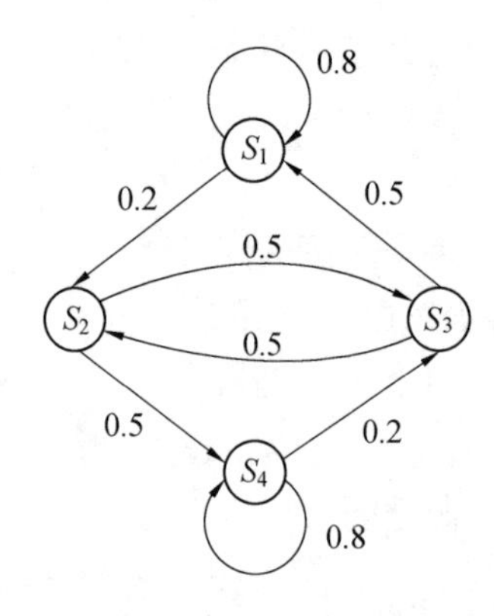

图 2.19　一种二阶马尔可夫信源的状态转移图

解得其极限概率分别为

$$p(S_1)=p(S_4)=5/14;\quad p(S_2)=p(S_3)=2/14=1/7$$

由极限概率和状态转移概率可以计算马尔可夫信源的极限熵为

$$H_{2+1}=-\sum_{i=1}^{4}\sum_{j=1}^{4}p(S_i)p(S_j/S_i)\log_2 p(S_j/S_i)=0.8\text{ bit/ 符号}$$

还可以进一步验证,由极限概率确定的熵为

$$H_1=-\sum_{i=1}^{4}p(S_i)\log_2 p(S_i)=1.86\quad\text{bit/ 符号}$$

由此可见,相关信源的熵总是小于独立信源的熵,即信源符号之间的相关性使熵减小。

4. 信源的剩余度

根据本章上面的介绍可以发现,香农信息论所介绍的信源熵只是真实信源的一种模型化和简化。实际信源往往是非平稳的有记忆随机序列信源,其极限熵的计算太复杂,解决的方法是假设其为离散平稳随机序列信源,极限熵存在,但求解比较困难。进一步假设其为 m 阶马尔可夫信源,用其极限熵 H_{m+1} 近似,或者假设为 N 维扩展信源,其熵为 $H_N=H(X^N)/N$。最简化的信源是离散无记忆信源,其熵为 $H(X)=H_1(X)$。最后可以假定为等概的离散无记忆信源,其最大熵为 $H_0(X)=\log_2 n$。

它们之间的关系可以表示为

$$\log_2 n=H_0(X)\geqslant H_1(X)\geqslant H_{1+1}(X)\geqslant H_{2+1}(X)\geqslant\cdots\geqslant H_{m+1}(X)\geqslant H_\infty$$

可见离散有记忆信源的记忆长度越长,信源熵越小,而独立且等概的信源具有最大熵。因此,这里定义一个量,用来描述一个信源的熵距离其可能的最大熵的差距。

定义 2.15　一个离散信源由于信源消息状态的相关性和分布性,使其熵减少的程度称为剩余度,其表示为

$$E=1-\frac{H_\infty}{H_0}=1-\frac{H(X)}{H_{\max}(X)}\tag{2.69}$$

其中,$H(X)$ 为实际信源熵;$H_{\max}(X)$ 为最大信源熵。

类似地,还可以用相对熵和信息熵差来描述信源熵的剩余。相对熵定义为 H_∞/H_0,信息熵差定义为 H_0-H_∞。

习　题

2.1　普通电视的每帧图像由 3×10^5 个像素组成,假设所有像素为独立变化,且每个像素又取 128 个不同的亮度电平,亮度电平为等概率分布。问每帧图像含有多少信息量?如果一个广播员在约10 000个汉字的字典中选取1 000个汉字来口述此电视图像,试问广播员描述此图像所广播的信息量是多少?(假设汉字字典等概率分布,且彼此独立)若要恰当地描述此图像,广播员在口述中至少需要多少汉字?

2.2　有一批电阻,按阻值分70% 是2 kΩ,30% 是5 kΩ;按瓦分64% 是0.125 W,其余是0.25 W。现已知2 kΩ 阻值的电阻中80% 是0.125 W,问通过测量阻值可以得到的关于瓦数的平均信息量是多少?

2.3　请问四进制、八进制脉冲所含信息量是二进制脉冲的多少倍?

(四进制脉冲可以表示 4 个不同的消息,例如:{0,1,2,3})

2.4　设有12 枚相同面值的硬币,其中有一枚是假币。只知道假币的重量与真币不同,但不知道是重是轻。现用比较天平左右两边轻重的方法来测量(无砝码)。为了在天平上称出哪一枚是假币,试问至少需要称多少次?

2.5　同时掷出两个正常的骰子,也就是各面呈现的概率都为 1/6,求:

(1)"3 和 5 同时出现" 这一事件的自信息;

(2)"两个 1 同时出现" 这一事件的自信息;

(3) 两个点数的各种组合(无序) 对的熵和平均信息量;

(4) 两个点数之和(即 2, 3, …, 12 构成的子集) 的熵;

(5) 两个点数中至少有一个是 1 的自信息量。

2.6　居住某地区的女孩中25% 是大学生,在女大学生中有75% 是身高1.6 m以上的,而女孩中身高 1.6 m 以上的占一半。假如知道"身高 1.6 m 以上的某女孩是大学生" 的消息,问获得多少信息量?

2.7　设一个离散无记忆信源,概率空间为 $\begin{bmatrix} X \\ P(x) \end{bmatrix} = \begin{bmatrix} x_1=0 & x_2=1 & x_3=2 & x_4=3 \\ 3/8 & 1/4 & 1/4 & 1/8 \end{bmatrix}$

(1) 求每个信源符号的自信息量;

(2) 若信源发出消息序列为{202 120 130 213 001 203 210 110 321 010},求这个序列的自信息量和每个符号的平均信息量。

2.8　莫尔斯电报码用点和划的序列来表示英文字母,点用一个单位长度的电流脉冲表示,划用 3 个单位长度的电流脉冲表示。设划出现概率是点出现概率的 1/3。计算:

(1) 点和划的信息量;

(2) 点和划的平均信息量。

2.9　在一个袋子中放 5 个黑球和 10 个白球,以摸出一个球为一次实验,摸出的球不再放回。试求:

(1) 一次实验所具有的不确定度;

(2) 第一次实验为黑球,第二次实验给出的不确定度;

(3) 第一次实验为白球,第二次实验给出的不确定度。

2.10　一个可旋转的圆盘,盘面上被均匀划分为38份扇面,用数字1,2,…,38标示,其中有2份涂绿色,18份涂红色,18份涂黑色,圆盘转动停止后,盘面指针指向某一数字和颜色。

(1) 若仅对颜色感兴趣,计算每次转动的平均不确定度;

(2) 若对颜色和数字都感兴趣,计算每次转动的平均不确定度。

2.11　一副52张的扑克牌(不含大小王),试问:

(1) 任意排列给出的信息量是多少?

(2) 从52张中任意抽出13张,所给出的点数都不相同时得到的信息量是多少?

(3) 从52张牌中任意抽出1张,然后放回,结果视为离散无记忆信源输出一个符号,这个信源的熵是多少?

2.12　已知随机变量 $X=\{x_1,x_2,x_3\}$ 和 $Y=\{y_1,y_2,y_3\}$,其联合概率为

$$[P(x_i,y_j)]=\begin{bmatrix}7/24 & 1/24 & 0\\ 1/24 & 1/4 & 1/24\\ 0 & 1/24 & 7/24\end{bmatrix}$$

(1) 如果已知 X 和 Y 的结果,得到的平均信息量是多少?

(2) 如果已知 Y 的结果,得到的平均信息量是多少?

(3) 如果在已知 Y 的结果条件下,再已知 X 的结果,得到的平均信息量是多少?

2.13　证明离散无记忆信源的最大熵定理,即当信源 X 的消息状态数为 M 时,$H(X)\leqslant\log_2 M$。

2.14　设二元对称信道(图2.20)的信源空间为:$X=\{0,1\}$,$[P(X)]=\{\omega,1-\omega\}$;请证明平均交互信息量为信道转移概率 p 的下凸函数。

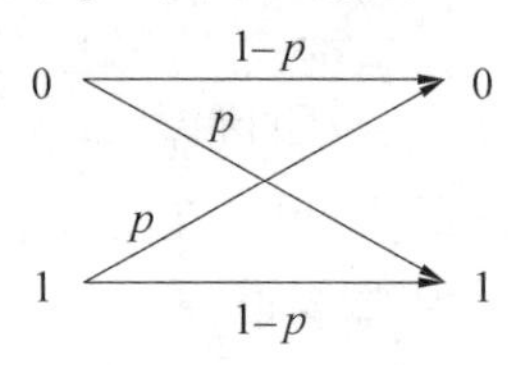

图2.20　二元对称信道

2.15　为了使电视图像获得良好的清晰度和适当的对比度,需要用 5×10^5 个像素和10个不同的两度电平,求传递此图像所需的信息速率。并设每秒要传送的30帧图像,所有像素是独立变化的,且所有亮度电平等概率出现。

2.16　在一个离散二元信道中,信源为 $X=\{0,1\}$,且 $p(1)=p(0)$,信宿为 $Y=\{0,1\}$,信道矩阵为

$$[P(y_j/x_i)]=\begin{bmatrix}3/4 & 1/4\\ 1/8 & 7/8\end{bmatrix}$$

求:(1) 在接收到 $y=0$ 后,所提供的关于消息 x 的平均条件互信息量 $I(X;y=0)$;

(2) 平均交互信息量 $I(X;Y)$。

2.17　设二元信源符号为 a_1 和 a_2,且 $p(a_1)=p(a_2)=1/2$,信宿符号为 b_1 和 b_2,二元对称信道的信道矩阵为 $[P]=\begin{bmatrix}1-\varepsilon & \varepsilon\\ \varepsilon & 1-\varepsilon\end{bmatrix}$。求交互信息量 $I(a_1;b_1)$ 和 $I(a_1;b_2)$。

2.18　一个二元离散无记忆信源 $\{0,1\}$,已知 $p(0)=1/4$,$p(1)=3/4$。

(1) 求信源熵；

(2) 由 100 个符号构成的序列，有 m 个 0，$100-m$ 个 1，求这个特定序列的自信息量；

(3) 计算这个序列的熵。

2.19　离散无记忆信道的输入符号集为 $X=\{x_1,x_2,x_3,x_4\}$，输出符号集为 $Y=\{y_1,y_2,y_3\}$，已知 X 和 Y 的联合概率分布矩阵为

$$[P(X,Y)]=\begin{bmatrix}0.1 & 0 & 0\\ 0.2 & 0.1 & 0\\ 0 & 0.3 & 0.2\\ 0 & 0 & 0.1\end{bmatrix}$$

试计算 $H(X)$，$H(Y)$，$H(Y/X)$，$H(X,Y)$ 及 $I(X;Y)$。

2.20　一个离散双符号信源 $[X_1,X_2]$，其中 $X_1=\{A,B,C\}$，$X_2=\{D,E,F,G\}$，已知 X_1 的符号概率和条件概率如下：

$$[P(X_1)]=[p(A),p(B),p(C)]=[1/2,1/3,1/6]$$

$$[P(X_2/X_1)]=\begin{bmatrix}1/4 & 3/10 & 1/6\\ 1/4 & 1/5 & 1/2\\ 1/4 & 1/5 & 1/6\\ 1/4 & 3/10 & 1/6\end{bmatrix}$$

求这个信源的熵 $H(X_1,X_2)$。

2.21　设 $X=\{0,1\}$ 和 $Y=\{0,1\}$ 为两个二元随机变量，其联合概率为 $[P(x_i,y_j)]=\begin{bmatrix}1/8 & 3/8\\ 3/8 & 1/8\end{bmatrix}$，定义另一个随机变量为 $Z=XY$（一般乘积）。试计算：

(1) $H(X)$，$H(Y)$，$H(Z)$，$H(X,Z)$，$H(Y,Z)$，$H(X,Y,Z)$；

(2) $H(X/Y)$，$H(Y/X)$，$H(X/Z)$，$H(Z/X)$，$H(Y/Z)$，$H(Z/Y)$，$H(X/Y,Z)$，$H(Y/X,Z)$，$H(Z/X,Y)$；

(3) $I(X;Y)$，$I(X;Z)$，$I(Y;Z)$，$I(X;Y/Z)$，$I(Y;Z/X)$，$I(X;Z/Y)$。

2.22　设 X,Y,Z 为二元随机变量，它们之间的关系为 $Z=X\oplus Y$（模二加法），其中 X 和 Y 统计独立且各自等概分布，试计算：

(1) $H(Z)$，$H(X,Y)$，$H(X,Y,Z)$；

(2) $H(X/Y)$，$H(X/Z)$，$H(Z/Y)$；

(3) $I(X;Z)$，$I(X;Y/Z)$，$I(Z;X/Y)$，$I(XY;Z)$。

2.23　设 X,Y,Z 为离散随机变量，它们之间的关系为 $Z=X+Y$，其中 X 和 Y 统计独立，证明：

(1) $H(X)\leqslant H(Z)$，且仅当 Y 为常量时等式成立；

(2) $H(Y)\leqslant H(Z)$，且仅当 X 为常量时等式成立；

(3) $H(Z)\leqslant H(X,Y)\leqslant H(X)+H(Y)$，且仅当 X 和 Y 中任一个为常量时等式成立；

(4) $I(X;Z)=H(Z)-H(Y)$；

(5) $I(XY;Z)=H(Z)$。

2.24　对于 $X\in\{0,1,2\}$，观察两个独立的实验，其结果分别为 $Y_1\in\{0,1\}$，$Y_2\in\{0,1\}$，条件概率如下：

$$P(y_1 \mid x)=\begin{bmatrix}1 & 1\\ 0 & 1\\ \frac{1}{2} & \frac{1}{2}\end{bmatrix},\quad P(y_1 \mid x)=\begin{bmatrix}1 & 0\\ 1 & 0\\ 0 & 1\end{bmatrix}$$

(1) 求 $I(X;Y_1)$ 和 $I(X;Y_2)$，并判断哪一个实验比较好。

(2) 求 $I(X;Y_1Y_2)$，并计算做 Y_1 和 Y_2 两个实验比做 Y_1 和 Y_2 中的一个实验可多得多少关于 X 的信息。

(3) 求 $I(X;Y_1 \mid Y_2)$ 和 $I(X;Y_2 \mid Y_1)$，并解释它们的含义。

2.25　黑白传真机的消息符号只有黑色和白色两种，假设一般的气象云图上，黑色出现的概率为0.3，白色出现的概率为0.7。

(1) 假设黑白消息符号为前后无关，求信源的熵函数 $H(X)$；

(2) 如果考虑消息符号前后的相关性，p(白/白) = 0.914 3，p(黑/白) = 0.085 7，p(白/黑) = 0.2，p(黑/黑) = 0.8，求这个一阶马尔可夫信源的熵；

(3) 比较两种情况下熵函数的大小，并说明其原因。

2.26　一阶平稳马尔可夫链 $X_1,X_2,\cdots,X_r,\cdots$，各随机变量 X_r 取值于集合 $A=\{a_1,a_2,a_3\}$。已知起始概率为 $p(a_1)=1/2$，$p(a_2)=p(a_3)=1/4$，状态转移概率矩阵为 $[P]=\begin{bmatrix}1/2 & 1/4 & 1/4\\ 2/3 & 0 & 1/3\\ 2/3 & 1/3 & 0\end{bmatrix}$。

(1) 求 (X_1,X_2,X_3) 的联合熵和平均符号熵；

(2) 求这个马尔可夫链的极限熵；

(3) 求 H_0,H_1,H_2 和它们所有对应冗余度。

2.27　一个马尔可夫信源，已知转移概率矩阵 $[P]=\begin{bmatrix}p(s_1/s_1) & p(s_2/s_1)\\ p(s_1/s_2) & p(s_2/s_2)\end{bmatrix}=\begin{bmatrix}2/3 & 1/3\\ 1 & 0\end{bmatrix}$，试画出状态转移图，并求出信源熵。

2.28　一阶马尔可夫信源的状态图如图2.21所示，信源 X 的符号集为 $\{0,1,2\}$，并定 $q=1-p$。

(1) 求信源平稳后的概率分布 $p(0)$，$p(1)$ 和 $p(2)$；

(2) 求此信源的熵；

(3) 如果近似地认为此信源为无记忆的，符号概率等于稳态概率，求近似信源熵，并与马尔可夫信源熵进行比较。

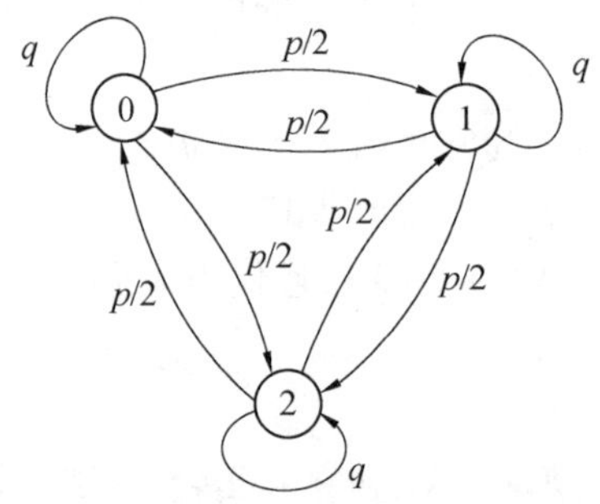

图2.21　一阶马尔可夫信源的状态图

2.29　一阶马尔可夫信源的状态图如图 2.22 所示，信源 X 的符号集为 $\{0,1,2\}$，并定 $q=1-p$。

(1) 求信源平稳后的概率分布 $p(0)$，$p(1)$ 和 $p(2)$；

(2) 求此信源的熵；

(3) 求当 $p=0$ 和 $q=1$ 时信源的熵，并说明其理由。

2.30　一阶马尔可夫信源 X 的符号集为 $\{0,1,2\}$，状态一步转移概率矩阵为

$$[P]=\begin{bmatrix} 1-p & \dfrac{p}{2} & \dfrac{p}{2} \\ \dfrac{p}{2} & 1-p & \dfrac{p}{2} \\ \dfrac{p}{2} & \dfrac{p}{2} & 1-p \end{bmatrix}$$

(1) 画出状态图；

(2) 求信源符号的稳态概率；

(3) 求信源的熵。

2.31　由 a,b,c,d 组成的离散信源符号集的状态转移概率如图 2.23 所示，求稳态时各符号出现的概率，以及此信源的熵。

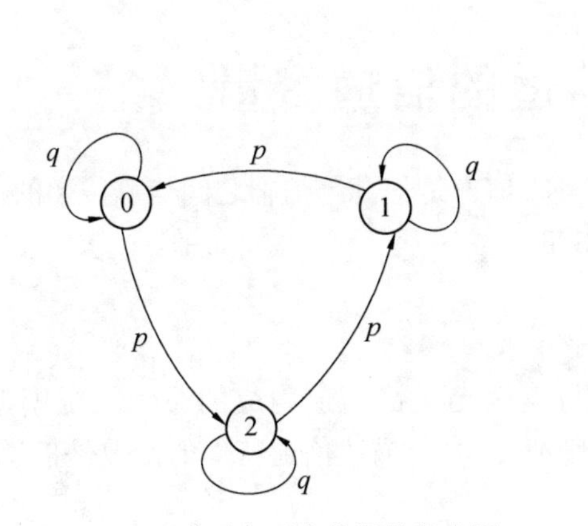

图 2.22　一阶马尔可夫信源的状态图

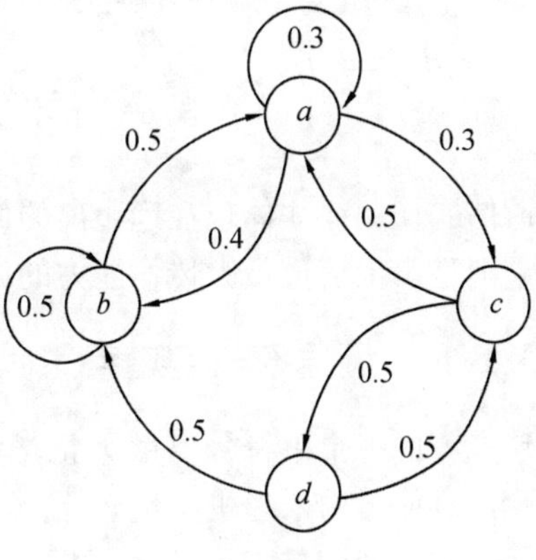

图 2.23　马尔可夫信源的状态图

2.32　由符号集 $\{0,1\}$ 组成的二阶马尔可夫链，其转移概率为：$p(0\mid 00)=0.8$，$p(0\mid 11)=0.2$，$p(1\mid 00)=0.2$，$p(1\mid 11)=0.8$，$p(0\mid 01)=0.5$，$p(0\mid 10)=0.5$，$p(1\mid 01)=0.5$，$p(1\mid 10)=0.5$。画出状态图，并计算各状态的稳态概率。

第 3 章

信道容量与高斯信道

第 2 章介绍了单符号信源和序列信源的熵，并给出了交互信息量的概念，本章进一步讨论离散信道的信道容量问题。信道容量就是一个信道在一定条件下所能传出的最大信息量，也就是一定条件下的最大平均交互信息量。在通信理论中，信道容量是一个很重要的概念。在很多系统工程中都有类似的概念，如系统容量、网络容量、存储器容量等。但是这里的信道容量与工程中所说的容量有所不同，它不是一个具体系统或设备的指标，而是描述信息传输能力的一个概念。连续信源熵和高斯信道的信道容量问题也是香农信息论研究的问题，而且在通信系统设计和分析时更多地被使用。许多教材都把连续信源单独介绍，由于从本质上讲都是信道容量的问题，因此我们安排在一章里来讨论。

3.1　离散信道的信道容量

通信的作用往往体现在远距离的信息传递，信道是信源与信宿之间信息传递的通道，信道容量则是表征信道最大传信能力的信道参量。

3.1.1　熵速率与信道容量

首先考虑一个单符号离散无记忆信源与离散无记忆信道构成的通信系统模型，如图 3.1 所示。信道输入随机变量 X，信道输出随机变量 Y，描述信道特性的参数是信道转移概率矩阵。

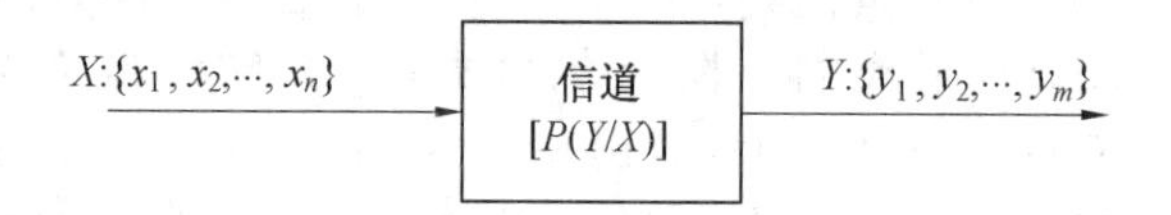

图 3.1　单符号离散无记忆信道模型

根据上一章的介绍，平均交互信息量 $I(X,Y)$ 是这个通信系统 $\{X, P(Y/X), Y\}$ 输出一个符号传输的平均信息量，也就是信宿的接收熵。因此，可以定义一个通信系统单位时间内传递的平均信息量为熵速率。当符号速率为 r 符号／秒时，单符号离散无记忆信道模型的熵速率为

$$R = r \cdot I(X;Y) = r \cdot [H(X) - H(X/Y)] = r \cdot [H(Y) - H(Y/X)] \tag{3.1}$$

显然，熵速率的单位就是比特／秒。

在信息论中，定义熵速率及信道容量的目的是研究通信能力与信源和信道特性的关系，因此参数 r 并没有多少理论意义，通常假定 $r = 1$，这样式(3.1) 可表示为

$$R = I(X;Y) = [H(X) - H(X/Y)] = [H(Y) - H(Y/X)] \tag{3.2}$$

这样,从数学模型化的角度看,熵速率就是平均交互信息量。熵速率既是信源先验概率的函数,也是信道转移概率的函数。为了专门描述某一个信道的统计特性对通信系统信息传输能力的影响,信息论又定义了信道容量。

信道容量是在给定信道条件下(即一定的信道转移概率),对于所有可能的信源先验概率分布的最大熵速率。它表示为

$$C = \max_{P(X)} R \tag{3.3}$$

根据熵速率与平均交互信息量的关系,可得

$$C = \max_{P(X)}\{I(X;Y)\} = \max_{P(X)}\{H(X) - H(X/Y)\} \tag{3.4}$$

以及

$$C = \max_{P(X)}\{I(X;Y)\} = \max_{P(X)}\{H(Y) - H(Y/X)\} \tag{3.5}$$

根据平均交互信息量的性质可知,对于给定的信道转移概率,平均交互信息量是信源先验概率的上凸函数,因此存在一种先验概率分布使平均交互信息量达到最大值,这个最大值就是信道容量。

根据信道容量的定义可以看到,信道容量与信源无关,它只是信道转移概率的函数,不同的信道就有不同的信道容量,它反映了信道本身的传信能力。

如果信道输入是一个 N 维随机序列 $\boldsymbol{X}$,先验概率分布为 $P(\boldsymbol{X})$,信道输出为 N 维随机序列 $\boldsymbol{Y}$,这时的信道容量表示为

$$C = \max_{P(X)}\{I(\boldsymbol{X};\boldsymbol{Y})\} \tag{3.6}$$

3.1.2　几种简单信道的信道容量计算

这里通过几个例子介绍信道容量的简单计算方法,并给出信息论角度的无噪声信道概念。

【例3.1】　具有一一对应关系的无噪声信道。有这样一类离散无记忆信道,输入输出都是有 n 个符号状态的离散随机变量。例如,下面为两个信道转移概率矩阵和信道状态图(图3.2)。

$$\boldsymbol{P}_1 = \begin{bmatrix} 1 & 0 & 0 & 0 \\ 0 & 1 & 0 & 0 \\ 0 & 0 & 1 & 0 \\ 0 & 0 & 0 & 1 \end{bmatrix};\quad \boldsymbol{P}_2 = \begin{bmatrix} 0 & 0 & 0 & 1 \\ 0 & 0 & 1 & 0 \\ 0 & 1 & 0 & 0 \\ 1 & 0 & 0 & 0 \end{bmatrix}$$

这类信道的转移概率矩阵的元素均为0或1,根据 $H(Y/X) = -\sum p(x_i,y_j)\log_2 p(y_j/x_i)$,所以其噪声熵 $H(Y/X) = 0$。

又因为$[P]$矩阵中每列只有一个非0元素1,根据

$$p(x_i/y_j) = \frac{p(x_i)p(y_j/x_i)}{\sum_{i=1}^{n} p(x_i)p(y_j/x_i)} = \begin{cases} 0 \\ 1 \end{cases}$$

$$H(X/Y) = \sum_{i=1}^{n}\sum_{j=1}^{m} p(x_i,y_j)\log_2 p(x_i/y_j) = 0$$

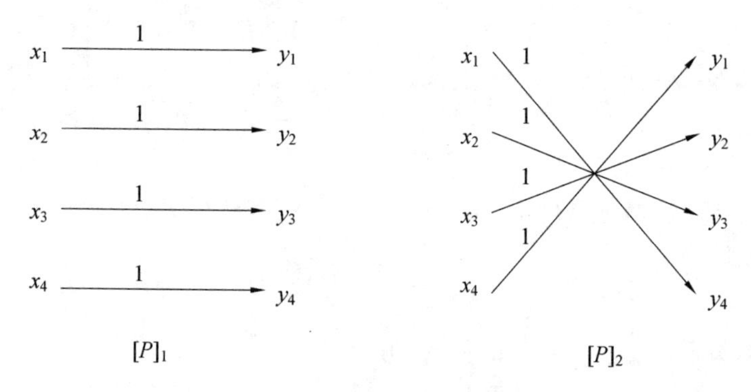

图 3.2　具有一一对应关系的无噪声信道状态图

因此有

$$I(X,Y)=H(X)=H(Y)$$

根据信道容量的定义有

$$C=\max_{P(X)}\{I(X;Y)\}=\max_{P(X)}\{H(X)\}=\log_2 n$$

这类信道是最基本的无噪声信道，其信道容量就等于信源的最大熵，也等于信宿的最大熵。

【例 3.2】　具有扩展性的无噪声信道。有这样一类离散无记忆信道，输入随机变量的符号状态数 n 小于输出随机变量的符号状态数 m，并且具有下面形式的信道转移概率矩阵和信道状态图（图 3.3）。

$$\boldsymbol{P}=\begin{bmatrix} p(y_1/x_1) & p(y_2/x_1) & p(y_3/x_1) & 0 & 0 \\ 0 & 0 & 0 & p(y_4/x_2) & p(y_5/x_2) \end{bmatrix}$$

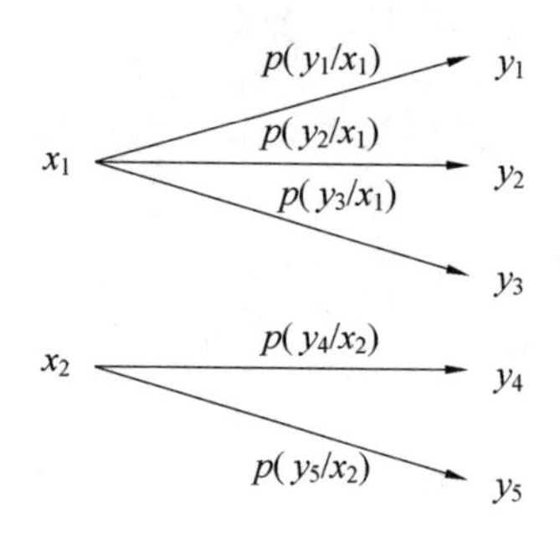

图 3.3　具有扩展性的无噪声信道状态图

在这类信道中，信道转移概率矩阵中每列只有一个非 0 元素，因此，其可疑度 $H(X/Y)=0$。

$$C=\max_{P(X)}\{I(X;Y)\}=\max_{P(X)}\{H(X)\}=\log_2 n$$

这种扩展性的无噪声信道的信道容量等于信源的最大熵。

【例 3.3】　具有归并性的无噪声信道。有这样一类离散无记忆信道，输入随机变量的符号状态数 n 大于输出随机变量的符号状态数 m，并且具有下面形式的信道转移概率矩阵和信道状态图（图 3.4）。

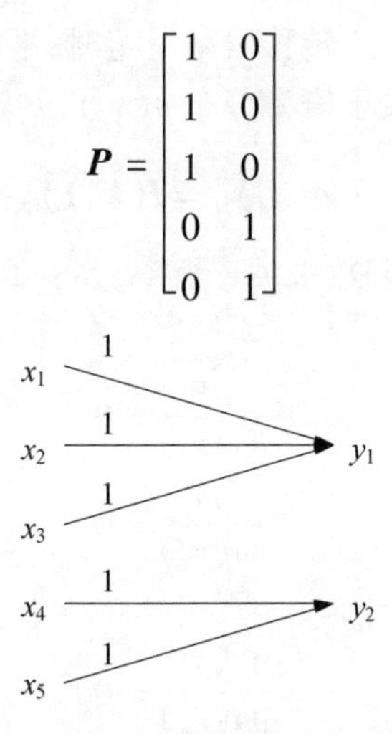

图 3.4　具有归并性的无噪声信道状态图

在这类信道中,信道转移矩阵中的元素均为 1 和 0,因此,噪声熵 $H(Y/X)=0$。由 $I(X,Y)=H(Y)$,根据信道容量的定义有

$$C=\max_{P(X)}\{I(X;Y)\}=\max_{P(X)}\{H(Y)\}=\log_2 m$$

这表明当随机变量 Y 为等概分布时,才能达到这个信道容量。

通过上面三个例子可知,无噪声信道的信道容量只决定于信道的输入符号数 n,或输出符号 m,它们都是信道本身的特征参数,与信源无关,信道容量 C 是表征信道本身特性的一个参量。同时还可以看到,所谓的无噪声信道并不完全是传统意义上的一一对应的无差错信道,而是在信息论意义上的无噪声信道,即可以实现最大平均交互信息量的信道,因此有些教材称其为有噪无扰信道。

3.1.3　信道容量的一般计算方法

在上面介绍的几种简单情况中,只是根据信道转移概率矩阵的特殊性和最大熵定理就可以得到信道容量。如果对于相对比较复杂的情况,还可以利用数学上的拉格朗日乘数法求得离散无记忆信道的信道容量问题。所谓拉格朗日乘数法就是一种将有 n 个变量与 k 个约束条件的最优化问题转换为一个有 $n+k$ 个变量的方程组的极值问题。

由信道容量的定义,信道容量就是在固定的信道条件下,对所有可能的先验概率求平均交互信息量的最大值。已知单符号离散无记忆信道下平均交互信息量与信源先验概率分布的函数关系及其约束条件为

$$I(X;Y)=\sum_{i=1}^{n}\sum_{j=1}^{m}p(x_i)p(y_j/x_i)\log_2\frac{p(x_i/y_j)}{p(x_i)} \tag{3.7}$$

$$\sum_{i=1}^{n}p(x_i)=1$$

实际上,平均交互信息量可以写成

$$I(X;Y)=\sum_{i=1}^{n}\sum_{j=1}^{m}p(x_i)p(y_j/x_i)\log_2\frac{\dfrac{p(x_i)p(y_j/x_i)}{\sum_{i=1}^{n}p(x_i)p(y_j/x_i)}}{p(x_i)} \tag{3.8}$$

从这个表达式可以看到,当信道转移概率一定时,平均交互信息量就是信源先验概率分布的函数。因此,可以构造一个关于概率分布 $p(x_1),p(x_2),\cdots,p(x_n)$ 的辅助函数。

$$F[p(x_1),p(x_2),\cdots,p(x_n)] = I(X,Y) - \lambda[\sum_{i=1}^{n} p(x_i) - 1] \tag{3.9}$$

其中,λ 为一个待定系数,对辅助函数求关于概率分布 $p(x_i)$ 的导数,并使其为0,可以得到 n 个方程

$$\frac{\partial F}{\partial p(x_1)} = 0$$

$$\frac{\partial F}{\partial p(x_2)} = 0$$

$$\vdots$$

$$\frac{\partial F}{\partial p(x_n)} = 0$$

如果利用这 n 个方程加上约束条件可以求出先验概率分布 $p(x_i)$,就可以得到这个离散无记忆信道的信道容量。

下面考察这个方程组的基本形式。根据式(3.9),可得

$$\frac{\partial F}{\partial p(x_i)} = \frac{\partial I(X;Y)}{\partial p(x_i)} - \lambda \quad (i = 1,2,\cdots,n) \tag{3.10}$$

然后,利用交互信息量的关系,为了计算方便取以 e 为底的对数,则

$$\begin{aligned} I(X;Y) &= H(Y) - H(Y/X) \\ &= -\sum_{j=1}^{m} p(y_j)\ln p(y_j) + \sum_{i=1}^{n}\sum_{j=1}^{m} p(x_i)p(y_j/x_i)\ln p(y_j/x_i) \end{aligned} \tag{3.11}$$

这里应当注意,$p(y_j) = \sum_{i=1}^{n} p(x_i)p(y_j/x_i)$ 与 $p(x_i)$ 有关。并且有

$$\frac{\partial p(y_j)}{\partial p(x_i)} = p(y_j/x_i)$$

由式(3.11)可得

$$\begin{aligned} \frac{\partial I(X;Y)}{\partial p(x_i)} &= -\sum_{j=1}^{m} p(y_j/x_i)\ln p(y_j) - \sum_{j=1}^{m} p(y_j/x_i) + \sum_{j=1}^{m} p(y_j/x_i)\ln p(y_j/x_i) \\ &= -\sum_{j=1}^{m} p(y_j/x_i)\ln p(y_j) + \sum_{j=1}^{m} p(y_j/x_i)\ln p(y_j/x_i) - 1 \end{aligned} \tag{3.12}$$

由式(3.10)得方程组

$$-\sum_{j=1}^{m} p(y_j/x_i)\ln p(y_j) + \sum_{j=1}^{m} p(y_j/x_i)\ln p(y_j/x_i) = \lambda + 1 \quad (i = 1,2,\cdots,n) \tag{3.13}$$

整理得

$$\sum_{j=1}^{m} p(y_j/x_i)\ln\frac{p(y_j/x_i)}{p(y_j)} = \lambda + 1 \quad (i = 1,2,\cdots,n) \tag{3.14}$$

这 n 个方程加上约束条件方程共 $n+1$ 个方程,求 $n+1$ 个未知数,解这个方程组就可以求出获得信道容量时的信源先验概率分布。

假设使 $I(X;Y)$ 为最大值时的先验概率为 $p(x_1),p(x_2),\cdots,p(x_n)$,将它们分别乘到式(3.13)$n$ 个方程组的两边,然后求和可得

$$-\sum_{i=1}^{n}p(x_i)\sum_{j=1}^{m}p(y_j/x_i)\ln p(y_j)+\sum_{i=1}^{n}p(x_i)\sum_{j=1}^{m}p(y_j/x_i)\ln p(y_j/x_i)=(\lambda+1)\sum_{i=1}^{n}p(x_i)$$
$$(i=1,2,\cdots,n)$$

得到

$$-\sum_{j=1}^{m}p(y_j)\ln p(y_j)+\sum_{i=1}^{n}p(x_i)\sum_{j=1}^{m}p(y_j/x_i)\ln p(y_j/x_i)=\lambda+1\quad(i=1,2,\cdots,n)\tag{3.15}$$

可见如果 $p(x_1),p(x_2),\cdots,p(x_n)$ 为最佳先验概率分布,则上式左边就是信道容量,即

$$C=\lambda+1\tag{3.16}$$

再将这个关系代入方程组,式(3.14) 的 n 个方程变为

$$\sum_{j=1}^{m}p(y_j/x_i)\ln\frac{p(y_j/x_i)}{p(y_j)}=C\quad(i=1,2,\cdots,n)\tag{3.17}$$

整理这个方程组

$$\sum_{j=1}^{m}p(y_j/x_i)\ln p(y_j/x_i)-\sum_{j=1}^{m}p(y_j/x_i)\ln p(y_j)=C\quad(i=1,2,\cdots,n)$$

进一步整理得

$$\sum_{j=1}^{m}p(y_j/x_i)[C+\ln p(y_j)]=\sum_{j=1}^{m}p(y_j/x_i)\ln p(y_j/x_i)\quad(i=1,2,\cdots,n)$$

令

$$\beta_j=C+\ln p(y_j)\quad(j=1,2,\cdots,m)\tag{3.18}$$

代入得

$$\sum_{j=1}^{m}p(y_j/x_i)\beta_j=\sum_{j=1}^{m}p(y_j/x_i)\ln p(y_j/x_i)\quad(i=1,2,\cdots,n)\tag{3.19}$$

这是一个含有 m 个未知数,n 个方程的非齐次方程组。可以证明,如果 $n=m$,信道转移矩阵为非奇异矩阵,则方程组有解。

由

$$\begin{aligned}&\ln p(y_j)=\beta_j-C\quad(j=1,2,\cdots,m)\\&p(y_j)=\mathrm{e}^{(\beta_j-C)}\quad(j=1,2,\cdots,m)\end{aligned}\tag{3.20}$$

根据概率关系

$$\sum_{j=1}^{m}p(y_j)=\sum_{j=1}^{m}\mathrm{e}^{(\beta_j-C)}=1$$

可知

$$\sum_{j=1}^{m}\frac{\mathrm{e}^{\beta_j}}{\mathrm{e}^{C}}=1$$

$$\mathrm{e}^{C}=\sum_{j=1}^{m}\mathrm{e}^{\beta_j}$$

则

$$C=\ln\sum_{j=1}^{m}\mathrm{e}^{\beta_j}\tag{3.21}$$

由这个 C 值,根据上面关系求出达到信道容量时的信宿分布 $p(y_j)$,再由 $p(y_j)$ 和

$p(y_j/x_i)$ 可以求得信源的最佳先验概率分布 $p(x_i)$。

【例 3.4】 已知一个离散无记忆信道的转移概率矩阵 $\boldsymbol{P}$,利用上面介绍的方法,求该信道的信道容量。

$$\boldsymbol{P} = \begin{bmatrix} 1 & 0 \\ \varepsilon & 1-\varepsilon \end{bmatrix}$$

解 由式(3.19)可以得到两个方程

$$1 \cdot \beta_1 + 0 \cdot \beta_2 = 1 \cdot \ln 1 + 0 \cdot \ln 0 = 0$$

$$\varepsilon \cdot \beta_1 + (1-\varepsilon) \cdot \beta_2 = \varepsilon \ln \varepsilon + (1-\varepsilon)\ln(1-\varepsilon)$$

由此可得

$$\beta_1 = 0$$

$$\beta_2 = \frac{\varepsilon}{1-\varepsilon}\ln \varepsilon + \ln(1-\varepsilon)$$

由式(3.21)可得信道容量为

$$C = \ln \sum_{j=1}^{m} e^{\beta_j} = \ln[e^{\beta_1} + e^{\beta_2}] = \ln[1 + e^{\beta_2}]$$

上面的信道容量计算方法看起来比较麻烦,实际上有些情况可以直接利用多元函数求极值的方法来求出信道容量,下面通过一个例题介绍信道容量求解的实质。

【例 3.5】 已知信道输入单符号随机变量为 $X = \{x_1, x_2\}$,输出随机变量为 $Y = \{y_1, y_2, y_3\}$,离散无记忆信道的转移概率矩阵 $\boldsymbol{P}$,求该信道的信道容量。

$$\boldsymbol{P} = \begin{bmatrix} 1-\varepsilon & \varepsilon & 0 \\ 0 & \varepsilon & 1-\varepsilon \end{bmatrix}$$

解 设平均交互信息量达到信道容量时的信源最佳先验概率分布为 $P(X) = \{\omega, 1-\omega\}$。由下式可以计算信宿的概率分布

$$p(y_j) = \sum_{i=1}^{n} p(x_i)p(y_j/x_i) \quad (j = 1,2,\cdots,n)$$

$$p(y_1) = \sum_{i=1}^{2} p(x_i)p(y_j/x_i) = \omega(1-\varepsilon)$$

$$p(y_2) = \sum_{i=1}^{2} p(x_i)p(y_j/x_i) = \omega\varepsilon + (1-\omega)\varepsilon = \varepsilon$$

$$p(y_3) = \sum_{i=1}^{2} p(x_i)p(y_j/x_i) = (1-\omega)(1-\varepsilon)$$

这时可得平均交互信息量为

$$\begin{aligned} I(X;Y) &= H(Y) - H(Y/X) \\ &= -\sum_{j=1}^{3} p(y_j)\log_2 p(y_j) + \sum_{i=1}^{2}\sum_{j=1}^{3} p(x_i)p(y_j/x_i)\log_2 p(y_j/x_i) \\ &= -\omega(1-\varepsilon)\log_2\omega(1-\varepsilon) - \varepsilon\log_2\varepsilon - (1-\omega)(1-\varepsilon)\log_2(1-\omega)(1-\varepsilon) + \\ &\quad \omega[(1-\varepsilon)\log_2(1-\varepsilon) + \varepsilon\log_2\varepsilon] + (1-\omega)[(1-\varepsilon)\log_2(1-\varepsilon) + \varepsilon\log_2\varepsilon] \\ &= -(1-\varepsilon)[\omega\log_2\omega + (1-\omega)\log_2(1-\omega)] \end{aligned}$$

根据信道容量的定义,求

$$\frac{\partial I(X;Y)}{\partial \omega}=0$$

可得 $\log_2\omega=\log_2(1-\omega)$，即 $\omega=0.5$，这时可得信道容量为

$$C=\max_{P(X)}\{I(X;Y)\}=I(X;Y)\big|_{\omega=0.5}=1-\varepsilon$$

通过这个例子可以看出，信道容量的问题就是求关于信源先验概率分布的极值问题。

3.1.4　对称信道和准对称信道的信道容量

1. 对称信道的信道容量

如果离散无记忆信道的输入、输出随机变量及信道转移矩阵为如下形式，称其为对称信道

$$\begin{bmatrix}X\\P(X)\end{bmatrix}=\begin{Bmatrix}x_1 & x_2 & \cdots & x_n\\p(x_1) & p(x_2) & \cdots & p(x_n)\end{Bmatrix};\quad \begin{bmatrix}Y\\P(Y)\end{bmatrix}=\begin{Bmatrix}y_1 & y_2 & \cdots & y_n\\p(y_1) & p(y_2) & \cdots & p(y_n)\end{Bmatrix}$$

$$[P]=\begin{bmatrix}1-\varepsilon & \varepsilon/(n-1) & \cdots & \varepsilon/(n-1)\\ \varepsilon/(n-1) & 1-\varepsilon & \cdots & \varepsilon/(n-1)\\ \vdots & \vdots & & \vdots\\ \varepsilon/(n-1) & \varepsilon/(n-1) & \cdots & 1-\varepsilon\end{bmatrix}$$

对于这类对称信道，可以利用信道转移概率的对称性来求得信道容量。这时可以利用熵函数的对称性考察噪声熵 $H(Y/X)$，即

$$\begin{aligned}H(Y/X)&=-\sum_{i=1}^{n}\sum_{j=1}^{n}p(x_i)p(y_j/x_i)\log_2 p(y_j/x_i)\\&=\sum_{i=1}^{n}p(x_i)\Big[-\sum_{j=1}^{n}p(y_j/x_i)\log_2 p(y_j/x_i)\Big]=\sum_{i=1}^{n}p(x_i)H(Y/x_i)\\&=\sum_{i=1}^{n}p(x_i)H\Big[(1-\varepsilon),\frac{\varepsilon}{n-1},\frac{\varepsilon}{n-1},\cdots,\frac{\varepsilon}{n-1}\Big]\\&=H\Big[(1-\varepsilon),\frac{\varepsilon}{n-1},\frac{\varepsilon}{n-1},\cdots,\frac{\varepsilon}{n-1}\Big]\\&=-\Big[(1-\varepsilon)\log_2(1-\varepsilon)+\varepsilon\log_2\frac{\varepsilon}{n-1}\Big]\\&=-\big[(1-\varepsilon)\log_2(1-\varepsilon)+\varepsilon\log_2\varepsilon-\varepsilon\log_2(n-1)\big]\\&=H(\varepsilon)+\varepsilon\log_2(n-1)\end{aligned}$$

上式说明，对称信道的噪声熵 $H(Y/X)$ 就是信道转移矩阵中任一行 n 个元素所确定的熵函数值，它决定于信道参数 ε 和符号个数 n。

根据信道容量的定义：

$$\begin{aligned}C&=\max_{P(X)}\{I(X;Y)\}=\max_{P(X)}\{H(Y)-H(Y/X)\}\\&=\max_{P(X)}\{H(Y)\}-H(\varepsilon)-\varepsilon\log_2(n-1)\end{aligned}$$

由最大熵定理可知

$$C=\log_2 n-H(\varepsilon)-\varepsilon\log_2(n-1)$$

已知 $p(y_j)=1/n$ 和信道转移概率，可以得到以下线性方程组

$$p(y_j) = \sum_{i=1}^{n} p(x_i)p(y_j/x_i) \quad (j = 1,2,\cdots,n)$$

分析这个方程组可得 $p(x_i) = 1/n$ 时才能使 $p(y_j) = 1/n$。

分析表明,对于对称信道,当信源等概分布时能使其达到信道容量 C,同时有 $H(X) = H(Y)$ 及 $H(Y/X) = H(X/Y)$。

【例3.6】 利用上面分析的结论计算图3.5给出的二元对称信道(BSC)的信道容量。

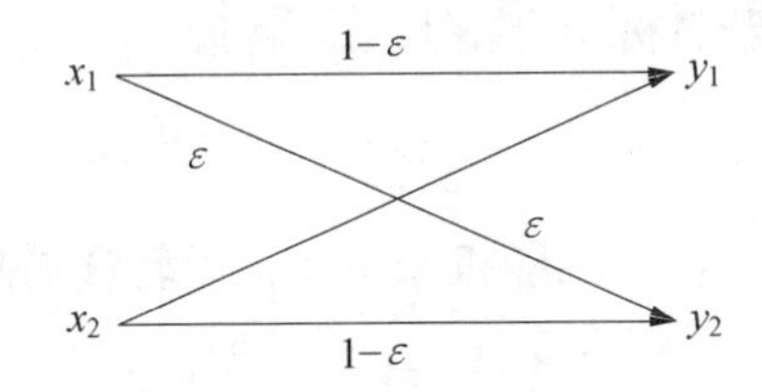

图3.5 二元对称信道的信道转移概率图

解 二元对称信道是一种对称信道,根据上面的分析可知,当 $n = 2$ 时

$$C = \log_2 n - H(\varepsilon) - \varepsilon\log_2(n-1) = 1 - H(\varepsilon)$$

同时可知,只有当 $p(x_1) = p(x_2) = 1/2$ 时,才能达到这个信道容量。

2. 准对称信道的信道容量

如果一个离散无记忆信道的信道转移矩阵中的每一行都是由同一组元素的不同组合构成的,并且每一列也是由这一组元素组成的,则称为准对称信道,例如下面两个信道转移矩阵。

$$\boldsymbol{P}_1 = \begin{bmatrix} 1/3 & 1/3 & 1/6 & 1/6 \\ 1/6 & 1/6 & 1/3 & 1/3 \end{bmatrix}; \quad \boldsymbol{P}_2 = \begin{bmatrix} 1/2 & 1/3 & 1/6 \\ 1/6 & 1/2 & 1/3 \\ 1/3 & 1/6 & 1/2 \end{bmatrix}$$

准对称信道与对称信道的区别在于:① 对称信道要求 $n = m$,准对称信道不要求;② 对称信道每行之和及每列之和都等于1,准对称信道每行之和等于1,而每列之和不一定等于1;③ 对称信道的矩阵为对称矩阵,准对称信道的矩阵不是对称矩阵。

考虑到 $\boldsymbol{P}$ 每行都由同一元素集合构成,利用熵函数的对称性,可得

$$\begin{aligned} H(Y/X) &= -\sum_{i=1}^{n}\sum_{j=1}^{n} p(x_i)p(y_j/x_i)\log_2 p(y_j/x_i) \\ &= \sum_{i=1}^{n} p(x_i)\left[-\sum_{j=1}^{n} p(y_j/x_i)\log_2 p(y_j/x_i)\right] \\ &= \sum_{i=1}^{n} p(x_i)H(Y/x_i) \\ &= H[p(y_1/x_i),p(y_2/x_i),\cdots,p(y_m/x_i)] \end{aligned}$$

因此这种准对称信道的条件熵 $H(Y/X)$ 就等于信道矩阵中任何一行 m 个概率的熵函数。因此,其信道容量为

$$\begin{aligned} C &= \max_{P(X)}\{H(Y) - H[p(y_1/x_i),p(y_2/x_i),\cdots,p(y_m/x_i)]\} \\ &= \max_{P(X)}\{H(Y)\} - H[p(y_1/x_i),p(y_2/x_i),\cdots,p(y_m/x_i)] \\ &= \log_2 m - H[p(y_1/x_i),p(y_2/x_i),\cdots,p(y_m/x_i)] \end{aligned}$$

分析表明,对于准对称信道,当信宿随机变量为等概率分布可以得到信道容量,同样可

以发现信宿随机变量为等概率分布意味着信源的先验概率也是等概分布的。

【例 3.7】 已知一个准对称信道的信道转移概率矩阵如下，求其信道容量。

$$\boldsymbol{P}=\begin{bmatrix}0.3 & 0.2 & 0.5\\ 0.5 & 0.2 & 0.3\end{bmatrix}$$

解 根据上面的分析可知

$$\begin{aligned}C&=\log_2 m-H[p(y_1/x_i),p(y_2/x_i),\cdots,p(y_m/x_i)]\\&=\log_2 3-H[0.3,\ 0.2,\ 0.5]\\&=\log_2 3+0.3\log_2 0.3+0.2\log_2 0.2+0.5\log_2 0.5=0.1\ (\text{bit/s})\end{aligned}$$

3.2 串联信道的交互信息量

前面介绍了离散无记忆信道的交互信息量和信道容量的概念及计算方法，这里再讨论几个关于离散无记忆信道稍微复杂的问题。

串联信道也称级联信道，可以看成是两个离散无记忆信道的串联，这时组合信道的信道转移概率矩阵是两个信道转移概率矩阵的乘积。

如果 X,Y,Z 为三个单符号离散随机变量，$\boldsymbol{P}_1$ 和 $\boldsymbol{P}_2$ 为两个离散无记忆信道的转移概率矩阵，其串联信道的模型如图 3.6 所示。

$$X:\{x_1,x_2,\cdots,x_n\}$$
$$Y:\{y_1,y_2,\cdots,y_m\}$$
$$Z:\{z_1,z_2,\cdots,z_L\}$$

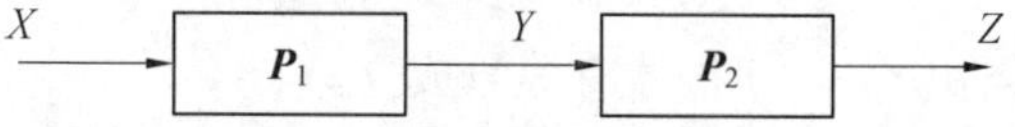

X → [$\boldsymbol{P}_1$] → Y → [$\boldsymbol{P}_2$] → Z

图 3.6　串联信道模型

下面给出串联信道的平均交互信息量的有关特性。平均交互信息量 $I(X,Y;Z)$ 表示从随机变量 Z 中获得的关于联合随机变量 X,Y 的平均信息量。平均交互信息量 $I(Y;Z)$ 表示从随机变量 Z 中获得的关于随机变量 Y 的平均信息量。同时 $I(X;Y)$ 和 $I(X;Z)$ 分别表示随机变量 X 和 Y 以及 X 和 Z 之间的平均交互信息量。

定理 3.1 对于两个离散无记忆信道组成的串联信道，如果 X,Y,Z 为相应的离散随机变量，则有

$$I(X,Y;Z)\geqslant I(Y;Z)\tag{3.22}$$

只有当 $p(z_k/x_i,y_j)=p(z_k/y_j)$ 时，才有等号成立。

证明

$$\begin{aligned}I(Y;Z)-I(X,Y;Z)&=\underset{X,Y,Z}{E}\left[\log_2\frac{p(z/y)}{p(z)}-\log_2\frac{p(z/x,y)}{p(z)}\right]\\&=\underset{X,Y,Z}{E}\left[\log_2\frac{p(z/y)}{p(z/x,y)}\right]\\&=\sum_{i=1}^{n}\sum_{j=1}^{m}\sum_{k=1}^{L}p(x_i,y_j,z_k)\log_2\frac{p(z_k/y_j)}{p(z_k/x_i,y_j)}\end{aligned}$$

$$\leqslant \log_2 \sum_{i=1}^{n} \sum_{j=1}^{m} \sum_{k=1}^{L} p(x_i, y_j, z_k) \frac{p(z_k/y_j)}{p(z_k/x_i, y_j)}$$

$$= \log_2 \sum_{i=1}^{n} \sum_{j=1}^{m} \sum_{k=1}^{L} p(x_i, y_j) p(z_k/x_i, y_j) \frac{p(z_k/y_j)}{p(z_k/x_i, y_j)}$$

$$= \log_2 \sum_{i=1}^{n} \sum_{j=1}^{m} \sum_{k=1}^{L} p(x_i, y_j) p(z_k/y_j)$$

$$= \log_2 \sum_{i=1}^{n} \sum_{j=1}^{m} \left[p(x_i, y_j) \sum_{k=1}^{L} p(z_k/y_j) \right]$$

$$= \log_2 \sum_{i=1}^{n} \sum_{j=1}^{m} p(x_i, y_j) = \log_2 1 = 0$$

证明过程中利用了 Jensen 不等式。这个定理说明,从 Z 中获得关于 Y 的平均交互信息量一定小于等于从 Z 中获得关于联合随机变量 XY 的平均交互信息量。

在证明过程中显然可以看到,只有当 $p(z_k/x_i, y_j) = p(z_k/y_j)$ 时,才有等号成立。

根据概率关系,联合随机变量 XYZ 的联合概率分布为

$$p(x, y, z) = p(x, y) p(z/x, y) = p(x) p(y/x) p(z/x, y) \tag{3.23}$$

当 $p(z/x, y) = p(z/y)$ 时,说明随机变量 Z 只决定于随机变量 Y,而与 X 无关,这时称随机变量序列 XYZ 构成一个马尔可夫链,则

$$p(x, y, z) = p(x) p(y/x) p(z/y) \tag{3.24}$$

定理 3.2 对于两个离散无记忆信道组成的串联信道,如果 X, Y, Z 为相应的离散随机变量,则有

$$I(X, Y; Z) \geqslant I(X; Z) \tag{3.25}$$

只有当 $p(z_k/x_i, y_j) = p(z_k/x_i)$ 时,才有等号成立。

证明

$$I(X; Z) - I(X, Y; Z) = \underset{X,Y,Z}{E}\left[\log_2 \frac{p(z/x)}{p(z)} - \log_2 \frac{p(z/x, y)}{p(z)}\right]$$

$$= \underset{X,Y,Z}{E}\left[\log_2 \frac{p(z/x)}{p(z/x, y)}\right]$$

$$= \sum_{i=1}^{n} \sum_{j=1}^{m} \sum_{k=1}^{L} p(x_i, y_j, z_k) \log_2 \frac{p(z_k/x_i)}{p(z_k/x_i, y_j)}$$

$$\leqslant \log_2 \sum_{i=1}^{n} \sum_{j=1}^{m} \sum_{k=1}^{L} p(x_i, y_j, z_k) \frac{p(z_k/x_i)}{p(z_k/x_i, y_j)}$$

$$= \log_2 \sum_{i=1}^{n} \sum_{j=1}^{m} \sum_{k=1}^{L} p(x_i, y_j) p(z_k/x_i, y_j) \frac{p(z_k/x_i)}{p(z_k/x_i, y_j)}$$

$$= \log_2 \sum_{i=1}^{n} \sum_{j=1}^{m} \sum_{k=1}^{L} p(x_i, y_j) p(z_k/x_i)$$

$$= \log_2 \sum_{i=1}^{n} \sum_{j=1}^{m} \left[p(x_i, y_j) \sum_{k=1}^{L} p(z_k/x_i) \right]$$

$$= \log_2 \sum_{i=1}^{n} \sum_{j=1}^{m} p(x_i, y_j) = \log_2 1 = 0$$

这个定理说明,从 Z 中获得关于 X 的平均交互信息量一定小于等于从 Z 中获得关于联

合随机变量 XY 的平均交互信息量。

当 $p(z/x,y)=p(z/x)$ 时,说明随机变量 Z 只决定于随机变量 X,而与 Y 无关,这时称随机变量序列 YXZ 构成一个马尔可夫链,则有

$$p(x,y,z)=p(x)p(y/x)p(z/x) \tag{3.26}$$

定理3.3　对于两个离散无记忆信道组成的串联信道,如果 X,Y,Z 为相应的离散随机变量,并且随机序列 XYZ 构成一个马尔可夫链时,有

$$I(X;Z)\leqslant I(Y;Z) \tag{3.27}$$

只有当 $p(z_k/x_i,y_j)=p(z_k/x_i)$ 时,才有等号成立。

证明　因为随机序列 XYZ 构成一个马尔可夫链,由定理3.1可知,$I(X,Y;Z)=I(Y;Z)$,又因为随机序列 YXZ 不是马尔可夫链,由定理3.2可知,$I(X,Y;Z)\geqslant I(X;Z)$,所以有 $I(X;Z)\leqslant I(Y;Z)$。

如果同时随机序列 YXZ 也构成马尔可夫链,则有 $I(X;Z)=I(Y;Z)$。

定理3.4　对于两个离散无记忆信道组成的串联信道,如果 X,Y,Z 为相应的离散随机变量,并且随机序列 XYZ 构成一个马尔可夫链时,有

$$I(X;Y)\geqslant I(X;Z) \tag{3.28}$$

证明　根据概率关系

$$p(z/x,y)=\frac{p(x,y,z)}{p(x,y)}=\frac{p(x/z,y)p(z,y)}{p(y)p(x/y)}=\frac{p(x/z,y)p(z/y)}{p(x/y)}$$

如果随机序列 XYZ 构成一个马尔可夫链,有 $p(z/x,y)=p(z/y)$,因此有

$$p(x/z,y)=p(x/y) \tag{3.29}$$

这说明如果序列 XYZ 构成一个马尔可夫链,则序列 ZYX 也构成一个马尔可夫链,这样由定理3.1可知

$$I(Z,Y;X)=I(Y;X)$$

同时,在序列 YZX 不是马尔可夫链情况下,由定理3.1可知

$$I(Z,Y;X)\geqslant I(Z;X)$$

由此可得

$$I(Y;X)\geqslant I(Z;X)$$

再由平均交互信息量的交互性,可证明

$$I(X;Y)\geqslant I(X;Z)$$

这个定理还可以这样来证明

$$\begin{aligned}I(X;Z)-I(X;Y)&=[H(X)-H(X/Z)]-[H(X)-H(X/Y)]\\&=H(X/Y)-H(X/Z)\leqslant H(X/Y)-H(X/YZ)=H(X/Y)-H(X/Y)=0\end{aligned}$$

其中,因为条件熵小于无条件熵,即 $H(X/Z)\geqslant H(X/YZ)$,另外根据 $p(x/z,y)=p(x/y)$,有 $H(X/YZ)=H(X/Y)$。

这个定理也称为数据处理定理,它对理解通信系统有一定帮助。如果把两个串联信道理解为数据处理系统,例如取样、量化、编码、译码等,经过一次数据处理的交互信息量 $I(X;Y)$ 小于等于信源熵 $H(X)$,经过两次数据处理的交互信息量小于等于 $I(X;Y)$。因此,数据处理定理说明,无论经过何种数据处理,都不会增加信息量。

下面考察在什么条件下式(3.28)的等号成立。

从上面分析看到,由于序列 XYZ 为一个马尔可夫链,则序列 ZYX 也构成一个马尔可夫

链，但是序列 YZX 不一定是马尔可夫链，如果这时序列 YZX 也是马尔可夫链，则根据定理3.2，有

$$p(x/z,y)=p(x/z) \tag{3.30}$$

这时，式(3.28)中的等号成立，即

$$I(X;Y)=I(X;Z) \tag{3.31}$$

下面看一个串联信道下平均交互信息量的计算问题。如果随机变量序列 XYZ 构成一个马尔可夫链，根据第2章介绍的马尔可夫链特性，其两步转移概率等于一步转移概率的乘积，即有

$$p(z_k/x_i)=\sum_{j}^{m}p(y_j/x_i)p(z_k/y_j)\quad(i=1,2,\cdots,n;k=1,2,\cdots,L) \tag{3.32}$$

在图3.6中，如果两个信道的转移概率矩阵分别为

$$\boldsymbol{P}_1=\begin{bmatrix}p(y_1/x_1) & p(y_2/x_1) & \cdots & p(y_m/x_1)\\ p(y_1/x_2) & p(y_2/x_2) & \cdots & p(y_m/x_2)\\ \vdots & \vdots & & \vdots\\ p(y_1/x_n) & p(y_2/x_n) & \cdots & p(y_m/x_n)\end{bmatrix};\quad \boldsymbol{P}_2=\begin{bmatrix}p(z_1/y_1) & p(z_2/y_1) & \cdots & p(z_L/y_1)\\ p(z_1/y_2) & p(z_2/y_2) & \cdots & p(z_L/y_2)\\ \vdots & \vdots & & \vdots\\ p(z_1/y_m) & p(z_2/y_m) & \cdots & p(z_L/y_m)\end{bmatrix}$$

则串联组合信道的转移概率矩阵为

$$\boldsymbol{P}=\boldsymbol{P}_1\cdot\boldsymbol{P}_2=\begin{bmatrix}p(z_1/x_1) & p(z_2/x_1) & \cdots & p(z_L/x_1)\\ p(z_1/x_2) & p(z_2/x_2) & \cdots & p(z_L/x_2)\\ \vdots & \vdots & & \vdots\\ p(z_1/x_n) & p(z_2/x_n) & \cdots & p(z_L/x_n)\end{bmatrix} \tag{3.33}$$

这时，定义从随机变量 Z 中获得的关于 X 和 Y 的平均交互信息量为

$$I(X,Y;Z)=\underset{x,y,z}{E}\left[\log_2\frac{p(z_k/x_i,y_j)}{p(z_k)}\right]=\sum_{i=1}^{n}\sum_{j=1}^{m}\sum_{k=1}^{L}p(x_i,y_j,z_k)\log_2\frac{p(z_k/x_i,y_j)}{p(z_k)} \tag{3.34}$$

在这个串联信道中，根据平均交互信息量的关系，还可以定义

$$I(X;Y)=\sum_{i=1}^{n}\sum_{j=1}^{m}p(x_i,y_j)\log_2\frac{p(y_j/x_i)}{p(y_j)} \tag{3.35}$$

$$I(Y;Z)=\sum_{j=1}^{m}\sum_{k=1}^{L}p(y_j,z_k)\log_2\frac{p(z_k/y_j)}{p(z_k)} \tag{3.36}$$

$$I(X;Z)=\sum_{i=1}^{n}\sum_{k=1}^{L}p(x_i,z_k)\log_2\frac{p(z_k/x_i)}{p(z_k)} \tag{3.37}$$

【例3.8】 在图3.6的串联信道模型中，假定随机序列 XYZ 构成马尔可夫链，给定两个离散无记忆信道的转移概率矩阵如下，设离散随机变量 X 的先验概率分布为 $P(X)=\{0.5,0.5\}$，考察其平均交互信息量。

$$\boldsymbol{P}_1=\begin{bmatrix}0.3 & 0.3 & 0.4\\ 0.5 & 0.2 & 0.3\end{bmatrix};\quad \boldsymbol{P}_2=\begin{bmatrix}0.2 & 0.8\\ 0.5 & 0.5\\ 0.7 & 0.3\end{bmatrix}$$

解 利用概率关系可以得到

$$[P(X,Y)]=\begin{bmatrix}0.15 & 0.15 & 0.2\\ 0.25 & 0.1 & 0.15\end{bmatrix}$$

$$P(Y)=\{0.4,0.25,0.35\}$$

$$[P(Y,Z)]=\begin{bmatrix}0.08 & 0.25\\0.125 & 0.125\\0.245 & 0.105\end{bmatrix}$$

$$P(Z)=\{0.45,0.55\}$$

$$[P(Z/X)]=[P_1]\cdot[P_2]=\begin{bmatrix}0.49 & 0.51\\0.41 & 0.59\end{bmatrix}$$

$$[P(X,Z)]=\begin{bmatrix}0.245 & 0.255\\0.205 & 0.295\end{bmatrix}$$

根据平均交互信息量的定义可以得到

$$I(X;Y)=\sum_{i=1}^{2}\sum_{j=1}^{3}p(x_i,y_j)\log_2\frac{p(y_j/x_i)}{p(y_j)}=0.075\ \text{bit/s}$$

$$I(Y;Z)=\sum_{j=1}^{3}\sum_{k=1}^{2}p(y_j,z_k)\log_2\frac{p(z_k/y_j)}{p(z_k)}=0.145\ \text{bit/s}$$

$$I(X;Z)=\sum_{i=1}^{2}\sum_{k=1}^{2}p(x_i,z_k)\log_2\frac{p(z_k/x_i)}{p(z_k)}=0.004\,6\ \text{bit/s}$$

由此可见,计算结果满足定理3.3和定理3.4的结论。

【例3.9】　在图3.6的串联信道模型中,假定随机序列 XYZ 构成马尔可夫链,给定两个离散无记忆信道的转移概率矩阵 $\boldsymbol{P}_1$ 和 $\boldsymbol{P}_2$ 如下,求串联组合信道的信道转移概率矩阵,并分析其交互信息量关系。

$$\boldsymbol{P}_1=\begin{bmatrix}1/3 & 1/3 & 1/3\\0 & 1/2 & 1/2\end{bmatrix};\quad \boldsymbol{P}_2=\begin{bmatrix}1 & 0 & 0\\0 & 1 & 0\\0 & 0 & 1\end{bmatrix}$$

解　根据随机序列 XYZ 构成马尔可夫链的关系,组合信道的转移概率矩阵为

$$\boldsymbol{P}=\boldsymbol{P}_1\cdot\boldsymbol{P}_2=\begin{bmatrix}1/3 & 1/3 & 1/3\\0 & 1/2 & 1/2\end{bmatrix}\begin{bmatrix}1 & 0 & 0\\0 & 1 & 0\\0 & 0 & 1\end{bmatrix}=\begin{bmatrix}1/3 & 1/3 & 1/3\\0 & 1/2 & 1/2\end{bmatrix}=\boldsymbol{P}_1$$

可以看到,当第二个信道的转移概率矩阵为一个单位矩阵的情况下,组合信道的转移概率矩阵就等于第一个信道的转移概率矩阵,$\boldsymbol{P}=\boldsymbol{P}_1$,即有

$$p(z/x)=p(y/x)$$

同时根据概率关系有

$$p(x/y)=\frac{p(x)p(y/x)}{\sum_x p(x)p(y/x)}$$

$$p(x/z)=\frac{p(x)p(z/x)}{\sum_x p(x)p(z/x)}$$

也就意味着有

$$p(x/z)=p(x/y)$$

显然,在这种情况下,无论信源 X 的先验概率如何分布,都存在 $I(X;Y)=I(X;Z)$,即定理3.4中的不等式的等号成立。实际上从第二个信道的转移概率矩阵可以看出,第二个信

道是一个一一对应的无噪声信道。也就是说,从 Z 中获得的 X 的信息量就等于从 Y 中获得的 X 的信息量,第二个信道没有信息损失。

在这个例题中,如果第二个信道的转移概率矩阵为

$$\boldsymbol{P}_2=\begin{bmatrix}1 & 0 & 0\\ 0 & 2/3 & 1/3\\ 0 & 1/3 & 2/3\end{bmatrix}$$

可以验证,仍然存在 $\boldsymbol{P}=\boldsymbol{P}_1$,这时的第二个信道同样没有信息损失。

3.3 连续信源的熵

在前面章节中,讨论了几种离散信源和离散信道的信息论基本问题。在实际应用中,还有一类信源称为连续信源,这种信源的消息符号在时间上和状态取值上都是连续的,例如语音信号、视觉图像信号都是连续信号。时间离散状态连续的信源熵可以用连续信源熵表示,相当于一个连续随机变量。而时间连续的信源为一个随机过程,只要信号频谱有限,就可以根据采样定理将其变为时间离散信源。如果一个信道的输入输出都是连续随机变量或随机过程,则称这个信道为连续信道。本章后面几节将分别讨论连续信源和连续信道的问题。

3.3.1 连续信源熵的定义

考察这样一种信源,其信源消息符号可以用一个取值连续的随机变量 X 来表示。与离散随机变量相类似,完整描述一个连续随机变量 X,需要确定它的取值范围和概率分布。

连续信源的状态概率用概率密度来表示。如果连续随机变量 X,取值为实数域 $\mathbf{R}$,其概率密度函数为 $p(x)$,则按照概率归一化条件有

$$\int_{\mathbf{R}} p(x)\,\mathrm{d}x=1 \tag{3.38}$$

如果 X 的取值为一个有限实数域$[a,b]$,则

$$\int_a^b p(x)\,\mathrm{d}x=1 \tag{3.39}$$

这时,连续随机变量 X 在某一状态 x_1 的概率分布函数为

$$P\{X\leqslant x_1\}=\int_{-\infty}^{x_1} p(x)\,\mathrm{d}x \tag{3.40}$$

那么,这个连续信源的数学模型可以表示为

$$[X,P]=\begin{cases}X:[a,b]\\ P(X):p(x)\end{cases}$$

$$\int_a^b p(x)\,\mathrm{d}x=1 \tag{3.41}$$

连续变量可以看作离散变量的极限情况,因此,可以利用离散信源熵的概念来定义连续信源熵,首先,看一个在$[a,b]$区间取值的连续随机变量 X,如图 3.7 所示。

如果把 X 的取值区间$[a,b]$分割为 n 个小区间,则各小区间宽度为

$$\Delta=\frac{b-a}{n} \tag{3.42}$$

根据概率分布为概率密度函数曲线的区间面积的关系，X 取值为 x_i 的概率分布为

$$P_i = p(x_i)\Delta \tag{3.43}$$

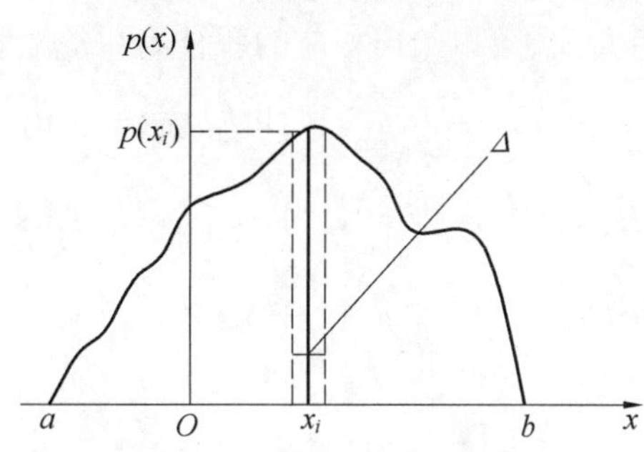

图 3.7　连续信源的概念

这样，可以得到一个等效离散信源 X_n 的信源空间为

$$[X_n \quad P] = \begin{Bmatrix} X_n: & x_1 & x_2 & \cdots & x_i & \cdots & x_n \\ P(X_n): & P_1 & P_2 & \cdots & P_i & \cdots & P_n \end{Bmatrix}$$

也可以表示为

$$[X_n \quad P] = \begin{Bmatrix} X_n: & x_1 & x_2 & \cdots & x_i & \cdots & x_n \\ P(X_n): & p(x_1)\Delta & p(x_2)\Delta & \cdots & p(x_i)\Delta & \cdots & p(x_n)\Delta \end{Bmatrix}$$

当 n 趋于无穷时，有

$$\lim_{n\to\infty}\sum_{i=1}^{n} P_i = \lim_{n\to\infty}\sum_{i=1}^{n} p(x_i)\Delta = \int_a^b p(x)\,\mathrm{d}x = 1$$

根据离散信源熵的定义，可得这个等效离散信源 X_n 的熵为

$$\begin{aligned} H(X_n) &= -\sum_{i=1}^{n} P_i \log_2 P_i = -\sum_{i=1}^{n}[p(x_i)\Delta]\log_2[p(x_i)\Delta] \\ &= -\sum_{i=1}^{n} p(x_i)\cdot\log_2 p(x_i)\cdot\Delta - \log_2\Delta\cdot\sum_{i=1}^{n} p(x_i)\cdot\Delta \end{aligned}$$

如果当 Δ 趋于0，n 趋于无穷时，上式的极限存在，离散随机变量 X_n 将接近于连续随机变量 X，这时，可以得到连续信源的熵为

$$\begin{aligned} H_c(X) &= \lim_{\Delta\to 0}\{H(X_n)\} = \lim_{n\to\infty}\left\{-\sum_{i=1}^{n} p(x_i)\log_2 p(x_i)\Delta - \log_2\Delta\sum_{i=1}^{n} p(x_i)\Delta\right\} \\ &= -\int_a^b p(x)\log_2 p(x)\,\mathrm{d}x - \lim_{\Delta\to 0}\{\log_2\Delta\} = H(X) + \infty \end{aligned}$$

这里我们定义连续信源的熵 $H(X)$ 为

$$H(X) = -\int_a^b p(x)\log_2 p(x)\,\mathrm{d}x \tag{3.44}$$

从上面的分析可见，连续信源熵是一个相对熵，其值为绝对熵减去一个无穷大量，即

$$H_c(X) = H(X) + \infty \tag{3.45}$$

连续信源有无穷多个状态，因此，根据香农熵的定义必然为无穷大。我们应当注意到，与离散信源熵比较，连续信源的熵不等于一个消息状态具有的平均信息量，其熵是有限的，而信息量是无限的。连续信源熵不具有非负性，熵可以为负值。尽管连续信源的绝对熵为一个无穷大量，但信息论主要研究的问题是信息传输问题，连续信道的输入输出都是连续随

机变量，当分析其交互信息量时是求两个熵的差，因此，当采用相同的量化过程时，两个无穷大量将被抵消，不影响性能的分析。

根据连续信源熵的这种定义，可以给出相应的联合熵和条件熵表达式为

$$H(X,Y) = -\iint_{\mathbf{R}} p(x,y)\log_2 p(x,y)\,\mathrm{d}x\mathrm{d}y \tag{3.46}$$

$$H(X/Y) = -\iint_{\mathbf{R}} p(x,y)\log_2 p(x/y)\,\mathrm{d}x\mathrm{d}y \tag{3.47}$$

$$H(Y/X) = -\iint_{\mathbf{R}} p(x,y)\log_2 p(y/x)\,\mathrm{d}x\mathrm{d}y \tag{3.48}$$

相应的平均交互信息量为

$$I(X;Y) = H(X) - H(X/Y) \tag{3.49}$$

$$I(Y;X) = H(Y) - H(Y/X) \tag{3.50}$$

与离散信源熵相同，对于连续信源熵同样存在以下的基本关系

$$H(X,Y) = H(X) + H(Y/X) = H(Y) + H(X/Y) \tag{3.51}$$

$$H(X,Y) \leqslant H(X) + H(Y) \tag{3.52}$$

$$H(X/Y) \leqslant H(X) \tag{3.53}$$

$$H(Y/X) \leqslant H(Y) \tag{3.54}$$

这些基本关系的证明基本类似于离散信源熵的方法，只是将离散随机变量的概率分布变为连续随机变量的概率密度函数。对于连续随机变量的概率密度分布函数，相应有以下关系

$$p(x,y) = p(x)p(y/x) = p(y)p(x/y) \tag{3.55}$$

$$p(x) = \int_{\mathbf{R}} p(x,y)\,\mathrm{d}y \tag{3.56}$$

$$p(y) = \int_{\mathbf{R}} p(x,y)\,\mathrm{d}x \tag{3.57}$$

3.3.2 几种连续信源的熵

1. 均匀分布的连续信源熵

设一维连续随机变量 X 的取值区间是 $[a,b]$，X 在 $[a,b]$ 中的概率密度函数是

$$p(x) = \begin{cases} \dfrac{1}{b-a} & (a \leqslant x \leqslant b) \\ 0 & (x > b, x < a) \end{cases}$$

这种连续信源称为均匀分布的连续信源，其熵为

$$H(X) = -\int_a^b p(x)\log_2 p(x)\,\mathrm{d}x = -\int_a^b \frac{1}{b-a}\log_2 \frac{1}{b-a}\mathrm{d}x = \log_2(b-a)$$

这时可以看到，当 $(b-a) < 1$ 时，$H(X) < 0$，即连续信源熵 $H(X)$ 不具有熵函数的非负性，因为 $H(X)$ 是相对熵，相对熵可以为负值，但绝对熵仍然为正值。

2. 高斯分布的连续信源熵

设一维随机变量 X 的取值范围是整个实数 $\mathbf{R}$，概率密度函数为

$$p(x) = \frac{1}{\sqrt{2\pi\sigma^2}}\exp\left\{-\frac{(x-m)^2}{2\sigma^2}\right\} \tag{3.58}$$

其中,m 是随机变量 X 的均值

$$m = E[X] = \int_{-\infty}^{\infty} xp(x)\,\mathrm{d}x \tag{3.59}$$

σ^2 是随机变量 X 的方差

$$\sigma^2 = E[(X-m)^2] = \int_{-\infty}^{\infty} (x-m)^2 p(x)\,\mathrm{d}x \tag{3.60}$$

当均值 $m=0$ 时,方差就是随机变量 X 的平均功率,即

$$P = E[X^2] = \int_{-\infty}^{\infty} x^2 p(x)\,\mathrm{d}x \tag{3.61}$$

这个信源称为高斯分布的连续信源,其数学模型为

$$[X,P] = \begin{cases} X: & \mathbf{R} \\ P(X): p(x) = \dfrac{1}{\sqrt{2\pi\sigma^2}} \exp\left\{-\dfrac{(x-m)^2}{2\sigma^2}\right\} \end{cases}$$

$$\int_{-\infty}^{\infty} p(x)\,\mathrm{d}x = 1$$

这时,可以得到高斯分布的连续信源的熵为

$$\begin{aligned} H(X) &= -\int_{-\infty}^{\infty} p(x)\log_2 p(x)\,\mathrm{d}x = -\int_{-\infty}^{\infty} p(x)\log_2\left\{\frac{1}{\sqrt{2\pi\sigma^2}}\exp\left[-\frac{(x-m)^2}{2\sigma^2}\right]\right\}\mathrm{d}x \\ &= -\int_{-\infty}^{\infty} p(x)\log_2\frac{1}{\sqrt{2\pi\sigma^2}}\mathrm{d}x + \int_{-\infty}^{\infty} p(x)\,\frac{(x-m)^2}{2\sigma^2}\mathrm{d}x \\ &= \frac{1}{2}\ln 2\pi\sigma^2 + \frac{1}{2}\ln \mathrm{e} \\ &= \frac{1}{2}\ln 2\pi\mathrm{e}\sigma^2 \end{aligned}$$

这里利用了以下的积分关系

$$\int_0^{\infty} \mathrm{e}^{-a^2x^2}\mathrm{d}x = \frac{\sqrt{\pi}}{2a}$$

$$\int_0^{\infty} x^2\mathrm{e}^{-a^2x^2}\mathrm{d}x = \frac{1}{4a}\sqrt{\frac{\pi}{a}}$$

当均值为 0 时,高斯分布的信源熵为

$$H(X) = \frac{1}{2}\ln 2\pi\mathrm{e}P \tag{3.62}$$

3. 指数分布的连续信源熵

设一随机变量 X 的取值区间为$[0,\infty)$,其概率密度函数为

$$p(x) = \frac{1}{a}\mathrm{e}^{-\frac{x}{a}} \quad (x \geqslant 0)$$

则称为指数分布的连续信源。其中常数 a 为随机变量 X 的均值,即

$$E[X] = m = \int_0^{\infty} xp(x)\,\mathrm{d}x = \int_0^{\infty} x\,\frac{1}{a}\mathrm{e}^{-\frac{x}{a}}\mathrm{d}x = a$$

指数分布的连续信源的熵为

$$H(X) = -\int_0^\infty p(x)\log_2 p(x)\,dx = -\int_0^\infty \frac{1}{a}e^{-\frac{x}{a}}\log_2\frac{1}{a}e^{-\frac{x}{a}}\,dx$$

$$= \frac{1}{a}\log_2 a\int_0^\infty e^{-\frac{x}{a}}\,dx + \frac{1}{a}\int_0^\infty xe^{-\frac{x}{a}}\,dx = \ln ae$$

这里利用了积分关系

$$\int_0^\infty e^{-ax}\,dx = \frac{1}{a}$$

$$\int_0^\infty xe^{-ax}\,dx = \frac{1}{a^2} \quad (a > 0)$$

3.4 连续信源的最大熵

3.4.1 连续信源的最大熵

利用数学方法(变分法)可以求出连续信源的最大熵问题,即针对一定约束条件,确定信源为如何分布能使连续信源获得最大熵。连续信源的熵为

$$H(X) = -\int_{-\infty}^{\infty} p(x)\log_2 p(x)\,dx$$

其基本约束条件为

$$\int_{-\infty}^{\infty} p(x)\,dx = 1$$

其他约束条件为

$$\int \varphi_2(x,p)\,dx = K_2$$

$$\int \varphi_3(x,p)\,dx = K_3$$

$$\vdots$$

$$\int \varphi_m(x,p)\,dx = K_m$$

建立辅助函数

$$F[x,p(x)] = f(x,p) + \lambda_1\varphi_1(x,p) + \lambda_2\varphi_2(x,p) + \cdots + \lambda_m\varphi_m(x,p)$$

其中

$$f(x,p) = -p(x)\log_2 p(x)$$

求这个辅助函数关于信源概率密度函数的微分,根据极值的条件有

$$\frac{\partial F(x,p)}{\partial p} = 0$$

如果考虑m个约束方程,能够求得概率密度函数的解,就可以确定这个连续信源的最大熵和所对应的信源概率密度分布$p(x)$。

1. 峰值功率受限的连续信源最大熵

若一个连续信源,其一维连续随机变量X的取值区间是$[-v, v]$,X在其中的概率密度函数是$p(x)$,这时对应只有一个约束方程,

$$\int_{-v}^{v} p(x)\,dx = 1$$

辅助函数为

$$F[x,p(x)]=-p(x)\log_2 p(x)+\lambda_1 p(x)$$

求其偏导数,并令其为零

$$\frac{\partial F(x,p)}{\partial p}=-[1+\ln p(x)]+\lambda_1=0$$

可以得到

$$\ln p(x)=\lambda_1-1$$

$$p(x)=\mathrm{e}^{\lambda_1-1}$$

再由约束方程可得

$$\int_{-v}^{v}\mathrm{e}^{\lambda_1-1}\mathrm{d}x=1$$

$$\mathrm{e}^{\lambda_1-1}=\frac{1}{2v}$$

得到 X 的概率密度分布函数为

$$p(x)=\frac{1}{2v}$$

可知,对于瞬时功率受限的连续信源,在假定信源状态为独立时,当概率密度分布为常数时(均匀分布),信源具有最大熵。其最大熵为

$$H_{\max}(X)=-\int_{-v}^{v}\frac{1}{2v}\log_2\frac{1}{2v}\mathrm{d}x=\log_2 2v$$

2. 平均功率受限的连续信源最大熵

如果一个连续信源,其一维连续随机变量 X 的取值区间是整个实数域,X 的概率密度函数是 $p(x)$,并且其平均功率为一个常数(σ^2),这时对应有两个约束方程,即

$$\int_{-\infty}^{\infty}p(x)\mathrm{d}x=1$$

$$\int_{-\infty}^{\infty}x^2 p(x)\mathrm{d}x=\sigma^2$$

这时的辅助函数为 $F[x,p(x)]=-p(x)\log_2 p(x)+\lambda_1 p(x)+\lambda_2 x^2 p(x)$,即

$$f(x,p)=-p(x)\log_2 p(x)$$

$$\varphi_1(x,p)=p(x)$$

$$\varphi_2(x,p)=x^2 p(x)$$

由$\dfrac{\partial F(x,p)}{\partial p}=0$,可得

$$-[1+\ln p(x)]+\lambda_1+\lambda_2 x^2=0$$

可得

$$\ln p(x)=\lambda_1+\lambda_2 x^2-1$$

得到 X 的概率密度函数的基本形式为

$$p(x)=\mathrm{e}^{\lambda_1-1}\cdot\mathrm{e}^{\lambda_2 x^2}\tag{3.63}$$

将其代入第一个约束条件,可得

$$\mathrm{e}^{\lambda_1-1}\int_{-\infty}^{\infty}\mathrm{e}^{\lambda_2 x^2}\mathrm{d}x=1$$

根据积分公式

$$\int_{-\infty}^{\infty} e^{-\lambda x^2} dx = \sqrt{\frac{\pi}{\lambda}}$$

可得

$$e^{\lambda_1 - 1} = \sqrt{\frac{-\lambda_2}{\pi}} \tag{3.64}$$

将这个结果代入第二个约束条件

$$\int_{-\infty}^{\infty} x^2 p(x) dx = e^{\lambda_1 - 1} \int_{-\infty}^{\infty} x^2 e^{\lambda_2 x^2} dx = \sigma^2$$

利用积分关系

$$\int_{-\infty}^{\infty} x^2 e^{\lambda_2 x^2} dx = \frac{1}{2(-\lambda_2)} \cdot \sqrt{\frac{\pi}{-\lambda_2}}$$

可得

$$e^{\lambda_1 - 1} \cdot \frac{1}{2(-\lambda_2)} \cdot \sqrt{\frac{\pi}{-\lambda_2}} = \sigma^2 \tag{3.65}$$

由式(3.64)，上式为

$$\sqrt{\frac{-\lambda_2}{\pi}} \cdot \frac{1}{2(-\lambda_2)} \cdot \sqrt{\frac{\pi}{-\lambda_2}} = \sigma^2$$

因此得到

$$\lambda_2 = -\frac{1}{2\sigma^2}$$

再由式(3.64)可知

$$e^{\lambda_1 - 1} = \frac{1}{\sigma\sqrt{2\pi}}$$

由式(3.63)得到当连续信源 X 获得最大熵时的概率密度函数为

$$p(x) = \frac{1}{\sigma\sqrt{2\pi}} e^{-\frac{x^2}{2\sigma^2}} \tag{3.66}$$

可以看到，这是一个均值为 0 的高斯分布。这时，可以计算其最大熵为

$$\begin{aligned}
H_{\max}(X) &= -\int p(x)\log_2 p(x) dx \\
&= -\int p(x)\left[\ln\frac{1}{\sigma\sqrt{2\pi}}\right] dx - \int p(x)\left(-\frac{x^2}{2\sigma^2}\right) dx \\
&= \ln \sigma\sqrt{2\pi} \int \frac{1}{\sigma\sqrt{2\pi}} e^{-\frac{x^2}{2\sigma^2}} dx - \int -\frac{x^2}{2\sigma^2} \cdot \frac{1}{\sigma\sqrt{2\pi}} e^{-\frac{x^2}{2\sigma^2}} dx \\
&= \ln\sqrt{2\pi}\,\sigma + \frac{1}{2}
\end{aligned}$$

即

$$H_{\max}(X) = \ln\sqrt{2\pi e}\,\sigma \quad (\text{nat}) \tag{3.67}$$

其中利用两个积分关系

$$\int_{-\infty}^{\infty} \frac{1}{\sigma\sqrt{2\pi}} e^{-\frac{x^2}{2\sigma^2}} dx = 1; \quad \int_{-\infty}^{\infty} x^2 e^{-x^2} dx = \frac{\sqrt{\pi}}{4}$$

如果平均功率为 $P = \sigma^2$，则有

$$H_{\max}(X) = \frac{1}{2}\ln 2\pi e P \quad (\text{nat}) \tag{3.68}$$

或者

$$H_{\max}(X)=1.443\ln\sqrt{2\pi eP}\quad(\text{bit})\tag{3.69}$$

上面是以一维连续随机变量为例,给出了两种常见的连续信源的最大熵,实际上,对于这两种连续信源,可以证明其结论可以推广到N维连续随机变量的情况。

定理3.5　如果一维连续信源输出信号的峰值功率受限,即随机变量取值为区间$[a,b]$,则当输出信号的概率密度函数为均匀分布($p(x)=1/(b-a)$)时,信源具有最大熵。如果当N维随机序列取值受限时,也只有当各个随机分量统计独立且为均匀分布时,信源具有最大熵。

定理3.6　(连续信源最大熵定理)如果一维连续信源输出信号的平均功率受限,则当输出信号的概率密度函数为高斯分布时,信源具有最大熵。如果N维平稳随机序列信源,其输出信号的协方差矩阵受限,则当各个随机分量为统计独立且为高斯分布时,信源具有最大熵。

式(3.66)和式(3.67)得到的结果实际上是假设信源是均值为零的高斯分布信源。如果N维连续平稳信源输出的N维连续随机序列$\boldsymbol{X}=(X_1,X_2,\cdots,X_N)$是高斯分布的,则称此信源为$N$维高斯信源。令随机序列的每个随机变量$X_i$的均值为$m_i$,各变量之间的联合二阶矩为

$$\mu_{ij}=E[(X_i-m_i)(X_j-m_j)]\quad(i,j=1,2,\cdots,N)\tag{3.70}$$

由各变量之间的二阶矩可以构成一个$N\times N$矩阵,即

$$\boldsymbol{C}=\begin{bmatrix}\mu_{11}&\mu_{12}&\cdots&\mu_{1N}\\\mu_{21}&\mu_{22}&\cdots&\mu_{2N}\\\vdots&\vdots&&\vdots\\\mu_{N1}&\mu_{N2}&\cdots&\mu_{NN}\end{bmatrix}\tag{3.71}$$

矩阵$\boldsymbol{C}$称为协方差矩阵,当$i=j$时,$\mu_{ii}=\sigma_i^2$为随机变量X_i的方差,如果用$|\boldsymbol{C}|$表示矩阵$\boldsymbol{C}$的行列式,$|C|_{ij}$表示元素μ_{ii}的代数余因子,则随机序列信源的概率密度函数为

$$p(\boldsymbol{x})=\frac{1}{\sqrt{2\pi|\boldsymbol{C}|}}\exp\left[-\frac{1}{2|\boldsymbol{C}|}\sum_{i=1}^{N}\sum_{j=1}^{N}|\boldsymbol{C}|_{ij}(x_i-m_i)(x_j-m_j)\right]\tag{3.72}$$

这时,可以得到N维高斯信源的熵为

$$\begin{aligned}H(\boldsymbol{X})&=-\int_{-\infty}^{\infty}p(\boldsymbol{x})\log_2 p(\boldsymbol{x})\mathrm{d}\boldsymbol{x}\\&=-\int_{\mathbf{R}}\cdots\int p(\boldsymbol{x})\log_2\left\{\frac{1}{\sqrt{2\pi|\boldsymbol{C}|}}\exp\left[-\frac{1}{2|\boldsymbol{C}|}\sum_{i=1}^{N}\sum_{j=1}^{N}|C|_{ij}(x_i-m_i)(x_j-m_j)\right]\right\}\mathrm{d}x_1\cdots\mathrm{d}x_N\\&=\log_2(2\pi)^{N/2}|\boldsymbol{C}|^{1/2}+\frac{N}{2}\log_2 e=\log_2[(2\pi e)^{N/2}\cdot|\boldsymbol{C}|^{1/2}]=\frac{1}{2}\log_2[(2\pi e)^N|\boldsymbol{C}|]\end{aligned}\tag{3.73}$$

如果N维高斯随机序列信源的协方差满足$\mu_{ij}=0(i\neq j)$,表明各随机变量X_i之间相互独立,这时$\boldsymbol{C}$矩阵为一个对角线矩阵,并且有

$$|\boldsymbol{C}|=\prod_{i=1}^{N}\sigma_i^2\tag{3.74}$$

这时,N维无记忆高斯序列信源的熵为

$$H(\boldsymbol{X})=\frac{N}{2}\log_2 2\pi e\ (\sigma_1^2\sigma_2^2\cdots\sigma_N^2)^{1/N}=\sum_{i=1}^{N}H(X_i) \tag{3.75}$$

可以看到,对于N维高斯随机序列信源可以得到与N维离散序列信源相类似的结果,即无记忆随机序列信源的熵等于各随机变量熵之和。

定理3.6说明,对于输出平均功率受限的连续信源,只有当信号的概率密度函数为高斯分布时,才具有最大熵。我们知道噪声是高斯分布的,那么高斯分布的信源是什么样的信源呢?按照香农信息论这是合理的,因为噪声是一个不确定度最大的随机过程,不确定越大熵就越大,因此,像噪声一样分布的信源具有最大熵。

3.4.2 连续信源的熵功率

根据连续信源的最大熵定理可知,当输出信号的平均功率受限时,高斯分布的连续信源具有最大熵。如果一个高斯信源的平均功率为P,其熵为

$$H(X)=\frac{1}{2}\ln 2\pi eP \tag{3.76}$$

如果另一个连续信源,输出信号的平均功率也是P,但不是高斯分布,那么它的熵就一定小于式(3.76)的熵。为此,可以用熵功率来描述非高斯信源与高斯信源的差别。

如果平均功率为P的非高斯信源的熵为$H(X)$,则称熵为$H(X)$的高斯信源的平均功率为非高斯信源的熵功率,记为$\overline{P}$。因此,一个熵为$H(X)$的非高斯信源的熵功率为

$$\overline{P}=\frac{1}{2\pi e}e^{2H(X)} \tag{3.77}$$

根据最大熵定理及熵功率的定义,可知一个非高斯信源的熵功率一定小于等于这个信源的实际功率,即

$$\overline{P}\leqslant P \tag{3.78}$$

与离散信源的剩余度类似,熵功率则用来描述连续信源熵的剩余度,即一个连续信源可以改善的程度。对于平均功率受限的连续信源,当信源为高斯分布时有最大熵,如果不是高斯分布,则信源熵将小于最大熵。

当非高斯连续信源与高斯信源具有相同熵时,那么非高斯信源的平均功率一定大于高斯信源的功率。当非高斯连续信源与高斯信源具有相同平均功率时,那么非高斯信源的熵一定小于高斯信源的熵。

3.4.3 连续信源熵的变换

在通信系统基本模型中,信源发出的原始消息符号通常需要进行一系列的信号处理,图3.8给出信号处理在通信系统中的位置。所有的信号处理在数学上称为变换,可以理解为一种坐标变换。

图3.8 通信系统中的信号处理

平稳的连续信源输出信号为N维连续随机向量$\boldsymbol{X}=(X_1,X_2,\cdots,X_N)$,经过信号处理后变

换为另一个 N 维随机向量 $\boldsymbol{Y}=(Y_1,Y_2,\cdots,Y_N)$。如果这种变换为确定的某种函数关系，则可以表示为

$$\begin{cases}Y_1=g_1(X_1,X_2,\cdots,X_N)\\Y_2=g_2(X_1,X_2,\cdots,X_N)\\\quad\vdots\\Y_N=g_N(X_1,X_2,\cdots,X_N)\end{cases}\tag{3.79}$$

N 维随机向量 $\boldsymbol{X}$ 的联合概率密度函数为 $p_X(x_1,x_2,\cdots,x_N)$，$\boldsymbol{Y}$ 的联合概率密度分布为 $p_Y(y_1,y_2,\cdots,y_N)$，如果 N 维随机向量 $\boldsymbol{Y}$ 的每个分量 $Y_i(i=1,2,\cdots,N)$ 都是随机变量 $X_i(i=1,2,\cdots,N)$ 的单值连续函数(偏导数存在)，则随机向量 $\boldsymbol{X}$ 也可以表示为随机向量 $\boldsymbol{Y}$ 的连续函数形式，即

$$\begin{cases}X_1=f_1(Y_1,Y_2,\cdots,Y_N)\\X_2=f_2(Y_1,Y_2,\cdots,Y_N)\\\quad\vdots\\X_N=f_N(Y_1,Y_2,\cdots,Y_N)\end{cases}\tag{3.80}$$

这种函数关系表明随机向量 $\boldsymbol{X}$ 与随机向量 $\boldsymbol{Y}$ 之间存在一一对应的映射关系，如果 $\boldsymbol{X}$ 的样点集合在区域 A 内，那么 $\boldsymbol{Y}$ 的样点集合就在区域 A 映射后新的样本空间的区域 B 中，如图 3.9 所示。

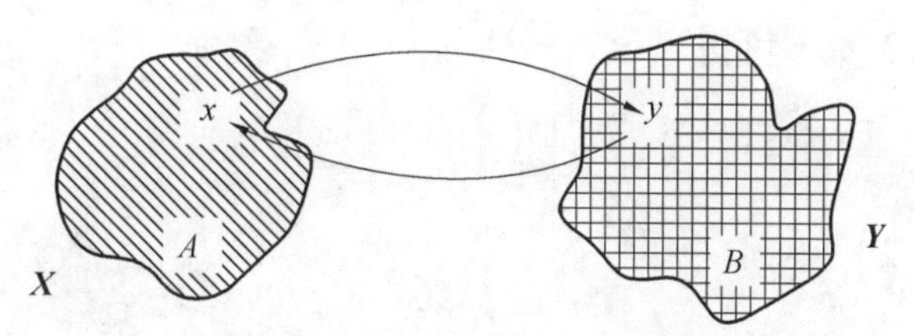

图 3.9　空间 A 与空间 B 的一一对应映射关系

根据多维随机变量映射的概率理论，如果一个 N 维随机变量 $\boldsymbol{X}$ 映射成另一个 N 维随机变量 $\boldsymbol{Y}$，则样本 x 落入区域 A 的概率就等于样本 y 落入区域 B 的概率，即有

$$\int_A\cdots\int p_X(x_1,x_2,\cdots,x_N)\,\mathrm{d}x_1\mathrm{d}x_2\cdots\mathrm{d}x_N=\int_B\cdots\int p_Y(y_1,y_2,\cdots,y_N)\,\mathrm{d}y_1\mathrm{d}y_2\cdots\mathrm{d}y_N\tag{3.81}$$

根据多重积分的变量变换有

$$\frac{\mathrm{d}x_1\mathrm{d}x_2\cdots\mathrm{d}x_N}{\mathrm{d}y_1\mathrm{d}y_2\cdots\mathrm{d}y_N}=\left|J\left(\frac{X_1X_2\cdots X_N}{Y_1Y_2\cdots Y_N}\right)\right|=\left|J\left(\frac{\boldsymbol{X}}{\boldsymbol{Y}}\right)\right|\tag{3.82}$$

式中 $J(\quad)$ 为雅可比行列式，定义为

$$J\left(\frac{\boldsymbol{X}}{\boldsymbol{Y}}\right)=\frac{\partial(X_1X_2\cdots X_N)}{\partial(Y_1Y_2\cdots Y_N)}=\begin{vmatrix}\dfrac{\partial f_1}{\partial Y_1}&\dfrac{\partial f_2}{\partial Y_1}&\cdots&\dfrac{\partial f_N}{\partial Y_1}\\\dfrac{\partial f_1}{\partial Y_2}&\dfrac{\partial f_2}{\partial Y_2}&\cdots&\dfrac{\partial f_N}{\partial Y_2}\\\vdots&\vdots&&\vdots\\\dfrac{\partial f_1}{\partial Y_N}&\dfrac{\partial f_2}{\partial Y_N}&\cdots&\dfrac{\partial f_N}{\partial Y_N}\end{vmatrix}\tag{3.83}$$

可以证明

$$J\left(\frac{\boldsymbol{X}}{\boldsymbol{Y}}\right)=\frac{1}{J\left(\frac{\boldsymbol{Y}}{\boldsymbol{X}}\right)} \tag{3.84}$$

由此,式(3.81)可以写成

$$\int_A \cdots \int p_X(x_1,x_2,\cdots,x_N)\mathrm{d}x_1\mathrm{d}x_2\cdots\mathrm{d}x_N=\int_B \cdots \int p_X(x_1,x_2,\cdots,x_N)\cdot\left|J\left(\frac{\boldsymbol{X}}{\boldsymbol{Y}}\right)\right|\mathrm{d}y_1\mathrm{d}y_2\cdots\mathrm{d}y_N \tag{3.85}$$

这样就得到两个 N 维随机向量的概率密度函数的关系

$$p_Y(y_1,y_2,\cdots,y_N)=p_X(x_1,x_2,\cdots,x_N)\left|J\left(\frac{\boldsymbol{X}}{\boldsymbol{Y}}\right)\right| \tag{3.86}$$

由此可见,除非雅可比行列式等于1,一般情况下,随机变量经过变换后其概率密度函数将发生变化。

根据连续信源熵的定义,信源变换后的熵为

$$H(\boldsymbol{Y})=-\int_Y p_Y(y_1,y_2,\cdots,y_N)\log_2 p_Y(y_1,y_2,\cdots,y_N)\mathrm{d}y_1\mathrm{d}y_2\cdots\mathrm{d}y_N$$

如果 $\boldsymbol{Y}$ 与 $\boldsymbol{X}$ 有对应函数关系

$$\boldsymbol{Y}=g(\boldsymbol{X})$$
$$\boldsymbol{X}=f(\boldsymbol{Y})$$

则由式(3.82)和式(3.86)可得

$$\begin{aligned}
H(\boldsymbol{Y})&=-\int_X p_X(x_1,x_2,\cdots,x_N)\cdot\left|J\left(\frac{\boldsymbol{X}}{\boldsymbol{Y}}\right)\right|\cdot\log_2\left[p_X(x_1,x_2,\cdots,x_N)\left|J\left(\frac{\boldsymbol{X}}{\boldsymbol{Y}}\right)\right|\right]\cdot\\
&\quad\left|J\left(\frac{\boldsymbol{Y}}{\boldsymbol{X}}\right)\right|\mathrm{d}x_1\mathrm{d}x_2\cdots\mathrm{d}x_N\\
&=-\int_X p_X(x_1,x_2,\cdots,x_N)\log_2 p_X(x_1,x_2,\cdots,x_N)\mathrm{d}x_1\mathrm{d}x_2\cdots\mathrm{d}x_N-\\
&\quad\int_X p_X(x_1,x_2,\cdots,x_N)\log_2\left|J\left(\frac{\boldsymbol{X}}{\boldsymbol{Y}}\right)\right|\mathrm{d}x_1\mathrm{d}x_2\cdots\mathrm{d}x_N\\
&=H(\boldsymbol{X})-E\left[\log_2\left|J\left(\frac{\boldsymbol{X}}{\boldsymbol{Y}}\right)\right|\right]
\end{aligned} \tag{3.87}$$

可见,连续信源经过信号处理之后熵会发生变化,这一点也是连续信源熵与离散信源熵可能存在的一个不同之处。

【例3.10】 设一个连续信源 X 为均值为0,方差为 σ^2 的高斯分布随机变量,经过一个放大倍数为 k,直流分量为 a 的放大器,求放大器输出 Y 的熵。

解 随机变量 X 的概率密度函数为

$$p(x)=\frac{1}{\sqrt{2\pi\sigma^2}}\mathrm{e}^{-x^2/2\sigma^2}$$

放大器输入输出的变换关系为

$$y=kx+a$$

由式(3.86)给出的随机变量经过变换后概率密度函数的关系可知

$$p(y)=p(x)\left|\frac{\mathrm{d}x}{\mathrm{d}y}\right|$$

根据本题的变换关系，有

$$\left|\frac{\mathrm{d}x}{\mathrm{d}y}\right| = \frac{1}{k}$$

可以得到放大器输出信号的概率密度函数为

$$p(y) = \frac{1}{\sqrt{2\pi k^2\sigma^2}}\mathrm{e}^{-(y-a)^2/(2k^2\sigma^2)}$$

最后，根据式(3.87)计算Y的熵为

$$H(Y) = \frac{1}{2}\log_2 2\pi\mathrm{e}\sigma^2 + \log_2 k = \frac{1}{2}\log_2 2\pi\mathrm{e}k^2\sigma^2$$

可见，信源X经过放大器变换后，Y的熵增加了$\log_2 k$比特。

【例3.11】　设N维连续随机向量$\boldsymbol{X} = (X_1, X_2, \cdots, X_N)$，经过一个信号处理网络后变换为另一个$N$维随机向量$\boldsymbol{Y} = (Y_1, Y_2, \cdots, Y_N)$。其变换关系为

$$\boldsymbol{Y} = \boldsymbol{AX}$$

其中矩阵$\boldsymbol{A}$为

$$\boldsymbol{A} = \begin{bmatrix} a_{11} & a_{12} & \cdots & a_{1N} \\ a_{21} & a_{22} & \cdots & a_{2N} \\ \vdots & \vdots & & \vdots \\ a_{N1} & a_{N2} & \cdots & a_{NN} \end{bmatrix}$$

解　根据信号处理的变换关系可知

$$\begin{bmatrix} Y_1 \\ Y_2 \\ \vdots \\ Y_N \end{bmatrix} = \begin{bmatrix} a_{11} & a_{12} & \cdots & a_{1N} \\ a_{21} & a_{22} & \cdots & a_{2N} \\ \vdots & \vdots & & \vdots \\ a_{N1} & a_{N2} & \cdots & a_{NN} \end{bmatrix} \begin{bmatrix} X_1 \\ X_2 \\ \vdots \\ X_N \end{bmatrix}$$

其雅可比行列式为

$$J\left(\frac{\boldsymbol{Y}}{\boldsymbol{X}}\right) = J\left(\frac{Y_1 Y_2 \cdots Y_N}{X_1 X_2 \cdots X_N}\right) = \begin{vmatrix} a_{11} & a_{12} & \cdots & a_{1N} \\ a_{21} & a_{22} & \cdots & a_{2N} \\ \vdots & \vdots & & \vdots \\ a_{N1} & a_{N2} & \cdots & a_{NN} \end{vmatrix} = |\boldsymbol{A}|$$

最后可计算信号处理网络输出N维随机向量$\boldsymbol{Y}$的熵为

$$H(\boldsymbol{Y}) = H(Y_1, Y_2, \cdots, Y_N) = H(\boldsymbol{X}) + E_X[\log_2 ||\boldsymbol{A}||] = H(\boldsymbol{X}) + \log_2 ||\boldsymbol{A}||$$

其中$|\boldsymbol{A}|$为变换矩阵$\boldsymbol{A}$的行列式。

3.5　连续有噪声信道的信道容量

3.5.1　连续有噪声信道

在信息论中，如果信道的输入和输出都是随机过程，这类信道就称为连续信道，大多数实际通信系统中的信道都是连续信道。在这里，认为信道的输入输出都是取值连续的随机

变量或随机过程就是连续信道。

在通信系统的分析过程中，往往把来自各方面的噪声都认为是通过信道加入的。实际上，无线通信系统的典型噪声包括系统外部噪声和系统内部噪声。外部噪声又包括人为干扰噪声（无线电信号、电力线、电动机、发动机等）和自然环境噪声（雷电、雨雪、辐射等大气噪声）。内部噪声包括电子热噪声和元器件内部的散粒噪声，系统内部噪声是通信系统不可避免的噪声来源，实验表明，内部噪声是一种平稳的随机过程。

1. 高斯噪声信道

高斯噪声信道就是指噪声满足高斯分布（正态分布）的信道，即信道噪声是一种高斯分布的随机过程。实验证明，通信系统内部的热噪声和散粒噪声的任意 N 维分布都是服从高斯分布的平稳各态历经随机过程。高斯噪声的一维概率密度分布如式(3.58)所示，其 N 维联合概率密度分布如式(3.72)所示。对于高斯噪声而言，这个 N 维随机向量的各随机分量是互不相关的，则式(3.74)成立，这时由式(3.72)确定的 N 维高斯噪声的概率密度函数为

$$p(x)=\frac{1}{(2\pi)^{N/2}\prod_{i=1}^{N}\sigma_i}\exp\left[-\sum_{i=1}^{N}\frac{(x_i-E[X_i])^2}{2\sigma_i^2}\right]=p(x_1)p(x_2)\cdots p(x_N) \quad (3.88)$$

通信系统中的典型噪声是一种高斯分布的噪声，也就是说噪声电压或电流的幅值满足高斯分布。我们知道，高斯分布是最杂乱的一种分布，内部噪声本身就是很杂乱的，因此，噪声满足这种分布是很好理解的。应当注意的是，前面讨论过，平均功率受限的连续信源要得到最大熵时，信源的概率分布也应该是高斯分布的。但是这两个问题是不一样的，高斯信源是按照最大熵理论分析得到的结果，高斯噪声是工程实践中发现的结果。高斯噪声是普遍存在现象的数学模型化，高斯信源是理论上具有最大熵的理想信源分布。

2. 白噪声信道

白噪声信道是指噪声功率谱密度为均匀分布的信道。所谓白是说像白光一样在可见光中具有较大光谱范围，谱段比较宽。白噪声也是一种平稳各态历经的随机过程，理论上，它的功率谱密度均匀分布在整个频率区间，即有

$$P_N(\omega)=\frac{N_0}{2}\quad(-\infty<\omega<+\infty) \quad (3.89)$$

白噪声的概率密度函数可以是任意的。N_0 为单边功率谱密度，单位为 W/Hz。

应该指出，白噪声只是一种理想化的模型，实际噪声的功率谱密度不可能具有无限的带宽。然而，实际的通信系统也不可能有无限的带宽，因此，只要噪声在有用带宽内具有均匀功率谱密度，就可以把它作为白噪声处理。实验表明，通信系统的内部噪声也都具有白噪声的特点。

在功率谱密度的特性方面，除了白噪声以外的噪声称为有色噪声，相应的信道称为有色噪声信道。

3. 高斯白噪声信道

高斯白噪声信道就是噪声幅值的概率密度函数为高斯分布，功率谱密度为均匀分布的噪声信道。也就是说幅值服从高斯分布而功率谱密度为均匀分布的噪声称为高斯白噪声。在通信系统中，典型的连续信道通常都是高斯白噪声信道。

在通信系统理论中已经知道，一个零均值高斯白噪声 $n(t)$ 通过带宽为 F 的理想低通滤波器之后得到一个低频有限带宽的高斯白噪声。如果理想低通滤波器频率响应为

$$K(\omega)=\begin{cases}1 & (-2\pi F\leqslant\omega\leqslant 2\pi F)\\ 0 & (\text{其他})\end{cases}\tag{3.90}$$

低频有限带宽的高斯白噪声的功率谱密度为

$$P_n(\omega)=P_N(\omega)K(\omega)=\begin{cases}N_0/2 & (-2\pi F\leqslant\omega\leqslant 2\pi F)\\ 0 & (\text{其他})\end{cases}\tag{3.91}$$

其对应的自相关函数为

$$R_n(\tau)=\frac{1}{2\pi}\int_{-\infty}^{\infty}P_n(\omega)\mathrm{e}^{\mathrm{j}\omega\tau}\mathrm{d}\omega=N_0F\frac{\sin(2\pi F\tau)}{2\pi F\tau}\tag{3.92}$$

由于 $n(t)$ 的均值为零，所以噪声平均功率为

$$N_n=E[n^2]=\sigma_n^2=R(0)=N_0F\tag{3.93}$$

另外，由式(3.92) 可知，低频限带高斯白噪声的自相关函数的离散形式为

$$R_n(\tau)=\begin{cases}N_0F & (\tau=0)\\ 0 & \left(\tau=\dfrac{n}{2F},n=\pm 1,\ \pm 2,\cdots\right)\end{cases}\tag{3.94}$$

这表示，在时间间隔为 $1/(2F)$ 的两个样本之间的相关函数为零，即这些点上的样本之间相互独立。

$$R_n(\Delta)=R_n\left(\frac{1}{2F}\right)=0\tag{3.95}$$

因此，低频限带高斯白噪声在有限时间 T 内按照 $1/(2F)$ 取样后得到的 $N=2FT$ 个幅值连续的随机变量，它们之间是不相关的，它们的幅值是零均值高斯分布的。

4. 加性高斯白噪声信道

所谓加性信道就是信道的噪声及干扰对信号的影响表现为与信号相加的关系，这类噪声和干扰称为加性噪声或加性干扰。与之对应的还有乘性信道、乘性噪声及乘性干扰。如果一个高斯白噪声信道，其中的噪声可以被模型化，就称其为加性高斯白噪声信道(AWGN)。

如果加性高斯白噪声用 $n(t)$ 表示，则信道输入 $x(t)$ 和输出 $y(t)$ 的关系为

$$y(t)=x(t)+n(t)\tag{3.96}$$

在实际的通信系统中，连续信道的带宽总是受限的，使用时间也是有限的。因此，根据取样定理，可以把信道输入 $x(t)$ 和输出 $y(t)$ 的平稳随机过程信号离散化成 $N=2FT$ 个时间离散、取值连续的 N 维连续平稳随机序列 $\boldsymbol{X}=(X_1,X_2,\cdots,X_N)$ 和 $\boldsymbol{Y}=(Y_1,Y_2,\cdots,Y_N)$。这时的信道转移概率密度函数为

$$p(\boldsymbol{y}/\boldsymbol{x})=p(y_1,y_2,\cdots,y_N/x_1,x_2,\cdots,x_N)\tag{3.97}$$

并且满足

$$\int_{\mathbf{R}}\int\cdots\int p(y_1,y_2,\cdots,y_N/x_1,x_2,\cdots,x_N)\mathrm{d}y_1\mathrm{d}y_2\cdots\mathrm{d}y_N=1\tag{3.98}$$

通常可以用$[\boldsymbol{X},p(\boldsymbol{y}/\boldsymbol{x}),\boldsymbol{Y}]$ 来描述一个 N 维连续信道。如果一个 N 维连续信道满足

$$p(\boldsymbol{y}/\boldsymbol{x})=\prod_{i=1}^{N}p(y_i/x_i)\tag{3.99}$$

则称其为连续无记忆信道，否则称为连续有记忆信道。

如果连续信道的输入和输出都是一个单个时间离散、取值连续的随机变量，就称其为单符号连续信道，表示为$[X,p(y/x),Y]$，其信道转移概率密度函数满足

$$\int_{\mathbf{R}} p(y/x)\,\mathrm{d}y = 1 \quad 或 \quad \int_a^b p(y/x)\,\mathrm{d}y = 1 \tag{3.100}$$

在加性连续信道中有一个基本关系，即信道的转移概率等于噪声的概率密度函数。例如，在单符号加性连续信道中，信道输出的随机变量等于信道输入随机变量与噪声之和，其基本关系如图3.10所示。

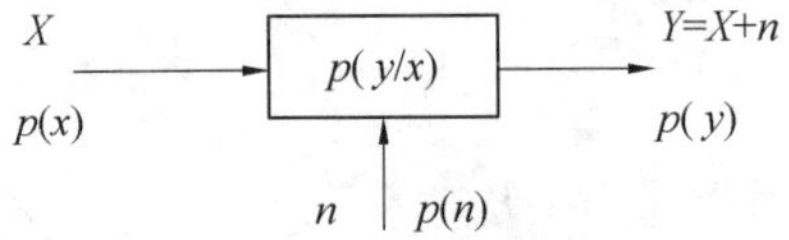

图3.10 单符号连续信道模型

根据随机变量坐标变换的关系，当信道输入随机变量为x，输出随机变量为y时，考察两个二维随机变量的映射关系，设$\boldsymbol{X}=[x_1,x_2]=(x,n)$，$\boldsymbol{Y}=[y_1,y_2]=(x,y)$，其相应的函数关系为

$$x_1 = f_1(y_1,y_2) = y_1 = x; \quad x_2 = f_2(y_1,y_2) = n = y - x$$
$$y_1 = g_1(x_1,x_2) = x_1 = x; \quad y_2 = g_2(x_1,x_2) = y = x + n$$

由式(3.86)可得联合概率密度函数为

$$p(x,y) = p(x,n)\left| J\left(\frac{x,n}{x,y}\right)\right| \tag{3.101}$$

其中

$$\left| J\left(\frac{x,n}{x,y}\right)\right| = \begin{vmatrix} \dfrac{\partial x}{\partial x} & \dfrac{\partial n}{\partial x} \\ \dfrac{\partial x}{\partial y} & \dfrac{\partial n}{\partial y} \end{vmatrix} = \begin{vmatrix} 1 & -1 \\ 0 & 1 \end{vmatrix} = 1 \tag{3.102}$$

另外，根据随机变量x与噪声n相互独立，可以得到

$$p(x,y) = p(x,n) = p(x)p(n)$$

根据

$$p(x,y) = p(x)p(y/x)$$

可知

$$p(y/x) = \frac{p(x,y)}{p(x)} = p(n)$$

由此可见，对于加性连续信道，信道转移概率等于噪声的概率密度函数。进一步可以验证，加性连续信道的条件熵为

$$H(Y/X) = -\iint p(x,y)\log_2 p(y/x)\,\mathrm{d}x\mathrm{d}y = -\int p(x)\int p(y/x)\log_2 p(y/x)\,\mathrm{d}x\mathrm{d}y$$

根据坐标变换

$$\mathrm{d}x\mathrm{d}n = \mathrm{d}x\mathrm{d}y\left| J\left(\frac{x,n}{x,y}\right)\right| = \mathrm{d}x\mathrm{d}y$$

可得

$$H(Y/X) = -\int p(x)\mathrm{d}x\int p(n)\log_2 p(n)\mathrm{d}n = -\int p(n)\log_2 p(n)\mathrm{d}n = H(n) \tag{3.103}$$

这个关系说明,对于加性连续信道,条件熵 $H(Y/X)$ 等于噪声熵 $H(n)$。同理可以推广到多维连续信道情况。

3.5.2　连续信道的平均交互信息量

单符号连续信道的数学模型为$[X,p(y/x),Y]$,如图 3.10 所示。如果其输入的连续信源 X 为

$$\begin{bmatrix} X \\ p(x) \end{bmatrix} = \begin{bmatrix} (a,b) \\ p(x) \end{bmatrix}, \quad \int_a^b p(x)\mathrm{d}x = 1$$

输出的信宿 Y 为

$$\begin{bmatrix} Y \\ p(y) \end{bmatrix} = \begin{bmatrix} (a,b) \\ p(y) \end{bmatrix}, \quad \int_a^b p(y)\mathrm{d}y = 1$$

信道转移概率 $p(y/x)$ 满足式(3.100),则这个连续信道的平均交互信息量为

$$I(X;Y) = \int_a^b\int_a^b p(x,y)\log_2\frac{p(x/y)}{p(x)}\mathrm{d}x\mathrm{d}y = H(X) - H(X/Y) \tag{3.104}$$

$$I(X;Y) = \int_a^b\int_a^b p(x,y)\log_2\frac{p(y/x)}{p(y)}\mathrm{d}x\mathrm{d}y = H(Y) - H(Y/X) \tag{3.105}$$

$$I(X;Y) = \int_a^b\int_a^b p(x,y)\log_2\frac{p(x,y)}{p(x)p(y)}\mathrm{d}x\mathrm{d}y = H(X) + H(Y) - H(X,Y) \tag{3.106}$$

可见,连续信源在连续信道上的平均交互信息量在形式上完全与离散信源在离散信道上的平均交互信息量一样,只是熵函数的定义不同,离散信源熵是绝对熵,连续信源熵是一种相对熵。

假设信道的符号速率为 1 时,连续信道的熵速率为

$$R = I(X;Y) = H(X) - H(X/Y) = H(Y) - H(Y/X) \quad (\text{bit/s}) \tag{3.107}$$

对于多维连续信道来说,其数学模型为$[\boldsymbol{X},p(\boldsymbol{y}/\boldsymbol{x}),\boldsymbol{Y}]$,其信道转移概率满足式(3.99)。同样可以得到其平均交互信息量的表达式为

$$I(\boldsymbol{X};\boldsymbol{Y}) = \int_a^b\int_a^b p(\boldsymbol{x},\boldsymbol{y})\log_2\frac{p(\boldsymbol{x}/\boldsymbol{y})}{p(\boldsymbol{x})}\mathrm{d}\boldsymbol{x}\mathrm{d}\boldsymbol{y} = H(\boldsymbol{X}) - H(\boldsymbol{X}/\boldsymbol{Y}) \tag{3.108}$$

$$I(\boldsymbol{X};\boldsymbol{Y}) = \int_a^b\int_a^b p(\boldsymbol{x},\boldsymbol{y})\log_2\frac{p(\boldsymbol{y}/\boldsymbol{x})}{p(\boldsymbol{y})}\mathrm{d}\boldsymbol{x}\mathrm{d}\boldsymbol{y} = H(\boldsymbol{Y}) - H(\boldsymbol{Y}/\boldsymbol{X}) \tag{3.109}$$

$$I(\boldsymbol{X};\boldsymbol{Y}) = \int_a^b\int_a^b p(\boldsymbol{x},\boldsymbol{y})\log_2\frac{p(\boldsymbol{x},\boldsymbol{y})}{p(\boldsymbol{x})p(\boldsymbol{y})}\mathrm{d}\boldsymbol{x}\mathrm{d}\boldsymbol{y} = H(\boldsymbol{X}) + H(\boldsymbol{Y}) - H(\boldsymbol{X},\boldsymbol{Y}) \tag{3.110}$$

这时的信道熵速率为

$$R = I(\boldsymbol{X};\boldsymbol{Y}) = H(\boldsymbol{X}) - H(\boldsymbol{X}/\boldsymbol{Y}) = H(\boldsymbol{Y}) - H(\boldsymbol{Y}/\boldsymbol{X}) \quad (\text{多维符号比特/秒}) \tag{3.111}$$

等效的单符号熵速率为

$$R = \frac{I(\boldsymbol{X};\boldsymbol{Y})}{N} = \frac{1}{N}[H(\boldsymbol{X}) - H(\boldsymbol{X}/\boldsymbol{Y})] = \frac{1}{N}[H(\boldsymbol{Y}) - H(\boldsymbol{Y}/\boldsymbol{X})] \quad (\text{bit/s}) \tag{3.112}$$

我们知道,单符号连续信道是多维连续信道的一种简化。实际上,多维连续信道仍然是

真实连续信道的简化。更加真实的连续信道可以用图 3.11 表示,其输入为一个平稳随机过程 $x(t)$,输出为平稳随机过程 $y(t)$。

图 3.11　输入输出为随机过程的连续信道模型

我们知道,在有限带宽 F 及有限观测时间 T 条件下,这种连续信道可以转化为 N 维连续信道。假设在 T 时间内,经过离散化后的随机过程 $x(t)$ 和 $y(t)$ 转换为时间离散状态连续的 N 维随机序列 $\boldsymbol{X}=(X_1,X_2,\cdots,X_N)$ 和 $\boldsymbol{Y}=(Y_1,Y_2,\cdots,Y_N)$。这时的连续信道平均交互信息量为

$$\begin{aligned} I(x(t);y(t)) &= \lim_{N\to\infty} I(\boldsymbol{X};\boldsymbol{Y}) \\ &= \lim_{N\to\infty}[H(\boldsymbol{X}) - H(\boldsymbol{X}/\boldsymbol{Y})] \\ &= \lim_{N\to\infty}[H(\boldsymbol{Y}) - H(\boldsymbol{Y}/\boldsymbol{X})] \\ &= \lim_{N\to\infty}[H(\boldsymbol{X}) + H(\boldsymbol{Y}) - H(\boldsymbol{X},\boldsymbol{Y})] \end{aligned} \tag{3.113}$$

如果考虑无限的观测时间,连续信道熵速率就是单位时间内的平均交互信息量,即

$$R_t = \lim_{T\to\infty}\frac{1}{T}I(\boldsymbol{X};\boldsymbol{Y}) \quad (\text{bit/s}) \tag{3.114}$$

与离散信道相同,连续信道的平均交互信息量也有相应的性质,并且其证明方法也类似。这些性质主要包括:

(1) 非负性。平均交互信息量大于等于零,只有当 X 与 Y 相互独立时,平均交互信息量才等于零,即

$$I(X;Y) \geqslant 0$$

(2) 对称性。从信宿 Y 中获得关于 X 的信息量等于从信源 X 获得信宿 Y 的信息量,即

$$I(X;Y) = I(Y;X)$$

(3) 凸函数性。平均交互信息量 $I(X;Y)$ 是输入随机变量 X 的概率密度函数 $p(x)$ 的上凸函数,是信道转移概率 $p(y/x)$ 的下凸函数。

(4) 信息量不增加性。如果两个连续信道串联,从 Z 中获得关于 X 的信息量不会大于从 Y 中获得关于 X 的信息量,这也就是数据处理定理,即

$$I(X;Z) \leqslant I(X;Y)$$

(5) $I(\boldsymbol{X};\boldsymbol{Y})$ 与 $I(X;Y)$ 的关系,与离散信源及离散信道的关系类似。如果多维连续信源是无记忆的,即 X 的各分量 X_i 之间相互独立,这时无论信道是否有记忆,都有

$$I(\boldsymbol{X};\boldsymbol{Y}) \geqslant \sum_{i=1}^{N} I(X_i;Y_i) \tag{3.115}$$

如果 N 维连续信道是无记忆的,则无论信源是否有记忆,都有

$$I(\boldsymbol{X};\boldsymbol{Y}) \leqslant \sum_{i=1}^{N} I(X_i;Y_i) \tag{3.116}$$

如果多维信源是无记忆的,N 维信道也是无记忆的,则有

$$I(\boldsymbol{X};\boldsymbol{Y}) = \sum_{i=1}^{N} I(X_i;Y_i) \tag{3.117}$$

3.5.3　连续信道的信道容量

与离散信道一样，对于每一个固定的连续信道都存在一个最大熵速率，也就是单位时间内的最大平均交互信息量，我们称其为信道容量。通常情况下，熵速率 $R = r \cdot I(X;Y)$，其中 r 为符号速率（单位为符号/秒），一般情况均假设 $r=1$。

单符号（一维随机变量）连续信道的信道容量为

$$\begin{aligned} C &= \max_{p(x)} R = \max_{p(x)} \{I(X;Y)\} \qquad (\text{bit/s}) \\ &= \max_{p(x)} \{H(X) - H(X/Y)\} \\ &= \max_{p(x)} \{H(Y) - H(Y/X)\} \end{aligned} \tag{3.118}$$

对于 N 维连续信道，有

$$\begin{aligned} C_N &= \max_{p(x)} R_N = \max_{p(x)} \{I(\boldsymbol{X};\boldsymbol{Y})\} \qquad (N\text{个符号比特/秒}) \\ &= \max_{p(x)} \{H(\boldsymbol{X}) - H(\boldsymbol{X}/\boldsymbol{Y})\} \\ &= \max_{p(x)} \{H(\boldsymbol{Y}) - H(\boldsymbol{Y}/\boldsymbol{X})\} \end{aligned} \tag{3.119}$$

对于一般情况下的连续信道，由式(3.119)可知其信道容量为

$$\begin{aligned} C_t &= \max_{p(x)} R_t = \max_{p(x)} \left[\lim_{T\to\infty} \frac{1}{T} I(\boldsymbol{X};\boldsymbol{Y}) \right] \qquad (\text{bit/s}) \\ &= \max_{p(x)} \left\{ \lim_{T\to\infty} \frac{1}{T} [H(\boldsymbol{Y}) - H(\boldsymbol{Y}/\boldsymbol{X})] \right\} \end{aligned} \tag{3.120}$$

上面三个连续信道容量的基本公式的单位都是比特/秒。

从上面几个关系式可见，求信道容量的问题就是求一定约束条件下的最大值问题。下面讨论几种典型的加性高斯白噪声信道的信道容量问题。

1. 单符号加性高斯白噪声信道

考虑如图3.10所示的单符号加性连续信道，信道输入 X 和输出 Y 均为取值连续的一维随机变量，噪声 n 为高斯白噪声。

假设 n 为一个均值为零、方差为 σ^2 的一维高斯白噪声，则其功率谱密度函数为

$$p(n) = \frac{1}{\sqrt{2\pi\sigma^2}} \exp\left\{-\frac{n^2}{2\sigma^2}\right\}$$

根据式(3.62)可求出噪声熵为

$$H(n) = \frac{1}{2}\log_2 2\pi e\sigma^2 \tag{3.121}$$

根据信道容量的定义及式(3.103)，可以得到单符号加性高斯白噪声信道的信道容量为

$$C = \max_{p(x)} \{H(Y) - H(Y/X)\} = \max_{p(x)} \{H(Y) - H(n)\}$$

已知噪声 n 与信源 X 相互独立，也就是说 $H(n)$ 与 $p(x)$ 无关，则

$$C = \max_{p(x)} \{H(Y)\} - \frac{1}{2}\log_2 2\pi e\sigma^2 \tag{3.122}$$

这个关系式表明，信道容量取决于信宿熵 $H(Y)$，也就是说，当信源 X 为某一分布使 $H(Y)$ 获得最大值时，就可以达到信道容量。根据连续信源的最大熵定理可以知道，对于连

续随机变量 Y,当平均功率受限时,只有当 Y 为零均值的高斯分布时才可以获得最大熵。

进一步分析,已知 $Y = X + n$,n 为零均值的高斯分布,Y 也是零均值的高斯分布,根据概率理论知识,统计独立的高斯分布的随机变量之和仍然是高斯分布的,并且其方差等于各随机变量方差之和,那么信源 X 也一定是零均值高斯分布的连续随机变量。设噪声 n 的功率表示为 $N_n = \sigma^2$,信源 X 的功率表示为 P_X,信宿 Y 的功率表示为 P_Y,则有 $P_Y = P_X + N_n$。这时,可以得到平均功率受限的单符号加性高斯白噪声信道的信道容量为

$$\begin{aligned} C &= \frac{1}{2}\log_2 2\pi e P_Y - \frac{1}{2}\log_2 2\pi e N_n \\ &= \frac{1}{2}\log_2 \frac{P_Y}{N_n} = \frac{1}{2}\log_2\left(\frac{P_X + N_n}{N_n}\right) = \frac{1}{2}\log_2\left(1 + \frac{P_X}{N_n}\right) \end{aligned} \tag{3.123}$$

2. N 维无记忆加性高斯白噪声信道

对于多维连续加性高斯白噪声信道,信道输入随机序列为 $\boldsymbol{X} = (X_1, X_2, \cdots, X_N)$,信道输出随机序列为 $\boldsymbol{Y} = (Y_1, Y_2, \cdots, Y_N)$。这时,$\boldsymbol{Y} = \boldsymbol{X} + \boldsymbol{n}$,其中 $\boldsymbol{n} = (n_1, n_2, \cdots, n_N)$ 为零均值高斯白噪声。假设信道是无记忆的,有

$$p(\boldsymbol{y}/\boldsymbol{x}) = \prod_{i=1}^{N} p(y_i/x_i)$$

又根据是加性高斯白噪声信道,所以有

$$p(\boldsymbol{n}) = p(\boldsymbol{y}/\boldsymbol{x}) = \prod_{i=1}^{N} p(y_i/x_i) = \prod_{i=1}^{N} p(n_i)$$

这表明噪声随机序列的各分量是统计独立的,因此,高斯噪声的各分量均是零均值方差为$\sigma_i^2 = N_{n_i}$ 的高斯变量。这样,N 维无记忆高斯加性白噪声连续信道就可以等价成 N 个独立的并联加性信道。这时,由式(3.116)有

$$I(\boldsymbol{X};\boldsymbol{Y}) \leqslant \sum_{i=1}^{N} I(X_i;Y_i) \leqslant \frac{1}{2}\sum_{i=1}^{N}\log_2\left(1 + \frac{P_{X_i}}{N_{n_i}}\right) \tag{3.124}$$

则信道容量为

$$C_N = \max_{p(x)}\{I(\boldsymbol{X};\boldsymbol{Y})\} = \frac{1}{2}\sum_{i=1}^{N}\log_2\left(1 + \frac{P_{X_i}}{N_{n_i}}\right) \tag{3.125}$$

根据上面的分析,对于N维无记忆加性高斯白噪声信道,只有当信源也是N维无记忆情况下才能得到这个信道容量。如果 N 维无记忆信源的每个分量方差相等,N 维高斯白噪声的每个分量方差也相等,则 N 维无记忆加性高斯白噪声信道的信道容量在数值上就等于单符号加性高斯白噪声信道的信道容量的 N 倍,即

$$C_N = \frac{N}{2}\log_2\left(1 + \frac{P_X}{N_n}\right) \tag{3.126}$$

3. 加性高斯白噪声信道

在通信理论分析中最常用的就是加性高斯白噪声信道,它比前面两种情况更加接近于真实的噪声信道。信道的输入输出为随机过程 $x(t)$ 和 $y(t)$,噪声 $n(t)$ 为零均值,功率谱密度为 $N_0/2$ 的加性高斯白噪声。假定信道是有限带宽的,即 $|f| \leqslant W$,这样信道的输入输出及噪声都是限带随机过程。

对于一个限带的随机过程,可以通过取样将其转换为随机序列。例如,图 3.12 给出噪

声 $n(t)$ 的电压（或电流）所表现的随机过程。

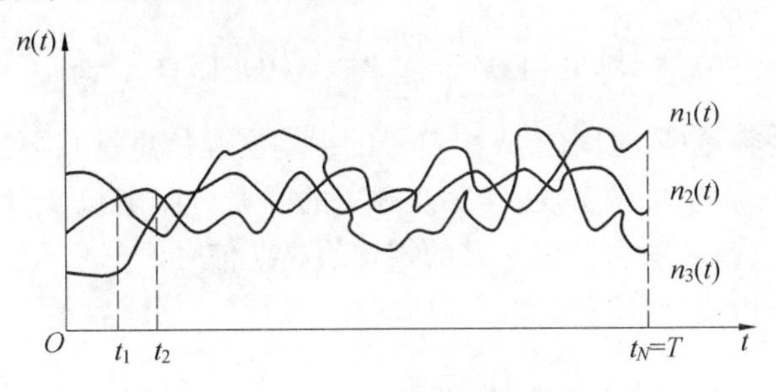

图3.12　噪声电压所表现的随机过程

在接收机输出端测量噪声电压（或电流）时，可能得到图中 $n_1(t)$ 的波形，当多次测量时，就可能得到 $n_2(t)$，$n_3(t)$ 的结果。所有这些可能的 $n_1(t)$，$n_2(t)$，$n_3(t)$，⋯ 的集合就构成了随机过程 $n(t)$。测量结果 $n_1(t)$，$n_2(t)$，$n_3(t)$，⋯ 都是确定的时间函数，称其为随机过程的样本（样本函数）。

由图3.12中可见，在时刻 t_1，各样本的取值构成一个随机变量 $n(t_1)$，在时刻 t_2，得到随机变量 $n(t_2)$，在时刻 t_N，得到随机变量 $n(t_N)$。这样，如果观测时间为 $0\sim T$，随机过程 $n(t)$ 就可以用一组时间离散的随机变量来近似地表示，把这样一组时间离散的随机变量称为随机序列，所谓序列就是按时间先后的排列。如果这个随机序列是有限长度的，就可以用一个 N 维随机变量 $(n_1,n_2,\cdots,n_N)$ 来表示。

根据取样定理，如果信道带宽为 W，时间范围为 T，就可以用一个 $N=2WT$ 的 N 维随机变量 $\boldsymbol{n}=(n_1,n_2,\cdots,n_N)$ 来表示随机过程 $n(t)$。同理，也可以用 $\boldsymbol{X}=(X_1,X_2,\cdots,X_N)$ 和 $\boldsymbol{Y}=(Y_1,Y_2,\cdots,Y_N)$ 来分别表示随机过程 $x(t)$ 和 $y(t)$。这样，随机过程 $y(t)=x(t)+n(t)$ 就可以表示为

$$\boldsymbol{Y}=\boldsymbol{X}+\boldsymbol{n}$$

由通信理论的知识知道，限带高斯白噪声的各样本值相互独立，也就是说是无记忆的。所以限带高斯白噪声分解为 N 维随机序列后，其每个分量都是零均值，同方差的随机变量。其 N 维概率密度函数为

$$p(\boldsymbol{n})=p(n_1,n_2,\cdots,n_N)=\prod_{i=1}^{N}p(n_i)=\prod_{i=1}^{N}\frac{1}{\sqrt{2\pi\sigma^2}}\mathrm{e}^{-n_i^2/(2\sigma^2)}$$

并且

$$p(y/x)=p(\boldsymbol{n})=\prod_{i=1}^{N}p(n_i)=\prod_{i=1}^{N}p(y_i/x_i)$$

这样，就可以利用上面讨论的 N 维无记忆加性高斯白噪声信道的结果。

这时，高斯白噪声的每个分量的功率即方差为

$$N_{n_i}=\frac{N_0WT}{N}=\frac{N_0WT}{2WT}=\frac{N_0}{2}=\sigma_n^2$$

假设信道输入随机过程 $x(t)$ 的受限平均功率为 P，T 时间内的总平均功率为 TP，则 $\boldsymbol{X}$ 的每个分量的平均功率为

$$P_{X_i}=\frac{TP}{N}=\frac{TP}{2WT}=\frac{P}{2W}$$

由式(3.126)可知

$$C_N = \frac{N}{2}\log_2\left(1 + \frac{P/2W}{N_0/2}\right) = WT\log_2\left(1 + \frac{P}{N_0 W}\right) \tag{3.127}$$

要达到这个信道容量(T时间内,N个符号的平均交互信息量),要求输入的N维随机序列$\boldsymbol{X}$中的各分量都是零均值,方差为P,相互独立的高斯分布随机变量。也就是说,信道输入的随机过程$x(t)$应该是平均功率为P的零均值高斯信号。

根据式(3.120)和式(3.127),加性高斯白噪声信道的信道容量为

$$C_t = \lim_{T\to\infty}\frac{C_N}{T} = W\log_2\left(1 + \frac{P}{N_0 W}\right) \quad (\text{bit/s}) \tag{3.128}$$

其中,W为信道带宽;P为信号$x(t)$的平均功率;N_0为单边噪声功率谱密度;N_0W为带内噪声平均功率。有时用B表示信道带宽,并用C表示最一般情况下的信道容量,上式可写为

$$C = B\log_2\left(1 + \frac{P}{N_0 B}\right) \quad (\text{bit/s}) \tag{3.129}$$

还有时用$N = N_0W$表示噪声功率,这时信道容量可以写为

$$C = W\log_2\left(1 + \frac{P}{N}\right) \quad (\text{bit/s}) \tag{3.130}$$

这就是通信理论中最重要的香农公式。香农公式表明,在加性高斯白噪声信道上,只有当输入信号是平均功率受限的高斯分布信号时,熵速率才可以达到此最大值。香农公式在理论上给出了高斯白噪声信道中最大信息传输速率的极限值。

我们知道,平均功率受限时,高斯分布的连续信号熵最大,所以高斯信道的噪声熵$H(n)$也最大,因此平均交互信息量就最小。实际的通信系统可能是非高斯信道,因此可以说,香农公式给出了非高斯信道的信道容量的下限值。也就是说,高斯信道是平均功率受限时最差的信道,用香农公式计算的信道容量对于其他非高斯信道的信道容量估计都是有效的。

由式(3.128)可以看出,当信道带宽W增加时,信道容量也会增加,但是当带宽无限增加时,信道容量会趋于一个极限值,如图3.13所示,即

$$\lim_{W\to\infty} C_t = \lim_{W\to\infty} W\log_2\left(1 + \frac{P}{N_0 W}\right)$$

令$x = \frac{P}{N_0 W}$,得

$$\lim_{W\to\infty} C_t = \lim_{x\to 0}\frac{P}{N_0}\log_2(1 + x)^{1/x}$$

由$\lim_{x\to 0}(1 + x)^{1/x} = \mathrm{e}$,可得

$$\lim_{W\to\infty} C_t = \frac{P}{N_0 \ln 2} = 1.443\frac{P}{N_0} \quad (\text{bit/s}) \tag{3.131}$$

此式说明,当带宽增大时,或信噪比很低时,连续信道的信道容量等于信号功率与噪声功率密度比。这个比值是加性高斯白噪声信道信息传输率的极限值。当带宽不受限制时,传送1 bit信息最低信噪比只需要0.693(−1.6 dB)。当然,实际通信系统为了达到一定的可靠性往往设计的信噪比要比这个极限值大很多。

关于香农公式应当掌握这样几点,对于噪声功率谱密度一定的无记忆高斯白噪声连续

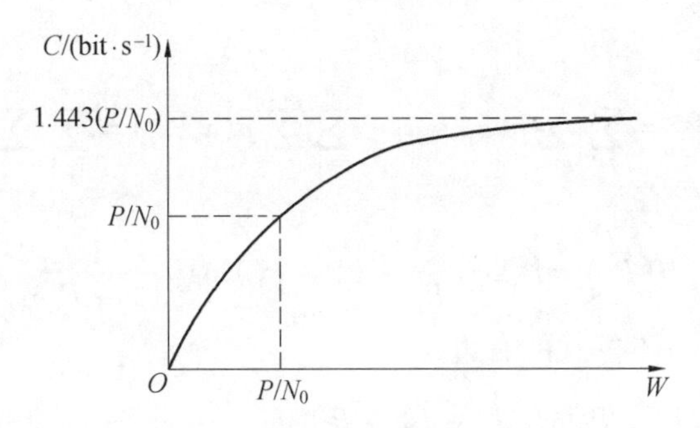

图 3.13　高斯白噪声信道的信道容量

信道,其信道容量 C 与信号带宽 W 和信号噪声功率比 P/N 有关;对于平均功率受限的连续信源,当信源信号 X 也为高斯分布时,信道熵速率等于信道容量;对于连续信道来说,高斯白噪声信道危害最大,因为噪声熵 $H(n)$ 最大使熵速率 R 减小;香农公式给出了信道容量的极限值,在实际通信系统中往往是难以实现的,因为实际信源不可能为高斯分布;高斯白噪声信道只是一个典型的连续信道模型,实际信道可能是非高斯信道,非高斯白噪声信道的信道容量计算比较复杂,在工程上一般都用高斯白噪声信道来估算信道传输性能。

另外,如果考虑通信时间为 T,在 T 秒钟传输的总的信息量为

$$I_T = TC = TW\log_2\left(1 + \frac{P}{N}\right) \quad (\text{bit}) \tag{3.132}$$

从这个关系式中可以看出,在保持总的信息量不变情况下,带宽 W、信噪比 P/N 和时间 T 之间存在一种互换关系。例如,在通信时间保持一定的情况下,可以通过增加带宽来降低对信噪比的要求。在实际的通信系统设计过程中,往往会根据具体要求来权衡各个参数,以获得有效并可靠的系统性能。

3.6* 　Fano 不等式

在信息论中有一个重要的关系称为 Fano 不等式,在很多证明和分析中要使用,同时也对理解信息传输过程有帮助,这里我们给出基本介绍。

Fano 不等式的基本描述是这样的,对于一个离散信道,输入符号集为 $X:\{x_1, x_2, \cdots, x_n\}$,输出符号集为 $Y:\{y_1, y_2, \cdots, y_m\}$,信道转移概率为 $P(Y/X):\{p(y_j/x_i)\}, i = 1,2,\cdots,n, j = 1,2,\cdots,m$, 且有

$$0 < p(y_j/x_i) < 1$$

$$\sum_{j=1}^{m} p(y_j/x_i) = 1 \quad (i = 1,2,\cdots,n)$$

并按照某种译码准则译码,即 $F(y_j) = x^* \in \{x_1, x_2, \cdots, x_n\}, j = 1,2,\cdots,m$,则传输错误概率 P_e 和信道疑义度 $H(X/Y)$ 之间存在以下关系,即 Fano 不等式

$$H(X/Y) \leqslant H(P_e) + P_e\log_2(n-1) \tag{3.133}$$

证明　对于译码准则 $F(y_j) = x^* \in \{x_1, x_2, \cdots, x_n\}$,平均错误译码概率可以表示为

$$P_e = \sum_{j=1}^{m}\sum_{i\neq *} p(x_i, y_j) \tag{3.134}$$

则平均正确译码概率为

$$P_r = 1 - P_e = \sum_{i=1}^{n}\sum_{j=1}^{m} p(x_i, y_j) - \sum_{j=1}^{m}\sum_{i\neq *} p(x_i, y_j) = \sum_{j=1}^{m}\sum_{i=*} p(x_i, y_j) \tag{3.135}$$

根据熵函数的定义,有

$$H(P_e) = P_e\log_2 \frac{1}{P_e} + (1 - P_e)\log_2 \frac{1}{(1 - P_e)} \tag{3.136}$$

根据以上关系,Fano 不等式的右边为

$$\begin{aligned} H(P_e) + P_e\log_2(n - 1) &= P_e\log_2 \frac{1}{P_e} + (1 - P_e)\log_2 \frac{1}{(1 - P_e)} + P_e\log_2(n - 1) \\ &= P_e\log_2 \frac{n - 1}{P_e} + (1 - P_e)\log_2 \frac{1}{(1 - P_e)} \\ &= \left(\sum_{j=1}^{m}\sum_{i\neq *} p(x_i, y_j)\right)\log_2 \frac{n - 1}{P_e} + \left(\sum_{j=1}^{m}\sum_{i=*} p(x_i, y_j)\right)\log_2 \frac{1}{(1 - P_e)} \end{aligned} \tag{3.137}$$

根据疑义度的定义可知

$$\begin{aligned} H(X/Y) &= \sum_{i=1}^{n}\sum_{j=1}^{m} p(x_i, y_j)\log_2 \frac{1}{p(x_i/y_j)} \\ &= \sum_{j=1}^{m}\sum_{i\neq *} p(x_i, y_j)\log_2 \frac{1}{p(x_i/y_j)} + \sum_{j=1}^{m}\sum_{i=*} p(x_i, y_j)\log_2 \frac{1}{p(x_i/y_j)} \end{aligned} \tag{3.138}$$

由式(3.136) 和式(3.137),有

$$\begin{aligned} H(X/Y) - H(P_e) - P_e\log_2(n - 1) &= \sum_{j=1}^{m}\sum_{i\neq *} p(x_i, y_j)\log_2 \frac{1}{p(x_i/y_j)} + \\ &\quad \sum_{j=1}^{m}\sum_{i=*} p(x_i, y_j)\log_2 \frac{1}{p(x_i/y_j)} - \\ &\quad \left(\sum_{j=1}^{m}\sum_{i\neq *} p(x_i, y_j)\right)\log_2 \frac{n - 1}{P_e} - \\ &\quad \left(\sum_{j=1}^{m}\sum_{i=*} p(x_i, y_j)\right)\log_2 \frac{1}{(1 - P_e)} \\ &= \sum_{j=1}^{m}\sum_{i\neq *} p(x_i, y_j)\log_2 \frac{P_e}{p(x_i/y_j)(n - 1)} + \\ &\quad \sum_{j=1}^{m}\sum_{i=*} p(x_i, y_j)\log_2 \frac{1 - P_e}{p(x_i/y_j)} \end{aligned} \tag{3.139}$$

考虑到当 $x > 0$ 时,有不等式 $\log_2 x \leqslant x - 1$,则式(3.138) 的第一项对于一切的 i 和 j 都有

$$\log_2 \frac{P_e}{p(x_i/y_j)(n - 1)} \leqslant \frac{P_e}{p(x_i/y_j)(n - 1)} - 1 \tag{3.140}$$

因而有

$$\begin{aligned} \sum_{j=1}^{m}\sum_{i\neq *} p(x_i, y_j)\log_2 \frac{P_e}{p(x_i/y_j)(n - 1)} &\leqslant \sum_{j=1}^{m}\sum_{i\neq *} p(x_i, y_j)\left[\frac{P_e}{p(x_i/y_j)(n - 1)} - 1\right] \\ &= \sum_{j=1}^{m}\sum_{i\neq *} p(y_j)\frac{P_e}{n - 1} - \sum_{j=1}^{m}\sum_{i\neq *} p(x_i, y_j) \end{aligned}$$

$$= \sum_{j=1}^{m} \sum_{i \neq *} p(y_j) \frac{P_e}{n-1} - P_e$$

$$= \sum_{j=1}^{m} p(y_j) \sum_{i \neq *} \frac{P_e}{n-1} - P_e = \sum_{i \neq *} \frac{P_e}{n-1} - P_e$$

$$= (n-1) \frac{P_e}{n-1} - P_e = P_e - P_e = 0 \qquad (3.141)$$

同样,式(3.138)的第二项对于一切的 i 和 j 都有

$$\log_2 \frac{1-P_e}{p(x_i/y_j)} \leqslant \frac{1-P_e}{p(x_i/y_j)} - 1$$

因而有

$$\sum_{j=1}^{m} \sum_{i=*} p(x_i, y_j) \log_2 \frac{1-P_e}{p(x_i/y_j)} \leqslant \sum_{j=1}^{m} \sum_{i=*} p(x_i, y_j) \left[\frac{1-P_e}{p(x_i/y_j)} - 1 \right]$$

$$= \sum_{j=1}^{m} \sum_{i=*} p(y_j)(1-P_e) - \sum_{j=1}^{m} \sum_{i=*} p(x_i, y_j)$$

$$= \sum_{j=1}^{m} p(y_j) \sum_{i=*} (1-P_e) - (1-P_e) = (1-P_e) - (1-P_e) = 0 \qquad (3.142)$$

由式(3.140)、式(3.141)及式(3.137)可得

$$H(X/Y) - H(P_e) - P_e \log_2(n-1) \leqslant 0$$

证得 Fano 不等式$H(X/Y) \leqslant H(P_e) - P_e \log_2(n-1)$。

从 Fano 不等式的证明过程中可以看到,虽然平均错误译码概率 P_e 与译码规则有关,但是不管采用什么译码规则不等式都是成立的。$H(P_e)$ 是错误概率 P_e 的熵,表示产生错误概率 P_e 的不确定性。Fano 不等式指出:接收到 Y 后关于 X 的平均不确定性包括两个部分,第一部分是指接收到 Y 后是否产生 P_e 的不确定性 $H(P_e)$,第二部分是当错误 P_e 发生后,到底是哪个输入符号发送而造成错误的最大不确定性,为 $P_e \log_2(n-1)$(其中 n 是输入符号集的符号个数)。若以 $H(X/Y)$ 为纵坐标,P_e 为横坐标,函数 $H(P_e) + P_e \log_2(n-1)$ 随 P_e 的变化曲线如图 3.14 所示。从图中可以看出,当信源和信道给定后,信道可疑度 $H(X/Y)$ 就给定了平均错误译码概率的下界。

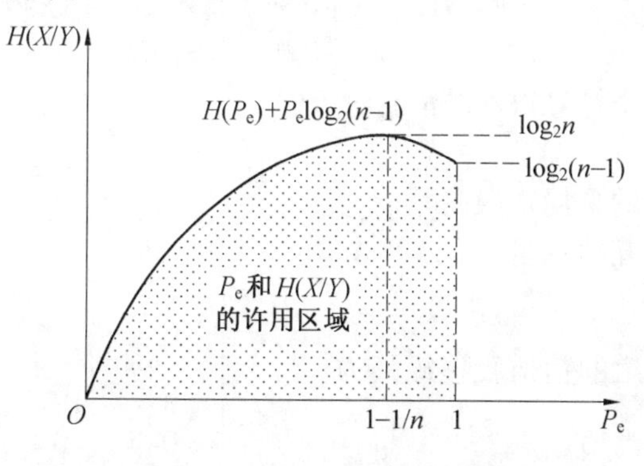

图 3.14　Fano 不等式曲线图

习　题

3.1　试证明:香农公式中,信道容量 C 不会随着带宽 W 无限度增加。其中 $N=N_0W$。(提示:$\lim\limits_{x\to 0}\ln(1+x)^{1/x}=1$)

3.2　已知二元对称信道的信道转移概率矩阵为 $[P]=\begin{bmatrix}2/3 & 1/3\\ 1/3 & 2/3\end{bmatrix}$。

(1) 若 $p(x_1)=3/4, p(x_2)=1/4$,求 $H(X), H(X/Y), H(Y/X)$ 和 $I(X;Y)$;

(2) 求该信道的信道容量和达到信道容量时的先验概率。

3.3　一个离散无记忆信道的输入符号集为 $X=\{x_1,x_2\}, p(x_1)=a$,输出符号集为 $Y=\{y_1,y_2,y_3\}$,已知信道转移概率矩阵为 $[P]=\begin{bmatrix}1/2 & 1/2 & 0\\ 1/2 & 1/4 & 1/4\end{bmatrix}$。

(1) 计算该信道的噪声熵;

(2) 计算该信道的信道容量。

3.4　在二元离散有噪声信道上传输符号为 0 和 1,在传输过程中平均每 100 个符号发生一个错误,已知 $p(0)=p(1)=1/2$,信道符号速率为 1 000 符号/秒,求该信道的信道容量。

3.5　已知离散无记忆信道的信道转移概率图如图 3.15 所示,求该信道的信道容量。

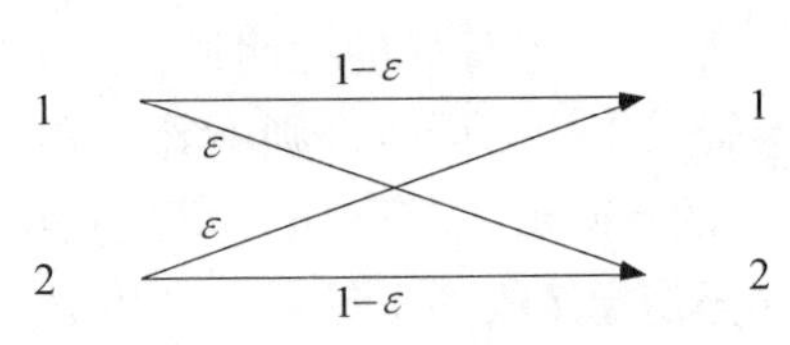

图 3.15　信道转移概率图

3.6　求下面两个信道的信道容量,并进行比较。

(1) $[P]=\begin{bmatrix}1-p-\varepsilon & p-\varepsilon & 2\varepsilon\\ p-\varepsilon & 1-p-\varepsilon & 2\varepsilon\end{bmatrix}$;

(2) $[P]=\begin{bmatrix}1-p-\varepsilon & p-\varepsilon & 2\varepsilon & 0\\ p-\varepsilon & 1-p-\varepsilon & 0 & 2\varepsilon\end{bmatrix}$

3.7　一个离散无记忆信道的输入端符号为 $X=\{x_1,x_2,x_3\}, p(x_i)=1/3$,输出符号集为 $Y=\{y_1,y_2,y_3\}$,信道转移概率矩阵为 $[P]=\begin{bmatrix}0.5 & 0.3 & 0.2\\ 0.4 & 0.3 & 0.3\\ 0.1 & 0.9 & 0\end{bmatrix}$,试求:

(1) 接收端收到一个符号得到的信息量 $H(Y)$;

(2) 信道的噪声熵 $H(Y/X)$;

(3) 从接收端看到的平均错误概率;

(4) 信道的平均交互信息量 $I(X;Y)$。

3.8　已知离散信道的信道转移矩阵为 $[P]=\begin{bmatrix}1-p & p & 0 & 0\\ p & 1-p & 0 & 0\\ 0 & 0 & 1-p & p\\ 0 & 0 & p & 1-p\end{bmatrix}$,试计算其信道容量。

3.9　已知离散信道的信道转移矩阵为 $[P]=\begin{bmatrix}1/2 & 1/4 & 1/8 & 1/8\\ 1/4 & 1/2 & 1/8 & 1/8\end{bmatrix}$,试计算其信道容量。

3.10　已知离散信道的信道转移矩阵为$[P]=\begin{bmatrix}1 & 0\\ \varepsilon & 1-\varepsilon\end{bmatrix}$，试计算其信道容量。

3.11　设二元删除信道的信道转移矩阵为$[P]=\begin{bmatrix}1-\varepsilon-\delta & \varepsilon & \delta\\ \delta & \varepsilon & 1-\varepsilon-\delta\end{bmatrix}$，试计算其信道容量。

3.12　一个随机变量x的概率密度函数为$p(x)=kx(0\leqslant x\leqslant 2\text{ V})$，试求该连续信源的熵。

3.13　给定一个语音信号样值X的概率密度函数为$p(x)=\frac{1}{2}\lambda\mathrm{e}^{-\lambda|x|}(-\infty<x<\infty)$，求该连续信源的熵，并证明它小于具有同样方差的高斯信源的熵。

3.14　(1) 随机变量X表示信号$x(t)$的幅度，$-3\text{ V}\leqslant x(t)\leqslant 3\text{ V}$，均匀分布，求信源熵；

(2) 若X在-5 V和$+5$ V之间均匀分布，求信源熵；

(3) 解释两种情况的计算结果。

3.15　随机信号的样值X在1～7 V之间分布。

(1) 计算信源熵$H(X)$；

(2) 计算数学期望$E(X)$和方差$\mathrm{var}(X)$。

3.16　连续联合变量X和Y的联合概率密度函数为

$$p(x,y)=\frac{1}{2\pi\sqrt{SN}}\exp\left\{-\frac{1}{2N}\left[x^2\left(1+\frac{S}{N}\right)-2xy+y^2\right]\right\}$$

求$H(X)$，$H(Y)$，$H(Y/X)$，$I(X;Y)$。

3.17　连续随机变量X的概率密度为$p(x)=\begin{cases}A\cos x & \left(|x|\leqslant\frac{\pi}{2}\right)\\ 0 & (\text{其他})\end{cases}$，试求这个随机变量的熵。

3.18　连续联合变量X和Y的联合概率密度函数为

$$p(x,y)=\begin{cases}\frac{1}{\pi r^2} & (x^2+y^2\leqslant r^2)\\ 0 & (\text{其他})\end{cases}$$

求$H(X)$，$H(Y)$，$H(X,Y)$，$I(X;Y)$。

3.19　设给定两个连续随机变量X_1和X_2，它们的联合概率密度函数为

$$p(x_1,x_2)=\frac{1}{2\pi}\mathrm{e}^{-(x_1^2+x_2^2)/2}\quad(-\infty<x_1,x_2<+\infty)$$

求随机变量$Y=X_1+X_2$的概率密度函数，并计算随机变量Y的熵。

3.20　设电话信号的信息率为56 kbps，在一个噪声功率谱为$N_0=5\times10^{-6}$ mW/Hz、带宽为$B=4$ kHz的高斯信道中传送，请问无差错传输所需的最小功率P是多少瓦？

3.21　设电视图像由30万个像素组成，每个像素可取10个亮度电平，假设各像素的10个亮度电平都是等概率出现的，实时传送电视图像要求每秒发送30帧图像。为了得到满意的图像质量，要求信号与噪声的平均功率比为30 dB，试计算在这种条件下传送电视信号所需要的带宽。

3.22　一个平均功率受限的连续信道，其带宽为1 MHz，信道上存在有高斯白噪声。

(1) 若已知信号与噪声的平均功率比值为10，求该信道的信道容量；

（2）当信号与噪声的平均功率比值为 5 时，要达到相同的信道容量，信道带宽应为多少？

（3）若信道带宽减小为 0.5 MHz，要保持相同的信道容量，信号与噪声平均功率比值应为多少？

3.23　已知一个二元对称信道的信道转移概率矩阵为$[P]=\begin{bmatrix}0.98 & 0.02\\0.02 & 0.98\end{bmatrix}$，假设信道传输的二元符号速率为 1 500 符号 /s，现有一个消息序列共有 14 000 个二元符号，并假设$p(0)=p(1)=1/2$。试问从信息传输的角度考虑，10 s 内能否将这个消息序列无失真地传输完？

3.24　已知两个离散信道的信道转移概率矩阵分别为

$$[P_1]=\begin{bmatrix}1/4 & 1/4 & 1/4 & 1/4\\1/2 & 1/2 & 0 & 0\end{bmatrix},\quad [P_2]=\begin{bmatrix}1/2 & 1/2 & 0 & 0\\1/2 & 1/2 & 0 & 0\\0 & 0 & 1/2 & 1/2\\0 & 0 & 1/2 & 1/2\end{bmatrix}$$

将两个信道串联使用，试计算总的信道容量。

3.25　假设两个离散信道的转移概率矩阵都为$[P]=\begin{bmatrix}0 & 0 & 0 & 1\\0 & 0 & 0 & 1\\1/2 & 1/2 & 0 & 0\\0 & 0 & 1 & 0\end{bmatrix}$，将它们串联使用，第一个信道的输入符号集为$X=\{x_1,x_2,x_3,x_4\}$，符号为等概分布，试求平均交互信息量$I(X;Z)$和$I(X;Y)$，并对二者进行比较。

3.26　设一个连续信道的信道转移特性为

$$p(y/x)=\frac{1}{\alpha\sqrt{3\pi}}\mathrm{e}^{-\left(y^2-\frac{x^2}{6\sigma^2}\right)}\quad(-\infty<x,y<+\infty)$$

而信道输入变量 X 的概率密度函数为$p(x)=\dfrac{1}{2\alpha\sqrt{\pi}}\mathrm{e}^{-(x^2/4\sigma^2)}$。试计算：

（1）信源 X 的熵 $H(X)$；

（2）信道的平均交互信息量 $I(X;Y)$。

第 4 章

信源编码与率失真函数

我们曾经反复强调过，通信最基本的目的就是有效且可靠地传递信息。而通信系统的有效性最直观的体现方式就是信息传输速率，也就是单位时间内传递的信息量。从前面介绍的信道容量的概念中可以看到，信息传输速率主要取决于三个方面的因素，分别是符号速率、信源熵和噪声熵。根据通信理论的知识可知，符号速率与信道带宽有关，一般根据应用需求来确定，噪声熵与信道条件有关，由应用环境确定，而且两者也与系统成本有关。因此，提高信源熵就是提高通信系统有效性的一个重要途径。这里所说的提高信源熵是指提高信源单位符号所携带的信息量。信息理论的研究表明，通过编码（某种变换）可以达到提高信源熵的目的，这类编码称为信源编码。本章的主要内容就是介绍信源编码的基本原理和基本方法，包括无失真信源编码、限失真信源编码及信源编码定理。

4.1 离散信源编码

这里，我们主要介绍离散信源的信源编码问题，这是因为大多数连续信源都可以通过取样量化后变为离散信源。另外随着数字技术的发展，离散信源基本上可以替代传统通信系统中的模拟信源，例如数字视频、数码相机和移动通信手机等。

4.1.1 编码器

编码的实质是对原始信源进行一种变换，或者说对原始信源的符号做一种映射。实际上通过变换主要解决两个问题，一是某些原始信源的符号不适应信道的传输，二是原始信源符号的传输效率太低。实现这种变换的装置就称为编码器。

编码器可以看作这样一个系统，如图 4.1 所示。编码器的输入端为原始信源 S，其符号集为 $S:\{s_1,s_2,\cdots,s_n\}$。而信道所能传输的符号集为 $A:\{a_1,a_2,\cdots,a_q\}$；编码器的功能是用符号集 A 中的元素，将原始信源的符号 s_i 变换为相应的码字符号 $W_i(i=1,2,\cdots,n)$。因此，编码器输出端的符号集为 $W:\{W_1,W_2,\cdots,W_n\}$。可以看出，编码器就是建立一种一一对应的映射关系，将原始信源符号集 S 中的符号变换为由信道码元符号集 A 的符号所构成的码字符号集 W 的符号。

信道输出的码字符号集 W 也称为码组，码组中的元素称为码字，每个码字由可能不同个数的 A 集合中的元素组成，称为码元。每个码字可以表示为

$$W_i=[w_1,w_2,\cdots,w_{L_i}],\quad w_j\in A:\{a_1,a_2,\cdots,a_q\}$$

其中，L_i 为码字 W_i 所包含码元的个数，称为码字 W_i 的码字长度，简称码长。当码组 W 中的所有码字的码长相等时，我们称其为等长码，否则称为不等长码。

$q=2$ 时，称为二元编码，否则称为 q 元编码。

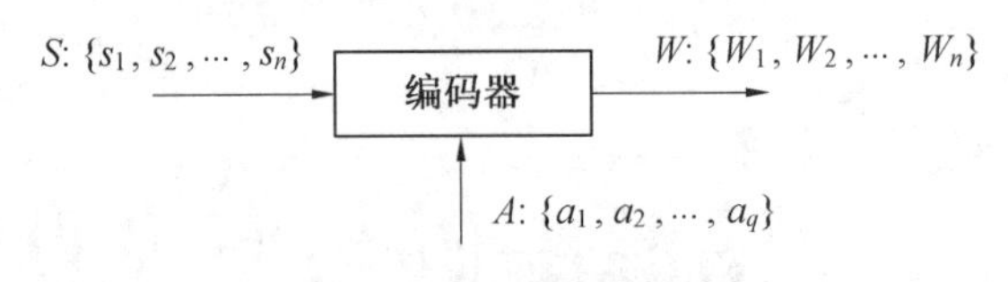

图 4.1　编码器结构原理

4.1.2　单义可译码

定义 4.1　如果一个码组的任一有限长的码字序列（一串码字），只能唯一地被译成一个码字，则称其为单义可译码，也称异前置码。

例如：$S:\{s_1,s_2,s_3\}$；$A:\{0,1\}$；$W:\{w_1=0,\ w_2=10,\ w_3=11\}$，为单义可译码。

当发送码字序列为 $[w_1,w_2,w_1,w_3,w_1,w_1,w_3,w_3,\cdots]$ 时，接收码字序列为：$[01001100111110\cdots]$，可以唯一地译为：$[w_1,w_2,w_1,w_3,w_1,w_1,w_3,w_3,\cdots]$。

如果码字集合为：$W:\{w_1=0,\ w_2=01,w_3=10\}$，则为非单义可译码。

当发送码字序列为 $[w_1,w_2,w_1,w_3,w_1,w_1,w_3,w_3,\cdots]$ 时，接收码字序列为：$[001010001010\cdots]$，可以译为：$[w_1,w_2,w_1,w_3,w_1,w_1,w_3,w_3,\cdots]$，也可以译为：$[w_1,w_1,w_3,w_3,w_1,w_2,w_2,w_1,\cdots]$，即可以有不同的译码方法，因此不是单义可译的。

定义 4.2　如果一个码组中的任一个码字都不是另一个码字的续长，或者说，任何一个码字后加上若干码元后都不是码组中另一个码字，则称为瞬时可译码，也称为非续长码。

例如：$W:\{0,10,100,111\}$ 不是瞬时可译码，100 为 10 的续长。可以发现，瞬时可译码一定是单义的，单义可译码却不一定是瞬时可译的。

例如：$W:\{0,01\}$ 是单义的，但不是瞬时可译码。

可以给出如下单义可译码的存在定理。

定理 4.1　设原始信源符号集为 $S:\{s_1,s_2,\cdots,s_n\}$，码元符号集为 $A:\{a_1,a_2,\cdots,a_q\}$，码字集合为 $W:\{W_1,W_2,\cdots,W_n\}$，其码长分别为 $L_1,L_2,\cdots,L_n$，则单义可译码存在的充要条件为码长组合满足 Kraft 不等式，即

$$\sum_{i=1}^{n} q^{-L_i} \leqslant 1 \tag{4.1}$$

实际上可以证明，Kraft 不等式不仅是单义可译码的充要条件，也是瞬时可译码的充要条件。另外，这里所说的充要条件是对于码长组合而言，而不是对于码字本身而言，就是说：满足 Kraft 不等式的码长组合一定能构成单义码，单义码的码长组合一定满足 Kraft 不等式。有些码字的码长组合满足 Kraft 不等式，但不是单义码，那是因为编码方法不正确。

【例 4.1】　原始信源有四个消息符号，即 $S:\{s_1,s_2,s_3,s_4\}$，对原始信源进行二元编码（$q=2$），表 4.1 给出了几种不同的编码方案，分析其编码属性。

表4.1　一个 $n=4$ 的原始信源的几种编码方案

信源符号	码1	码2	码3	码4	码5	码6
s_1	0	0	0	0	0	00
s_2	01	10	11	10	10	01
s_3	011	110	100	110	11	10
s_4	0111	1110	110	111	110	11

分析：

码1满足Kraft不等式，码长组合为1,2,3,4，但只是单义的，不是瞬时可译码。码2满足Kraft不等式，码长组合为1,2,3,4，是单义的，也是瞬时可译码。码3满足Kraft不等式，码长组合为1,2,3,3，不是单义的，也不是瞬时可译码。码4满足Kraft不等式，码长组合为1,2,3,3，是单义的，也是瞬时可译码。码5不满足Kraft不等式，码长组合为1,2,2,3，不可能为单义的。码6满足Kraft不等式，为等长码，是单义的，也是瞬时可译码。

从分析结果可见，不满足Kraft不等式的编码不可能构成单义可译码和瞬时可译码，满足Kraft不等式就可能构成单义码和瞬时可译码。但并不是说满足了Kraft不等式就一定构成单义码和瞬时可译码。还要看具体的编码方法，如果编码方法不正确，得到的编码就可能不是单义的，或者不是瞬时可译的。

对于有限符号的信源，可以用码树图的方法构成瞬时可译码。对于原始信源 $S:\{s_1,s_2,s_3,s_4,\cdots\}$ 进行 q 元瞬时可译码的编码，得到码组 $W:\{W_1,W_2,\cdots,W_n\}$，具体方法为：

从树图的根开始，画出 q 条分支，每个分支分配给一个码元，任选一个分支作为一个码字 W_1；

在另外的分支上再分出 q 条分支，每个分支分配给一个码元，任选一个分支作为第二个码字 W_2；当每个分支被确定一个码字后就称为一个端节点，不再分支；继续进行，直至结束；最后从根到各端点所经过的码元序列就是相应的码字。

【例4.2】　原始信源有四个消息符号，即 $S:\{s_1,s_2,s_3,s_4\}$，用码树图的方法对其进行二元瞬时可译码的编码。

具体编码方法如图4.2所示。

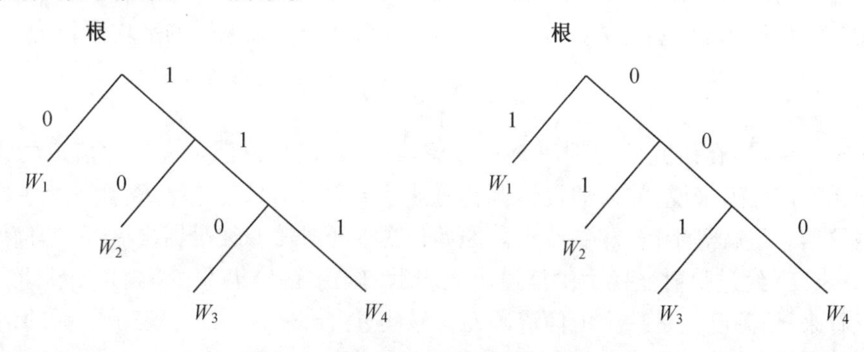

图4.2　利用码树图的二元编码方法

从这个例题中可以看到，这种方法构成的瞬时可译码是不唯一的。这个方法同样可以用于多元编码。

【例 4.3】 原始信源有九个消息符号,即 $S:\{s_1,s_2,\cdots,s_9\}$,码元符号集为 $A:\{0,1,2\}$,用码树图的方法对其进行三元瞬时可译码的编码。

具体编码方法如图 4.3 所示。

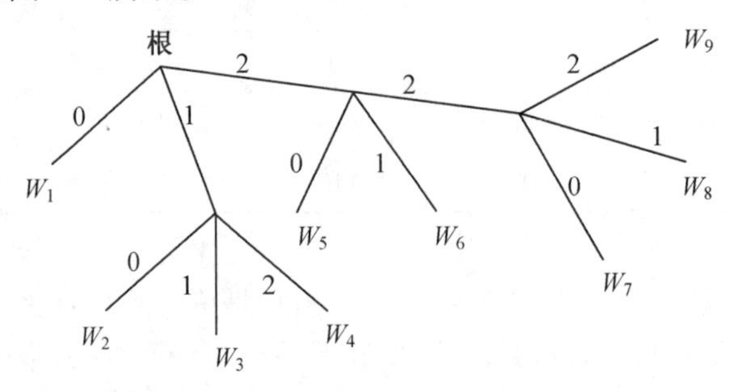

图 4.3 利用码树图的三元编码方法

得到的码组见表 4.2。

表 4.2 九个符号原始信源的三元编码

S	s_1	s_2	s_3	s_4	s_5	s_6	s_7	s_8	s_9
W	0	10	11	14	20	21	220	221	222

4.1.3 平均码字长度

根据无失真编码的原理,如果一个码组的码长分布满足 Kraft 不等式,就一定可以实现无噪声信道下的无失真传输,然而,在一个通信系统中,信源编码的主要目的是提高编码效率,即每个码元符号要携带更多的信息量。因此,需要定义平均码长的概念。

定义 4.3 设原始信源的信源空间为

$$\begin{bmatrix} S \\ P(S) \end{bmatrix} = \begin{Bmatrix} s_1 & s_2 & \cdots & s_n \\ p(s_1) & p(s_2) & \cdots & p(s_n) \end{Bmatrix}$$

其中,$\sum_{i=1}^{n} p(s_i) = 1$。

对此信源用码元符号集 $A:\{a_1,a_2,\cdots,a_q\}$ 进行编码,得到单义可译码 $W:\{W_1,W_2,\cdots,W_n\}$。相应的码字长度分别为 $L_i(i=1,2,\cdots,n)$。则这个信源编码的平均码长为

$$\bar{L} = \sum_{i=1}^{n} p(s_i) L_i \tag{4.2}$$

前面曾经讲过,在研究信源编码时不考虑信道的影响,也就是说认为信道为无噪声信道。对于无噪声信道来说,如果假设信源符号速率 $r=1$,信息传输率 R(熵速率)即单位时间内传输的信息量就等于信源熵 $H(S)$。原始信源 S 经过信源编码器之后,原始信源符号集 $S:\{s_1,s_2,\cdots,s_n\}$ 经过映射变换为由信道码元表示的码字符号集 $W:\{W_1,W_2,\cdots,W_n\}$。这时在接收机看来,信源已经是一个由信道码元符号集 $A:\{a_1,a_2,\cdots,a_q\}$ 表示的新的信源 A,这时的信息传输率为

$$R = \frac{H(W)}{\bar{L}} = \frac{H(S)}{\bar{L}} = H(A) \tag{4.3}$$

R 的单位为比特/秒,如果假设 $r=1$,R 在数值上就等于信源熵 $H(A)$,$H(A)$ 的单位为比

特/符号。由式(4.3)可以看到,当原始信源一定时,编码后的平均码长越小,信息传输率越高。后面会说明,实际上也就是编码效率越高。这样看来,编码效率可以用平均码长来描述,并且,每个码字 W_i 的长度 L_i 应当与对应的原始信源符号的先验概率 $p(s_i)$ 有关。

为了提高信源编码效率,总希望平均码长越小越好,但平均码长能否无限减小呢? 下面的定理给出了平均码长的极限。

定理4.2　若一个离散无记忆信源 S 的熵为 $H(S)$,对其进行 q 元编码,即 $A:\{a_1,a_2,\cdots,a_q\}$,则总可以找到一种无失真的编码方法,构成单义可译码,使其平均码长满足

$$\frac{H(S)}{\log_2 q} \leqslant \bar{L} < \frac{H(S)}{\log_2 q} + 1 \tag{4.4}$$

对于二元编码,上式为

$$H(S) \leqslant \bar{L} < H(S) + 1 \tag{4.5}$$

证明　首先证明其下界,根据平均码长和信源熵的定义有

$$\begin{aligned} H(S) - \bar{L}\log_2 q &= -\sum_{i=1}^{n} p(s_i)\log_2 p(s_i) - \left[\sum_{i=1}^{n} p(s_i)L_i\right]\log_2 q \\ &= -\sum_{i=1}^{n} p(s_i)\log_2 p(s_i) + \sum_{i=1}^{n} p(s_i)\log_2 q^{-L_i} \\ &= -\sum_{i=1}^{n} p(s_i)\log_2 \frac{q^{-L_i}}{p(s_i)} \leqslant \log_2 \sum_{i=1}^{n} p(s_i)\frac{q^{-L_i}}{p(s_i)} \\ &= \log_2 \sum_{i=1}^{n} q^{L_i} \end{aligned}$$

其中利用了 Jensen 不等式。另外根据单义可译码的存在定理,即可以证明

$$H(S) - \bar{L}\log_2 q \leqslant 0$$

也就证明了定理的下界,即

$$\frac{H(S)}{\log_2 q} \leqslant \bar{L}$$

为了证明定理的上界,考察在满足 Kraft 不等式的条件下,平均码长满足下界。设每个码字的平均码长在以下区间取正整数,即找到一种选取码长的方法,使其满足

$$-\log_q p(s_i) \leqslant L_i < -\log_q p(s_i) + 1 \quad (i = 1,2,\cdots,n) \tag{4.6}$$

考虑到对数为单调递增函数,则有

$$\frac{1}{p(s_i)} \leqslant q^{L_i} < \frac{q}{p(s_i)} \quad (i = 1,2,\cdots,n)$$

进而有

$$p(s_i) \geqslant q^{-L_i} > \frac{p(s_i)}{q} \quad (i = 1,2,\cdots,n)$$

对上式的 i 连续取和

$$\sum_{i=1}^{n} p(s_i) \geqslant \sum_{i=1}^{n} q^{L_i} > \sum_{i=1}^{n} \frac{p(s_i)}{q}$$

即

$$1 \geqslant \sum_{i=1}^{n} q^{-L_i} > \frac{1}{q}$$

这表明,这样选择的码长可以使码组满足 Kraft 不等式,然后由式(4.6)求平均码长,则不等式右边得

$$\sum_{i=1}^{n} p(s_i)L_i < -\sum_{i=1}^{n} p(s_i)\log_q p(s_i) + \sum_{i=1}^{n} p(s_i)$$

即

$$\bar{L} < H_q(S) + 1 = \frac{H(S)}{\log_2 q} + 1$$

这样就证明了定理的上界。上界的证明思路是只要有一种方法使上界成立,就说明总可以找到一种方法使上界成立。平均码长大于这个上界当然也可以构成单义可译码,但实际上总希望码长越小越好。

定理4.2也称为平均码长的极限定理。定理说明,如果要构成单义可译码,其码组的平均码长不能小于 $H(S)/\log_2 q$,如果小于这个值就不能构成单义可译码。如果一个码组的平均码长正好等于这个下限值,其编码效率为最高。

当下界等号成立时,为 $$p(s_i) = q^{-L_i}$$

可得 $$L_i = \log_q \frac{1}{p(s_i)}$$

这时表明原始信源符号的先验概率是以 q 为底的对数恰好为整数,这就要求信源符号的先验概率为 $p(s_i) = q^{-L_i}$ 形式,如果满足这一条件,编出的码字称为最佳码。

例如:当原始信源 $S:\{s_1,s_2,s_3,s_4\}$,先验概率分布为 $P(S):\{1/2,1/4,1/8,1/8\}$,如果编码后码长分布为[1,2,3,3],这时,平均码长将为1.74码元/符号,可以验证这时的平均码长等于原始信源熵。

当一个离散无记忆信源的统计特性确定后,信源熵就确定了,平均编码长度下界也就确定了,编码效率也就确定了,如果进一步提高效率,就要用其他方法。

4.2 无失真信源编码定理

无失真信源编码定理就是香农第一编码定理,有时也称其为无噪声信道编码定理或变长码信源编码定理。香农第一编码定理有不同的描述方式,但其基本思想是一致的,都是描述进一步提高编码效率的极限定理。

4.2.1 编码效率

编码理论是信息论的重要理论分支,编码技术是信息论在通信中的最重要的应用。不同用途的编码有不同的评价指标,例如,有效性、可靠性及复杂度等。这里通过信源编码介绍编码效率的概念。

根据前面的介绍,对于一个离散无噪声信道,如果信源的最大熵为 $H_{\max}(S)$,符号传输速率为 r,则信道容量为

$$C = r \cdot H_{\max}(S)$$

如果信源的实际熵为 $H(S)$,则离散无噪声信道的实际熵速率为

$$R = r \cdot H(S)$$

这时，定义熵速率与信道容量之比为传输效率，可以看到，传输效率是一个通信系统（信道）的实际信息传输能力与最大信息传输能力的比值，即

$$\eta = \frac{R}{C} = \frac{H(S)}{H_{\max}(S)} \tag{4.7}$$

对于 n 个符号的原始信源 S，如果不进行编码就相当于 n 元编码，其最大熵为

$$H_{\max}(S) = \log_2 n$$

这时的传输效率为

$$\eta = \frac{R}{C} = \frac{H(S)}{\log_2 n} \tag{4.8}$$

然而，实际原始信源的符号数都比较大，不可能进行 n 元编码，往往需要进行数值较小的 q 元编码。编码后，每个原始信源符号 s_i 编成了 L_i 个信道码元组成的码字 W_i。编码器的输出可以看成一个新的信源，它有 q 个信源符号（信道码元），每个信道码元所携带的平均信息量为 $H(S)/\bar{L}$。如果将这个新信源记为 A，则 $H(A) = H(S)/\bar{L}$，如果信道码元的符号速率为 r，则信道的实际熵速率为

$$R = r \cdot H(A) = \frac{r \cdot H(S)}{\bar{L}}$$

编码器输出的码元符号集共有 q 个元素，这时新信源的最大熵为当 q 个信道码元符号为等概率时，即信道容量为

$$C = r \cdot H_{\max}(A) = r\log_2 q$$

这时的传输效率为

$$\eta = \frac{R}{C} = \frac{H(A)}{H_{\max}(A)} = \frac{H(S)}{\bar{L}\log_2 q} \tag{4.9}$$

从这个关系式可以看到，通过信源编码之后，传输效率就等于平均码长极限定理的下限与平均码长之比，也就是说，传输效率就体现了信源编码之后平均码长接近其下限值的程度。因此，也称其为编码效率。这样的分析结论是，对于无噪声信道来说，编码效率就等于传输效率。与传输效率一样，编码效率是一个小于 1 的数值。编码效率等于 1 时，称其为最佳编码或紧致码。

当 $q = 2$ 时，为二元编码，这时的编码效率为

$$\eta = \frac{H(S)}{\bar{L}} \tag{4.10}$$

4.2.2　无失真信源编码定理

定理 4.3　若离散无记忆信源 S 的 N 次扩展信源 S^N，其熵为 $H(S^N)$，编码器的码元符号集为 $A:\{a_1, a_2, \cdots, a_q\}$，对信源 S^N 进行编码，总可以找到一种编码方法，构成单义可译码，使信源 S 中每个符号 s_i 所需要的平均码长满足

$$\frac{H(S)}{\log_2 q} \leqslant \bar{L} < \frac{H(S)}{\log_2 q} + \frac{1}{N} \tag{4.11}$$

当 N 趋于无穷时有

$$\lim_{N\to\infty}\bar{L}=H_q(S)=\frac{H(S)}{\log_2 q} \tag{4.12}$$

证明　对于离散无记忆信源，有

$$H(S^N)=N\cdot H(S)$$

根据平均码长的界限定理可知

$$\frac{H(S^N)}{\log_2 q}\leqslant\bar{L}_N<\frac{H(S^N)}{\log_2 q}+1 \tag{4.13}$$

其中，$\bar{L}_N$ 为 N 次扩展信源每个符号的平均码长，因此，原始信源每符号的平均码长则为

$$\bar{L}=\frac{\bar{L}_N}{N}$$

则由式(4.11)可以得到

$$\frac{H(S^N)}{N\log_2 q}\leqslant\frac{\bar{L}_N}{N}<\frac{H(S^N)}{N\log_2 q}+\frac{1}{N}$$

即

$$\frac{H(S)}{\log_2 q}\leqslant\bar{L}<\frac{H(S)}{\log_2 q}+\frac{1}{N}$$

当离散无记忆信源 S 的扩展次数 N 足够大时，有

$$\lim_{N\to\infty}\bar{L}=H_q(S)=\frac{H(S)}{\log_2 q}$$

定理4.3表明将离散无记忆信源进行 N 次扩展后再进行编码，就可以使原始信源每个符号的平均码长接近信源熵 $H(S)$，即平均码长趋近于下限值。这时并不要求原始信源的先验概率满足某种特殊分布，但却要求扩展次数 N 趋于无穷。因此，这也是一个极限定理，实际上这种方法是一种概率均匀化方法。

【例4.4】　一个离散无记忆信源，$S:\{s_1,s_2\}$，$P(S):\{0.2,0.8\}$，求其二次扩展后进行不等长编码后的编码效率。

解　其原始信源熵为

$$H(S)=-\sum_{i=1}^{2}p_i\log_2 p_i=\frac{1}{5}\log_2 5+\frac{4}{5}\log_2\frac{5}{4}=0.721\,9\quad(\text{比特/原始信源符号})$$

原始信源只有两个符号，如果用二元信道码元符号 $A:\{0,1\}$ 进行编码，得到码字为 $W:\{W_1=0,\ W_2=1\}$，这时的平均码长为1，信道熵速率（假设符号速率 $r=1$）为

$$R=\frac{H(S)}{\bar{L}}=0.721\,9\quad(\text{比特/信道码元符号})$$

由于二元信源的最大熵等于1，因此其编码效率为 $\eta=0.721\,9$。

如果对这个信源进行二次扩展，得到二次扩展信源 $S^2:\{s_1s_1,s_1s_2,s_2s_1,s_2s_2\}$，利用码树图的方法对其进行二元不等长编码，可以得到 $W:\{W_1,W_2,W_3,W_4\}$，扩展信源的符号概率及编码结果见表4.3。

表 4.3　二次扩展信源的符号概率及编码

$[S_i]$	$P([S_i])$	W_i
$[S_1]=s_1s_1$	1/25	000
$[S_2]=s_1s_2$	4/25	001
$[S_3]=s_2s_1$	4/25	01
$[S_4]=s_2s_2$	16/25	1

二次扩展信源的平均码长为

$$\overline{L}_2=\sum_{i=1}^{4}p(S_i)L_i=\frac{16}{25}\times 1+\frac{4}{25}\times 2+\frac{4}{25}\times 3+\frac{1}{25}\times 3=\frac{39}{25}$$

则相应的原始信源每个信源符号的平均码长为

$$\overline{L}=\frac{\overline{L}_2}{2}=\frac{39}{50}$$

这时的信道熵速率为

$$R=\frac{H(S)}{\overline{L}}=0.926$$

可知,扩展后再编码的编码效率为 $\eta=0.926$。

可以看到,经过信源二次扩展的编码使得编码效率明显提高。可以验证,当扩展次数增加时,熵速率将无限接近信道容量,编码效率趋近于 1。

定理 4.3 是香农第一编码定理的基本形式,有些教材还给出其他形式的定理作为扩展和补充,下面我们不加证明地给出描述。

定理 4.4　若离散平稳各态历经有记忆信源 S 的 N 次扩展信源 $S^N=[S_1,S_2,\cdots,S_N]$,其扩展信源熵为 $H(S^N)=H(S_1,S_2,\cdots,S_N)$,编码器的码元符号集为 $A:\{a_1,a_2,\cdots,a_q\}$,对信源 S^N 进行编码,总可以找到一种编码方法,构成单义可译码,使原始信源 S 中每个符号所需要的平均码长满足

$$\lim_{N\to\infty}\overline{L}=\frac{H_\infty}{\log_2 q} \tag{4.14}$$

根据前面章节的介绍可知,对于平稳各态历经有记忆信源来说,即当 N 趋于无穷时,每发一个符号携带的平均信息量等于其极限熵,即

$$\lim_{N\to\infty}\frac{1}{N}H(S_1,S_2,\cdots,S_N)=\lim_{N\to\infty}H(S_{N+1}/S_1,S_2,\cdots,S_N)=H_\infty$$

比较定理 4.3 和定理 4.4,由于 $H(S)\geqslant H_\infty$,所以有记忆信源的平均码长的下界将小于无记忆信源的平均码长的下界。另外,对于 m 阶马尔可夫信源来说,$H_\infty=H_{m+1}(S)$,则有

$$\lim_{N\to\infty}\overline{L}=\frac{H_{m+1}}{\log_2 q}$$

定理 4.5　若离散信源 S 的熵为 $H(S)$,离散无噪声信道的信道容量为 C,则对于任意小的正数 ε,总可以找到一种编码方法,使信道上的信源符号平均传输速率为 $[C/H(S)-\varepsilon]$,但是要使符号平均传输速率大于 $C/H(S)$ 是不可能的。

定理 4.5 是从另一个角度来描述的香农第一编码定理,定理中所说的符号传输速率是

指原始信源符号的传输速率。我们知道,在无噪声信道中实际熵速率为 $R = rH(S)$,即有

$$r = \frac{R}{H(S)} \leqslant \frac{C}{H(S)}$$

编码定理指出,总可以找到一种编码方法使 R 趋近于 C,并构成单义可译码。实际上等效于平均码长趋于 $H_q(S)$,或者说编码效率趋于 1。

4.3 Huffman 编码

通过前面的介绍可以看到,无失真信源编码可以使信道传信率无限接近于信道容量,也就是编码效率无限接近于 1。这一节主要介绍根据香农信源编码定理基本思想实现的一种信源编码方法,即 Huffman 编码。

4.3.1 Shannon-Fano 算法

1. Shannon 编码思想

分析表明,信源消息符号先验概率的不均匀,会使编码效率下降。因此,可以根据信源消息符号的先验概率来确定各码字的编码长度,概率大的编成短码,概率小的编成长码。

最初的 Shannon 编码算法是一种简单的按概率编码的方法,对于一个离散无记忆信源,如果其某一消息符号 s_i 的先验概率为 $p(s_i)$,则取其码长为

$$L_i = \lceil \log_2 \frac{1}{p(s_i)} \rceil$$

式中,符号 $\lceil X \rceil$ 表示为取不小于 X 的整数,即

$$\log_2 \frac{1}{p(s_i)} \leqslant L_i < \log_2 \frac{1}{p(s_i)} + 1$$

其实这种方法就是满足 Kraft 不等式的一种直接的应用。

例如一个离散无记忆信源 $S:\{s_1, s_2, s_3, s_4\}$,$p(S):\{1/2,\ 1/4,\ 1/8,\ 1/8\}$

这时有:$L_1 = \log_2 2 = 1$;$L_2 = \log_2 4 = 2$;$L_3 = L_4 = \log_2 8 = 3$;

利用码树图的方法可以得到其编码,如图 4.4 所示。

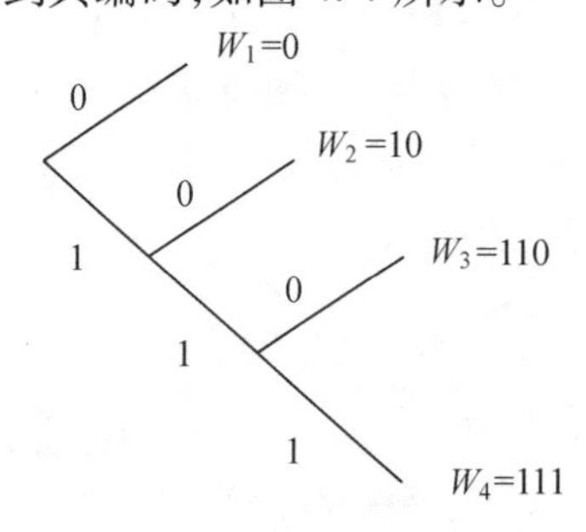

图 4.4　利用码树图的编码举例

可以验证,这个例子中的信源编码后的编码效率为 1,即为最佳码。但应当说明,这种方法在多数情况下是不能实现最佳码的,而且编码效率比较低。

这种算法称为 Shannon 算法,后来提出了一种改进方法为 Shannon-Fano 算法。

2. Shannon-Fano 算法的步骤

所谓的 Shannon-Fano 算法的编码方法是按如下步骤进行的。

(1) 把原始信源符号按概率从大到小重新排列。

(2) 把所有信源符号按尽可能概率之和相等分为 q 组,分别分配给 $a_1,a_2,\cdots,a_q$ 码元。

(3) 将每个分组再次按上述规律进行分组,直至分完(即每组为一个信源符号)。

(4) 从左至右将分得的码元排列即得码字 W_i。

【例 4.5】 设有一个单符号离散无记忆信源 S;其信源空间为

$$\begin{array}{ccccccccc} S: & s_1 & s_2 & s_3 & s_4 & s_5 & s_6 & s_7 & s_8 \\ p(S): & 0.1 & 0.18 & 0.4 & 0.05 & 0.06 & 0.1 & 0.07 & 0.04 \end{array}$$

试用 Shannon-Fano 算法对此信源进行编码。

解 可知这个原始信源的熵为

$$H(S) = -\sum_{i=1}^{8} p(s_i)\log_2 p(s_i) = 2.55 \ (\text{bit/ 符号})$$

而这时的最大熵为 $$H_{\max}(S) = \log_2 8 = 3 \ (\text{bit/ 符号})$$

编码效率为 $$\eta = \frac{R}{C} = \frac{H(S)}{H_{\max}(S)} = \frac{2.55}{3} \times 100\% = 85\%$$

利用 Shannon-Fano 算法的编码步骤见表 4.4。

表 4.4　利用 Shannon-Fano 算法的编码步骤

s_i	$p(s_i)$	第一次分组	第二次分组	第三次分组	第四次分组	W_i	L_i
s_3	0.40	0	0			00	2
s_2	0.18	0	1			01	2
s_1	0.10	1	0	0		100	3
s_6	0.10	1	0	1		101	3
s_7	0.07	1	1	0	0	1100	4
s_5	0.06	1	1	0	1	1101	4
s_4	0.05	1	1	1	0	1110	4
s_8	0.04	1	1	1	1	1111	4

这时可以用码树图描述,如图 4.5 所示。

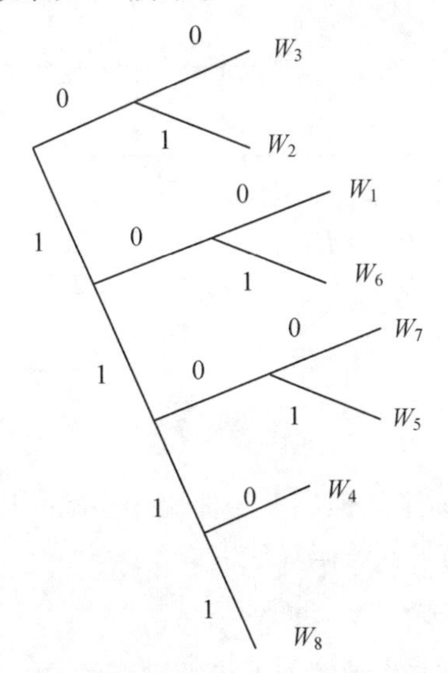

图 4.5　利用码树图的 Shannon-Fano 算法编码举例

注意这里的1,0码元分配是任意的,因此编码的结果是不唯一的。

下面看编码后的编码效率,计算可知其编码后的平均码长为$\bar{L}=2.64$,可知其编码效率为

$$\eta=\frac{R}{C}=\frac{H(A)}{H_{\max}(A)}=\frac{H(S)}{\bar{L}}=\frac{2.55}{2.64}\times 100\%=96.6\%$$

可见编码效率得到提高。如果将信源做n次扩展后再进行编码,可以进一步提高编码效率。

4.3.2 Shannon-Fano 算法的最佳条件

同样是上面的例子,如果将原始信源改变一下,信源空间为

$$\begin{array}{ccccccccc} S: & s_1 & s_2 & s_3 & s_4 & s_5 & s_6 & s_7 & s_8 \\ p(S): & 1/4 & 1/4 & 1/8 & 1/8 & 1/16 & 1/16 & 1/16 & 1/16 \end{array}$$

这个原始信源的熵为$H(S)=-\sum_{i=1}^{8}p(s_i)\log_2 p(s_i)=2.75$ (bit/符号)

而这时的最大熵为 $H_{\max}(S)=\log_2 8=3$ (bit/符号)

编码效率为$\eta=\frac{R}{C}=\frac{H(S)}{H_{\max}(S)}=\frac{2.75}{3}\times 100\%=91.7\%$,利用Shannon-Fano算法编码见表4.5。

表4.5 利用Shannon-Fano算法编码

s_i	$p(s_i)$	第一次分组	第二次分组	第三次分组	第四次分组	W_i	L_i
s_1	1/4	0	0			00	2
s_2	1/4	0	1			01	2
s_3	1/8	1	0	0		100	3
s_4	1/8	1	0	1		101	3
s_5	1/16	1	1	0	0	1100	4
s_6	1/16	1	1	0	1	1101	4
s_7	1/16	1	1	1	0	1110	4
s_8	1/16	1	1	1	1	1111	4

计算可知,这时的平均码长为2.75,编码效率为

$$\eta=\frac{R}{C}=\frac{H(A)}{H_{\max}(A)}=\frac{H(S)}{\bar{L}}=\frac{2.75}{2.75}=1$$

表明$R=C$。

4.3.3 Huffman 算法

通过进一步分析和研究,后来又提出了一种比Shannon-Fano算法的效率更高的编码算法,即Huffman算法,也被称为最佳编码算法。

1. 二元 Huffman 算法的步骤

二元Huffman算法的编码方法是按如下步骤进行的。

(1) 将信源S的n个符号状态$\{s_1,s_2,\cdots,s_n\}$按概率从大到小排列,作为码树图的叶。

(2) 将概率最小的两个符号分别分配给“0”和“1”码元,然后其概率相加,合成一个节点,作为一个新的符号,重新与其他符号按概率大小排列。

(3) 重复这样的步骤,一直到处理完全部状态。

(4) 从右到左将分配的码元排列后即得相应的编码。

【例4.6】　如上一例题的单符号离散无记忆信源 S,其信源空间为

S:	s_1	s_2	s_3	s_4	s_5	s_6	s_7	s_8
$p(S)$:	0.1	0.18	0.4	0.05	0.06	0.1	0.07	0.04

利用 Huffman 算法进行信源编码。

解　可知这个原始信源的熵为

$$H(S) = -\sum_{i=1}^{8} p(s_i)\log_2 p(s_i) = 2.55\ (\text{bit/ 符号})$$

而这时的最大熵为

$$H_{\max}(S) = \log_2 8 = 3\ (\text{bit/ 符号})$$

编码效率为

$$\eta = \frac{R}{C} = \frac{H(S)}{H_{\max}(S)} = \frac{2.55}{3} \times 100\% = 85\%$$

根据 Huffman 算法的步骤,可得如图4.6所示的编码过程。

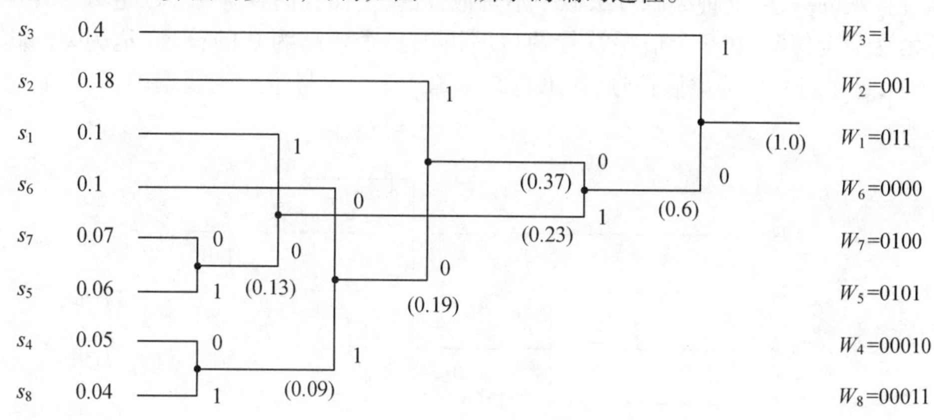

图4.6　Huffman 算法编码举例

利用平均码长计算的计算公式可知

$$\bar{L} = \sum_{i=1}^{8} p(s_i)L_i = 2.61\quad (\text{码元 / 符号})$$

编码效率为

$$\eta = \frac{R}{C} = \frac{H(A)}{H_{\max}(A)} = \frac{H(S)}{\bar{L}} = \frac{2.75}{2.61} \times 100\% = 97.8\%$$

可见 Huffman 算法比 Shannon-Fano 算法可以得到更高的编码效率。同样,1/0 码元分配是任意的,因此编码的结果是不唯一的。

2. q 元 Huffman 算法

首先我们看一个例子。

【例4.7】　设单符号离散无记忆信源的信源空间为

$$
\begin{array}{ccccccc}
S: & s_1 & s_2 & s_3 & s_4 & s_5 & s_6 \\
p(S): & 0.24 & 0.20 & 0.18 & 0.16 & 0.14 & 0.08
\end{array}
$$

对其进行 $q=3, A: \{0,1,2\}$ 的 Huffman 编码。

解 如果按上面介绍的通常的二元 Huffman 编码方法进行编码，其过程如图 4.7 所示。

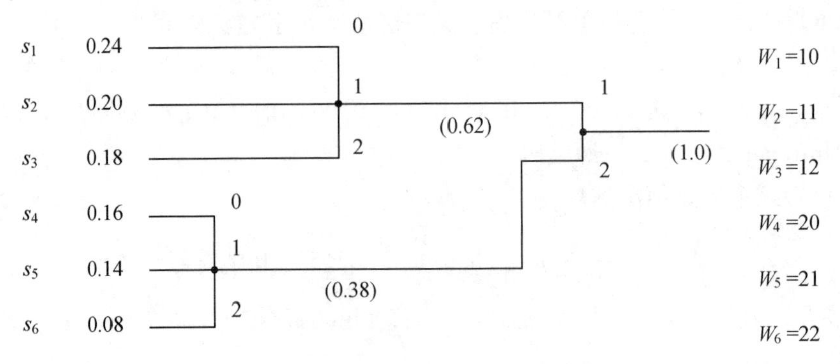

图 4.7　三元 Huffman 算法编码举例

可知：平均码长为 $\bar{L}=2$ 码元/信源符号。

通过直观的观察，这种编码方法似乎不是最佳的，下面我们看看一种改进方法。

还是这一个信源，在 6 个信源符号的后面再加一个概率为 0 的符号，记为 s'_7，同时有 $p(s'_7)=0$，这个符号称为虚假符号，如果将此信源按 7 个符号进行三元编码，其编码过程如图 4.8 所示。

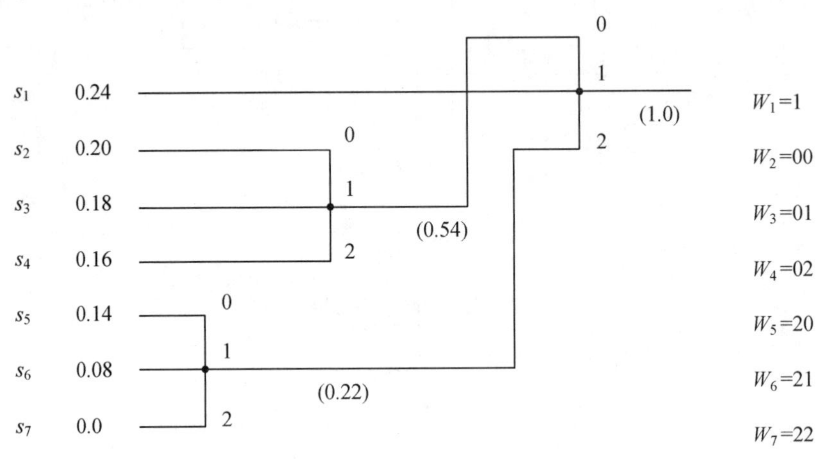

图 4.8　改进的三元 Huffman 算法编码举例

其码树图如图 4.9 所示。

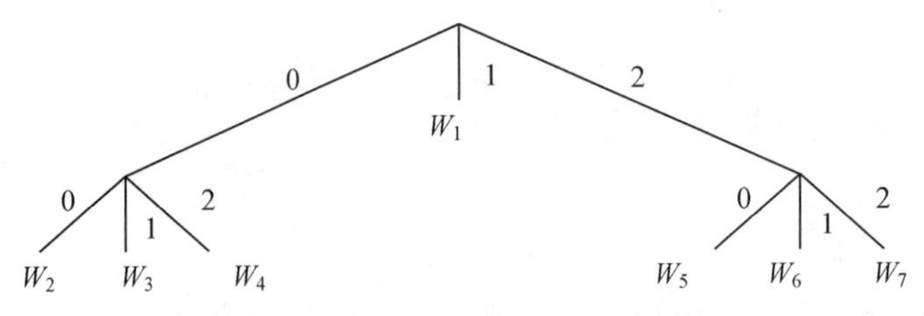

图 4.9　三元 Huffman 编码的树图

计算可知这种编码方法的平均码长为$\bar{L}=1.76$码元/信源符号。可以看到通过这种增加虚假符号的方法可以提高q元Huffman编码的编码效率。

进而得到q元Huffman编码的步骤：

对于一个单符号离散无记忆信源$S:\{s_1,s_2,\cdots,s_n\}$，如果有$P(S):\{p(s_1),p(s_2),\cdots,p(s_n)\}$;$A:\{a_1,a_2,\cdots,a_q\}$;

(1) 将n个原始信源符号按概率由大到小排列。

(2) 用$a_1,a_2,\cdots,a_q$分别代表概率最小的q个符号，并将这q个符号的概率相加，形成一个新的符号。将这个新符号与原始信源剩下的$(n-q)$个符号组成一个新的信源，称为第一次缩减信源$S(1)$，这个信源有$[(n-q)+1]$个符号。

(3) 重复上述步骤，直至将原始信源的全部符号处理完毕，每次将减少$(q-1)$个符号，分别形成$S(2),S(3),\cdots$

(4) 当最后一次缩减信源正好有q个符号时，将结束编码过程，从右到左将分配的信道码元符号排列即得到相应的码字。

(5) 如果最后一次缩减信源剩下的符号少于q，这时将不能实现最佳编码，应当重编。这时应当在原始信源中加上m个概率为0的虚假信源符号，然后进行编码，将得到最佳码。其中的m为：$m=q-\{n-[q-1]k\}$，其中k表示缩减次数$S(k)$。

在上一个例子中，$n=6,q=3,k=2$，则$m=3-\{6-[3-1]2\}=1$，要加一个虚假符号。

3. 关于Huffman编码

在编码过程中“0”和“1”的分配是任意的，得到不同编码的平均码长是一样的。

如果完成一次的信源缩减后得到的新符号的概率与原始信源符号的概率相等时，最好将其排列在原始信源符号的前面，虽然平均码长仍然相同，但平均码长的方差比较小，对实际系统的应用有好处。

4.4　率失真函数

前面介绍了无失真信源编码问题。在实际的信息系统中，人们一般并不要求完全无失真地恢复消息，而是允许一定的失真或差错，即在一定的保真度条件下的传输信息。例如语音信号为20 Hz ~ 8 kHz的范围，但其主要能量集中在300 ~ 3 400 Hz范围内，普通的电话通信只是传输有限带宽内的话音信息，实际上这就是一种限失真信息传输。无失真信源编码也称为无损编码，限失真信源编码则称为有损编码。

如果是二元无失真信源编码，描述信源的最少比特数为信源的熵$H(S)$，那么在限失真条件下，描述信源的最少比特数为多少呢？这就是香农第三编码定理也就是率失真信源编码定理回答的问题。

4.4.1　失真度与平均失真度

我们看图4.10的通信系统的广义无噪声模型，由于这里只考虑信源编码问题，因此将信道的编码和译码都看成信道的一部分，同时假设这个信道是没有干扰的无噪声信道。这时接收消息的失真只是产生于信源编码，而不是信道的干扰。

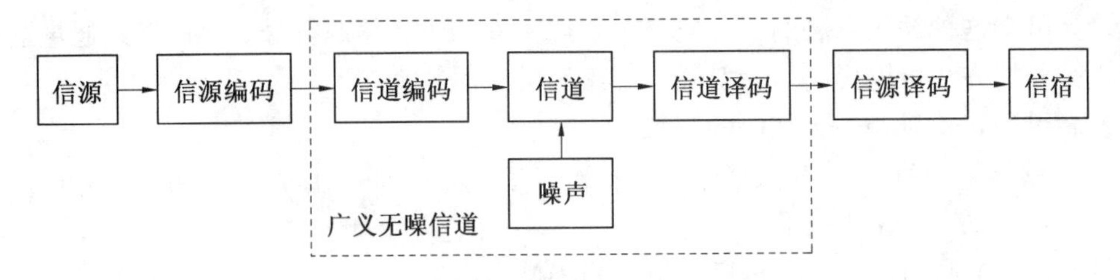

图 4.10　通信系统的广义无噪声信道模型

从直观的感觉知道，允许失真越大，信息传输率(实际熵速率)就越大，反之允许失真越小，信息传输率就越小。

这里改变一下考虑问题的角度，假定信源编码产生的失真等价地看成是由信道干扰造成的，也就是用信道转移概率描述信源编码造成的失真。称这种信道为试验信道，其模型如图 4.11 所示。

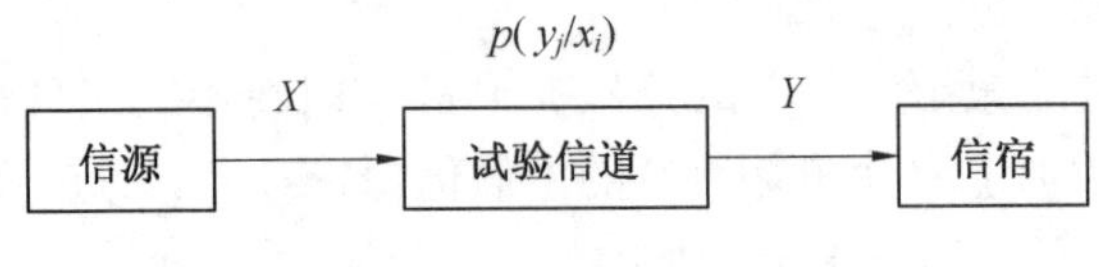

图 4.11　试验信道模型

定义 4.4　设单符号离散无记忆信源的状态空间和概率空间分别为

$$X=\{x_1,x_2,\cdots,x_n\};\quad P(X)=\{p(x_1),p(x_2),\cdots,p(x_n)\}$$

信宿接收的离散随机变量为 $Y=\{y_1,y_2,\cdots,y_m\}$，对应每一对符号 (x,y)，定义一个非负函数

$$d(x_i,y_j)\geqslant 0\quad(i=1,2,\cdots,n;j=1,2,\cdots,m)\tag{4.15}$$

称 $d(x_i,y_j)$ 为编码信源单个符号的失真度(符号失真度)。它表示由发送符号 x_i 到接收符号 y_j 产生的失真。它的值越小表示失真越小，$d(x_i,y_j)=0$ 表示无失真。

有了失真度的定义，很容易想到可以用一个矩阵 $[D]$ 来表示每个符号对产生的全部失真，称为失真度矩阵。

$$[D]=\begin{bmatrix} d(x_1,y_1) & d(x_1,y_2) & \cdots & d(x_1,y_m)\\ d(x_2,y_1) & d(x_2,y_2) & \cdots & d(x_2,y_m)\\ \vdots & \vdots & & \vdots\\ d(x_n,y_1) & d(x_n,y_2) & \cdots & d(x_n,y_m)\end{bmatrix}\tag{4.16}$$

可以看到，符号失真度描述了一个信源符号经过信源编码后产生的失真，而失真度矩阵描述了整个信源经过编码后产生的失真。下面定义一个参数来描述整个信源的失真情况，即平均失真度。

定义 4.5　设单符号离散无记忆信源的状态空间和概率空间分别为

$$X=\{x_1,x_2,\cdots,x_n\};\quad P(X)=\{p(x_1),p(x_2),\cdots,p(x_n)\}$$

信宿接收的离散随机变量为 $Y=\{y_1,y_2,\cdots,y_m\}$，$d(x_i,y_j)$ 为编码信源单个符号的失真度，则

$$\overline{D}=E[d(x_i,y_j)]=\sum_{i=1}^{n}\sum_{j=1}^{m}p(x_i,y_j)d(x_i,y_j) \tag{4.17}$$

为该编码信源的平均失真度。

由于X和Y都是随机变量，因此$d(x_i,y_j)$也是一个随机变量，因此编码信源的平均失真度就是失真度的数学期望。平均失真度描述了一个信源和信道的整体失真特性，即一个信源在一个试验信道上传输的失真大小。

定义4.6　如果信源为多符号离散随机信源，信源符号为一个N维随机向量，则相应有

$$\boldsymbol{X}=(X_1,X_2,\cdots,X_N),\quad \boldsymbol{Y}=(Y_1,Y_2,\cdots,Y_N)$$

其中，X_i取值于$\{x_1,x_2,\cdots,x_n\}$，Y_j取值于$\{y_1,y_2,\cdots,y_m\}$。

$\boldsymbol{X}$共有n^N个不同的符号序列$\alpha_i(i=1,2,\cdots,n^N)$，$\boldsymbol{Y}$共有$m^N$个不同的符号序列$\beta_j(j=1,2,\cdots,m^N)$。

这时，单个序列的失真度为

$$d(\boldsymbol{X},\boldsymbol{Y})=d(\alpha_i,\beta_j)=\sum_{l=1}^{N}d(x_{il},y_{jl}) \tag{4.18}$$

定义4.7　N维序列多符号信源的平均失真度为

$$\overline{D}(N)=E[d(\boldsymbol{X},\boldsymbol{Y})]=\sum_{X,Y}p(\boldsymbol{X},\boldsymbol{Y})d(\boldsymbol{X},\boldsymbol{Y})=\sum_{X,Y}p(\boldsymbol{X})p(\boldsymbol{Y}/\boldsymbol{X})d(\boldsymbol{X},\boldsymbol{Y})$$

也可以写成

$$\overline{D}(N)=\sum_{i=1}^{n^N}\sum_{j=1}^{m^N}p(\alpha_i)p(\beta_j/\alpha_i)d(\alpha_i,\beta_j)=\sum_{i=1}^{n^N}\sum_{j=1}^{m^N}p(\alpha_i)p(\beta_j/\alpha_i)\sum_{l=1}^{N}d(y_{il},x_{jl}) \tag{4.19}$$

根据这个结果可以看出，信源符号平均失真度（单个信源符号的平均失真度）为

$$\overline{D}_N=\frac{1}{N}\overline{D}(N)=\frac{1}{N}\sum_{i=1}^{n^N}\sum_{j=1}^{m^N}p(\alpha_i)p(\beta_j/\alpha_i)d(\alpha_i,\beta_j) \tag{4.20}$$

进一步分析可以验证，如果N维向量的多符号信源为离散无记忆信源，信道为离散无记忆信道，则N维序列信源的平均失真度为

$$\overline{D}(N)=\sum_{l=1}^{N}\overline{D_l} \tag{4.21}$$

而信源符号的平均失真度为

$$\overline{D}_N=\frac{1}{N}\sum_{l=1}^{N}\overline{D_l} \tag{4.22}$$

如果信源为离散无记忆N次扩展信源，在离散无记忆信道上，则有

$$\overline{D}(N)=N\overline{D}_l=N\overline{D} \tag{4.23}$$

即离散无记忆N次扩展信源的平均失真度等于单个符号平均失真度的N倍。

通过以上的介绍可以看出，平均失真度是信源编码系统失真情况的总体描述，是原始信源统计特性$p(x_i)$、信源编码对应关系的统计特性$p(y_j/x_i)$和人为定义的失真度$d(x_i,y_j)$三个变量的函数，因此也称为平均失真函数。当$p(x_i)$，$p(y_j/x_i)$和$d(x_i,y_j)$给定后，平均失真度就是一个确定的量。如果信源统计特性和失真度一定，它就只是信道（信源编码对应关系）统计特性的函数，不同的编码方法就有不同的平均失真度。

定义 4.8 凡是满足失真度准则 $\overline{D} \leqslant D$ 的那些信道称为满足允许失真度 D 的试验信道,所有满足允许失真度 D 的试验信道组成一个集合,用符号 B_D 表示,即

$$B_D = \{p(y_j/x_i): \overline{D} \leqslant D\} \tag{4.24}$$

$$B_D = \{p(\beta_j/\alpha_i): \overline{D}(N) \leqslant ND\} \tag{4.25}$$

【例 4.8】 汉明失真度

信源输出的单符号随机变量为 $X = \{x_1, x_2, \cdots, x_n\}$;$P(X) = \{p(x_1), p(x_2), \cdots, p(x_n)\}$,信宿接收的随机变量为 $Y = \{y_1, y_2, \cdots, y_n\}$,如果约定失真度矩阵为

$$[D] = \begin{bmatrix} 0 & 1 & \cdots & 1 \\ 1 & 0 & \cdots & 1 \\ \vdots & \vdots & & \vdots \\ 1 & 1 & \cdots & 0 \end{bmatrix}$$

则称这种失真约定为汉明失真度。其含义为

$$\begin{cases} y_i = x_i & \text{无误码 } d_{ij} = 0 \\ y_j = x_i (i \neq j) & \text{有误码 } d_{ij} = 1 \end{cases} \quad (i, j = 1, 2, \cdots, n)$$

对于二元对称信道,$X = \{0,1\}$,$Y = \{0,1\}$,用所谓汉明失真定义的失真矩阵为

$$[D] = \begin{bmatrix} 0 & 1 \\ 1 & 0 \end{bmatrix}$$

可以看到失真度矩阵在逻辑关系上类似于信道转移概率矩阵,但是在物理意义上是完全不同的。

【例 4.9】 平方误差失真度

信源输出的单符号随机变量为 $X = \{0,1,2\}$,信宿接收的随机变量为 $Y = \{0,1,2\}$,如果约定失真度矩阵为

$$[D] = \begin{bmatrix} 0 & 1 & 4 \\ 1 & 0 & 1 \\ 4 & 1 & 0 \end{bmatrix}$$

则称这种失真约定为平方误差失真度。其含义为

$$d_{ij} = (x_i - y_j)^2 \quad (i, j = 0, 1, 2)$$

【例 4.10】 绝对值误差失真度

信源输出的单符号随机变量为 $X = \{0,1,2\}$,信宿接收的随机变量为 $Y = \{0,1,2\}$,如果约定失真度矩阵为

$$[D] = \begin{bmatrix} 0 & 1 & 2 \\ 1 & 0 & 1 \\ 2 & 1 & 0 \end{bmatrix}$$

则称这种失真约定为绝对值误差失真度。其含义为

$$d_{ij} = |x_i - y_j| \quad (i, j = 0, 1, 2)$$

【例 4.11】 如果一个离散无记忆二元信源 $X = \{0,1\}$,经过离散无记忆信道,信宿接收的随机变量为 $Y = \{0,1\}$,并约定为汉明失真度。如果对这个信源进行二次扩展,得到一个二维随机序列信源 $\boldsymbol{X} = (X_1, X_2)$,及接收的二维随机序列 $\boldsymbol{Y} = (Y_1, Y_2)$,这时考察这个扩展信

源编码过程的失真度矩阵。

根据汉明失真度的关系，一维信源的汉明失真度有

$$d(0,0)=d(1,1)=0;\quad d(0,1)=d(1,0)=1$$

可知二维信源序列和信宿序列分别为

$$\boldsymbol{X}:\alpha\{\alpha_1,\alpha_2,\alpha_3,\alpha_4\}=\{00,01,10,11\};\quad \boldsymbol{Y}:\beta\{\beta_1,\beta_2,\beta_3,\beta_4\}=\{00,01,10,11\}$$

由式(4.18)可以计算二维序列信源，单个符号的汉明失真度，如

$$d(\alpha_1,\beta_1)=d(00,00)=d(0,0)+d(0,0)=0$$

$$d(\alpha_1,\beta_2)=d(00,01)=d(0,0)+d(0,1)=1$$

可以得到此二维序列信源的失真度矩阵为

$$[D(2)]=\begin{bmatrix}0&1&1&2\\1&0&2&1\\1&2&0&1\\2&1&1&0\end{bmatrix}$$

【例 4.12】　已知一个单符号离散无记忆信源 $X=\{x_1,x_2,x_3\}$，其先验概率为 $p(X)=\{1/3,1/3,1/3\}$，通过的试验信道转移概率矩阵为

$$[P]=[P(Y/X)]=\begin{bmatrix}0.6&0.2&0.2\\0.25&0.5&0.25\\0.1&0.1&0.8\end{bmatrix}$$

如果约定失真度为平方误差失真度，求平均失真度。

解　由式(4.17)可以计算

$$\begin{aligned}\overline{D}=E[d(x_i,y_j)]&=\sum_{i=1}^{3}\sum_{j=1}^{3}p(x_i,y_j)d(x_i,y_j)=\sum_{i=1}^{3}\sum_{j=1}^{3}p(x_i)p(y_j/x_i)d(x_i,y_j)\\&=\frac{1}{3}\sum_{i=1}^{3}p(y_j/x_i)d(x_i,y_j)\\&=\frac{1}{3}[1\times0.2+4\times0.2+1\times0.25+1\times0.25+4\times0.1+1\times0.1]\\&=\frac{2}{3}\end{aligned}$$

【例 4.13】　已知一个二元等概分布的离散无记忆信源 $X=\{x_1,x_2\}$，试验信道转移概率矩阵为

$$[P]=[P(Y/X)]=\begin{bmatrix}3/4&1/4\\1/3&2/3\end{bmatrix}$$

如果约定失真度为汉明失真度，求平均失真度。

解　由式(4.17)可以计算

$$\overline{D}=\sum_{i=1}^{2}\sum_{j=1}^{2}p(x_i,y_j)d(x_i,y_j)=\frac{1}{2}\left(0\times\frac{3}{4}+1\times\frac{1}{4}+1\times\frac{1}{3}+0\times\frac{2}{3}\right)=\frac{7}{24}$$

如果将此信源进行二次扩展，可得到扩展信源空间为

$$\begin{bmatrix}\boldsymbol{X}\\p(\boldsymbol{X})\end{bmatrix}=\begin{bmatrix}x_1x_1&x_1x_2&x_2x_1&x_2x_2\\1/4&1/4&1/4&1/4\end{bmatrix}$$

根据试验信道为离散无记忆信道的假设,可以得到扩展信道的转移概率矩阵为

$$[P]=[P(\boldsymbol{Y}/\boldsymbol{X})]=\begin{bmatrix}9/16 & 3/16 & 3/16 & 1/16\\ 3/12 & 6/12 & 1/12 & 2/12\\ 3/12 & 1/12 & 6/12 & 2/12\\ 1/9 & 2/9 & 2/9 & 4/9\end{bmatrix}$$

根据式(4.19)和例4.11的结果可以计算扩展后的二维序列信源的平均失真度

$$\begin{aligned}\overline{D}(N)&=\sum_{i=1}^{4}\sum_{j=1}^{4}p(\alpha_i)p(\beta_j/\alpha_i)d(\alpha_i,\beta_j)\\&=\frac{1}{4}\Big(1\times\frac{3}{16}+1\times\frac{3}{16}+2\times\frac{1}{16}+1\times\frac{3}{12}+2\times\frac{1}{12}+1\times\frac{2}{12}+1\times\frac{3}{12}+\\&\quad 2\times\frac{1}{12}+1\times\frac{2}{12}+2\times\frac{1}{9}+1\times\frac{2}{9}+1\times\frac{2}{9}\Big)=\frac{7}{12}\end{aligned}$$

由式(4.20)可以得到信源符号平均失真度(单个信源符号的平均失真度)为

$$\overline{D}_2=\frac{1}{N}\overline{D}(2)=\frac{7}{24}$$

4.4.2 率失真函数的定义

在讨论限失真信源编码问题时,对于给定的信源,确定失真度之后,总是希望在满足失真的情况下,使信息传输率(熵速率)尽量小。注意,这一点与讨论信道容量问题时正好相反。实际上就是满足平均失真度 $\overline{D}\leqslant D$ 条件下求平均交互信息量 $I(X,Y)$ 的最小值。

设 B_D 是所有满足保真度准则 $\overline{D}\leqslant D$ 的试验信道的集合,因而可以在这个集合中找到一个信道 $p(y_j/x_i)$,使平均交互信息量 $I(X;Y)$ 取最小值。已知平均交互信息量 $I(X;Y)$ 是信道转移概率 $p(y_j/x_i)$ 的下凸函数,所以这个最小值是存在的。

由此可以定义信源的信息率失真函数为

$$R(D)=\min_{p(y_j/x_i)}\{I(X;Y):\overline{D}\leqslant D\}\tag{4.26}$$

其单位为比特/信源符号。

对于 N 维随机序列(向量)信源,信源的率失真函数定义为在保真度条件下 $\overline{D}(N)\leqslant ND$,平均交互信息量的最小值,即

$$R_N(D)=\min_{p(y_j/x_i)}\{I(\boldsymbol{X};\boldsymbol{Y}):\ \overline{D}(N)\leqslant ND\}\tag{4.27}$$

它是在所有满足失真度 $\overline{D}(N)\leqslant ND$ 的 N 维试验信道集合中,找到一个信道使平均交互信息量取最小值。

对于离散无记忆平稳信源,可以证明

$$R_N(D)=NR(D)\tag{4.28}$$

应当说明:在讨论信源率失真函数时引入的信道转移概率 $p(y_j/x_i)$ 并没有实际信道的意义,只是为了求交互信息量的最小值而引入的假想的试验信道。实际上它只是反映了不同的信源编码方法,也就是说找到一种编码方法使平均交互信息量达到最小值。

从信道容量和信源率失真函数的定义可以看到:信道容量和率失真函数存在着对偶关系。

信道容量是在信道一定的条件下,选择试验信源的先验概率 $p(x)$,使平均交互信息量达到最大值。信道容量反映信道的传信能力,信道容量与信源无关,不同的信道就有不同的信道容量,解决的是信道编码问题。

信源率失真函数 $R(D)$ 是在信源和失真度一定的条件下,选择试验信道的转移概率 $p(y_j/x_i)$(实际上选择信源编码方法),使平均交互信息量达到最小值,$R(D)$ 是信息传输系统在满足一定失真条件下,接收机恢复信源状态所需要的最小平均信息量。率失真函数 $R(D)$ 反映信源的可压缩能力,$R(D)$ 与信道无关,不同的信源编码方法就有不同的率失真函数,解决的是信源编码问题。

信道容量与信源率失真函数的对应关系可以由表4.6表示。

表4.6　信道容量与信源率失真函数的对应关系

信道容量理论	率失真理论
信道固定 $P = \{p(y/x)\}$	信源固定 $P = \{p(x)\}$
试验信源可变 $P = \{p(x)\}$	试验信道可变 $P = \{p(v/u)\}$
平均误码概率 P_e 为参量	平均失真度 $\overline{D}_N$ 为参量
信道容量 $C = \max\limits_{p(x)}\{I(X;Y)\}$	率失真函数 $R(D) = \min\limits_{p(y_j/x_i)}\{I(X;Y):\ \overline{D} \leqslant D\}$
信道编码定理 $R < C$	信源编码定理 $R > R(D)$

4.4.3　率失真函数的值域和定义域

根据上面的分析知道,率失真函数 $R(D)$ 是信源先验概率 $p(x)$、允许失真 D 和试验信道转移概率矩阵的函数。这里讨论一下允许失真 D 的取值范围和率失真函数 $R(D)$ 的值域问题。

1. 率失真函数 $R(D)$ 的值域

根据率失真函数的定义,可以得到率失真函数 $R(D)$ 的值域如图4.12所示。

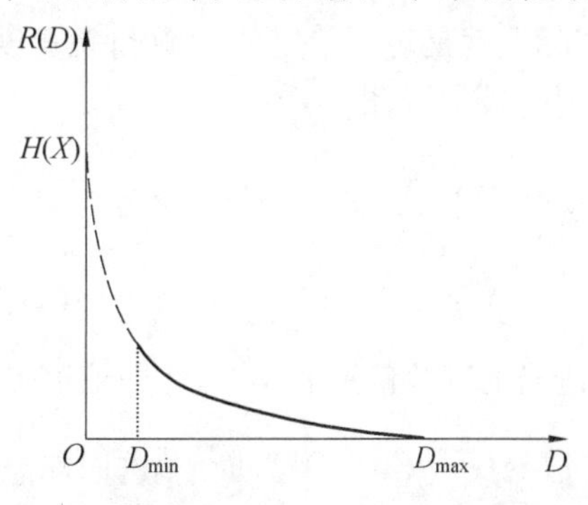

图4.12　率失真函数 $R(D)$ 的值域

由式(4.26)给出的率失真函数定义可以理解 $R(D)$ 的值域关系,率失真函数是在一定的允许失真度 D 条件下交互信息量的最小值,交互信息量的基本关系为

$$I(X;Y) = H(X) - H(X/Y)$$

其中,$H(X/Y)$ 为信道噪声引起的疑义度,在无噪声信道条件下有 $I(X;Y) = H(X)$,在图4.12

中可见,如果不允许失真,即允许失真度 $D=0$,平均交互信息量 $I(X;Y)$ 就等于信源熵 $H(X)$,也就是说,率失真函数的最大值为 $R_{\max}(D)=H(X)$。

另一方面,根据平均交互信息量的非负性,即 $I(X;Y)\geqslant 0$,可知率失真函数也是一个非负函数,即 $R(D)\geqslant 0$。可以想象,当允许失真度增大到一定值时,通过试验信道后接收机已经无法得到信源的信息,会使平均交互信息量等于零,率失真函数的最小值等于零,即 $R_{\min}(D)=0$。

由此可知,率失真函数的值域为

$$0\leqslant R(D)\leqslant H(X) \tag{4.29}$$

2. 允许失真度最小值 $D_{\min}$

从上面率失真函数的值域分析中可知,允许失真度越小,率失真函数越大,如果不允许失真($D=0$),则率失真函数为最大 $R(D)=H(X)$。但是我们讨论率失真函数问题的目的是考虑限失真编码问题,也就是说要允许一定的失真,减小率失真函数,进而降低信息传输率。因此,这里还要进一步讨论允许失真度的最小值问题。讨论问题的思路是这样的,对于给定的信源 X,假设在一种失真度准则[D]下,经过某个试验信道,得到信宿 Y,这时就可以得到一个平均失真度,试图找到一个允许失真度 D,使得信源在试验信道上传输后失真最小,进而使率失真函数最大。对于给定的一个信源,这个允许失真度的最小值主要取决于所选定的失真度准则。

根据平均失真度的定义有

$$\overline{D}=\sum_{i=1}^{n}\sum_{j=1}^{m}p(x_i,y_j)d(x_i,y_j)=\sum_{i=1}^{n}\sum_{j=1}^{m}p(x_i)p(y_j/x_i)d(x_i,y_j)$$

由于 $d(x_i,y_j)$ 是一个非负实函数,因此平均失真度也是一个非负实函数,它的下限一定为零,所以允许失真度 D 的下限也一定是零,这就是不允许任何失真的情况。

定义 4.9 对于给定的信源[$X,P(X)$]和失真度准则[D],允许失真度最小值定义为

$$D_{\min}=\sum_{i=1}^{n}p(x_i)\min_{y_j}d(x_i,y_j) \tag{4.30}$$

允许失真度的最小值实际上就是对于给定的信源和失真度准则条件下,考虑各种试验信道,使平均失真度能够达到的最小值,即

$$\begin{aligned}D_{\min}&=\min_{p(y_j/x_i)}\sum_{i=1}^{n}\sum_{j=1}^{m}p(x_i)p(y_j/x_i)d(x_i,y_j)\\&=\sum_{i=1}^{n}p(x_i)\min\left[\sum_{j=1}^{m}p(y_j/x_i)d(x_i,y_j)\right]\end{aligned}$$

由上式可知,如果选择适当的试验信道 $p(y_j/x_i)$(即信道转移概率),就可以使对于每一个信源符号 x_i,使其求和 $\sum_{j=1}^{m}p(y_j/x_i)d(x_i,y_j)$ 为最小,进而使总和最小。

当选定一个信源符号 x_i 时,对于不同的 y_j,其 $d(x_i,y_j)$ 不同(即在失真矩阵[D]第 i 行的元素),其中必然有一个最小值,也可能有多个相同的最小值。可以选择这样的试验信道,它满足

$$\begin{cases} \sum_{j=1}^{m} p(y_j/x_i) = 1;\text{所有 } d(x_i,y_j) \neq \text{最小值的 } y_j \in Y \\ p(y_j/x_i) = 0;\text{所有 } d(x_i,y_j) = \text{最小值的 } y_j \in Y \end{cases} \quad (i = 1,2,\cdots,n) \tag{4.31}$$

则可以使允许失真度最小值为

$$D_{\min} = \sum_{i=1}^{n} p(x_i) \min_{y_j} d(x_i,y_j)$$

因此,允许失真度是否能达到零,取决于失真度矩阵[D]中每行元素中是否至少有一个零元素。如果至少有一个零元素,则可以使 $D_{\min} = 0$。

应当说明,当 $D_{\min} = 0$ 时,表示信源编码不允许有失真,如果要求信源无失真传输,就相当于信息传输率(熵速率)等于信源的熵,相当于信源编码过程是一个无噪声信道的传输过程,即 $R(0) = H(X)$。这个等式的条件是失真度矩阵[D]的每一行至少有一个零,而每一列最多有一个零元素,否则 $R(0) < H(X)$。

【例4.14】　一个离散信源 $X = \{x_1,x_2\}$,经过试验信道的信宿 $Y = \{y_1,y_2,y_3\}$,失真度矩阵为

$$[D] = \begin{bmatrix} 0 & 1 & 0.5 \\ 1 & 0 & 0.5 \end{bmatrix}$$

求这时的最小允许失真度。

解　根据最小允许失真度定义

$$D_{\min} = \sum_{i=1}^{2} p(x_i) \min d(x_i,y_j) = p(x_1) \cdot d(x_1,y_1) + p(x_2) \cdot d(x_2,y_2) = 0 + 0 = 0$$

即满足最小允许失真度的信道是一个无噪声信道,试验信道矩阵为

$$\boldsymbol{P} = \begin{bmatrix} 1 & 0 & 0 \\ 0 & 1 & 0 \end{bmatrix}$$

可以看出,如果选取允许失真度 $D = D_{\min} = 0$,则在试验信道集合中 B_D 就只有唯一可取的试验信道,实际上是说明信源编码方法只有一种,就是一一对应的无失真编码,不允许压缩。根据交互信息量的原理,在这个试验信道中 $I(X;Y) = H(X)$,因此

$$R(0) = \min_{B_D}\{I(X;Y)\} = H(X)$$

如果最小允许失真度不为零,则试验信道就不要求为无噪声信道,说明存在可能的信源压缩编码方法。

3. 允许失真度最大值 $D_{\max}$

如果允许一定的失真,就可以对信源进行压缩编码,进而使信息传输率小于信源熵。显然,允许失真度越大,信源压缩程度就越大,传输效率就越高。当然,从图4.12中可见,让允许失真度大到一定值时,失真极大了,率失真函数等于零也就意味着无法实现信息传输了。

定义4.10　对于给定的信源[$X,P(X)$]和失真度准则[D],允许失真度最大值定义为

$$D_{\max} = \min\{D:R(D) = 0\} \tag{4.32}$$

允许失真度的最大值实际上就是对于给定的信源和失真度准则条件下,考虑各种试验信道,使率失真函数等于零的所有平均失真度中的最小值。

率失真函数 $R(D)$ 是一定条件下平均交互信息量 $I(X;Y)$ 的最小值。$I(X;Y)$ 是非负函

数,$R(D)$ 也是非负函数,其下限为零。当 $R(D)$ 刚刚为零时对应的平均失真度就是允许失真度的最大值 $D_{\max}$。

允许失真度最大值关系如图 4.13 所示。

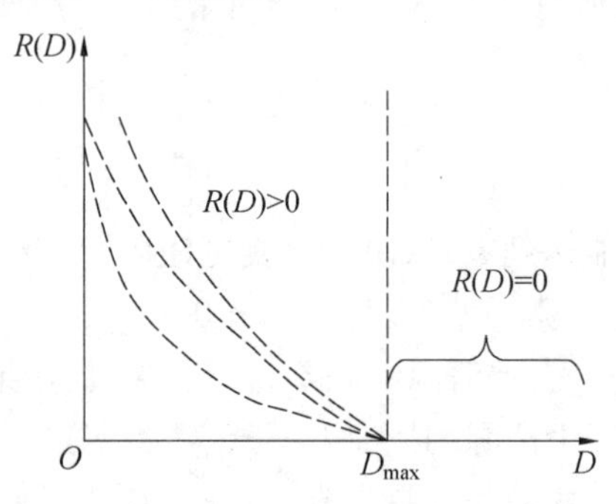

图 4.13　允许失真度的最大值

当允许失真度达到最大值时,已经使平均交互信息量为零,没有什么实际意义,理论上讲,存在多种试验信道,即多种信源压缩方法,压缩率很大以至于使平均交互信息量为零,即接收的符号已经不包含信源发出的信息量。

根据平均交互信息量的基本关系,对于给定的信源$[X,P(X)]$,当信源符号 x_i 与信宿符号 y_j 不相干时,有 $p(y_j/x_i)=p(y_j)$,此时,从信宿符号中无法得到信源符号的信息量,也就是平均交互信息量为零。式(4.32) 可以写成

$$D_{\max}=\min\{D:I(X;Y)=0\} \tag{4.33}$$

$$D_{\max}=\min\{D:p(y_j/x_i)=p(y_j)\}\quad (i=1,2,\cdots,n;j=1,2,\cdots,m) \tag{4.34}$$

率失真函数就是在允许失真度小于平均失真度条件下得到的,因此,允许失真度的最大值就是当交互信息量为零时平均失真度的最小值。即

$$\begin{aligned}D_{\max}&=\min_{p(y_j/x_i)=p(y_j)}\overline{D}\\&=\min_{p(y_j/x_i)=p(y_j)}\sum_{i=1}^{n}\sum_{j=1}^{m}p(x_i)p(y_j/x_i)d(x_i,y_j)\\&=\min_{p(y_j)}\sum_{j=1}^{m}p(y_j)\Big(\sum_{i=1}^{n}p(x_i)d(x_i,y_j)\Big)\end{aligned} \tag{4.35}$$

求上式关于信宿符号概率 $p(y_j)$ 的最小值,可以这样选择

$$\begin{cases}p(y_j)=1,\ \sum_{i=1}^{n}p(x_i)d(x_i,y_j)\ \text{取最小值时}\\ p(y_j)=0,\ \sum_{i=1}^{n}p(x_i)d(x_i,y_j)\ \text{取其他值时}\end{cases}\quad (i=1,2,\cdots,n) \tag{4.36}$$

这样选择了信宿符号概率 $p(y_j)$ 后,允许失真度最大值式(4.35) 为

$$D_{\max}=\min_{j}\sum_{i=1}^{n}p(x_i)d(x_i,y_j)\quad (j=1,2,\cdots,m) \tag{4.37}$$

【例 4.15】　已知一个离散无记忆信源 $X=\{x_1,x_2,x_3\}$,$P(X)=[0.2,0.3,0.5]$,失真度矩阵为$[D]=\begin{bmatrix}4&2&1\\0&3&2\\2&0&1\end{bmatrix}$,求 $D_{\min}$ 和 $D_{\max}$。

解　由式(4.30)可得

$$D_{\min} = \sum_{i=1}^{3} p(x_i) \min d(x_i, y_j) = 0.2 \times 1 + 0.2 \times 0 + 0.5 \times 0 = 0.2$$

由式(4.37)可得

$$\begin{aligned} D_{\max} &= \min_j \sum_{i=1}^{3} p(x_i) d(x_i, y_j) \\ &= \min_j [0.2 \times 4 + 0.5 \times 2, 0.2 \times 2 + 0.3 \times 3, 0.2 \times 1 + 0.3 \times 2 + 0.5 \times 1] \\ &= \min_j [1.8, 1.3, 1.3] = 1.3 \end{aligned}$$

可知,此信源在规定的失真度矩阵条件下的允许失真度取值范围为

$$0.2 \leqslant D \leqslant 1.3$$

【例4.16】　已知一个离散无记忆信源$X = \{x_1, x_2, x_3\}$,$P(X) = [1/3, 1/3, 1/3]$,失真度矩阵为$[D] = \begin{bmatrix} 0 & 1 \\ 0.5 & 0.5 \\ 1 & 0 \end{bmatrix}$,求$D_{\min}$和$D_{\max}$。

解　由式(4.30)可得

$$D_{\min} = \sum_{i=1}^{3} p(x_i) \min d(x_i, y_j) = \frac{1}{3} \times 0 + \frac{1}{3} \times 0.5 + \frac{1}{3} \times 0 = \frac{1}{6}$$

由式(4.37)可得

$$\begin{aligned} D_{\max} &= \min_j \sum_{i=1}^{3} p(x_i) d(x_i, y_j) \\ &= \min_j \left[\frac{1}{3} \times 0.5 + \frac{1}{3} \times 1, \frac{1}{3} \times 1 + \frac{1}{3} \times 0.5\right] \\ &= \min_j [0.5, 0.5] = \frac{1}{2} \end{aligned}$$

可知,此信源在规定的失真度矩阵条件下的允许失真度取值范围为

$$\frac{1}{6} \leqslant D \leqslant \frac{1}{2}$$

【例4.17】　已知一个离散无记忆信源$X = \{x_1, x_2\}$,$P(X) = [1/2, 1/2]$,失真度矩阵为$[D] = \begin{bmatrix} 0 & \alpha \\ \alpha & 0 \end{bmatrix}$,求$D_{\min}$和$D_{\max}$。

解　由式(4.30)可得

$$D_{\min} = \sum_{i=1}^{2} p(x_i) \min d(x_i, y_j) = \frac{1}{2} \times 0 + \frac{1}{2} \times 0 = 0$$

由式(4.37)可得

$$\begin{aligned} D_{\max} &= \min_j \sum_{i=1}^{2} p(x_i) d(x_i, y_j) \\ &= \min_j \left[\frac{1}{2} \times \alpha, \frac{1}{2} \times \alpha\right] = \frac{\alpha}{2} \end{aligned}$$

可知,此信源在规定的失真度矩阵条件下的允许失真度取值范围为

$$0 \leqslant D \leqslant \frac{\alpha}{2}$$

4.4.4 率失真函数的性质

性质1 率失真函数 $R(D)$ 是 D 的下凸函数。即,如果在失真度 D 的定义域内选择两个失真度 D_1 和 $D_2(D_{\min} \leqslant D_1, D_2 \leqslant D_{\max})$,则有下式成立

$$R(\alpha_1 D_1 + \alpha_2 D_2) \leqslant \alpha_1 R(D_1) + \alpha_2 R(D_2) \tag{4.38}$$

其中,$\alpha_1 \geqslant 0, \alpha_2 \geqslant 0$,且 $\alpha_1 + \alpha_2 = 1$,式(4.38)说明函数的均值大于等于均值的函数。

证明 对于给定的离散信源$[X,P(X)]$和选定的失真度矩阵$[D]$,假定找到了两个试验信道,其信道转移概率分别为 $p_1(y_j/x_i)$ 和 $p_2(y_j/x_i)$,$i=1,2,\cdots,n$, $j=1,2,\cdots,m$,对应的平均交互信息量分别为 $I_1(X;Y)$ 和 $I_2(X;Y)$。

两个试验信道的选择使得下式成立

$$R(D_1) = I_1(X;Y); \text{当} \overline{D_1} = \sum_{i=1}^{n} \sum_{j=1}^{m} p(x_i) p_1(y_j/x_i) d(x_i, y_j) \leqslant D_1 \text{ 时} \tag{4.39}$$

$$R(D_2) = I_2(X;Y); \text{当} \overline{D_2} = \sum_{i=1}^{n} \sum_{j=1}^{m} p(x_i) p_2(y_j/x_i) d(x_i, y_j) \leqslant D_2 \text{ 时} \tag{4.40}$$

接下来再构造一个新的试验信道,其信道转移概率为

$$p(y_j/x_i) = \alpha_1 p_1(y_j/x_i) + \alpha_2 p_2(y_j/x_i)$$

考察这个新的试验信道的平均失真度

$$\begin{aligned}
\overline{D} &= \sum_{i=1}^{n} \sum_{j=1}^{m} p(x_i) p(y_j/x_i) d(x_i, y_j) \\
&= \sum_{i=1}^{n} \sum_{j=1}^{m} p(x_i) [\alpha_1 p_1(y_j/x_i) + \alpha_2 p_2(y_j/x_i)] d(x_i, y_j) \\
&= \alpha_1 \sum_{i=1}^{n} \sum_{j=1}^{m} p(x_i) p_1(y_j/x_i) d(x_i, y_j) + \alpha_2 \sum_{i=1}^{n} \sum_{j=1}^{m} p(x_i) p_2(y_j/x_i) d(x_i, y_j) \\
&= \alpha_1 \overline{D_1} + \alpha_2 \overline{D_2}
\end{aligned} \tag{4.41}$$

这时,根据率失真函数的定义,在 $\overline{D} \leqslant D$ 条件中取 $\overline{D} = D$,即可以得到三个试验信道的允许失真度关系为

$$D = \alpha_1 D_1 + \alpha_2 D_2 \tag{4.42}$$

由定理2.6,当信源给定,即信源先验概率 $p(x_i)$ 固定时,平均交互信息量 $I(X;Y)$ 是信道转移概率分布 $p(y_j/x_i)$ 的下凸函数,即

$$I(X;Y) \leqslant \alpha_1 I_1(X;Y) + \alpha_2 I_2(X;Y) \tag{4.43}$$

这时再代入上面的假设和分析结果,就可以得到

$$I(X;Y) \leqslant \alpha_1 R(D_1) + \alpha_2 R(D_2) \tag{4.44}$$

根据率失真函数的定义

$$R(\alpha_1 D_1 + \alpha_2 D_2) = R(D) \leqslant I(X;Y) \tag{4.45}$$

最后可得

$$R(\alpha_1 D_1 + \alpha_2 D_2) \leqslant \alpha_1 R(D_1) + \alpha_2 R(D_2)$$

证毕。

性质2 率失真函数 $R(D)$ 是连续单调减函数。

证明 (1) 由于交互信息量 $I(X;Y) = I[p(x), p(y/x)]$ 是 $p(y/x)$ 的连续函数,因此

$R(D)$ 也是连续函数。

(2) 从图4.12中可以看出,$R(D)$ 是减函数,允许失真度越大,$R(D)$ 就越小。

(3) 证明 $R(D)$ 是单调递减函数,即当 $D_1 < D_2$ 时,有 $R(D_1) > R(D_2)$。

假设对于选定的允许失真度 D_1,D_2 和 D_{max},且有 $0 < D_1 < D_2 < D_{max}$,其对应的试验信道转移概率分别为 $p_1(y_j/x_i)$,$p_2(y_j/x_i)$ 和 $p_0(y_j/x_i)$,并使其对应的平均交互信息量等于其率失真函数,即

$$R(D_1) = I[p_1(y/x)]$$
$$R(D_2) = I[p_2(y/x)]$$
$$R(D_{max}) = I[p_0(y/x)] = 0$$

令任意小的 θ,及 $D_2 = (1-\theta)D_1 + \theta D_{max}$,使得 $D_1 < D_2 < D_{max}$。

允许失真度 D_2 对应的试验信道转移概率为

$$p_2(y/x) = (1-\theta)p_1(y/x) + \theta p_0(y/x)$$

则相应的率失真函数为

$$\begin{aligned} R(D_2) &= \min_{p(y/x)}\{I[p_2(y/x)]\} \\ &\leqslant (1-\theta)I[p_1(y/x)] + \theta I[p_0(y/x)] = (1-\theta)I[p_1(y/x)] \\ &< I[p_1(y/x)] = R(D_1) \end{aligned}$$

由此可见,当 $D_1 < D_2$ 时,有

$$R(D_1) > R(D_2)$$

证毕。

4.4.5　率失真函数的计算

信息率失真函数的计算和信道容量的计算一样都是复杂的,这里通过两个相对简单的例题来介绍率失真函数的计算,以进一步理解率失真函数的概念。

【例4.18】　设一个二元离散信源 $X = \{x_1 = 0,\ x_2 = 1\}$,概率分布为 $\begin{bmatrix} X \\ P(X) \end{bmatrix} = \begin{bmatrix} x_1 & x_2 \\ \omega & 1-\omega \end{bmatrix}$,其中 $\omega < 0.5$,试验信道输出符号为 $Y = \{y_1 = 0,\ y_2 = 1\}$,规定的失真度为汉明失真度,求率失真函数。

解　(1) 求 $R(D)$ 的定义域。

由失真度矩阵 $[D] = \begin{bmatrix} 0 & 1 \\ 1 & 0 \end{bmatrix}$,根据式(4.30)和式(4.37)可以求出

$$D_{min} = \sum_{i=1}^{2} p(x_i) \min_{y_j} d(x_i, y_j) = \omega \cdot 0 + (1-\omega) \cdot 0 = 0$$

$$\begin{aligned} D_{max} &= \min_j \sum_{i=1}^{2} p(x_i) d(x_i, y_j) = \min_j[\omega \cdot 0 + (1-\omega) \cdot 1, \omega \cdot 1 + (1-\omega) \cdot 0] \\ &= \min[1-\omega, \omega] = \omega \end{aligned}$$

(2) 求 $R(D)$ 的值域。

$$R(D_{min} = 0) = H(X) = -\omega\log_2\omega - (1-\omega)\log_2(1-\omega) = H_2(\omega)$$
$$R(D_{max}) = R(\omega) = 0$$

（3）在 $0 \leqslant D \leqslant \omega$ 范围内，计算 $R(D)$。

首先考虑这个二元离散信源在试验信道上的交互信息量，有

$$I(X;Y)=H(X)-H(X/Y)=H_2(\omega)-H(X/Y) \tag{4.46}$$

接下来考虑平均失真度，在 $D_{\min}=0<D<D_{\max}=\omega$ 时，平均失真度为

$$\overline{D}=E[d(x_i,y_j)]=\sum_{i=1}^{2}\sum_{j=1}^{2}p(x_i,y_j)d(x_i,y_j)$$

考虑在汉明失真度条件下，平均失真度为

$$\overline{D}=\sum_{i=1}^{2}\sum_{j=1}^{2}p(x_i,y_j)d(x_i,y_j)=p(0,1)+p(1,0)=p(0)p(1/0)+p(1)p(0/1)=P_e \tag{4.47}$$

P_e 为试验信道的平均错误概率。

再考虑式(4.46)中的疑义度 $H(X/Y)$，根据 Fano 不等式，在对称信道下有

$$H(X/Y)\leqslant H(P_e)+P_e\log_2(n-1)$$

当 $n=2$ 时有

$$H(X/Y)\leqslant H(P_e)$$

这时在试验信道下，$\overline{D}=P_e$，因此，只要选择 $D=\overline{D}=P_e$，就可以在 $D_{\min}<D<D_{\max}$ 条件下得到一个率失真函数。根据

$$H(X/Y)\leqslant H(P_e)=H(D)$$

由式(4.46)就可以得到平均交互信息量的关系为

$$I(X,Y)=H_2(\omega)-H(X/Y)\geqslant H_2(\omega)-H(D)$$

这样就得到了一个平均交互信息量的下限值，根据信息率失真函数的定义，当 $0<D<D_{\max}$ 时，平均交互信息量的下限值就是信息率失真函数的值，即

$$R(D)=\min_{p(y/x)}\{I(X,Y)\}=H_2(\omega)-H(D)=H_2(\omega)-H(p_e) \tag{4.48}$$

（4）找到这样的试验信道，使其疑义度 $H(X/Y)=H(D)$，对于二元对称信道有一个简单办法，即“反向信道”设计法。

在原来的信道模型下假设一个反向传输问题（$Y\rightarrow X$），如图 4.14 所示。

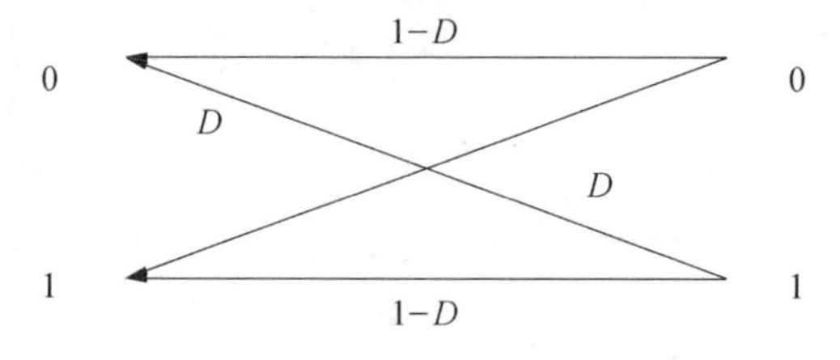

图 4.14　二元对称信道的反向信道

这主要是一种寻找试验信道的手段，假设一种信道正好以失真度 D 为转移概率传输。其反向信道转移概率矩阵为

$$[P(X/Y)]=\begin{bmatrix}1-D & D\\ D & 1-D\end{bmatrix}$$

根据已知的条件 $\{p(x),\ p(x/y)\}$ 可以求出 $p(y)$ 的概率分布。

$$p(x_i) = \sum_{j=1}^{2} p(x_i, y_j) = \sum_{j=1}^{2} p(y_j) p(x_i/y_j)$$

$$p(x=0) = p(y=0)p(x=0/y=0) + p(x=1)p(x=0/y=1)$$

$$p(x=1) = p(y=0)p(x=1/y=0) + p(y=1)p(x=1/y=1)$$

$$\omega = p(y=0)(1-D) + p(y=1)D$$

$$1-\omega = p(y=0)D + p(y=1)(1-D)$$

同时考虑
$$p(y=0) + p(y=1) = 1$$

得到
$$p(y=0) = \frac{\omega - D}{1-2D}$$

$$p(y=1) = \frac{1-\omega-D}{1-2D}$$

因为$0 < D < \omega < \frac{1}{2}$，所以$0 < p(y) < 1$，说明这个反向信道是存在的。

利用这个反向信道计算平均失真度为

$$\begin{aligned}\overline{D} = E[d(x_i, y_j)] &= \sum_{i=1}^{2}\sum_{j=1}^{2} p(y_j)p(x_i/y_j)d(x_i, y_j)\\ &= \frac{D(1-\omega-D)}{1-2D} + \frac{D(\omega-D)}{1-2D} = D\end{aligned}$$

利用反向信道计算的疑义度为

$$\begin{aligned}H(X/Y) &= \sum_{i=1}^{2}\sum_{j=1}^{2} p(x_i, y_j)\log_2\frac{1}{p(x_i/y_j)}\\ &= \sum_{i=1}^{2} p(x_i)\sum_{j=1}^{2} p(x_i/y_j)\log_2\frac{1}{p(x_i/y_j)}\\ &= -[D\log_2 D + (1-D)\log_2(1-D)]\sum_i p(x_i) = H(D)\end{aligned}$$

则在该试验信道上可以实现疑义度$H(X/Y) = H(D)$。

(5) 最后看一下这个反向信道对应的试验信道转移概率矩阵。

由概率关系
$$p(y_j/x_i) = \frac{p(x_i/y_j)p(y_j)}{p(x_i)}$$

可以得到
$$p(y_1/x_1) = \frac{p(x_1/y_1)p(y_1)}{p(x_1)} = \frac{(1-D)(\omega-D)}{\omega(1-2D)}$$

$$p(y_2/x_1) = \frac{p(x_1/y_2)p(y_2)}{p(x_1)} = \frac{D(1-\omega-D)}{\omega(1-2D)}$$

$$p(y_1/x_2) = \frac{p(x_2/y_1)p(y_1)}{p(x_2)} = \frac{D(\omega-D)}{(1-\omega)(1-2D)}$$

$$p(y_2/x_2) = \frac{p(x_2/y_2)p(y_2)}{p(x_2)} = \frac{(1-D)(1-\omega-D)}{(1-\omega)(1-2D)}$$

该试验信道转移概率矩阵为

$$[P(Y/X)] = \begin{bmatrix} \dfrac{(1-D)(\omega-D)}{\omega(1-2D)} & \dfrac{D(1-\omega-D)}{\omega(1-2D)} \\ \dfrac{D(\omega-D)}{(1-\omega)(1-2D)} & \dfrac{(1-D)(1-\omega-D)}{(1-\omega)(1-2D)} \end{bmatrix}$$

这样就找到了满足失真度 D,同时率失真函数为 $R(D)$ 的试验信道。

图 4.15 给出了信源先验概率 ω 不同情况下的率失真函数的曲线,从图中可以看出:对于二元离散信源,$R(D)$ 是允许失真度 D 的显函数,$R(D)$ 随 D 的变化而变化;对于一定的平均失真度,信源的先验概率越接近 1/2,率失真函数 $R(D)$ 数值越大,信源被压缩的可能性就越小,反之 $R(D)$ 越小,表明信源分布越不均匀,率失真函数就越小,说明信源剩余度越大,压缩的可能性就越大。

率失真函数和试验信道的求法还有正规的参量计算法和迭代计算法,就像信道容量的计算一样,当然也相对复杂一些,这里介绍的只是对于二元离散信源的一种简单方法。

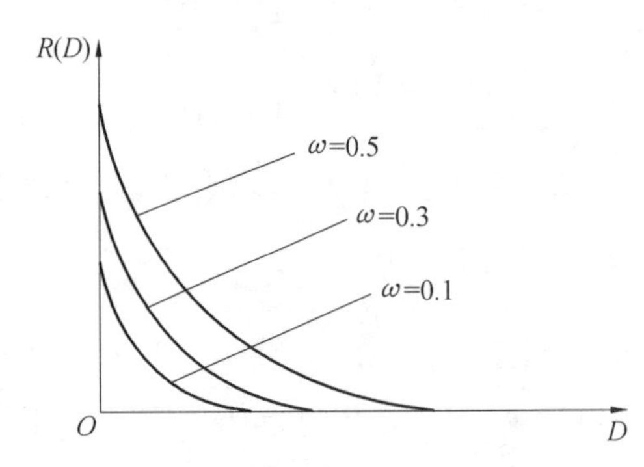

图 4.15　不同信源分布下的率失真函数

【例 4.19】　设离散无记忆信源为 $\begin{bmatrix} X \\ P(X) \end{bmatrix} = \begin{bmatrix} x_1 & x_2 & x_3 \\ 1/3 & 1/3 & 1/3 \end{bmatrix}$,选定的失真度矩阵为

$[D] = \begin{bmatrix} 1 & 2 \\ 1 & 1 \\ 2 & 1 \end{bmatrix}$,计算率失真函数 $R(D)$。

解　(1) 计算 $R(D)$ 的定义域。

$$D_{\min} = \sum_{i=1}^{3} p(x_i) \min_{y_j} d(x_i, y_j) = \frac{1}{3} \cdot 1 + \frac{1}{3} \cdot 1 + \frac{1}{3} \cdot 1 = 1$$

$$D_{\max} = \min_{j} \sum_{i=1}^{3} p(x_i) d(x_i, y_j) = \min_{j}\left[\frac{1}{3} + \frac{1}{3} + \frac{2}{3},\quad \frac{2}{3} + \frac{1}{3} + \frac{1}{3}\right] = \min\left[\frac{4}{3}, \frac{4}{3}\right] = \frac{4}{3}$$

(2) 计算率失真函数 $R(D)$。

根据率失真函数的定义

$$R(D) = \min_{p(y_j/x_i)} \{I(X;Y) : \overline{D} \leqslant D\}$$

分析可知,在信源等概的情况下,如果失真度矩阵 $[D]$ 具有对称性,则在试验信道转移概率矩阵 $[P(Y/X)]$ 具有相同对称性时,求出的 $I(X;Y)$ 就等于率失真函数。

根据失真度矩阵 $[D]$ 的对称性,这里可以假设信道转移概率矩阵为

$$[P(Y/X)] = \begin{bmatrix} 1-\alpha & \alpha \\ 1/2 & 1/2 \\ \alpha & 1-\alpha \end{bmatrix}$$

式中,α 为待定常数。

由假设的信道转移概率矩阵,计算交互信息量

$$I(X;Y)=H(Y)-H(Y/X)$$
$$=\sum_{j=1}^{2}p(y_j)\log_2\frac{1}{p(y_j)}-\sum_{i=1}^{2}\sum_{j=1}^{2}p(x_i)p(y_j/x_i)\log_2\frac{1}{p(y_j/x_i)} \tag{4.49}$$

可以根据概率关系计算

$$\begin{cases}p(y_1)=\sum_{i=1}^{3}p(x_i)p(y_1/x_i)=\frac{1}{3}\left(1-\alpha+\frac{1}{2}+\alpha\right)=\frac{1}{2}\\ p(y_2)=1-p(y_1)=\frac{1}{2}\end{cases} \tag{4.50}$$

将式(4.50)代入式(4.49)得

$$I(X;Y)=\log_2 2+\frac{1}{3}\sum_{i=1}^{3}\sum_{j=1}^{2}p(y_j/x_i)\log_2\frac{1}{p(y_j/x_i)}$$
$$=\log_2 2+\frac{2}{3}\left((1-\alpha)\log_2(1-\alpha)+\alpha\log_2\alpha+\frac{1}{2}\log_2\frac{1}{2}\right)$$
$$=\frac{2}{3}(\log_2 2-H_2(\alpha))$$

即

$$I(X;Y)=\frac{2}{3}(1-H_2(\alpha)) \tag{4.51}$$

由假设的试验信道转移概率计算平均失真度

$$\overline{D}=E[d(x_i,y_j)]=\sum_{i=1}^{3}\sum_{j=1}^{2}p(x_i)p(y_j/x_i)d(x_i,y_j)$$
$$=\frac{2}{3}\left((1-\alpha)+2\alpha+\frac{1}{2}\right)=1+\frac{2}{3}\alpha$$

根据 $\overline{D}\leqslant D$,由上式可得

$$1+\frac{2}{3}\alpha\leqslant D$$

即

$$\alpha\leqslant\frac{3}{2}(D-1)$$

考虑到 $D_{\max}=\frac{4}{3}$,则可以取 $\alpha\leqslant\frac{3}{2}(\frac{4}{3}-1)=\frac{1}{2}$

分析可知,在 $0<\alpha<\frac{1}{2}$ 范围内,$H_2(\alpha)$ 是单调递增函数,有

$$H_2(\alpha)\leqslant H_2\left(\frac{3}{2}(D-1)\right)$$

由式(4.51)得

$$I(X;Y)\geqslant\frac{2}{3}\left(1-H_2\left[\frac{3}{2}(D-1)\right]\right)$$

由此可以得到率失真函数为

$$R(D)=\begin{cases}\frac{2}{3}\left(\log_2 2-H_2\left[\frac{3}{2}(D-1)\right]\right) & (1\leqslant D\leqslant\frac{4}{3})\\ 0 & (D<1,D>\frac{4}{3})\end{cases}$$

注意,这个例题是用观察方法求得的率失真函数,只是对于等概信源和对称失真度的一个特殊情况。

4.4.6 限失真离散无记忆信源编码定理

率失真函数 $R(D)$ 的物理意义是在一定的允许失真度 D 条件下,每个信源符号可以被压缩的最小信息量值,也就是最低信息传输速率。这里给出离散平稳无记忆信源的限失真编码定理,只介绍其物理含义。同样可以推广到连续信源和有记忆信源的情况。

定理4.6 设 $R(D)$ 为一个离散平稳无记忆信源的率失真函数,对于任意的 $D \geqslant 0;\varepsilon > 0;\delta > 0$ 以及足够长的码字长度 n,总可以找到一种信源编码方法,使编码后的码字符号的平均失真度为 $\overline{D} \leqslant D+\delta$,而码字的个数为 $M = e^{n[R(D)+\varepsilon]}$。对于二元编码,$R(D)$ 单位为比特,则码字个数为 $M = 2^{n[R(D)+\varepsilon]}$。反之,若信息传输率 $R < R(D)$,则无论采用何种编码方法,都必然有 $\overline{D} \geqslant D$,这个定理也称为香农第三编码定理。

从香农第三编码定理的描述中可以看到,在不考虑信道干扰的情况下,为了提高传输效率,对信源进行压缩编码,必然引起信息失真,定理给出了在满足平均失真度小于允许失真度 $\overline{D} \leqslant D$ 的情况下,信息传输率可以压缩的下界 $R(D)$。

定理表明,对于任何的失真度 $D \geqslant 0$,只要码长足够长,总可以找到一种编码方法,使编码后每个信源符号(码元)的信息速率为

$$R = \frac{\log_2 M}{n} = R(D) + \varepsilon$$

即 $R \geqslant R(D)$,同时 $\overline{D} \leqslant D$。

限失真信源编码的熵速率就是所谓率失真函数 $R(D)$,在给定的允许失真 D 条件下,熵速率一般小于信源熵,即 $R(D) < H(S)$。而无失真信源编码定理指出,其极限熵速率等于信源熵,即 $R = R(0) = H(S)$。

香农第三定理也只是一个存在性定理,即定理没有给出如何寻找最佳的编码方法,使编码后的熵速率达到 $R = R(D) + \varepsilon$,在实际应用中该理论存在两个问题,第一是实际信源的 $R(D)$ 的计算相当复杂,信源的数学描述就很困难,信源的失真度很难明确表述(主观和客观评价难以数学描述),$R(D)$ 的计算太麻烦。第二是即使得到了符合实际的 $R(D)$,还需要找到最佳的实用的信源压缩编码方法,这一点也很困难。

这里通过一个简单例子说明限失真信源编码的原理。

【例4.20】 设一个二元离散无记忆信源,$\begin{bmatrix} X \\ P(X) \end{bmatrix} = \begin{bmatrix} x_1 & x_2 \\ 0.5 & 0.5 \end{bmatrix}$,考虑其限失真编码问题。

解 该信源的熵为 $H(X) = 1$ bit,根据香农编码第一定理,对这个信源进行无失真编码,其平均码长等于1,这时熵速率 $R = H(X) = 1$。如果进行限失真编码,定义失真函数为汉明失真,即失真度矩阵为

$$[D] = \begin{bmatrix} 0 & 1 \\ 1 & 0 \end{bmatrix}$$

这里设计一种限失真信源压缩编码方法,就是重复码的反应用。

做信源 X 的三次扩展信源，$\boldsymbol{X}=X_1,X_2,X_3$，扩展信源的符号为

$$\alpha_1=000 \quad \alpha_2=001 \quad \alpha_3=010 \quad \alpha_4=100$$
$$\alpha_5=011 \quad \alpha_6=101 \quad \alpha_7=110 \quad \alpha_8=111$$

这时把 $\alpha_1,\alpha_2,\alpha_3,\alpha_4$ 用 $\beta_1=000$ 表示，把 $\alpha_5,\alpha_6,\alpha_7,\alpha_8$ 用 $\beta_2=111$ 表示。然后再用 0 代表 $\beta_1=000$；用 1 代表 $\beta_2=111$。

这样就使 $N=3$ 次扩展后信源的三个二进制符号压缩成一个二进制符号，因此，这种编码后的信息传输率为

$$R=\frac{\log_2 M}{N}=\frac{1}{3}\quad(\text{比特}/\text{符号})$$

在接收端，当收到 0 和 1，就分别译码成 $\beta_1=000$ 和 $\beta_2=111$。

例如，发送序列、编码序列、传输序列、接收序列和译码序列表示见表 4.7。

表 4.7　发送序列、编码序列、传输序列、接收序列和译码序列表示

发送序列	000	101	100	110	011	111	001	…
编码序列	000	111	000	111	111	111	000	…
传输序列	0	1	0	1	1	1	0	…
接收序列	0	1	0	1	1	1	0	…
译码序列	000	111	000	111	111	111	000	…

可以计算对应的失真度为

$$d(\alpha_1=000,\beta_1=000)=0;\quad d(\alpha_2=001,\beta_1=000)=1$$
$$d(\alpha_3=010,\beta_1=000)=1;\quad d(\alpha_4=100,\beta_1=000)=1$$
$$d(\alpha_5=011,\beta_2=111)=1;\quad d(\alpha_6=101,\beta_2=111)=1$$
$$d(\alpha_7=110,\beta_2=111)=1;\quad d(\alpha_8=111,\beta_2=111)=0$$

由式(4.16)序列信源的平均失真度计算公式

$$\overline{D}_N=\frac{1}{N}\overline{D}(N)=\frac{1}{N}\sum_{i=1}^{n^N}\sum_{j=1}^{m^N}p(\alpha_i)p(\beta_j/\alpha_i)d(\alpha_i,\beta_j)$$

这种信源压缩编码的平均失真度为

$$\overline{D}_3=\frac{1}{3}\sum_{i=1}^{8}\sum_{j=1}^{8}p(\alpha_i)p(\beta_j/\alpha_i)d(\alpha_i,\beta_j)$$

其中
$$p(\alpha_i)=p(\alpha_{i1},\alpha_{i2},\alpha_{i3})=p(\alpha_{i1})p(\alpha_{i2})p(\alpha_{i3})=\frac{1}{8}$$

另外，选择试验信道使

$$p(\beta_j/\alpha_i)=\begin{cases}1 & (\beta_j\in\text{信宿符号集合})\\ 0 & (\text{其他})\end{cases}$$

这时的平均失真度为

$$\overline{D}_3=\frac{1}{3}\sum_{i=1}^{8}p(\alpha_i)d(\alpha_i,\beta_j)=\frac{1}{3}\sum_{i=1}^{8}\frac{1}{8}d(\alpha_i,\beta_j)=\frac{1}{4}$$

可以看到，经过这种信源压缩编码方法后信息传输率为 $R=1/3$，而产生的平均失真度为 1/4。

那么,对于等概率的二元信源来说,在允许平均失真度为1/4时,这种压缩是否达到最佳编码呢?根据香农第三编码定理,由例4.17中的式(4.48)可知,在允许失真度为1/4时,总可以找到一种压缩编码方法,使信源输出信息率压缩到极限值 $R(1/4)=1-H(1/4)\approx 0.189$ bit/符号,显然,这种压缩方法并不是最佳编码方法。

习　题

4.1　一个离散信源有四个消息,对其进行二进制编码,试问:

(1) 若信源消息为等概分布,则每个消息至少需要几位二进制码元来表示?

(2) 若信源消息的概率分布为1/2,1/4,1/8,1/8,则如何编码能得到紧致码(最佳编码)?

4.2　一个离散信源有8个消息,码元符号集为 $X=\{0,1,2\}$,编码要求为瞬时可译码,如果要求码长只能取1,3,5中之一,应用Kraft不等式,分析能否构成实用的编码。

4.3　已知一个离散信源的符号集为 $X=\{x_1,x_2,x_3,\cdots,x_M\}$,信源熵为 $H(X)$,如果要求对该信源进行平均码长为 $\bar{L}=\dfrac{H(X)}{\log_2 3}$ 的三元编码,证明对于每一个 $x_i\in X$,其概率满足 $p(x_i)=3^{-L_i}$,式中 L_i 为整数。

4.4　一离散无记忆信源为 $\begin{bmatrix} X \\ p(X) \end{bmatrix}=\begin{bmatrix} x_1 & x_2 & x_3 \\ 0.5 & 0.3 & 0.2 \end{bmatrix}$

(1) 对该信源进行最佳信源编码,计算平均码长和编码效率;

(2) 对该信源进行二次扩展后进行最佳编码,计算平均码长和编码效率。

4.5　一离散信源空间为 $\begin{bmatrix} X \\ p(X) \end{bmatrix}=\begin{bmatrix} x_1 & x_2 & x_3 & x_4 \\ 1/3 & 1/3 & 1/4 & 1/12 \end{bmatrix}$

(1) 对该信源进行二元霍夫曼编码;

(2) 证明存在两种不同的最佳码长组合,即证明码长组合 $\{1,2,3,3\}$ 和 $\{2,2,2,2\}$ 都是最佳的。

4.6　一离散信源空间为

$$\begin{bmatrix} X \\ p(X) \end{bmatrix}=\begin{bmatrix} x_1 & x_2 & x_3 & x_4 & x_5 & x_6 & x_7 & x_8 \\ 1/5 & 1/6 & 1/6 & 1/10 & 1/10 & 1/10 & 1/12 & 1/12 \end{bmatrix}$$

试求:

(1) 二元范诺编码,并计算平均码长和编码效率;

(2) 二元霍夫曼编码,并计算平均码长和编码效率;

(3) 三元霍夫曼编码,并计算平均码长和编码效率。

4.7　一离散信源空间为

$$\begin{bmatrix} X \\ p(X) \end{bmatrix}=\begin{bmatrix} x_1 & x_2 & x_3 & x_4 & x_5 & x_6 & x_7 & x_8 & x_9 & x_{10} \\ 0.16 & 0.14 & 0.13 & 0.12 & 0.10 & 0.09 & 0.08 & 0.07 & 0.06 & 0.05 \end{bmatrix}$$,试求:

(1) 二元霍夫曼编码,并计算平均码长和编码效率;

(2) 三元霍夫曼编码,并计算平均码长和编码效率。

4.8　一离散信源空间为$\begin{bmatrix} X \\ p(X) \end{bmatrix} = \begin{bmatrix} x_1 & x_2 \\ 1/4 & 3/4 \end{bmatrix}$

(1) 计算该信源的熵;

(2) 对该信源进行二次扩展后,采用范诺编码方法进行编码并计算编码效率;

(3) 对该信源进行三次扩展后,采用霍夫曼编码方法进行编码并计算编码效率。

4.9　一离散信源空间为$\begin{bmatrix} X \\ p(X) \end{bmatrix} = \begin{bmatrix} x_1 & x_2 & x_3 & x_4 \\ 0.5 & 0.25 & 0.125 & 0.125 \end{bmatrix}$

(1) 用范诺编码方法进行编码并计算编码效率;

(2) 用霍夫曼编码方法进行编码并计算编码效率;

(3) 比较两种编码的结果,说明编码结果一致的原理。

4.10　一离散信源空间为$\begin{bmatrix} X \\ p(X) \end{bmatrix} = \begin{bmatrix} x_1 & x_2 & x_3 & x_4 & x_5 & x_6 \\ 0.32 & 0.22 & 0.18 & 0.16 & 0.08 & 0.04 \end{bmatrix}$

(1) 计算该信源的熵;

(2) 采用二元范诺编码方法进行编码并计算编码效率;

(3) 采用二元霍夫曼编码方法进行编码并计算编码效率;

(4) 采用三元霍夫曼编码方法进行编码并计算编码效率。

4.11　若有一信源$\begin{bmatrix} X \\ P \end{bmatrix} = \begin{bmatrix} x_1 & x_2 \\ 0.8 & 0.2 \end{bmatrix}$,每秒钟发出 2.55 个信源符号。将此信源的输出符号在某一个二元信道中进行传输(假设信道是无噪无损的,容量为 1 bit/二元符号),而信道每秒钟只传递 2 个二元符号。

(1) 试问信源不通过编码(即 $x_1 \to 0, x_2 \to 1$ 在信道中传输)能否直接与信道连接,为什么?

(2) 若通过适当编码能否在此信道中进行无失真传输?

(3) 试构造一种二元霍夫曼码,使该信源可以在此信道中无失真传输。

4.12　有二元平稳马尔可夫链,已知 $p(0/0) = 0.8, p(1/1) = 0.7$,求它的符号熵。用三个符号合成一个来编写二元霍夫曼码,求新符号的平均码字长度和编码效率。

4.13　当率失真函数 $R(D)$ 取什么值时,表示不允许有任何失真?

4.14　信源不允许失真时,其信息熵速率能压缩的极限值是什么?当允许有一定的失真时,信息熵速率所能压缩的极限值又是什么?

4.15　对于离散无记忆信源,率失真函数 $R(D)$ 的最大值是什么?信源符号的先验概率如何分布才能达到这个最大值?此时的平均失真度是多少?

4.16　试证明对于离散无记忆 N 次扩展信源,有 $R_{ND} = NR(D)$。其中 N 为任意正整数,$D \geqslant D_{\min}$。

4.17　设某地区的"晴天"概率 p(晴) = 5/6,"雨天"概率 p(雨) = 1/6,把"晴天"预报为"雨天",把"雨天"预报为"晴天"造成的损失为 a 元。又设该地区的天气预报系统把"晴天"预报为"晴天","雨天"预报为"雨天"的概率均为 0.9;把"晴天"预报为"雨天",把"雨天"预报为"晴天"的概率均为 0.1。试计算这种预报系统的信息价值率 v(元/bit)。

4.18　离散信源空间为 $\begin{bmatrix} X \\ p(X) \end{bmatrix} = \begin{bmatrix} x_1 & x_2 & x_3 \\ 0.5 & 0.25 & 0.25 \end{bmatrix}$，失真度矩阵为 $[D] = \begin{bmatrix} 0 & 2 & 1 \\ 2 & 0 & 3 \\ 1 & 1 & 0 \end{bmatrix}$，求率失真函数的定义域和值域。

4.19　离散信源符号集为 $X = \{x_1, x_2, x_3, x_4\}$，各符号概率相等，信宿符号集为 $Y = \{y_1, y_2, y_3\}$，失真度矩阵为 $[D] = \begin{bmatrix} 0 & 1 & 2 & 3 \\ 1 & 0 & 1 & 2 \\ 2 & 1 & 0 & 1 \\ 3 & 2 & 1 & 0 \end{bmatrix}$，求率失真函数的定义域和值域。

4.20　离散信源空间为 $\begin{bmatrix} X \\ p(X) \end{bmatrix} = \begin{bmatrix} x_1 & x_2 & x_3 \\ 1/3 & 1/3 & 1/3 \end{bmatrix}$，失真度矩阵为 $[D] = \begin{bmatrix} 1 & 2 \\ 1 & 1 \\ 2 & 1 \end{bmatrix}$

(1) 求率失真函数的定义域和值域；

(2) 计算率失真函数；

(3) 选择什么样的信道可以使平均失真度 $\overline{D} = D_{\min}$ 及 $\overline{D} = D_{\max}$。

4.21　已知离散无记忆信源 $[X, p(X)]$ 及失真度矩阵 $[D]$，证明率失真函数在零点的值 $R(0) = H(X)$ 的充要条件为失真度矩阵中的每一行至少有一个元素为零，且每一列至多有一个元素为零。

4.22　离散信源空间为 $\begin{bmatrix} X \\ p(X) \end{bmatrix} = \begin{bmatrix} x_1 & x_2 & x_3 \\ 1/3 & 1/3 & 1/3 \end{bmatrix}$，失真度矩阵为汉明失真度，

(1) 求 $D_{\min}$ 和 $R(D_{\min})$，并写出相应试验信道的转移概率矩阵；

(2) 求 $D_{\max}$ 和 $R(D_{\max})$，并写出相应试验信道的转移概率矩阵；

(3) 如果要求平均失真度 $\overline{D} = 1/3$，请问每一个信源符号至少需要几个二进制符号编码？

4.23　离散信源空间为 $\begin{bmatrix} X \\ p(X) \end{bmatrix} = \begin{bmatrix} x_1 & x_2 \\ \delta & 1-\delta \end{bmatrix}$，$\delta < 0.5$，失真度矩阵为 $[D] = \begin{bmatrix} 0 & 1 \\ 1 & 0 \end{bmatrix}$，求率失真函数 $R(D)$。

4.24　已知离散无记忆信源为 $\begin{bmatrix} X \\ p(X) \end{bmatrix} = \begin{bmatrix} x_2 & x_2 \\ p & 1-p \end{bmatrix}$，二元 Z 信道如图 4.16 所示，失真度为汉明失真度。

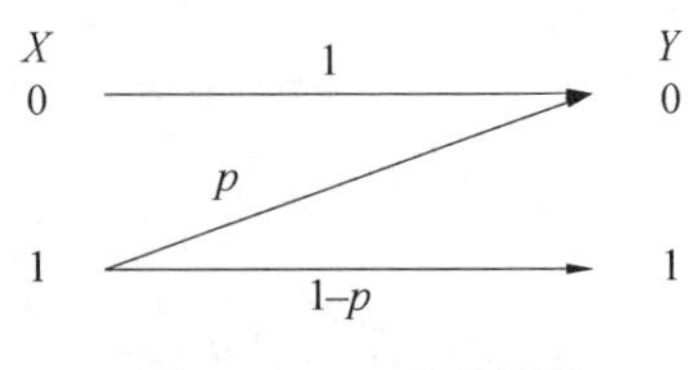

图 4.16　二元 Z 信道

(1) 计算平均失真度 $\overline{D}$；

(2) 求率失真函数 $R(D)$ 的最大值，信源概率如何分布才能达到这个最大值？此时对

应的平均失真度 $\overline{D}$ 是多少？

(3) 求率失真函数 $R(D)$ 的最小值，信源概率如何分布才能达到这个最小值？此时对应的平均失真度 $\overline{D}$ 是多少？

4.25　已知一个离散无记忆信源 $X=\{x_1, x_2\}$，$P(X)=[1/2, 1/2]$，失真度矩阵为 $[D]=\begin{bmatrix} 0 & \alpha \\ \alpha & 0 \end{bmatrix}$，求率失真函数 $R(D)$。

4.26　离散信源空间为 $\begin{bmatrix} X \\ p(X) \end{bmatrix}=\begin{bmatrix} x_1 & x_2 \\ \alpha & 1-\alpha \end{bmatrix}$，$\alpha<0.5$，失真度矩阵为 $[D]=\begin{bmatrix} 0 & \alpha \\ \alpha & 0 \end{bmatrix}$，求率失真函数 $R(D)$。

4.27　已知一个二元删除信道，信源符号等概分布，失真度矩阵为 $[D]=\begin{bmatrix} 0 & \alpha & \beta \\ \beta & \alpha & 0 \end{bmatrix}$，$\alpha<0.5$，

(1) 求率失真函数 $R(D)$；

(2) 当 $\alpha \geqslant 0.5$ 且 $\beta=1$ 时，证明 $R(D)=\log_2 2-H_2(D)$。

4.28　信源符号集为 $X=\{0, 1\}$，信宿符号集为 $Y=\{0,1,2\}$，信源为等概分布，失真度矩阵为 $[D]=\begin{bmatrix} 0 & \infty & 1 \\ \infty & 0 & 1 \end{bmatrix}$，求率失真函数 $R(D)$。

第5章 信道编码原理

尽管在前面几章中讨论了有噪声信道的问题,但是到目前为止我们还仅仅介绍了通信系统的有效性问题,从这一章开始将研究通信系统的第二个重要问题,即传输可靠性问题。从这一章开始,我们认为原始信源已经是经过信源编码或者是不需要信源编码的信源,信道是有噪声信道。这样,信道噪声的干扰将使信源符号在传输过程中产生差错,而信道编码的主要目的就是通过某种变换,将原始信源符号集变换为适合有噪声信道传输的信道编码器输出符号集,从而在译码器中能够有效地恢复原始信源符号,纠正差错,这种变换过程就称为信道编码。本章的主要内容是介绍信道编码的基本原理和基本方法,包括译码准则、信道编码定理和几种最基本的信道编码方法。

5.1 信道编码的基本概念

5.1.1 信道编码的含义

在介绍信道容量和信源编码的时候曾介绍,在有噪声信道中传输信息,可以通过信源编码提高信息传输效率,即使实际熵速率 R 无限接近于信道容量 C。其主要方法就是使原始信源符号的概率分布均匀化和减少符号之间的相关性。分析表明,信源符号的概率均匀化和相关性的减小都会使符号更加脆弱,在有噪声信道中更容易受到干扰影响而产生差错。另外应当说明,在实际通信系统中熵速率 $R=rI(X;Y)$,在理论分析中假设信道符号速率 $r=1$,而在实际中 r 的大小取决于实际应用需求和系统成本等因素。随着实际信道速率的增加,噪声对信号的干扰将越发严重,因此,信道编码是各类通信系统特别是无线通信系统不可缺少的组成部分。在实际的通信系统中,信道编码也被称为纠错编码或抗干扰编码,典型通信系统信道编码与信源编码的关系可以用图5.1描述。

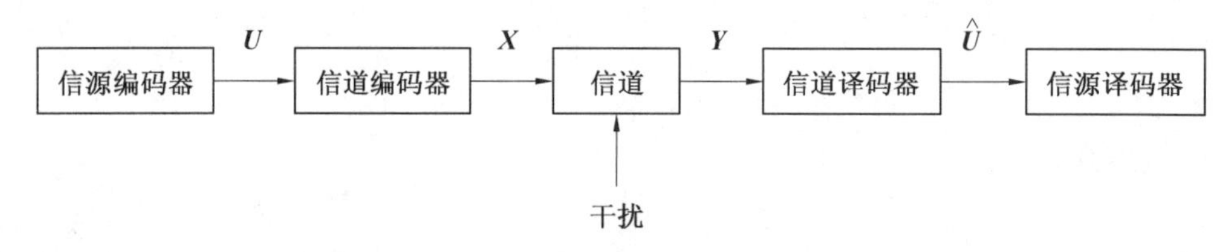

图5.1 信道编码与信源编码的关系

在讨论通信系统有效性和信源编码时用信息传输率作为评价指标,而在讨论通信系统可靠性和信道编码时用传输系统平均误码概率(系统误码率)作为评价指标。系统误码率既与信道的统计特性(信道误码率)有关,也与码元符号的脆弱性有关。信道统计特性的好坏取决于信道环境、通信距离和设备成本的因素,因此改善信道统计特性往往要付出过高代价。在实际的信息系统中都是采用信道编码方法来改善信道符号的脆弱性,提高其鲁棒性。

信道编码的最基本的思想是按照某种编译码规则,在信源输出的符号序列上增加一定的冗余(这一点与信源编码正好相反),变换成信道码字序列。在信道输出端,将收到被干扰的信道码字序列按照相应的规则进行译码,得到信道码字的估计值,并使这个估计值以最大概率等于或近似等于信道输入的码字序列。

在图5.1中,信源编码器将原始信息变换成信息码元序列U(码字或码流),信道编码器将信息码元系列变换成信道码元序列X(码字或码流),信道编码器的变换即为编码规则$X=f(U)$,码字序列X经有噪声信道后输出为Y,信道译码器按照相应的译码规则F对Y进行译码,得到估计值$\hat{X}=F(Y)$,并作为信源译码器的输入,译码规则F是编码规则f的一种逆变换。而信道编码理论研究的主要目标就是在付出尽量小代价的条件下,设计和实现译码错误概率最小的信道编码和译码方法。

下面通过一个简单例子说明信道编码的基本思路。

【例5.1】　一个BSC信道,输入为$X=\{0,1\}$且为等概分布,信道误码率$p_e=0.01$,信道模型如图5.2所示。

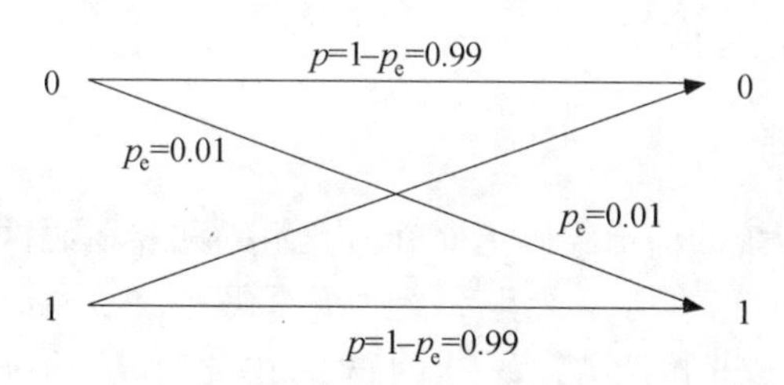

图5.2　一种BSC信道模型

编码准则采用三次重复传输方式,即用000表示信源符号0,用111表示信源符号1,实际上这就是一种简单的信道编码器变换过程,编码器输入$u_1=0$时,输出$x_1=000$,输入$u_2=1$时,输出$x_2=111$。

译码准则考虑采用最简单的大数判决方法,信道输入的码字只有两个长度为三位的二进制编码——000和111,经过有噪声信道后,由于存在干扰,在信道输出端得到的码字可能不止这两个码字,而是有$2^3=8$种可能。也就是信道输出随机变量Y的空间为

$$Y:\{y_1=000,y_2=001,y_3=010,y_4=100,y_5=011,y_6=110,y_7=101,y_8=111\}$$

由信道误码率为0.01分析,每个信道码元正确传输的概率为0.99,发生错误的概率为0.01,因此采用简单的大数判决方法作为译码准则,即

$$F(000)=F(001)=F(010)=F(100)=0$$

$$F(011)=F(101)=F(110)=F(111)=1$$

采用信道编码前的信道转移矩阵为

$$[P]=\begin{bmatrix}1-p_e & p_e\\ p_e & 1-p_e\end{bmatrix}$$

在信道误码率为$p_e=10^{-2}$条件下,其错误译码概率为

$$P_e = p(0,1) + p(1,0) = p(0)p(1/0) + p(1)p(0/1) = \frac{1}{2}(p_e + p_e) = p_e = 10^{-2}$$

可以看到这时系统误码率就等于信道误码率,这里没有采用任何信道编码。

假设信源为离散无记忆信源,记$p = p_e$,$p_1 = 1 - p_e$,采用三次重复编码作为信道编码后的信道转移概率矩阵为

$$[P] = \begin{bmatrix} p_1^3 & p_1^2 p & p_1^2 p & p_1^2 p & p_1 p^2 & p_1 p^2 & p_1 p^2 & p^3 \\ p^3 & p_1 p^2 & p_1 p^2 & p_1 p^2 & p_1^2 p & p_1^2 p & p_1^2 p & p_1^3 \end{bmatrix}$$

根据上述译码准则,这时的错误译码概率为

$$\begin{aligned} P_e &= p(000,011) + p(000,101) + p(000,110) + p(000,111) + \\ &\quad p(111,001) + p(111,010) + p(111,100) + p(111,000) \\ &= \frac{1}{2}(2p^3 + 6p^2 p_1) = p^3 + 3p^2 p_1 = p_e^3 + 3p_e^2(1 - p_e) \approx 3 \times 10^{-4} \end{aligned}$$

可见这种简单重复码可以将错误译码概率降低两个数量级,由此可见信道编码的基本原理和方法。通过这个例子可以看到,利用信道编码可以改善信道传输差错的影响,从而克服信道噪声引起的干扰。但是也必须付出一定的代价,这个例子中本来可以用一位二进制码元表示的信息需要变换成三位二进制码元,这就增加了冗余,降低了传输效率。然而,从通信系统整体角度考虑,尽管表面上降低了效率,但提高了正确传输概率,减少了重复传输,通信系统总的传输效率还是提高了。

5.1.2 汉明距离

由通信理论可知,传统的信道编码主要分为分组码和卷积码两大类。分组码的编码器首先把来自原始信源的信息序列分成组,每组为 k 个码元,然后编码器根据一定的编码算法再加上 r 个监督码元,构成长度为 $N = k + r$ 的码字,由此构成分组码。分组码和卷积码的构成方法在后面章节中将分别介绍。这里仅以分组码为基础介绍码字空间和汉明距离的概念。

(1) 码字空间。

如果原始信源空间有 M 个消息符号,对其进行 q 元等长码的信道编码,若选定码长为 N,信道码字空间中所有码字个数为 q^N,称这 q^N 个码字为可用码字。编码器将在这 q^N 个可用码字中选择 M 个码字分别代表原始信源中的 M 个消息符号,信道码字空间的这 M 个被选定的码字称为许用码字,而另外的 $q^N - M$ 个码字称为禁用码字。为了实现信道编码一一对应的变换,一定有 $q^N > M$。这 M 个许用码字也称为一个码组,或称为信道编码的码字集合。

(2) 汉明距离。

定义 5.1 在一个码组(码字集合)中,任意两个等长码字之间,如果有 d 个相对应的码元不同,则称 d 为这两个码字的汉明距离(Hamming Distance)。

如果 X 为一个长度为 N 的二元码组,α 和 β 为码组 X 中的两个不同码字,即

$$\alpha = [a_1, a_2, \cdots, a_N] \quad (a_i \in \{0,1\})$$
$$\beta = [b_1, b_2, \cdots, b_N] \quad (b_i \in \{0,1\})$$

则 α 和 β 的汉明距离为

$$d(\alpha,\beta)=\sum_{i=1}^{N}|a_i-b_i|\quad(0\leqslant d\leqslant N)\tag{5.1}$$

$d=0$ 表明为全同码，$d=N$ 表明为全异码，如果用模 2 加法的概念，有

$$d(\alpha,\beta)=\sum_{i=1}^{N}a_i\oplus b_i\tag{5.2}$$

(3) 最小码距。

定义 5.2　在一个码字集合中，任何两个码字之间的汉明距离组成一个元素集合，这个集合中的最小值称为这个码字集合的最小汉明距离，简称最小码距，记为 $d_{\min}$。

$$d_{\min}=\min\{d(\alpha,\beta);\quad\alpha,\beta\in X,\alpha\neq\beta\}\tag{5.3}$$

(4) 汉明重量。

定义 5.3　在码字集合 X 中，码字 α 中非零码元的个数称为这个码字的汉明重量（Hamming Weight），记为 $W(\alpha)$。

利用码字重量的概念，二元编码的汉明距离与汉明重量的关系为

$$d(\alpha,\beta)=W(\alpha\oplus\beta)\quad(\alpha,\beta\in X)\tag{5.4}$$

5.2　译码准则

5.2.1　译码准则的含义

通过对信道编码原理的介绍可以看到，影响通信系统可靠性的一个重要问题是译码方式，对译码准则的理解可以通过一个例子来说明。

有一个 BSC 信道，如图 5.3 所示。

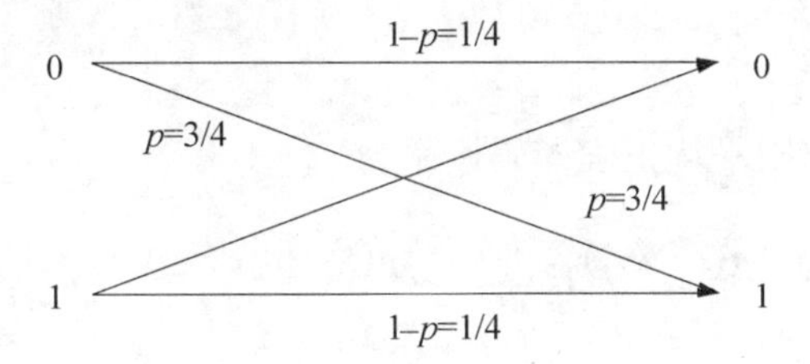

图 5.3　理解译码准则的 BSC 信道模型

对于这样一个信道，如果采用自然的译码准则，即收 0 判 0，收 1 判 1，可以明显看到，当信源先验概率为等概 $p(0)=p(1)=1/2$ 时，这时收到 Y 判 X 的后验概率等于信道转移概率，系统正确译码概率为 1/4，错误译码概率为 3/4。但如果采用另一种译码准则，收 0 判 1，收 1 判 0，则系统正确的译码概率为 3/4，错误译码概率为 1/4，通信系统的可靠性提高了。也就是说，对于这个例子，较好的译码准则为 $F(0)=1$ 和 $F(1)=0$。当然，这种信道是理论上的一种可能，不能用实际通信系统的观点来理解。

在一般情况下，如果一个有噪声离散信道，信道输入符号集为 X，信道输出符号集为 Y，信道转移概率为 $P(Y/X)$，如图 5.4 所示。

对于

$$X:\{x_1,\ x_2,\ \cdots\ ,x_n\}$$

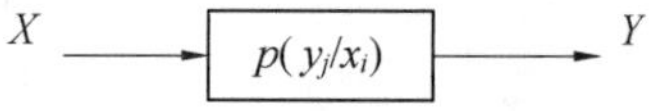

$$X \longrightarrow \boxed{p(y_j/x_i)} \longrightarrow Y$$

图 5.4　离散信道模型

$$Y:\{y_1,\ y_2,\ \cdots\ ,y_m\}$$

$$P(Y/X):\{p(y_j/x_i)\}\quad (i=1,2,\cdots,n;j=1,2,\cdots,\ m)$$

这时定义一个收到符号 y_j 后判定为 x_i 的单值函数,即

$$F(y_j)=x_i\quad (i=1,2,\cdots,n;\ j=1,2,\cdots,m)\tag{5.5}$$

这个函数称为译码函数,它构成一个译码函数组,这个函数组就称为译码准则。

对于有 n 个输入,m 个输出的离散信道来说,可以有 n^m 个不同的译码准则。

例如上面例子中有 4 中译码准则分别为

$$A:\{F(0)=0;\ F(1)=0\}\quad B:\{F(0)=0;\ F(1)=1\}$$

$$C:\{F(0)=1;\ F(1)=0\}\quad D:\{F(0)=1;\ F(1)=1\}$$

当然,在这些可能的译码准则中,有些只是理论上存在的,不适用的译码准则。

5.2.2　错误译码概率

当译码准则确定后,信道译码器收到一个符号 y_j,则按译码准则译成 $F(y_j)=x^* \in \{x_1,x_2,\cdots,x_n\}$,$j=1,2,\cdots,m$,如果编码器发送的符号为 x^* 则为正确译码,如果发送的不是 x^* 则为错误译码。所以,译码器接收到 y_j 后正确译码的概率就是收到 y_j 后,判断编码器发出 x^* 的后验概率,即

$$P_{rj}=P\{F(y_j)=x^*/y_j\}=p(x^*/y_j)\quad (x^* \in \{x_1,x_2,\cdots,x_n\};j=1,2,\cdots,m)\tag{5.6}$$

而错误译码的概率为收到 y_j 后,推测发出除了 x^* 之外其他符号的概率,即

$$P_{ej}=1-P\{F(y_j)=x^*/y_j\}=1-p(x^*/y_j)\quad (x^* \in \{x_1,x_2,\cdots,x_n\};j=1,2,\cdots,m)\tag{5.7}$$

对所有的 y_j 取平均,则平均正确译码概率为

$$P_r=\sum_{j=1}^{m}p(y_j)p(x^*/y_j)=\sum_{i=*}^{n}\sum_{j=1}^{m}p(y_j)p(x_i/y_j)=\sum_{i=*}^{n}\sum_{j=1}^{m}p(x_i,y_j)\tag{5.8}$$

而平均错误译码概率为

$$\begin{aligned}P_e&=1-P_r=1-\sum_{i=*}^{n}\sum_{j=1}^{m}p(x_i,y_j)\\&=\sum_{i=1}^{n}\sum_{j=1}^{m}p(x_i,y_j)-\sum_{i=*}^{n}\sum_{j=1}^{m}p(x_i,y_j)\\&=\sum_{i\neq *}^{n}\sum_{j=1}^{m}p(x_i,y_j)=\sum_{i\neq *}^{n}\sum_{j=1}^{m}p(y_j)p(x_i/y_j)=\sum_{i\neq *}^{n}\sum_{j=1}^{m}p(x_i)p(y_j/x_i)\end{aligned}\tag{5.9}$$

这就是平均错误译码概率的基本表达式,在通信系统设计和分析时,总是希望得到尽可能小的平均错误译码概率,所有通信系统都将平均译码错误概率作为系统可靠性的一个重要指标。

5.2.3　最大后验概率准则

由平均错误译码概率的表达式可以看出,错误译码概率与信道输出端随机变量 Y 的概

率分布 $p(y_j)$ 有关,也与译码准则有关。对于给定的信源统计特性 $p(x_i)$,如果信道转移概率 $p(y_j/x_i)$ 确定,信道输出端的 $p(y_j)$ 也就确定了。在这种情况下,平均错误译码概率只与译码准则有关。通过选择译码准则可以使平均译码概率达到最小值。

当式(5.5) 中的每一项的后验概率 $p(x^*/y_j)$ 为最大值时,平均错误译码概率就可以为最小值。

定义 5.4　设信源 X 的信源空间为

$$\begin{bmatrix} X \\ P(X) \end{bmatrix} = \begin{bmatrix} x_1 & x_2 & \cdots & x_n \\ p(x_1) & p(x_2) & \cdots & p(x_n) \end{bmatrix} \tag{5.10}$$

信道的转移矩阵为

$$[P] = \begin{bmatrix} p(y_1/x_1) & p(y_2/x_1) & \cdots & p(y_m/x_1) \\ p(y_1/x_2) & p(y_2/x_2) & \cdots & p(y_m/x_2) \\ \vdots & \vdots & & \vdots \\ p(y_1/x_n) & p(y_2/x_n) & \cdots & p(y_m/x_n) \end{bmatrix} \tag{5.11}$$

当收到每一个 $y_j(j=1,2,\cdots,m)$ 后,判断发送为 $x_i(i=1,2,\cdots,n)$ 的后验概率共有 n 个,为

$$(x_1/y_j),p(x_2/y_j),\cdots,p(x_n/y_j)$$

这其中必有一个为最大的,设其为 $p(x^*/y_j)$,即有

$$p(x^*/y_j) \geqslant p(x_i/y_j) \quad (i=1,2,\cdots,n;j=1,2,\cdots,m)$$

如果收到符号 y_j 后就译为输入符号 x^*,即译码函数选为

$$F(y_j) = x^* \quad (j=1,2,\cdots,m)$$

这种译码准则称为最大后验概率准则。

利用这种准则可以使平均错误译码概率公式中的 m 项求和的每一项达到最小值$\{1 - p(x^*/y_j)\}$,由式(5.9),这时的平均错误译码概率为

$$\begin{aligned} P_{\text{emin}} &= 1 - \sum_{i=*}^{n}\sum_{j=1}^{m} p(x_i,y_j) \\ &= \sum_{i=1}^{n}\sum_{j=1}^{m} p(x_i,y_j) - \sum_{i=*}^{n}\sum_{j=1}^{m} p(x_i,y_j) \\ &= \sum_{i\neq *}^{n}\sum_{j=1}^{m} p(x_i,y_j) = \sum_{i\neq *}^{n}\sum_{j=1}^{m} p(y_j)p(x_i/y_j) \end{aligned} \tag{5.12}$$

这个表达式为平均错误译码概率的最小值,从式中以看到,这个最小值取决于后验概率 $p(x^*/y_j)$,如果对应于每一个 y_j,都存在一个最大后验概率的 x^*,而其他的后验概率都很小,错误译码概率就会很小。

由于这个准则是根据错误译码概率的基本关系得到的,因此最大后验概率准则也称为最小错误概率准则。

【例 5.2】　一个离散信源空间及信道转移概率矩阵如下

$$\begin{bmatrix} X \\ P(X) \end{bmatrix} = \begin{bmatrix} x_1 & x_2 & x_3 \\ \dfrac{1}{2} & \dfrac{1}{4} & \dfrac{1}{4} \end{bmatrix},\quad [P] = \begin{bmatrix} 1/2 & 1/3 & 1/6 \\ 1/6 & 1/2 & 1/3 \\ 1/3 & 1/6 & 1/2 \end{bmatrix}$$

求按照最大后验概率准则译码的错误译码概率。

解 根据信源符号先验概率和信道转移概率，可以计算后验概率，由 $p(x,y)=p(x)p(y/x)$ 可得到

$$[P(X,Y)]=\begin{bmatrix}1/4 & 1/6 & 1/12\\ 1/24 & 1/8 & 1/12\\ 1/12 & 1/24 & 1/8\end{bmatrix}$$

由 $p(y_j)=\sum_{i=1} p(x_i,y_j)$，得 $[P(Y)]=[p(y_1)\quad p(y_2)\quad p(y_3)]=[3/8\quad 1/3\quad 7/24]$，求得后验概率为

$$[P(X/Y)]=\begin{bmatrix}2/3 & 1/2 & 2/7\\ 1/9 & 3/8 & 2/7\\ 2/9 & 1/8 & 3/7\end{bmatrix}$$

即得到后验概率为

$$p(x_1/y_1)=2/3;\quad p(x_2/y_1)=1/9;\quad p(x_3/y_1)=2/9$$
$$p(x_1/y_2)=1/2;\quad p(x_2/y_2)=3/8;\quad p(x_3/y_2)=1/8$$
$$p(x_1/y_3)=2/7;\quad p(x_2/y_3)=2/7;\quad p(x_3/y_3)=3/7$$

根据最大后验概率准则确定译码函数组为

$$F(y_1)=x_1;\quad F(y_2)=x_2;\quad F(y_3)=x_3$$

由式(6.8)计算正确译码概率为

$$\begin{aligned}P_{\mathrm{r}}&=\sum_{i=*}^{3}\sum_{j=1}^{3}p(x_i,y_j)=p(x_1)p(y_1/x_1)+p(x_2)p(y_2/x_2)+p(x_3)p(y_3/x_3)\\&=\frac{1}{2}\times\frac{1}{2}+\frac{1}{2}\times\frac{1}{3}+\frac{1}{4}\times\frac{1}{2}=\frac{13}{24}\end{aligned}$$

这里使用的先验概率和转移概率，如果用后验概率计算结果也是一样的，即

$$\begin{aligned}P_{\mathrm{r}}&=\sum_{i=*}^{3}\sum_{j=1}^{3}p(x_i,y_j)=p(y_1)p(x_1/y_1)+p(y_2)p(x_2/y_2)+p(y_3)p(x_3/y_3)\\&=\frac{3}{8}\times\frac{2}{3}+\frac{1}{3}\times\frac{1}{2}+\frac{7}{24}\times\frac{3}{7}=\frac{1}{4}+\frac{1}{6}+\frac{1}{8}=\frac{13}{24}\end{aligned}$$

进而得到最小错误译码概率为

$$P_{\mathrm{emin}}=1-\frac{13}{24}=\frac{11}{24}$$

由计算可见，这个信道的传输性能非常差。如果不采用最大后验概率准则，而是采用通常的译码准则，如

$$F(y_1)=x_1;\quad F(y_2)=x_2;\quad F(y_3)=x_3$$

计算可知，错误译码概率为1/2。

5.2.4 最大似然准则

可以证明，最大后验概率译码方法是理论上的最优译码方法，但在实际使用时，最大后验概率译码准则必须已知后验概率，而信道的统计特性描述一般是给出信道转移概率，最大似然准则就是一种利用信道转移概率的译码准则。

由概率关系可知

$$p(x^*/y_j)=\frac{p(x^*)p(y_j/x^*)}{p(y_j)} \tag{5.13}$$

根据最大后验概率译码准则，如果信道输入符号集 X 的先验概率为等概（$p(x_i)=1/n$），并且

$$p(x^*)p(y_j/x^*)\geqslant p(x_i)p(y_j/x_i);\quad x^*\in\{x_1,x_2,\cdots,x_n\}\quad(i=1,2,\cdots,n;j=1,2,\cdots,m) \tag{5.14}$$

那么，若能满足

$$p(y_j/x^*)\geqslant p(y_j/x_i);\quad x^*\in\{x_1,x_2,\cdots,x_n\}\quad(i=1,2,\cdots,n;j=1,2,\cdots,m) \tag{5.15}$$

就等于满足了

$$p(x^*/y_j)\geqslant p(x_i/y_j);\quad x^*\in\{x_1,x_2,\cdots,x_n\}\quad(i=1,2,\cdots,n;j=1,2,\cdots,m) \tag{5.16}$$

这样就可以得到结论，当信道输入符号集 X 的先验概率为等概的，最优译码准则中使用的最大后验概率就可以用最大信道转移概率来取代。

定义 5.5　设信源 X 的信源空间为

$$\begin{bmatrix}X\\P(X)\end{bmatrix}=\begin{bmatrix}x_1 & x_2 & \cdots & x_n\\p(x_1) & p(x_2) & \cdots & p(x_n)\end{bmatrix}$$

信道的转移矩阵为

$$[P]=\begin{bmatrix}p(y_1/x_1) & p(y_2/x_1) & \cdots & p(y_m/x_1)\\p(y_1/x_2) & p(y_2/x_2) & \cdots & p(y_m/x_2)\\\vdots & \vdots & & \vdots\\p(y_1/x_n) & p(y_2/x_n) & \cdots & p(y_m/x_n)\end{bmatrix}$$

当收到每一个 $y_j(j=1,2,\cdots,m)$ 后，都对应有 n 个信道转移概率，为

$$p(y_j/x_1),p(y_j/x_2),\cdots,p(y_j/x_n)$$

这其中必有一个为最大的，设其为 $p(y_j/x^*)$，即有

$$p(y_j/x^*)\geqslant p(y_j/x_i)\quad(i=1,2,\cdots,n;j=1,2,\cdots,m)$$

如果收到符号 y_j 后就译为输入符号 x^*，即译码函数选为

$$F(y_j)=x^*\quad(j=1,2,\cdots,m)$$

这种译码准则称为最大似然译码准则。

应当注意，最大似然准则并不要求信源符号先验概率一定相等，只是在分析和计算的过程中利用了这一假设，因此当先验概率不等时，最大似然准则并不是最优译码准则。

由式(5.9)，最大似然译码的平均错误译码概率为

$$P_e=\sum_{j=1}^{m}\sum_{i\neq *}p(x_i)p(y_j/x_i)=\frac{1}{n}\sum_{j=1}^{m}\sum_{i\neq *}p(y_j/x_i) \tag{5.17}$$

即将信道转移矩阵$[P]$中每一列中的最大元素去掉，然后将其他元素相加后除以 n，为了减小错误译码概率，主要方法是选择具有更好统计特性的信道。

【例 5.3】　一个离散信源空间及信道转移概率矩阵如下

$$\begin{bmatrix} X \\ P(X) \end{bmatrix} = \begin{bmatrix} x_1 & x_2 & x_3 \\ 0.5 & 0.1 & 0.4 \end{bmatrix}, \quad [P] = \begin{bmatrix} 0.5 & 0.3 & 0.2 \\ 0.1 & 0.7 & 0.2 \\ 0.3 & 0.3 & 0.4 \end{bmatrix}$$

分别求按照最大后验概率准则和最大似然概率准则的平均错误译码概率。

解 根据概率关系计算得到

$$[P(X,Y)] = \begin{bmatrix} 0.25 & 0.15 & 0.10 \\ 0.01 & 0.07 & 0.02 \\ 0.12 & 0.12 & 0.16 \end{bmatrix}$$

$$[P(Y)] = [p(y_1) \quad p(y_2) \quad p(y_3)] = [0.38 \quad 0.34 \quad 0.28]$$

$$[P(X/Y)] = \begin{bmatrix} 0.25/0.38 & 0.15/0.34 & 0.10/0.28 \\ 0.01/0.38 & 0.07/0.34 & 0.02/0.28 \\ 0.12/0.38 & 0.12/0.34 & 0.16/0.28 \end{bmatrix}$$

由后验概率矩阵中每一列的最大值,最大后验概率准则确定译码函数组为

$$F(y_1) = x_1; \quad F(y_2) = x_1; \quad F(y_3) = x_3$$

由式(5.8),得到最大后验概率准则的平均错误译码概率为

$$P_{\mathrm{emin}} = \sum_{i \neq *}^{3} \sum_{j=1}^{3} p(y_j)p(x_i/y_j) = 0.38 \times \left(\frac{0.01}{0.38} + \frac{0.12}{0.38}\right) + 0.34 \times \left(\frac{0.07}{0.34} + \frac{0.12}{0.34}\right) +$$

$$0.28 \times \left(\frac{0.10}{0.28} + \frac{0.02}{0.28}\right) = 0.13 + 0.19 + 0.12 = 0.44$$

由转移概率矩阵中每一列的最大值,最大似然准则确定译码函数组为

$$F(y_1) = x_1; \quad F(y_2) = x_2; \quad F(y_3) = x_3$$

由式(5.17),得到最大似然准则的平均错误译码概率为

$$P_{\mathrm{e}} = \frac{1}{n} \sum_{j=1}^{m} \sum_{i \neq *} p(y_j/x_i) = \frac{1}{3}(0.1 + 0.3 + 0.3 + 0.3 + 0.2 + 0.2) = \frac{1.4}{3} = 0.467$$

由计算结果可见,最大后验概率准则比最大似然准则具有更小的平均错误译码概率,译码性能更好。从这个例子中可以看到,如果根据信道转移概率来确定译码准则似乎最大似然准则是合理的,但分析表明它并不是最优译码方法,其原因是信源的先验概率分布不均匀。从中可以进一步理解最大后验概率准则与最大似然准则的区别。

5.3 有噪声信道编码定理

通过前面的分析可以发现,信源编码的基本思路是通过减少信源符号的相关性来降低冗余,解决的是传输有效性问题。而信道编码的基本思想是增大信道符号的汉明距离,或增加符号间的相关性,这样就会增加冗余,解决的是传输的可靠性问题。因此,从表面上看两者是相互矛盾的,如何使两者能够统一协调而达到系统最优化,是信息论研究的根本目标。

信息在有噪声信道上传输将不可避免地产生错误,而香农第二编码定理指出,在有噪声信道中,只要选择合适的编码方法,可以在译码错误概率等于无穷小的前提下,信息传输率(熵速率)仍然可以达到信道容量,这是一个相当困难的问题。

定理5.1 对于离散无记忆有噪声信道,若信道容量为C,当信道的熵速率$R \leqslant C$时,只

要码长 n 足够长,总可以找到一种编码方法及译码准则,使信道输出端的平均错误译码概率 P_e 达到任意小。当 $R > C$ 时,则不可能找到一种编码方法及译码准则,使信道输出端的平均错误译码概率达到任意小。

这个定理称为有噪声信道编码定理,也就是香农第二编码定理。

这个定理分为两个部分,前一部分称为信道编码定理,后一部分称为信道编码逆定理。下面仅对信道编码定理进行详细介绍,以加强对其的理解。

定理 5.2　对于一个离散无记忆信道,若其信道容量为 C,信息熵速率为 R,如果 $R \leqslant C$,当码长 $n \to \infty$ 时,存在一种编码方法使平均错误译码概率为 $P_e < e^{-nE(R)} \to 0$,其中 $E(R)$ 为可靠性函数,$E(R)$ 在 $0 < R < C$ 范围内为正值。

下面介绍香农通过一种随机编码方法来证明有噪声信道编码定理的过程。

(1) 随机编码方法。

假设离散无记忆信道的输入符号集合为 $A = \{a_1, a_2, \cdots, a_r\}$,共 r 个符号。

原始信源有 M 个符号,用码长为 n 等长码编码,可用码字空间为 r^n 个码字矢量,假设 n 足够大使 $M < r^n$,每一次随机地从可用码字空间中可重复地选出 M 个码字矢量构成一个码字集合

$$\boldsymbol{C} = \{\boldsymbol{x}_1, \boldsymbol{x}_2, \cdots, \boldsymbol{x}_m, \cdots, \boldsymbol{x}_M\}$$

这样就可以构成 r^{nM} 个这种码字集合。

由随机编码方法可知,得到任何一个码字的概率是相等的,且是相互独立的。这样,当信道译码为最大后验概率译码准则时,根据式(5.12),平均错误译码概率为

$$P_e = \sum_{x \neq x^*} \sum_{y} p(\boldsymbol{x}, \boldsymbol{y}) = \sum_{x \neq x^*} \sum_{y} p(\boldsymbol{y}) p(\boldsymbol{x}/\boldsymbol{y}) \tag{5.18}$$

当 n 为很大时,这个平均错误译码概率就很难计算,在证明香农信道编码定理时,可以估计这个平均错误译码概率的上界,也就是分析误码率最差的情况,这就是所谓的 Gallager 上界。

(2) Gallager 上界。

由于上述随机编码方法构成的信道输入码字符号是先验等概的,因此,按照最大似然译码准则,如果发送的码字矢量为 $\boldsymbol{x}^*$,得到最小译码错误概率的条件是

$$p(\boldsymbol{y}/\boldsymbol{x}^*) > p(\boldsymbol{y}/\boldsymbol{x}_i) \quad (\boldsymbol{x}^*, \boldsymbol{x}_m \in \boldsymbol{C}, \boldsymbol{x}^* \neq \boldsymbol{x}_i)$$

也就是有

$$\left[\frac{p(\boldsymbol{y}/\boldsymbol{x}^*)}{p(\boldsymbol{y}/\boldsymbol{x}_m)}\right]^{\lambda} > 1 \quad (\lambda > 0) \tag{5.19}$$

这里定义一个示性函数

$$I_*(\boldsymbol{y}) = \begin{cases} 0, & p(\boldsymbol{y}/\boldsymbol{x}^*) > p(\boldsymbol{y}/\boldsymbol{x}_m) \\ 1, & p(\boldsymbol{y}/\boldsymbol{x}^*) \leqslant p(\boldsymbol{y}/\boldsymbol{x}_m) \end{cases} \quad (\boldsymbol{x}^*, \boldsymbol{x}_m \in \boldsymbol{C}, \boldsymbol{x}^* \neq \boldsymbol{x}_m) \tag{5.20}$$

示性函数的含义是当发送码字为 $\boldsymbol{x}^*$ 而接收码字为 $\boldsymbol{y}$ 的概率大于任何发送码字不是 $\boldsymbol{x}^*$ 而接收码字为 $\boldsymbol{y}$ 的概率时,即最大转移概率(最大似然准则)时,令示性函数为零。

这时,发送码字矢量 $\boldsymbol{x}^*$ 判断错误的概率为

$$P_e(\boldsymbol{x}^*) = \sum_{y} I_*(\boldsymbol{y}) p(\boldsymbol{y}/\boldsymbol{x}^*) \tag{5.21}$$

另外，根据式(5.19)和式(5.20)，当 $\lambda \geqslant 0, 0 \leqslant \rho \leqslant 1$ 时，有下式成立

$$\left\{\sum_{m\neq *}\left[\frac{p(\boldsymbol{y}/\boldsymbol{x}_m)}{p(\boldsymbol{y}/\boldsymbol{x}^*)}\right]^{\lambda}\right\}^{\rho} \geqslant \begin{cases}0 & (当\, p(\boldsymbol{y}/\boldsymbol{x}^*) > p(\boldsymbol{y}/\boldsymbol{x}_m))\\ 1 & (当\, p(\boldsymbol{y}/\boldsymbol{x}^*) \leqslant p(\boldsymbol{y}/\boldsymbol{x}_m))\end{cases} \tag{5.22}$$

用示性函数表示式(5.22)为

$$I_*(\boldsymbol{y}) \leqslant \left\{\sum_{m\neq *}\left[\frac{p(\boldsymbol{y}/\boldsymbol{x}_m)}{p(\boldsymbol{y}/\boldsymbol{x}^*)}\right]^{\lambda}\right\}^{\rho} \tag{5.23}$$

利用式(5.23)估计错误译码概率式(5.21)，得

$$P_e(\boldsymbol{x}^*) \leqslant \sum_{\boldsymbol{y}} p(\boldsymbol{y}/\boldsymbol{x}^*)\left\{\sum_{m\neq *}\left[\frac{p(\boldsymbol{y}/\boldsymbol{x}_m)}{p(\boldsymbol{y}/\boldsymbol{x}^*)}\right]^{\lambda}\right\}^{\rho} \tag{5.24}$$

由于式中的 λ 和 ρ 都是任选参数，可以取 $\lambda = \dfrac{1}{1+\rho}$，则有

$$P_e(\boldsymbol{x}^*) \leqslant \sum_{\boldsymbol{y}} [p(\boldsymbol{y}/\boldsymbol{x}^*)]^{\frac{1}{1+\rho}}\left\{\sum_{m\neq *}[p(\boldsymbol{y}/\boldsymbol{x}_m)]^{\frac{1}{1+\rho}}\right\}^{\rho} \tag{5.25}$$

上式就称为 Gallager 上界，它表示发送码字矢量 $\boldsymbol{x}^*$ 后，最小译码错误概率的上界。

(3) 随机编码方法的平均错误译码概率上界。

对于随机编码，各个码字矢量独立且等概，有

$$p(\boldsymbol{x}_1,\boldsymbol{x}_2,\cdots,\boldsymbol{x}_m,\cdots,\boldsymbol{x}_M) = \prod_{m=1}^{M} p(\boldsymbol{x}_i)$$

由式(5.25)求平均值，求得随机编码的平均错误译码概率的上界为

$$\begin{aligned}P_e &= \sum_{m=1}^{M} p(\boldsymbol{x}_1,\boldsymbol{x}_2,\cdots,\boldsymbol{x}_m,\cdots,\boldsymbol{x}_M)P_e(\boldsymbol{x}^*)\\ &\leqslant \sum_{m=1}^{M} p(\boldsymbol{x}_1)p(\boldsymbol{x}_2)\cdots p(\boldsymbol{x}_M)\sum_{\boldsymbol{y}}[p(\boldsymbol{y}/\boldsymbol{x}^*)]^{\frac{1}{1+\rho}}\left\{\sum_{m\neq *}[p(\boldsymbol{y}/\boldsymbol{x}_m)]^{\frac{1}{1+\rho}}\right\}^{\rho}\\ &= \sum_{\boldsymbol{y}}\sum_{m=*} p(\boldsymbol{x}^*)[p(\boldsymbol{y}/\boldsymbol{x}^*)]^{\frac{1}{1+\rho}}\sum_{m=1}^{M} p(\boldsymbol{x}_m)\left\{\sum_{m\neq *}[p(\boldsymbol{y}/\boldsymbol{x}_m)]^{\frac{1}{1+\rho}}\right\}^{\rho}\end{aligned} \tag{5.26}$$

看上式的最后一项 $\sum_{m=1}^{M} p(\boldsymbol{x}_m)\left\{\sum_{m\neq *}[p(\boldsymbol{y}/\boldsymbol{x}_m)]^{\frac{1}{1+\rho}}\right\}^{\rho}$，因为 $0 \leqslant \rho \leqslant 1$，而 $\boldsymbol{x}^{\rho}$ 是 $\boldsymbol{x}$ 的上凸函数，也就是有函数的均值小于等于均值的函数，即有

$$\sum_{m=1}^{M} p(\boldsymbol{x}_m)\left\{\sum_{m\neq *}[p(\boldsymbol{y}/\boldsymbol{x}_m)]^{\frac{1}{1+\rho}}\right\}^{\rho} \leqslant \left[\sum_{m=1}^{M} p(\boldsymbol{x}_m)\sum_{m\neq *}[p(\boldsymbol{y}/\boldsymbol{x}_m)]^{\frac{1}{1+\rho}}\right]^{\rho} \tag{5.27}$$

这里进一步假设离散无记忆信道为对称信道，即 $p(\boldsymbol{y}/\boldsymbol{x}_m)$ 相同，记为 $p(\boldsymbol{y}/\boldsymbol{x})$，代入上式得

$$\sum_{m=1}^{M} p(\boldsymbol{x}_m)\left\{\sum_{m\neq *}[p(\boldsymbol{y}/\boldsymbol{x}_m)]^{\frac{1}{1+\rho}}\right\}^{\rho} \leqslant \left[(M-1)\sum_{m=1}^{M} p(\boldsymbol{x}_m)[p(\boldsymbol{y}/\boldsymbol{x}_m)]^{\frac{1}{1+\rho}}\right]^{\rho} \tag{5.28}$$

由此可得到平均错误译码概率为

$$\begin{aligned}P_e &\leqslant \sum_{\boldsymbol{y}}\sum_{m=*} p(\boldsymbol{x}^*)[p(\boldsymbol{y}/\boldsymbol{x}^*)]^{\frac{1}{1+\rho}}\left[(M-1)\sum_{m=1}^{M} p(\boldsymbol{x}_m)[p(\boldsymbol{y}/\boldsymbol{x}_m)]^{\frac{1}{1+\rho}}\right]^{\rho}\\ &= (M-1)^{\rho}\sum_{\boldsymbol{y}}\left[\sum_{m=1}^{M} p(\boldsymbol{x}_m)[p(\boldsymbol{y}/\boldsymbol{x}_m)]^{\frac{1}{1+\rho}}\right]^{1+\rho}\end{aligned} \tag{5.29}$$

这就是随机编码方法平均错误译码概率的理论上界。

(4) 离散无记忆信道的平均错误译码概率上界。

对于n维离散无记忆信道有$p(\boldsymbol{y}/\boldsymbol{x})=\prod_{i=1}^{n}p(y_j/x_i)$,对于随机编码有$p(\boldsymbol{x})=\prod_{i=1}^{n}p(x_i)$,即假设信源为离散无记忆信源,将这两个关系代入式(5.29),可以得到离散无记忆信道的平均错误译码概率为

$$\begin{aligned}P_e &\leqslant (M-1)^{\rho}\sum_{y_1}\cdots\sum_{y_n}\left[\sum_{x_1}\cdots\sum_{x_n}p(x_1)p(y_1/x_1)^{\frac{1}{1+\rho}}\cdots p(x_n)p(y_n/x_n)^{\frac{1}{1+\rho}}\right]^{1+\rho}\\ &=(M-1)^{\rho}\prod_{i=1}^{n}\sum_{y_i}\left[\sum_{x_i}p(x_i)p(y_i/x_i)^{\frac{1}{1+\rho}}\right]^{1+\rho}\end{aligned}\tag{5.30}$$

进一步考虑信源序列$\boldsymbol{x}=[x_1,x_2,\cdots,x_i,\cdots,x_n]$的每一个符号$x_i$都取自一个符号集合$A=\{a_1,a_2,\cdots,a_r\}$,并为等概分布即$p(x_i)$相同,又通过同一个信道传输并假设$p(y_i/x_i)$也相同,因此有

$$\sum_{y_i}\left[\sum_{x_i}p(x_i)p(y_i/x_i)^{\frac{1}{1+\rho}}\right]^{1+\rho}=\sum_{y}\left[\sum_{x}p(x)p(y/x)^{\frac{1}{1+\rho}}\right]^{1+\rho}\tag{5.31}$$

将式(5.31)代入式(5.30),可得

$$\begin{aligned}P_e &\leqslant (M-1)^{\rho}\left\{\sum_{y}\left[\sum_{x}p(x)p(y/x)^{\frac{1}{1+\rho}}\right]^{1+\rho}\right\}^{n}\\ &< M^{\rho}\left\{\sum_{y}\left[\sum_{x}p(x)p(y/x)^{\frac{1}{1+\rho}}\right]^{1+\rho}\right\}^{n}\end{aligned}\tag{5.32}$$

(5) 可靠性函数$E(R)$。

在上述定理证明过程中,假设原始信源有M个符号,用r进制编码,码长为n,这时可知其信息传输速率为(取单位为奈特/信道码元)

$$R=\frac{\ln M}{n}$$

由此可得$M=e^{Rn}$,由式(5.32)得

$$P_e < e^{Rn\rho}e^{\ln\left\{\sum_{y}\left[\sum_{x}p(x)p(y/x)^{\frac{1}{1+\rho}}\right]^{1+\rho}\right\}^{n}}\tag{5.33}$$

其中记

$$-\ln\sum_{y}\left[\sum_{x}p(x)p(y/x)^{\frac{1}{1+\rho}}\right]^{1+\rho}=E_0(\rho,p)\quad(0\leqslant\rho\leqslant 1)$$

则式(5.33)可以写成

$$P_e < \exp\{-n[-\rho R+E_0(\rho,p)]\}\tag{5.34}$$

为了使上界更严密,考虑上式右侧的极小值,即求$[-\rho R+E_0(\rho,p)]$的极大值,记这个极大值为

$$E(R)=\max_{0\leqslant\rho\leqslant 1}\max_{p}[E_0(\rho,p)-\rho R]$$

则式(5.34)可以写为

$$P_e < \exp\{-nE(R)\}\tag{5.35}$$

其中,$E(R)$为可靠性函数,在考虑参数ρ和原始信源先验概率分布p的条件下它是信道转移概率$p(y/x)$的函数。进一步研究可以证明,在$0<R<C$范围内,$E(R)$是下降的下凸正值函数,也就是说$E(R)$是一个有界函数,这样就有,当$\lim\limits_{n\to\infty}nE(R)\to\infty$时,有$\exp\{-nE(R)\}\to 0$,从而$P_e\to 0$。

这样就证明了有噪声信道编码定理的正定理的存在性。

5.4 信息传输的差错控制方法

我们知道,在有噪声信道上传输信息不可避免地会产生差错,而通信系统的基本目标是尽量减少或消除信道干扰引起的差错,因此就出现了各种基于香农信道编码理论的差错控制方法,进而在通信理论中形成了一个专门研究信道编码的理论分支,从目前来看,传统的信道编码理论的主要基础是香农第二编码定理和抽象代数理论。

5.4.1 差错控制方法的分类

通信系统的差错控制方法可以从不同角度和不同层面上进行分类。

首先,从信道编码的应用角度上看,可以分为检错码和纠错码。检错码一般具有较少的监督码元,冗余度较小,只能检出错误,但不能纠正错误,一般需要与自动重复传送 ARQ 系统一起构成差错控制系统。纠错码相对具有较多的监督码元,既可以发现错误也可以同时纠正错误。

从编码的码字结构及监督元与信息元的数学关系角度讲,信道编码的分类可以由图5.5表示。

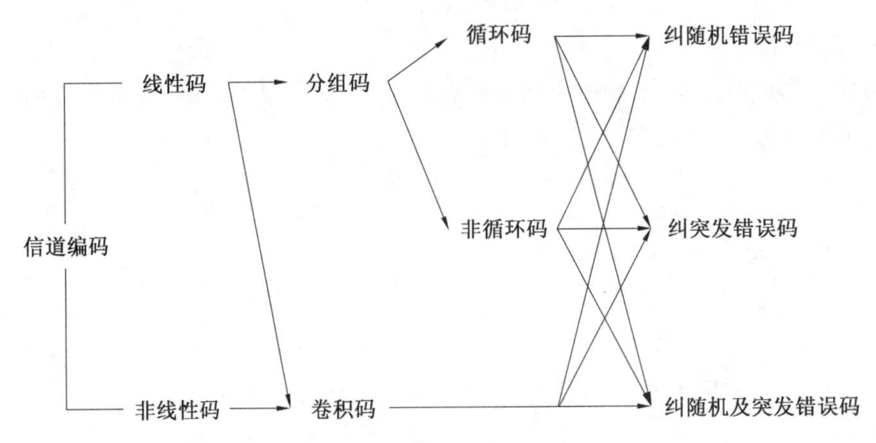

图5.5 信道编码分类关系图

根据码字结构的不同,信道编码可以分为分组码和卷积码,分组码的码字结构如图5.6所示,其码长为$n=k+r$,其中k为信息码元个数,r为监督码元个数,每个码字的监督元只与这个码字的信息元有逻辑代数关系,也就是说存在一种码字分组内的相关,译码时可以每个码字单独译码,通常记为(n,k)码。

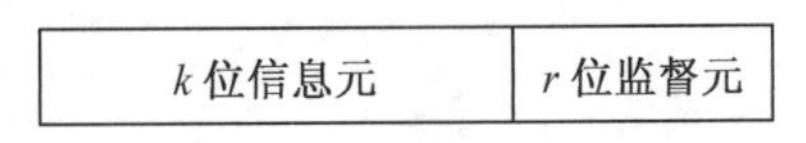

图5.6 分组码的码字结构

卷积码的码字结构如图5.7所示,其中n_0为码字长度,k_0为信息元个数,且有$n_0 \geqslant k_0$。卷积码的n_0-k_0个监督元不仅与本码字的信息元有代数关系,而且还与前m个码字的信息元有关,m为卷积码编码器的存储器级数,也称为卷积码的约束长度,卷积码通常记为$(n_0,$

$k_0, m)$ 码。

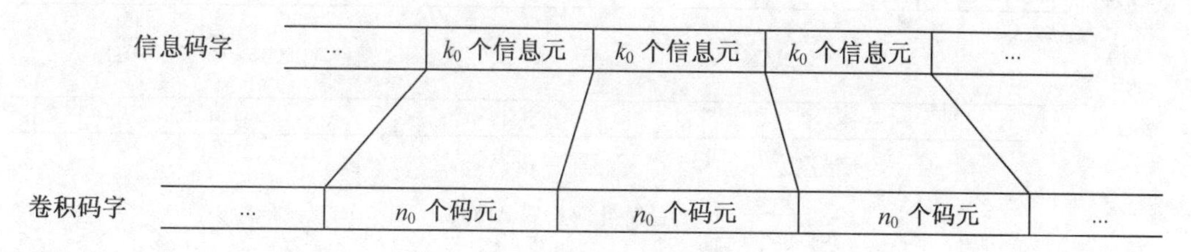

图5.7　卷积码的码字结构

根据信道编码的码字中信息元与监督元的代数关系的不同,可以分为线性码和非线性码。如果监督元与信息元的关系是线性代数关系,则称为线性码,否则称为非线性码。根据纠正信道错误的类型还可以分为纠随机错误码、纠突发错误码和纠随机及突发错误码。根据编码后码组中的码字构成特点可以分为循环码和非循环码。根据信道码元集合中元素的个数还可以分为二进制码和多进制码,这些将在后面的章节中结合实例给予进一步说明。

在进一步考虑信道编码在实际通信系统的应用时,主要有两种基本的差错控制方式,一种是自动反馈重传方式,另外一种是前向纠错方式,当然也存在两种方式的混合使用。下面对两种基本方式给出简单介绍。

1. 自动请求重传方式

一般情况下,当通信系统对信息传输延时要求不是很高,信道条件比较好时,为了提高系统整体效率,往往使用检错码加上自动重传的方法解决传输差错控制问题。在这样的系统中,发送端将信息通过检错码编码,接收端监测码字错误情况,一旦发现错误就通过反向信道自动通知发送端,请求发送端重发。这种差错控制方式称为自动请求重传(ARQ) 方式,其系统构成原理如图5.8所示。

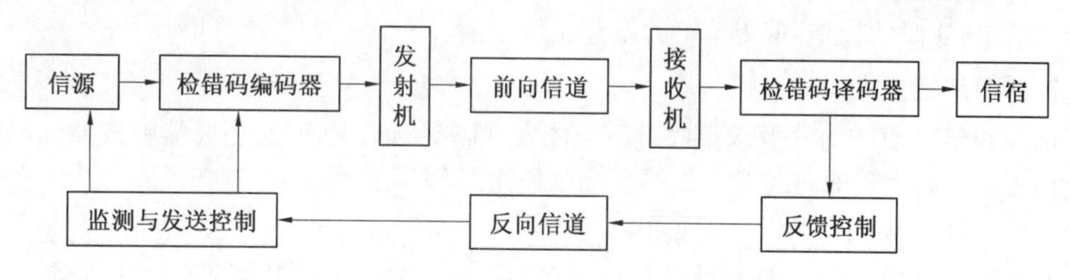

图5.8　自动请求重传方式系统构成原理图

图5.9给出了三种典型的ARQ方式,分别为停止等待式ARQ、退N步式ARQ和选择重传式ARQ。图中的ACK和NAK分别代表确认信号和非确认信号,也就是分别表示未检出错误和已经检出错误。停止等待式ARQ系统发射机发送一个码字(信息段) 后就要等待反馈,反馈为ACK就继续发送下一个码字,反馈为NAK则重新发送,因此需要一定的等待时间,当信道条件较好时这种方式效率很低。退N步式ARQ系统发射机连续发送码字,并且连续接收确认信息,收发双方设计好一个N值,一旦发射机收到一个NAK,就会回退N个码字,从出现错误的码字开始继续发送,显然这个N的选择应当与信息传送延时有关系。退N步ARQ的传输效率有所提高,但仍然存在重复传送的情况。选择重传式ARQ就是在发现错误后,发送端仅重新发送出错的码字,显然这种方式需要收发端有更为复杂的存储控制系统,传输效率也是最高的。

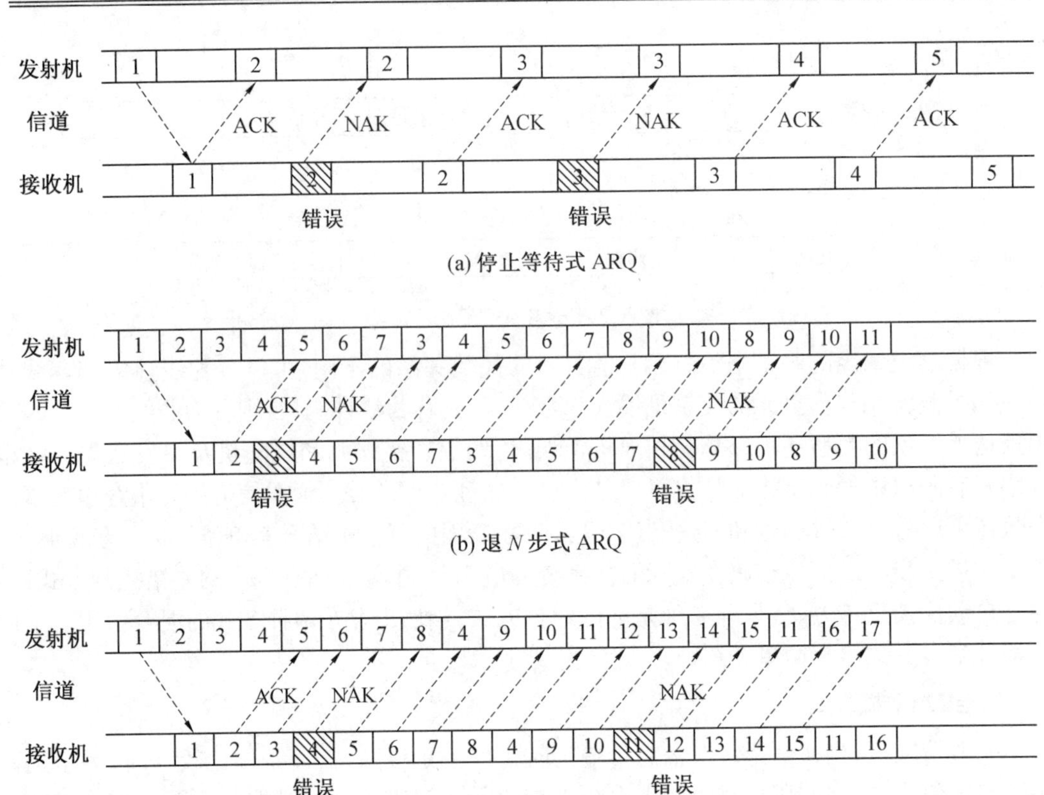

图 5.9　自动请求重传的三种方式示意图

ARQ 差错控制方式的优点是纠错能力强，适应能力强，编译码器实现简单，其缺点是需要反向信道，实时性较差，重传策略的设计比较复杂。

2. 前向纠错方式

前向纠错(FEC)方式要求接收端不仅能发现码字的错误，而且还要能够按照译码准则估计出正确的码字。前向纠错方式的系统原理如图 5.10 所示。

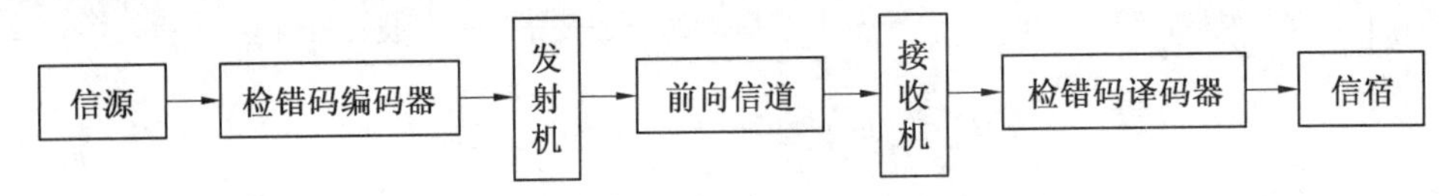

图 5.10　前向纠错方式的系统原理图

信道编码的主要目的是提高通信系统的可靠性，但是根据香农信道编码定理，只要信道传信率小于信道容量，就一定存在使误码率任意小的编码方法，并且使传信率无限接近信道容量。

前向纠错方式的优点是接收端可以自动发现并纠正错误，不需要反向信道，可实现一点对多点的广播通信，传输实时性好，控制方式比较简单。而其缺点是译码算法比较复杂，如果使用一种固定的编译码算法，则对信道的适应性较差，为了提高可靠性就要牺牲传输效率。

除了 ARQ 方式和 FEC 方式之外，还可以将两种方式结合使用，这就是所谓的混合纠错方式(HEC)，HEC 可以充分利用两种基本方式的优点，提高信道编码的适应性，提高系统效率。

5.4.2　信道编码的性能评价

信道编码的研究一直是信息理论的一个重要研究分支,信道编码的研究重点是寻找纠错能力更强、效率更高、实现更为简单的编码方法。因此,需要有一些共同的评价指标来评价不同编码方法的性能,信道编码的主要评价指标包括纠检错能力、编码效率、编码增益和算法复杂度等。

1. 汉明距离与纠检错能力

前面我们曾介绍,一种编码方法的纠检错能力可以用码组的最小汉明距离来表示,研究结果给出了(n,k)分组码的纠检错能力与最小汉明距离的关系。

定理 5.3　对于一个(n,k)分组码,纠检错能力与最小汉明距离的关系为:

若要检出 e 个码元错误,则要求最小码距满足$d_{\min} \geqslant e+1$;

若要纠正 t 个码元错误,则要求最小码距满足$d_{\min} \geqslant 2t+1$;

若要纠正 t 个码元错误同时检出 e 个码元错误$(t<e)$,则要求最小码距满足$d_{\min} \geqslant t+e+1$。

这个结论可以用简单的图示法给予说明,图 5.11 给出了最小汉明距离与纠检错能力的关系。

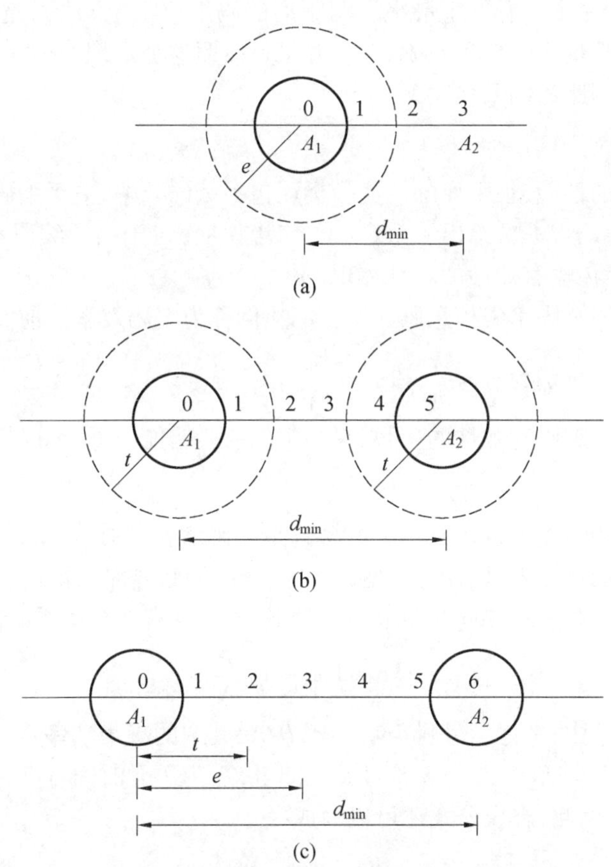

图 5.11　最小汉明距离与纠检错能力的关系

在图5.11(a)中，假设码组中的一个许用码字 A_1 在汉明空间中的原点0，码组的最小汉明距离为 $d_{\min}=3$，那么码组中距离 A_1 最近的许用码字只可能在 A_2 的点上，这时如果用于检错码，当码字 A_1 错2个以下的码元，都不会使码字 A_1 错成另外一个许用码字（如 A_2），可见这个码组具有检出 $e=2$ 位码元错误的纠检错能力。

在图5.11(b)中，假设码组的最小汉明距离为 $d_{\min}=5$，那么码组中距离 A_1 最近的许用码字只可能在 A_2 的点上，这时如果用于纠错码，当码字 A_1 错2个以下的码元，接收到的码字在汉明空间中仍然距离许用码字 A_1 为最近距离，根据最小汉明距离准则，可以正确地估计发送码字为 A_1。但是如果错了3个码元，接收机译码器就会误判为另外一个许用码字（如 A_2），可见这个码组具有纠正 $t=2$ 位码元错误的纠检错能力。

在图5.11(c)中，假设码组的最小汉明距离为 $d_{\min}=6$，那么码组中距离 A_1 最近的许用码字只可能在 A_2 的点上，这时如果同时纠正和检出错误的编码方式，当码字 A_1 错2个以下的码元，接收到的码字在汉明空间中仍然距离许用码字 A_1 为最近距离，根据最小汉明距离准则，可以正确地估计发送码字为 A_1。如果错了3个码元，接收到的码字不是许用码字，但是根据最小汉明距离准则又无法判断（可能与两个以上的许用码字具有相同的汉明距离），这时就可以实现检错功能。可见这个码组具有纠正 $t=2$ 位同时发现 $e=3$ 位码元错误的纠检错能力。

应当说明，对于一个具有一定最小汉明距离的码组（编码方法），选择作为纠错码还是检错码往往是需要根据实际应用来确定的，并不是按照这个定理的描述确定，定理给出的只是纠检错能力与汉明距离的基本关系。

2. 编码效率

评价信道编码的性能，很重要的性能指标还包括编码效率，关于编码效率已经介绍过很多，这里针对信道编码再一次给出一个定义。应当说明，对于信源编码和信道编码，其编码效率是统一的，都是传输有效性的一种体现。

定义5.6 在一个码字中信息码元所占的比例称为编码效率。前面已经介绍过分组码与卷积码的编码效率分别为 $\eta=\dfrac{k}{n}$ 和 $\eta=\dfrac{k_0}{n_0}$。

编码效率是衡量编码有效性的参数，在一定的纠检错能力下，编码效率越高越好。

3. 编码增益

关于信道编码的性能评价还有一个概念就是编码增益。香农第二定理指出，可以在传信率接近信道容量的情况下，以任意小的误码率传输信息，这是可能的。在讨论香农公式时已经知道，信道容量 C、信号带宽 W 和接收信噪比 P/N 具有互换关系。由式(3.130)，即

$$C=W\log_2\left(1+\frac{P}{N}\right)$$

在这个基本关系中，考虑信号噪声功率比 P/N，其中的噪声功率 $N=N_0W$，N_0 为噪声功率密度，而信号功率 $P=E_b/T_b$，E_b 为符号码元能量，T_b 为码元时间宽度，T_b 与码元速率 R_b 的关系为 $R_b=1/T_b$。因此，香农公式还可以写成

$$C=W\log_2\left(1+\frac{R_b}{W}\frac{E_b}{N_0}\right)$$

其中，R_b/W 是在"通信原理"课程中介绍过的频带利用率，在理想接收机条件下，理论上可

以认为频带利用率取决于系统使用的调制解调方式。这就是用归一化信噪比 E_b/N_0(码元信噪比) 表示的香农公式,这是在“通信原理” 及相关课程中常见的香农公式表示形式。

图5.12给出了一个信息传输系统的未采用信道编码和采用某种信道编码的误码率曲线,对于相同的传输信道,采用相同的调制解调方式。由图中可见,在同样的信噪比情况下,采用信道编码可以得到更好的误码率性能。反过来讲,要得到同样的误码率性能,采用信道编码仅需要更低的信噪比要求,从中可以看到信道编码给通信系统的性能带来的好处。通常可以用编码增益来描述由信道编码对通信系统性能带来的改善。

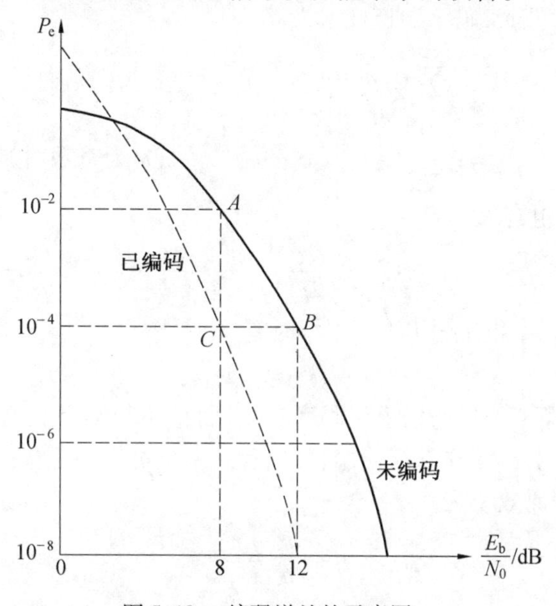

图5.12　编码增益的示意图

定义5.7　针对同一个通信系统,在一定的误码率指标条件下,通过信道编码带来的信噪比的减少量称为编码增益,即

$$G = \left(\frac{E_b}{N_0}\right)_u - \left(\frac{E_b}{N_0}\right)_c$$

其中,$(E_b/N_0)_u$ 和 $(E_b/N_0)_c$ 分别表示未编码和编码后满足误码率所需要的信噪比。

例如,在某种调制解调方式下,为了获得 10^{-4} 的误码率指标,未编码时需要信噪比为12 dB,而编码后只需要8 dB,即表示系统具有4 dB的编码增益。

5.4.3　简单的检错码举例

1. 奇偶校验码

奇偶校验码也称为一致监督检错码,是一种检错分组码。

当信息码字为二元序列,码字长度为 k,共有 2^k 个码字,可以在信息码字后面加上一位监督元,构成长度为 $n=k+1$ 的检错码,$X=[x_1,x_2,\cdots,x_k,x_{k+1}]=[x_1,x_2,\cdots,x_n]$。

对于偶校验码,监督元为

$$x_n = x_{k+1} = x_1 \oplus x_2 \oplus \cdots \oplus x_k = \sum_{i=1}^{k} x_i$$

对于奇校验码,监督元为

$$x_n = x_{k+1} = x_1 \oplus x_2 \oplus \cdots \oplus x_k = \sum_{i=1}^{k} x_i + 1$$

可以验证,偶校验码中有偶数个1,奇校验码中有奇数个1。奇偶校验码的最小码距为 $d_{\min}=2$,可以检一位码元错误。可用码字为 2^n 个,许用码字为 2^k 个,禁用码字为 2^n-2^k 个。

检错码不能发现错误码字的概率称为漏检概率。可以看到,奇偶校验码不能发现偶数个码元错误,根据最小码距分析至少检一位错,但是,实际上可以检出所有奇数个错,因为根据最小汉明距离分析的纠检错能力是保守的极限值。

假设信道误码率为 p_e,码字漏检概率为 P_u,有

$$P_u = \sum_{i=1}^{n/2} C_n^{2i} p_e^{2i} (1-p_e)^{n-2i} \quad (n\ 为偶数时)$$

$$P_u = \sum_{i=1}^{(n-1)/2} C_n^{2i} P_e^{2i} (1-p_e)^{n-2i} \quad (n\ 为奇数时)$$

其中,n 为码字长度,组合关系为

$$C_n^{2i} = \frac{n!}{(2i)!\ (n-2i)!}$$

可知,当信道误码率很小时,即 p_e 很小时有

$$P_u = C_n^2 p_e^2$$

应该指出,漏检概率不仅与信道误码率有关,而且还与码字长度有关,实际上它是一个误字率的概念,应当配合 ARQ 系统使用,可以看到系统可靠性是很高的。

奇偶校验码的编码效率为

$$\eta = \frac{k}{n} = \frac{n-1}{n}$$

根据奇偶校验码的原理,还有一些改进和推广的方法,如水平奇偶校验码、垂直奇偶校验码、群计数码等。

2. 定比码

定比码也称为等重码或范德伦码,它也是一种简单检错码,包括五三定比码和七三定比码。

五三定比码也称为五单位码,主要用于国内电报系统,码长为5,其中1的个数为3,这种码的许用码字为 $C_5^3 = \frac{5!}{3!\ (5-3)!} = 10$,用于表示国内电报系统中的数字 0 ~ 9。

七三定比码也称为七单位码,主要用于国际电报系统,码长为7,其中1的个数为3,这种码的许用码字为 $C_7^3 = \frac{7!}{3!\ (7-3)!} = 35$,用于表示 26 个英文字母和一些基本符号。

五三定比码和七三定比码的最小汉明距离 $d_{\min}=2$,至少可以检一位错,实际上定比码可以检出所有奇数位错码及一些偶数位错码。

定比码的漏检情况为码字中出现偶数位错误,且一半 1 错为 0,一半 0 错为 1,即

$$P_u = P_2 + P_4 + \cdots$$

$$P_2 = P_{10} \cdot P_{01} = C_3^1 p_e (1-p_e)^2 C_2^1 p_e (1-p_e)$$

$$P_4 = C_2^2 C_3^2 p_e^4 (1-p_e)$$

五三定比码和七三定比码的编码效率分别为

$$\eta_{53}=\frac{R}{C}=\frac{H(X)}{H_{\max}(X)}=\frac{\log_2 10}{\log_2 2^5}\times 100\%=\frac{\log_2 10}{5}\times 100\%=66\%$$

$$\eta_{73}=\frac{R}{C}=\frac{H(X)}{H_{\max}(X)}=\frac{\log_2 35}{7}\times 100\%=72\%$$

除了上述两种简单检错码,重复码也是常见的检错码,前面已经介绍过了。

5.5* 经典序列与信道编码定理

上一节给出了信道编码定理的描述和一种证明方法,实际上自从香农提出信道编码定理后,有很多研究者用不同方法给出了证明。为了更好地理解香农编码定理的思想,这里介绍一些相关概念和香农定理的证明方法,以供大家参考。

5.5.1 渐近等分割性和 ε 经典序列

1. 渐近等分割性

渐近等分割性(AEP)是概率理论中大数定理的一个性质。大数定理指出,对于独立同分布的随机变量 $X_1,X_2,\cdots,X_n$,只要 n 足够大,随机变量之和除以 n 就无限接近其数学期望,即有

$$\lim_{n\to\infty}\frac{1}{n}\sum_{i=1}^{n}X_i\to E[X] \tag{5.36}$$

在信息论中,如果随机序列信源 $S_1,S_2,\cdots,S_n$ 为独立同分布随机变量,只要 n 足够大,随机变量的不确定度除以 n 就无限接近于其信源熵,即有

$$\lim_{n\to\infty}\frac{1}{n}\log_2\frac{1}{p(S_1,S_2,\cdots,S_n)}\to H(S) \tag{5.37}$$

也就是说,这个序列信源的联合概率分布就接近于 $2^{-nH(S)}$,即有

$$\lim_{n\to\infty}p(S_1,S_2,\cdots,S_n)=2^{-nH(S)} \tag{5.38}$$

这一特性在信息论中称为"渐近等分割特性"(Asymptotic Equipartition Property, AEP)。

例如,设一个随机变量,其概率分布为 $S\in\{0,1\}$,其概率分布为 $P(1)=p$ 和 $P(0)=1-p=q$。如果 $S_1,S_2,\cdots,S_n$ 为独立等分布随机序列,那么随机序列的概率分布就等于

$$P(s_1,s_2,\cdots,s_n)=\prod_{i=1}^{n}P(s_i)=p^{\sum s_i}q^{n-\sum s_i}$$

如当 $n=6$ 时,序列(011011)的概率为 p^4q^2。显然,在 2^6 个不同序列中,各序列的分布概率是不同的。但是当 n 足够大时,可以认为在 $2n$ 个序列中有一些序列"1"出现的概率接近于 np,这些序列出现的概率为 $p^{np}q^{n-np}=2^{-nH(S)}$。因此,所有这些"1"出现的概率接近 np 的序列近似于等概率分布,其概率接近于 $2^{-nH(S)}$。

2. ε 经典序列

设离散无记忆信源

$$\begin{bmatrix}S\\p(s)\end{bmatrix}=\begin{bmatrix}s_1 & s_2 & \cdots & s_q\\p(s_1) & p(s_2) & \cdots & p(s_q)\end{bmatrix},\quad \sum_{i=1}^{q}p(s_i)=1$$

S 的 n 次扩展信源为 $S^n=(S_1,S_2,\cdots,S_n)$

$$\begin{bmatrix} S^n \\ p(\alpha) \end{bmatrix}=\begin{bmatrix} \alpha_1 & \alpha_2 & \cdots & \alpha_{q^n} \\ p(\alpha_1) & p(\alpha_2) & \cdots & p(\alpha_{q^n}) \end{bmatrix}$$

其中 $\alpha_i=[s_{i1},s_{i2},\cdots,s_{in}](i=1,2,\cdots,q^n;i1,i2,\cdots,in=1,2,\cdots,q)$。

根据离散无记忆的假设,有

$$p(\alpha_i)=\prod_{ik=1}^{n}p(s_{ik})$$

n 次扩展信源的一个符号(序列)的自信息量为

$$I(\alpha_i)=-\log_2 p(\alpha_i)=-\sum_{ik=1}^{n}p(s_{ik})=\sum_{ik=1}^{n}I(s_{ik}) \tag{5.39}$$

$I(\alpha_i)$ 的数学期望就是这个扩展信源的熵,即

$$E[I(\alpha_i)]=H(S^n)=\sum_{ik=1}^{n}E[I(s_{ik})]=nH(S) \tag{5.40}$$

$I(\alpha_i)$ 的方差为

$$\begin{aligned} D[I(\alpha_i)] &= nD[I(s_{ik})]=n\{E[I^2(s_{ik})]-[H(S)]^2\} \\ &= n\left\{\sum_{i=1}^{q}p(s_i)\,[\log_2 p(s_i)]^2-\left[-\sum_{i=1}^{q}p(s_i)\log_2 p(s_i)\right]^2\right\} \end{aligned} \tag{5.41}$$

显然,当 q 为有限值时,这个方差为一个有限值。

定理 5.4 若 $S=\{s_1,s_2,\cdots,s_q\}$ 为离散无记忆信源,在其 n 次扩展信源 $S_1,S_2,\cdots,S_n$ 随机序列中,随机变量 $S_i(i=1,2,\cdots,n)$ 为统计独立同分布,且有 $\alpha_i=[s_{i1},s_{i2},\cdots,s_{in}]\in S_1,S_2,\cdots,S_n$,则

$$\frac{1}{n}\log_2\frac{1}{p(\alpha_i)}=\frac{1}{n}\log_2\frac{1}{p(s_{i1},s_{i2},\cdots,s_{in})}\to H(S) \tag{5.42}$$

证明 因为相互独立的随机变量的函数也是相互独立的随机变量,因此,若 $S_i(i=1,2,\cdots,n)$ 是统计独立同分布随机变量,则 $-\log_2 p(S_i)(i=1,2,\cdots,n)$ 也是统计独立的随机变量,并且根据大数定理有

$$\frac{1}{n}\sum_{i=1}^{n}\log_2\frac{1}{p(S_i)}=\frac{1}{n}\log_2\frac{1}{p(S_1S_2\cdots S_n)}\to H(S) \tag{5.43}$$

由于 $\alpha_i=[s_{i1},s_{i2},\cdots,s_{in}]\in S_1,S_2,\cdots,S_n(i=1,2,\cdots,q^n;i1,i2,\cdots,in=1,2,\cdots,q)$,有

$$\frac{1}{n}\log_2\frac{1}{p(\alpha_i)}=\frac{1}{n}\log_2\frac{1}{p(s_{i1},s_{i2},\cdots,s_{in})}\to H(S) \tag{5.44}$$

即对于任意小的 $\varepsilon>0$,

$$\lim_{n\to\infty}P\left\{\left|\frac{I(\alpha_i)}{n}-H(S)\right|<\varepsilon\right\}=1 \tag{5.45}$$

渐近等分割特性说明,离散无记忆信源的 n 次扩展信源中,信源序列的自信息量均值 $I(\alpha_i)/n$ 以概率收敛于信源熵 $H(S)$。所以,当 n 为有限长度时,在所有 q^n 个长度为 n 的信源序列中必然有一些 α_i,其自信息量均值与 $H(S)$ 的差小于 ε,而另外一些序列 α_i 的自信息量均值与 $H(S)$ 的差大于等于 ε,从而构成两个子集。

定义 5.8　对于 n 长序列 $\alpha_i=[s_{i1},s_{i2},\cdots,s_{in}]\in S^n$,如果对于任意小的正数 ε,满足

$$\left|\frac{I(\alpha_i)}{n}-H(S)\right|<\varepsilon \tag{5.46}$$

也就是

$$\left|\frac{-\log_2 p(\alpha_i)}{n}-H(S)\right|<\varepsilon \tag{5.47}$$

则称这个序列为 ε 典型序列。

反之,如果满足

$$\left|\frac{I(\alpha_i)}{n}-H(S)\right|\geqslant\varepsilon \tag{5.48}$$

则称这个序列为非 ε 典型序列。

用 $G_{\varepsilon n}$ 表示 n 次扩展序列 S^n 中的所有 ε 典型序列$[\alpha_i]$的集合,用$\overline{G}_{\varepsilon n}$ 表示 S^n 中的所有非 ε 典型序列$[\alpha_i]$的集合,可以表示为

$$G_{\varepsilon n}=\left\{\alpha_i;\left|\frac{I(\alpha_i)}{n}-H(S)\right|<\varepsilon\right\} \tag{5.49}$$

$$\overline{G}_{\varepsilon n}=\left\{\alpha_i;\left|\frac{I(\alpha_i)}{n}-H(S)\right|\geqslant\varepsilon\right\} \tag{5.50}$$

并且有 $G_{\varepsilon n}\cap\overline{G}_{\varepsilon n}=0,G_{\varepsilon n}\cup\overline{G}_{\varepsilon n}=S^n$。这就是说,$\varepsilon$ 典型序列集合就是那些平均自信息量以任意小的差距接近于信源熵的 n 长序列的集合。

定理 5.5　对于任意给定的正数 $\varepsilon\geqslant0$ 和 $\delta\geqslant0$,当 n 足够大时,则有:

(1) 存在 ε 典型序列集合的概率无限接近于1,存在非 ε 典型序列集合的概率接近于任意小。

$$P(G_{\varepsilon n})>1-\delta \tag{5.51}$$

$$P(\overline{G}_{\varepsilon n})\leqslant\delta \tag{5.52}$$

(2) 如果 $\alpha_i=[s_{i1},s_{i2},\cdots,s_{in}]\in G_{\varepsilon n}$,则

$$2^{-n[H(S)+\varepsilon]}<p(\alpha_i)\leqslant2^{-n[H(S)-\varepsilon]} \tag{5.53}$$

(3) 设 $\|G_{\varepsilon n}\|$ 表示 ε 典型序列集合中包含 ε 典型序列的个数,则有

$$(1-\delta)2^{n[H(S)-\varepsilon]}\leqslant\|G_{\varepsilon n}\|<2^{n[H(S)+\varepsilon]} \tag{5.54}$$

证明　性质(1)可由定理5.1直接推得。根据定理5.1,有式(5.45)成立。因此,对于任意给定的 $\delta>0$,存在一个 n_0,当 $n>n_0$ 时有

$$P\left\{\left|\frac{I(\alpha_i)}{n}-H(S)\right|<\varepsilon\right\}>1-\delta \tag{5.55}$$

即得式(5.51),$P(G_{\varepsilon n})>1-\delta$。

又根据切比雪夫不等式,对于任意给定的 $\varepsilon>0$,有

$$P\{|I(\alpha_i)-nH(S)|\geqslant n\varepsilon\}\leqslant\frac{D[I(\alpha_i)]}{(n\varepsilon)^2}$$

即

$$P\left\{\left|\frac{I(\alpha_i)}{n}-H(S)\right|\geqslant\varepsilon\right\}\leqslant\frac{D[I(s_i)]}{n\varepsilon^2} \tag{5.56}$$

令

$$\frac{D[I(s_i)]}{n\varepsilon^2} = \delta(n,\varepsilon) = \delta \tag{5.57}$$

可见

$$\lim_{n\to\infty} \delta(n,\varepsilon) = \lim_{n\to\infty} \frac{D[I(s_i)]}{n\varepsilon^2} = 0 \tag{5.58}$$

由式(5.56)得

$$0 \leqslant P(\overline{G}_{\varepsilon n}) \leqslant \delta \tag{5.59}$$

又得

$$1 \geqslant P(G_{\varepsilon n}) \geqslant 1 - \delta \tag{5.60}$$

所以,式(5.51)中的δ可以由式(5.57)决定。

性质(2)的证明可以由ε典型序列的定义得出。如果信源序列$\alpha_i \in G_{\varepsilon n}$,必须满足式(5.46),因此,这些序列的自信息量必须满足

$$\varepsilon > \frac{I(\alpha_i)}{n} - H(S) > -\varepsilon \tag{5.61}$$

或

$$n[H(S)+\varepsilon] > -\log_2 P(\alpha_i) > n[H(S)-\varepsilon] \tag{5.62}$$

则可证得性质(2)的式(5.53)。可见ε典型序列出现的概率近似相等,即典型序列为渐近等概序列,可以粗略地认为典型序列出现的概率都等于$2^{-nH(S)}$。

性质(3)的证明,根据不等式

$$1 = \sum_{\alpha_i \in S^n} P(\alpha_i) \geqslant \sum_{\alpha_i \in G_{\varepsilon n}} P(\alpha_i) \geqslant \sum_{\alpha_i \in G_{\varepsilon n}} 2^{-n[H(S)+\varepsilon]} = \| G_{\varepsilon n} \| 2^{-n[H(S)+\varepsilon]} \tag{5.63}$$

由此可以证明$\| G_{\varepsilon n} \| \leqslant 2^{n[H(S)+\varepsilon]}$。

同样,根据式(5.51),当n足够大时有

$$1-\delta < P(G_{\varepsilon n}) \leqslant \| G_{\varepsilon n} \| \cdot \max_{\alpha_i \in G_{\varepsilon n}} P(\alpha_i) \leqslant \| G_{\varepsilon n} \| 2^{-n[H(S)-\varepsilon]} \tag{5.64}$$

由此可以证明$\| G_{\varepsilon n} \| \geqslant (1-\delta) 2^{n[H(S)-\varepsilon]}$。

定理证毕。

定理5.5表明:n次扩展信源中的序列可以分为两类,一类是ε典型序列,是经常出现的序列,当n很大时,这类序列出现的概率趋于1。另一类是非ε典型序列,出现概率很低,当n很大时,出现概率趋于零。在ε典型序列中,序列的出现概率趋近于等概分布,其概率接近于$2^{-nH(S)}$。另外,ε典型序列占n次扩展信源的总的序列数的比率为

$$\frac{\| G_{\varepsilon n} \|}{q^n} < \frac{2^{n[H(S)+\varepsilon]}}{q^n} = 2^{-n[\log_2 q - H(S) - \varepsilon]} \tag{5.65}$$

我们知道,通常情况下$H(S) < \log_2 q$,所以$[\log_2 q - H(S) - \varepsilon] > 0$,也就是说随着$n$的增大,$\varepsilon$典型序列所占的比率会减少,即$\varepsilon$典型序列虽然出现概率很高,但是绝对的个数是很少的。这也是香农编码定理在实现上的难点所在,图5.13给出了ε典型序列所占比率的示意图。渐近等分割特性的存在也就是信源n次扩展后实现香农编码极限(无失真信源编码定理)的基本道理。

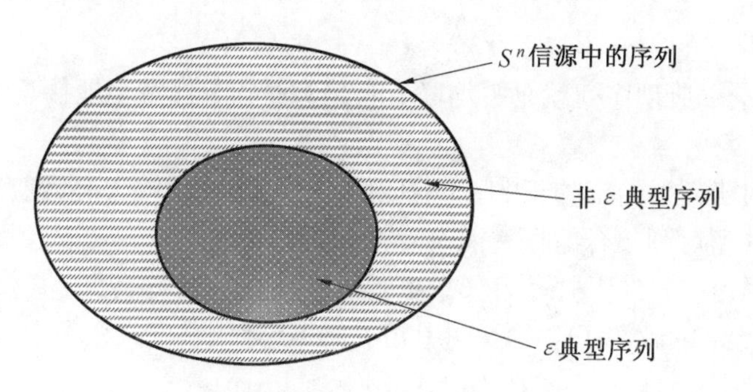

图5.13　n次扩展信源序列与ε典型序列的比例关系示意图

5.5.2　联合ε经典序列

根据ε典型序列进一步介绍所谓联合ε典型序列。ε典型序列讨论的是n次扩展信源的问题,联合ε典型序列讨论的是n次扩展信道的问题,也就是n次扩展信源的传输问题。

这里分析一个单符号离散信道$[X, p(y/x), Y]$的n次无记忆扩展信道$[X^n, p(\boldsymbol{y}/\boldsymbol{x}), Y^n]$,如图5.14所示。其中,$p(x)$和$p(y)$分别为单符号离散信道的输入和输出随机变量的概率分布,其信道转移概率为$p(y/x)$,对于每一个x,y有$p(y/x)\geqslant 0$。$\boldsymbol{x}=(x_1,x_2,\cdots,x_n)$,$x_i\in X$,$\boldsymbol{y}=(y_1,y_2,\cdots,y_n)$,$y_i\in Y$都是$n$次扩展信道的输入和输出的$n$长随机序列,并满足

$$p(\boldsymbol{y}/\boldsymbol{x})=\prod_{i=1}^{n}p(y_j/x_i) \tag{5.66}$$

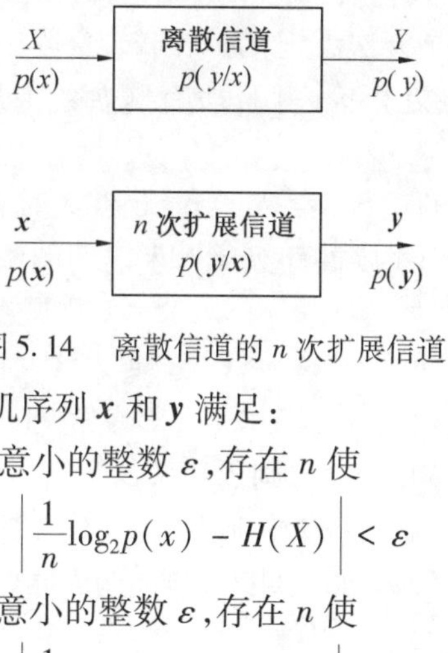

X → 离散信道 $p(y/x)$ → Y
$p(x)$　　　　　　　$p(y)$

$\boldsymbol{x}$ → n次扩展信道 $p(\boldsymbol{y}/\boldsymbol{x})$ → $\boldsymbol{y}$
$p(\boldsymbol{x})$　　　　　　　$p(\boldsymbol{y})$

图5.14　离散信道的n次扩展信道

定义5.9　若两个n维随机序列$\boldsymbol{x}$和$\boldsymbol{y}$满足:

$\boldsymbol{x}$是ε典型序列,即对于任意小的整数ε,存在n使

$$\left|\frac{1}{n}\log_2 p(x)-H(X)\right|<\varepsilon \tag{5.67}$$

$\boldsymbol{y}$是ε典型序列,即对于任意小的整数ε,存在n使

$$\left|\frac{1}{n}\log_2 p(y)-H(Y)\right|<\varepsilon \tag{5.68}$$

对于任意小的整数ε,存在n使

$$\left|\frac{1}{n}\log_2 p(x,y)-H(X,Y)\right|<\varepsilon \tag{5.69}$$

则称序列对$(\boldsymbol{x},\boldsymbol{y})$为联合$\varepsilon$典型序列。

这里用$G_{\varepsilon n}(X)$表示X^n中的$\boldsymbol{x}$的典型序列集,用$G_{\varepsilon n}(Y)$表示Y^n中的$\boldsymbol{y}$的典型序列集,并且用$G_{\varepsilon n}(X,Y)$表示(X^n,Y^n)联合空间中序列对$(\boldsymbol{x},\boldsymbol{y})$的联合典型序列集。即在满足式(5.67)、式(5.68)和式(5.69)情况下

$$G_{\varepsilon n}(X,Y)=\{(x,y)\in X^n\times Y^n\}\tag{5.70}$$

也就是说,联合ε典型序列就是平均联合自信息量以ε任意小地接近于联合熵的n长随机序列对的集合。

定理5.6 对于任意给定的正数$\varepsilon\geqslant 0$和$\delta\geqslant 0$,当n足够大时,则有:

(1) 存在ε典型序列集合的概率满足

$$P(G_{\varepsilon n}(X))\geqslant 1-\delta\tag{5.71}$$

$$P(G_{\varepsilon n}(Y))\geqslant 1-\delta\tag{5.72}$$

$$P(G_{\varepsilon n}(X,Y))\geqslant 1-\delta\tag{5.73}$$

(2)ε典型序列的概率满足

$$2^{-n[H(X)+\varepsilon]}<p(\boldsymbol{x})\leqslant 2^{-n[H(X)-\varepsilon]}\tag{5.74}$$

$$2^{-n[H(Y)+\varepsilon]}<p(\boldsymbol{y})\leqslant 2^{-n[H(Y)-\varepsilon]}\tag{5.75}$$

$$2^{-n[H(X,Y)+\varepsilon]}<p(\boldsymbol{x},\boldsymbol{y})\leqslant 2^{-n[H(X,Y)-\varepsilon]}\tag{5.76}$$

(3) 用$\|G_{\varepsilon n}(X)\|$,$\|G_{\varepsilon n}(Y)\|$和$\|G_{\varepsilon n}(X,Y)\|$分别表示各自的典型序列集中包含$\varepsilon$典型序列的个数,则有

$$(1-\delta)2^{n[H(X)-\varepsilon]}\leqslant\|G_{\varepsilon n}(X)\|<2^{n[H(X)+\varepsilon]}\tag{5.77}$$

$$(1-\delta)2^{n[H(Y)-\varepsilon]}\leqslant\|G_{\varepsilon n}(Y)\|<2^{n[H(Y)+\varepsilon]}\tag{5.78}$$

$$(1-\delta)2^{n[H(X,Y)-\varepsilon]}\leqslant\|G_{\varepsilon n}(X,Y)\|<2^{n[H(X,Y)+\varepsilon]}\tag{5.79}$$

这个定理是定理5.5的推广,其证明方法类似,这里略去。

这个定理表明,n长随机序列信源X^n和Y^n,以及联合信源(X^n,Y^n)都具有渐近等分割性。联合ε典型序列对$(\boldsymbol{x},\boldsymbol{y})$是$n$次无记忆扩展联合空间中经常出现的高概率序列对。这些高概率序列对出现的概率接近相等,并且所有联合经典序列对$(\boldsymbol{x},\boldsymbol{y})$的概率之和趋近于1。

定理5.7 对于任意给定的正数$\varepsilon\geqslant 0$,当n足够大时有:

(1) 联合ε典型序列对$(\boldsymbol{x},\boldsymbol{y})$中的序列$\boldsymbol{x}$和$\boldsymbol{y}$之间的条件概率满足

$$2^{-n[H(Y/X)+2\varepsilon]}<p(\boldsymbol{y}/\boldsymbol{x})\leqslant 2^{-n[H(Y/X)-2\varepsilon]}\tag{5.80}$$

$$2^{-n[H(X/Y)+2\varepsilon]}<p(\boldsymbol{x}/\boldsymbol{y})\leqslant 2^{-n[H(X/Y)-2\varepsilon]}\tag{5.81}$$

(2) 令$G_{\varepsilon n}(X/\boldsymbol{y})=\{\boldsymbol{x};(\boldsymbol{x},\boldsymbol{y})\in G_{\varepsilon n}(X,Y)\}$,即在给定$\varepsilon$典型序列$\boldsymbol{y}$的条件下,与$\boldsymbol{y}$构成联合$\varepsilon$典型序列对的所有$\boldsymbol{x}$序列的集合,则

$$\|G_{\varepsilon n}(X/\boldsymbol{y})\|\leqslant 2^{n[H(X/Y)+2\varepsilon]}\tag{5.82}$$

同样,对于在给定ε典型序列$\boldsymbol{x}$的条件下,与$\boldsymbol{x}$构成联合ε典型序列对的所有$\boldsymbol{y}$序列的集合,$G_{\varepsilon n}(Y/\boldsymbol{x})=\{y;(\boldsymbol{x},\boldsymbol{y})\in G_{\varepsilon n}(X,Y)\}$,则

$$\|G_{\varepsilon n}(Y/\boldsymbol{x})\|\leqslant 2^{n[H(Y/X)+2\varepsilon]}\tag{5.83}$$

证明 (1) 令$(\boldsymbol{x},\boldsymbol{y})\in G_{\varepsilon n}(X,Y)$,对于任意$\boldsymbol{x},\boldsymbol{y}$满足

$$p(\boldsymbol{y}/\boldsymbol{x})=\frac{p(\boldsymbol{x},\boldsymbol{y})}{p(\boldsymbol{x})}\tag{5.84}$$

根据定理5.6的结论(2),即有

$$2^{-n[H(X,Y)+\varepsilon]}\cdot 2^{n[H(X)-\varepsilon]}\leqslant p(\boldsymbol{y}/\boldsymbol{x})\leqslant 2^{-n[H(X,Y)-\varepsilon]}\cdot 2^{n[H(X)-\varepsilon]}$$

$$2^{-n[H(X,Y)-H(X)+2\varepsilon]}\leqslant p(\boldsymbol{y}/\boldsymbol{x})\leqslant 2^{-n[H(X,Y)-H(X)-2\varepsilon]}$$

所以有式(5.80),即

$$2^{-n[H(Y/X)+2\varepsilon]} \leqslant p(\boldsymbol{y}/\boldsymbol{x}) \leqslant 2^{-n[H(Y/X)-2\varepsilon]}$$

同理可以证得式(5.81)。

(2) 假设序列 $\boldsymbol{y} \in G_{\varepsilon n}(Y)$，因为

$$1 = \sum_{X^n} p(\boldsymbol{x}/\boldsymbol{y}) = \sum_{X^n} \frac{p(\boldsymbol{x},\boldsymbol{y})}{p(\boldsymbol{y})} \geqslant \sum_{\boldsymbol{x} \in G_{\varepsilon n}(X/\boldsymbol{y})} \frac{p(\boldsymbol{x},\boldsymbol{y})}{p(\boldsymbol{y})} \tag{5.85}$$

又因为 y 是典型序列，$\boldsymbol{x}$ 与 $\boldsymbol{y}$ 是联合典型序列，即 $(\boldsymbol{x},\boldsymbol{y}) \in G_{\varepsilon n}(X,Y)$，则根据定理 5.6 的结论(2) 有

$$p(\boldsymbol{x},\boldsymbol{y}) > 2^{-n[H(X,Y)+\varepsilon]}$$

$$p(\boldsymbol{y}) < 2^{-n[H(Y)-\varepsilon]}$$

代入式(5.85) 可得

$$1 \geqslant \sum_{\boldsymbol{x} \in G_{\varepsilon n}(X/\boldsymbol{y})} 2^{-[H(X,Y)-H(Y)+2\varepsilon]} = \| G_{\varepsilon n}(X/\boldsymbol{y}) \| \cdot 2^{-n[H(X/Y)+2\varepsilon]} \tag{5.86}$$

移项后，证得式(5.82)。

同理可以证明式(5.83) 成立。

定理 5.8　如果两个 n 维随机变量 $\boldsymbol{x}'$ 和 $\boldsymbol{y}'$ 统计独立，并且与联合 ε 典型序列对 $(\boldsymbol{x},\boldsymbol{y})$ 有相同的边缘分布，即 $p(\boldsymbol{x}',\boldsymbol{y}') = p(\boldsymbol{x}')p(\boldsymbol{y}') = p(\boldsymbol{x},\boldsymbol{y})$，则

$$P[(\boldsymbol{x}',\boldsymbol{y}') \in G_{\varepsilon n}(X,Y)] \leqslant 2^{-n[I(X,Y)-3\varepsilon]} \tag{5.87}$$

对于任意正数 $\delta \geqslant 0$，当 n 足够大时有

$$P[(\boldsymbol{x}',\boldsymbol{y}') \in G_{\varepsilon n}(X,Y)] \geqslant (1-\delta)2^{-n[I(X,Y)+3\varepsilon]} \tag{5.88}$$

证明　根据 $p(\boldsymbol{x}',\boldsymbol{y}') = p(\boldsymbol{x}')p(\boldsymbol{y}') = p(\boldsymbol{x},\boldsymbol{y})$，可知

$$\begin{aligned} P[(\boldsymbol{x}',\boldsymbol{y}') \in G_{\varepsilon n}(X,Y)] &= \sum_{(\boldsymbol{x},\boldsymbol{y}) \in G_{\varepsilon n}(X,Y)} p(\boldsymbol{x})p(\boldsymbol{y}) \\ &\leqslant 2^{n[H(X,Y)+\varepsilon]} \cdot 2^{-n[H(X)-\varepsilon]} \cdot 2^{-n[H(Y)-\varepsilon]} = 2^{-n[I(X;Y)-3\varepsilon]} \end{aligned} \tag{5.89}$$

同理可知

$$\begin{aligned} P[(\boldsymbol{x}',\boldsymbol{y}') \in G_{\varepsilon n}(X,Y)] &= \sum_{G_{\varepsilon n}(X,Y)} p(\boldsymbol{x})p(\boldsymbol{y}) \\ &\geqslant (1-\delta)2^{n[H(X,Y)-\varepsilon]} \cdot 2^{-n[H(X)+\varepsilon]} \cdot 2^{-n[H(Y)+\varepsilon]} = (1-\delta)2^{-n[I(X;Y)+3\varepsilon]} \end{aligned} \tag{5.90}$$

由此证得式(5.87) 和式(5.88)。

这里可以用图形来进一步理解联合 ε 典型序列的一些特性。将 X^nY^n 空间中所有序列排列成如图 5.15 所示的阵列。以 X^n 空间中的 $\boldsymbol{x}$ 序列为行，以 Y^n 空间中的 $\boldsymbol{y}$ 序列为列，分别将属于 ε 典型序列的排在前面，即前面近似 $2^{nH(X)}$ 行为 $\boldsymbol{x}$ 经典序列的行，前面近似 $2^{nH(Y)}$ 列为 $\boldsymbol{y}$ 经典序列的列。这样，阵列左上角的那些点就是联合 ε 典型序列的序列对 $(\boldsymbol{x},\boldsymbol{y}) \in G_{\varepsilon n}(X,Y)$，图中用圆点表示这些序列对。由于 $G_{\varepsilon n}(X/\boldsymbol{y})$ 是表示已知 ε 典型序列 $\boldsymbol{y}$ 条件下，与 $\boldsymbol{y}$ 构成联合 ε 典型序列的 $\boldsymbol{x}$ 的集合，则根据定理 5.7 可知，在图 5.15 的阵列左上角的部分中每一列至多有 $2^{n[H(X/Y)+2\varepsilon]}$ 个圆点。同理可知，阵列左上角的部分中每一行至多有 $2^{n[H(Y/X)+2\varepsilon]}$ 个圆点。根据定理 5.8 可知，随机选择序列对是统计独立的联合 ε 典型序列对的概率等于 $2^{-nI(X;Y)}$。因此，对于某一个典型序列 $\boldsymbol{y}$，可以认为与它统计独立的联合 ε 典型序列对的个数大约等于 $2^{nI(X;Y)}$。这就是说，在 $2^{nH(X)}$ 个典型序列 $\boldsymbol{x}$ 中，大概有 $2^{nI(X;Y)}$ 个是可以有效识别的

典型序列 $\boldsymbol{x}$。

根据这样的分析可知，在 n 次无记忆扩展信道的输入和输出空间中，联合 ε 典型序列对 $(\boldsymbol{x},\boldsymbol{y})$ 是一些密切关联的序列对。也就是说，当某一个输入典型序列 $\boldsymbol{x}$ 发送时，必然以较大概率被传送到与其构成联合 ε 典型序列对的输出序列 $\boldsymbol{y}$ 上。序列 $\boldsymbol{y}$ 的个数 $2^{nH(Y/X)}$ 就是图 5.15 中左上角每一行的圆点数。

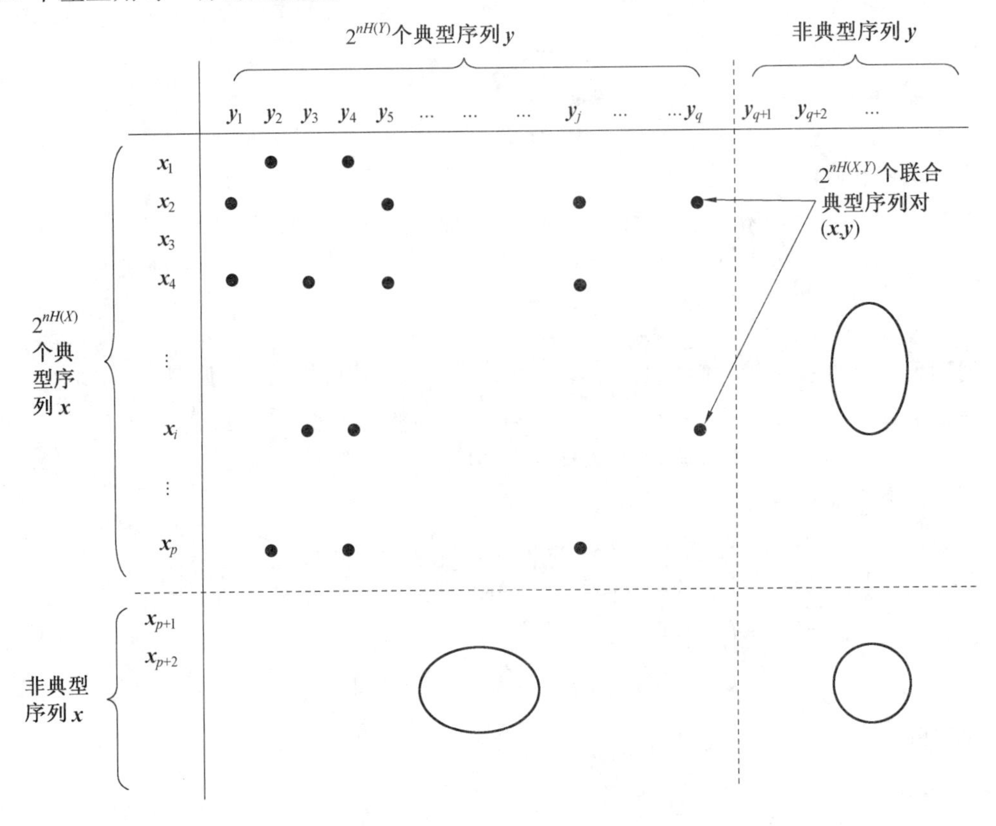

图 5.15　联合典型序列示意图

从编码角度看，就是希望选择这样一些典型序列 $\boldsymbol{x}$ 作为码字，使每行的圆点没有对应同一个典型序列 $\boldsymbol{y}$。也就是选择的每一个典型序列 $\boldsymbol{x}$ 与信道输出典型序列 $\boldsymbol{y}$ 之间没有重叠，如图 5.16 所示。某一个发送的典型序列 $\boldsymbol{x}$，传送到一个信道输出的典型序列 $\boldsymbol{y}$ 的集合中。对于不同的典型序列 $\boldsymbol{x}$ 传送到不同的典型序列 $\boldsymbol{y}$ 集中，这些 $\boldsymbol{y}$ 的子集彼此不相交，那么接收端就可以识别出不同的发送码字 $\boldsymbol{x}$。这样，就可以实现无差错的信息传输。信道输出端的典型序列 $\boldsymbol{y}$ 的个数为 $2^{nH(Y)}$ 个，要分成每个包含有 $2^{nH(Y/X)}$ 个典型序列 $\boldsymbol{y}$ 的子集，则这种不相交的子集必然小于或等于 $2^{nI(X;Y)}$ 个。另外，从定理 5.8 可知，在 $2^{nH(X)}$ 个典型序列 $\boldsymbol{x}$ 中可以区分识别的经典序列 $\boldsymbol{x}$ 大约有 $2^{nI(X;Y)}$ 个。因此，要做到无误码传输，从经典序列 $\boldsymbol{x}$ 中可选取的码字最多的个数约为 $2^{nI(X;Y)}$。

这样，由粗略的分析可知，这个信道的无错误传输的可达熵速率为

$$R < I(X;Y) \leqslant \max I(X;Y) = C \tag{5.91}$$

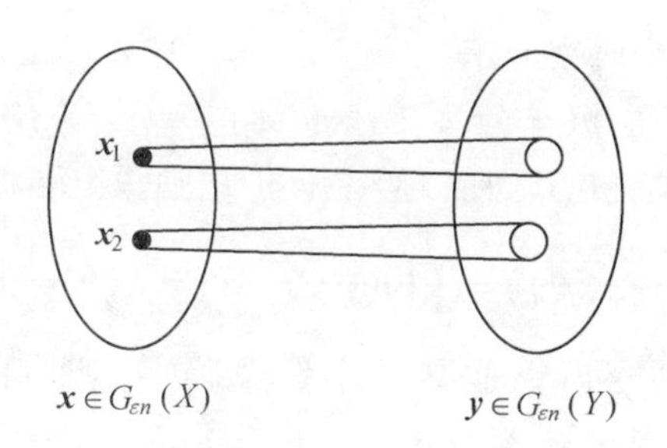

图5.16　无差错 n 次扩展信道的输入输出关系

5.5.3　信道编码定理的证明

有噪声信道编码定理是香农信息论的重要理论，也是现代通信理论的重要基础。5.3节用 Gallager 界和可靠性函数的方法介绍了信道编码定理的证明，为了进一步理解这个重要定理，这里我们用联合 ε 典型序列的方法对这个定理进行证明和讨论。

有噪声信道编码定理（香农第二编码定理）的证明思路包括这样几点：允许平均错误译码概率任意小但是不等于零；假设信道为 n 次无记忆扩展信道，即信道可以被多次使用以便大数定理成立；使用随机编码方法以使信源符号概率均匀化；在此基础上证明至少存在一种可以使平均错误译码概率任意小的编码方法。

利用联合 ε 典型序列证明信道编码定理时，首先随机地选择输入端 ε 典型序列 $\boldsymbol{x}$ 作为码字，因为 ε 典型序列是输入随机序列 X^n 集合中高概率出现的序列。而接收端随机序列 Y^n 集合中，对接收序列 $\boldsymbol{y}$ 寻找与它构成联合 ε 典型序列对 $(\boldsymbol{x},\boldsymbol{y})$ 的那个码字 $\boldsymbol{x}$。如果只有唯一一个码字满足这个性质，则判断这个码字为发送码字。下面再一次给出有噪声信道编码定理的描述和其证明过程。

定理5.9　（有噪声信道编码定理）对于离散无记忆信道 $[X, p(y/x), Y]$，$p(y/x)$ 为信道转移概率，若信道容量为 C，当信道熵速率 $R < C$ 时，只要码长 n 足够长，总可以在输入端的 X^n 符号集合中找到 $M(=2^{nR})$ 个码字组成的一个码组 $(2^{nR},n)$ 和相应的译码规则，使得平均错误译码概率为任意小 $(P_E \to 0)$。

证明　设信道输入端有 $M = 2^{nR}$ 个消息，用 $\{1,2,\cdots,2^{nR}\} = [1,2^{nR}]$ 表示消息符号集合。通过信道编码器将 M 个消息映射成 X^n 中不同的 $\boldsymbol{x}$ 序列，编码函数为 $f:\{1,2,\cdots,2^{nR}\} \to X^n$。在集合中按概率 $p(\boldsymbol{x})$ 随机选取 $\boldsymbol{x}$ 作为码字，其分布为

$$p(\boldsymbol{x}) = \prod_{i=1}^{n} p(x_i) \tag{5.92}$$

因为在 X^n 中 ε 典型序列是一些高概率出现序列，因此按式(5.92)选取的序列都是 ε 典型序列。设 M 个码字为 $\boldsymbol{x}(1),\boldsymbol{x}(2),\cdots,\boldsymbol{x}(2^{nR})$。这一组码字也称为码书。把这些码字排成一个阵列，每一行为一个码子，构成一个码书矩阵。

$$\boldsymbol{C} = \begin{bmatrix} x_1(1) & x_2(1) & \cdots & x_n(1) \\ x_1(2) & x_2(2) & \cdots & x_n(2) \\ \vdots & \vdots & & \vdots \\ x_1(2^{nR}) & x_2(2^{nR}) & \cdots & x_n(2^{nR}) \end{bmatrix} \tag{5.93}$$

因为码书中的每一个码字都是以式(5.92)概率随机地选取的，因此选取的 M 个码字近

似为等概率分布,对于某一个码字 w 有

$$p(w)=2^{-nR}\quad (w\in[1,2^{nR}])\tag{5.94}$$

而信道是 n 次无记忆扩展信道,所以码字 w 传送到输出端 Y^n 集合中的转移概率为

$$p(\boldsymbol{y}/\boldsymbol{x}(w))=\prod_{i=1}^{n}p(y_i/x_i(w))\quad (\boldsymbol{y}\in Y^n)\tag{5.95}$$

在接收端,接收到序列 $\boldsymbol{y}$ 后译成某一个发送码字,相应的译码函数为 $g:Y^n\to\{1,2,\cdots,2^{nR}\}$,即将 Y^n 集合映射到 M 个发送消息集合中。

若发送码字为 $w\in[1,2^{nR}]$,即码书中的码字 $\boldsymbol{x}(w)$ 被发送,接收序列为 $\boldsymbol{y}$,根据译码函数

$$g(\boldsymbol{y})=w\in[1,2^{nR}]\quad 为译码正确$$
$$g(\boldsymbol{y})=w'\in[1,2^{nR}]\quad w'\neq w\ 为译码错误$$

则发送消息 w 的译码错误概率为

$$P_{ew}=P\{g(\boldsymbol{y})\neq w/\boldsymbol{x}=\boldsymbol{x}(w)\}\tag{5.96}$$

而平均错误译码概率为

$$P_{\mathrm{E}}=\sum_{w=1}^{2^{nR}}p(w)P_{ew}=\frac{1}{2^{nR}}\sum_{w=1}^{2^{nR}}P_{ew}\tag{5.97}$$

根据前面译码准则的介绍,当输入消息为先验等概时,使用最大似然译码准则其平均错误译码概率为最小。由于在 n 次扩展无记忆信道的输入端选择的是高概率 ε 典型序列 $\boldsymbol{x}$,因此接收端出现的也是高概率 ε 典型序列 $\boldsymbol{y}$,它们构成一个密切相关的联合 ε 典型序列对($\boldsymbol{x},\boldsymbol{y}$)。所以可以选择联合经典序列译码准则,即对于某一个接收序列 $\boldsymbol{y}$,若存在 $w\in[1,2^{nR}]$,并且$(\boldsymbol{x}(w),\boldsymbol{y})\in G_{\varepsilon n}(X,Y)$;而没有其他任何 $k\in[1,2^{nR}]$ 使得$(\boldsymbol{x}(k),\boldsymbol{y})\in G_{\varepsilon n}(X,Y)$,则将 $\boldsymbol{y}$ 译成为 w,即 $g(\boldsymbol{y})=w$。当采用联合经典序列译码准则时,有两种情况会产生错误译码。

第一种情况,发送的消息码字序列 $\boldsymbol{x}(w)$ 与接收的码字序列 $\boldsymbol{y}$ 不构成联合 ε 典型序列,而可能有 $w'\neq w$ 的码字序列 $\boldsymbol{x}(w')$ 与接收码字序列 $\boldsymbol{y}$ 构成联合 ε 典型序列,即

$$\begin{array}{l}(\boldsymbol{x}(w),\boldsymbol{y})\notin G_{\varepsilon n}(X,Y)\\ (\boldsymbol{x}(w'),\boldsymbol{y})\in G_{\varepsilon n}(X,Y)\end{array}\quad w'\neq w,w'\in[1,2^{nR}]\tag{5.98}$$

第二种情况,不但发送的消息码字序列 $\boldsymbol{x}(w)$ 与接收的码字序列 $\boldsymbol{y}$ 构成联合 ε 典型序列,而且有 $w'\neq w$ 的码字序列 $\boldsymbol{x}(w')$ 也与接收码字序列 $\boldsymbol{y}$ 构成联合 ε 典型序列,即

$$\begin{array}{l}(\boldsymbol{x}(w),\boldsymbol{y})\in G_{\varepsilon n}(X,Y)\\ (\boldsymbol{x}(w'),\boldsymbol{y})\in G_{\varepsilon n}(X,Y)\end{array}\quad w'\neq w,w'\in[1,2^{nR}]\tag{5.99}$$

因为是随机编码,发送端可以选取式(5.93)这样的码书有很多,为了计算式(5.97)的平均错误译码概率,这里将所有可能选取的码书进行统计平均,即计算

$$P_{\mathrm{EC}}=\sum_{C}P(C)P_{\mathrm{E}}=\sum_{C}P(C)\frac{1}{2^{nR}}\sum_{w=1}^{2^{nR}}P_{ew}=\frac{1}{2^{nR}}\sum_{w=1}^{2^{nR}}\sum_{C}P(C)P_{ew}\tag{5.100}$$

其中,P_{ew} 是由联合经典序列译码准则确定的。

因为是随机编码,各码字选取的机会均等,所以随机编码具有对称性,因此,在所有可能的码书上求平均的平均错误译码概率与发送的消息 w 无关,即 $\sum P(C)P_{ew}$ 不依赖于消息 w。为不失一般性,可以假设发送消息为 $w=1$,这时有

$$P_{EC} = \frac{1}{2^{nR}} \sum_{w=1}^{2^{nR}} \sum_{C} P(C) P_{ew} = \sum_{C} P(C) P_{e1}$$
$$= P_{e1} = P\{g(\boldsymbol{y}) \neq 1/\boldsymbol{x} = \boldsymbol{x}(1)\} \tag{5.101}$$

为了计算 P_{e1}，令随机事件 E_i 表示第 i 个码字 $\boldsymbol{x}(i)$ 与接收序列 $\boldsymbol{y}$ 构成联合 ε 典型序列对；令随机事件 E_1^C 表示发送第1个码字 $\boldsymbol{x}(1)$ 与接收码字序列 $\boldsymbol{y}$ 不构成联合 ε 典型序列对，即

$$E_i = \{(\boldsymbol{x}(i), \boldsymbol{y}) \in G_{\varepsilon n}(X,Y)\} \quad i \in [1, 2^{nR}] \tag{5.102}$$

$$E_1^C = \{(\boldsymbol{x}(1), \boldsymbol{y}) \notin G_{\varepsilon n}(X,Y)\} \tag{5.103}$$

进而可得

$$P_{e1} = P\{g(\boldsymbol{y}) \neq 1/\boldsymbol{x} = \boldsymbol{x}(1)\}$$
$$= P(E_1^C \cup E_2 \cup E_3 \cup \cdots \cup E_{2^{nR}})$$
$$\leqslant P(E_1^C) + \sum_{i=2}^{2^{nR}} P(E_i) \tag{5.104}$$

根据定理5.6的式(5.73)，可得

$$P(E_1) \geqslant 1 - \delta \tag{5.105}$$

所以在 n 足够大时，有

$$P(E_1^C) = 1 - P(E_1) \leqslant \delta \tag{5.106}$$

又因为随机选择码字，所以 $\boldsymbol{x}(i)$ 和 $\boldsymbol{x}(1)$ 是相互独立的，则序列 $\boldsymbol{y}$ 与 $\boldsymbol{x}(i)$ 也是统计独立的，根据定理5.8有

$$P(E_i) = P\{(\boldsymbol{x}(i), \boldsymbol{y}) \in G_{\varepsilon n}(X,Y)\}(i \neq 1) \leqslant 2^{-n[I(X;Y)-3\varepsilon]} \tag{5.107}$$

联合式(5.104)、式(5.106)和式(5.107)可得

$$P_{e1} \leqslant \delta + \sum_{i=2}^{2^{nR}} 2^{-n[I(X;Y)-3\varepsilon]}$$
$$= \delta + (2^{nR} - 1) 2^{-n[I(X;Y)-3\varepsilon]}$$
$$\leqslant \delta + 2^{-n[I(X;Y)-R-3\varepsilon]} \tag{5.108}$$

因此，只要选择任意小的 δ 和 ε，当 $R < I(X;Y)$ 且 n 足够大时，P_{e1} 就可以达到任意小，也就是 P_{EC} 可以达到任意小。

信道传递信息时，总是希望信息熵速率尽可能大，因此，在证明过程中可以假定选择信源先验概率 $p(x)$，使其信道容量的输入分布 $p^*(x)$，使平均交互信息量达到最大值，这时的 $R < I(X;Y)$ 就等于 $R < C$。P_{EC} 是对所有码书求统计平均，当 n 足够大，$R < C$ 时，上面证明了平均错误译码概率可以任意小，因此至少存在一种码书 $(2^{nR}, n)$，其译码错误概率小于或等于 P_{EC}，定理得证。

定理5.10　(有噪声信道编码逆定理) 对于离散无记忆信道 $[X, p(y/x), Y]$，$p(y/x)$ 为信道转移概率，若信道容量为 C，当信道熵速率 $R > C$ 时，则无论码长 n 多么长，也不可能存在一种编码 $(2^{nR}, n)$ 和相应的译码规则，使得平均错误译码概率为任意小($P_E \to 0$)。

证明　为了证明逆定理，这里利用Fano不等式，并将其应用到 n 次无记忆扩展信道。假设选择 $M = 2^{nR}$ 个码字组成的一个码书 $(2^{nR}, n)$，并设 M 个码字是等概分布的，则 $H(W) = \log_2 M = nR$，这时的信息熵速率 R，其中 W 表示 M 个 n 长码字的集合。根据平均交互信息量的定义，有

$$H(W) - H(W/Y^n) = I(W;Y^n) \tag{5.109}$$

$$H(W)=H(W/Y^n)+I(W;Y^n) \tag{5.110}$$

又有

$$I(W;Y^n)=H(Y^n)-H(Y^n/W) \tag{5.111}$$

$$I(X^n;Y^n)=H(Y^n)-H(Y^n/X^n) \tag{5.112}$$

因为发送码字集合 W 中的 M 个码字是从 X^n 中选取的，根据数据处理定理（定理3.4）和无记忆信道的性质，必有

$$I(W;Y^n)\leqslant I(X^n;Y^n)\leqslant nC \tag{5.113}$$

所以

$$nR\leqslant H(W/Y^n)+nC \tag{5.114}$$

根据 Fano 不等式得

$$H(W/Y^n)\leqslant H(P_E)+P_E\log_2(M-1) \tag{5.115}$$

其中，$H(P_E)\leqslant 1$，而$(M-1)<M=2^{nR}$，将其代入式(5.115)并联合式(5.114)，得

$$nR\leqslant 1+nP_ER+nC \tag{5.116}$$

移项得

$$P_E\geqslant 1-\frac{C}{R}-\frac{1}{nR} \tag{5.117}$$

由上式可知，当 $R>C$，n 增大时译码错误概率界就远离零值。只有当 $R\leqslant C$，$n\to\infty$ 时译码错误概率才会趋于零，由此定理得证。

不等式(5.117)的图示曲线如图5.17所示，由图可见，要想使信息熵速率大于信道容量而又是译码错误概率任意小是不可能的。

以上只是在离散无记忆信道情况下对定理做了证明。然而，香农第二编码定理对于连续信道和有记忆信道也是同样成立的，有关证明方法可参见相关文献。

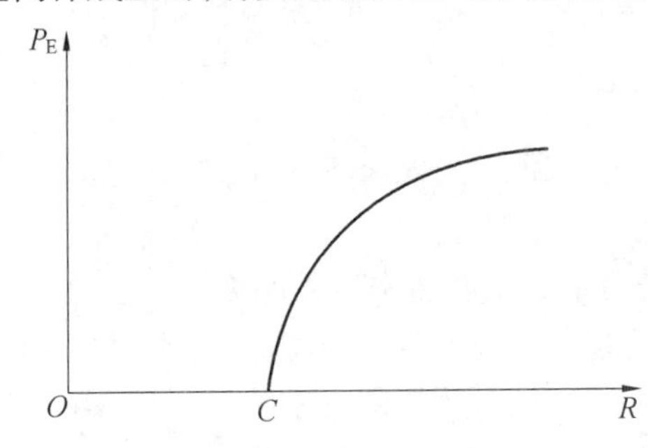

图5.17　离散无记忆信道平均错误译码概率的下界

由上面的定理证明和论述可知，任何信道的信道容量就是一个分界点，当信息传输率 R 小于信道容量 C 时，P_E 以指数趋于零，当信息传输率大于信道容量时，P_E 则以指数趋于1。因此说，在任何信道中的信道容量是可达的、最大的可靠信息传输速率。

香农第二编码定理也只是一个存在性定理，它指出平均错误译码概率趋于零的编码方法是存在的。在从实际应用的观点来看，定理是不令人满意的，因为在定理证明过程中，要求完全随机地选择一个码书。这个码是完全无规律的，因此这个码无法具体构造，也无法实现编译码。当 n 很大时，这个码书构造的码表（码书矩阵）就会非常庞大，也就无法具体实现。尽管如此，信道编码定理仍然具有非常重要的意义。

习　题

5.1　已知码字集合的最小码距为 d,问利用该组码字可以纠正几个错误？可以发现几个错误？请写出一般关系式。

5.2　为什么最小汉明距离为2的$(n,n-1)$码组只能检出奇数个错误码元？

5.3　一个二元码组为 $C=\{11100,01001,10010,00111\}$,

(1) 计算码组中各码字之间的汉明距离和码组的最小汉明距离；

(2) 在一个二元码组中,如果把所有码字的0和1翻转,构成的新的码组称为原码的补码。试求码组 C 的补码,并计算补码中码字间的汉明距离和最小汉明距离,分析其结果。

5.4　已知码元错误概率为$p_e=10^{-4}$,试计算(8,7)奇偶校验码漏检概率和编码效率。

5.5　已知信道的误码率$p_e=10^{-4}$,若采用"五三"定比码,问这时系统的等效(实际)误码率为多少?

5.6　求证:先验等概条件下,最大似然译码准则与最大后验概率译码准则是等效的。

5.7　一个离散无记忆信道的信道转移矩阵为:$\begin{bmatrix}0.3 & 0.2 & 0.5\\0.4 & 0.3 & 0.3\\0.2 & 0.6 & 0.2\end{bmatrix}$;信源先验概率分布为$\{0.1a,0.3,0.7-0.1a\}$,其中 a 为0到7的整数。请问 a 取何值时,对于此信道的最大似然译码准则与最大后验概率译码准则是等效的?

5.8　一个离散无记忆信源空间为$\begin{bmatrix}X\\p(X)\end{bmatrix}=\begin{bmatrix}x_1 & x_2 & x_3\\1/2 & 1/4 & 1/4\end{bmatrix}$,信道转移概率矩阵为

$$[P]=\begin{bmatrix}1/2 & 1/3 & 1/6\\1/6 & 1/2 & 1/3\\1/3 & 1/6 & 1/2\end{bmatrix}$$

试分别按最小错误概率准则和最大似然译码准则确定译码规则,并计算相应的平均错误译码概率?

5.9　假设无记忆二元对称信道的错误概率为p,计算码长$n=5$的二元重复码的平均错误译码概率,若$p=0.01$,平均错误译码概率为多少?

5.10　设无记忆二元删除信道的信道矩阵为$[P]=\begin{bmatrix}1-p & p & 0\\0 & p & 1-p\end{bmatrix}$,试证明对于此信道来说,最小距离译码准则等价于最大似然译码准则。

5.11　考虑一个码长为4的二元编码,其码字为$W_1=0000,W_2=0011,W_3=1100,W_4=1111$。如果这组码字经过一个二元对称信道,其单个码元的错误概率为$p(p<0.01)$,而码字输入的概率为$p(W_1)=1/2,p(W_2)=p(W_3)=1/8,p(W_4)=1/4$。试设计一种译码规则使平均错误译码概率为最小。

5.12　一个离散无记忆信道的信道转移矩阵为$[P]=\begin{bmatrix}1/2 & 1/4 & 1/4\\1/4 & 1/2 & 1/4\\1/4 & 1/4 & 1/2\end{bmatrix}$,试求:

(1) 当信源先验概率分布为$p(x_1)=2/3,p(x_2)=p(x_3)=1/6$时,按最大似然译码准则的

译码函数,并计算其平均错误译码概率;

(2) 当信源先验概率分布为等概时,按最大似然译码准则的译码函数,并计算其平均错误译码概率。

5.13 离散无记忆强对称信道的信道矩阵为$[P]=\begin{bmatrix} 1-p & \frac{p}{n-1} & \cdots & \frac{p}{n-1} \\ \frac{p}{n-1} & 1-p & \cdots & \frac{p}{n-1} \\ \vdots & \vdots & & \vdots \\ \frac{p}{n-1} & \cdots & \frac{p}{n-1} & 1-p \end{bmatrix}$,试证明其最小距离译码准则等价于最大似然译码准则。

5.14 证明二元$(2n+1,1)$重复码(即将1位信息位重复$2n+1$次)当采用最大似然译码准则(择多译码)时,平均错误译码概率为

$$P_e=\sum_{k=n+1}^{2n+1}\binom{2n+1}{k}p^k(1-p)^{2n+1-k}$$

5.15 设离散无记忆信道的信道矩阵为$[P]=\begin{bmatrix} 0.5 & 0.3 & 0.2 \\ 0.2 & 0.3 & 0.5 \\ 0.3 & 0.3 & 0.4 \end{bmatrix}$,如果信道输入符号等概分布,在最大似然译码准则下有三种不同的译码规则,试确定其译码函数,并计算出它们的平均错误译码概率。

5.16 将M个消息编成长为n的二元数字序列,此特定的M个二元序列从2^n个可选择的序列中独立等概率地选出。设采用最大似然译码规则译码,求在图5.18(a)、(b)、(c)三种信道下的平均错误译码概率。

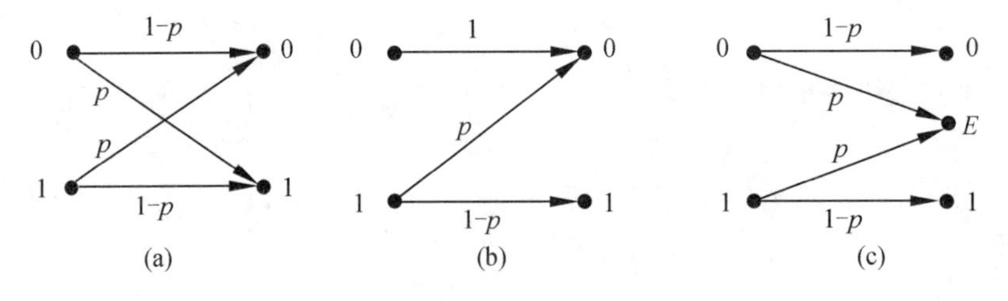

图5.18 三种信道下的平均错误译码概率

5.17 某一个信道输入X的符号集为$\{0, 1/2, 1\}$,输出Y的符号集为$\{0, 1\}$,信道矩阵为

$$[P]=\begin{bmatrix} 1 & 0 \\ 1/2 & 1/2 \\ 0 & 1 \end{bmatrix}$$

现有4个消息的信源通过该信道传输,设每个消息等概出现。若对信源进行编码,选用的码为$C=\{(0,0,1/2,1/2),(0,1,1/2,1/2),(1,0,1/2,1/2),(1,1,1/2,1/2)\}$。译码规则为:

$$f(y_1,y_2,y_3,y_4)=(y_1,y_2,1/2,1/2)$$

(1) 求信息传输率;

(2) 求平均错误译码概率。

第6章 代数编码基础

通信中的编码问题最初来自于实践,人们本能地希望将表示或携带信息的消息状态用最简单的符号来代替,这一过程的本质就是编码。现代数学的发展又将这一过程用数学语言描述和概括,进而产生了代数编码理论。本章的内容应该在数学课程中有系统的介绍,为了学习纠错编码的原理和分析其性能,在这一节中将有关代数知识集中介绍,以便读者对其他章节内容的快速理解。

6.1 集合与映射

6.1.1 集合

广义来讲,集合(Set)是具有某种特定性质的事物的总体,这里的“事物”可以是人、物品,也可以是数学元素。数学上的集合是一组具有某种共同性质的数学元素。例如,有理数的全体是一个集合,实数的全体也是一个集合。M 是由 p 个元素 $0,1,2,\cdots,p-1$ 组成的集合,组成集合的个体称为元素。如果用数学语言描述

$$\alpha \in M$$

表示元素 α 属于集合 M。

$$\alpha \notin M$$

表示元素 α 不属于集合 M。

完整地描述一个集合就是给出这个集合的组成方法,例如,由元素 $0,1,2,\cdots,p-1$ 组成的集合,就是由 0 到 $p-1$ 的 p 个整数作为元素组成的集合,记为

$$M=\{0,1,2,\cdots,p-1\}$$

关于集合有以下几个概念会经常遇到。

不包含任何元素的集合称为空集合,否则就称为非空集合。

包含有限个元素的集合称为有限集合(有限集),否则就称为无限集合(无限集)。空集合就是一个包括0个元素的有限集。

如果两个集合 M,N 含有完全相同的元素,则称两个集合为相等的集合,$M=N$。

如果两个集合 M,N,N 的元素全都是 M 的元素,那么就称 N 为 M 的子集合,简称子集,记为

$$N \subset M \quad 或 \quad M \supset N$$

如果两个集合 M,N,存在既属于 M 又属于 N 的元素,那么由这些元素组成的集合称为 M

和 N 的交集合,简称交集,记为

$$M \cap N$$

即

$$M \cap N = \{\alpha \mid \alpha \in M \text{ 且 } \alpha \in N\}$$

如果两个集合 M,N,由属于 M 集合元素和属于 N 集合的元素共同组成的集合称为 M 和 N 的并集合,简称并集,记为

$$M \cup N$$

6.1.2 映射

设 M 和 M' 是两个非空集合,如果按照某种对应关系 f,对于集合 M 中的任何一个元素 α,在集合 N 中都存在唯一的一个元素 α' 与之对应,那么,这样的过程称为集合 M 到集合 M' 的映射(Mapping),记作

$$f:M \to M'$$

其中,α' 称为 α 在映射 f 下的像,记作 $\alpha' = f(\alpha)$; α 称为 α' 关于映射 f 的原像。

设 f 为从集合 M 到集合 M' 的一个映射,用 $f(M)$ 表示 M 在映射 f 下的像的全体,即

$$f(M) = \{f(\alpha) \mid \alpha \in M\}$$

显然

$$f(M) \subset M'$$

如果满足 $f(M) = M'$,映射 f 就称为满射。如果在映射 f 下,M 中不同的元素的像也是 M' 中的不同元素,则称 f 为一对一映射,如果 f 为一对一映射,并且是满射,则称为一一对应的映射。

【例 6.1】 $M = \{1,2,3,4\}$,$M' = \{1',2',3'\}$,定义 $f(1) = f(2) = 1'$,$f(3) = f(4) = 3'$,这时映射 f 不是满射,因为 $2'$ 没有原像。f 也不是一对一映射,因为 1 和 2 的像相同,3 和 4 的像也相同。

【例 6.2】 如果 M 为整数集合,M' 为全体非负整数集合,定义从 M 到 M' 的集合为

$$f(a) = |a| \quad (a \in M)$$

那么 f 是满射,但不是一对一映射。

【例 6.3】 通信系统的 QPSK 调制过程也可以看作是一个映射过程,设 QPSK 调制器 I,Q 支路的输入码元的集合为 $M = \{11,01,00,10\}$,则调制器输出端载波信号的相位偏移则构成另一个集合 M'。对于移动通信中典型应用的 $\pi/4$QPSK 系统,有

$$M' = \{\pi/4,\quad 3\pi/4,\quad -3\pi/4,\quad -\pi/4\}$$

映射在数学中描述了两个集合元素之间一种特殊的对应关系。映射在不同的领域有很多的名称,它们的本质是相同的,如函数、算子、变换等。

6.2 群

定义 6.1 如果一个元素集合 G,在其中定义一种运算“$*$”,并满足下列条件,则称为一个群(Group),$a,b,c,e,a^{-1} \in G$。

自闭性:$c = a * b$

结合律：$a*(b*c)=(a*b)*c$

单位元（恒元）：$a*e=e*a=a$

逆元：$a*a^{-1}=a^{-1}*a=e$

如果还满足交换律，$a*b=b*a$，则称为交换群。

定义6.2　群中元素的个数称为群的阶（Order），包含有限个元素的群称为有限群，包含有 m 个元素的群称为 m 阶有限群。

在数学上群有一些性质，这里以定理的形式不加证明地给出，以便对群的理解。

定理6.1　群 G 中的单位元是唯一的。如果存在两个单位元，那么它们一定是同一个元素。

定理6.2　群 G 中任一元素的逆元是唯一的。如果一个元素存在两个逆元，那么它们也一定是相同的。

【例6.4】　在集合 $G=\{0,1\}$ 上定义一个模2加法运算，$0+0=0$，$0+1=1$，$1+0=1$，$1+1=0$，0是单位元，元素本身是逆元，满足结合律、交换律和自闭性，因此 G 为一个加法交换群。

【例6.5】　m 为一个正整数，在集合 $G=\{0,1,2,\cdots,m-1\}$ 上定义一种模 m 加法运算，可以验证这个集合为一个模 m 加法有限群。表6.1给出 $m=5$ 的加法群的构造。

表6.1　$m=5$ 的模 m 加法群

+	0	1	2	3	4
0	0	1	2	3	4
1	1	2	3	4	0
2	2	3	4	0	1
3	3	4	0	1	2
4	4	0	1	2	3

【例6.6】　p 为一个素数（例如 $p=2,3,5,7,11,\cdots$），在集合 $G=\{1,2,3,4,\cdots,p-1\}$ 上定义一种模 p 乘法，可以验证该集合为一个模 p 乘法有限群。表6.2给出 $p=5$ 的乘法群的构造。

表6.2　$p=5$ 的模 p 乘法群

·	1	2	3	4
1	1	2	3	4
2	2	4	1	3
3	3	1	4	2
4	4	3	2	1

全体实数集合为一个普通加法的交换群；全体非零实数集合为一个普通乘法的交换群。

定义6.3　如果集合 G 在某种运算 $*$ 下为一个群，集合 H 为 G 中的一个非空子集。若 H 在运算 $*$ 下也满足自闭性、结合律、单位元和逆元，则称 H 为 G 的一个子群。

偶数集合 $H:\{2n\}$ 为整数加法群的一个子群。

定义6.4　如果 H 是某种运算 $*$ 下交换群 G 的一个子群，a 是 G 的一个元素，则由下面关系构成的集合称为 H 的陪集

$$a*H=\{a*h;h\in H\}$$

定理 6.3 如果 H 是某种运算 $*$ 下交换群 G 的一个子群，则 G 中的所有元素都可以由子群 H 中的元素表示。

定理 6.4 如果 H 是某种运算 $*$ 下交换群 G 的一个子群，则 G 中唯一的单位元一定在 H 中。

定理 6.5 如果 H 是某种运算 $*$ 下交换群 G 的一个子群，则 H 的陪集中任意两个元素互不相同。

定理 6.6 如果 H 是某种运算 $*$ 下交换群 G 的一个子群，则 H 的任意两个不同陪集之间没有相同的元素。

根据以上关于陪集的介绍，可以得到群的子群陪集具有以下特点。

(1) G 中的每个元素能且只能出现在 H 的一个陪集当中；

(2) H 的所有陪集之间互不相交；

(3) H 的不同陪集的并可以构成完整的 G。

因此，利用子群和陪集可以用子群 H 的元素表示所有 G 中的元素，通常把这种方法称为分元陪集方法。

【例 6.7】 设 $G:\{n\}$ 是整数集合，在普通加法下为一个交换群，而 H 为 G 的一个子群，它由整数 m 的倍数构成，那么，所有正整数均可用 H 中的元素表示，且划分为子群 H 的若干个陪集。$H:\{nm\}$；$n=0,\ \pm1,\ \pm2,\cdots$。

例如 $m=3$，则子群 H 的元素为：$H:\{0,\ \pm3,\ \pm6,\ \pm9,\ \pm12,\ \pm15,\ \pm18,\cdots\}$

利用分元陪集的方法，用 H 的元素表示 G 中的所有元素的一般方法可以描述如下，表 6.3 给出了分元陪集方法的过程。

(1) 将子群 H 中的元素放在表的第一行，且单位元 0 放在首位，称为陪集首；

(2) 将 H 中没有的，但 G 中的元素 1 作为陪集首，放在表的第二行的首位，将陪集首分别与第一行的元素做加法运算，组成的第二个陪集；

(3) 将第一行、第二行中没有的，但在群中有的元素 2 作为第二个陪集的陪集首，构成第三个陪集；

(4) 如此进行，构成所有 G 中的元素。

表 6.3 由 $H(nm)$ 构成 $G(n)$ 的分元陪集

陪集 1	0	3	−3	6	−6	9	−9	…
陪集 2	1+0=1	1+3=4	−2	7	−5	10	−8	…
陪集 3	2+0=2	2+3=5	−1	8	−4	11	−7	…

6.3 域

定义 6.5 如果一个元素集合 F，在其中定义加法和乘法两种运算，并满足下列条件则称为一个域(Field)，$a,b,c,d,e,a^{-1}\in G$。

在加法下为一个交换群，满足自闭性、交换律、结合律、单位元、逆元，其中加法的单位元称为域的零元，记为 0。

集合中的非零元素在乘法下为一个交换群，满足非零元素自闭性、交换律、结合律、单位元、逆元,其中乘法的单位元称为幺元,记为 1。

在加法乘法下满足分配律。

简单来讲,域 F 是一组元素集合,在这个集合中进行加、减、乘、除运算后其结果仍在这个集合中。可以看出,域中至少有两个元素,加法单位元和乘法单位元。后面会看到,最常用的二元域就是这样只有两个元素的域。

定义 6.6　域中元素的个数 m 称为域的阶,有限个元素的域称为有限域或伽罗华域(Galois Field,GF),记为 $GF(m)$。

根据域的定义,可以得到域的性质。

性质 1　对于域中的任何元素 a,有 $a \cdot 0 = 0 \cdot a = 0$。

性质 2　对于域中的任何两个非零元素 a 和 b,有 $a \cdot b \neq 0$。

性质 3　如果 $a \cdot b = 0$,且 $a \neq 0$,则 $b = 0$。

性质 4　对于域中的任何两个元素 a 和 b,有 $-(a \cdot b) = (-a) \cdot b = a \cdot (-b)$。

性质 5　如果 $a \neq 0$,且 $a \cdot b = a \cdot c$,则 $a = c$。

很容易验证实数集合在普通加法和乘法下是一个域,这个域有无穷多的元素。

集合 $\{0,1\}$ 在模二加法和乘法下构成一个二元有限域,一般称为二元域,记为 $GF(2)$。二元域是编码理论中应用最多的,并广泛用于计算机及通信系统。

定义 6.7　如果 p 为一个素数,则正整数集合 $\{0,1,2,\cdots,p-1\}$,在模 p 加法和模 p 乘法下构成一个阶数为 p 的域,称为素域,记为 $GF(p)$。$GF(2)$ 为一个素域。

【例 6.8】　$GF(7)$ 为一个素域,其运算见表 6.4 和表 6.5。

表 6.4　模 7 加法

+	0	1	2	3	4	5	6
0	0	1	2	3	4	5	6
1	1	2	3	4	5	6	0
2	2	3	4	5	6	0	1
3	3	4	5	6	0	1	2
4	4	5	6	0	1	2	3
5	5	6	0	1	2	3	4
6	6	0	1	2	3	4	5

表 6.5　模 7 乘法

.	0	1	2	3	4	5	6
0	0	0	0	0	0	0	0
1	0	1	2	3	4	5	6
2	0	2	4	6	1	3	5
3	0	3	6	2	5	1	4
4	0	4	1	5	2	6	3
5	0	5	3	1	6	4	2
6	0	6	5	4	3	2	1

实际上可以证明,对于任意的素数 p,都存在一个阶数为 p 的有限域。

定义 6.8　对于任意一个正整数 m,都可以把一个素域 $GF(p)$ 扩展成一个有 p^m 个元素的域,称其为 $GF(p)$ 的扩展域,记为 $GF(p^m)$。而且可以证明:任何有限域都是一个素域的

扩展域。

定义6.9 对于一个包含q个元素的有限域,由于其在加法下是自闭的,因此,考虑其乘法单位元1的加法运算,$1,1+1,1+1+1,\cdots,1+1+1+1+1+\cdots+1$($k$个),这些都是$GF(q)$中的元素,而域中的元素是有限个,因此必然存在两个正整数m,n,且$m<n$,使

$$\sum_{i=1}^{m}1=\sum_{i=1}^{n}1 \quad 或 \quad \sum_{i=1}^{n-m}1=0$$

或者说:必然存在一个最小的正整数$\lambda=n-m$,称λ为域$GF(q)$的特征。

二元域$GF(2)$的特征$\lambda=2$;

素域$GF(p)$的特征$\lambda=p$。

定理6.7 有限域的特征是一个素数。

另外,关于有限域还可以证明,对于有限域$GF(q)$的特征λ,存在一个包含λ个元素的素域$GF(\lambda)$,并且$GF(\lambda)$是$GF(q)$的一个子集,称$GF(\lambda)$是$GF(q)$的一个子域。同时,当$q\neq\lambda$时,q等于λ的幂。

下面讨论有限域中非零元素的一个特性,并引出循环群的概念。

设a为有限域$GF(q)$中的一个非零元素,由于$GF(q)$中的非零元素集合的乘法自闭性,下列a的幂

$$a^1=a,\quad a^2=a\cdot a,\quad a^3=a\cdot a\cdot a,\quad \cdots$$

必然也是$GF(q)$中的非零元素。$GF(q)$中的元素是有限的,因此,a的幂序列必然会出现重复,也就是说,必然存在两个正整数k和$m(k<m)$,使得$a^k=a^m$。

如果a^{-1}是a的乘法逆元,则$(a^{-1})^k$就是a^k的乘法逆元。由$a^k=a^m$可以得到

$$(a^{-1})^k\cdot a^k=a^m\cdot(a^{-1})^k\rightarrow 1=a^{m-k}$$

这个关系说明,对于$GF(q)$中的任何一个非零元素a,必然存在一个使得$a^n=1$的最小正整数n,称为元素a的阶。可以证明,$GF(q)$的非零元素的各次幂,在$GF(q)$的乘法下构成一个交换群。

定义6.10 如果一个群存在一个元素,其各次幂构成整个群,称为循环群。

定理6.8 有限域$GF(q)$的非零元素构成一个循环群。

定理6.9 如果a为有限域$GF(q)$的非零元素,则$a^{q-1}=1$。

定理6.10 如果a为有限域$GF(q)$的非零元素,且n为a的阶,则$q-1$一定能被n除尽。

定义6.11 如果有限域$GF(q)$中,非零元素a的阶$n=q-1$,就称a为$GF(q)$的本原元素,简称本原元(Primitive Element)。

本原元素的各次幂构成有限域$GF(q)$的所有元素,并且每个有限域都有其本原元素。

【例6.9】 有限域$GF(7)$,域中元素为$\{0,1,2,3,4,5,6\}$,其非零元素集合为$\{1,2,3,4,5,6\}$,考虑其中的非零元素$a=3$,可知$3^1=3,3^2=3\cdot3=2,3^3=3^2\cdot3=6,3^4=3^3\cdot3=4,3^5=5,3^6=1$,可以看到3的各次幂构成了$GF(7)$中所有非零元素,所以3的阶$n=q-1=6$,3为$GF(7)$的一个本原元。

如果取$a=4$,可知$4^1=4,4^2=2,4^3=1$,即元素4的阶为$n=3$,4不是$GF(7)$的本原元,但元素$a=4$的阶3可以除尽$q-1=6$。

6.4　二元域上多项式

讨论域和群的问题是为了研究编码方法,理论上讲,选择有限域 $GF(q)$ 上的元素的集合或子集就是编码的构造过程。经过长期分析和研究,人们发现通常情况下 q 为一个素数,或者为素数的幂。限于目前的数字电路和计算机系统都是采用二进制信号形式,因此,在编码理论中也就更多地讨论二元有限域 $GF(2)$ 和其扩展域 $GF(2^m)$ 的问题。

6.4.1　二元域上多项式的计算

定义 6.12　如果多项式 $f(x)=f_0+f_1x+f_2x^2+\cdots+f_nx^n$ 的系数取自二元有限域 $GF(2)$,则称 $f(x)$ 为二元域 $GF(2)$ 上的多项式。$f_i=0$ 或 $f_i=1$。

根据这个定义,很容易理解域上多项式的概念,如果多项式的系数取自有限域 $GF(q)$,则称为有限域 $GF(q)$ 上的多项式。如果多项式系数取自实数域,那就是常见的普通 n 次多项式。

域上多项式的一般形式为

$$f(x)=f_0+f_1x+f_2x^2+\cdots+f_nx^n \tag{6.1}$$

有时候按通常习惯也写成降幂排列形式,即

$$f(x)=f_nx^n+f_{n-1}x^{n-1}+\cdots+f_1x+f_0$$

多项式中非零系数的 x 的最高次幂称为多项式的次数(Degree),如果 f_n 不为 0,则称为 n 次多项式,记为 $\deg(f(x))=n$。

如果 $f(x)$ 为有限域 $GF(q)$ 上的 n 次多项式(f_n 不为 0),一般还可以表示为

$$f(x)=\sum_{i=0}^{n}f_ix^i;\quad f_i\in GF(q) \tag{6.2}$$

域上的多项式也存在加法、减法、乘法和除法的计算。以 $GF(2)$ 上的多项式为例,如果另一个 $GF(2)$ 上的 m 次多项式为($m<n$)

$$g(x)=g_0+g_1x+g_2x^2+\cdots+g_mx^m$$

$f(x)$ 和 $g(x)$ 的相加为 x 的同次幂的系数相加,即

$$f(x)+g(x)=(f_0+g_0)+(f_1+g_1)x+\cdots+(f_m+g_m)x^m+f_{m+1}x^{m+1}+\cdots+f_nx^n$$

其中系数的加法为 $GF(2)$ 上的模二加法。

$f(x)$ 和 $g(x)$ 的相减为 x 的同次幂的系数相减,即

$$f(x)-g(x)=(f_0-g_0)+(f_1-g_1)x+\cdots+(f_m-g_m)x^m+f_{m+1}x^{m+1}+\cdots+f_nx^n$$

其中系数的减法也就是域上元素定义的减法(与逆元相加),对于二元域 $GF(2)$,加法和减法是一样的,因此,对于二元域上多项式,减法和加法是一样的。

$f(x)$ 和 $g(x)$ 相乘时,得到如下结果

$$c(x)=f(x)\cdot g(x)=c_0+c_1x+c_2x^2+\cdots+c_{n+m}x^{n+m}$$

$$c_0=f_0g_0$$

$$c_1=f_0g_1+f_1g_0$$

$$c_2=f_0g_2+f_1g_1+f_2g_0$$

$$\vdots$$

$$c_i = f_0 g_i + f_1 g_{i-1} + f_2 g_{i-2} + \cdots + f_i g_0$$
$$\vdots$$
$$c_{n+m} = f_n g_m$$

其中的加法和乘法都是二元域上的加法和乘法。根据乘法的计算方法可知，如果 $g(x) = 0$，则 $f(x)g(x) = 0$。

可以证明二元域上多项式的计算具有以下性质

(1) 交换律：$a(x) + b(x) = b(x) + a(x)$；$a(x) \cdot b(x) = b(x) \cdot a(x)$

(2) 结合律：$a(x) + [b(x) + c(x)] = [a(x) + b(x)] + c(x)$；$a(x) \cdot [b(x) \cdot c(x)] = [a(x) \cdot b(x)] \cdot c(x)$

(3) 分配律：$a(x) \cdot [b(x) + c(x)] = [a(x) \cdot b(x)] + [a(x) \cdot c(x)]$

如果多项式 $g(x)$ 的次数不为零，当 $f(x)$ 除以 $g(x)$ 时，可以得到二元域上唯一的另外两个多项式

$$\frac{f(x)}{g(x)} = q(x) + \frac{r(x)}{g(x)}; \quad \deg r(x) < \deg g(x) \tag{6.3}$$

或者写成

$$f(x) = q(x)g(x) + r(x); \quad \deg r(x) < \deg g(x)$$

其中，$q(x)$ 为商式多项式；$r(x)$ 为余式多项式；余式多项式 $r(x)$ 的次数低于 $g(x)$ 的次数。

【例 6.10】 如果 $f(x) = 1 + x + x^4 + x^5 + x^6$；$g(x) = 1 + x + x^3$；则 $f(x)/g(x)$ 的结果可以写作

$$\frac{f(x)}{g(x)} = q(x) + \frac{r(x)}{g(x)}$$

利用长除法(欧几里得除法)

$$\begin{array}{r|l}
 & x^3 + x^2 \\
\hline
x^3 + x + 1 & x^6 + x^5 + x^4 \qquad\qquad + x + 1 \\
 & x^6 \qquad + x^4 + x^3 \\
\hline
 & \quad x^5 + \qquad x^3 \qquad + x + 1 \\
 & \quad x^5 \qquad + x^3 + x^2 \\
\hline
 & \qquad\qquad\qquad x^2 + x + 1
\end{array}$$

得到商式多项式 $q(x) = x^3 + x^2$，余式多项式 $r(x) = x^2 + x + 1$。

如果 $r(x) = 0$，即 $f(x)$ 能被 $g(x)$ 除尽，则称 $g(x)$ 为 $f(x)$ 的因式，$f(x)$ 为 $g(x)$ 的倍式。

定义 6.13 如果 $GF(2)$ 上多项式 $F(x), N(x), Q(x), R(x)$ 满足

$$\frac{F(x)}{N(x)} = Q(x) + \frac{R(x)}{N(x)}$$

则称在模 $N(x)$ 条件下 $F(x)$ 等于 $R(x)$，记为

$$F(x) = R(x); \quad \mathrm{mod}(N(x)) \tag{6.4}$$

在例 6.9 中，可以表示为 $f(x) = r(x) = x^2 + x + 1, \mathrm{mod}(g(x))$。

定义 6.14 如果 $f(x)$ 为 $GF(2)$ 上的 m 次多项式，它不能被任何次数小于 m、大于 0 的多项式除尽，则称其为 $GF(2)$ 上的不可约多项式(Irreducible Polynomial)。

$f(x) = x^3 + x + 1$，$f(x) = x^4 + x + 1$ 均为不可约多项式。

根据有限域上多项式理论,可以证明:

(1) $GF(2)$ 上的多项式若有偶数项,则一定可被 $x+1$ 除尽。

(2) 对于任意 $m \geqslant 1$,都存在 m 次不可约多项式。

(3) $GF(2)$ 上的任意 m 次不可约多项式,一定能除尽 x^n+1,其中 $n=2^m-1$。

例如:$m=3$ 的 3 次多项式 $f(x)=x^3+x+1$,$n=2^m-1=7$,则 $f(x)$ 一定可以除尽 x^7+1。

定义 6.15　对于任意 $m \geqslant 1$,如果 $f(x)$ 为 m 次不可约多项式,且可整除 x^n+1 的最小 n 值为 $n=2^m-1$,则称 $f(x)$ 为本原多项式(Primitive Polynomial)。

可以验证 $f(x)=x^4+x+1$ 能够整除 $x^{15}+1$,但不能整除任何 n 小于 15 的 x^n+1,因此 x^4+x+1 是一个本原多项式。$f(x)=x^4+x^3+x^2+x+1$ 是一个不可约多项式,但它不是本原的,因为它可以整除 x^5+1。

不可约多项式不一定是本原多项式,本原多项式一定为不可约的。

对于给定的 m,m 次本原多项式可能是不唯一的。

确定本原多项式是比较麻烦的,但是很多编码教科书已经给出了 m 较小的本原多项式表,可供参考。

6.4.2　二元扩展域的构造

对于认识二进制编码和计算机文本的数据格式,似乎了解了二元有限域 $GF(2)$ 就可以了,但是要想分析编码性能和实现编码过程,还要进一步讨论二元扩展域 $GF(2^m)$ 的构成和性质。

二元有限域 $GF(2)$ 中有两个元素,通常用0和1表示,二元扩展域 $GF(2^m)$ 在 $m>1$ 时有多于两个元素,这时引入一个符号 α 作为一个元素符号。

根据定理6.8的描述,有限域 $GF(q)$ 的非零元素构成一个循环群(一种特殊的乘法交换群)。再根据循环群的性质,可以得到以下基本关系,并产生二元扩展域 $GF(2^m)$ 上的全部元素:

$$0\cdot 0=0;\quad 1\cdot 0=0\cdot 1=0;\quad 1\cdot 1=1;\quad 0\cdot\alpha=\alpha\cdot 0=0$$

$$1\cdot\alpha=\alpha\cdot 1=\alpha;\quad \alpha^0=1;\quad \alpha^1=\alpha;\quad \alpha^2=\alpha\cdot\alpha;\quad \alpha^3=\alpha\cdot\alpha\cdot\alpha$$

$$\vdots$$

$$\alpha^j=\alpha\cdot\alpha\cdot\cdots\cdot\alpha(j\text{次})$$

$$\vdots$$

$$0\cdot\alpha^j=\alpha^j\cdot 0=0;\quad 1\cdot\alpha^j=\alpha^j\cdot 1=\alpha^j;\quad \alpha^i\cdot\alpha^j=\alpha^j\cdot\alpha^i=\alpha^{i+j}$$

这样,就得到一个乘法运算下的非空集合

$$F=\{0,\alpha^0,\alpha^1,\alpha^2,\cdots,\alpha^j,\cdots\}=\{0,1,\alpha,\alpha^2,\cdots,\alpha^j,\cdots\} \tag{6.5}$$

在实数域多项式中,如果 α 为 $f(x)$ 的根,则 $f(\alpha)=0$,并且 $f(x)$ 一定可以被 $(x-\alpha)$ 整除。有限域上多项式同样有这样的问题。例如,$GF(2)$ 上多项式 $f(x)=x^4+x^3+x^2+1$,代入 $x=1$,可以得到

$$f(1)=1^4+1^3+1^2+1=1+1+1+1=0$$

也就是说 $x=1$ 是 $f(x)$ 的一个根,$f(x)$ 一定能被 $x+1$ 整除,即有 $f(x)=(x+1)q(x)$ 的形式。可以看出,对于 $GF(2)$ 上的多项式,如果其包含有偶数项,一定能被 $(x+1)$ 整除。

即有偶数项的二元域上多项式一定不是不可约多项式。

前面已经介绍过，当 $n=2^m-1$ 时，二元域 $GF(2)$ 上任意 m 次不可约多项式都是 x^n+1 的因式（整除）。那么，如果令 $p(x)$ 为 $GF(2)$ 上的一个 m 次本原多项式（一定是不可约的），并假设 α 为 $p(x)$ 的一个根（$p(\alpha)=0$），则有

$$x^{2^m-1}+1=q(x)p(x) \tag{6.6}$$

将 α 为 $p(x)$ 的根代入，可得

$$\alpha^{2^m-1}+1=q(\alpha)p(\alpha)$$
$$\alpha^{2^m-1}+1=0$$

对于二元域来说，即

$$\alpha^{2^m-1}=1 \tag{6.7}$$

也就是说 $\alpha^n=1, n=2^m-1$。

这里要说明一下，对于二元域来说 $\alpha^n+1=0$ 就表明 $\alpha^n=1$，实际上对于一般的域上多项式而言有如下定理。

定理 6.11 如果 $GF(q)$ 是一个包含 q 个元素的有限域，$p(x)$ 是这个域上所有多项式集合中的一个 m 次不可约多项式，那么一定有

$$x^{q^m}-x=p(x)q(x)$$

这样来看，式(6.6)更严格的形式应该是

$$x^{2^m-1}-1=q(x)p(x)$$

只是对于二元域来说，加法与减法不加区别而已。

根据式(6.5)和式(6.7)的分析结果，在 $p(\alpha)=0$ 的条件下，得到一个包含有 2^m 个元素的有限集合。

$$F^*=\{0,1,\alpha,\alpha^2,\cdots,\alpha^{2^m-2}\} \tag{6.8}$$

可以利用有限域的性质证明，集合 F^* 是一个包含 2^m 个元素的有限域 $GF(2^m)$。也就是说可以证明 F^* 中存在加法和乘法两种运算，存在加法单位元0，乘法单位元1，满足交换律、结合律和分配律，满足自闭性。

定义 6.16 对于一个二元有限域 $GF(2)$ 上的 m 次本原多项式，可以构成一个包含 2^m 个元素的有限域 $GF(2^m)$，$GF(2^m)$ 称为 $GF(2)$ 的扩展域。

实际上 $GF(2)$ 是 $GF(2^m)$ 的一个子域，称 $GF(2)$ 为 $GF(2^m)$ 的基域。

需要说明，对于一定的 m 值，本原多项式可能是不唯一的，因此，可以产生不唯一的扩展域 $GF(2^m)$。但是产生的扩展域的阶数是一样的，都是 2^m。

下面看一下二元扩展域 $GF(2^m)$ 上元素的表示方法。

对于 $GF(2^m)$ 上的元素有三种表示方法：第一种为幂表示法，第二种为多项式表示法，第三种为向量表示法，通过一个例子加以说明。

【例 6.11】 令 $m=4$，多项式 $p(x)=x^4+x+1$ 是 $GF(2)$ 上的一个 $x^{15}+1$ 的不可约多项式（本原多项式），设 α 为 $p(x)$ 的根（本原元），则有

$$p(\alpha)=\alpha^4+\alpha+1=0$$

或表示为

$$\alpha^4=\alpha+1$$

利用这个基本关系，可以构造 $GF(2^m)$ 的所有元素。

例如：

$$\alpha^5=\alpha\,\alpha^4=\alpha(\alpha+1)=\alpha^2+\alpha$$

$$\alpha^6=\alpha\,\alpha^5=\alpha(\alpha^2+\alpha)=\alpha^3+\alpha^2$$

$$\alpha^7=\alpha\,\alpha^6=\alpha(\alpha^3+\alpha^2)=\alpha^4+\alpha^3=\alpha^3+\alpha+1$$

由此可以得到 $GF(2^4)$ 上元素的三种表示方法,见表6.6。

表6.6　由 $p(x)=x^4+x+1$ 产生的 $GF(2^4)$ 的元素的三种表示方法

幂表示法	多项式表示法	向量表示法
0	0	(0000)
1	1	(0001)
α	a	(0010)
α^2	a^2	(0100)
α^3	a^3	(1000)
α^4	$\alpha+1$	(0011)
α^5	$\alpha^2+\alpha$	(0110)
α^6	$\alpha^3+\alpha^2$	(1100)
α^7	$\alpha^3+\alpha+1$	(1011)
α^8	α^2+1	(0101)
α^9	$\alpha^3+\alpha$	(1010)
α^{10}	$\alpha^2+\alpha+1$	(0111)
α^{11}	$\alpha^3+\alpha^2+\alpha$	(1110)
α^{12}	$\alpha^3+\alpha^2+\alpha+1$	(1111)
α^{13}	$\alpha^3+\alpha^2+1$	(1101)
α^{14}	α^3+1	(1001)

$GF(2^4)$ 中元素的乘法可以很方便计算,只是注意模 $2^m-1=15$。例如 $\alpha^{12}\alpha^7=\alpha^{19}=\alpha^{15}\alpha^4=\alpha^0\alpha^4=\alpha^4$,其加法为

$$\alpha^5+\alpha^7=(\alpha^2+\alpha)+(\alpha^3+\alpha+1)=\alpha^3+\alpha^2+1=\alpha^{13}$$

$$\alpha^5+\alpha^{10}=(\alpha^2+\alpha)+(\alpha^2+\alpha+1)=1$$

实际上,元素的相加可以用其向量相加来得到,例如:$\alpha^5+\alpha^{10}=(0110)+(0111)=(0001)=1$。

6.4.3　二元扩展域的性质

在普通的代数理论中,已经知道实数域多项式的根可能不在实数域中,而在复数域中。例如最简单的 $f(x)=x^2+1$。同样,$GF(2)$ 上多项式的根可能不在 $GF(2)$ 上,而在其扩展域 $GF(2^m)$ 上。例如,$GF(2)$ 上多项式 $f(x)=x^4+x^3+1$ 是一个不可约多项式,它有四个根都不在 $GF(2)$ 上,可以验证这四个根都在扩展域 $GF(2^m)$ 上。$\alpha^7,\alpha^{11},\alpha^{13},\alpha^{14}$ 为 $f(x)=x^4+x^3+1$ 的四个根。

$$(\alpha^7)^4+(\alpha^7)^3+1=\alpha^{28}+\alpha^{21}+1=\alpha^{13}+\alpha^6+1=(\alpha^3+\alpha^2+1)+(\alpha^3+\alpha^2)+1=0$$

同样可验证其他三个元素也是 $f(x)=x^4+x^3+1$ 的根。那么根据多项式根的定义,多项式必然可以写成如下形式

$$f(x)=x^4+x^3+1=(x-\alpha^7)(x-\alpha^{11})(x-\alpha^{13})(x-\alpha^{14})$$

同时根据定义的 $GF(2^m)$ 上的加法运算的关系,元素的减法与加法是一样的,因此通常都写为

$$f(x)=x^4+x^3+1=(x+\alpha^7)(x+\alpha^{11})(x+\alpha^{13})(x+\alpha^{14})$$

验证一下

$$\begin{aligned}&(x+\alpha^{7})(x+\alpha^{11})(x+\alpha^{13})(x+\alpha^{14})\\&=[x^{2}+(\alpha^{7}+\alpha^{11})x+\alpha^{18}][x^{2}+(\alpha^{13}+\alpha^{14})x+\alpha^{27}]\\&=[x^{2}+\alpha^{8}x+\alpha^{3}][x^{2}+\alpha^{2}x+\alpha^{12}]\\&=x^{4}+(\alpha^{8}+\alpha^{2})x^{3}+(\alpha^{12}+\alpha^{10}+\alpha^{3})x^{2}+(\alpha^{20}+\alpha^{5})x+\alpha^{15}\\&=x^{4}+x^{3}+1\end{aligned}$$

代数理论研究表明,如果一个 $GF(2)$ 上多项式(注意:不必要是不可约多项式)的根在扩展域 $GF(2^m)$ 上,那么它的全部根都在 $GF(2^m)$ 上,并存在一种特殊关系。

定理 6.12 设 $f(x)$ 为一个 $GF(2)$ 上多项式,β 是扩展域 $GF(2^m)$ 上的一个元素,如果 β 是 $f(x)$ 的根,则对于任意 $l \geqslant 0$,β^{2^l} 也是 $f(x)$ 的根,这些根称为一组共轭根。

说明一下,证明这个定理需要利用 $GF(2)$ 上多项式的一个基本关系,这里不加证明地给出

$$[f(x)]^{2^i}=f(x^{2^i}) \tag{6.9}$$

利用定理 6.12,如果已知 $GF(2)$ 上的一个根,可以很方便地得到它的所有根。

例如 $\beta=\alpha^4$ 是 $f(x)=x^6+x^5+x^4+x^3+1$ 的一个根,验证

$$\begin{aligned}f(\alpha^{4})&=\alpha^{24}+\alpha^{20}+\alpha^{16}+\alpha^{12}+1=\alpha^{9}+\alpha^{5}+\alpha+\alpha^{12}+1\\&=(\alpha^{3}+\alpha)+(\alpha^{2}+\alpha)+\alpha+(\alpha^{3}+\alpha^{2}+\alpha+1)+1=0\end{aligned}$$

根据定理 6.12 有,$\beta^2=\alpha^8$,$\beta^4=\alpha^{16}=\alpha$,$\beta^8=\alpha^{32}=\alpha^2$ 也是 $f(x)$ 的根,这四个根是一组共轭根。注意,$\beta^{16}=\alpha^{64}=\alpha^4$ 就是重复的了。而 $f(x)$ 是六次多项式,应该有六个根,可以验证,α^5 和 α^{10} 是 $f(x)$ 的另外一组共轭根。

通过上面的例子已经看到,对于 $m=4$,$n=2^m-1$ 的情况,$GF(2)$ 上几个特殊多项式的根都是在其扩展域 $GF(2^m)$ 上,那么共有多少个多项式,它们的根是如何分布呢?

设 β 是 $GF(2^m)$ 上的一个非零元素,根据定理 6.9 有

$$\beta^{n}=\beta^{2m-1}=1$$

在上式中两边加 1 ,得

$$\beta^{2m-1}+1=0$$

说明 β 是多项式 $x^{2m-1}+1$ 的一个根,并且有如下定理。

定理 6.13 二元扩展域 $GF(2^m)$ 上的 2^m-1 个非零元素是二元域 $GF(2)$ 上多项式 $x^{2m-1}+1$ 的全部根。

因为 $GF(2^m)$ 上的 0 元素是多项式 x 的根,所以由上面定理还可以引出下面定理。

定理 6.14 二元扩展域 $GF(2^m)$ 上的元素是二元域 $GF(2)$ 上多项式 $x^{2^m}+x$ 的全部根。

也就是说,$GF(2)$ 上多项式 $x^{2^m}+x$ 有 2^m 个根,一个为 $GF(2^m)$ 上的 0 元素,其他为 $n=2^m-1$ 个非零元素。

前面已经讲到,$f(x)=x^4+x+1$ 是一个本原多项式,也是一个不可约多项式,$f(x)=x^4+x^3+1$ 是一个不可约多项式,$f(x)=x^6+x^5+x^4+x^3+1$ 不是不可约多项式,那么它们与 $x^{2^m}+x$ 存在什么关系呢?下面进一步介绍。

因为 $GF(2^m)$ 上的任意一个元素 β 都是 $x^{2^m}+x$ 的根,β 也可能是 $GF(2)$ 上一个次数低于 2^m 的多项式的根。

定义6.17　令$\varphi(x)$是$GF(2)$上满足$\varphi(\beta)=0$的最低次数多项式,则称$\varphi(x)$为$GF(2)$上对应于β的最小多项式。$GF(2^m)$上零元素0的最小多项式是x,幺元素1的最小多项式是$x+1$。

定理6.15　$GF(2^m)$上的元素β对应的最小多项式$\varphi(x)$一定是不可约多项式。

定理6.16　$f(x)$为$GF(2)$上的多项式,$\varphi(x)$是$GF(2^m)$上的元素β的最小多项式,如果β是$f(x)$的根,则$f(x)$一定能被$\varphi(x)$整除。即

$$f(x)=a(x)\ \varphi(x)$$

定理6.17　$GF(2^m)$上的元素β对应的最小多项式$\varphi(x)$一定能整除$x^{2^m}+x$,即

$$x^{2^m}+x=q(x)\ \varphi(x)$$

定理6.18　$f(x)$是$GF(2)$上的不可约多项式,β是$GF(2^m)$上的一个元素,$\varphi(x)$为对应于β的最小多项式,如果$f(\beta)=0$,则$\varphi(x)=f(x)$。

归纳一下上面几个定理说明了这样一些问题,对应于一个m值,$x^{2^m}+x$在二元域$GF(2)$上的全部因式构成一个多项式集合(既包括不可约多项式也包括可约多项式);$x^{2^m}+x$的全部根都在扩展域$GF(2^m)$上,每个根都对应一个最小多项式;某一个根β所对应的最小多项式$\varphi(x)$一定是不可约多项式;这个多项式集合中的任一个多项式$f(x)$,如果以β为根,必然是对应的最小多项式$\varphi(x)$的倍式;如果多项式集合中的不可约多项式$f(x)$以β为根,那么$f(x)$与β所对应的最小多项式$\varphi(x)$是同一个多项式。

定理6.12说明了多项式$f(x)$的根之间的关系(共轭根),实际上可以验证,如果$f(x)$是不可约多项式那么它的根就是一组共轭根,如果$f(x)$是两个不可约多项式的倍式它的根就是两组共轭根。

如果$f(x)$是一个不可约多项式,并且以β为根,也就是说$f(x)=\varphi(x)$,那么它就存在一组共轭根,其形式为$\beta,\beta^2,\beta^4,\cdots,\beta^{2^l},\cdots$。同时$GF(2^m)$是一个有限域,元素个数是有限的,因此,这组共轭根的个数是有限的(实际上与$f(x)$的次数相同),β的若干次幂之后必然是重复的。令e为满足$\beta^{2^e}=\beta$的最小正整数($e\leqslant m$),$\beta,\beta^2,\beta^4,\cdots,\beta^{2^e}$就是$f(x)$的全部根。$f(x)$就可以写成

$$f(x)=(x+\beta)(x+\beta^2)(x+\beta^4)\cdots(x+\beta^{2^e})$$

这样针对$GF(2)$上多项式$x^{2^m}+x$在$GF(2^m)$上的一个根,就可以确定一组共轭根及其对应的一个不可约多项式。

定理6.19　设β是$GF(2^m)$上的一个元素,令e为满足$\beta^{2^e}=\beta$的最小正整数,则

$$f(x)=\prod_{i=0}^{e-1}(x+\beta^{2^i}) \tag{6.10}$$

是$GF(2)$上的不可约多项式。

实际上定理6.19也是确定最小多项式的基本方法。

定理6.20　设$\varphi(x)$为对应于$GF(2^m)$上β的最小多项式,令e为满足$\beta^{2^e}=\beta$的最小正整数,则

$$\varphi(x)=\prod_{i=0}^{e-1}(x+\beta^{2^i}) \tag{6.11}$$

【例6.12】　表6.6给出的$m=4$的$GF(2^m)$上的元素。令$\beta=\alpha^3$。一组共轭根为

$$\beta^2=\alpha^6,\quad \beta^4=\alpha^{12},\quad \beta^8=\alpha^{24}=\alpha^9,\quad \beta^{16}=\alpha^{48}=\alpha^3=\beta$$

$\beta=\alpha^3$ 对应的最小多项式为

$$\varphi(x)=(x+\alpha^3)(x+\alpha^6)(x+\alpha^{12})(x+\alpha^9)$$

根据有限域计算方法,可以验证

$$\varphi(x)=x^4+x^3+x^2+x+1$$

如果认为上例的计算有些复杂,还有另外一种方法。

【例6.13】 确定 $m=4$ 的 $GF(2^m)$ 上的元素 $\gamma=\alpha^7$ 对应的最小多项式,γ 的共轭根为

$$\gamma^2=\alpha^{14},\quad \gamma^4=\alpha^{28}=\alpha^{13},\quad \gamma^8=\alpha^{56}=\alpha^{11},\quad \gamma^{16}=\alpha^{112}=\alpha^7=\gamma$$

$$\varphi(x)=(x+\alpha^7)(x+\alpha^{14})(x+\alpha^{13})(x+\alpha^{11})$$

$\varphi(x)$ 有四个根,为一个四次多项式,其形式可以写为

$$\varphi(x)=c_0+c_1x+c_2x^2+c_3x^3+x^4$$

将根 γ 代入可得

$$\varphi(\gamma)=c_0+c_1\gamma+c_2\gamma^2+c_3\gamma^3+\gamma^4=0$$

根据 $\gamma=\alpha^7$ 和表6.6可得

$$\gamma=\alpha^7=1+\alpha+\alpha^3,\quad \gamma^2=\alpha^{14}=1+\alpha^3$$

$$\gamma^4=\alpha^{28}=\alpha^{13}=\alpha^2+\alpha^3,\quad \gamma^8=\alpha^{56}=\alpha^{11}=1+\alpha^2+\alpha^3$$

进而得到方程式

$$c_0+c_1(1+\alpha+\alpha^3)+c_2(1+\alpha^3)+c_3(\alpha^2+\alpha^3)+(1+\alpha^2+\alpha^3)=0$$

整理可得

$$(c_0+c_1+c_2+1)+c_1\alpha+(c_3+1)\alpha^2+(c_1+c_2+c_3+1)\alpha^3=0$$

要使等式成立,其系数必然为零,得方程组

$$c_0+c_1+c_2+1=0$$
$$c_1=0$$
$$c_3+1=0$$
$$c_1+c_2+c_3+1=0$$

由此方程组可知,$c_0=1,c_1=c_2=0,c_3=1$,最后得知 $\gamma=\alpha^7$ 对应的最小多项式为$\varphi(x)=1+x^3+x^4$;表6.7给出了 $GF(2^4)$ 的所有元素的最小多项式。

表6.7 $GF(2^4)$ 的所有元素的最小多项式

共轭根	最小多项式
0	x
1	$x+1$
$\alpha,\alpha^2,\alpha^4,\alpha^8$	x^4+x+1
$\alpha^3,\alpha^6,\alpha^9,\alpha^{12}$	$x^4+x^3+x^2+x+1$
α^5,α^{10}	x^2+x+1
$\alpha^7,\alpha^{11},\alpha^{13},\alpha^{14}$	x^4+x^3+1

定理6.21 设$\varphi(x)$ 为对应于$GF(2^m)$ 上β的最小多项式,令e为多项式$\varphi(x)$ 的次数,则 e 为满足 $\beta^{2^e}=\beta$ 的最小正整数,并且有 $e\leqslant m$。如 $e\neq m$ 则必有 $e\mid m$,即 e 可以整除 m。

这一点可以从表6.7中看出,所有的最小多项式的次数为1,2,4。

定义6.14已经给出了本原多项式的定义,本原多项式是 $GF(2)$ 上的一个 m 次多项式,本原多项式一定以 α 为根,有本原多项式及其根可以构造 $GF(2^m)$ 的所有元素。了解了域

上多项式的根的基本性质之后,进一步讨论本原多项式。

定理6.22　如果β是$GF(2^m)$上的一个本原元,则β的所有共轭元素$\beta^2,\beta^4,\cdots,\beta^{2^l},\cdots$也一定是$GF(2^m)$上的本原元。

实际上,根据定义6.10有限域上本原元的定义,如果$GF(2^m)$上元素β的阶等于2^m-1,β就是一个本原元。可以证明,如果β的阶为2^m-1,其共轭根的阶数也一定为2^m-1。

【例6.14】　考虑表6.6给出的扩展域$GF(2^4)$,$\beta=\alpha^7$的整数次幂

$\beta^0=1,\beta^1=\alpha^7,\beta^2=\alpha^{14},\beta^3=\alpha^{21}=\alpha^6,\beta^4=\alpha^{28}=\alpha^{13},\beta^5=\alpha^{35}=\alpha^5,\beta^6=\alpha^{42}=\alpha^{12}$

$\beta^7=\alpha^{49}=\alpha^{43},\beta^8=\alpha^{56}=\alpha^{11},\beta^9=\alpha^{63}=\alpha^3,\beta^{10}=\alpha^{70}=\alpha^{10},\beta^{11}=\alpha^{77}=\alpha^2$

$\beta^{12}=\alpha^{84}=\alpha^9,\beta^{13}=\alpha^{91}=\alpha,\beta^{14}=\alpha^{98}=\alpha^8,\beta^{15}=\alpha^{105}=1$

可见,$\beta=\alpha^7$的整数次幂生成了$GF(2^4)$上的所有元素,因此,$\beta=\alpha^7$也是$GF(2^4)$上的一个本原元,$\beta=\alpha^7$的阶数为$n=2^m-1=15$。并且它的共轭元素$\beta^2=\alpha^{14},\beta^4=\alpha^{13},\beta^8=\alpha^{11}$都是本原元。从表6.7可以看到,以$\beta=\alpha^7$为根的最小多项式$f(x)=x^4+x^3+1$也是一个本原多项式。

这个例子进一步说明,二元域$GF(2)$的扩展域$GF(2^m)$中的本原元可能是不唯一的,对应一定的m值,$GF(2)$上的本原多项式也可能是不唯一的。

定理6.22的更一般的形式可以描述为下面的定理。

定理6.23　如果β是$GF(2^m)$上的一个阶数等于n的元素,则β的所有共轭元素β^2,$\beta^4,\cdots,\beta^{2^l},\cdots$的阶数也等于$n$。

如果考察$GF(2^m)$上的任意元素$\beta=\alpha^i$的一组共轭元共有几个元素,可以通过以下定理来描述。

定理6.24　如果$\varphi_i(x)$是$GF(2)$上以$\beta=\alpha^i$为根的最小多项式,并且$\beta=\alpha^i$的阶等于n,则$\varphi_i(x)$的所有根由$GF(2^m)$上的一组共轭元素组成,这组共轭根为

$$\beta^2,\beta^{2^2},\cdots,\beta^{2^{L-1}} \tag{6.12}$$

其中,L为满足$2^L\equiv 1\ [\mathrm{mod}\ n]$的最小正整数。

【例6.15】　考虑表6.6给出的扩展域$GF(2^4)$上的元素$\beta=\alpha^5$对应的最小多项式。

首先考察$\beta=\alpha^5$的阶,根据有限域上元素阶的定义,对于$GF(q)$中的任何一个非零元素α,必然存在一个使得$a^n=1$的最小正整数n,称为元素a的阶。

$$\beta^2=\alpha^{10},\quad \beta^3=\alpha^{15}=1$$

所以$\beta=\alpha^5$的阶为$n=3$,由$2^L\equiv 1\ [\mathrm{mod}\ 3]$可知,$L=2$,因此可以判断$\beta=\alpha^5$对应的最小多项式有两个根,为$\beta^2=\alpha^{10},\beta^4=\alpha^{20}=\alpha^5=\beta$。可以考察,$\beta=\alpha^{10}$的阶也为$n=3$。对应的最小多项式为$\varphi_5(x)=x^2+x+1$。

应该进一步说明,最小多项式是相对$GF(2^m)$的元素而言的,$GF(2^m)$上的每个元素都对应一个最小多项式(可能多个元素对应于同一个最小多项式)。不可约多项式是相对于$GF(2)$而言的,对于二元域及其扩展域来说,最小多项式都是不可约多项式。而本原多项式是一个以$GF(2^m)$上本原元为根的m次不可约多项式,只有利用本原多项式才能构造成一个扩展域$GF(2^m)$,构造出的扩展域还可能包含多个本原元。本原多项式的确定是比较复杂的,一般靠查表获得。但有一个性质我们以定理的形式给出。

定理6.25　如果$p(x)$是$GF(2)$上的一个m次本原多项式,那么它的互反多项式$p'(x)$也一定是一个m次本原多项式。

定义 6.18 设 $GF(2)$ 上的 n 次多项式为 $f(x)=1+c_1x+c_2x^2+\cdots+x^n$，则其互反多项式为

$$f'(x)=x^nf(\frac{1}{x})=x^n+c_{n-1}x^{n-1}+c_{n-2}x^{n-2}+\cdots+1 \tag{6.13}$$

例如：$p(x)=x^6+x+1$ 为 $m=6$ 的本原多项式，则 $p'(x)=x^6+x^5+1$ 也是一个本原多项式。

6.5 向量空间

狭义信息论就是通信中的数学理论，为了对通信中的编码问题进行数学描述，要对码字进行数学表示，通常有两种表示方法，一种是多项式表示法，前面介绍的域上多项式就是为了这种表示。另一种就是向量表示法，这里介绍一下向量空间和矩阵的有关概念。实际上，多项式和向量空间在数学上都是线性代数理论的问题，两者之间是存在联系的。只是在通信理论分析时，不同的表示方法对不同的问题有各自的优势，因此都要有所了解。注意，这里重点介绍的仍然是二元域 $GF(2)$ 及二元扩展域 $GF(2^m)$ 上的向量问题。

6.5.1 向量空间概念

定义 6.19 设 F 是一个域，V 是一个非空集合，在 V 中定义一种加法运算（+），并存在加法自闭性。同时定义一种 F 中元素与 V 中元素的乘法运算（·），这种乘法对 V 中的元素存在乘法自闭性。如果加法运算和乘法运算满足以下运算规则，就称 V 是 F 上的向量空间（Vector Space）。

① 集合 V 对于加法是一个交换群；

② 若 $a\in F,\boldsymbol{v}\in V$，则 $a\cdot\boldsymbol{v}\in V$ 仍然成立；

③ 满足分配率，即若 $a,b\in F,\boldsymbol{u},\boldsymbol{v}\in V$，则 $a\cdot(\boldsymbol{u}+\boldsymbol{v})=a\cdot\boldsymbol{u}+a\cdot\boldsymbol{v},(a+b)\cdot\boldsymbol{v}=a\cdot\boldsymbol{v}+b\cdot\boldsymbol{v}$；

④ 满足结合律，即若 $a,b\in F,\boldsymbol{v}\in V$，则 $(a\cdot b)\cdot\boldsymbol{v}=a\cdot(b\cdot\boldsymbol{v})$；

⑤ 存在单位元，即若 1 为 F 中的幺元，$\boldsymbol{v}\in V$，则 $1\cdot\boldsymbol{v}=\boldsymbol{v}$。

V 中的元素称为向量，F 中的元素称为标量。V 中的加法称为向量加法，F 中的元素乘以 V 中的元素称为标乘。V 中的单位元是一个零向量，记为 $\mathbf{0}$。

根据向量空间的定义，可以得到域 F 上空间 V 的性质：

性质 Ⅰ：设 0 为域 F 上的零元，对于 V 上的任一向量 $\boldsymbol{v}$ 有 $0\cdot\boldsymbol{v}=\mathbf{0}$；

性质 Ⅱ：对于域 F 上的任一标量 c，有 $c\cdot\mathbf{0}=\mathbf{0}$；

性质 Ⅲ：对于域 F 上的任一标量 c 和 V 上的任一向量，有 $(-c)\cdot\boldsymbol{v}=c\cdot(-\boldsymbol{v})=-(c\cdot\boldsymbol{v})$。

如果域 F 为一个二元有限域 $GF(2)$，$GF(2)$ 上的向量空间 V 就是在编码理论中最常用的码字空间。考虑一个长度为 n 的元素序列

$$(a_0,\ a_1,\ a_2,\cdots,a_{n-1})$$

其中的每个元素 a_i 都是 $GF(2)$ 上的元素，这个序列称为 $GF(2)$ 上的 n 维向量。由于每个元素有两种取值，所以可以构成 2^n 个不同的 n 维向量。用 V_n 表示 $GF(2)$ 上的这个 2^n 个

不同的 n 维向量的集合。

在 V_n 上的加法有 $\boldsymbol{u},\boldsymbol{v}\in V_n$，$\boldsymbol{u}=(u_0,u_1,u_2,\cdots,u_{n-1})$ 和 $\boldsymbol{v}=(v_0,v_1,v_2,\cdots,v_{n-1})$

$$\boldsymbol{u}+\boldsymbol{v}=(u_0+v_0,u_1+v_1,u_2+v_2,\cdots,u_{n-1}+v_{n-1})$$

其中的加法 u_1+v_1 是 $GF(2)$ 上的模二加法，显然，$\boldsymbol{u}+\boldsymbol{v}$ 也是 $GF(2)$ 上的一个 n 维向量，即满足加法自闭性。可以验证 V_n 是一个加法交换群。$\boldsymbol{0}=(0,0,0,\cdots,0)$ 是加法单位元，模二加法下每个 n 维向量本身就是其逆元，同时这种加法也满足交换律和结合律。

$GF(2)$ 上的元素 a 与 V_n 中一个 n 维向量的乘法（标乘）可以表示为

$$a\cdot\boldsymbol{v}=a\cdot(v_0,v_1,v_2,\cdots,v_{n-1})=(a\cdot v_0,a\cdot v_1,a\cdot v_2,\cdots,a\cdot v_{n-1})$$

其中的乘法为 $GF(2)$ 上的模二乘法，$a\cdot\boldsymbol{v}$ 也是 $GF(2)$ 上的一个 n 维向量。可以验证这种乘法也满足分配律和结合律。因此，$GF(2)$ 上的所有 n 维向量的集合 V_n 构成了一个向量空间，通常也称为 $GF(2)$ 上的 n 维向量空间。

【例6.16】　考虑 $n=5$，$GF(2)$ 上的所有五维向量组成的向量空间由32个向量（元素）组成。

(00000)	(00001)	(00010)	(00011)
(00100)	(00101)	(00110)	(00111)
(01000)	(01001)	(01010)	(01011)
(01100)	(01101)	(01110)	(01111)
(10000)	(10001)	(10010)	(10011)
(10100)	(10101)	(10110)	(10111)
(11000)	(11001)	(11010)	(11011)
(11100)	(11101)	(11110)	(11111)

(10111) 和(11001) 的向量加法为(10111) + (11001) = (01110)

0 与(10111) 的乘法为 0 · (10111) = (00000)

1 与(10111) 的乘法为 1 · (10111) = (10111)

注意：如果是 q 元有限域 $GF(q)$ 上的 n 维向量空间，V_n 上的 n 维向量个数为 q^n。

定义6.20　若 V 是 F 上的向量空间，如果 V 存在一个子空间 S 也是 F 上的向量空间，则称 S 为 V 的子空间（Subspace）。

定理6.26　设 S 为域 F 上向量空间 V 的一个非空子集。若满足下列条件，则 S 就是 V 的一个子空间。

① 若 $\boldsymbol{u},\boldsymbol{v}\in S$，则 $\boldsymbol{u}+\boldsymbol{v}\in S$ 也成立；

② 若 $a\in F$，$\boldsymbol{u}\in S$，则 $a\cdot\boldsymbol{u}\in S$ 也成立。

【例6.17】　在例6.15中的所有五维向量中，有以下四个向量构成的子空间（子集）

$$\{(00000),(00111),(11010),(11101)\}$$

这个子集合满足定理6.26的两个条件，因此它是五维向量空间 V_5 的一个子空间。

定义6.21　设 $\boldsymbol{v}_1,\boldsymbol{v}_2,\cdots,\boldsymbol{v}_k$ 为 F 上的向量空间 V 中的 k 个向量，$a_1,a_2,\cdots,a_k$ 是 F 上 k 个标量，则下面表达式

$$a_1\boldsymbol{v}_1+a_2\boldsymbol{v}_2+\cdots+a_k\boldsymbol{v}_k$$

称为 $\boldsymbol{v}_1,\boldsymbol{v}_2,\cdots,\boldsymbol{v}_k$ 的线性组合。

显然 $\boldsymbol{v}_1,\boldsymbol{v}_2,\cdots,\boldsymbol{v}_k$ 的两个线性组合的和仍然是一个线性组合。$\boldsymbol{v}_1,\boldsymbol{v}_2,\cdots,\boldsymbol{v}_k$ 的一个线性组合与 F 上一个元素的标积也是一个线性组合。

定理 6.27 设 $\boldsymbol{v}_1,\boldsymbol{v}_2,\cdots,\boldsymbol{v}_k$ 为 F 上的向量空间 V 中的 k 个向量，则 $\boldsymbol{v}_1,\boldsymbol{v}_2,\cdots,\boldsymbol{v}_k$ 所有的线性组合构成一个 V 的子空间。

【例 6.18】 在例 6.15 中的所有五维向量中，向量(00111) 和(11101) 的所有线性组合为

$$0\cdot(00111)+0\cdot(11101)=(00000)$$
$$0\cdot(00111)+1\cdot(11101)=(11101)$$
$$1\cdot(00111)+0\cdot(11101)=(00111)$$
$$1\cdot(00111)+1\cdot(11101)=(11010)$$

这四个向量就是一个子空间(如例 6.17)。

定义 6.22 设 $\boldsymbol{v}_1,\boldsymbol{v}_2,\cdots,\boldsymbol{v}_k$ 为 F 上的向量空间 V 中的 k 个向量，$a_1,a_2,\cdots,a_k$ 是 F 上的 k 个标量，当且仅当 $a_1,a_2,\cdots,a_k$ 不全为零时使下式成立，称 $\boldsymbol{v}_1,\boldsymbol{v}_2,\cdots,\boldsymbol{v}_k$ 为线性相关的。

$$a_1\boldsymbol{v}_1+a_2\boldsymbol{v}_2+\cdots+a_k\boldsymbol{v}_k=\boldsymbol{0}$$

否则，称 $\boldsymbol{v}_1,\boldsymbol{v}_2,\cdots,\boldsymbol{v}_k$ 为线性独立的，也就是说，如果 $\boldsymbol{v}_1,\boldsymbol{v}_2,\cdots,\boldsymbol{v}_k$ 是线性独立的，则除非 $a_1=a_2=\cdots=a_k=0$，否则

$$a_1\boldsymbol{v}_1+a_2\boldsymbol{v}_2+\cdots+a_k\boldsymbol{v}_k\neq\boldsymbol{0}$$

可以这样来理解，如果一组向量，其中的某一向量可以用其他向量的线性组合来表示，那么它们就是线性相关的；如果任一向量都不能用其他向量的线性组合来表示，那么它们就是线性独立的。

【例 6.19】 在 V_5 向量空间中，向量(10110)，(01001) 和(11111) 三个向量是线性相关的，因为

$$1\cdot(10110)+1\cdot(01001)+1\cdot(11111)=(00000)$$

这说明，能够找到一种 a_1,a_2,a_3 的非全零组合，使得 $a_1\boldsymbol{v}_1+a_2\boldsymbol{v}_2+a_3\boldsymbol{v}_3=\boldsymbol{0}$ 成立。

而在 V_5 向量空间中，(10110)，(01001) 和(11011) 三个向量是线性独立的。

实际上可以验证，对于这三个向量以及 a_1,a_2,a_3 的可能组合有八种，只有当 $a_1=a_2=a_3=0$ 时才能使等式为零，其他情况均为 $a_1\boldsymbol{v}_1+a_2\boldsymbol{v}_2+a_3\boldsymbol{v}_3\neq\boldsymbol{0}$。

定义 6.23 如果 F 上的向量空间 V 中的每一个向量都是 V 中某个向量集合中的向量的线性组合，则称该向量集合张成向量空间 V。这个向量集合称为向量空间的基或基底(Basis/Base)。向量空间的基中向量的个数称为向量空间 V 的维数(Dimension)。

实际上可以证明，任一向量空间和子空间至少存在一个基底。通常一个向量空间的基底是不唯一的，但是不同基底中所包含的向量个数是相同的，也就是说 V 的维数是一定的。

考虑 $GF(2)$ 上的 n 维向量空间 V_n，其中必然存在有如下 n 个线性独立向量组成的向量集合：

$$\boldsymbol{e}_0=(1,0,0,0,\cdots,0,0)$$
$$\boldsymbol{e}_1=(0,1,0,0,\cdots,0,0)$$
$$\vdots$$
$$\boldsymbol{e}_{n-1}=(0,0,0,0,\cdots,0,1)$$

n 维向量空间 V_n 中的每个向量都可以用这个向量集合的线性组合来表示，这种形式的

基底称为自然基底。V_n 中的向量可以表示为

$$(a_0,a_1,a_2,\cdots,a_{n-1}) = a_0\,\boldsymbol{e}_0 + a_1\,\boldsymbol{e}_1 + a_2\,\boldsymbol{e}_2 + \cdots + a_{n-1}\,\boldsymbol{e}_{n-1} \tag{6.14}$$

定理6.28　如果$k<n$,并且V_n 中存在k个线性独立的向量$\boldsymbol{v}_1,\boldsymbol{v}_2,\cdots,\boldsymbol{v}_k$,则其所有线性组合

$$\boldsymbol{u} = c_1\boldsymbol{v}_1 + c_2\boldsymbol{v}_2 + \cdots + c_k\boldsymbol{v}_k$$

就可以构成n维向量空间V_n的一个k维子空间S,S中有2^k个向量。

定义6.24　如果$\boldsymbol{u}$和$\boldsymbol{v}$为V_n上的两个n维向量,$\boldsymbol{u}=(u_0,u_1,u_2,\cdots,u_{n-1})$,$\boldsymbol{v}=(v_0,v_1,v_2,\cdots,v_{n-1})$,则称下式为$\boldsymbol{u}$和$\boldsymbol{v}$的内积(Inner Product),也称为点积(Dot Product):

$$\boldsymbol{u}\cdot\boldsymbol{v} = (u_0\cdot v_0 + u_1\cdot v_1 + u_2\cdot v_2 + \cdots + u_{n-1}\cdot v_{n-1}) \tag{6.15}$$

其中的加法和乘法是模二加法和模二乘法。两个向量内积的结果是一个标量,如果$\boldsymbol{u}\cdot\boldsymbol{v}=0$,则称$\boldsymbol{u}$和$\boldsymbol{v}$相互正交。内积具有如下性质:

①$\boldsymbol{u}\cdot\boldsymbol{v}=\boldsymbol{v}\cdot\boldsymbol{u}$;

②$\boldsymbol{u}\cdot(\boldsymbol{v}+\boldsymbol{w})=\boldsymbol{v}\cdot\boldsymbol{u}+\boldsymbol{u}\cdot\boldsymbol{w}$;

③$(a\boldsymbol{u})\cdot\boldsymbol{v}=a(\boldsymbol{u}\cdot\boldsymbol{v})$。

定义6.25　设S为V_n的一个k维子空间,S_{d}为V_n的一个满足下列关系的非空向量集合,即对任意$\boldsymbol{u}\in S$,$\boldsymbol{v}\in S_{\mathrm{d}}$,都有$\boldsymbol{u}\cdot\boldsymbol{v}=0$,则$S_{\mathrm{d}}$为$V_n$的一个子空间,称$S_{\mathrm{d}}$为$S$的零空间或零化空间(Null Space),也称为对偶空间(Dual Space)。

定理6.29　设S为$GF(2)$上的向量空间V_n中的一个k维子空间,则它的零化空间S_{d}的维数为$n-k$。即有$\dim(S)+\dim(S_{\mathrm{d}})=n$。

【例6.20】　在V_5向空间中,下面八个向量可以构成V_5的一个三维子空间S:

(00000),(11100),(01010),(10001)

(10110),(01101),(11011),(00111)

可以验证,S的零化空间S_{d}由下面四个向量构成:

(00000),(10101),(01110),(11011)

同时可以验证,(10101)和(01110)是S_{d}的基底,S_{d}的维数为2。

6.5.2　矩阵及其变换

通过上面的介绍可知,如果V是F上的n维向量空间,而$\{\boldsymbol{e}_1,\boldsymbol{e}_2,\cdots,\boldsymbol{e}_n\}$是$V$的一组基底,设$S=(\boldsymbol{v}_1,\boldsymbol{v}_2,\cdots,\boldsymbol{v}_m)$是$V$的一个有限子集,那么$\boldsymbol{v}_i$就可以表示成$\boldsymbol{e}_1,\boldsymbol{e}_2,\cdots,\boldsymbol{e}_n$的线性组合,即

$$\boldsymbol{v}_i = \sum_{j=1}^{n} a_{ij}\,\boldsymbol{e}_j \quad (a_{ij}\in F;i=1,2,\cdots,m) \tag{6.16}$$

定义6.26　把F中的$m\times n$个元素$a_{ij}(i=1,2,\cdots,m;j=1,2,\cdots,n)$排成一个方形阵列

$$\boldsymbol{A} = \begin{bmatrix} a_{11} & a_{12} & \cdots & a_{1n} \\ a_{21} & a_{22} & \cdots & a_{2n} \\ \vdots & \vdots & & \vdots \\ a_{m1} & a_{m2} & \cdots & a_{mn} \end{bmatrix}$$

该矩阵由m个行向量和n个列向量组成。

定义6.27　$\boldsymbol{A}$为F上的$m\times n$矩阵,它有m个行向量组成一个行向量集合,把这个行向

量集合中最大线性无关行向量的个数称为矩阵 $\boldsymbol{A}$ 的秩,记为 rank $\boldsymbol{A}$。

可以看出矩阵的秩一定存在下列关系

$$\text{rank}\ \boldsymbol{A} \leqslant m$$
$$\text{rank}\ \boldsymbol{A} \leqslant n$$

进而有

$$\text{rank}\ \boldsymbol{A} \leqslant \min\{m, n\} \tag{6.17}$$

定义 6.28 设 $\boldsymbol{A}$ 为 F 上的 $m \times n$ 矩阵,称下面的三种变换为矩阵 $\boldsymbol{A}$ 的初等行变换:

① 把 $\boldsymbol{A}$ 的任一行乘以 F 中的一个非零元素,而不改变其他 $m-1$ 行;

② 把 $\boldsymbol{A}$ 的任意两行互换位置,而不改变其他 $m-2$ 行;

③ 把 $\boldsymbol{A}$ 的某一行加上另一行与 F 中任意元素的乘积,而不改变其他 $m-1$ 行。

在设计编码的过程中,经常使用矩阵的初等变换,实际上可以证明,矩阵的初等行变换不改变矩阵的秩,也就是说矩阵的初等行变换不改变矩阵行向量的线性关系。

参照定义 6.27,还可以定义矩阵的初等列变换,其描述与定义 6.27 完全类似。

定义 6.29 设 $\boldsymbol{A}$ 为 F 上的 $m \times n$ 矩阵,如果对矩阵 $\boldsymbol{A}$ 进行有限次初等变换得到矩阵 $\boldsymbol{B}$,称 $\boldsymbol{A}$ 与 $\boldsymbol{B}$ 为等价矩阵。

下面来看一下编码理论中常用的 $GF(2)$ 上矩阵的情况,下面是一个 $k \times n$ 矩阵

$$\boldsymbol{G} = \begin{bmatrix} g_{00} & g_{01} & g_{02} & \cdots & g_{0,n-1} \\ g_{10} & g_{11} & g_{12} & \cdots & g_{1,n-1} \\ \vdots & \vdots & \vdots & & \vdots \\ g_{k-1,0} & g_{k-1,1} & g_{k-1,2} & \cdots & g_{k-1,n-1} \end{bmatrix} \tag{6.18}$$

其中每一行的元素 $g_{ij}(0 \leqslant i \leqslant k, 0 \leqslant j \leqslant n)$ 都是二元域 $GF(2)$ 上的元素。i 表示行号,j 表示列号。矩阵 $\boldsymbol{G}$ 的每一行为一个 $GF(2)$ 上的 n 维行向量,每一列为一个 $GF(2)$ 上的 k 维列向量。矩阵 $\boldsymbol{G}$ 也可以用它的 k 个行向量表示,记为

$$\boldsymbol{G} = \begin{bmatrix} \boldsymbol{g}_0 \\ \boldsymbol{g}_1 \\ \vdots \\ \boldsymbol{g}_{k-1} \end{bmatrix}$$

其中

$$\boldsymbol{g}_i = (g_{i0} \quad g_{i1} \quad \cdots \quad g_{i,n-1})$$

如果 $\boldsymbol{G}$ 的 k 个行向量是线性独立的,根据定理 6.28,可以由这 k 个行向量的线性组合构成 n 维空间 V_n 中的一个 k 维子空间。

下面看一个矩阵初等行变换的例子。

【例 6.21】 设 G 为 $GF(2)$ 上的 3×6 矩阵。

$$\boldsymbol{G} = \begin{bmatrix} 1 & 1 & 0 & 1 & 1 & 0 \\ 0 & 0 & 1 & 1 & 1 & 0 \\ 0 & 1 & 0 & 0 & 1 & 1 \end{bmatrix}$$

将第三行加到第一行,再将第二行与第三行交换位置,得到

$$\boldsymbol{G}' = \begin{bmatrix} 1 & 0 & 0 & 1 & 0 & 1 \\ 0 & 1 & 0 & 0 & 1 & 1 \\ 0 & 0 & 1 & 1 & 1 & 0 \end{bmatrix}$$

可以验证，$\boldsymbol{G}$ 和 $\boldsymbol{G}'$ 的三个行向量都是线性独立的，由它们作为基底，可以张成 $n=6$ 维空间 V_6 的一个 $k=3$ 维子空间的全部向量。

$$
\begin{array}{cccc}
(000000) & (100101) & (010011) & (001110) \\
(110110) & (101011) & (011101) & (111000)
\end{array}
$$

在编码理论中会遇到这样一种 $k\times n$ 矩阵，它的 k 个行向量 $\boldsymbol{g}_0,\boldsymbol{g}_1,\cdots,\boldsymbol{g}_{k-1}$ 是线性独立的，这 k 个线性独立的行向量可以张成一个 n 维空间 V_n 的 k 维子空间 S。这时，令 S_{d} 为 S 的零化空间，则 S_{d} 的维数为 $n-k$。令 $\boldsymbol{h}_0,\boldsymbol{h}_1,\cdots,\boldsymbol{h}_{n-k-1}$ 为这个零化空间 S_{d} 中 $n-k$ 个线性独立的向量，这 $n-k$ 个向量可以张成 S_{d} 空间的全部向量。可以用 $\boldsymbol{h}_0,\boldsymbol{h}_1,\cdots,\boldsymbol{h}_{n-k-1}$ 作为行向量构造一个的矩阵 $\boldsymbol{H}$，即

$$
\boldsymbol{H}=\begin{bmatrix} h_0 \\ h_1 \\ \vdots \\ h_{n-k-1} \end{bmatrix}=\begin{bmatrix} h_{00} & h_{01} & \cdots & h_{0,n-1} \\ h_{10} & h_{11} & \cdots & h_{1,n-1} \\ \vdots & \vdots & & \vdots \\ h_{n-k-1,0} & h_{n-k-1,1} & \cdots & h_{n-k-1,n-1} \end{bmatrix}
$$

定理 6.30　设 $GF(2)$ 上有 k 个线性独立的 n 维向量构成的 $k\times n$ 矩阵 $\boldsymbol{G}$，则一定存在一个由 $n-k$ 个线性独立行向量构成的 $(n-k)\times n$ 矩阵 $\boldsymbol{H}$，使 $\boldsymbol{G}$ 中的任一行向量 $\boldsymbol{g}_i$ 与 $\boldsymbol{H}$ 中的任一行向量 $\boldsymbol{h}_j$ 相互正交，即由两个矩阵的行向量张成的空间 S 与 S_{d} 互为零化空间。

【例 6.22】　设 $GF(2)$ 上的 $n=5$ 维线性空间共有 2^n 个向量，如下：

$$
\begin{array}{cccccccc}
(00000) & (00001) & (00010) & (00011) & (00100) & (00101) & (00110) & (00111) \\
(01000) & (01001) & (01010) & (01011) & (01100) & (01101) & (01110) & (01111) \\
(10000) & (10001) & (10010) & (10011) & (10100) & (10101) & (10110) & (10111) \\
(11000) & (11001) & (11010) & (11011) & (11100) & (11101) & (11110) & (11111)
\end{array}
$$

设 $k=3$，可以找到三个线性独立的五维向量，$\boldsymbol{g}_1=(10110)$，$\boldsymbol{g}_2=(01010)$，$\boldsymbol{g}_3=(11011)$，由这三个向量可以张成一个三维子空间 S 为

$$
\begin{aligned}
0\cdot h\,\boldsymbol{g}_1+0\cdot h\,\boldsymbol{g}_2+0\cdot h\,\boldsymbol{g}_3&=(00000)\\
0\cdot h\,\boldsymbol{g}_1+0\cdot h\,\boldsymbol{g}_2+1\cdot h\,\boldsymbol{g}_3&=(11011)\\
0\cdot h\,\boldsymbol{g}_1+1\cdot h\,\boldsymbol{g}_2+0\cdot h\,\boldsymbol{g}_3&=(01010)\\
0\cdot h\,\boldsymbol{g}_1+1\cdot h\,\boldsymbol{g}_2+1\cdot h\,\boldsymbol{g}_3&=(10001)\\
1\cdot h\,\boldsymbol{g}_1+0\cdot h\,\boldsymbol{g}_2+0\cdot h\,\boldsymbol{g}_3&=(10110)\\
1\cdot h\,\boldsymbol{g}_1+0\cdot h\,\boldsymbol{g}_2+1\cdot h\,\boldsymbol{g}_3&=(01101)\\
1\cdot h\,\boldsymbol{g}_1+1\cdot h\,\boldsymbol{g}_2+0\cdot h\,\boldsymbol{g}_3&=(11100)\\
1\cdot h\,\boldsymbol{g}_1+1\cdot h\,\boldsymbol{g}_2+1\cdot h\,\boldsymbol{g}_3&=(00111)
\end{aligned}
$$

这个子空间有 $2^k=8$ 个向量。

由这三个向量可以构成一个 3×5 矩阵 $\boldsymbol{G}$，即

$$
\boldsymbol{G}=\begin{bmatrix} \boldsymbol{g}_1 \\ \boldsymbol{g}_2 \\ \boldsymbol{g}_3 \end{bmatrix}=\begin{bmatrix} 1 & 0 & 1 & 1 & 0 \\ 0 & 1 & 0 & 1 & 0 \\ 1 & 1 & 0 & 1 & 1 \end{bmatrix}
$$

根据定理 6.30，一定存在一个由 $n-k=2$ 个向量为基底的二维子空间 S_{d}，并且与 S 互为零化空间。考察 $\boldsymbol{h}_1=(01110)$，$\boldsymbol{h}_2=(10101)$，这两个向量张成的二维子空间 S_{d} 为

$$0 \cdot \boldsymbol{h}_1 + 0 \cdot \boldsymbol{h}_2 = (00000)$$
$$0 \cdot \boldsymbol{h}_1 + 1 \cdot \boldsymbol{h}_2 = (10101)$$
$$1 \cdot \boldsymbol{h}_1 + 0 \cdot \boldsymbol{h}_2 = (01110)$$
$$1 \cdot \boldsymbol{h}_1 + 1 \cdot \boldsymbol{h}_2 = (11011)$$
$$\boldsymbol{H} = \begin{bmatrix} \boldsymbol{h}_1 \\ \boldsymbol{h}_2 \end{bmatrix} = \begin{bmatrix} 0 & 1 & 1 & 1 & 0 \\ 1 & 0 & 1 & 0 & 1 \end{bmatrix}$$

根据矩阵计算的方法也可以验证,矩阵 $\boldsymbol{G}$ 与矩阵 $\boldsymbol{H}$ 相互正交,即

$$\boldsymbol{G} \cdot \boldsymbol{H}^{\mathrm{T}} = \begin{bmatrix} 1 & 0 & 1 & 1 & 0 \\ 0 & 1 & 0 & 1 & 0 \\ 1 & 1 & 0 & 1 & 1 \end{bmatrix} \cdot \begin{bmatrix} 0 & 1 \\ 1 & 0 \\ 1 & 1 \\ 1 & 0 \end{bmatrix} = \begin{bmatrix} 0 & 0 \\ 0 & 0 \\ 0 & 0 \end{bmatrix}$$

从这个例子中可以看到,一个线性空间的两个不同的子空间可能包含相同的向量(元素),例如向量(00000) 和(11011),关键是每个子空间必须满足线性空间的条件,例如单位元、自闭性等。另外,线性空间或子空间一定存在基底,由基底可以张成线性空间或子空间。

习　题

6.1　构造一个模 6 减法运算下的群。

6.2　构造一个模 3 乘法运算下的群。

6.3　构造一个模 11 加法和乘法运算下的有限域 $GF(11)$,找出其本原元,并确定其他元素的阶。

6.4　判断以下命题的正确性:

(1) 若 $u(x)f(x) + v(x)g(x) = d(x)$,则 $d(x)$ 必为 $f(x)$ 与 $g(x)$ 的最大公因式;

(2) 有理系数多项式 $f(x)$ 在 Q 上可约,则 $f(x)$ 有有理根;

(3) 数次实系数多项式在实数域上一定有实根,因此在实数域上一定可约。

6.5　$f(x) = x^4 - 4x^3 - 1, g(x) = x^2 - 3x - 1$,求 $f(x)$ 被 $g(x)$ 除所得的商式和余式。

6.6　证明 $x^5 + x^3 + 1$ 在 $GF(2)$ 上是不可约多项式。

6.7　令 m 是正整数,若 m 不是素数,证明集合 $\{0,1,2,\cdots,m-1\}$ 在模 m 加法和乘法下不是域。

6.8　令 $f(x)$ 是 $GF(2)$ 上的 n 次多项式,$f(x)$ 的反多项式定义为 $f'(x) = x^n f(\frac{1}{x})$,

(1) 证明当且仅当 $f(x)$ 在 $GF(2)$ 上是不可约的,则 $f'(x)$ 在 $GF(2)$ 上是不可约的;

(2) 证明当且仅当 $f(x)$ 在 $GF(2)$ 上是本原的,则 $f'(x)$ 在 $GF(2)$ 上是本原的。

6.9　判断 $x^3 + x + 1, x^4 + x + 1$ 是否是 $GF(2)$ 中的本原多项式。

6.10　找出 $x^2 + 2, (x-1)(x+3), 0, 2x + 4, x^3 - 1$ 中的本原多项式。

6.11　求出 $GF(2)$ 上所有 5 次不可约多项式。

6.12　根据本原多项式 $x^3 + x^2 + 1$ 构造 $GF(2^3)$ 所有元素的三种表示。

6.13　根据本原多项式 $x^3 + x + 1$,在 $GF(2)$ 上作 $x^8 + x$ 的因式分解。

6.14　设 $f(x)=x^5-x^3+4x^2-3x+2$，

(1) 判断 $f(x)$ 在 **R** 上有无重因式？如果有，求出所有的重因式及重数。

(2) 求 $f(x)$ 在 **R** 上的标准分解式。

6.15　根据本原多项式 x^5+x^2+1 构造 $GF(2^5)$ 所有元素的三种表示。令 α 为 $GF(2^5)$ 的本原元，求 α^3 和 α^5 的最小多项式。

6.16　令 α 为 $GF(2^4)$ 的本原元，本原多项式为 $f(x)=x^4+x+1$，求 $f(x)=x^3+\alpha^{10}x^2+\alpha^9x+\alpha^9$ 的根。

6.17　令 α 为 $GF(2^4)$ 的本原元，本原多项式为 $f(x)=x^4+x+1$，求解下列联立方程中的 X,Y,Z：

$$X+\alpha^5Y+Z=\alpha^7$$
$$X+\alpha Y+\alpha^7Z=\alpha^9$$
$$\alpha^2X+Y+\alpha^6Z=\alpha$$

6.18　构造 $GF(2)$ 上的所有五维矢量空间，求其中的一个三维子空间，并确定其零化空间。

6.19　给定下述矩阵

$$\boldsymbol{G}=\begin{bmatrix}1&1&0&1&1&0&0\\1&1&1&0&0&1&0\\0&1&1&1&0&0&1\end{bmatrix};\quad \boldsymbol{H}=\begin{bmatrix}1&0&0&0&1&1&0\\0&1&0&0&1&1&1\\0&0&1&0&0&1&1\\0&0&0&1&1&0&1\end{bmatrix}$$

证明 $\boldsymbol{G}$ 的行向量空间是 $\boldsymbol{H}$ 的行向量空间的零化空间，反之亦然。

6.20　构造 $GF(3)$ 上的所有三维矢量空间，求其中一个二维子空间，并确定其对偶空间。

第 7 章

线性分组码

在第 5 章中我们知道,纠错编码主要包括前向纠错和反馈重传纠错两种方式,在前向纠错方式中又分为分组码和卷积码两大类。本章主要介绍线性分组码,重点讨论分组码中比较有代表性的汉明码(Hamming Code)、循环码(Cyclic Code),以及一类特殊的循环码——BCH 码,并通过几种编码方法的介绍深入讨论线性分组码的构成、译码方法与性能。

7.1 汉明码

汉明码是一种基本的线性分组码,严格的汉明码通常被称为狭义汉明码或完备汉明码,具有严谨的数学结构,最能代表线性分组码。本节的主要内容是介绍线性分组码的矩阵描述,包括监督矩阵和生成矩阵,同时介绍线性分组码译码的基本原理,最后给出汉明码以及完备码的概念。

7.1.1 线性分组码的描述

在介绍信道编码定理时已经知道了纠错编码的基本思想,线性分组码是这样一类纠错编码,它把信源输出的码序列分成长度相等的分组,然后在每个分组中加上若干监督码元构成码字。每个码字中的监督元与信息码元存在某种监督关系(约束关系),由于这种监督关系可以用代数关系描述,因此称其为代数编码,如果这种关系是线性关系,就称其为线性分组码。线性分组码的编码器示意图如图 7.1 所示。

图 7.1 分组码的编码器示意图

假设信源输出的为一个二元码序列,编码器的输入 $\boldsymbol{m}$ 称为消息分组(或信息分组),它由 k 位消息码元组成。编码器的输出 $\boldsymbol{c}$ 称为码字向量(分组码码字),它由 n 位码元组成。在每个码字向量中有 k 位信息元,$r=n-k$ 位监督元。对于二元编码来说,k 位信息码元共有 2^k 个不同组合,根据编码器结构为一一对应关系,输出的码字向量也应当有 2^k 种码字。对于长度为 n 的二元序列(n 重)来说,共有 2^n 个可能的码字向量,编码器只是在这 2^n 个可能码字向量中选择 2^k 个码字向量,被选中的 2^k 个 n 重码字向量称为许用码字,其余的 2^n-2^k 个码字向量称为禁用码字,称这 2^k 个码字向量的集合为(n,k)分组码。

定义 7.1 一个长度为 n,有 2^k 个码字的分组码 C,当且仅当这 2^k 个码字是 $GF(2)$ 上 n 维向量空间(所有 n 重)的一个 k 维子空间时,则码组 C 称为(n,k)二元线性分组码,简称

(n,k) 码。

根据线性空间的概念和线性分组码的定义，可以得到以下线性分组码的描述：

① 二元分组码为线性分组码的充要条件为两个码字的模二加仍然是这个码组中的一个码字；② 由于 k 维子空间是在模二加法运算下构成了一个加法交换群（阿贝尔群），所以线性分组码也称为群码；③ 线性分组码的一个重要参数为码率（Code Rate）$R = k/n$，它实际上也就是编码效率；④ 如果 (n,k) 线性分组码的码字中消息分组与监督码元是明显分开的，则称为系统码，否则称为非系统码。

1. 线性分组码的监督矩阵

二元线性分组码可以用 $GF(2)$ 上向量空间的矩阵和 $GF(2)$ 上多项式来描述，这里首先考虑矩阵描述方法。通过考察线性分组码的监督元与信息码元之间的代数关系，进而给出线性分组码的监督矩阵描述方法。

如果码字向量为 $\boldsymbol{c} = [c_{n-1}, c_{n-2}, \cdots, c_1, c_0]$，对于系统码，其前 k 位为信息码元，后 r 位为监督元。即信息码元 $\boldsymbol{m} = [m_{k-1}, m_{k-2}, \cdots, m_1, m_0] = [c_{n-1}, c_{n-2}, \cdots, c_{n-k}]$，监督元为$[c_{n-k-1}, \cdots, c_1, c_0]$。由于线性分组码的监督元与信息码元之间为线性代数关系，因此用二元域上的线性方程组来描述，记为

$$\begin{aligned} c_{n-k-1} &= h_{r-1,n-1}c_{n-1} + h_{r-1,n-2}c_{n-2} + \cdots + h_{r-1,n-k}c_{n-k} \\ c_{n-k-2} &= h_{r-2,n-1}c_{n-1} + h_{r-2,n-2}c_{n-2} + \cdots + h_{r-2,n-k}c_{n-k} \\ &\vdots \\ c_0 &= h_{0,n-1}c_{n-1} + h_{0,n-2}c_{n-2} + \cdots + h_{0,n-k}c_{n-k} \end{aligned} \tag{7.1}$$

这个方程组称为线性分组码的监督方程，整理这个方程组可得

$$\begin{bmatrix} h_{r-1,n-1} & h_{r-1,n-2} & \cdots & h_{r-1,n-k} & 1 & 0 & \cdots & 0 \\ h_{r-2,n-1} & h_{r-2,n-1} & \cdots & h_{r-2,n-1} & 0 & 1 & \cdots & 0 \\ \vdots & \vdots & & \vdots & \vdots & \vdots & & \vdots \\ h_{0,n-1} & h_{0,n-1} & \cdots & h_{0,n-1} & 0 & 0 & \cdots & 1 \end{bmatrix} \begin{bmatrix} c_{n-1} \\ c_{n-2} \\ \vdots \\ c_0 \end{bmatrix} = [0] \tag{7.2}$$

即监督方程写成矩阵的形式

$$\boldsymbol{H}\boldsymbol{c}^{\mathrm{T}} = \boldsymbol{0} \tag{7.3}$$

其中的系数矩阵 $\boldsymbol{H}$ 称为这个线性分组码的一致监督矩阵（也称为奇偶校验矩阵），简称监督矩阵（或校验矩阵），$\boldsymbol{H}$ 矩阵是一个 $(n-k) \times n$ 矩阵，即 r 行 n 列矩阵。进一步观察可见，系统线性分组码的监督矩阵为

$$\boldsymbol{H} = [\boldsymbol{P}\boldsymbol{I}_r] \tag{7.4}$$

$$\boldsymbol{P} = \begin{bmatrix} h_{1,n-1} & h_{1,n-1} & \cdots & h_{1,n-1} \\ h_{2,n-1} & h_{2,n-1} & \cdots & h_{2,n-1} \\ \vdots & \vdots & & \vdots \\ h_{r,n-1} & h_{r,n-1} & \cdots & h_{r,n-1} \end{bmatrix}$$

$$\boldsymbol{I}_r = \begin{bmatrix} 1 & 0 & \cdots & 0 \\ 0 & 1 & \cdots & 0 \\ \vdots & \vdots & & \vdots \\ 0 & 0 & \cdots & 1 \end{bmatrix}$$

$\boldsymbol{P}$ 为 $r\times k$ 矩阵,$\boldsymbol{I}_r$ 为 $r\times r$ 单位阵。

式(7.3)是线性分组码监督矩阵(校验矩阵)的基本定义,无论是系统分组码还是非系统分组码,只要码组中的任何一个码字都满足这个基本关系式,则矩阵 $\boldsymbol{H}$ 就称为这个码组的监督矩阵。而监督矩阵的一般形式可以表示为

$$\boldsymbol{H}=\begin{bmatrix}\boldsymbol{h}_{r-1}\\ \boldsymbol{h}_{r-2}\\ \vdots\\ \boldsymbol{h}_0\end{bmatrix}=\begin{bmatrix}h_{r-1,n-1} & h_{r-1,n-2} & \cdots & h_{r-1,1} & h_{r-1,0}\\ h_{r-2,n-1} & h_{r-2,n-2} & \cdots & h_{r-2,1} & h_{r-2,0}\\ \vdots & \vdots & & \vdots & \vdots\\ h_{0,n-1} & h_{0,n-2} & \cdots & h_{0,1} & h_{0,0}\end{bmatrix} \tag{7.5}$$

式(7.5)把监督矩阵表示成 r 个行向量,也可以把监督矩阵表示为 n 个列向量,即

$$\boldsymbol{H}=[\boldsymbol{h}_{n-1}\quad \boldsymbol{h}_{n-2}\quad \cdots\quad \boldsymbol{h}_1\quad \boldsymbol{h}_0]=\begin{bmatrix}h_{r-1,n-1} & h_{r-1,n-2} & \cdots & h_{r-1,1} & h_{r-1,0}\\ h_{r-2,n-1} & h_{r-2,n-2} & \cdots & h_{r-2,1} & h_{r-2,0}\\ \vdots & \vdots & & \vdots & \vdots\\ h_{0,n-1} & h_{0,n-2} & \cdots & h_{0,1} & h_{0,0}\end{bmatrix} \tag{7.6}$$

下面通过一个例子说明线性分组码的监督矩阵和相应的编码过程。

【例7.1】 已知一个(7,4)系统线性分组码的监督矩阵如下,试分析这个码字的结构。

$$\boldsymbol{H}=\begin{bmatrix}0 & 1 & 1 & 1 & 1 & 0 & 0\\ 1 & 0 & 1 & 1 & 0 & 1 & 0\\ 1 & 1 & 0 & 1 & 0 & 0 & 1\end{bmatrix}$$

解 根据 $n=7$, $k=4$, $r=3$,可知码字结构为 $\boldsymbol{c}=[c_6,c_5,c_4,c_3,c_2,c_1,c_0]$,其中 $[c_6,c_5,c_4,c_3]$ 为信息码元,$[c_2,c_1,c_0]$ 为监督元。

由 $\boldsymbol{Hc}^{\mathrm{T}}=\boldsymbol{0}$ 可知监督方程为

$$c_2=c_5+c_4+c_3$$
$$c_1=c_6+c_4+c_3$$
$$c_0=c_6+c_5+c_3$$

编码器根据这个方程组就可以进行编码,如果消息分组为 $\boldsymbol{m}=[1011]$,则有

$$c_2=c_5+c_4+c_3=0+1+1=0$$
$$c_1=c_6+c_4+c_3=1+1+1=1$$
$$c_0=c_6+c_5+c_3=1+0+1=0$$

则编码器输出的系统汉明码的码字为 $\boldsymbol{c}=[1011010]$。系统线性分组码的码字结构如图7.2所示。

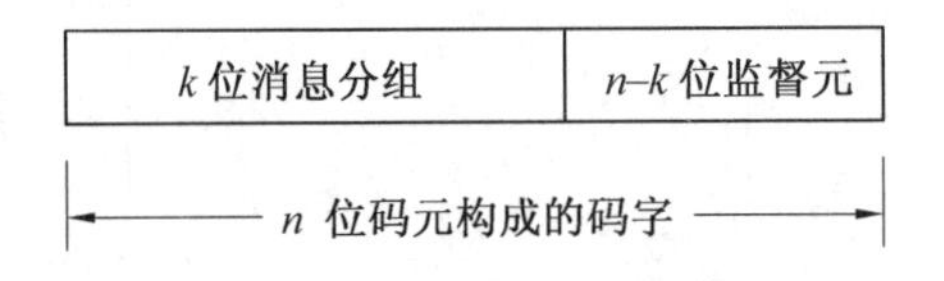

图7.2 系统码的码字结构

2. 线性分组码的生成矩阵

观察上面(7,4) 线性分组码的例子,可以将监督方程扩展写为下面的形式

$$
\begin{aligned}
c_6 &= c_6 \\
c_5 &= c_5 \\
c_4 &= c_4 \\
c_3 &= c_3 \\
c_2 &= c_5 + c_4 + c_3 \\
c_1 &= c_6 + c_4 + c_3 \\
c_0 &= c_6 + c_5 + c_3
\end{aligned}
$$

这个方程组用矩阵表示为

$$[c_6, c_5, c_4, c_3, c_2, c_1, c_0] = [c_6, c_5, c_4, c_3]\begin{bmatrix} 1 & 0 & 0 & 0 & 0 & 1 & 1 \\ 0 & 1 & 0 & 0 & 1 & 0 & 1 \\ 0 & 0 & 1 & 0 & 1 & 1 & 0 \\ 0 & 0 & 0 & 1 & 1 & 1 & 1 \end{bmatrix}$$

或表示为

$$[c_6, c_5, c_4, c_3, c_2, c_1, c_0] = [m_3, m_2, m_1, m_0]\begin{bmatrix} 1 & 0 & 0 & 0 & 0 & 1 & 1 \\ 0 & 1 & 0 & 0 & 1 & 0 & 1 \\ 0 & 0 & 1 & 0 & 1 & 1 & 0 \\ 0 & 0 & 0 & 1 & 1 & 1 & 1 \end{bmatrix}$$

把系数矩阵记为 $\boldsymbol{G}$,这个方程组可以表示为

$$\boldsymbol{c} = \boldsymbol{m}\boldsymbol{G} \tag{7.7}$$

这时,称矩阵 $\boldsymbol{G}$ 为(7,4) 线性分组码的生成矩阵。例如,若消息分组为 $\boldsymbol{m} = [1100]$ 时,根据生成矩阵定义,可知相应的分组码的码字为

$$\boldsymbol{c} = \boldsymbol{m}\boldsymbol{G} = [1 \quad 1 \quad 0 \quad 0]\begin{bmatrix} 1 & 0 & 0 & 0 & 0 & 1 & 1 \\ 0 & 1 & 0 & 0 & 1 & 0 & 1 \\ 0 & 0 & 1 & 0 & 1 & 1 & 0 \\ 0 & 0 & 0 & 1 & 1 & 1 & 1 \end{bmatrix} = [1 \quad 1 \quad 0 \quad 0 \quad 1 \quad 1 \quad 0]$$

表 7.1 给出了(7,4) 线性分组码码组中的所有码字。

表 7.1　(7,4) 线性分组码的码组

消息	码字	消息	码字
(0000)	(0000000)	(1000)	(1000011)
(0001)	(0001111)	(1001)	(1001100)
(0010)	(0010110)	(1010)	(1010101)
(0011)	(0011001)	(1011)	(1011010)
(0100)	(0100101)	(1100)	(1100110)
(0101)	(0101010)	(1101)	(1101001)
(0110)	(0110011)	(1110)	(1110000)
(0111)	(0111100)	(1111)	(1111111)

下面来看一般情况下的生成矩阵。

由于一个(n,k)线性分组码C是一个n维向量空间的一个k维子空间,则在码组C中,一定存在k个线性独立的码字向量(基底),$\boldsymbol{g}_{k-1},\boldsymbol{g}_{k-2},\cdots,\boldsymbol{g}_1,\boldsymbol{g}_0$,使得码组$C$中的每个码字$\boldsymbol{c}$都是这$k$个码字的一种线性组合,即

$$\boldsymbol{c}=m_{k-1}\boldsymbol{g}_{k-1}+m_{k-2}\boldsymbol{g}_{k-2}+\cdots+m_1\boldsymbol{g}_1+m_0\boldsymbol{g}_0 \tag{7.8}$$

每一个基底都是一个n重向量,可以写成

$$\boldsymbol{g}_i=[g_{i,n-1},g_{i,n-2},\cdots,g_{i,1},g_{i,0}] \tag{7.9}$$

将k个基底写成一个k行n列的矩阵就是这个线性分组码C的生成矩阵$\boldsymbol{G}$,记为

$$\boldsymbol{G}=\begin{bmatrix}\boldsymbol{g}_{k-1}\\ \vdots\\ \boldsymbol{g}_1\\ \boldsymbol{g}_0\end{bmatrix}=\begin{bmatrix}g_{k-1,n-1} & g_{k-1,n-2} & \cdots & g_{k-1,1} & g_{k-1,0}\\ \vdots & \vdots & & \vdots & \vdots\\ g_{1,n-1} & g_{1,n-2} & \cdots & g_{1,1} & g_{1,0}\\ g_{0,n-1} & g_{0,n-2} & \cdots & g_{0,1} & g_{0,0}\end{bmatrix} \tag{7.10}$$

这样,线性分组码的码字向量$\boldsymbol{c}$、消息分组向量$\boldsymbol{m}$与生成矩阵$\boldsymbol{G}$的关系为

$$\boldsymbol{c}=[c_{n-1},\cdots,c_1,c_0]=m_{k-1}\boldsymbol{g}_{k-1}+\cdots+m_i\boldsymbol{g}_i+\cdots+m_1\boldsymbol{g}_1+m_0\boldsymbol{g}_0=\boldsymbol{mG} \tag{7.11}$$

其中,$\boldsymbol{c}=[c_{n-1},c_{n-2},\cdots,c_1,c_0]$为线性分组码$C$的码字向量,$\boldsymbol{m}=[m_{k-1},m_{k-2},\cdots,m_1,m_0]$为消息分组(信息码字)向量,$\boldsymbol{g}_{k-1},\boldsymbol{g}_{k-2},\cdots,\boldsymbol{g}_1,\boldsymbol{g}_0$为$k$个基底向量。由于这$k$个基底向量是线性无关的,因此由这$k$个向量构成的生成矩阵$\boldsymbol{G}$的秩一定等于$k$。当信息码字给定后,线性分组码字就由生成矩阵$\boldsymbol{G}$决定,也就是说,线性分组码编码器的工作过程就是根据生成矩阵$\boldsymbol{G}$将输入的消息分组$\boldsymbol{m}$变换为输出的码字向量$\boldsymbol{c}$的过程。由此可知,设计一个(n,k)线性分组码生成矩阵的问题实际上就是选择n维向量空间中k维子空间的k个线性无关码字向量的问题,也就是寻找基底的问题。n维向量空间中的k维子空间的基底可能是不唯一的,因此所构成的生成矩阵$\boldsymbol{G}$也是不同的,可能产生不同的码组。

3. 系统码与非系统码

根据上面(7,4)汉明码的例子可知,所谓系统码就是具有图7.2的码字结构的一类线性分组码,不具备这种码字结构的线性分组码就称为非系统码。系统码与非系统码的生成矩阵和监督矩阵都有明显的结构特点,同时线性分组码的监督矩阵和生成矩阵之间也存在一定的代数关系。

根据前面的介绍可知,线性分组码生成矩阵$\boldsymbol{G}$是由k个基底向量作为行向量构成的。另外,所谓基底就是k维子空间中k个线性无关的n重向量,并且基底是不唯一的。根据线性空间理论,基底的线性组合等效于生成矩阵$\boldsymbol{G}$的初等行变换,也就是说,生成矩阵$\boldsymbol{G}$经过初等行变换后不会改变矩阵的秩,变换后的k个行向量仍然是线性无关的。利用这一点,可以使一个(n,k)线性分组码的生成矩阵具有如下的形式

$$\boldsymbol{G}=[\boldsymbol{I}_k\boldsymbol{Q}]=\begin{bmatrix}1 & \cdots & 0 & 0 & g_{k-1,n-k-1} & g_{k-1,n-k-2} & \cdots & g_{k-1,0}\\ \vdots & & \vdots & \vdots & \vdots & \vdots & & \vdots\\ 0 & \cdots & 1 & 0 & g_{1,n-k-1} & g_{1,n-k-2} & \cdots & g_{1,0}\\ 0 & \cdots & 0 & 1 & g_{0,n-k-1} & g_{0,n-k-2} & \cdots & g_{0,0}\end{bmatrix} \tag{7.12}$$

这种形式的生成矩阵称为典型生成矩阵,它产生的线性分组码是一种系统线性分组码。其中$\boldsymbol{Q}$为一个$k\times r$矩阵,$\boldsymbol{I}_k$为$k\times k$单位阵。

反之,不具备这种形式的生成矩阵所产生的线性分组码就是非系统码。非系统码与系

统码并无本质区别,非系统码的生成矩阵可以通过矩阵的初等变换转换为系统码的生成矩阵。

下面考察线性分组码监督矩阵 $\boldsymbol{H}$ 和生成矩阵 $\boldsymbol{G}$ 的基本关系。

我们知道,对于一个(n,k)线性分组码,存在一个由 k 个线性无关 n 重行向量组成的 $k\times n$ 矩阵 $\boldsymbol{G}$。根据线性空间理论,对应子空间 C,一定存在一个对偶空间 D,即存在一个由 $n-k$ 个线性无关 n 重行向量组成的$(n-k)\times n$ 矩阵 $\boldsymbol{H}$。实际上,码字空间 C 的 k 个基底,只是 n 维 n 重空间的全部 n 个基底的一部分,而另外的 $n-k$ 个基底所对应的子空间就是码字空间 C 的对偶空间 D。既然用 k 个基底可以产生一个(n,k)线性分组码(码字空间 C),那么也就可以用 $n-k$ 个基底产生另外一个$(n,n-k)$线性分组码(码字空间 D)。可以证明,由子空间 D 的 $n-k$ 个基底构成的$(n-k)\times n$ 矩阵 $\boldsymbol{H}$ 就是子空间 C 所对应(n,k)线性分组码的监督矩阵,而 $\boldsymbol{H}$ 矩阵也就是子空间 D 所对应$(n,n-k)$线性分组码的生成矩阵。也就是说,子空间 C 和子空间 D 互为对偶空间(也就是零化空间),所对应的线性分组码互为对偶码。矩阵 $\boldsymbol{G}$ 是码组 C 的生成矩阵又是码组 D 的监督矩阵,而矩阵 $\boldsymbol{H}$ 是码组 D 的生成矩阵又是码组 C 的监督矩阵。

对于一个(n,k)线性分组码 C,如果其生成矩阵为 $\boldsymbol{G}$,其监督矩阵为 $\boldsymbol{H}$,那么根据对偶空间的分析,码组 C 中的任意一个码字 $\boldsymbol{c}$ 一定正交于其对偶码的码组 D 中的任意一个码字,也就是一定正交于校验矩阵 $\boldsymbol{H}$ 的每一个行向量,即有

$$\boldsymbol{c}\cdot\boldsymbol{H}^{\mathrm{T}}=\boldsymbol{0} \tag{7.13}$$

可见,式(7.13)与式(7.3)是等价的,都是一个线性分组码的监督矩阵的基本表达式。另外,由于生成矩阵的每一行都是一个码字向量,因此有

$$\boldsymbol{G}\cdot\boldsymbol{H}^{\mathrm{T}}=\boldsymbol{0} \tag{7.14}$$

式(7.14)表明,一个线性分组码的生成矩阵 $\boldsymbol{G}$ 和监督矩阵 $\boldsymbol{H}$ 为相互正交的,同时也有

$$\boldsymbol{H}\cdot\boldsymbol{G}^{\mathrm{T}}=\boldsymbol{0} \tag{7.15}$$

如果已知一个系统线性分组码的生成矩阵为式(7.12)的典型生成矩阵的形式,其基本监督矩阵为式(7.4)的形式,根据正交性可知

$$\boldsymbol{H}\cdot\boldsymbol{G}^{\mathrm{T}}=[\boldsymbol{P}\boldsymbol{I}_r]\cdot[\boldsymbol{I}_k\boldsymbol{Q}]^{\mathrm{T}}=[\boldsymbol{P}_{r\times k}\ \boldsymbol{I}_r]\cdot[\boldsymbol{I}_k\ \boldsymbol{Q}_{k\times r}]^{\mathrm{T}}=[\boldsymbol{P}_{r\times k}\ \boldsymbol{I}_r]\cdot\begin{bmatrix}\boldsymbol{I}_k\\ \boldsymbol{Q}_{k\times r}^{\mathrm{T}}\end{bmatrix}=[\boldsymbol{P}]+[\boldsymbol{Q}]^{\mathrm{T}}=\boldsymbol{0}$$

由此可知,为了保证矩阵 $\boldsymbol{G}$ 与矩阵 $\boldsymbol{H}$ 正交,必然有 $\boldsymbol{P}=\boldsymbol{Q}^{\mathrm{T}}$。从前面给出的(7,4)线性分组码的例子中就可以看到系统分组码生成矩阵与监督矩阵的正交关系。

【例7.2】　已知一个(6,3)线性分组码的生成矩阵如下,试求:该分组码系统码的生成矩阵和监督矩阵;系统码的编码电路原理图。

$$\boldsymbol{G}=\begin{bmatrix}1&1&1&0&1&0\\1&1&0&0&0&1\\0&1&1&1&0&1\end{bmatrix}$$

解　从这个生成矩阵的形式可以看出它不是系统码的生成矩阵,根据矩阵的初等行变换,可以将其变换成为典型生成矩阵 $\boldsymbol{G}=[\boldsymbol{I}_k\boldsymbol{Q}]$ 的形式。按照第3行加第1行作为第1行;

然后第1行加第2行作为第2行;然后第2行加第3行作为第3行,可得下面结果:

$$\boldsymbol{G}=\begin{bmatrix}1&1&1&0&1&0\\1&1&0&0&0&1\\0&1&1&1&0&1\end{bmatrix}\Rightarrow\begin{bmatrix}1&0&0&1&1&1\\1&1&0&0&0&1\\0&1&1&1&0&1\end{bmatrix}\Rightarrow\begin{bmatrix}1&0&0&1&1&1\\0&1&0&1&1&0\\0&1&1&1&0&1\end{bmatrix}$$

$$\Rightarrow\begin{bmatrix}1&0&0&1&1&1\\0&1&0&1&1&0\\0&0&1&0&1&1\end{bmatrix}$$

得到(6,3)线性分组码的系统码生成矩阵为

$$\boldsymbol{G}=\begin{bmatrix}1&0&0&1&1&1\\0&1&0&1&1&0\\0&0&1&0&1&1\end{bmatrix}$$

根据正交关系,可以得到(6,3)线性分组码系统码的监督矩阵为

$$\boldsymbol{H}=\begin{bmatrix}1&1&0&1&0&0\\1&1&1&0&1&0\\1&0&1&0&0&1\end{bmatrix}$$

根据系统码的生成矩阵和监督矩阵都可以确定这个(6,3)线性分组码的基本监督关系。如果码字向量表示为 $\boldsymbol{c}=[c_5,c_4,c_3,c_2,c_1,c_0]$,其中 $[c_5,c_4,c_3]$ 为信息码元,$[c_2,c_1,c_0]$ 为监督元。其监督关系由监督矩阵确定。得到编码器原理图如图7.3所示。

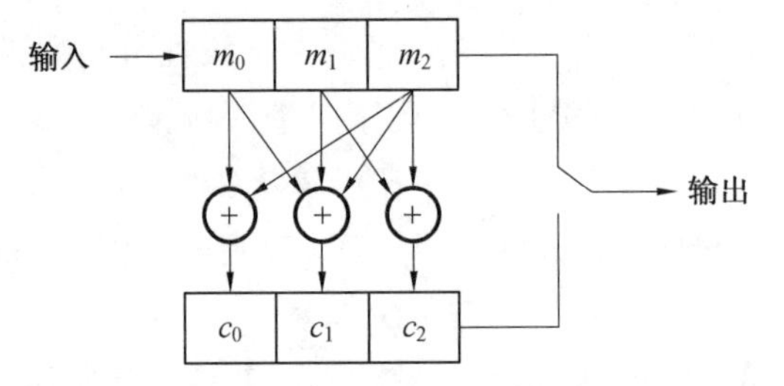

图7.3　例7.2中(6,3)分组码的编码器原理图

7.1.2　校验子与标准阵译码

发送的二元码字 $\boldsymbol{c}=[c_{n-1},c_{n-2},\cdots,c_1,c_0]$ 在有噪信道上传输将受到干扰并产生差错,反映到接收码字上可以用一个二元向量来表示,称为错误图样(Error Patterns),表示为

$$\boldsymbol{e}=[e_{n-1},e_{n-2},\cdots,e_1,e_0] \tag{7.16}$$

其中,$e_i=1$ 表明相应位有差错,$e_i=0$ 表明相应位无差错。这时接收码字可以表示为

$$\boldsymbol{r}=\boldsymbol{c}+\boldsymbol{e}=[c_{n-1}+e_{n-1},c_{n-2}+e_{n-2},\cdots,c_1+e_1,c_0+e_0] \tag{7.17}$$

对于一个通信系统来说,译码器的作用就是从接收码字 $\boldsymbol{r}$ 中得到发送码字的估计值,或者说从接收码字中确定错误图样 $\boldsymbol{e}$,然后由 $\hat{\boldsymbol{c}}=\boldsymbol{r}-\boldsymbol{e}$ 得到发送码字的估计值(对于二元编码 $\hat{\boldsymbol{c}}=\boldsymbol{r}+\boldsymbol{e}$)。如果估计正确则译码正确,否则为译码错误。对于接收码字 $\boldsymbol{r}$,译码器根据已知的监督矩阵 $\boldsymbol{H}$ 计算如下关系式

$$\boldsymbol{s}=\boldsymbol{r}\boldsymbol{H}^{\mathrm{T}} \tag{7.18}$$

由式(7.13)及式(7.17)可知

$$\boldsymbol{s}=\boldsymbol{r}\boldsymbol{H}^{\mathrm{T}}=\boldsymbol{c}\boldsymbol{H}^{\mathrm{T}}+\boldsymbol{e}\boldsymbol{H}^{T}=\boldsymbol{e}\boldsymbol{H}^{\mathrm{T}} \tag{7.19}$$

或

$$\boldsymbol{s}^{\mathrm{T}}=\boldsymbol{H}\boldsymbol{r}^{\mathrm{T}}=\boldsymbol{H}\boldsymbol{e}^{\mathrm{T}} \tag{7.20}$$

其中,$\boldsymbol{s}$ 为一个 $n-k=r$ 重向量,称为校验子(或称为伴随式),可表示为

$$\boldsymbol{s}=[s_{n-k-1},s_{n-k-2},\cdots,s_1,s_0]=[s_{r-1},s_{r-2},\cdots,s_1,s_0] \tag{7.21}$$

根据监督矩阵和错误图样的定义可以看出,如果校验子向量 $\boldsymbol{s}\neq\boldsymbol{0}$,接收码字一定有错误,如果校验子向量 $\boldsymbol{s}=\boldsymbol{0}$,译码器认为接收码字无错误(也可能存在不可纠正的错误)。下面通过例题来说明校验子的译码原理。

【例7.3】　已知一个(7,4)分组码的监督矩阵 $\boldsymbol{H}$ 如下,试构成该分组码的编码表,并分析接收码字为[0100101]和[1100110]时,译码器利用校验子向量的译码过程。

$$\boldsymbol{H}=\begin{bmatrix}0&1&1&1&1&0&0\\1&0&1&1&0&1&0\\1&1&0&1&0&0&1\end{bmatrix}$$

解　根据监督矩阵可以得到该分组码的编码表,见表7.2。

表7.2　(7,4)分组码的编码表

消息	码字	消息	码字	消息	码字	消息	码字
0000	0000 000	0100	0100 101	1000	1000 011	1100	1100 110
0001	0001 111	0101	0101 010	1001	1001 100	1101	1101 001
0010	0010 110	0110	0110 011	1010	1010 101	1110	1110 000
0011	0011 001	0111	0111 100	1011	1011 010	1111	1111 111

如果接收码字为 $\boldsymbol{r}=[0100101]$,计算可知校验子为 $\boldsymbol{s}=[000]$,这时表明无差错。

如果接收码字为 $\boldsymbol{r}=[0110101]$,这时的校验子为

$$\boldsymbol{s}^{\mathrm{T}}=\boldsymbol{H}\boldsymbol{r}^{\mathrm{T}}=\begin{bmatrix}0&1&1&1&1&0&0\\1&0&1&1&0&1&0\\1&1&0&1&0&0&1\end{bmatrix}\begin{bmatrix}0\\1\\1\\0\\1\\0\\1\end{bmatrix}=\begin{bmatrix}0&1&1&1&1&0&0\\1&0&1&1&0&1&0\\1&1&0&1&0&0&1\end{bmatrix}\begin{bmatrix}0\\0\\1\\0\\0\\0\\0\end{bmatrix}=\begin{bmatrix}1\\1\\0\end{bmatrix}$$

可以看到,接收到的码字[0110101]按最大可能是发送码字为[0100101]时第三个码元出错造成的,校验子的计算结果也就等于监督矩阵的第三列。此时,由于校验子 $\boldsymbol{s}=[110]\neq\boldsymbol{0}$,译码器认为有错,且正好等于监督矩阵 $\boldsymbol{H}$ 的第三列,表明接收码字的第三位码元错了,这时译码器估计发送码字为 $\hat{\boldsymbol{c}}=[0100101]$,译码正确。注意,以上的译码策略实际上是利用的最大似然准则,也就是在一个码字中错误的码元总是很少的。

进一步考虑这个例题,如果接收码字中有两位码元错误,例如发送码字为[0100101],而接收码字为 $\boldsymbol{r}=[0111101]$,即错误图样 $\boldsymbol{e}=[0011000]$,这时校验子为

$$s^{\mathrm{T}} = \boldsymbol{H}\boldsymbol{r}^{\mathrm{T}} = \begin{bmatrix} 0 & 1 & 1 & 1 & 1 & 0 & 0 \\ 1 & 0 & 1 & 1 & 0 & 1 & 0 \\ 1 & 1 & 0 & 1 & 0 & 0 & 1 \end{bmatrix} \begin{bmatrix} 0 \\ 1 \\ 1 \\ 0 \\ 0 \\ 0 \\ 0 \end{bmatrix} = \begin{bmatrix} 0 \\ 0 \\ 1 \end{bmatrix}$$

可见这时校验子 $\boldsymbol{s} = [001] \neq \boldsymbol{0}$,如果这时接收机按原来的译码方法,将认为第七位出错,译码器将产生估计错误。这里告诉人们一个问题,纠错码的选用要根据信道条件来确定,如果信道较差,而使用的纠错码能力不够,可能使译码错误反而增加,不仅错误的码元没有纠正,原来正确的码元还被错误地改变,造成错上加错。

上面这个例题说明,线性分组码译码的基本过程就是对于每一个接收码字向量 $\boldsymbol{r}$,利用确定好的监督矩阵来计算校验子向量,按最大似然准则得到错误图样,最后得到发送码字向量的估计值。(n,k) 线性分组码的译码包括以下步骤:

(1) 由接收码字向量 $\boldsymbol{r}$ 计算校验子 $\boldsymbol{s}^{\mathrm{T}} = \boldsymbol{H}\boldsymbol{r}^{\mathrm{T}}$。

(2) 若 $\boldsymbol{s} = \boldsymbol{0}$,则译码器认为接收码字无差错,若 $\boldsymbol{s} \neq \boldsymbol{0}$ 则认为有差错,并由 $\boldsymbol{s}$ 计算错误图样 $\boldsymbol{e}$。

(3) 根据错误图样进行译码,发送码字的估计值为 $\hat{\boldsymbol{c}} = \boldsymbol{r} + \boldsymbol{e}$。

在这个译码过程中最困难的是第二步,确定错误图样,即错误定位。这里介绍一个基本的译码方法,标准阵译码,即查表法译码。

我们知道,(n,k) 线性分组码的码组是 n 维矢量空间中的一个 k 维子空间。码组中有 2^k 个码字,码组在有限域 $GF(2)$ 上是一个子群。利用第6章介绍的分元陪集方法,可以用子空间的所有 2^k 个向量,生成 n 维空间中的所有 2^n 个向量。把分元陪集的过程用一个表来描述,这个表称为标准阵译码表,见表 7.3。

表 7.3 (n,k) 分组码的标准阵译码表

码字(陪集首)	$\boldsymbol{c}_0$	$\boldsymbol{c}_1$	$\boldsymbol{c}_2$	…	$\boldsymbol{c}_{2^k-1}$
禁用码字	$\boldsymbol{e}_1$	$\boldsymbol{c}_1+\boldsymbol{e}_1$	$\boldsymbol{c}_2+\boldsymbol{e}_1$	…	$\boldsymbol{c}_{2^k-1}+\boldsymbol{e}_1$
	$\boldsymbol{e}_2$	$\boldsymbol{c}_1+\boldsymbol{e}_2$	$\boldsymbol{c}_2+\boldsymbol{e}_2$	…	$\boldsymbol{c}_{2^k-1}+\boldsymbol{e}_2$
	…	…	…	…	…
	$\boldsymbol{e}_{2^r-1}$	$\boldsymbol{c}_1+\boldsymbol{e}_{2^r-1}$	$\boldsymbol{c}_2+\boldsymbol{e}_{2^r-1}$	…	$\boldsymbol{c}_{2^k-1}+\boldsymbol{e}_{2^r-1}$

标准阵译码表的构成方法按照以下几个步骤:

(1) 将该分组码码组(子群)中的 2^k 个码字向量(许用码字)放在表中的第一行,构成第一个陪集,该子群的加法单位元 $\boldsymbol{c}_0 = (00\cdots0)$ 放在第一列,作为第一个陪集的陪集首。

(2) 在所有禁用码字向量中,挑出一个汉明重量最小的 n 重向量放在第二行的第一列,作为第二个陪集的陪集首,将第一行的相应向量与第二个陪集的陪集首相加,构成第二个陪集。

(3) 依次进行,直至构成第 2^r 个陪集,完成的标准阵译码表将包括 n 维空间的所有 2^n 个 n 重向量,这个标准阵为 $2^{n-k} = 2^r$ 行 2^k 列。

可以这样来说明标准阵译码的基本思想:首先看到,标准阵的第一行是许用码字,也就是信道输入的所有可能码字。另外,接收到的码字向量 $\boldsymbol{r}$ 必然在这个标准阵当中,译码器对每一个接收的码字向量利用查表法就可以实现译码。规定一个译码规则:如果接收到的码字落在标准阵的第一行,就认为没有差错;如果接收码字 $\boldsymbol{r}$ 落在标准阵的某一列(不在第一行),译码器就认为发送的码字是这一列中第一行的许用码字,也就是说译码器认为此时的错误图样是接收码字 $\boldsymbol{r}$ 所在陪集的陪集首。由此可见,标准阵中每个陪集的陪集首的选择是重要的。我们知道,在随机信道中,错一个码元的概率大于错两个码元的概率,错两个码元的概率会大于错三个码元的概率。错误图样的汉明重量越小,其产生的可能性越大,进而利用标准阵译码表正确译码的可能性就越大,所以在设计译码表时选择汉明重量最轻的禁用码字作为陪集首。因此说,标准阵译码表的码设计满足最小汉明距离译码准则,同样可以证明在 BSC 信道条件下,最小汉明距离译码等价于最大似然译码。

【例 7.4】　已知一个(5,2) 线性分组码的监督矩阵 $\boldsymbol{H}$,试求该线性分组码的标准阵译码表,并分析其译码性能。

$$\boldsymbol{H}=\begin{bmatrix}1&1&1&0&0\\1&0&0&1&0\\1&1&0&0&1\end{bmatrix}$$

解　其码字向量可表示为 $\boldsymbol{c}=(\boldsymbol{c}_4,\boldsymbol{c}_3,\boldsymbol{c}_2,\boldsymbol{c}_1,\boldsymbol{c}_0)$,其信息码元为$(\boldsymbol{c}_4,\boldsymbol{c}_3)$,监督元为$(\boldsymbol{c}_2,\boldsymbol{c}_1,\boldsymbol{c}_0)$。码组中四个码字向量分别为:$\boldsymbol{c}_0=(00000)$,$\boldsymbol{c}_1=(01101)$,$\boldsymbol{c}_2=(10111)$,$\boldsymbol{c}_4=(11010)$。根据标准阵译码表的构成方法可得到其标准阵见表 7.4。

表 7.4　(5,2) 分组码的标准阵译码表

许用码字	00000	01101	10111	11010
禁用码字	10000	11101	00111	01010
	01000	00101	11111	10010
	00100	01001	10011	11110
	00010	01111	10101	11000
	00001	01100	10110	11011
	00011	01110	10100	11001
	00110	01011	10001	11100

根据标准阵译码方法,例如接收码字为 $\boldsymbol{r}=(10101)$,则由译码表可知,按最大似然译码准则译码器输出为(10111)。可以看到,在译码表中的禁用码字的第一列中,前五行为只错一位的错误图样,即汉明重量为最小($d_{\min}=1$) 的 n 重向量。但是,由这五个汉明重量最小的向量作为陪集首,并没有构成全部 n 维空间的码字向量。所以,这个译码表又选择了两个汉明距离较小、前六行未使用的禁用码字作为陪集首,构成最后两个陪集。因此,按这个译码表进行译码,不仅可以纠正所有单个码元错误,而且可以纠正两种类型的两位码元错误。可以得到错误译码概率为

$$P_{\mathrm{e}}=1-\left[5p_{\mathrm{e}}(1-p_{\mathrm{e}})^{4}-2p_{\mathrm{e}}^{2}(1-p_{\mathrm{e}})^{3}\right]$$

可以看到,利用标准阵译码表,需要把 2^n 个码字向量存在译码器中,存储器容量和查表时间会随 n 指数增加,当 n 较大时,这种方法难以实现。解决的方法之一是建立错误图样与校验子向量有一一对应的关系,根据这种关系,可以将译码表简化。例如(5,2) 线性分组码

的简化译码表见表7.5。

表7.5 (5,2)线性分组码的简化译码表

错误图样	00000	10000	01000	00100	00010	00001	00011	00110
校验子	000	111	101	100	010	001	011	110

当接收码字 $\boldsymbol{r}=(10101)$ 时,可以计算出校验子 $\boldsymbol{s}=(010)$,查表的错误图样的估计值为 $\boldsymbol{e}=(00010)$,由 $\hat{\boldsymbol{c}}=\boldsymbol{r}+\boldsymbol{e}$ 可得译码器输出为 $\hat{\boldsymbol{c}}=(10111)$。

当 $n-k=r$ 较小时(小于30),这种利用校验子表的译码方法是简单实用的,但 n 进一步增大时就需要寻找具有更简单译码算法的编码。

7.1.3 线性分组码的最小码距

在第5章中已经介绍了一个码组(码字集合)的最小汉明距离及码字重量的概念,这里进一步说明码组的监督矩阵 $\boldsymbol{H}$ 与最小汉明距离及码字重量的关系。如果 C 为一个线性分组码的码组,$\boldsymbol{u}$ 和 $\boldsymbol{v}$ 是码组 C 中的任意两个码字,则码组 C 的最小汉明距离定义为

$$d_{\min}=\min\{d(\boldsymbol{u},\boldsymbol{v});\boldsymbol{u},\boldsymbol{v}\in C,\boldsymbol{u}\neq\boldsymbol{v}\} \tag{7.22}$$

根据汉明距离的定义,如果 $\boldsymbol{u},\boldsymbol{v},\boldsymbol{w}$ 为 n 维空间中的三个向量,则存在下面所谓三角不等式的关系,即

$$d(\boldsymbol{u},\boldsymbol{v})+d(\boldsymbol{v},\boldsymbol{w})\geqslant d(\boldsymbol{u},\boldsymbol{w}) \tag{7.23}$$

并且还有,如果 $\boldsymbol{u},\boldsymbol{v}$ 为 n 维空间中的两个向量,则有两个向量之间的汉明距离等于两个向量之和的汉明重量,即

$$d(\boldsymbol{u},\boldsymbol{v})=w(\boldsymbol{u}+\boldsymbol{v}) \tag{7.24}$$

由以上关系可知,如果 C 为一个线性分组码,$\boldsymbol{u},\boldsymbol{v}$ 为码组 C 中的两个码字,则这两个码字的和 $\boldsymbol{w}=\boldsymbol{u}+\boldsymbol{v}$ 也必然是码组 C 中的一个码字,根据最小码距的定义有

$$d_{\min}=\min\{w(\boldsymbol{u}+\boldsymbol{v});\boldsymbol{u},\boldsymbol{v}\in C,\boldsymbol{u}\neq\boldsymbol{v}\}=\min\{w(\boldsymbol{w});\boldsymbol{w}\in C,\boldsymbol{w}\neq 0\} \tag{7.25}$$

由上面这个关系式得到如下定理。

定理7.1 线性分组码的最小汉明距离等于码组中非零码字的最小汉明重量。

因此,对于一个线性分组码,确定其最小汉明距离等价于确定其最小汉明重量。前面举例中的(7,4)线性分组码的最小汉明重量为3,因此其最小汉明距离也就等于3。下面讨论线性分组码的最小汉明距离与监督矩阵的关系。

定理7.2 设 (n,k) 线性分组码 C 的监督矩阵为 $\boldsymbol{H}$。如果线性分组码的最小码距等于 d,则矩阵 $\boldsymbol{H}$ 的 $d-1$ 个列向量线性无关,d 个列向量之和为零。反之,如果矩阵 $\boldsymbol{H}$ 的 $d-1$ 个列向量线性无关,d 个列向量之和为零,则该线性分组码的最小码距为 d。

证明 (n,k) 线性分组码 C 的监督矩阵 $\boldsymbol{H}$ 为一个 $(n-k)\times n$ 矩阵,可以用 n 个列向量来表示为

$$\boldsymbol{H}=[\boldsymbol{h}_{n-1},\quad \boldsymbol{h}_{n-2},\quad \cdots,\quad \boldsymbol{h}_1,\quad \boldsymbol{h}_0]$$

码组中的码字向量可以表示为 $\boldsymbol{c}=[c_{n-1},c_{n-2},\cdots,c_1,c_0]$,根据码字向量与监督矩阵的关系有

$$\boldsymbol{c}\,\boldsymbol{H}^{\mathrm{T}}=c_{n-1}\boldsymbol{h}_{n-1}+c_{n-2}\boldsymbol{h}_{n-2}+\cdots+c_1\boldsymbol{h}_1+c_0\boldsymbol{h}_0=\boldsymbol{0}$$

假设码组 C 的任意一个非零码字为 $\boldsymbol{c}=[c_{n-1},c_{n-2},\cdots,c_1,c_0]$,其最小汉明重量为 d,则意

味着 $\boldsymbol{c}$ 有 d 个分量不为0,对于二元编码来说就是 d 个分量等于1,设其编号为 $0 \leqslant i1 < i2 < \cdots < id \leqslant n-1$,这时,必然有矩阵 $\boldsymbol{H}$ 的 d 个列向量为

$$c_{i1}\boldsymbol{h}_{i1} + c_{i2}\boldsymbol{h}_{i2} + \cdots + c_{id}\boldsymbol{h}_{id} = \boldsymbol{h}_{i1} + \boldsymbol{h}_{i2} + \cdots + \boldsymbol{h}_{id} = \boldsymbol{0}$$

这个关系说明,$\boldsymbol{H}$ 矩阵的 d 个列向量之和为零,也必然有 $d-1$ 个列向量之和不为零(线性无关),这样就证明了定理的前部分。反之,如果假设 $\boldsymbol{h}_{i1},\boldsymbol{h}_{i2},\cdots,\boldsymbol{h}_{id}$ 为 $(n-k)\times n$ 监督矩阵 $\boldsymbol{H}$ 的 d 个列向量,并满足

$$\boldsymbol{h}_{i1} + \boldsymbol{h}_{i2} + \cdots + \boldsymbol{h}_{id} = \boldsymbol{0}$$

那么,由这个监督矩阵 $\boldsymbol{H}$ 所构成的 (n,k) 线性分组码的任意一个非零码字必然有

$$\boldsymbol{c}\boldsymbol{H}^{\mathrm{T}} = c_{i1}\boldsymbol{h}_{i1} + c_{i2}\boldsymbol{h}_{i2} + \cdots + c_{id}\boldsymbol{h}_{id} = \boldsymbol{h}_{i1} + \boldsymbol{h}_{i2} + \cdots + \boldsymbol{h}_{id} = \boldsymbol{0}$$

因此,该码组的任意非零码字的汉明重量必然等于 d,也就是码组的最小汉明距离等于 d。这就证明了定理的后一部分。

根据这个定理可以得到以下几个推论。

推论7.1　设 (n,k) 线性分组码 C 的监督矩阵为 $\boldsymbol{H}$。如果码组 C 的最小汉明距离为 d,则监督矩阵 $\boldsymbol{H}$ 中任意 $d-1$ 个列向量线性无关,或者说矩阵 $\boldsymbol{H}$ 中列向量之和为0的最小列数等于 d。

推论7.2　设 (n,k) 线性分组码 C 的监督矩阵为 $\boldsymbol{H}$。改变监督矩阵列向量的位置,不会影响列向量的相关性,也就不会影响码组的最小汉明距离。通过改变监督矩阵列向量的位置可能产生不同的码组,但其纠错检错能力是相同的。

根据以上定理及推论,可以得到关于线性分组码纠检错能力的以下结论。

(1) 最小汉明距离为 $d_{\min}$ 的线性分组码,能检出所有 $d_{\min}-1$ 位或更少位码元错误的错误图样;

(2) 最小汉明距离为 $d_{\min}$ 的线性分组码,不能检测出所有的 $d_{\min}$ 位错误,但可以检出一些 $d_{\min}$ 位或更多位的码元错误;

(3) 事实上,(n,k) 线性分组码能检出长度为 n 的 2^n-2^k 个错误图样,因为 2^n-2^k 是禁用码字的个数,收到禁用码字就等于检出错误(但可能无法纠正错误)。

【例7.5】　已知一个(7,4)非系统线性分组码的监督矩阵 $\boldsymbol{H}$ 如下,试通过矩阵变换得到系统码的监督矩阵。

$$\boldsymbol{H} = \begin{bmatrix} 0 & 0 & 0 & 1 & 1 & 1 & 1 \\ 0 & 1 & 1 & 0 & 0 & 1 & 1 \\ 1 & 0 & 1 & 0 & 1 & 0 & 1 \end{bmatrix}$$

解　根据监督矩阵的结构可知这是一个非系统码的监督矩阵。另外可以看到,这个监督矩阵的列向量从左到右分别为十进制数的1,2,3,…,7,这是一种简单的构成 (n,k) 线性分组码监督矩阵的方法。观察可知,监督矩阵 $\boldsymbol{H}$ 中的任何两列相加均不等于0,列向量相加等于0的最小列数为3,因此可确定该分组码的最小码距为 $d_{\min}=3$。

根据定理7.2及其推论,监督矩阵列向量的位置变换不影响列向量的相关性,因此也就不会影响分组码的纠检错能力。因此,可以很方便地得到系统分组码的监督矩阵为

$$\boldsymbol{H} = \begin{bmatrix} 0 & 0 & 0 & 1 & 1 & 1 & 1 \\ 0 & 1 & 1 & 0 & 0 & 1 & 1 \\ 1 & 0 & 1 & 0 & 1 & 0 & 1 \end{bmatrix} \Rightarrow \boldsymbol{H} = \begin{bmatrix} 1 & 1 & 0 & 1 & 1 & 0 & 0 \\ 1 & 1 & 1 & 0 & 0 & 1 & 0 \\ 1 & 0 & 1 & 1 & 0 & 0 & 1 \end{bmatrix}$$

可见,经过这种列换位也可以得到系统分组码的监督矩阵,由于前面四列的位置可以任意放置,得到的码字可能不同,但码组的纠错能力是相同的。

7.1.4 汉明码与完备码

汉明码是1950年被提出的一种线性分组码,然后被证明是一种完备码。这里给出汉明码的定义,并介绍完备码的描述,同时介绍几个线性分组码的基本概念。

1. 汉明码

这里首先给出汉明码的定义。

定义7.2 对于任意正整数 $r \geq 3$,存在有下列参数的线性分组码 C:

码长:$n = 2^r - 1$

信息码元:$k = 2^r - 1 - r = n - r$

监督元:$r = n - k$

最小码距:$d_{\min} = 3$

这个码组 C 称为狭义汉明码。

其实,前面例题给出的(7,4)线性分组码就是(7,4)汉明码。从汉明码的定义可以看出,狭义汉明码就是一类码长有约束的、可以纠一位码元错误的线性分组码。对于 r 等于3,4,5,6,…,分别可以构成(7,4),(15,11),(31,26),(63,57),…汉明码。

汉明码是1950年由汉明(Richard W. Hamming)提出的一种纠单个错误的线性分组码。它具有性能好、实现简单的特点,但相比之下纠错能力不是太强。在计算机内部及外存数据传输系统中较多应用。这里分析一下如何确定汉明码的监督矩阵。根据汉明码的定义和监督矩阵的性质知道,汉明码是一种纠一位错误的线性分组码,其最小码距至少为3;另外,若使最小码距为3,所构成的监督矩阵 $\boldsymbol{H}$ 中至少为任意两列线性无关,当然这也就意味着没有全0列,且每一列均不相同,也就是任何两列相加不等于0。对于任何一个 (n,k) 线性分组码有 $2^r = 2^{n-k}$ 个监督元(校验位),在二进制情况下,这 r 个监督元可以构成 2^r 个互不相同的 r 重列向量,其中有1个全0列向量,有 $2^r - 1$ 个非全0列向量。因此,只要用这 $2^r - 1$ 个非全0列向量作为矩阵 $\boldsymbol{H}$ 的列向量,就可以保证矩阵 $\boldsymbol{H}$ 的至少任何两列向量线性无关,也就可以确定一个 (n,k) 汉明码。

例如,(15,11)汉明码的监督矩阵为

$$\boldsymbol{H} = \begin{bmatrix} 0 & 0 & 0 & 0 & 0 & 0 & 0 & 1 & 1 & 1 & 1 & 1 & 1 & 1 & 1 \\ 0 & 0 & 0 & 1 & 1 & 1 & 1 & 0 & 0 & 0 & 0 & 1 & 1 & 1 & 1 \\ 0 & 1 & 1 & 0 & 0 & 1 & 1 & 0 & 0 & 1 & 1 & 0 & 0 & 1 & 1 \\ 1 & 0 & 1 & 0 & 1 & 0 & 1 & 0 & 1 & 0 & 1 & 0 & 1 & 0 & 1 \end{bmatrix}$$

很容易可以得到,(15,11)系统汉明码的一个监督矩阵为

$$\boldsymbol{H} = \begin{bmatrix} 1 & 1 & 0 & 1 & 0 & 0 & 0 & 1 & 1 & 1 & 1 & 1 & 0 & 0 & 0 \\ 1 & 1 & 0 & 1 & 1 & 1 & 1 & 1 & 0 & 0 & 0 & 0 & 1 & 0 & 0 \\ 1 & 1 & 1 & 0 & 0 & 1 & 1 & 0 & 0 & 1 & 1 & 0 & 0 & 1 & 0 \\ 1 & 0 & 1 & 1 & 1 & 0 & 1 & 0 & 1 & 0 & 1 & 0 & 0 & 0 & 1 \end{bmatrix}$$

应当指出,根据汉明码的定义,狭义汉明码的监督位为正整数 $r \geq 3$,码长和信息位长度

分别为 $n=2^r-1$ 和 $k=n-r$,也就是说汉明码的码长和信息位长度都是受限制的。因此,人们通过进一步研究,发现了一些由汉明码引出的线性分组码,它们不属于狭义汉明码,可以理解为广义汉明码。

在实际使用中,为了得到希望的码长和信息位长度,有时将(n,k) 汉明码的信息位减少 i 个码元,这时构成一种$(n-i,k-i)$ 线性分组码,这种码称为缩短码。例如:(7,4) 汉明码的缩短码为(6,3) 分组码,其监督矩阵 $\boldsymbol{H}_{\mathrm{S}}$ 可以将(7,4) 汉明码的监督矩阵减少一列而得到,如

$$\boldsymbol{H}_{\mathrm{S}}=\begin{bmatrix}1&1&1&1&0&0\\1&1&0&0&1&0\\1&0&1&0&0&1\end{bmatrix}$$

类似地,在(n,k) 汉明码的基础上,通过增加一位监督元,它取为所有码元的模二相加,这样就构成一个$(n+1,k)$ 汉明码。其最小码距为 $d_{\min}=4$,可以在纠一位错的同时检两位错,这种线性分组码称为增余汉明码,也称为扩展汉明码。例如:由(7,4) 汉明码可以扩展出(8,4) 增余汉明码,其一致监督矩阵 $\boldsymbol{H}_{\mathrm{E}}$ 为

$$\boldsymbol{H}_{\mathrm{E}}=\begin{bmatrix}1&1&0&1&1&0&0&0\\1&1&1&0&0&1&0&0\\1&0&1&1&0&0&1&0\\1&1&1&1&1&1&1&1\end{bmatrix}$$

可以验证这种(8,4) 增余汉明码可以纠一位错同时检两位错,由于码长和信息位长度为 2 的整数次幂,因此在应用中比较方便。

2. 完备码与完备译码

对于二元(n,k) 线性分组码的一个码字来说,n 个码元均无差错的错误图样为 C_n^0 个,只有一位码元差错的错误图样为 C_n^1 个,同样,有 t 位码元差错的错误图样有 C_n^t 个。另一方面,(n,k) 线性分组码有 2^{n-k} 个校验子向量,若要纠正所有小于等于 t 个码元错误,就必须有大于等于 $t+1$ 个校验子向量与之对应,分别指出无错和哪 t 位错。也就是说,校验子向量的个数应当满足

$$2^{n-k}\geqslant \mathrm{C}_n^0+\mathrm{C}_n^1+\cdots+\mathrm{C}_n^t=\sum_{i=0}^{t}\mathrm{C}_n^i \tag{7.26}$$

这个关系式称为汉明界,它是构造纠正 t 位错的(n,k) 线性分组码的必要条件。

如果一个(n,k) 线性分组码使汉明界的等号成立,校验子向量的个数与所有可纠正的错误图样数正好相等,说明校验位得到了充分的利用,这种线性分组码被称为完备码。在完备码的标准阵译码表中,重量小于等于 t 的所有错误图样作为陪集首就可以构成全部 n 维空间,也就是说,不会使用重量大于 t 的禁用码字作为陪集首。

完备码是较少的,上面给出的汉明码定义确定狭义汉明码是一种完备码,还可以证明,(23,12) Golay 码也是一种完备码。

如果标准阵译码表中除了使用重量小于等于 t 的所有错误图样作为陪集首外,还使用了一些重量等于 $t+1$ 的错误图样作为陪集首,则称为准完备码,这种码是比较多的。

从上面介绍的线性分组码译码方法中可以看出,译码器接收到一个错误码字(禁用码

字）后是利用比较这个错误码字与所有许用码字之间的汉明距离来实现译码的。判断与这个错误码字汉明距离最小的许用码字为发送码字，这种方法也就是最小汉明距离译码。

定义7.3 在(n,k)线性分组码的译码过程中，如果所有$2^{n-k}=2^r$个校验子（伴随式）都用来纠正所有$t=(d-1)/2$个随机错误及大部分大于t个码元错误，则称这种译码方法为完备译码，否则称为非完备译码。

如果译码器对于每个接收码字，都可以明确判决出发送码字，称为完备译码。如果译码器对于一些接收码字可以做出明确判决，而对于另外一些接收码字不能做出明确判决，称为不完备译码。例如：(3,1)重复码的译码可以实现完备译码，而对于(4,1)重复码，当一个码字错两位时，译码器不能明确判决，只能是不完备译码。

定义7.4 如果一个(n,k)线性分组码能纠正t小于等于$(d-1)/2$个码元错误，在译码时只纠正$t'<t$个码元错误，而当错误码元个数大于t'时，译码器只检出错误而不纠正错误，这种译码方法称为限定距离译码。

例如当一个线性分组码的最小码距为5时，可以纠两位错误，如果译码器只纠一位错，而大于一位错时只检出不纠正，就是限定距离译码。

7.2 循环码

循环码是线性分组码的最重要的一类码，它的结构可以用有限域多项式完整地描述。循环码具有两个基本特点：一是编译码电路非常简单，易于实现；二是其代数性质好，编译码性能分析方便。

7.2.1 循环码的描述

定义7.5 一个(n,k)线性分组码C，如果码组中的任何一个码字的循环移位也是这个码组中的一个码字，则称这个线性分组码为循环码。即，如果$\boldsymbol{c}^{(0)}=[c_{n-1},c_{n-2},\cdots,c_1,c_0]\in C$为一个码字，则有$\boldsymbol{c}^{(0)}=[c_{n-2},c_{n-3},\cdots,c_0,c_{n-1}]\in C$，这种特性也称为循环自闭性。

循环码可以用监督矩阵和生成矩阵描述，但更方便的是用域上多项式来描述，一个(n,k)循环的码字向量$\boldsymbol{c}^{(0)}$用一个$n-1$次多项式描述，可以表示为

$$c(x)=c_{n-1}x^{n-1}+c_{n-2}x^{n-2}+\cdots+c_1x+c_0 \tag{7.27}$$

这个多项式称为码字多项式。

根据$GF(2)$域上多项式的计算关系可知，码字向量的循环移位可以用x乘上$c(x)$后的模x^n-1计算来表示，在二元域上模x^n-1等同于模x^n+1。

$$\begin{aligned}xc(x)&=x(c_{n-1}x^{n-1}+c_{n-2}x^{n-2}+\cdots+c_1x+c_0)\\&=c_{n-1}x^n+c_{n-2}x^{n-1}+\cdots+c_1x^2+c_0x\\&=c_{n-2}x^{n-1}+\cdots+c_1x^2+c_0x+c_{n-1}(\text{模 } x^n+1)\end{aligned}$$

表7.6给出了一个(7,4)循环码的所有$2^4=16$个码字的向量表示和多项式表示的对应关系，可以看出，码组中每个码字的循环移位仍然属于这个码组。但是应当说明，并不是说这个码组是由一个码字的循环移位构成的，本例中是由四个码字的循环移位构成的。

表7.6　由 $g(x) = x^3 + x + 1$ 生成的(7,4)循环码的向量表示和多项式表示

消息	循环码字	码字多项式	$g(x)$ 的倍式	倍式编码
0000	0000 000	0	0	0000
0001	0001 011	$x^3 + x + 1$	1	0001
0010	0010 110	$x^4 + x^2 + x$	x	0010
0011	0011 101	$x^4 + x^3 + x^2 + 1$	$x + 1$	0011
0100	0100 111	$x^5 + x^2 + x + 1$	$x^2 + 1$	0101
0101	0101 100	$x^5 + x^3 + x^2$	x^2	0100
0110	0110 001	$x^5 + x^4 + 1$	$x^2 + x + 1$	0111
0111	0111 010	$x^5 + x^4 + x^3 + x$	$x^2 + x$	0110
1000	1000 101	$x^6 + x^2 + 1$	$x^3 + x + 1$	1011
1001	1001 110	$x^6 + x^3 + x^2 + x$	$x^3 + x$	1010
1010	1010 011	$x^6 + x^4 + x + 1$	$x^3 + 1$	1001
1011	1011 000	$x^6 + x^4 + x^3$	x^3	1000
1100	1100 010	$x^6 + x^5 + x$	$x^3 + x^2 + x$	1110
1101	1101 001	$x^6 + x^5 + x^3 + 1$	$x^3 + x^2 + x + 1$	1111
1110	1110 100	$x^6 + x^5 + x^4 + x^2$	$x^3 + x^2$	1100
1111	1111 111	$x^6 + x^5 + x^4 + x^3 + x^2 + x + 1$	$x^3 + x^2 + 1$	1101

定义7.6　在一个(n,k)循环码的码组中,有且仅有一个次数为 $n - k = r$ 的码字多项式,记为

$$g(x) = x^r + g_{r-1}x^{r-1} + \cdots + g_1 x + 1 \tag{7.28}$$

同时,每个码字多项式都是 $g(x)$ 的倍式,并且每个次数小于等于 $n-1$ 的 $g(x)$ 的倍式都是一个码字多项式,这时称 $g(x)$ 为(n,k)循环码的生成多项式。

从上面的例子可见,$g(x) = x^3 + x + 1$ 为(7,4)循环码的生成多项式。生成多项式是循环码的基本数学描述方式,关于循环码的生成多项式有一系列的性质,这里以定理的形式给出,有关证明可查阅相关参考书。

定理7.3　在一个(n,k)循环码的码组中,次数最低的非零码字多项式是唯一的,其次数为 $r = n - k$。

定理7.4　令 $g(x) = x^r + g_{r-1}x^{r-1} + \cdots + g_1 x + g_0$ 为一个(n,k)循环码的码组中最低次数码字多项式,则其常数项必为 $g_0 = 1$。

定理7.5　一个(n,k)循环码的生成多项式 $g(x)$ 是 $x^n + 1$ 的一个因式。

定理7.6　若 $g(x)$ 为一个 $n - k$ 次多项式,且为 $x^n + 1$ 的因式,则 $g(x)$ 可以生成一个(n,k)循环码。

定理7.6说明,$x^n + 1$ 的次数为 $n - k$ 的任何一个因式,均可以生成一个(n,k)循环码。对于较大的 n,$x^n + 1$ 可能有多个 $n - k$ 次的因式,可以产生不同的(n,k)循环码。

例如,多项式 $x^7 + 1$ 可以分解为:$x^7 + 1 = (x^3 + x + 1)(x^3 + x^2 + 1)(x + 1)$。可以看出有两种(7,4)循环码的生成多项式,分别为 $g(x) = (x^3 + x + 1)$ 和 $g(x) = (x^3 + x^2 + 1)$。当然$(x^3 + x + 1)(x + 1) = x^4 + x^3 + x^2 + 1$ 也是一个因式,可以产生一种(7,3)循环码。

7.2.2 循环码的编译码方法

1. 系统循环码的编码方法

循环码作为一种线性分组码,也分为系统码和非系统码。已知循环码的生成多项式可以按照一定的编码方法产生系统循环码。首先,给出消息码字多项式、循环码字多项式分别为

$$m(x)=m_{k-1}x^{k-1}+m_{k-2}x^{k-2}+\cdots+m_1x+m_0 \tag{7.29}$$

$$c(x)=c_{n-1}x^{n-1}+c_{n-2}x^{n-2}+\cdots+c_1x+c_0 \tag{7.30}$$

系统循环码的编码包括以下三个步骤:

(1) 用 x^{n-k} 乘上 $m(x)$。

(2) 用 $g(x)$ 除以 $x^{n-k}m(x)$,得到模 $g(x)$ 的余式 $r(x)$

$$\frac{x^{n-k}m(x)}{g(x)}=q(x)+\frac{r(x)}{g(x)} \tag{7.31}$$

(3) 利用 $c(x)=x^{n-k}m(x)+r(x)$ 得到系统循环码的码字多项式。

【例 7.6】 已知(7,4)循环码的生成多项式为 $g(x)=x^3+x+1$,求消息序列 $\boldsymbol{m}=[1010]$ 的系统循环码字序列。

解 由消息序列可得到消息码字多项式为 $m(x)=x^3+x$,按系统循环码的编码方法可得

$$x^{n-k}m(x)=x^3(x^3+x)=x^6+x^4$$

$$\frac{x^{n-k}m(x)}{g(x)}=\frac{x^6+x^4}{x^3+x+1}=x^3+1+\frac{x+1}{x^3+x+1}$$

$$r(x)=x+1$$

$$c(x)=x^{n-k}m(x)+r(x)=x^6+x^4+x+1$$

$$\boldsymbol{c}=[1010\ 011]$$

【例 7.7】 已知(7,3)循环码的生成多项式为 $g(x)=x^4+x^3+x^2+1$,求消息序列 $\boldsymbol{m}=[010]$ 的系统循环码字序列。

解 按系统循环码的编码方法可得

$$m(x)=x;\quad x^{n-k}m(x)=x^4x=x^5$$

$$\frac{x^5}{x^4+x^3+x^2+1}=x+\frac{x^2+x+1}{x^4+x^3+x^2+1}$$

$$c(x)=x^5+x^2+x+1$$

$$\boldsymbol{c}=[010\ 0111]$$

2. 非系统循环码的编码方法

根据循环码的定义,已知循环码的生成多项式可以按以下关系求出非系统循环码

$$c(x)=m(x)g(x) \tag{7.32}$$

【例 7.8】 已知(7,4)循环码的生成多项式为 $g(x)=x^3+x+1$,求出非系统循环码的码组。

解 消息序列 $\boldsymbol{m}=[1101]$,$m(x)=x^3+x^2+1$,利用式(7.32)可得

$$c(x)=(x^3+x^2+1)(x^3+x+1)=x^6+x^5+x^4+x^3+x^2+x+1$$

码字序列为 $\boldsymbol{c}=[1111111]$,(7,4) 非系统循环码的码组如表 7.7 给出。

表 7.7　(7,4) 非系统循环码的编码表

消息	码字	消息	码字	消息	码字	消息	码字
0000	0000 000	0100	0101 100	1000	1011 000	1100	1110 100
0001	0001 011	0101	0100 111	1001	1010 011	1101	1111 111
0010	0010 110	0110	0111 010	1010	1001 110	1110	1100 010
0011	0011 101	0111	0110 001	1011	1000 101	1111	1101 001

将表 7.7 与表 7.6 比较可以看到系统循环码和非系统循环码的区别,也可以看到,系统码和非系统码的码字重量分布和最小汉明距离是一样的。

3. 循环码的生成矩阵

循环码可以用域上多项式描述,也可以用生成矩阵描述。根据循环码的定义可知,循环码的生成多项式 $g(x)$ 为循环码 C 中的一个码字多项式,由循环码的循环特性可知,在 (n,k) 循环码的码字集合中,$g(x),xg(x),\cdots,x^{k-1}g(x)$ k 个码字多项式必然是线性无关(相互独立)的。根据线性空间的特性可知,它们是一个 k 维子空间的基底,即由它们的线性组合可以生成这个 k 维子空间的 2^k 个码字。再根据线性分组码生成矩阵的定义,它的行向量是由 k 个线性无关的码字构成的,因此,可以得到 (n,k) 循环码的生成矩阵为

$$\boldsymbol{G}(x)=\begin{bmatrix} x^{k-1}g(x) \\ x^{k-2}g(x) \\ \vdots \\ g(x) \end{bmatrix} \tag{7.33}$$

相应的生成矩阵的一般形式为

$$\boldsymbol{G}=\begin{bmatrix} g_{n-k} & g_{n-k-1} & \cdots & g_1 & g_0 & 0 & 0 & \cdots & 0 \\ 0 & g_{n-k} & g_{n-k-1} & \cdots & g_1 & g_0 & 0 & \cdots & 0 \\ \vdots & & & & \vdots & & & & \vdots \\ 0 & \cdots & \cdots & 0 & g_{n-k} & g_{n-k-1} & \cdots & g_1 & g_0 \end{bmatrix} \tag{7.34}$$

根据码字序列与生成多项式的关系,当编码器输入的消息码字序列为 $[m_{k-1},m_{k-2},\cdots,m_0]$ 时,相应的码字多项式为

$$\begin{aligned} c(x) &= [m_{k-1},m_{k-2},\cdots,m_0]\boldsymbol{G}(x) \\ &= m_{k-1}x^{k-1}g(x)+m_{k-2}x^{k-2}g(x)+\cdots+m_0g(x) \\ &= m(x)g(x) \end{aligned} \tag{7.35}$$

利用这种方法产生的循环码为非系统循环码。因为式(7.34)给出的生成矩阵为非标准型生成矩阵(非典型生成矩阵),非标准型生成矩阵可以通过矩阵的初等变换转换为标准型生成矩阵。

4. 循环码的校验子译码

已知发送的码字多项式为 $c(x)$,经过信道后的接收码字多项式 $r(x)$ 和错误图样多项式 $e(x)$ 分别为

$$r(x)=r_{n-1}x^{n-1}+r_{n-2}x^{n-2}+\cdots+r_1x+r_0 \tag{7.36}$$

$$e(x)=e_{n-1}x^{n-1}+e_{n-2}x^{n-2}+\cdots+e_1x+e_0 \tag{7.37}$$

$$r(x)=c(x)+e(x) \tag{7.38}$$

校验子译码的过程为：

(1) 根据接收码字多项式 $r(x)$ 计算校验子多项式 $s(x)$。

(2) 根据校验子多项式 $s(x)$ 计算错误图样多项式 $e(x)$。

(3) 利用 $\hat{c}(x)=r(x)-e(x)$ 计算译码器输出的估计值。

这里定义校验子多项式为

$$s(x)=\frac{r(x)}{g(x)}=\frac{c(x)+e(x)}{g(x)}=\frac{c(x)}{g(x)}+\frac{e(x)}{g(x)}\equiv\frac{e(x)}{g(x)}\quad[\bmod g(x)] \tag{7.39}$$

也就是说,校验子多项式 $s(x)$ 等于接收码字多项式 $r(x)$ 除以生成多项式 $g(x)$ 的余式多项式,校验子多项式与前面介绍的校验子向量的作用是一样的。如果 $s(x)=0$,表示接收码字无差错;如果 $s(x)\neq 0$,表示接收码字有差错。(n,k) 循环码的校验子多项式的一般表达式为

$$s(x)=s_{r-1}x^{r-1}+s_{r-2}x^{r-2}+\cdots+s_1x+s_0 \tag{7.40}$$

即校验子多项式 $s(x)$ 为一个 $r-1$ 次多项式,其对应校验子向量为 $\boldsymbol{s}=[s_{r-1},s_{r-2},\cdots,s_1,s_0]$,校验子向量共有 2^r 个状态,当 $2^r\geq n+1$ 时,即可以保证至少纠一位码元错误。

【例 7.9】 已知(7,4) 循环码的生成多项式为 $g(x)=x^3+x+1$,求出其校验子与错误码元的关系,当接收码字序列为 $\boldsymbol{r}=[0011110]$ 时,求发送码字序列的估计值。

解 根据该循环码的生成多项式和式(7.39) 校验子多项式的定义,可以得到错误图样多项式与校验子向量的对应关系,见表 7.8。

表 7.8 (7,4) 循环码错误图样与校验子向量的对应关系

e_i	$e(x)$	$s(x)$	$[s_2,s_1,s_0]$	错误情况
0	0	0	000	无错
$e_0=1$	1	1	001	r_0
$e_1=1$	x	x	010	r_1
$e_2=1$	x^2	x^2	100	r_2
$e_3=1$	x^3	$x+1$	011	r_3
$e_4=1$	x^4	x^2+x	110	r_4
$e_5=1$	x^5	x^2+x+1	111	r_5
$e_6=1$	x^6	x^2+1	101	r_6

表 7.8 给出了接收码字不出错或只错一位时校验子多项式或校验子向量的对应关系,根据这个表可以进行译码。

如发送码字为 $\boldsymbol{c}=[0010110]$,接收码元 r_3 错,则接收码字为 $\boldsymbol{r}=[0011110]$,这时的校验子多项式为

$$s(x)=\frac{r(x)}{g(x)}=\frac{x^4+x^3+x^2+x}{x^3+x+1}\equiv x+1\quad[\bmod g(x)]$$

即 $s(x)=x+1$,$\boldsymbol{s}=[s_2,s_1,s_0]=[011]$,查表可知 r_3 出错,译码器判决发送码字序列为 $\boldsymbol{c}=[0010110]$。

这里看到,对于系统循环码和非系统循环码,校验子向量与错误图样的关系都是一样的,例如对于接收码字为 $\boldsymbol{r}=[1011010]$,计算校验子多项式为

$$s(x)=\frac{r(x)}{g(x)}=\frac{x^6+x^4+x^3+x}{x^3+x+1}\equiv x\quad[\bmod g(x)]$$

即 $s(x)=x, \boldsymbol{s}=[s_2,s_1,s_0]=[010]$,查表可知 r_1 出错,译码器判决发送码字序列为 $\boldsymbol{c}=[1011000]$,根据表7.6和表7.7可以看到,对应的消息码字是不同的,系统码对应为 $\boldsymbol{m}=[1011]$,而非系统码对应为 $\boldsymbol{m}=[1000]$。

另外,已知(7,4)循环码的最小汉明距离 $d_{\min}=3$,只能纠一位错,当接收码字出现两位错时将不能正确译码。

7.2.3　循环码的编码电路

根据上面介绍的循环码编码方法可知编码电路应当是一个多项式的除法电路,图7.4给出了(7,4)系统循环码的编码电路原理图,已知其生成多项式为 $g(x)=x^3+x+1$。编码电路主要就是做以下的除法计算

$$r(x)=\frac{x^{n-k}m(x)}{g(x)}\quad[\bmod g(x)]$$

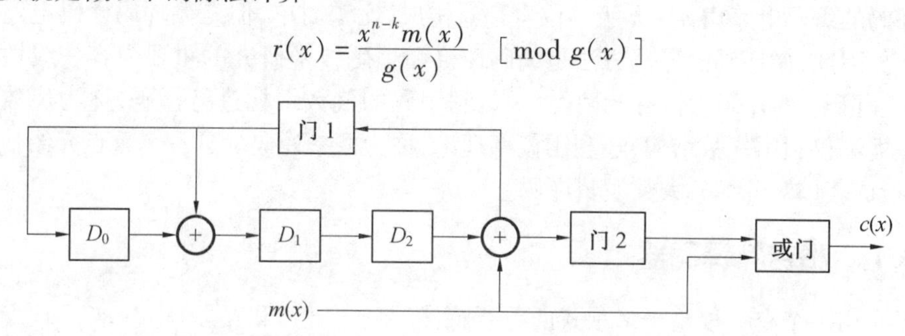

图7.4　(7,4)系统循环码的编码电路原理图

编码器电路由 $n-k=3$ 级移位寄存器及加法器、或门和门控电路构成,其基本工作过程包括:

(1)移位寄存器的初始状态为全0,门1接通,门2断开,消息码元以 $[m_3,m_2,m_1,m_0]$ 依次输入编码器。消息码元一方面通过或门输出,另一方面送入除法电路进行除法运算。$m(x)$ 在除法电路的右端输入相当于完成了循环移位 $n-k=3$ 位。

(2)四次移位后,消息码元已输出,形成了系统循环码的前四位码元 $[c_6,c_5,c_4,c_3]$,同时,寄存器中存放的就是余式多项式的系数,从右到左分别是 $[c_2,c_1,c_0]$。

(3)门1断开,门2接通,经三次移位,三个监督位从编码器输出。

(4)门1接通,门2断开,进行第二个码字的编码。

例如:消息序列 $\boldsymbol{m}=[1001]$, $\boldsymbol{c}=[1001110]$ 的编码过程见表7.9。

表7.9　(7,4)系统循环码的编码时序

时钟	消息序列	寄存器内容			输出码字
		D_0	D_1	D_2	
0		0	0	0	
1	1	1	1	0	1
2	0	0	1	1	0
3	0	1	1	1	0
4	1	0	1	1	1
5		0	0	1	1
6		0	0	0	1
7		0	0	0	0

非系统循环码的编码电路就是一个 $c(x)=m(x)g(x)$ 的多项式乘法电路,图7.5给出了

生成多项式为 $g(x)=x^3+x+1$ 的非系统(7,4)循环码的编码电路原理图。

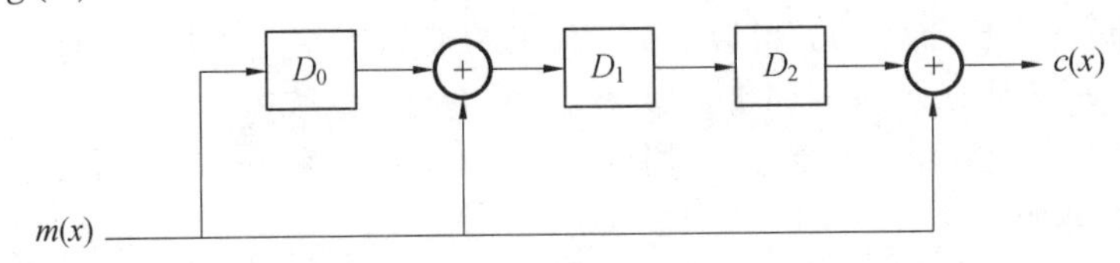

图 7.5　非系统(7,4)循环码的编码电路原理图

7.3　循环码的译码

循环码的编码电路由 $n-k$ 级移位寄存器构成,比较简单,但是循环码译码电路就相对比较复杂。因此,循环码的译码方法是编码理论和编码技术研究的重要内容。线性分组码(不仅是循环码)的译码大体分为两类:一是利用码的代数结构进行译码,称为代数译码方法。另一类不仅利用代数结构,还利用概率理论,称为概率译码。这一节重点介绍代数译码方法,包括捕获(错)译码、大数逻辑译码。

7.3.1　梅吉特译码器

首先介绍一个有关校验子多项式的重要特性。

定理 7.7　设 $s(x)$ 是接收码字多项式 $r(x)$ 的校验子多项式,则 $r(x)$ 的循环移位 $xr(x)[\bmod x^n+1]$ 的校验子 $s_1(x)$ 是 $s(x)$ 在 $g(x)$ 除法电路中无输入时右移一位的结果,即有

$$s_1(x)\equiv xs(x)\quad[\bmod g(x)] \tag{7.41}$$

这个定理的结果可以推广为,对于任意给定的 $j=1,2,\cdots,n-1$,必有 $x^jr(x)$ 的校验子多项式为

$$s_j(x)=\frac{x^js(x)}{g(x)}\equiv x^js(x)\quad[\bmod g(x)] \tag{7.42}$$

同时,由任意多项式 $a(x)$ 乘 $r(x)$ 所对应的校验子多项式为

$$s_a(x)=\frac{a(x)s(x)}{g(x)}\equiv a(x)s(x)\quad[\bmod g(x)] \tag{7.43}$$

校验子多项式的这些性质,在循环码的译码中有重要作用。下面介绍梅吉特(Meggit)译码器的工作原理。

根据循环码的定义知道,如果 $c(x)$ 为循环码 C 中的一个码字多项式,则 $xc(x)[\bmod x^n+1]$ 也一定是这个码组中的一个码字多项式。由定理 7.7 可知,如果 $s(x)$ 为 $r(x)=c(x)+e(x)$ 的校验子多项式,则 $xs(x)$ 也必然是 $xr(x)=xc(x)+xe(x)$ 的校验子多项式。

这表明,如果 $e(x)$ 是一个译码器可以纠正的错误图样(相当于译码标准阵中的陪集首),则 $xe(x)$ 也是一个可以纠正的错误图样,$x^je(x)$ $(j=1,2,\cdots,n-1)$ 也是可以纠正的错误图样。循环码译码器可以利用这种循环关系,对错误图样分类,将任一错误图样及其所有 $n-j$ 次的循环移位归为一类。同一类的错误,可以使用同一个译码单元电路,由此可以简化译码器电路的复杂性。

例如,可以将"只错一位"的错误图样(100…0),(010…0),…,(00…01)归为一类,用

一个错误图样(100…0)的校验子 $s(x)$ 代表这一类错误图样的校验子。这样可以大大减少译码器要识别的错误图样类别的个数。

如果一个(n,k)循环码要纠正 t 位码元的错误,译码器要识别的错误图样总数为

$$N_e = \sum_{j=1}^{t} C_n^j \tag{7.44}$$

例如(7,4)循环码可以纠正一位错误,$n = 7, t = 1, N_e = C_7^1 = 7$。而通过分类后,译码器需要识别的错误图样的类别数为

$$N_g = \sum_{j=1}^{t} C_{n-1}^{j-1} \tag{7.45}$$

这样,(7,4)循环码译码器需要识别的错误图样类别数为 $N_g = 1$。可以看到,利用循环码的特殊性质可以简化循环码译码器的复杂性。这种循环码的译码器称为梅吉特译码器。

这里,还是以(7,4)循环码为例说明梅吉特译码器的工作过程,假设(7,4)循环码的生成多项式为$g(x)=x^3+x+1$。通过前面分析可知,只要接收的码字向量只错一位码元,译码器总可以正确译码。

在构造(7,4)循环码译码器的错误图样识别电路时,只要识别一个错误图样。例如,只考虑 $\boldsymbol{e}_6 = [1000000]$。从表7.8中可知,这个错误图样对应的校验子向量为$\boldsymbol{s} = [101]$,由此可以得到一种译码器结构如图7.6所示。

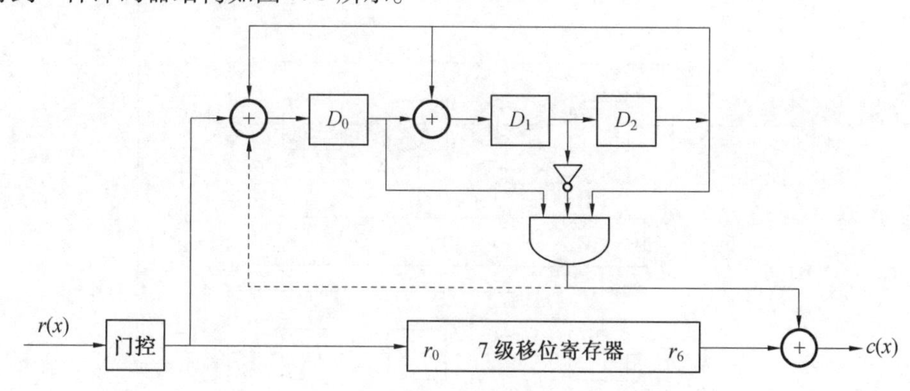

图7.6　(7,4)循环码的梅吉特译码器原理图

图7.6的译码器上面是一个$g(x)$除法电路,下面是一个7级移位寄存器作为缓存器,中间的反相器和一个与门组成了[101]校验子识别电路。

译码过程如下:

(1)开始译码时门控接通,除法电路寄存器为全0状态。收到码字多项式为 $r(x) = r_6x^6 + \cdots + r_0$,由高次到低次分别输入到七级缓存器和除法电路,七次移位后,缓存器存入整个码字。当 $e(x) = x^6$ 时,除法电路计算 $s(x) = e(x)/g(x)$,得到校验子向量 $\boldsymbol{s}_0 = [s_2, s_1, s_0]$。这时,门控断开,进行纠错译码。

(2)如果$s_0(x)=x^6=x^2+1[\bmod g(x)]$,这时[101]识别电路输出为1,表明$r_6$为有错。

(3)这时译码器继续移位,通过[101]识别电路可以将 r_6 位的错误纠正。

(4)在纠错的同时,[101]识别电路的输出又反馈到除法电路的输入端,以消除错误码元对除法电路的下一个校验子计算的影响。校验子产生电路开始在无输入的情况下移位,相当于开始产生校验子多项式的移位 $x^js(x)$。

在这个译码电路中,第7次移位后产生了校验子向量s_0,第8次移位时对r_6进行纠正,同时将[101]识别电路输出的“1”输入到除法电路的输入端,结果使除法电路的寄存器状态为[000],消除了r_6的影响。

下面看一下,利用这个电路能否纠正其他错误图样的接收码字。

(1) 如果$e(x)=x^5$,表明$e_5=1$或$\boldsymbol{e}=[0100000]$,这时经过前7次移位后得到的校验子多项式为$s_0(x)=x^5=x^2+x+1[\bmod g(x)]$,这时除法电路的移位寄存器状态为$\boldsymbol{s}_0=[111]$,[101]识别电路的输出为0,说明$r_6$正确,不必纠正。

(2) 第8次移位后,r_5移位到缓存器的最右端。同时校验子除法电路的结果根据定理可知(通过电路分析也可以看出),$s_1(x)=xs_0(x)=xe(x)=x^6=x^2+1\ [\bmod g(x)]$,产生[101]状态;这时[101]识别电路输出1,对r_5进行纠正。

可以看到,利用循环码的循环特性可以实现译码器的简化,这就是所谓梅吉特译码器的基本原理。

从上述译码过程中可以看到,(n,k)循环码的译码器译一个码字共需要$2n$次移位,不能实现连续译码,图7.7通过增加一套除法电路可以改进译码电路进而实现连续译码。

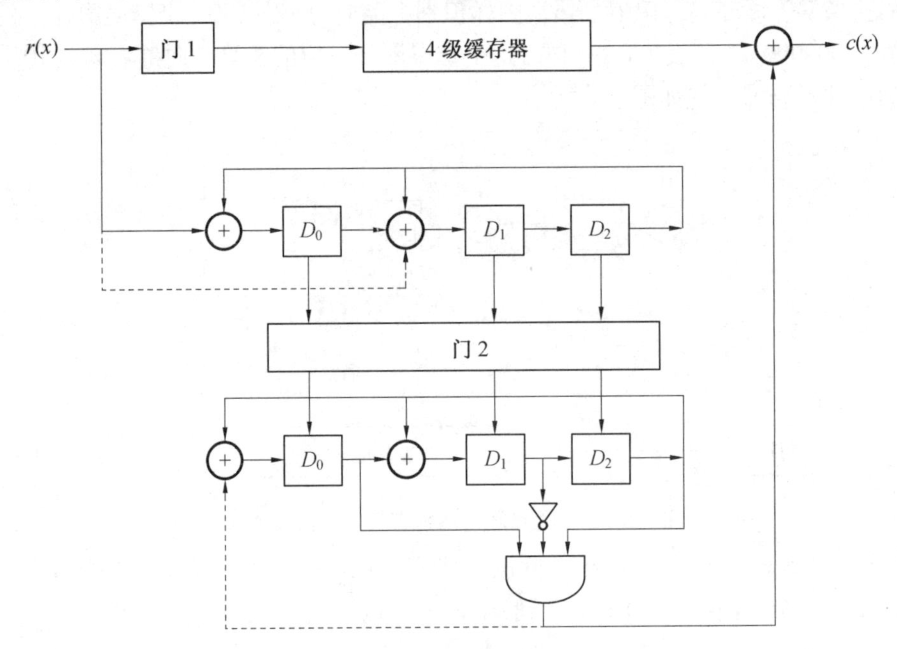

图7.7　改进的(7,4)循环码梅吉特译码器原理图

图7.7给出的改进的(7,4)循环码梅吉特译码器工作过程为:

(1) 译码前两个出发电路移位寄存器为全0状态,门1接通,门2断开,当$k=4$次移位后,4级缓存器中为接收码字$r(x)$的前4位信息码元。

(2) 此时,门1断开,再进行$n-k=3$次移位后,上面的除法电路得到校验子多项式$s_0(x)$。

(3) 这时门2接通,将上面除法电路得到的校验子送入下面的除法电路,随即门2断开,且上面的除法电路清0。

(4) 门1再次接通,4级缓存器一边送出第一组信息,一边接收第二个码字的信息位,与此同时,上面的除法电路计算第二个码字的校验子,下面的除法电路对第一组码字进行纠错。

(5) 这个电路是针对系统码设计的,如果是非系统码,k 级缓存器应改为 n 级,而且要在得到的码字中恢复信息位,根据 $m(x)=c(x)/g(x)$,应再加一个除法电路。

7.3.2　捕错译码

循环码译码器的复杂性主要取决于由校验子确定错误图样的组合逻辑电路的复杂性,而对于发生突发错误的循环码,还有另一种方法可以被用来纠错译码,即本节要介绍的捕错译码。

设 $c(x)$ 是一个纠 t 位错误的(n,k) 系统循环码的码字多项式,而相应的接收码字多项式为 $r(x)=c(x)+e(x)$,译码器得到的校验子多项式可以表示为

$$s(x)=\frac{r(x)}{g(x)}=\frac{e(x)}{g(x)}\equiv e(x)\quad[\bmod g(x)] \tag{7.46}$$

$$s(x)\equiv e_{\mathrm{I}}(x)+e_{\mathrm{P}}(x)\quad[\bmod g(x)] \tag{7.47}$$

其中

$$e_{\mathrm{I}}(x)=e_{n-1}x^{n-1}+e_{n-2}x^{n-2}+\cdots+e_{n-k}x^{n-k} \tag{7.48}$$

$$e_{\mathrm{P}}(x)=e_{n-k-1}x^{n-k-1}+e_{n-k-2}x^{n-k-2}+\cdots+e_1x^1+e_0 \tag{7.49}$$

$e_{\mathrm{I}}(x)$ 为 k 位信息位的错误图样;$e_{\mathrm{P}}(x)$ 是 $n-k=r$ 位监督位的错误图样。

这时可以看到,如果错误图样多项式 $e(x)$ 的次数小于等于 $n-k-1=r-1$,即接收码字的错误码元都集中在 $n-k=r$ 个监督位上,即 $e_{n-1}=e_{n-2}=\cdots=e_{n-k}=0$,则有 $e_{\mathrm{I}}(x)=0$,$e(x)=e_{\mathrm{P}}(x)$。同时考虑到生成多项式 $g(x)$ 为 $n-k=r$ 次多项式,因此,校验子多项式 $s(x)=e(x)/g(x)=e_{\mathrm{P}}(x)\ [\bmod g(x)]$。

这样就可以得到一个结论:对于具有这种错误图样的码字多项式 $c(x)$,经过循环移位后,可以使校验子多项式 $s(x)=e(x)$,译码过程就可以变为 $c(x)=r(x)+s(x)$。

同时注意到,要使一个码字的错误码元全部集中在码字的后 $n-k=r$ 位上,只要求错误码元集中在任意连续 $n-k$ 位上即可,因为码字多项式的循环移位和校验子多项式的循环移位有一一对应的关系。

定义7.7　对于(n,k) 循环码,若接收码字 $r(x)$ 对应的校验子多项式为 $s_0(x)$,经过 i 次循环移位后,$x^ir(x)=r_i(x)$ 对应的校验子多项式为 $s_i(x)$。一旦检测出 $s_i(x)$ 的重量 $W(s_i(x))\leqslant t$,就认为此时码字的错误码元已经全部集中在 $x^ir(x)=r_i(x)$ 的后 $n-k$ 位以内。这时可以由 $r_i(x)+s_i(x)$ 得到已经纠错的接收码字 $c_i(x)=x^ic(x)$,再进行 $n-i$ 次循环移位,即可得到发送码字的估计值

$$c(x)=x^nc(x)=x^{n-i}x^ic(x)=x^{n-i}[r_i(x)+s_i(x)] \tag{7.50}$$

这种译码方法称为捕错译码。

分析可知,对于(n,k) 系统循环码,只有当所有小于等于 t 个错误全部集中在连续 $n-k=r$ 位以内时,捕错译码才有效。或者说,当码字的错误突发长度 $b\leqslant(n-k)/2$ 时,捕错译码才有效。例如,(15,7) 循环码,$d_{\min}=5$,$t=2$,$n-k=8$,$(n-k)/2=4$,$b\leqslant4$。

定理7.8　纠正 t 位错误的(n,k) 二元循环码,捕错译码器已经把 t 个错误集中在 $r_i(x)$ 的最低 $n-k$ 位以内的充要条件是,此时的校验子向量的汉明重量满足

$$W(s_i(x))\leqslant t \tag{7.51}$$

证明　如果错误码元已经集中在接收码字循环移位多项式 $r_i(x)$ 的最低 $n-k$ 位以内，则有

$$s_i(x) \equiv x^i e(x) = e_i(x) = e_P(x) \quad [\mathrm{mod}\ g(x)]$$

由于这个 (n,k) 循环码只能纠 t 位错，因此对于一个可纠正的错误图样，必然有

$$W(e(x)) \leqslant t$$

而 $e(x)$ 循环移位后，其汉明重量是不变的，所以有

$$W(s_i(x)) = W(e_i(x)) \leqslant t$$

这说明，只要能纠 t 位错的循环码已经把错误码元集中到最低 $n-k$ 位上，式(7.51) 就一定成立。

反之，如果假设式(7.51) 成立，则错误码元就一定集中在最低 $n-k$ 位码元内。这里利用反证法，即如果在 $W(s_i(x)) \leqslant t$ 时，错误码元没有集中到码字的最低 $n-k$ 位码元内，那么，必然有循环移位后的错误图样多项式 $e_i(x)$ 的次数大于等于 $g(x)$ 的次数，即有

$$e_i(x) = q(x)g(x) + s_i(x)$$

相应有

$$c_i(x) = e_i(x) + s_i(x) = q(x)g(x)$$

这样组成的 $c_i(x)$ 为 $g(x)$ 的倍式，必然为一个码字多项式。

再由线性分组码的最小码距等于非 0 码字的最小汉明重量，有

$$W(e_i(x) + s_i(x)) = W(c_i(x)) \geqslant d = 2t + 1$$

由汉明三角不等式，对于一个 (n,k) 线性分组码 C，如果 $\boldsymbol{c}_1, \boldsymbol{c}_2, \boldsymbol{c}_3$ 为 C 中的三个码字，并且有 $\boldsymbol{c}_3 = \boldsymbol{c}_1 + \boldsymbol{c}_2$，必然有 $d(\boldsymbol{c}_1, \boldsymbol{c}_2) \leqslant d(\boldsymbol{c}_1, \boldsymbol{c}_3) + d(\boldsymbol{c}_3, \boldsymbol{c}_2)$，或表示为

$$W(\boldsymbol{c}_1 + \boldsymbol{c}_2) \leqslant W(\boldsymbol{c}_1) + W(\boldsymbol{c}_2)$$

$$W(e_i(x)) + W(s_i(x)) \geqslant W(e_i(x) + s_i(x)) \geqslant d = 2t + 1$$

由已知 $W(e_i(x)) \leqslant t$，所以得出 $W(s_i(x)) \geqslant t + 1 > t$；

这与命题假设 $W(s_i(x)) \leqslant t$ 矛盾，这说明当 $W(s_i(x)) \leqslant t$ 时，错误码元不可能不集中在码字的最低 $n-k$ 位码元内。定理证毕。

下面通过一个例子说明捕错译码的基本过程。图 7.8 给出了一个(15,7) 循环码捕错译码器的原理图，该循环码的生成多项式 $g(x) = x^8 + x^7 + x^6 + x^4 + 1$，$d_{\min} = 5$，其纠错能力为 $t = 2$，可以纠两位错。由 $t = 2 < n/k = 15/7$，满足捕错译码的必要条件，可以用捕错译码方法进行译码。

图 7.8 捕错译码器的具体译码过程为：

(1) 译码之前所有移位寄存器和缓存器都为全 0 状态，门 2 和门 3 接通，门 1、门 4 和门 5 为断开。$n = 15$ 次移位后，接收码字序列 $r(x)$ 的 15 个码元全部进入 15 级缓存器，信息元在前 7 级，监督元在后 8 级，同时进入除法电路，得到校验子多项式 $s_0(x)$。如果 $s_0(x) = 0$，说明无错，打开门 5，输出接收码字。如果 $s_0(x) \neq 0$，说明有错，进行以下步骤。

(2) 如果 $s_0(x) \neq 0$，此时门 2 断开，门 1 接通，如果除法电路得到 $W(s_0(x)) \leqslant 2$，检测电路输出有效，把门 4 接通，把门 3 关闭，此时除法电路移位寄存器中的内容就是接收码字的后 8 位的错误图样，只要接收码字只错 2 位或 2 位以下，后 8 位错误图样就等于全部错误图样。这时移位 15 次，除法电路的状态 $s_0(x) = e_P(x)$ 通过门 4 与接收码字的后 8 位逐次相加，完成纠错。然后门 1 关，门 5 开，再移位 15 次，输出正确的接收码字(发送码字估计值)。

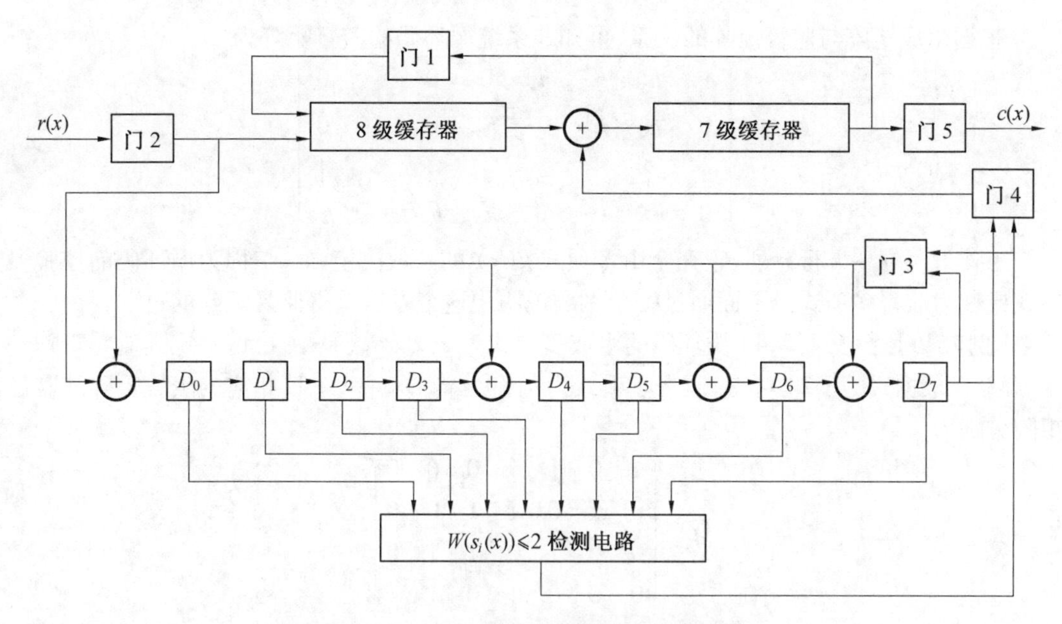

图7.8　(15,7)循环码捕错译码器的原理图

(3) 如果 $W(s_0(x)) > 2$,则15级缓存器和除法电路都循环移位一次,再次检测,若仍大于2,则继续移位,当移位 i 次后,检测到 $W(s_0(x)) \leqslant 2$,则说明已经检测出错误图样已进入缓存器的后8位。这时门3关闭,门4接通,继续移位 $n-i$ 次,进行纠错。最后门1断开,门2和门5接通,再移位15次输出正确的接收码字。

从以上步骤中可以看出,译码器完成一个码字的译码,共需要 $3n$ 次移位。这里介绍的是捕错译码器的基本原理,若要实现连续译码,还要进行一些改进,一方面力图使译码器电路简单化,另一方面提高译码速度,减少移位次数。

7.3.3　大数逻辑译码

循环码译码器的复杂性主要取决于码的代数结构。对于一类循环码来说,有一种比较简单的译码方法称为大数逻辑译码。为了说明大数逻辑译码的工作原理,进一步讨论一下循环码的生成矩阵和监督矩阵的描述。

1. 非系统循环码的生成矩阵和监督矩阵

前面介绍过,已知循环码的生成多项式 $g(x)$,可以得到如式(7.34)的非系统循环码的生成矩阵。另外,根据循环码的生成多项式一定为 x^n+1 的因式,因此有

$$x^n + 1 = g(x)h(x) = (g_{n-k}x^{n-k} + \cdots + g_1x + g_0)(h_kx^k + \cdots + h_1x + h_0) \quad (7.52)$$

根据这个等式可以得出如下关系式

$$\begin{gathered} g_{n-k}h_k = 1 \\ g_0h_0 = 1 \\ g_0h_1 + g_1h_0 = 0 \\ g_0h_2 + g_1h_1 + g_2h_0 = 0 \\ \vdots \\ g_{n-1}h_0 + g_{n-2}h_1 + \cdots + g_{n-k}h_{k-1} = 0 \end{gathered} \quad (7.53)$$

根据生成矩阵与监督矩阵的关系，可知非系统循环码的监督矩阵为

$$H=\begin{bmatrix} h_0 & h_1 & \cdots & h_k & 0 & 0 & \cdots & 0 \\ 0 & h_0 & h_1 & \cdots & h_k & 0 & \cdots & 0 \\ \vdots & \vdots & & & \vdots & \vdots & & \vdots \\ 0 & 0 & \cdots & 0 & h_0 & h_1 & \cdots & h_k \end{bmatrix} \tag{7.54}$$

矩阵 $\boldsymbol{H}$ 为 $n-k$ 行 n 列，它完全由多项式 $h(x)$ 的系数决定，$h(x)$ 称为循环码的校验多项式或称为监督多项式。下面通过一个例题说明用这个方法求得监督矩阵的过程。

【例7.10】 已知(7,4)循环码的生成多项式为 $g(x)=x^3+x+1$，试确定其监督矩阵。

解 根据式(7.52)可得，监督多项式为 $h(x)=x^4+x^2+x+1$，相应的生成矩阵和监督矩阵分别为

$$G=\begin{bmatrix} 1 & 0 & 1 & 1 & 0 & 0 & 0 \\ 0 & 1 & 0 & 1 & 1 & 0 & 0 \\ 0 & 0 & 1 & 0 & 1 & 1 & 0 \\ 0 & 0 & 0 & 1 & 0 & 1 & 1 \end{bmatrix}$$

$$H=\begin{bmatrix} 1 & 1 & 1 & 0 & 1 & 0 & 0 \\ 0 & 1 & 1 & 1 & 0 & 1 & 0 \\ 0 & 0 & 1 & 1 & 1 & 0 & 1 \end{bmatrix}$$

可以验证，生成矩阵 $\boldsymbol{G}$ 和监督矩阵 $\boldsymbol{H}$ 为相互正交。还可以看出，这个监督矩阵经过列变换可以变为系统码的监督矩阵，而且就是汉明码的一致监督矩阵。如果将这个码的生成矩阵当作另一个码的监督矩阵，而将这个码的监督矩阵当作另一个码的生成矩阵，这另一个码就是这个码的对偶码。例如，以 $g(x)=x^3+x^2+1$ 为生成多项式的(7,4)循环码，是以 $g(x)=x^4+x^3+x^2+1$ 为生成多项式的(7,3)循环码的对偶码。以 $g(x)=x^3+x+1$ 为生成多项式的(7,4)循环码，是以 $g(x)=x^4+x^2+x+1$ 为生成多项式的(7,3)循环码的对偶码。

2. 系统循环码的生成矩阵和监督矩阵

我们知道，循环码生成矩阵的每一行都是一个码字向量，因此，系统循环码的生成矩阵(标准型)的 k 个行向量分别为(10…0)，(010…0)，…，(00…01)消息序列对应的循环码字向量。根据这个性质，根据(n,k)循环码的生成多项式，求出这些码字所对应的监督码元作为行向量的后 r 位，就可以得到系统循环码的生成矩阵。用多项式表示的生成矩阵的标准型为

$$[G(x)]=\begin{bmatrix} x^{n-1} & r_1(x) \\ x^{n-2} & r_2(x) \\ \vdots & \vdots \\ x^{n-k} & r_k(x) \end{bmatrix} \tag{7.55}$$

其中，$r_1(x),r_2(x),\cdots,r_k(x)$ 分别为码字多项式 $x^{n-1},x^{n-2},\cdots,x^{n-k}$ 除以 $g(x)$ 的余式多项式。

相应的生成矩阵标准型为

$$
\boldsymbol{G}=\begin{bmatrix} 1 & 0 & \cdots & 0 & [r_1] \\ 0 & 1 & \cdots & 0 & [r_2] \\ \vdots & \vdots & & \vdots & \vdots \\ 0 & 0 & \cdots & 1 & [r_k] \end{bmatrix} \tag{7.56}
$$

$[r_1],[r_2],\cdots,[r_k]$ 分别为 $r_1(x),r_2(x),\cdots,r_k(x)$ 的向量形式。

【例7.11】　已知(7,4)循环码的生成多项式为 $g(x)=x^3+x+1$,试确定其系统循环码的监督矩阵。

解　根据式(7.55),可以计算得到

$$
r_1(x)=\frac{x^{n-1}}{g(x)}=\frac{x^6}{x^3+x+1}\equiv x^2+1 \quad \Rightarrow \quad [r_1]=[101]
$$

$$
r_2(x)=\frac{x^{n-2}}{g(x)}=\frac{x^5}{x^3+x+1}\equiv x^2+x+1 \quad \Rightarrow \quad [r_2]=[111]
$$

$$
r_3(x)=\frac{x^{n-3}}{g(x)}=\frac{x^4}{x^3+x+1}\equiv x^2+x \quad \Rightarrow \quad [r_3]=[110]
$$

$$
r_4(x)=\frac{x^{n-4}}{g(x)}=\frac{x^3}{x^3+x+1}\equiv x+1 \quad \Rightarrow \quad [r_4]=[011]
$$

得到其生成矩阵的标准型为

$$
\boldsymbol{G}=\begin{bmatrix} 1 & 0 & 0 & 0 & 1 & 0 & 1 \\ 0 & 1 & 0 & 0 & 1 & 1 & 1 \\ 0 & 0 & 1 & 0 & 1 & 1 & 0 \\ 0 & 0 & 0 & 1 & 0 & 1 & 1 \end{bmatrix}
$$

根据监督矩阵与生成矩阵的正交性,可以得到系统循环码的监督矩阵为

$$
\boldsymbol{H}=\begin{bmatrix} 1 & 1 & 1 & 0 & 1 & 0 & 0 \\ 0 & 1 & 1 & 1 & 0 & 1 & 0 \\ 1 & 1 & 0 & 1 & 0 & 0 & 1 \end{bmatrix}
$$

这样,就有两种办法得到系统线性分组码的生成矩阵标准型和监督矩阵。一种是已知生成多项式的方法,另一种是已知非标准型矩阵通过初等变换的方法。

3. 大数逻辑译码的原理

这里通过一个例子来说明大数逻辑译码的基本思想。

已知一个(7,3)线性分组码的生成多项式为 $g(x)=x^4+x^3+x^2+1$,由生成多项式可以得到其系统码的监督矩阵为

$$
\boldsymbol{H}=\begin{bmatrix} 1 & 0 & 1 & 1 & 0 & 0 & 0 \\ 1 & 1 & 1 & 0 & 1 & 0 & 0 \\ 1 & 1 & 0 & 0 & 0 & 1 & 0 \\ 0 & 1 & 1 & 0 & 0 & 0 & 1 \end{bmatrix}
$$

设发送码字向量为 $\boldsymbol{c}=(c_6,c_5,c_4,c_3,c_2,c_1,c_0)$,错误图样向量为 $\boldsymbol{e}=(e_6,e_5,e_4,e_3,e_2,e_1,e_0)$,则接收码字向量为 $\boldsymbol{r}=\boldsymbol{c}+\boldsymbol{e}$。这时的校验子向量为

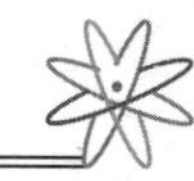

$$\boldsymbol{s}^{\mathrm{T}}=\boldsymbol{H}\boldsymbol{e}^{\mathrm{T}}=\begin{bmatrix}1&0&1&1&0&0&0\\1&1&1&0&1&0&0\\1&1&0&0&0&1&0\\0&1&1&0&0&0&1\end{bmatrix}\begin{bmatrix}e_6\\e_5\\\vdots\\e_0\end{bmatrix}=\begin{bmatrix}s_3\\s_2\\s_1\\s_0\end{bmatrix}$$

上面给出了一个校验方程组,利用这个方程组的线性组合,可以得到另一组校验方程为

$$A_1=s_3=e_6+e_4+e_3$$
$$A_2=s_1=e_6+e_5+e_1$$
$$A_3=s_2+s_0=e_6+e_2+e_0$$

这三个方程组的系数构成的三个行向量$[A_1]=(1011000)$,$[A_2]=(1100010)$,$[A_3]=(1000101)$是监督矩阵$\boldsymbol{H}$的行向量的线性组合。因此,对于任意一个发送码字向量$\boldsymbol{c}$,由$\boldsymbol{H}\boldsymbol{c}^{\mathrm{T}}=\boldsymbol{0}$可知

$$[A_1]\boldsymbol{c}^{\mathrm{T}}=[A_2]\boldsymbol{c}^{\mathrm{T}}=[A_3]\boldsymbol{c}^{\mathrm{T}}=\boldsymbol{0}$$

$$\begin{bmatrix}1&0&1&1&0&0&0\\1&1&0&0&0&1&0\\1&0&0&0&1&0&1\end{bmatrix}\begin{bmatrix}c_6\\c_5\\\vdots\\c_1\\c_0\end{bmatrix}=\boldsymbol{H}_0\boldsymbol{c}^{\mathrm{T}}=\boldsymbol{0}$$

这样就得到了一个新的校验方程

$$c_6+c_4+c_3=0$$
$$c_6+c_5+c_1=0$$
$$c_6+c_2+c_0=0$$

这个新的监督方程组有这样一个特点,每个方程中都有码元c_6,而码元c_5,c_4,c_3,c_2,c_1,c_0在各方程中只出现一次。具有这种特点的监督方程称为正交于c_6的正交监督方程。其系数矩阵$\boldsymbol{H}_0$称为正交监督矩阵。

$$\boldsymbol{H}_0=\begin{bmatrix}1&0&1&1&0&0&0\\1&1&0&0&0&1&0\\1&0&0&0&1&0&1\end{bmatrix}$$

定义 7.8 如果一个特定的码元(x^{n-i})出现在$\boldsymbol{H}_0$矩阵的每个行,而其他码元最多在其中一行中出现,则称$\boldsymbol{H}_0$为正交于码元(x^{n-i})的正交监督矩阵。

上面介绍的(7,3)循环码最小码距$d_{\min}=4$,可纠正一位错同时检出两位错。如果利用这个正交监督矩阵对接收码字进行校验,可以看到:

如果只发生一位错,且r_6错,$e_6=1$,则$A_1=A_2=A_3=1$。如果只错一位,但r_6没错,$e_6=0$,$e_i=1$,则$A_1A_2A_3$中只有一个相关的A等于1,其他两个等于0。

如果发生两位错,其中一位为r_6错,$e_6=1$,另一位为$e_5=1$,则$A_1=1$,$A_2=1$,$A_3=0$。如果发生两位错,都不在正交位,$e_5=e_4=1$,则$A_1=1$,$A_2=0$,$A_3=1$。如果发生两位错,都不在正交位,$e_4=e_3=1$或$e_5=e_1=1$或$e_2=e_0=1$,则$A_1=A_2=A_3=0$。

由此可知,如果发生一位错且错在正交位上,则三个A中为1的个数大于2(=3);如果发生一位错但没错在正交位上,则三个A中为1的个数小于2(=1);如果发生两位错,则三

个 A 中为 1 的个数等于 2 或等于 0。

定义 7.9　利用正交监督矩阵进行循环码译码,可以根据正交监督方程(A)取值为1的个数,对正交码元(r_6)进行纠错,同时,根据循环码的循环特性,纠正其他各位码元的错误。这种译码方法称为大数逻辑译码。

对于上面的(7,3)循环码的例子,只要用一次大数逻辑判决就可以完成译码,称为一步大数逻辑译码。图 7.9 给出了(7,3)循环码一步大数逻辑译码器原理图。

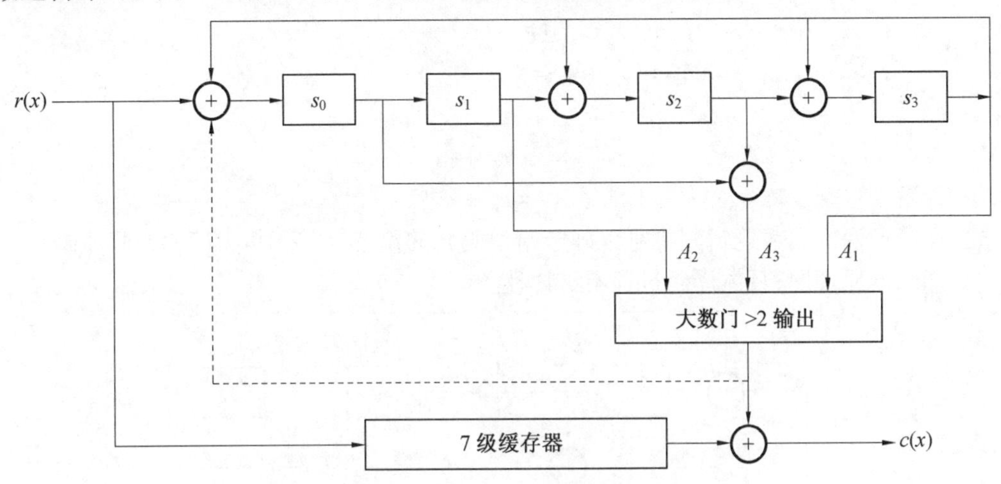

图 7.9　(7,3)循环码一步大数逻辑译码器原理图

(7,3)循环码一步大数逻辑译码的工作过程如下:

(1) 接收码字序列进入由(7,3)循环码生成多项式 $g(x) = x^4 + x^3 + x^2 + 1$ 确定的除法电路,计算 $r(x)$ 的校验子多项式 $s(x)$。$n = 7$ 次移位后得到校验子(s_0, s_1, s_2, s_3)在移位寄存器中,同时,$r(x)$ 已进入 7 级缓存器中。

(2) 停止译码器输入,并开始对 $r_{n-1} = r_6$ 进行检查,也就是检查 $A_1 = s_3, A_2 = s_1, A_3 = s_2 + s_0$ 中 1 的个数。如果 1 的个数为 3,大数门输出 1。此时,缓存器移位一次,输出 r_6,对它进行纠错,如果 1 的个数小于 3,大数门无输出,r_6 直接输出。

(3) 除法电路循环移位一次,对 r_5 进行检查,此时校验子寄存器中的内容是对 r_5 的计算结果。如果大数门输出 1,则对 r_5 进行纠错,否则,r_5 直接输出。

(4) 重复上述步骤,直至 $n = 7$ 次为止。

(5) 第 $n = 7$ 次移位完毕后,如果校验子除法电路的状态为全 0,则说明 $r(x)$ 中的错误是可以纠正的,否则说明是不可纠正的。若是不可纠正的,译码器送出一个信号至用户,表示 $r(x)$ 有误。然后重新清洗译码器的初始状态,准备接收第二个码字。

图中的虚线是把大数门输出的 1 反馈到除法电路的输入端,以消除该错误码元对除法电路的影响。

如果一个(7,4)循环码的监督矩阵为

$$\boldsymbol{H} = \begin{bmatrix} 1 & 0 & 1 & 1 & 1 & 0 & 0 \\ 1 & 1 & 1 & 0 & 0 & 1 & 0 \\ 0 & 1 & 1 & 1 & 0 & 0 & 1 \end{bmatrix}$$

得到校验方程为

$$s_2 = e_6 + e_4 + e_3 + e_2$$
$$s_1 = e_6 + e_5 + e_4 + e_1$$
$$s_0 = e_5 + e_4 + e_3 + e_0$$

可以看出该校验方程无法实现一步大数逻辑译码,但可以分别定义

$$A_{11} = s_2 = (e_6 + e_4) + e_3 + e_2$$
$$A_{12} = s_1 = (e_6 + e_4) + e_5 + e_1$$
$$A_{21} = s_1 = (e_6 + e_5) + e_4 + e_1$$
$$A_{22} = s_2 + s_0 = (e_6 + e_5) + e_2 + e_0$$

以及

$$A_1 = e_6 + e_4$$
$$A_2 = e_6 + e_5$$

这样通过两次大数逻辑判决可以确定错误码元的位置,图 7.10 为(7,4) 循环码二步大数逻辑译码器原理图,具体译码过程不再详述。

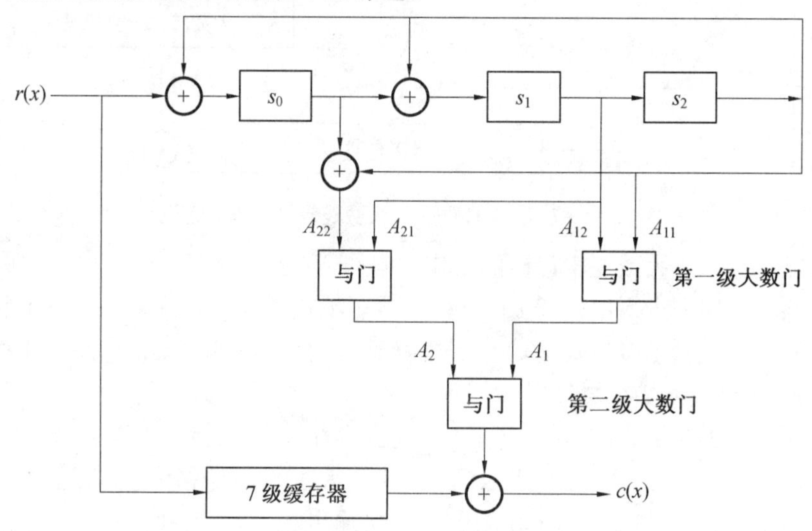

图 7.10 (7,4) 循环码二步大数逻辑译码器原理图

7.4 BCH 码

BCH 码是一类纠正随机错误的线性分组码,它是用发明者 Bose,Chaudhuri 和 Hocquenghem 的名字命名的,RS 码(Reed – Solomon 码) 则是一种非二进制 BCH 码。严格来说,BCH 码和 RS 码都属于循环码的范畴,它们的共同特点是用域上多项式的根来定义的一类循环码。

7.4.1 本原 BCH 码

BCH 码也是一种循环码,其编译码性能主要取决于生成多项式 $g(x)$,所不同的是 BCH 码的研究者发现了生成多项式的根与编码性能的内在联系。

定义 7.10 如果 q 进制循环码的生成多项式为 $g(x)$,并且 $g(x)$ 包含有 $2t$ 个连续根,

$\alpha^j,\alpha^{j+1},\alpha^{j+2},\cdots,\alpha^{j+2t-1}$,则由$g(x)$生成的$(n,k)$循环码称为$q$进制BCH码。这时,BCH码的生成多项式记为

$$g(x)=LCM\{m_1(x),m_2(x),\cdots,m_{2t}(x)\} \tag{7.57}$$

式中,LCM表示取最小公倍式;$m_i(x)$ $(i=0,1,2,\cdots,2t-1)$是以$\beta=\alpha^i$为根的最小多项式。如果生成多项式$g(x)$的根为有限扩展域$GF(q^m)$中的本原元,则码长一定为$n=q^m-1$,将这类码称为本原BCH码。

如果生成多项式$g(x)$的根不包含有限扩展域$GF(q^m)$中的本原元,则码长一定小于q^m-1,并且为q^m-1的因子,这类码称为非本原BCH码。

定义7.11　对于任意给定的正整数$m\geqslant 3,t<2^{m-1}$,一定存在有下列参数可纠正t位码元错误的二元本原BCH码

$$n=2^m-1,\quad n-k=r\leqslant mt,\quad d_{\min}\geqslant 2t+1$$

且其生成多项式$g(x)$是$GF(2)$上以$\alpha,\alpha^2,\alpha^3,\cdots,\alpha^{2t}$为根的最低次数多项式,$\alpha$为$GF(2^m)$上的本原元。如果$m_1(x)$,$m_2(x)$,$\cdots$,$m_{2t}(x)$是以$\alpha,\alpha^2,\alpha^3,\cdots,\alpha^{2t}$为根的最小多项式,并且为$x^n+1$的因式,则有

$$g(x)=LCM\{m_1(x),m_2(x),\cdots,m_{2t}(x)\} \tag{7.58}$$

定理7.9　循环码的最小码距$d_{\min}$一定大于其生成多项式$g(x)$的最大相邻根的个数。如果循环码生成多项式$g(x)$的最大相邻根的个数为N,则有

$$d_{\min}\geqslant N+1 \tag{7.59}$$

根据有限域上多项式的基本关系可知,对于二元BCH码,生成多项式$g(x)$和x^n+1均为$GF(2)$上的多项式,因为二元有限域上$f^2(x)=f(x^2)$,所以有$m_i(x)=m_{2i}(x)$,即如果α^i为$m_i(x)$的根,则$(\alpha^i)^2$也为$m_i(x)$的根。因此式(7.58)可以写为

$$g(x)=LCM\{m_1(x),m_3(x),m_5(x),\cdots,m_{2t-1}(x)\} \tag{7.60}$$

如果令$d_0=2t-1$,则式(7.58)和式(7.60)可以表示为

$$g(x)=LCM\{m_1(x),m_2(x),m_3(x),\cdots,m_{d_0+1}(x)\} \tag{7.61}$$

$$g(x)=LCM\{m_1(x),m_3(x),m_5(x),\cdots,m_{d_0}(x)\} \tag{7.62}$$

下面通过例题来说明BCH码的编码方法。

【例7.12】　讨论$m=4,n=2^m-1=15$的二元BCH码编码方法。

解　$GF(2)$上多项式$x^{15}+1$的最小多项式及其根见表7.10。

表7.10　$x^{15}+1$的最小多项式及其根

最小多项式	α^i的最小多项式	共轭根
$m_0(x)=x+1$		$\alpha^0=1$
$m_1(x)=x^4+x+1$	$m_2(x)$, $m_4(x)$, $m_8(x)$	$\alpha\quad\alpha^2\quad\alpha^4\quad\alpha^8$
$m_3(x)=x^4+x^3+x^2+x+1$	$m_6(x)$, $m_9(x)$, $m_{12}(x)$	$\alpha^3\quad\alpha^6\quad\alpha^{12}\quad\alpha^{24}=\alpha^9$
$m_5(x)=x^2+x+1$	$m_{10}(x)$	$\alpha^5\quad\alpha^{10}$
$m_7(x)=x^4+x^3+1$	$m_{11}(x)$, $m_{13}(x)$, $m_{14}(x)$	$\alpha^7\quad\alpha^{14}\quad\alpha^{28}=\alpha^{13}\quad\alpha^{26}=\alpha^{11}$

若取$t=1,2t=2$,由式(7.58)得

$$g(x)=LCM\{m_1(x),\ m_2(x)\}=m_1(x)=x^4+x+1$$

得到(15,11)本原BCH码,生成多项式$g(x)=x^4+x+1,d_{\min}\geqslant 3$,可纠1位错。

若取$t=2,2t=4$,由式(7.58)得

$$g(x)=LCM\{m_1(x),\ m_2(x),\ m_3(x),\ m_4(x)\}=m_1(x)m_3(x)$$
$$=(x^4+x+1)(x^4+x^3+x^2+x+1)=x^8+x^7+x^6+x^4+1$$

这时得到(15,7)本原 BCH 码,$d_{\min}\geqslant 5$,可纠 2 位错。

若取 $t=3,2t=6$,由式(7.60)得

$$g(x)=LCM\{m_1(x),\ m_3(x),\ m_5(x)\}=m_1(x)m_3(x)m_5(x)$$
$$=(x^4+x+1)(x^4+x^3+x^2+x+1)(x^2+x+1)$$
$$g(x)=x^{10}+x^8+x^5+x^4+x^2+x+1$$

这时得到(15,5)本原 BCH 码,$d_{\min}\geqslant 7$,可纠 3 位错。

若取 $t=4,2t=8$,由式(7.60)得

$$g(x)=LCM\{m_1(x),\ m_3(x),\ m_5(x),\ m_7(x)\}=m_1(x)m_3(x)m_5(x)m_7(x)$$
$$=(x^4+x+1)(x^4+x^3+x^2+x+1)(x^2+x+1)(x^4+x^3+1)$$
$$=x^{14}+x^{13}+x^{12}+\cdots+x^2+x+1$$

这时得到(15,1)本原 BCH 码,为一个简单重复码。

另外,如果取 $g(x)=m_0(x)m_1(x)=(x+1)(x^4+x+1)=x^5+x^4+x^2+1$,其相邻根个数为 3,$\alpha^0,\alpha^1,\alpha^2$(循环相邻),最小码距为 $d_{\min}\geqslant 4$,产生(15,10)本原 BCH 码。

BCH 码的编码方法与循环码完全一致,系统码的编码方法为

$$c(x)=x^{n-k}m(x)+r(x)$$
$$r(x)=\frac{x^{n-k}m(x)}{g(x)}\quad[\bmod g(x)]$$

非系统 BCH 码的编码方法为

$$c(x)=m(x)g(x)$$

7.4.2 非本原 BCH 码

根据域上多项式的知识和上面本原 BCH 码的介绍可知,BCH 码的生成多项式 $g(x)$ 一定是 $GF(2)$ 上多项式 x^n+1 的因式($n=2^m-1$),多项式 x^n+1 的根是扩展域 $GF(2^m)$ 上的元素,如果 BCH 码的生成多项式 $g(x)$ 的根包含 $GF(2^m)$ 的本原元,产生的 BCH 码称为本原 BCH 码。下面从更广泛的意义上给出 BCH 码的定义。

定义 7.12 对于任意给定的正整数 $m\geqslant 3,t<2^{m-1}$,一定存在下列参数可纠正 t 位码元错误的二元 BCH 码

$$n=2^m-1,\quad n-k=r\leqslant mt,\quad d_{\min}\geqslant 2t+1$$

且其生成多项式 $g(x)$ 是 $GF(2)$ 上以 $\beta,\beta^2,\beta^3,\cdots,\beta^{2t}$ 为根的最低次数多项式。其中 β^i 为 $GF(2^m)$ 上的元素。如果 $m_1(x),m_2(x),\cdots,m_{2t}(x)$ 是以 $\beta,\beta^2,\beta^3,\cdots,\beta^{2t}$ 为根的最小多项式,并为 x^n+1 的因式($n=2^m-1$),则有

$$g(x)=LCM\{m_i(x),m_{i+1}(x),\cdots,m_{i+2t-1}(x)\}\tag{7.63}$$

如果 $\beta=\alpha$,即 $i=1$,且 α 为 $GF(2^m)$ 中的本原元,则码长 $n=2^m-1$,产生的 BCH 码为本原 BCH 码。

如果 $\beta=\alpha^i$,即 $i\neq 1$,且 $\beta=\alpha^i$ 不是 $GF(2^m)$ 中的本原元,并为一个阶数为 $n\neq 2^m-1$ 的元素,则 n 一定为 2^m-1 的因子,产生的 BCH 码是一个码长为 n 的非本原 BCH 码。

下面通过几个例题看一下非本原 BCH 码的构成。

【例 7.13】　假设 $m=4, \beta=\alpha^3$，试确定非本原 BCH 码的生成多项式。

解　为了确定码长 n，先看一看 β 的阶数。

$\beta^2=(\alpha^3)^2=\alpha^6$；　$\beta^3=(\alpha^3)^3=\alpha^9$；　$\beta^4=(\alpha^3)^4=\alpha^{12}$；　$\beta^5=(\alpha^3)^5=\alpha^{15}=1$

所以可知 β 的阶数为 $n=5$，可以产生 $n=5$ 的非本原 BCH 码。

当取 $t=1$ 时，$2t=2$，有

$$g(x)=LCM\{m_1(x),\ m_2(x)\}$$

其中，$m_1(x)$ 为以 $\beta=\alpha^3$ 为根的最小多项式，$m_2(x)$ 为以 $\beta^2=\alpha^6$ 为根的最小多项式，则从表 7.10 中可以看到其生成多项式为

$$g(x)=m_3(x)=x^4+x^3+x^2+x+1$$

由此可知，这是一种(5,1) 非本原 BCH 码，实际上就是一个简单重复码。

【例 7.14】　假设 $m=6, 2^m-1=63, \beta=\alpha^3$，试确定非本原 BCH 码的生成多项式。

解　首先确定 β 的阶数。

$\beta^2=(\alpha^3)^2=\alpha^6$；$\beta^3=(\alpha^3)^3=\alpha^9$；$\beta^4=(\alpha^3)^4=\alpha^{12}$；$\beta^5=(\alpha^3)^5=\alpha^{15}$；$\beta^6=(\alpha^3)^6=\alpha^{18}$；$\beta^7=(\alpha^3)^7=\alpha^{21}$；$\beta^8=(\alpha^3)^8=\alpha^{24}$；$\beta^9=(\alpha^3)^9=\alpha^{27}$；$\beta^{10}=(\alpha^3)^{10}=\alpha^{30}$；$\beta^{11}=(\alpha^3)^{11}=\alpha^{33}$；$\beta^{12}=(\alpha^3)^{12}=\alpha^{36}$；$\beta^{13}=(\alpha^3)^{13}=\alpha^{39}$；$\beta^{14}=(\alpha^3)^{14}=\alpha^{42}$；$\beta^{15}=(\alpha^3)^{15}=\alpha^{45}$；$\beta^{16}=(\alpha^3)^{16}=\alpha^{48}$；$\beta^{17}=(\alpha^3)^{17}=\alpha^{51}$；$\beta^{18}=(\alpha^3)^{18}=\alpha^{54}$；$\beta^{19}=(\alpha^3)^{19}=\alpha^{57}$；$\beta^{20}=(\alpha^3)^{20}=\alpha^{60}$；$\beta^{21}=(\alpha^3)^{21}=\alpha^{63}=1$

可知 $\beta=\alpha^3$ 的阶数 $n=21$，将产生码长为 $n=21$ 的非本原 BCH 码。当 $m=6$ 时，$GF(2)$ 上多项式 $x^{63}+1$ 的最小多项式可由查表得到，见表 7.11。

表 7.11　$m=6$ 时 $x^{63}+1$ 的最小多项式表

i	多项式代码	$m_i(x)$	共轭根
1	(6,1,0)	x^6+x+1	$\alpha^1,\alpha^2,\alpha^4,\alpha^8,\alpha^{16},\alpha^{32}$
3	(6,4,2,1,0)	$x^6+x^4+x^2+x+1$	$\alpha^3,\alpha^6,\alpha^{12},\alpha^{24},\alpha^{48},\alpha^{96}=\alpha^{33}$
5	(6,5,2,1,0)	$x^6+x^5+x^2+x+1$	$\alpha^5,\alpha^{10},\alpha^{20},\alpha^{40},\alpha^{80}=\alpha^{17},\alpha^{34}$
7	(6,3,0)	x^6+x^3+1	$\alpha^7,\alpha^{14},\alpha^{28},\alpha^{56},\alpha^{112}=\alpha^{49},\alpha^{98}=\alpha^{35}$
9	(3,2,0)	x^3+x^2+1	$\alpha^9,\alpha^{18},\alpha^{36}$
11	(6,5,3,2,0)	$x^6+x^5+x^3+x^2+1$	$\alpha^{11},\alpha^{22},\alpha^{44},\alpha^{88}=\alpha^{25},\alpha^{50},\alpha^{100}=\alpha^{37}$
13	(6,4,3,1,0)	$x^6+x^4+x^3+x+1$	$\alpha^{13},\alpha^{26},\alpha^{52},\alpha^{104}=\alpha^{41},\alpha^{82}=\alpha^{19},\alpha^{38}$
15	(6,5,4,2,0)	$x^6+x^5+x^4+x^2+1$	$\alpha^{15},\alpha^{30},\alpha^{60},\alpha^{120}=\alpha^{57},\alpha^{114}={}^{51},\alpha^{102}=\alpha^{39}$
21	(2,1,0)	x^2+x+1	α^{21},α^{42}
23	(6,5,4,1,0)	$x^6+x^5+x^4+x+1$	$\alpha^{23},\alpha^{46},\alpha^{92}=\alpha^{29},\alpha^{58},\alpha^{116}=\alpha^{53},\alpha^{106}=\alpha^{43}$
27	(3,1,0)	x^3+x+1	$\alpha^{27},\alpha^{54},\alpha^{108}=\alpha^{45}$
31	(6,5,0)	x^6+x^5+1	$\alpha^{31},\alpha^{62},\alpha^{124}=\alpha^{61},\alpha^{122}=\alpha^{59},\alpha^{118}=\alpha^{55},\alpha^{110}=\alpha^{47}$

如果选择 $t=2, 2t=4$，由式(7.63) 可知

$$g(x)=LCM\{m_1(x),m_2(x),m_3(x),m_4(x)\}$$

也就是四个相邻根为 $\beta=\alpha^3, \beta^2=(\alpha^3)^2=\alpha^6, \beta^3=(\alpha^3)^3=\alpha^9, \beta^4=(\alpha^3)^4=\alpha^{12}$。由表 7.11 可知

$$g(x)=(x^6+x^4+x^2+x+1)(x^3+x^2+1)=x^9+x^8+x^7+x^5+x^4+x+1$$

分析可知，这时产生一个(21,12) 非本原 BCH 码。

【例 7.15】　试求一种码长 $n=23, t=2$ 的 BCH 码。

解 由于 $n=23$ 不可能为 2^m-1 的形式，因此，不可能产生本原BCH码。为了构成非本原BCH码，n 应为 2^m-1 的因子。分析可知，包含因子23的最小的 2^m-1 为 $m=11$，$2^{11}-1=2\ 047=89\times 23$，这样如果 α 为 $GF(2^{11})$ 的本原元，则有 $\alpha^{89\times 23}=1$。所以，令 $\beta=\alpha^{89}$，则 β 的阶数为23。

要使 $t=2$，$2t=4$，生成多项式应为 $g(x)=LCM\{m_1(x),m_2(x),m_3(x),m_4(x)\}$，查表可知 $\beta=\alpha^{89}$，$\beta^3=(\alpha^{89})^3=\alpha^{267}$ 对应最小多项式，最后得到生成多项式为 $g(x)=x^{11}+x^9+x^7+x^6+x^5+x+1$，可以产生一种(23,12)非本原BCH码。

进一步研究表明，这种(23,12)非本原BCH码是一种完备的线性分组码，称为格雷码(Gray Code)。虽然格雷码是按纠两位码元错误设计的($d_{\min}\geqslant 5$)，但详细分析表明这个码的实际最小码距为 $d_{\min}=7$，可以纠三位码元错误。这说明BCH码定义中给出的只是纠错能力的下限，称为码字的设计码距。另外，与其他线性分组码一样，BCH码也可以构成扩展码和缩短码。例如(23,12)格雷码增加一位监督元可以构成(24,12)扩展格雷码。(23,12)格雷码可以纠三位码元错误，(24,12)扩展格雷码可以纠三位同时检四位。

7.4.3 RS码

RS码(Reed - Solomon Code)是BCH码的一个重要的子类。在 q 进制BCH码中，每个码元的取值在有限域 $GF(q)$ 上，而生成多项式 $g(x)$ 的根却在 $GF(q)$ 的扩展域 $GF(q^m)$ 上。如果码元取值和生成多项式 $g(x)$ 的根都在扩展域 $GF(q^m)$ 上，则这类BCH码称为RS码。

定义7.13 如果一个BCH码的码元和其生成多项式 $g(x)$ 的根均在扩展域 $GF(q^m)$ 上($q^m\neq 2$)，这种BCH码称为RS码。

因为RS码的码元和生成多项式的根在同一个扩展域中，所以，$GF(q^m)$ 上多项式 x^n-1 一定可以分解为一次最小多项式，即

$$x^n-1=\prod m_i(x) \tag{7.64}$$

其中最小多项式为

$$m_i(x)=x-\alpha^i \quad (i=0,1,2,\cdots,2^m-2) \tag{7.65}$$

令 α 为 $GF(q^m)$ 的本原元，如果求设计距离为 d 的RS码，由RS码的定义可知，RS码生成多项式为

$$g(x)=(x-\alpha^j)(x-\alpha^{j+1})\cdots(x-\alpha^{j+d-2}) \tag{7.66}$$

式(7.66)中 $(x-\alpha^j)$ 是 α^j 在 $GF(q^m)$ 上的最小多项式。

通常情况下，若取 $j=1$，则式(7.66)为

$$g(x)=(x-\alpha)(x-\alpha^2)\cdots(x-\alpha^{d-1}) \tag{7.67}$$

$g(x)$ 为 $r=d-1$ 次多项式，则 $k=n-r=q^m-1-(d-1)=q^m-d$。

因为式(7.67)中的 α 为 $GF(q^m)$ 的本原元，因而，RS码的码长为 $n=q^m-1$，$k=q^m-d$。可以看出：RS码的最小汉明码距为 $d=r+1$。达到了 (n,k) 线性分组码的最大可能的最小汉明码距。

定理7.10 如果 (n,k) 线性分组码的最大可能的最小汉明码距为 $r+1$，则这种码称为极大最小距离可分码，简称MDS码。

同非本原BCH码一样，RS码的码长也可以取 q^m-1 的因子。当然，也可以采取缩短方

式得到缩短 RS 码。

【例 7.16】 已知 $q=2, m=3, \alpha$ 是 $GF(2^3)$ 中的本原元，试构造 $d=5$ 的 RS 码。

解 由 RS 码定义可知，若想使 RS 码的 $d=5$，则要求 $g(x)$ 有四个连续根，可知生成多项式为

$$g(x)=(x-\alpha)(x-\alpha^2)(x-\alpha^3)(x-\alpha^4)=x^4+\alpha^3x^3+x^2+\alpha x+\alpha^3$$

由这个生成多项式可以生成八进制(7,3)RS 码，根据式(7.56)给出的办法，可以得到其典型生成矩阵为

$$\boldsymbol{G}=\begin{bmatrix}1 & 0 & 0 & \alpha^4 & 1 & \alpha^4 & \alpha^5\\ 0 & 1 & 0 & \alpha^2 & 1 & \alpha^6 & \alpha^6\\ 0 & 0 & 1 & \alpha^3 & 1 & \alpha & \alpha^3\end{bmatrix}$$

如果消息序列表示为 $\boldsymbol{m}=[m_2,m_1,m_0]$，则 RS 码字向量为

$$\boldsymbol{c}=[c_6,c_5,c_4,c_3,c_2,c_1,c_0]$$

其中，$m_i\in\{0,1,\alpha,\alpha^2,\alpha^3,\alpha^4,\alpha^5,\alpha^6\}$；$c_i\in\{0,1,\alpha,\alpha^2,\alpha^3,\alpha^4,\alpha^5,\alpha^6\}$，并且有 $\boldsymbol{c}=\boldsymbol{mG}$。

如假设消息序列为 $\boldsymbol{m}=[1,\alpha^2,\alpha^4]$，则编码器输出的系统 RS 码字为

$$\begin{aligned}\boldsymbol{c}=\boldsymbol{mG}&=[1,\alpha^2,\alpha^4]\begin{bmatrix}1 & 0 & 0 & \alpha^4 & 1 & \alpha^4 & \alpha^5\\ 0 & 1 & 0 & \alpha^2 & 1 & \alpha^6 & \alpha^6\\ 0 & 0 & 1 & \alpha^3 & 1 & \alpha & \alpha^3\end{bmatrix}\\ &=[1,\alpha^2,\alpha^4,\alpha^4+\alpha^2\alpha^2+\alpha^4\alpha^3,1+\alpha^2+\alpha^4,\alpha^4+\alpha^2\alpha^6+\alpha^4\alpha,\alpha^5+\alpha^2\alpha^6+\alpha^4\alpha^3]\\ &=[1,\alpha^2,\alpha^4,\alpha^7,1+\alpha^2+\alpha^4,\alpha^4+\alpha^5+\alpha^8,\alpha^5+\alpha^7+\alpha^8]\end{aligned}$$

根据 $GF(2^3)$ 域上的元素的基本关系，可知 $\alpha^7=\alpha^0=1, \alpha^8=\alpha^7\alpha=\alpha$。

另外，由 $g(\alpha)=0$ 可知

$$\alpha^4+\alpha^3\alpha^3+\alpha^2+\alpha\alpha+\alpha^3=\alpha^4+\alpha^6+\alpha^3=\alpha^3(1+\alpha+\alpha^3)=0$$

同理有 $g(\alpha^2)=g(\alpha^3)=g(\alpha^4)=0$，得到基本关系 $\alpha^3+\alpha+1=0$ 及 $\alpha^3=\alpha+1$；由此可以进一步计算得到输出的系统 RS 码字向量为

$$\boldsymbol{c}=[1,\alpha^2,\alpha^4,1,\alpha^3,\alpha^3,\alpha^2]$$

相应的监督矩阵为

$$\boldsymbol{H}=\begin{bmatrix}\alpha^4 & \alpha^2 & \alpha^3 & 1 & 0 & 0 & 0\\ 1 & 1 & 1 & 0 & 1 & 0 & 0\\ \alpha^4 & \alpha^6 & \alpha & 0 & 0 & 1 & 0\\ \alpha^5 & \alpha^6 & \alpha^3 & 0 & 0 & 0 & 1\end{bmatrix}$$

可以验证，利用监督矩阵同样可以计算编码器输入某一消息序列时的输出 RS 码字向量。另外，根据监督多项式与生成多项式的关系，可以得到

$$h(x)=\frac{x^7+1}{g(x)}=x^3+\alpha^3x^2+\alpha^2x+\alpha^4$$

由于实际使用中，多进制编码很是不方便，通常是用二进制的 m 重向量来表示扩展域 $GF(2^m)$ 中的元素。这时，$GF(2^m)$ 上的 $(2^m-1,2^m-d)$ 多进制 RS 码变成了 $(m(2^m-1), m(2^m-d))$ 二进制 RS 码。例如，上面的(7,3)八进制 RS 码变成了(21,9)二进制 RS 码。码字 $\boldsymbol{c}=[1,\alpha^2,\alpha^4,1,\alpha^3,\alpha^3,\alpha^2]$ 表示为二元码为 $\boldsymbol{c}=[001,100,110,001,011,011,100]$。其

中的利用了表 7.12 的关系。

表 7.12　$GF(2^3)$ 上元素的三种表示方法(利用 $\alpha^3+\alpha+1=0$)

幂表示法	多项式表示法	向量表示法
0	0	(000)
1	1	(001)
α	α	(010)
α^2	α^2	(100)
α^3	$\alpha+1$	(011)
α^4	$\alpha^2+\alpha$	(110)
α^5	$\alpha^2+\alpha+1$	(111)
α^6	α^2+1	(101)

(7,3) 八进制 RS 码能纠正码字中任意两个八进制码元的随机错误。这种用二进制码元表示 2^m 进制 RS 码的方法,称为由 $GF(2^m)$ 上的码映射到 $GF(2)$ 上的码。可以证明,这种映射是把线性分组码映射为线性分组码,但映射后的二元码不一定是循环码。与汉明码和循环码一样,RS 码也存在扩展码。

7.4.4　BCH 码的译码

1. BCH 码的监督矩阵

我们知道,(n,k) 循环码的生成多项式 $g(x)$ 必然是 $GF(2)$ 上多项式 x^n+1 的因式,即 $x^n+1=g(x)h(x)$。其中 $g(x)$ 为 $r=n-k$ 次多项式,$h(x)$ 为 k 次多项式。根据第 6 章代数编码基础的有关知识,如果 α 为 $GF(2^m)$ 中的阶数为 n 的元素,即有 $\alpha^n=1$,则 $\alpha^0=1,\alpha,\alpha^2,\cdots,\alpha^{n-1}$ 为 x^n+1 的 n 个根,即有

$$x^n+1=(x-1)(x-\alpha)(x-\alpha^2)\cdots(x-\alpha^{n-1})=g(x)h(x) \tag{7.68}$$

实际上,这 n 个元素的集合 $G(n):\{1,\alpha,\alpha^2,\cdots,\alpha^{n-1}\}$ 为有限域 $GF(2^m)$ 中的非零元素构成的循环群。其中 α 为循环群的生成元,它的阶数 n 必然是 2^m-1 的因子。如果 $n=2^m-1$,则 α 为 $GF(2^m)$ 的本原元。如果 $n\neq 2^m-1$,而是 2^m-1 的因子,则 α 为有限域 $GF(2^m)$ 的非零元素构成的循环群的一个子群的生成元。

$g(x)$ 为 x^n+1 的一个 $n-k=r$ 次因式,因此它的 r 个根也一定在这个循环群 $G(n)$ 中,而 $G(n)$ 中的其他 k 个元素一定为多项式 $h(x)$ 的根。

根据 BCH 码的定义可知,如果码长为 $n=2^m-1$,可以纠 t 个码元错误,则生成多项式 $g(x)$ 一定以 $\alpha,\alpha^2,\cdots,\alpha^{2t}$ 为根。另外,BCH 码字多项式 $c(x)$ 是生成多项式的倍式,因此,码字多项式 $c(x)$ 也一定以 $\alpha,\alpha^2,\cdots,\alpha^{2t}$ 为根。如果 BCH 码字多项式为

$$c(x)=c_{n-1}x^{n-1}+c_{n-2}x^{n-2}+\cdots+c_1x+c_0 \tag{7.69}$$

则有

$$\begin{aligned}
c_{n-1}(\alpha)^{n-1}+c_{n-2}(\alpha)^{n-2}+\cdots+c_1(\alpha)+c_0&=0\\
c_{n-1}(\alpha^2)^{n-1}+c_{n-2}(\alpha^2)^{n-2}+\cdots+c_1(\alpha^2)+c_0&=0\\
&\vdots\\
c_{n-1}(\alpha^{2t})^{n-1}+c_{n-2}(\alpha^{2t})^{n-2}+\cdots+c_1(\alpha^{2t})+c_0&=0
\end{aligned} \tag{7.70}$$

用矩阵表示这个方程组为

$$\begin{bmatrix} (\alpha)^{n-1} & (\alpha)^{n-2} & \cdots & \alpha & 1 \\ (\alpha^2)^{n-1} & (\alpha^2)^{n-2} & \cdots & \alpha^2 & 1 \\ (\alpha^3)^{n-1} & (\alpha^3)^{n-1} & \cdots & \alpha^3 & 1 \\ \vdots & \vdots & & \vdots & \vdots \\ (\alpha^{2t})^{n-1} & (\alpha^{2t})^{n-2} & \cdots & \alpha^{2t} & 1 \end{bmatrix} \begin{bmatrix} c_{n-1} \\ c_{n-2} \\ \vdots \\ c_1 \\ c_0 \end{bmatrix} = [0] \tag{7.71}$$

根据循环码的监督矩阵和码字向量的关系可知,这个 BCH 码的监督矩阵为

$$\boldsymbol{H} = \begin{bmatrix} (\alpha)^{n-1} & (\alpha)^{n-2} & \cdots & \alpha & 1 \\ (\alpha^2)^{n-1} & (\alpha^2)^{n-2} & \cdots & \alpha^2 & 1 \\ (\alpha^3)^{n-1} & (\alpha^3)^{n-2} & \cdots & \alpha^3 & 1 \\ \vdots & \vdots & & \vdots & \vdots \\ (\alpha^{2t})^{n-1} & (\alpha^{2t})^{n-2} & \cdots & \alpha^{2t} & 1 \end{bmatrix} \tag{7.72}$$

式(7.71) 就是监督矩阵与码字多项式的基本关系,可简化为

$$\boldsymbol{Hc}^{\mathrm{T}} = \boldsymbol{0} \tag{7.73}$$

另外,根据 BCH 码生成多项式的共轭根的关系,式(7.72) 的监督矩阵还可以简化为

$$\boldsymbol{H} = \begin{bmatrix} (\alpha)^{n-1} & (\alpha)^{n-2} & \cdots & \alpha & 1 \\ (\alpha^3)^{n-1} & (\alpha^3)^{n-2} & \cdots & \alpha^3 & 1 \\ (\alpha^5)^{n-1} & (\alpha^5)^{n-2} & \cdots & \alpha^5 & 1 \\ \vdots & \vdots & & \vdots & \vdots \\ (\alpha^{2t-1})^{n-1} & (\alpha^{2t-1})^{n-2} & \cdots & \alpha^{2t-1} & 1 \end{bmatrix} \tag{7.74}$$

【例 7.17】　已知(7,4) 循环码的生成多项式为 $GF(2)$ 上的 $g(x) = x^3 + x + 1$,它的根为 $GF(2^3)$ 上的 α,α^2 和 α^4,试确定其监督矩阵。

解　该循环码就是 $m = 3$,纠 $t = 1$ 位错误的 BCH 码。实际上任何循环码都可以用此方法来确定其监督矩阵。由式(7.74) 可得

$$\boldsymbol{H} = \begin{bmatrix} \alpha^6 & \alpha^5 & \alpha^4 & \alpha^3 & \alpha^2 & \alpha & 1 \\ \alpha^{12} & \alpha^{10} & \alpha^8 & \alpha^6 & \alpha^4 & \alpha^2 & 1 \end{bmatrix} = \begin{bmatrix} \alpha^6 & \alpha^5 & \alpha^4 & \alpha^3 & \alpha^2 & \alpha & 1 \\ \alpha^5 & \alpha^3 & \alpha & \alpha^6 & \alpha^4 & \alpha^2 & 1 \end{bmatrix}$$

利用表 7.12 的关系,可以将 α^i 表示为二进制的 $m = 3$ 重向量,监督矩阵转换为

$$\boldsymbol{H} = \begin{bmatrix} \alpha^6 & \alpha^5 & \alpha^4 & \alpha^3 & \alpha^2 & \alpha & 1 \\ \alpha^5 & \alpha^3 & \alpha & \alpha^6 & \alpha^4 & \alpha^2 & 1 \end{bmatrix} = \begin{bmatrix} 1 & 1 & 1 & 0 & 1 & 0 & 0 \\ 0 & 1 & 1 & 1 & 0 & 1 & 0 \\ 1 & 1 & 0 & 1 & 0 & 0 & 1 \\ 1 & 0 & 0 & 1 & 1 & 1 & 0 \\ 1 & 1 & 1 & 0 & 1 & 0 & 0 \\ 1 & 1 & 0 & 1 & 0 & 0 & 1 \end{bmatrix}$$

观察可知,该矩阵的后三个行向量与前三个行向量为线性相关,可以把它们去掉,这时就得到了(7,4) 循环码的系统码的监督矩阵为

$$\boldsymbol{H} = \begin{bmatrix} 1 & 1 & 1 & 0 & 1 & 0 & 0 \\ 0 & 1 & 1 & 1 & 0 & 1 & 0 \\ 1 & 1 & 0 & 1 & 0 & 0 & 1 \end{bmatrix}$$

【例 7.18】　考虑码长 $n = 2^4 - 1 = 15$,纠 $t = 2$ 位错误的 BCH 码的监督矩阵。

解 由例7.12可知，当$n=2^4-1=15$，$t=2$时，可以构成一种(15,7)BCH码。如果令α为$GF(2^3)$上的本原元，则生成多项式为$g(x)=x^8+x^7+x^6+x^4+1$。根据式(7.74)可以得到该BCH码的监督矩阵为

$$\boldsymbol{H}=\begin{bmatrix}\alpha^{14} & \alpha^{13} & \alpha^{12} & \alpha^{11} & \alpha^{10} & \alpha^{9} & \alpha^{8} & \alpha^{7} & \alpha^{6} & \alpha^{5} & \alpha^{4} & \alpha^{3} & \alpha^{2} & \alpha & 1 \\ \alpha^{42} & \alpha^{39} & \alpha^{36} & \alpha^{33} & \alpha^{30} & \alpha^{27} & \alpha^{24} & \alpha^{21} & \alpha^{18} & \alpha^{15} & \alpha^{12} & \alpha^{9} & \alpha^{6} & \alpha^{3} & 1\end{bmatrix}$$

利用表6.5及$\alpha^{15}=1$，可以将上面的监督矩阵转换为$m=4$维向量的二元表示形式。

2. BCH码的校验子

BCH码的译码分为时域译码和频域译码，这里仅介绍时域译码方法的基本原理。1960年彼德森(Peterson)首先提出了时域译码方法，1966年博利坎普(Berlekamp)提出了迭代译码算法。

与循环码类似，BCH码的译码也主要分为三个步骤：

(1) 首先由接收码字多项式$r(x)$计算校验子多项式$s(x)$(伴随式多项式)。

(2) 由$s(x)$得到错误图样多项式$e(x)$。

(3) 利用$\hat{c}(x)=r(x)-e(x)$得到发送码字多项式的估计式。

如果是非系统码，还必须由发送码字的估计值得到信息码字多项式，即$\hat{m}(x)=\hat{c}(x)/g(x)$。

接收码字多项式为

$$r(x)=c(x)+e(x)=r_{n-1}x^{n-1}+r_{n-2}x^{n-2}+\cdots+r_1x+r_0$$

错误图样多项式为

$$e(x)=e_{n-1}x^{n-1}+e_{n-2}x^{n-2}+\cdots+e_1x+e_0$$

根据校验子向量与监督矩阵的关系及式(7.72)有

$$\boldsymbol{s}=\boldsymbol{r}\boldsymbol{H}^{\mathrm{T}}=[s_1,\quad s_2,\quad \cdots,\quad s_{2t}] \tag{7.75}$$

根据式(7.72)和式(7.75)可知

$$s_j=\sum_{i=1}^{n-1}r_i\,(\alpha^j)^i=\sum_{i=1}^{n-1}c_i\,(\alpha^j)^i+\sum_{i=1}^{n-1}e_i\,(\alpha^j)^i=\sum_{i=1}^{n-1}e_i\,(\alpha^j)^i\quad (j=1,2,\cdots,2t) \tag{7.76}$$

即

$$s_j=e(\alpha^j)=e_{n-1}\,(\alpha^j)^{n-1}+e_{n-2}\,(\alpha^j)^{n-2}+\cdots+e_1(\alpha^j)+e_0\quad (j=1,2,\cdots,2t) \tag{7.77}$$

利用上式就可以根据一个接收码字序列求出相应的校验子向量，根据错误图样和校验子之间的关系(例如查表方法)就可以实现纠检错。然而，对于BCH码，可以进一步利用生成多项式与最小多项式及其共轭根的关系来计算校验子。我们知道，对于BCH码，校验子的分量s_j也一定是$GF(2^m)$上的元素。已知接收码字多项式$r(x)$和以α^j为根的构成生成多项式$g(x)$的最小多项式$m_j(x)$，可以用以下方法求出校验子分量s_j。

用$m_j(x)$除接收码字多项式$r(x)$，可以表示为

$$r(x)=A_j(x)m_j(x)+B_j(x) \tag{7.78}$$

其中，$B_j(x)$为余式，因为α^j为$m_j(x)$的根，所以$m_j(\alpha^j)=0$，则

$$s_j=r(\alpha^j)=B_j(\alpha^j)\quad (j=1,2,\cdots,2t) \tag{7.79}$$

也就是说，校验子向量的分量s_j的求法是用接收码字多项式$r(x)$除以α^j的最小多项式$m_j(x)$，得到模$m_j(x)$的余式$B_j(x)$，并代入$x=\alpha^j$。下面通过一个例题说明。

【例7.19】 已知$m=4,t=2$,可以纠两位错的(15,7)本原BCH码,如果接收码字多项式为$r(x)=x^8+1$,试确定其校验子向量。

解 由例7.12可知,(15,7)本原BCH码的生成多项式为

$$g(x)=LCM\{m_1(x),m_2(x),m_3(x),m_4(x)\}=m_1(x)m_3(x)$$
$$=(x^4+x+1)(x^4+x^3+x^2+x+1)=x^8+x^7+x^6+x^4+1$$

校验子向量为
$$s=[s_1,s_2,s_3,s_4]$$

$\alpha^1,\alpha^2,\alpha^4$对应的最小多项式为$m_1(x)=x^4+x+1$,$\alpha^3$对应的最小多项式为$m_3(x)=x^4+x^3+x^2+x+1$。接收码字多项式为$r(x)=x^8+1$,由式(7.78)和式(7.79)可得

$$B_1(x)=B_2(x)=B_4(x)=\frac{r(x)}{m_1(x)}=\frac{x^8+1}{x^4+x+1}=x^2\quad[\bmod m_1(x)]$$

$$B_3(x)=\frac{r(x)}{m_3(x)}=\frac{x^8+1}{x^4+x^3+x^2+x+1}=x^3+1\quad[\bmod m_3(x)]$$

可以求出校验子为$s_1=\alpha^2,s_2=(\alpha^2)^2=\alpha^4,s_3=(\alpha^3)^3+1=\alpha^9+1=\alpha^3+\alpha+1=\alpha^7$,$s_4=(\alpha^4)^2=\alpha^8$。最后得到校验子向量为$\boldsymbol{s}=[s_1,s_2,s_3,s_4]=[\alpha^2,\alpha^4,\alpha^7,\alpha^8]$,可见$\boldsymbol{s}\neq\boldsymbol{0}$,接收码字$r(x)=x^8+1$为错误码字。

3. 错误图样的确定

错误图样与校验子是一一对应的,所以理论上求出校验子就可以确定错误图样。最简单的办法就是利用标准阵译码方法,即通过校验子进行查表得到错误图样。但是对于较大的m和t值的BCH码,利用查表法的译码将会变得相当复杂。下面介绍一种利用多项式计算来确定错误码元位置的方法。

假设错误图样多项式$e(x)$中有v个错误($0\leqslant v\leqslant t$)。错误图样多项式可以表示为

$$e(x)=x^{j1}+x^{j2}+\cdots+x^{jv}\tag{7.80}$$

式中,$0\leqslant j1<j2<\cdots<jv\leqslant n-1$,由式(7.77)可以得到下列方程组

$$\begin{aligned}s_1&=(\alpha^{j1})+(\alpha^{j2})+\cdots+(\alpha^{jv})\\s_1&=(\alpha^{j1})^2+(\alpha^{j2})^2+\cdots+(\alpha^{jv})^2\\&\vdots\\s_{2t}&=(\alpha^{j1})^{2t}+(\alpha^{j2})^{2t}+\cdots+(\alpha^{jv})^{2t}\end{aligned}\tag{7.81}$$

上面这个校验子方程组中,$\alpha^{j1},\alpha^{j2},\cdots,\alpha^{jv}$是$v$个未知数,一旦确定了这$v$个未知数也就是确定了参数$j1,j2,\cdots,jv$,根据式(7.80)就可以确定错误位置。

一般来说,校验子方程组式(7.81)可能有多个解,每一组解得到不同的错误图样。根据最大似然准则,如果错误图样中错误位的个数v小于等于t,则产生最小错误数目错误图样的解被认为是正确的解。一般这种方程组的解法是比较复杂的,可以设法将高次方程组简化为低次方程组。

令$\beta_l=\alpha^{jl},1\leqslant l\leqslant v$,称其为错误位置,这时,式(7.81)校验子方程为

$$\begin{aligned}s_1&=\beta_1+\beta_2+\cdots+\beta_v\\s_2&=\beta_1^2+\beta_2^2+\cdots+\beta_v^2\\&\vdots\\s_{2t}&=\beta_1^{2t}+\beta_2^{2t}+\cdots+\beta_v^{2t}\end{aligned}\tag{7.82}$$

观察发现,这 $2t$ 个方程是 $\beta_1,\beta_2,\cdots,\beta_v$ 的对称函数,为了解这个方程组,在 $GF(2)$ 上定义一个多项式

$$\sigma(x)=(1+\beta_1 x)(1+\beta_2 x)\cdots(1+\beta_v x)=\sigma_0+\sigma_1 x+\cdots+\sigma_v x^v \tag{7.83}$$

定义这个多项式的目的就是使 $\sigma(x)$ 的根为错误位置的倒数,$\beta_1^{-1},\beta_2^{-1},\cdots,\beta_v^{-1}$。也就是说,只要求出这个多项式的根,就可以确定错误位置,称 $\sigma(x)$ 为错误位置多项式。根据这个多项式的定义,可以用展开的方法得到 $\sigma(x)$ 的系数与错误位置 $\beta_1,\beta_2,\cdots,\beta_v$ 的关系。

$$\begin{gathered}\sigma_0=1\\ \sigma_1=\beta_1+\beta_2+\cdots+\beta_v\\ \sigma_2=\beta_1\beta_2+\beta_2\beta_3+\cdots+\beta_{v-1}\beta_v\\ \vdots\\ \sigma_v=\beta_1\beta_2\cdots\beta_v\end{gathered} \tag{7.84}$$

在数学上 σ_i 称为 β_l 的初等对称函数。比较上面方程组和校验子方程组式(7.82)可以看到 σ_i 与校验子分量 s_j 有关,其关系可以由下列称为牛顿恒等式给出

$$\begin{gathered}s_1+\sigma_1=0\\ s_2+\sigma_1 s_1+2\sigma_1=0\\ s_3+\sigma_1 s_2+\sigma_2 s_1+3\sigma_3=0\\ \vdots\\ s_v+\sigma_1 s_{v-1}+\cdots+\sigma_{v-1}s_1+v\sigma_v=0\\ s_{v+1}+\sigma_1 s_v+\cdots+\sigma_{v-1}s_2+\sigma_v s_1=0\end{gathered} \tag{7.85}$$

这样,在已知 $[s_1,s_2,\cdots,s_{2t}]$ 的条件下,可以由以上方程组求出 $\sigma_1,\sigma_2,\cdots,\sigma_v$,然后再求解多项式 $\sigma(x)$ 的根,$\beta_1,\beta_2,\cdots,\beta_v$。

如果 $v=t$,可以由校验子分量构成一个矩阵,利用前 t 个校验子分量来计算下一个校验子分量,经过数学运算,可以得到有 t 个未知数的 t 个方程组成的线性方程组,用矩阵表示为

$$\begin{bmatrix}s_1 & s_2 & \cdots & s_t\\ s_2 & s_3 & \cdots & s_{t+1}\\ \vdots & \vdots & & \vdots\\ s_t & s_{t+1} & \cdots & s_{2t-1}\end{bmatrix}\begin{bmatrix}\sigma_t\\ \sigma_{t-1}\\ \vdots\\ \sigma_1\end{bmatrix}=\begin{bmatrix}s_{t+1}\\ s_{t+2}\\ \vdots\\ s_{2t}\end{bmatrix} \tag{7.86}$$

【例 7.20】 已知 $m=5$ 的本原多项式为 $p(x)=x^5+x^2+1$,$t=2$ 的(31,21)本原 BCH 码的生成多项式为

$$\begin{aligned}g(x)=m_1(x)m_3(x)&=(x^5+x^2+1)(x^5+x^4+x^3+x^2+1)\\ &=x^{10}+x^9+x^8+x^6+x^5+x^3+1\end{aligned}$$

试求:(1) 求 $GF(2^5)$ 上元素的三种表达方式;(2) 判断接收码字向量[0111 1000 1101 0011 0001 0101 1101 100]是否有错;(3) 确定接收码字向量的错误位置。

解 (1) 利用本原多项式可知 $\alpha^5+\alpha^2+1=0$,由 $\alpha^5=\alpha^2+1$ 及 $n=2^5-1=31$,$\alpha^n=\alpha^{31}=1$,可以得到 $GF(2^5)$ 上元素的三种表示方式,见表 7.13。

表7.13 $GF(2^5)$ 上元素的三种表示方法(利用 $\alpha^5+\alpha^2+1=0$)

幂表示法	多项式表示法	向量表示法	幂表示法	多项式表示法	向量表示法
1	1	00001	α^{16}	$\alpha^4+\alpha^3+\alpha+1$	11011
α	α	00010	α^{17}	$\alpha^4+\alpha+1$	10011
α^2	α^2	00100	α^{18}	$\alpha+1$	00011
α^3	α^3	01000	α^{19}	$\alpha^2+\alpha$	00110
α^4	α^4	10000	α^{20}	$\alpha^3+\alpha^2$	01100
α^5	α^2+1	00101	α^{21}	$\alpha^4+\alpha^3$	11000
α^6	$\alpha^3+\alpha$	01010	α^{22}	$\alpha^4+\alpha^2+1$	10101
α^7	$\alpha^4+\alpha^2$	10100	α^{23}	$\alpha^3+\alpha^2+\alpha+1$	01111
α^8	$\alpha^3+\alpha^2+1$	01101	α^{24}	$\alpha^4+\alpha^3+\alpha^2+\alpha$	11110
α^9	$\alpha^4+\alpha^3+\alpha$	11010	α^{25}	$\alpha^4+\alpha^3+1$	11001
α^{10}	α^4+1	10001	α^{26}	$\alpha^4+\alpha^2+\alpha+1$	10111
α^{11}	$\alpha^2+\alpha+1$	00111	α^{27}	$\alpha^3+\alpha+1$	01011
α^{12}	$\alpha^3+\alpha^2+\alpha$	01110	α^{28}	$\alpha^4+\alpha^2+\alpha$	10110
α^{13}	$\alpha^4+\alpha^3+\alpha^2$	11100	α^{29}	α^3+1	01001
α^{14}	$\alpha^4+\alpha^3+\alpha^2+1$	11101	α^{30}	$\alpha^4+\alpha$	10010
α^{15}	$\alpha^4+\alpha^3+\alpha^2+\alpha+1$	11111	α^{31}	1	00001

(2) 将接收码字向量写成多项式形式为

$$r(x)=x^{29}+x^{28}+x^{27}+x^{26}+x^{22}+x^{21}+x^{19}+x^{16}+x^{15}+x^{11}+x^9+x^7+x^6+x^5+x^3+x^2$$

根据 $g(x)=m_1(x)m_3(x)=(x^5+x^2+1)(x^5+x^4+x^3+x^2+1)$ 可知:

最小多项式 $m_1(x)=(x^5+x^2+1)$ 的根为 $\alpha,\alpha^2,\alpha^4,\alpha^8,\alpha^{16}$。

最小多项式 $m_3(x)=(x^5+x^4+x^3+x^2+1)$ 的根为 $\alpha^3,\alpha^6,\alpha^{12},\alpha^{24},\alpha^{17}$。

根据式(7.79)可以计算该BCH码校验子向量 $\boldsymbol{s}=[s_1,s_2,s_3,s_4]$ 的各个分量。

$$B_1(x)=B_2(x)=B_4(x)=\frac{r(x)}{m_1(x)}=\frac{r(x)}{x^5+x^2+1}=x^2+x \quad [\bmod m_1(x)]$$

$$B_3(x)=\frac{r(x)}{m_3(x)}=\frac{r(x)}{x^5+x^4+x^3+x^2+1}=1 \quad [\bmod m_3(x)]$$

可以求出校验子为 $s_1=\alpha^2+\alpha=\alpha^{19}$,$s_2=(\alpha^2)^2+\alpha^2=\alpha^4+\alpha^2=\alpha^7$,$s_4=(\alpha^4)^2+\alpha^4=\alpha^8+\alpha^4=\alpha^4+\alpha^3+\alpha^2+1=\alpha^{14}$,$s_3=1$。

最后得到校验子向量为 $\boldsymbol{s}=[s_1,s_2,s_3,s_4]=[\alpha^{19},\alpha^7,1,\alpha^{14}]$,可见 $\boldsymbol{s}\neq\boldsymbol{0}$,接收码字 $r(x)$ 为错误码字。

(3) 计算接收码字向量的错误码元位置,利用式(7.86)可得方程组

$$\begin{bmatrix} s_1 & s_2 \\ s_2 & s_3 \end{bmatrix}\begin{bmatrix} \sigma_2 \\ \sigma_1 \end{bmatrix}=\begin{bmatrix} s_3 \\ s_4 \end{bmatrix}$$

将 $\boldsymbol{s}=[s_1,s_2,s_3,s_4]=[\alpha^{19},\alpha^7,1,\alpha^{14}]$ 代入可得 $\sigma_1=\alpha^{19}$,$\sigma_2=\alpha^9$,由式(7.83)可知接收码字的错误位置多项式为

$$\sigma(x)=\sigma_2x^2+\sigma_1x+1=\alpha^9x^2+\alpha^{19}x+1$$

求解该方程可以用因式分解方法,由 $\alpha^9=\alpha^{40}$ 和 $\alpha^{25}+\alpha^{15}=\alpha^{19}$ 可得

$$\sigma(x)=\sigma_2x^2+\sigma_1x+1=(1+\alpha^{25}x)(1+\alpha^{15}x)$$

即 $\beta_1^{-1} = \alpha^{-25}$ 和 $\beta_2^{-1} = \alpha^{-15}$。

由此可知错误图样多项式为 $e(x) = x^{25} + x^{15}$。

必须指出的是,由这种方法求出的 $\sigma_1, \sigma_2, \cdots, \sigma_v$ 仍然可以有多个解,但这里求的是使 $\sigma(x)$ 次数最低的解,以便使 $\sigma(x)$ 产生的错误图样中有最小的错误图样数目。在实际译码中 v 的数值并不知道,如果 $v \leqslant t$,则 $\sigma(x)$ 的解将给出实际的错误图样 $e(x)$。目前多项式 $\sigma(x)$ 的解法都是一种迭代方法,主要有伯利坎普(Berlekamp)迭代算法、Peterson/Weldon 算法和 Kasami 算法等,这部分内容不再详细介绍,感兴趣的读者请参考相关资料。

习　题

7.1　证明:线性分组码解码构造的标准数组(表)中不存在重复元素。

7.2　已知(5,2)系统线性分组码的两个码字:信息 01 时为 01101,信息 11 时为 11010,请写出系统码的生成矩阵 $\boldsymbol{G}$ 与基本监督矩阵 $\boldsymbol{H}$,若收到一个码字为 11111,请问信息位是多少?

7.3　已知(7,4)系统汉明码的基本监督矩阵为

$$[H] = \begin{vmatrix} 0 & 1 & 1 & 1 & 1 & 0 & 0 \\ 1 & 0 & 1 & 1 & 0 & 1 & 0 \\ 1 & 1 & 0 & 1 & 0 & 0 & 1 \end{vmatrix}$$

当信息码字为[0101]时,请问汉明编码后的码字是什么?若接收到一个码字[1000100],请问根据校验子译码原则,译出的码字是什么?

(1) 请根据基本监督矩阵写出生成矩阵;

(2) 请证明生成矩阵的每一行都是许用码组。

7.4　设(8,4)系统线性分组码的码字向量为 $\boldsymbol{c} = [c_7, c_6, c_5, c_4, c_3, c_2, c_1, c_0]$,消息码字序列为 $\boldsymbol{m} = [m_3, m_2, m_1, m_0]$,监督方程为

$$\begin{cases} c_3 = m_3 + m_2 + m_0 \\ c_2 = m_3 + m_1 + m_0 \\ c_1 = m_2 + m_1 + m_0 \\ c_0 = m_3 + m_2 + m_1 \end{cases}$$

求该系统码的生成矩阵和监督矩阵,并说明该码的最小码距。

7.5　将本章例 7.1 的(7,4)系统码缩短为一种(5,2)线性分组码,试写出所有码字向量,并写出缩短码的生成矩阵和监督矩阵。

7.6　设二元线性分组码的生成矩阵为 $\boldsymbol{G} = \begin{bmatrix} 1 & 0 & 0 & 1 & 1 \\ 0 & 0 & 1 & 0 & 1 \\ 0 & 1 & 1 & 1 & 1 \end{bmatrix}$,试求这个分组码的最小码距。

7.7　设三元线性分组码的生成矩阵为 $\boldsymbol{G} = \begin{bmatrix} 1 & 0 & 1 & 1 \\ 0 & 1 & 1 & 2 \end{bmatrix}$,试求这个分组码的最小码距,并证明此码为完备码。

7.8　设二元线性分组码的生成矩阵为 $\boldsymbol{G}=\begin{bmatrix}1&1&0&1&0\\0&1&0&1&0\end{bmatrix}$，试建立该分组码的标准阵译码表，并对码字 11111 和 00000 分别进行译码。

7.9　已知一个(7,4) 线性分组码的生成矩阵为

$$\boldsymbol{G}=\begin{bmatrix}1&0&0&0&1&1&1\\0&1&0&0&1&0&1\\0&0&1&0&0&1&1\\0&0&0&1&1&1&0\end{bmatrix}$$

(1) 求出该码的全部码字向量；

(2) 求出该码的监督矩阵；

(3) 建立该码的标准阵译码表。

7.10　已知纠正一位错的(7,4) 汉明码的生成矩阵为

$$[G]=\begin{bmatrix}1&0&0&0&1&1&0\\0&1&0&0&1&0&1\\0&0&1&0&0&1&1\\0&0&0&1&1&1&1\end{bmatrix}$$

(1) 请写出其监督矩阵；

(2) 请写出其校验表；

(3) 对信源序列 1110,1010,0110,… 进行编码；

(4) 对接收端接收到的码字序列 0011101,1100100,1011001,… 进行译码。

7.11　证明：在线性分组码中，若两个错误图样之和为一个许用码字，则这两个错误图样一定具有相同的校验子。

7.12　已知一个(15,11) 循环码的生成多项式为 $g(x)=x^4+x+1$。试求：(1) 消息码字[00010011011] 的循环码字向量；(2) 系统循环码的生成矩阵；(3) 该系统循环码的编码器原理图。

7.13　试证明定理 7.5，即一个(n,k) 循环码的生成多项式 $g(x)$ 是 x^n+1 的一个因式。

7.14　已知一个(15,5) 循环码的生成多项式为 $g(x)=x^{10}+x^8+x^5+x^4+x^2+x+1$。试求：(1) 该循环码的监督多项式 $h(x)$；(2) 该循环码系统码的生成矩阵 $\boldsymbol{G}$ 和监督矩阵 $\boldsymbol{H}$；(3) 该系统循环码的编码器原理图。

7.15　已知(7,3) 循环码的生成多项式为 $g(x)=x^4+x^3+x^2+1$，试求：

(1) 该循环码的监督多项式 $h(x)$；

(2) 消息码字为 $m(x)=x^2+1$ 时的系统码字多项式 $c(x)$；

(3) 标准型(典型) 生成矩阵 $\boldsymbol{G}$。

7.16　已知 $GF(2)$ 上多项式 $x^7+1=(x^3+x+1)(x^3+x^2+1)(x+1)$，

(1) 试求由信息序列为 $m=[1101]$ 所编成的一种(7,4) 循环码的码字向量；

(2) 若系统循环码为 1111110，已知信息位码元都是“1”，请问校验位码元是多少？

(3) 若系统循环码为 1111000，已知校验位码元都是“0”，请问信息位码元是多少？

(4) 请分析 $R_1=[1101001]$ 与 $R_2=[1101000]$ 是否可能是(7,4) 循环码的许用码字。

7.17　已知(7,4)循环码的生成多项式为 $g(x)=x^3+x+1$,试求:

(1) 该码的编码效率;

(2) 该码的监督多项式 $h(x)$;

(3) 系统码的生成矩阵 $\boldsymbol{G}$ 和监督矩阵 $\boldsymbol{H}$;

(4) 若消息码多项式为 $m(x)=x^2+x+1$,求系统循环码字多项式。

7.18　(7,4)循环码的生成多项式为:$g(x)=x^3+x^2+1$。

(1) 写出其监督矩阵和生成矩阵;

(2) 对信息码元 0110,1001 进行编码,分别写出它们的系统码和非系统码;

(3) 对接收端接收到的系统码字 0101111,0011100 进行译码;

(4) 当收到一循环码字为 0010011 时,根据校验子判断有无错误?哪一位错了?

7.19　设计一个 $m=5$ 的二进制本原 BCH 码,其多项式的根包括 $GF(2^5)$ 上的 α 和 α^3,(1) 写出该码的生成多项式,确定码长 n 和信息位长度 k;(2) 写出系统码的生成矩阵 $\boldsymbol{G}$ 和监督矩阵 $\boldsymbol{H}$;(3) 求该码的最小码距 $d_{\min}$。

7.20　一个码长 $n=31$,能纠正 3 个错误的 BCH 码,其生成多项式的根 α 为 $GF(2^5)$ 的本原元,并满足 $\alpha^5+\alpha^2+1=0$,试求这个 BCH 码的生成多项式 $g(x)$。

7.21　一个码长 $n=15$,能纠正 $t=2$ 位错误的本原 BCH 码,已知其生成多项式的根 α 为 $GF(2^4)$ 的本原元,并满足 $\alpha^4+\alpha+1=0$,且 $\alpha^3+\alpha^6+\alpha^9+\alpha^{12}=1$。试求信息码字多项式 $m(x)=1$ 时此 BCH 码的码字多项式。

7.22　已知有限域 $GF(2^4)$ 上的本原多项式为 $f(x)=x^4+x+1=0$,试写出码长为 $n=15$ 的具有最大纠错能力的本原 BCH 码的生成多项式 $g(x)$。

7.23　已知 $GF(2^3)$ 上的(7,3)RS 码的生成多项式为 $g(x)=x^4+\alpha^3x^3+x^2+\alpha x+\alpha^3$,试求:(1) $GF(2^3)$ 上所有元素的向量表示;(2) 该 RS 码的生成矩阵;(3) 编码器输入的信息码字为 $\boldsymbol{m}=[\alpha^5,\alpha^3,\alpha]$ 时的 RS 码字多项式。

7.24　已知符号取自 $GF(2^4)$,可以纠正 3 个错误的 RS 码的生成多项式为

$$g(x)=x^6+\alpha^{10}x^5+\alpha^{14}x^4+\alpha^4x^3+\alpha^6x^2+\alpha^9x+\alpha^6$$

试求消息为 $m(x)=\alpha^7x^8+\alpha x^4+\alpha^5x+1$ 时的 RS 码字多项式。

7.25　一个码长 $n=15$、能纠正 $t=2$ 位错误的本原 BCH 码,已知 a 为 $GF(2^4)$ 的本原元,并满足 $x^4+x+1=0$,并得知此 BCH 码在码字多项式 $m(x)=1$ 时编得许用码字为[000 000 111 010 001],请证明本原元 a 满足如下关系式:$a^3+a^6+a^9+a^{12}=1$。

7.26　码长 $n=15$ 的二元本原 BCH 码最多可纠几位错?若已知单一天气类型分为晴、多云、阴、阵雨、雷阵雨、雨夹雪、小雨、中雨、大雨等24种状态,请设计一个码长 $n=15$ 的本原 BCH 码(给出生成多项式 $g(x)$ 即可),在可用来传输单一天气类型信息的条件下,纠错能力最大。($q=2,m=4$,相应的最小多项式如下:$m_1(x)=x^4+x+1$;$m_3(x)=x^4+x^3+x^2+x+1$;$m_5(x)=x^2+x+1$;$m_7(x)=x^4+x^3+1$)。

7.27　某系统(7,4)码如下:$\boldsymbol{c}=(c_6\quad c_5\quad c_4\quad c_3\quad c_2\quad c_1\quad c_0)=(m_3\quad m_2\quad m_1\quad m_0\quad c_2\quad c_1\quad c_0)$,其三位校验位与信息位的关系为

$$\begin{cases}c_2=m_3+m_1+m_0\\c_1=m_3+m_2+m_1\\c_0=m_2+m_1+m_0\end{cases}$$

(1) 求对应的生成矩阵和校验矩阵;

(2) 计算该码的最小距离;

(3) 列出可纠差错图案和对应的伴随式;

(4) 若接收码字 $R = 1110011$,求发送码字。

第 8 章 卷 积 码

在传统的信道编码方法中除了分组码,另一类广泛应用的编码方法称为卷积码。卷积码和分组码都属于线性码,与线性分组码类似,卷积码也是将 k 位信息码元线性地映射到 n 位码字空间。但不同的是,在分组码的编码过程中,每个码字的监督元只与本码字的信息元有关,而与其他码字的信息元无关,即分组码的编码器是一个无记忆的逻辑电路。而在卷积码的编码过程中,每个码字的监督元不仅与本码字的信息元有关,而且与前 m 个码字的信息元有关,即卷积码的编码器是一个有记忆的时序电路。卷积码由于更充分地利用码字之间的相关性,可以减少码字长度,简化编译码电路,并得到较好的差错控制性能。因此,卷积码在移动通信、卫星通信以及无线局域网等领域得到广泛的应用。

8.1 卷积码的编码

本节首先给出卷积码的定义,介绍卷积码的代数描述方法,并讨论卷积码编码器的代数结构。

8.1.1 卷积码编码器

定义 8.1 卷积码一个码字的码元个数为 n,码字中信息元个数为 k,如果由 m 级移位寄存器构成的编码器,则称 m 为卷积码的编码约束长度,称 $(m+1)n$ 为卷积码的码元约束长度,这种卷积码记为 (n,k,m) 卷积码,并定义 $R=k/n$ 为码率(Code Rate),码率即表示卷积码的编码效率。

图 8.1 给出了一个(3,2,2) 卷积码编码器的原理图,我们通过这个例子来说明卷积码编码器的基本原理。

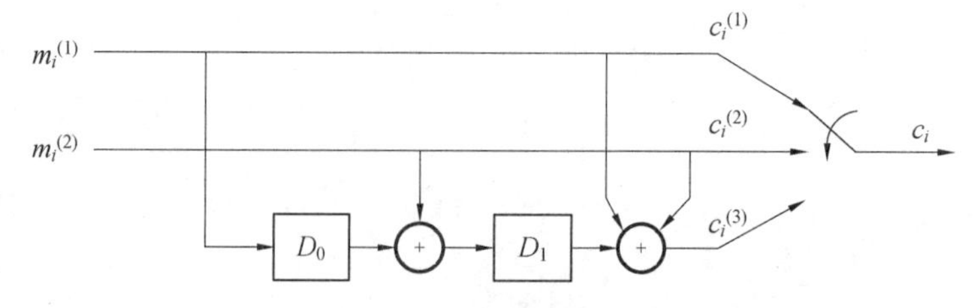

图 8.1 (3,2,2) 卷积码编码器原理图

当某一时刻 i,编码器输入并行一个信息码字为 $\boldsymbol{m}_i=[m_i^{(1)},m_i^{(2)}]$,编码器并行输出由三个码元组成的卷积码的码字,$\boldsymbol{c}_i=[c_i^{(1)},c_i^{(2)},c_i^{(3)}]=[m_i^{(1)},m_i^{(2)},p_i]$。$\boldsymbol{c}_i$ 称为一个码字,$\boldsymbol{m}_i$ 为

信息元，p_i 为监督元。可以看出卷积码的输入输出关系为

$$c_i^{(1)} = m_i^{(1)}$$
$$c_i^{(2)} = m_i^{(2)}$$
$$c_i^{(3)} = m_i^{(1)} + m_i^{(2)} + m_{i-1}^{(2)} + m_{i-2}^{(1)}$$

可见，卷积码当前时刻输出的码字的监督元不仅与当前时刻输入的信息元有关而且还与前两个时刻输入的信息元有关，这时编码器由二级移位寄存器构成。

这种并行输入的卷积码编码器的一般形式如图8.2所示。

图8.2　卷积码编码器的一般形式

图8.3给出了(3,2,2)卷积码码字之间的约束关系。

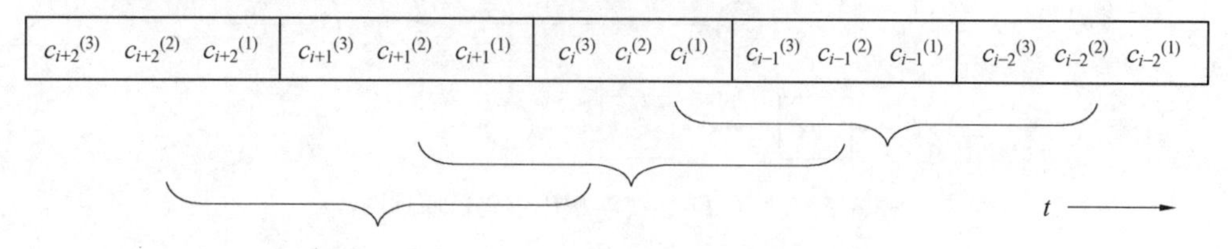

图8.3　(3,2,2)卷积码码字之间的约束关系

可以看到，在译码过程中，对码字 c_i 进行译码时要利用到 c_{i-1} 和 c_{i-2}，同时，对码字 c_{i+1} 和 c_{i+2} 进行译码时还要利用到 c_i。因此，译码约束长度一般要大于编码约束长度。一般的理解，在对码字 c_i 进行译码时，只利用码字 c_{i-1}，和 c_{i-2}，但实际上这时译出的 c_i 可能译错，在对码字 c_{i+2} 进行译码时同样是对 c_i 的一种校验，还可以对 c_i 的译码进行修改，这正是卷积码的特别之处。

如果卷积码编码器的输入端输入的是一个有头无尾的半无限序列，即输入的信息码字序列为 $\boldsymbol{m} = m_0, m_1, m_2, \cdots, m_i, \cdots$，则编码器的输出也将是一个半无限序列，$\boldsymbol{c} = c_0, c_1, c_2, \cdots, c_i, \cdots$，我们称其为卷积码的码字序列。

卷积码同样有系统卷积码和非系统卷积码之分。系统卷积码的码字中明显地包含着 k 位信息码元，而非系统卷积码的信息码元是隐含在码字中的。图8.4为一个(2,1,2)非系统卷积码的编码器原理图。

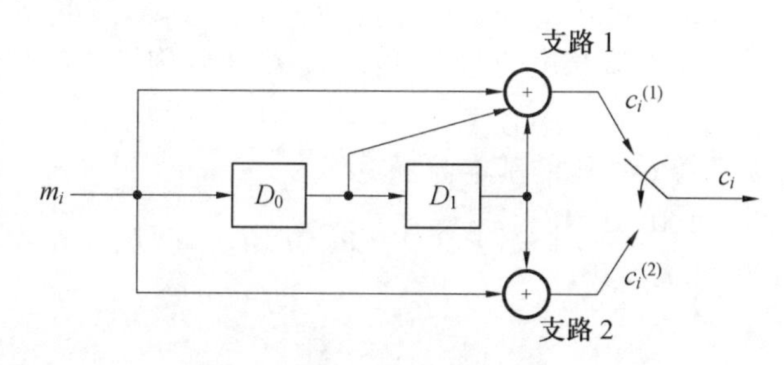

图8.4　(2,1,2)非系统卷积码的编码器原理图

由图8.4可以看出(2,1,2)非系统卷积码的约束关系为

$$c_i^{(1)} = m_{i-2} + m_{i-1} + m_i$$
$$c_i^{(2)} = m_{i-2} + m_i$$

如果输入的信息序列为 $\boldsymbol{m} = (m_0, m_1, m_2, \cdots) = (1,1,1,\cdots)$，则输出的码字序列为 $\boldsymbol{c} = (11,01,10,\cdots)$。从这个非系统卷积码的例子可以看到，非系统卷积码编码器输出的码字序列中，无法明确地区分信息码元和监督码元，即约束关系使信息码元和监督码元完全融合在一起，形成了一个整体的卷积码序列。

8.1.2 卷积码的监督矩阵

同分组码一样，卷积码也可以用生成矩阵和监督矩阵来描述。

首先考察一个(3,1,2) 系统卷积码，其编码器原理如图 8.5 所示。

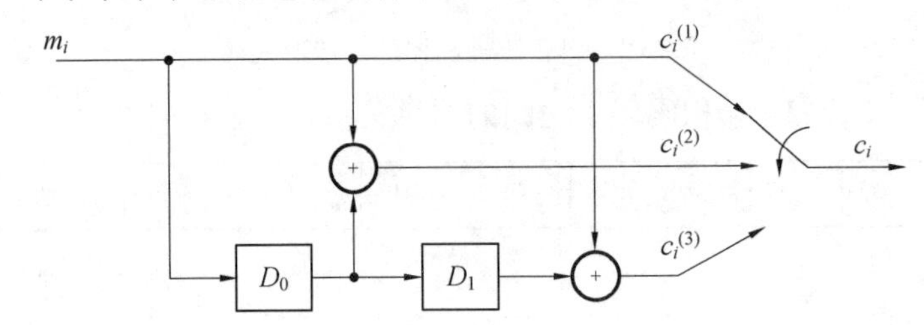

图 8.5 (3,1,2) 系统卷积码编码器原理图

从编码器原理图可以看到，$n=3, k=1, m=2$。编码器输入信息序列为 $\boldsymbol{m} = (\cdots, m_{i+1}, m_i, m_{i-1}, m_{i-2}, \cdots)$，输出码字为 $\boldsymbol{c}_i = [c_i^{(1)}, c_i^{(2)}, c_i^{(3)}] = [m_i, p_{i-1}, p_{i-2}]$。可以看出其监督关系为

$$p_{i-1} = m_i + m_{i-1}$$
$$p_{i-2} = m_i + m_{i-2}$$

这里，考察编码器一个约束长度的监督关系

$$0m_{i-2} + 0p_{i-2,1} + 0p_{i-2,2} + 1m_{i-1} + 0p_{i-1,1} + 0p_{i-1,2} + 1m_i + 1p_{i,1} + 0p_{i,2} = 0$$
$$1m_{i-2} + 0p_{i-2,1} + 0p_{i-2,2} + 0m_{i-1} + 0p_{i-1,1} + 0p_{i-1,2} + 1m_i + 0p_{i,1} + 1p_{i,2} = 0$$

将这个监督方程写成矩阵形式为

$$\begin{bmatrix} 000 & 100 & 110 \\ 100 & 000 & 101 \end{bmatrix} \cdot \boldsymbol{c}^{\mathrm{T}} = \boldsymbol{0}$$

其中码字序列 $\boldsymbol{c}$ 为截短卷积码

$$\boldsymbol{c} = [c_{i-2}, c_{i-1}, c_i] = [m_{i-2}, p_{i-2,1}, p_{i-2,2}, m_{i-1}, p_{i-1,1}, p_{i-1,2}, m_i, p_{i,1}, p_{i2}]$$

定义 8.2 卷积码一个约束长度的监督方程的系数矩阵称为截短卷积码的基本监督矩阵。

例如上面(3,1,2) 系统卷积码的基本监督矩阵为

$$\boldsymbol{h} = \begin{bmatrix} 000 & 100 & 110 \\ 100 & 000 & 101 \end{bmatrix} = [\boldsymbol{P}_2\boldsymbol{0} \quad \boldsymbol{P}_1\boldsymbol{0} \quad \boldsymbol{P}_0\,\boldsymbol{I}_2] = [\boldsymbol{h}_2 \quad \boldsymbol{h}_1 \quad \boldsymbol{h}_0]$$

其中

$$\boldsymbol{P}_2 = \begin{bmatrix} 0 \\ 1 \end{bmatrix}; \quad \boldsymbol{P}_1 = \begin{bmatrix} 1 \\ 0 \end{bmatrix}; \quad \boldsymbol{P}_0 = \begin{bmatrix} 1 \\ 1 \end{bmatrix}; \quad \boldsymbol{0} = \begin{bmatrix} 0 \\ 0 \end{bmatrix}; \quad \boldsymbol{I}_2 = \begin{bmatrix} 1 & 0 \\ 0 & 1 \end{bmatrix}$$

卷积码基本监督矩阵的一般形式为

$$\boldsymbol{h} = [\boldsymbol{P}_m\boldsymbol{0} \quad \boldsymbol{P}_{m-1}\boldsymbol{0} \quad \cdots \quad \boldsymbol{P}_1\boldsymbol{0} \quad \boldsymbol{P}_0\boldsymbol{I}_r] = [\boldsymbol{h}_m \quad \boldsymbol{h}_{m-1} \quad \cdots \quad \boldsymbol{h}_1 \quad \boldsymbol{h}_0] \tag{8.1}$$

其中
$$\boldsymbol{h}_m = \boldsymbol{P}_m\boldsymbol{0}; \quad \boldsymbol{h}_{m-1} = \boldsymbol{P}_{m-1}\boldsymbol{0}; \quad \boldsymbol{h}_1 = \boldsymbol{P}_1\boldsymbol{0}; \quad \boldsymbol{h}_0 = \boldsymbol{P}_0\boldsymbol{I}_r$$

这样,一般截短卷积码的基本监督方程表示为

$$\boldsymbol{h} \cdot \boldsymbol{c}^{\mathrm{T}} = \boldsymbol{0}$$

可以看到,一个(n,k,m)卷积码的截短卷积码基本监督矩阵$\boldsymbol{h}$为一个$n-k=r$行,$(m+1)\times n$列矩阵,子阵$\boldsymbol{h}_i(i=0,1,2,\cdots,m)$为$r\times n$矩阵,$\boldsymbol{I}_r$为一个$r\times r$单位矩阵,矩阵$\boldsymbol{P}_m$为$r\times k$矩阵;矩阵$\boldsymbol{0}$为$r\times r$零矩阵。

例如上面介绍的(3,2,2)系统卷积码的基本监督矩阵为$\boldsymbol{h}=[100\ 010\ 111]$,为一个$r=3-2=1$行,$(m+1)\times n=3\times3=9$列矩阵,其中$\boldsymbol{P}_2=[10]$,$\boldsymbol{P}_1=[01]$,$\boldsymbol{P}_0=[11]$,$\boldsymbol{h}_2=100$,$\boldsymbol{h}_1=010$,$\boldsymbol{h}_0=111$。

定义8.3　在卷积码编码器初始状态为零时,初始输入$m+1$个信息码字时编码器输出的卷积码序列称为初始截短卷积码,即有

$$\boldsymbol{c}_{初} = [\boldsymbol{c}_0 \quad \boldsymbol{c}_1 \quad \boldsymbol{c}_2 \quad \cdots \quad \boldsymbol{c}_m] \tag{8.2}$$

根据基本监督矩阵的定义,可以得到初始截短卷积码的监督关系为

$$\boldsymbol{H}_{初} \cdot \boldsymbol{c}_{初}^{\mathrm{T}} = \boldsymbol{0} \tag{8.3}$$

一个(n,k,m)卷积码的初始截短卷积码监督矩阵为

$$\boldsymbol{H}_{初} = \begin{bmatrix} \boldsymbol{P}_0\boldsymbol{I}_r & & & \\ \boldsymbol{P}_1\boldsymbol{0} & \boldsymbol{P}_0\boldsymbol{I}_r & & \\ \cdots & & & \\ \boldsymbol{P}_m\boldsymbol{0} & \boldsymbol{P}_{m-1}\boldsymbol{0} & \cdots & \boldsymbol{P}_1\boldsymbol{0} \quad \boldsymbol{P}_0\boldsymbol{I}_r \end{bmatrix} = \begin{bmatrix} \boldsymbol{h}_0 & & & & \\ \boldsymbol{h}_1 & \boldsymbol{h}_0 & & & \\ \cdots & & & & \\ \boldsymbol{h}_m & \boldsymbol{h}_{m-1} & \cdots & \boldsymbol{h}_1 & \boldsymbol{h}_0 \end{bmatrix} \tag{8.4}$$

(n,k,m)卷积码的初始截短卷积码监督矩阵$\boldsymbol{H}_{初}$为一个$(m+1)\times r$行,$(m+1)\times n$列矩阵。

例如上面介绍的(3,1,2)卷积码的初始截短卷积码监督矩阵为

$$\boldsymbol{H}_{初} = \begin{bmatrix} \boldsymbol{h}_0 & & \\ \boldsymbol{h}_1 & \boldsymbol{h}_0 & \\ \boldsymbol{h}_2 & \boldsymbol{h}_1 & \boldsymbol{h}_0 \end{bmatrix} = \begin{bmatrix} 110 & & \\ 101 & & \\ 100 & 110 & \\ 000 & 101 & \\ 000 & 100 & 110 \\ 100 & 000 & 101 \end{bmatrix}$$

(3,2,2)卷积码的初始截短卷积码监督矩阵为

$$\boldsymbol{H}_{初} = \begin{bmatrix} \boldsymbol{h}_0 & & \\ \boldsymbol{h}_1 & \boldsymbol{h}_0 & \\ \boldsymbol{h}_2 & \boldsymbol{h}_1 & \boldsymbol{h}_0 \end{bmatrix} = \begin{bmatrix} 111 & & \\ 010 & 111 & \\ 100 & 010 & 111 \end{bmatrix}$$

上面介绍了卷积码的初始截短卷积码的监督矩阵,实际上卷积码的监督矩阵应该是一个有头无尾的半无限矩阵,它对应的基本监督关系为

$$\boldsymbol{H} \cdot \boldsymbol{c}^{\mathrm{T}} = \boldsymbol{0}$$

其中,$\boldsymbol{c}=[\boldsymbol{c}_0,\boldsymbol{c}_1,\boldsymbol{c}_2,\cdots,\boldsymbol{c}_m,\boldsymbol{c}_{m+1},\cdots]$。

一个(n,k,m)卷积码的监督矩阵的一般形式为

$$
\boldsymbol{H}=\begin{bmatrix}
\boldsymbol{P}_0\boldsymbol{I}_r \\
\boldsymbol{P}_1\boldsymbol{0} & \boldsymbol{P}_0\boldsymbol{I}_r \\
\cdots \\
\boldsymbol{P}_m\boldsymbol{0} & \boldsymbol{P}_{m-1}\boldsymbol{0} & \cdots & \boldsymbol{P}_1\boldsymbol{0} & \boldsymbol{P}_0\boldsymbol{I}_r \\
& \boldsymbol{P}_m\boldsymbol{0} & \boldsymbol{P}_{m-1}\boldsymbol{0} & \cdots & \boldsymbol{P}_1\boldsymbol{0} & \boldsymbol{P}_0\boldsymbol{I}_r \\
& & \boldsymbol{P}_m\boldsymbol{0} & \boldsymbol{P}_{m-1}\boldsymbol{0} & \cdots & \boldsymbol{P}_1\boldsymbol{0} & \boldsymbol{P}_0\boldsymbol{I}_r \\
& & & \cdots & \cdots & \cdots & \cdots & \cdots
\end{bmatrix}
$$

$$
=\begin{bmatrix}
\boldsymbol{h}_0 \\
\boldsymbol{h}_1 & \boldsymbol{h}_0 \\
\cdots \\
\boldsymbol{h}_m & \boldsymbol{h}_{m-1} & \cdots & \boldsymbol{h}_1 & \boldsymbol{h}_0 \\
& \boldsymbol{h}_m & \boldsymbol{h}_{m-1} & \cdots & \boldsymbol{h}_1 & \boldsymbol{h}_0 \\
& & \boldsymbol{h}_m & \boldsymbol{h}_{m-1} & \cdots & \boldsymbol{h}_1 & \boldsymbol{h}_0 \\
& & & \cdots & \cdots & \cdots & \cdots
\end{bmatrix} \tag{8.5}
$$

例如(3,2,2) 卷积码的监督矩阵为

$$
\boldsymbol{H}=\begin{bmatrix}
\boldsymbol{h}_0 \\
\boldsymbol{h}_1 & \boldsymbol{h}_0 \\
\boldsymbol{h}_2 & \boldsymbol{h}_1 & \boldsymbol{h}_0 \\
& \boldsymbol{h}_2 & \boldsymbol{h}_1 & \boldsymbol{h}_0 \\
& & \boldsymbol{h}_2 & \boldsymbol{h}_1 & \boldsymbol{h}_0 \\
& & & \cdots & \cdots & \cdots
\end{bmatrix}=\begin{bmatrix}
111 \\
010 & 1111 \\
100 & 010 & 111 \\
& 100 & 010 & 111 \\
& & 100 & 010 & 111 \\
& & & \cdots & \cdots & \cdots
\end{bmatrix}
$$

8.1.3 卷积码的生成矩阵

与线性分组码一样,卷积码也可以用生成矩阵来描述,卷积码的生成矩阵与监督矩阵同样也有相互正交的关系。因此,根据式(8.1) 可以很方便地得到卷积码的基本生成矩阵的一般形式为

$$
\boldsymbol{g}=[\boldsymbol{g}_0 \quad \boldsymbol{g}_1 \quad \cdots \quad \boldsymbol{g}_m]=[\boldsymbol{I}_k\boldsymbol{P}_0^{\mathrm{T}} \quad \boldsymbol{0}\boldsymbol{P}_1^{\mathrm{T}} \quad \cdots \quad \boldsymbol{0}\boldsymbol{P}_m^{\mathrm{T}}] \tag{8.6}
$$

一个(n,k,m) 卷积码的基本生成矩阵$\boldsymbol{g}$为一个k行,$(m+1)\times n$列矩阵,子阵$\boldsymbol{g}_i(i=1,2,\cdots,m)$ 为$k\times n$矩阵,$\boldsymbol{P}_i^{\mathrm{T}}$为矩阵$\boldsymbol{P}_i$的转置。根据式(8.4) 可得到$(n,k,m)$ 卷积码的初始截短卷积码生成矩阵的一般形式为

$$
\boldsymbol{G}_{初}=\begin{bmatrix}
\boldsymbol{g}_0 & \boldsymbol{g}_1 & \cdots & \boldsymbol{g}_m \\
\boldsymbol{0} & \boldsymbol{g}_0 & \cdots & \boldsymbol{g}_{m-1} \\
\vdots & \vdots & & \vdots \\
\boldsymbol{0} & \boldsymbol{0} & \cdots & \boldsymbol{g}_0
\end{bmatrix}=\begin{bmatrix}
\boldsymbol{I}_k\boldsymbol{P}_0^{\mathrm{T}} & \boldsymbol{0}\boldsymbol{P}_1^{\mathrm{T}} & \cdots & \boldsymbol{0}\boldsymbol{P}_m^{\mathrm{T}} \\
\boldsymbol{0} & \boldsymbol{I}_k\boldsymbol{P}_0^{\mathrm{T}} & \cdots & \boldsymbol{0}\boldsymbol{P}_{m-1}^{\mathrm{T}} \\
\vdots & \vdots & & \vdots \\
\boldsymbol{0} & \boldsymbol{0} & \cdots & \boldsymbol{I}_k\boldsymbol{P}_0^{\mathrm{T}}
\end{bmatrix} \tag{8.7}
$$

如果(n,k,m) 卷积码编码器在初始状态为零时,输入的信息序列为$\boldsymbol{m}=[\boldsymbol{m}_0,\boldsymbol{m}_1,\boldsymbol{m}_2,\cdots,\boldsymbol{m}_m,\cdots]$,则编码器输出的初始截短卷积码序列为

$$
\boldsymbol{c}_{初}=[\boldsymbol{c}_0,\boldsymbol{c}_1,\boldsymbol{c}_2,\cdots,\boldsymbol{c}_m]=\boldsymbol{m}\cdot\boldsymbol{G}_{初} \tag{8.8}
$$

如果(n,k,m)卷积码编码器输入的信息序列是一个有头无尾的半无限序列,那么编码器输出的卷积码序列也是一个有头无尾的半无限序列,卷积码的生成矩阵就是一个半无限矩阵,其基本结构为

$$\boldsymbol{G}=\begin{bmatrix} \boldsymbol{g}_0 & \boldsymbol{g}_1 & \cdots & \boldsymbol{g}_m & \boldsymbol{0} & \boldsymbol{0} & \cdots \\ \boldsymbol{0} & \boldsymbol{g}_0 & \boldsymbol{g}_1 & \cdots & \boldsymbol{g}_m & \boldsymbol{0} & \cdots \\ \boldsymbol{0} & \boldsymbol{0} & \boldsymbol{g}_0 & \boldsymbol{g}_1 & \cdots & \boldsymbol{g}_m & \cdots \\ \boldsymbol{0} & \boldsymbol{0} & \boldsymbol{0} & \cdots & \cdots & \cdots & \cdots \end{bmatrix}=\begin{bmatrix} \boldsymbol{I}_k\boldsymbol{P}_0^{\mathrm{T}} & \boldsymbol{0}\boldsymbol{P}_1^{\mathrm{T}} & \cdots & \boldsymbol{0}\boldsymbol{P}_m^{\mathrm{T}} & \boldsymbol{0} & \boldsymbol{0} & \cdots \\ \boldsymbol{0} & \boldsymbol{I}_k\boldsymbol{P}_0^{\mathrm{T}} & \cdots & \boldsymbol{0}\boldsymbol{P}_{m-1}^{\mathrm{T}} & \boldsymbol{0}\boldsymbol{P}_m^{\mathrm{T}} & \boldsymbol{0} & \cdots \\ \boldsymbol{0} & \boldsymbol{0} & \boldsymbol{I}_k\boldsymbol{P}_0^{\mathrm{T}} & \cdots & \boldsymbol{0}\boldsymbol{P}_{m-1}^{\mathrm{T}} & \boldsymbol{0}\boldsymbol{P}_m^{\mathrm{T}} & \cdots \\ \boldsymbol{0} & \boldsymbol{0} & \boldsymbol{0} & \cdots & \cdots & \cdots & \cdots \end{bmatrix} \tag{8.9}$$

如果(n,k,m)卷积码编码器在初始状态为零时,输入的信息序列为$\boldsymbol{m}=[\boldsymbol{m}_0,\boldsymbol{m}_1,\boldsymbol{m}_2,\cdots,\boldsymbol{m}_m,\cdots]$,则编码器输出的卷积码序列为

$$\boldsymbol{c}=[\boldsymbol{c}_0,\boldsymbol{c}_1,\boldsymbol{c}_2,\cdots\boldsymbol{c}_m,\boldsymbol{c}_{m+1},\cdots]=\boldsymbol{m}\cdot\boldsymbol{G} \tag{8.10}$$

例如(3,1,2)卷积码的基本生成矩阵、初始截短码生成矩阵分别为

$$\boldsymbol{g}=[\boldsymbol{g}_0\quad \boldsymbol{g}_1\quad \boldsymbol{g}_2]=[111\quad 010\quad 101]$$

$$\boldsymbol{G}_{初}=\begin{bmatrix} \boldsymbol{g}_0 & \boldsymbol{g}_1 & \boldsymbol{g}_2 \\ & \boldsymbol{g}_0 & \boldsymbol{g}_1 \\ & & \boldsymbol{g}_0 \end{bmatrix}=\begin{bmatrix} 111 & 010 & 001 \\ & 111 & 010 \\ & & 111 \end{bmatrix}$$

$$\boldsymbol{G}=\begin{bmatrix} \boldsymbol{g}_0 & \boldsymbol{g}_1 & \boldsymbol{g}_2 & & \\ & \boldsymbol{g}_0 & \boldsymbol{g}_1 & \boldsymbol{g}_2 & \\ & & \boldsymbol{g}_0 & \boldsymbol{g}_1 & \boldsymbol{g}_2 \\ & & & \cdots & \cdots \end{bmatrix}=\begin{bmatrix} 111 & 010 & 001 & & \\ & 111 & 010 & 001 & \\ & & 111 & 010 & 001 \\ & & & \cdots & \cdots \end{bmatrix}$$

下面考察卷积码的生成多项式。从图8.5给出的(3,1,2)系统卷积码的编码电路中可以看出,编码器的三个输出支路的逻辑关系可以由三个生成多项式来确定,分别为

$$g^{(1)}(x)=1$$

$$g^{(2)}(x)=1+x$$

$$g^{(3)}(x)=1+x^2$$

实际上应该说明,(n,k,m)卷积码的约束长度m是卷积码各支路移位寄存器长度的最大值。一个(n,k,m)卷积码的支路生成多项式的一般形式为

$$\begin{aligned} g^{(1)}(x)&=g_0^{(1)}+g^{(1)}x_1+\cdots+g_m^{(1)}x^m \\ g^{(2)}(x)&=g_0^{(2)}+g_1^{(2)}x+\cdots+g_m^{(2)}x^m \\ &\vdots \\ g^{(n)}(x)&=g_0^{(n)}+g_1^{(n)}x+\cdots+g_m^{(n)}x^m \end{aligned} \tag{8.11}$$

如果用向量来表示,编码器的支路生成多项式也被称为生成序列,可表示为

$$\boldsymbol{g}^{(i)}=[g_0^{(i)}\quad g_1^{(i)}\quad \cdots\quad g_m^{(i)}] \tag{8.12}$$

这时,卷积码的基本生成矩阵就可以用编码器支路多项式向量来表示为

$$\boldsymbol{g}=[\boldsymbol{g}_0\quad \boldsymbol{g}_1\quad \cdots\quad \boldsymbol{g}_m]=[g_0^{(1)}g_0^{(2)}\cdots g_0^{(n)}\quad g_1^{(1)}g_1^{(2)}\cdots g_1^{(n)}\quad \cdots\quad g_m^{(1)}g_m^{(2)}\cdots g_m^{(n)}] \tag{8.13}$$

可知,(n,k,m)卷积码基本生成矩阵的子矩阵$\boldsymbol{g}_i$与编码器支路多项式的系数之间的关系为

$$\begin{aligned} \boldsymbol{g}_0 &= [g_0^{(1)} \quad g_0^{(2)} \quad \cdots \quad g_0^{(n)}] \\ \boldsymbol{g}_1 &= [g_1^{(1)} \quad g_1^{(2)} \quad \cdots \quad g_1^{(n)}] \\ &\vdots \\ \boldsymbol{g}_m &= [g_m^{(1)} \quad g_m^{(2)} \quad \cdots \quad g_m^{(n)}] \end{aligned} \tag{8.14}$$

这样,就得到了卷积码编码器的结构与生成矩阵的对应关系,已知编码器的生成多项式就可以确定卷积码的生成矩阵。这种对应关系既适用于系统卷积码,也适用于非系统卷积码。例如图 8.4 给出的(2,1,2) 非系统卷积码的支路生成多项式为

$$g^{(1)}(x) = 1 + x + x^2$$

$$g^{(2)}(x) = 1 + x^2$$

可得其基本生成多项式为 $\boldsymbol{g} = [11 \quad 10 \quad 11]$,生成矩阵为

$$\boldsymbol{G} = \begin{bmatrix} 11 & 10 & 11 & & \\ & 11 & 10 & 11 & \\ & & 11 & 10 & \\ & & & \cdots & \end{bmatrix}$$

我们知道,卷积码的编码器是一个线性时序电路,因此它是一个线性时不变系统。线性时不变系统可以用冲击响应来描述,也可以用传递函数来描述。线性时不变系统的输入和输出关系在时域上是卷积关系,在变换域上可以是乘积的关系。这时可以把卷积码的编码器看作是 $GF(2)$ 上的滤波器,图8.6 给出了卷积码编码器支路横向滤波器的典型结构,实际的卷积码编码器可能是没有反馈的(有限冲击响应),也有可能是有反馈的(无限冲击响应)。

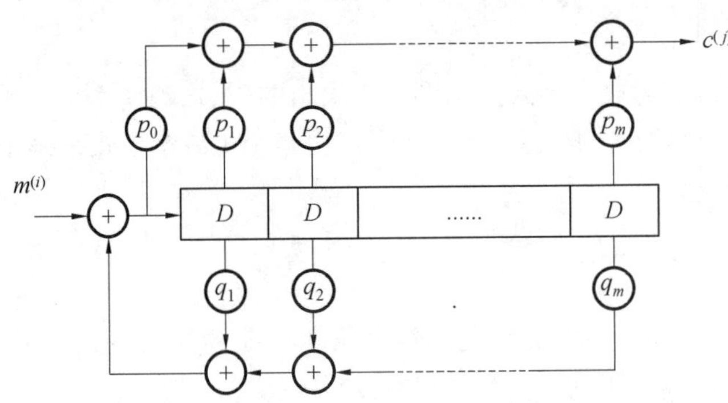

图 8.6　卷积码编码器支路横向滤波器的典型结构图

根据线性时不变系统的知识,这个滤波器结构的传递函数为

$$G_{i,j}(D) = \frac{P_{i,j}(D)}{Q_{i,j}(D)} = \frac{p_0 + p_1 D + \cdots + p_m D^m}{1 + q_1 D + \cdots + q_m D^m} \tag{8.15}$$

这时可以把域上多项式的变量 x 看作一个延时算子,即卷积码编码器的一个单位时延 D。

编码器第 i 个支路输入的信息序列和输出的码字序列分别为

$$m^{(i)}(x) = m_0^{(i)} + m_1^{(i)} x + m_2^{(i)} x^2 + \cdots \tag{8.16}$$

$$c^{(j)}(x) = c_0^{(j)} + c_1^{(j)} x + c_2^{(j)} x^2 + \cdots \tag{8.17}$$

同样,生成矩阵也可以用域上多项式表示,将生成子矩阵 $\boldsymbol{g}_l(l=0,1,2\cdots,m)$ 的第 i 行第

j 列表示为第 j 个支路关于第 i 个输入的支路多项式

$$g_i^{(j)}(x) = g_{i,0}^{(j)} + g_{i,1}^{(j)}x + g_{i,2}^{(j)}x^2 + \cdots + g_{i,m}^{(j)}x^m \quad (1 \leqslant i \leqslant k; 1 \leqslant j \leqslant n) \tag{8.18}$$

这时,第 j 个支路输出的码字多项式为

$$c^{(j)}(x) = m^{(1)}(x)g_1^{(j)}(x) + m^{(2)}(x)g_2^{(j)}(x) + \cdots + m^{(k)}(x)g_k^{(j)}(x) \tag{8.19}$$

这样,可以用域上多项式表示生成矩阵,有

$$\boldsymbol{G}(x) = \begin{bmatrix} g_1^{(1)}(x) & g_1^{(2)}(x) & \cdots & g_1^{(n)}(x) \\ g_2^{(1)}(x) & g_2^{(2)}(x) & \cdots & g_2^{(n)}(x) \\ \vdots & \vdots & & \vdots \\ g_k^{(1)}(x) & g_k^{(2)}(x) & \cdots & g_k^{(n)}(x) \end{bmatrix} \tag{8.20}$$

编码器输出的码字多项式矩阵为

$$\begin{aligned} \boldsymbol{c}(x) &= \boldsymbol{m}(x) \cdot \boldsymbol{G}(x) \\ &= [m^{(1)}(x) \quad m^{(2)}(x) \quad \cdots \quad m^{(k)}(x)] \cdot \boldsymbol{G}(x) \\ &= [c^{(1)}(x) \quad c^{(2)}(x) \quad \cdots \quad c^{(n)}(x)] \end{aligned} \tag{8.21}$$

输出码字多项式为

$$c(x) = c^{(1)}(x^n) + xc^{(2)}(x^n) + x^2c^{(3)}(x^n) + \cdots + x^{n-1}c^{(n)}(x^n) \tag{8.22}$$

8.1.4　卷积码的编码举例

这里通过几个例子进一步讨论卷积码的编码原理和数学描述方法。

【例8.1】　一个(2,1,3)非系统卷积码编码器原理如图8.7所示,分析其编码过程的数学描述。

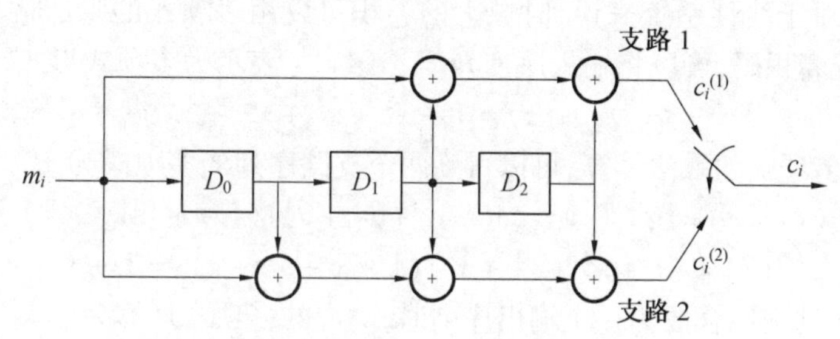

图8.7　(2,1,3)非系统卷积码编码器原理图

解　(1)求生成矩阵。

从编码器结构图中可以确定两个支路的生成多项式分别为

$$g^{(1)}(x) = 1 + x^2 + x^3$$
$$g^{(2)}(x) = 1 + x + x^2 + x^3$$

支路多项式的向量表示为

$$\boldsymbol{g}^{(1)} = [g_0^{(1)} \quad g_1^{(1)} \quad g_2^{(1)} \quad g_3^{(1)}] = [1011]$$
$$\boldsymbol{g}^{(2)} = [g_0^{(2)} \quad g_1^{(2)} \quad g_2^{(2)} \quad g_3^{(2)}] = [1111]$$

根据式(8.13)确定卷积码的基本生成矩阵为

$$\boldsymbol{g} = [\boldsymbol{g}_0 \quad \boldsymbol{g}_1 \quad \boldsymbol{g}_2 \quad \boldsymbol{g}_3] = [11 \quad 01 \quad 11 \quad 11]$$

生成矩阵为

$$G=\begin{bmatrix} 11 & 01 & 11 & 11 & & & \\ & 11 & 01 & 11 & 11 & & \\ & & 11 & 01 & 11 & 11 & \\ & & & \cdots & \cdots & \cdots & \cdots \end{bmatrix}$$

(2) 考察当编码器输入码字序列为 $\boldsymbol{m}=[10111]$ 时，编码器输出的卷积码序列。

由式(8.10)，用矩阵乘法可以计算卷积码序列为

$$\boldsymbol{c}=\boldsymbol{m}\cdot\boldsymbol{G}=[10111000]\begin{bmatrix} 11 & 01 & 11 & 11 & & & \\ & 11 & 01 & 11 & 11 & & \\ & & 11 & 01 & 11 & 11 & \\ & & & \cdots & \cdots & \cdots & \cdots \end{bmatrix}$$

$$=[11\quad 01\quad 00\quad 01\quad 01\quad 01\quad 00\quad 11]$$

在上面计算矩阵乘法时，实际上假设信息序列的后续为 m 个零状态(三个0)，即认为编码器输入的信息序列为 $\boldsymbol{m}=[10111000]$。

在计算编码器输出序列时，可以用时域卷积的方法计算两个支路的输出序列，然后再将它们交织后就可以得到编码器的输出序列

$$\boldsymbol{c}^{(1)}=\boldsymbol{m}*\boldsymbol{g}^{(1)}=[10111]*[1011]=[10000001]$$
$$\boldsymbol{c}^{(2)}=\boldsymbol{m}*\boldsymbol{g}^{(2)}=[10111]*[1111]=[11011101]$$

通过交织得到输出序列为

$$\boldsymbol{c}=[\boldsymbol{c}_0,\boldsymbol{c}_1,\boldsymbol{c}_2,\cdots,\boldsymbol{c}_m,\boldsymbol{c}_{m+1},\cdots]=[c_0^{(1)}c_0^{(2)},c_1^{(1)}c_1^{(2)},c_2^{(1)}c_2^{(2)},c_3^{(1)}c_3^{(2)},c_4^{(1)}c_4^{(2)},\cdots]$$
$$=[11\quad 01\quad 00\quad 01\quad 01\quad 01\quad 00\quad 11\quad \cdots]$$

我们知道，对于线性系统来说，时域上的卷积可以用多项式的乘法运算来代替。对于(2,1,3) 非系统卷积码，可以将输入序列 $\boldsymbol{m}=[10111]$ 表示为多项式形式，即

$$m(x)=1+x^2+x^3+x^4$$

根据 $GF(2)$ 上多项式的乘法计算，可以得到两个支路序列的多项式为

$$c^{(1)}(x)=m(x)g^{(1)}(x)=(1+x^2+x^3+x^4)(1+x^2+x^3)=1+x^7$$
$$c^{(2)}(x)=m(x)g^{(2)}(x)=(1+x^2+x^3+x^4)(1+x+x^2+x^3)=1+x+x^3+x^4+x^5+x^7$$

将两个支路的序列交织合成为一个输出序列时，对应的多项式运算为

$$c(x)=c^{(1)}(x^2)+xc^{(2)}(x^2)=1+x^{14}+x(1+x^2+x^6+x^8+x^{10}+x^{14})$$
$$=1+x+x^3+x^7+x^9+x^{11}+x^{14}+x^{15}$$

对应的卷积码序列为 $\boldsymbol{c}=[11\quad 01\quad 00\quad 01\quad 01\quad 01\quad 00\quad 11]$。由此可见，通过几种方法得到的编码器输出序列是相同的。

可以验证，对于一个一般的(n,k,m) 卷积码编码器，如果其支路生成多项式为式(8.11)，则支路输出序列的多项式为

$$c^{(i)}(x)=m(x)g^{(i)}(x)\quad (i=1,2,\cdots,n) \tag{8.23}$$

其中，$m(x)$ 为输入码字多项式；$g^{(i)}(x)$ 为第 i 个支路的生成多项式。而编码器交织后的输出码字序列多项式为

$$c(x)=c^{(1)}(x^n)+xc^{(2)}(x^n)+x^2c^{(3)}(x^n)+\cdots+x^{n-1}c^{(n)}(x^n) \tag{8.24}$$

对于$(n,1,m)$ 卷积码编码器，还有一种利用多项式计算输出序列的方法，即首先得到一个复合生成多项式，复合多项式的一般形式为

$$g(x) = g^{(1)}(x^n) + xg^{(2)}(x^n) + x^2 g^{(3)}(x^n) + \cdots + x^{n-1} g^{(n)}(x^n) \tag{8.25}$$

而输出的卷积码序列多项式为

$$c(x) = m(x^n) g(x) \tag{8.26}$$

对于(2,1,3) 非系统卷积码,有

$$\begin{aligned} g(x) &= g^{(1)}(x^2) + xg^{(2)}(x^2) = 1 + x^4 + x^6 + x(1 + x^2 + x^4 + x^6) \\ &= 1 + x + x^3 + x^4 + x^5 + x^6 + x^7 \end{aligned}$$

输出码字序列为

$$\begin{aligned} c(x) &= m(x^2) g(x) = (1 + x^4 + x^6 + x^8)(1 + x + x^3 + x^4 + x^5 + x^6 + x^7) \\ &= 1 + x + x^3 + x^7 + x^9 + x^{11} + x^{14} + x^{15} \end{aligned}$$

可见与上面的计算结果是相同的。

【例8.2】　已知(3,1,2) 非系统卷积码的编码器原理如图8.8所示,试计算当输入序列为 $\boldsymbol{m} = [11101]$ 时的输出卷积码序列。

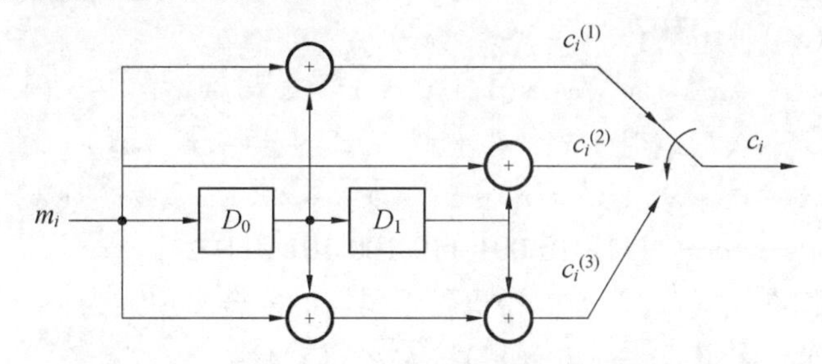

图8.8　(3,1,2) 非系统卷积码的编码器原理图

解　由图8.8给出的编码器结构可确定三个支路多项式为

$$g^{(1)}(x) = 1 + x$$
$$g^{(2)}(x) = 1 + x^2$$
$$g^{(3)}(x) = 1 + x + x^2$$

支路多项式的向量表示为

$$\boldsymbol{g}^{(1)} = [g_0^{(1)} \quad g_1^{(1)} \quad g_2^{(1)}] = [110]$$
$$\boldsymbol{g}^{(2)} = [g_0^{(2)} \quad g_1^{(2)} \quad g_2^{(2)}] = [101]$$
$$\boldsymbol{g}^{(3)} = [g_0^{(3)} \quad g_1^{(3)} \quad g_2^{(3)}] = [111]$$

根据式(8.13) 确定卷积码的基本生成矩阵为

$$\boldsymbol{g} = [\boldsymbol{g}_0 \quad \boldsymbol{g}_1 \quad \boldsymbol{g}_2] = [111 \quad 101 \quad 011]$$

生成矩阵为

$$\boldsymbol{G} = \begin{bmatrix} 111 & 101 & 011 & & & \\ & 111 & 101 & 011 & & \\ & & 111 & 101 & 011 & \\ & & & \cdots & \cdots & \cdots \end{bmatrix}$$

当编码器输入码字序列为 $\boldsymbol{m} = [11101]$ 时,编码器输出的卷积码序列为

$$c = m \cdot G = [1110100]\begin{bmatrix} 111 & 101 & 011 & & & \\ & 111 & 101 & 011 & & \\ & & 111 & 101 & 011 & \\ & & & \cdots & \cdots & \cdots \end{bmatrix}$$

$$= [111 \quad 010 \quad 001 \quad 110 \quad 100 \quad 101 \quad 011 \quad \cdots]$$

在上面计算矩阵乘法时，实际上假设信息序列的后续为 m 个零状态（2 个 0），即认为编码器输入的信息序列为 $\boldsymbol{m} = [1110100]$。

如果利用式(8.23)计算三个支路的序列多项式，有

$$c^{(1)}(x) = (1 + x + x^2 + x^4)(1 + x) = 1 + x^3 + x^4 + x^5$$

$$c^{(2)}(x) = (1 + x + x^2 + x^4)(1 + x^2) = 1 + x + x^3 + x^6$$

$$c^{(3)}(x) = (1 + x + x^2 + x^4)(1 + x + x^2) = 1 + x^2 + x^5 + x^6$$

由式(8.24)可得到编码器输出的卷积码字多项式为

$$\begin{aligned} c(x) &= c^{(1)}(x^3) + xc^{(2)}(x^3) + x^2c^{(3)}(x^3) \\ &= (1 + x^9 + x^{12} + x^{15}) + x(1 + x^3 + x^9 + x^{18}) + x^2(1 + x^6 + x^{15} + x^{18}) \\ &= 1 + x^9 + x^{12} + x^{15} + x + x^4 + x^{10} + x^{19} + x^2 + x^8 + x^{17} + x^{20} \\ &= 1 + x + x^2 + x^4 + x^8 + x^9 + x^{10} + x^{12} + x^{15} + x^{17} + x^{19} + x^{20} \end{aligned}$$

对应的码字序列为 $\quad \boldsymbol{c} = [111\ 010\ 001\ 110\ 100\ 101\ 011\ \cdots]$

为了验证，我们在用式(8.25)求卷积码编码器的复合多项式为

$$\begin{aligned} g(x) &= g^{(1)}(x^3) + xg^{(2)}(x^3) + x^2g^{(3)}(x^3) \\ &= (1 + x^3) + x(1 + x^6) + x^2(1 + x^3 + x^6) \\ &= 1 + x^3 + x + x^7 + x^2 + x^5 + x^8 \\ &= 1 + x + x^2 + x^3 + x^5 + x^7 + x^8 \end{aligned}$$

由式(8.26)，编码器输出的卷积码序列多项式为

$$\begin{aligned} c(x) &= m(x^3)g(x) = (1 + x^3 + x^6 + x^{12})(1 + x + x^2 + x^3 + x^5 + x^7 + x^8) \\ &= 1 + x^3 + x^6 + x^{12} + x + x^4 + x^7 + x^{13} + x^2 + x^5 + x^8 + x^{14} + x^3 + x^6 + x^9 + x^{15} + \\ &\quad x^5 + x^8 + x^{11} + x^{17} + x^7 + x^{10} + x^{13} + x^{19} + x^8 + x^{11} + x^{14} + x^{20} \\ &= 1 + x + x^2 + x^4 + x^8 + x^9 + x^{10} + x^{12} + x^{15} + x^{17} + x^{19} + x^{20} \end{aligned}$$

对应的码字序列为 $\quad \boldsymbol{c} = [111\ 010\ 001\ 110\ 100\ 101\ 011\ \cdots]$

可见以上几种方法得到的编码器输出序列是相同的。

【例8.3】 如果图8.1给出的(3,2,2)系统卷积码的输入序列为[11 01 10 11…]，试计算编码器的输出码字序列。

解 已知$n = 3, k = 2, m = 2$，对于这种$k \neq 1$的卷积码，由式(8.18)可知这时对应两个输入序列($i = 1,2$)的三个输出支路($j = 1,2,3$)的生成多项式为

$$g_1^{(1)}(x) = 1, \quad g_1^{(2)}(x) = 0, \quad g_1^{(3)}(x) = 1 + x^2$$

$$g_2^{(1)}(x) = 0, \quad g_2^{(2)}(x) = 1, \quad g_2^{(3)}(x) = x + x^2$$

这时由式(8.20)可得到生成多项式矩阵为 $\boldsymbol{G}(x) = \begin{bmatrix} 1 & 0 & 1 + x^2 \\ 0 & 1 & x + x^2 \end{bmatrix}$

根据输入序列，可知输入序列多项式为

$$m^{(1)}(x) = 1 + x^2 + x^3; \quad m^{(2)}(x) = 1 + x + x^3$$

由式(8.21)可计算输出码字序列为

$$c(x)=m(x)\cdot G(x)=[1+x^2+x^3\quad 1+x+x^3]\cdot\begin{bmatrix}1 & 0 & 1+x^2\\0 & 1 & x+x^2\end{bmatrix}$$

$$=[1+x^2+x^3\quad 1+x+x^3\quad 1+x]=[c^{(1)}(x)\quad c^{(2)}(x)\quad c^{(3)}(x)]$$

$$c(x)=c^{(1)}(x^3)+xc^{(2)}(x^3)+x^2c^{(3)}(x^3)=1+x+x^2+x^4+x^5+x^6+x^9+x^{10}$$

输出码字序列为[111 011 100 110 000…]。

有时用时域延时算子来表示卷积码的生成多项式,可以更直观地表示序列的时域特性,例如,本例题的变换域生成矩阵可以写成

$$G(D)=\begin{bmatrix}1 & 0 & 1+D^2\\0 & 1 & D+D^2\end{bmatrix}$$

【例 8.4】 如果图 8.9 给出的(3,2,1)非系统卷积码的输入序列为[11　01　10　…],试计算编码器的输出码字序列。

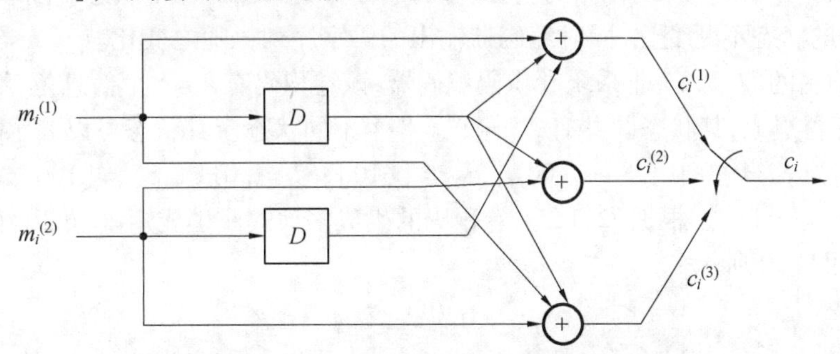

图 8.9　(3,1,2)非系统卷积码编码器原理图

解　由 $n=3,k=2,m=1$ 及式(8.18)可知这时对应两个输入序列($i=1,2$)的三个输出支路($j=1,2,3$)的生成多项式可以表示为

$$g_1^{(1)}(x)=1+x,\quad g_1^{(2)}(x)=x,\quad g_1^{(3)}(x)=1+x$$

$$g_2^{(1)}(x)=x,\quad g_2^{(2)}(x)=1,\quad g_2^{(3)}(x)=1$$

可得变换域生成矩阵为

$$G(D)=\begin{bmatrix}1+D & D & 1+D\\D & 1 & 1\end{bmatrix}$$

输入序列可表示为

$$m^{(1)}(D)=1+D^2;\quad m^{(2)}(D)=1+D$$

由式(8.21)可计算输出码字序列为

$$c(D)=m(D)\cdot G(D)=[1+D^2\quad 1+D]\cdot\begin{bmatrix}1+D & D & 1+D\\D & 1 & 1\end{bmatrix}$$

$$=[1+D^3\quad 1+D^3\quad D^2+D^3]=[c^{(1)}(D)\quad c^{(2)}(D)\quad c^{(3)}(D)]$$

$$c(D)=c^{(1)}(D^3)+Dc^{(2)}(D^3)+D^2c^{(3)}(D^3)=1+D+D^8+D^9+D^{10}+D^{11}$$

输出码字序列为[110　000　001　111　…]。

8.2　卷积码的维特比译码

卷积码的基本译码方法包括序列译码、门限译码和维特比(Viterbi)译码。维特比译码是基于卷积码的网格图结构的一种最大似然译码方法。与其他译码方法相比，维特比译码方法的优点是译码时间确定、易于硬件实现及译码错误概率可以很小等，本节主要介绍维特比译码方法。

8.2.1　卷积码的图形表示法

1. 卷积码的状态图

卷积码的编码器是一个时序网络，其工作过程可以用一个状态图来描述。在卷积码编码器中，移位寄存器某一时刻存储的内容(数据)称为编码器的一个状态。随着信息序列的输入，编码器的状态不断变化，同时编码器输出的码字序列也随之变化。

图8.7给出的(2,1,3)非系统卷积码编码器，该卷积码有$k=1$个信息位，编码器由$m=3$位移位寄存器组成，其状态图共有$2^m=2^3=8$个不同状态。其状态可以表示为$S_i=[D_2,D_1,D_0]$，分别为$S_0=[000]$，$S_1=[001]$，$S_2=[010]$，$S_3=[011]$，$S_4=[100]$，$S_5=[101]$，$S_6=[110]$，$S_7=[111]$。根据(2,1,3)卷积码的生成多项式或生成矩阵，可以确定它的唯一的状态图如图8.10所示。

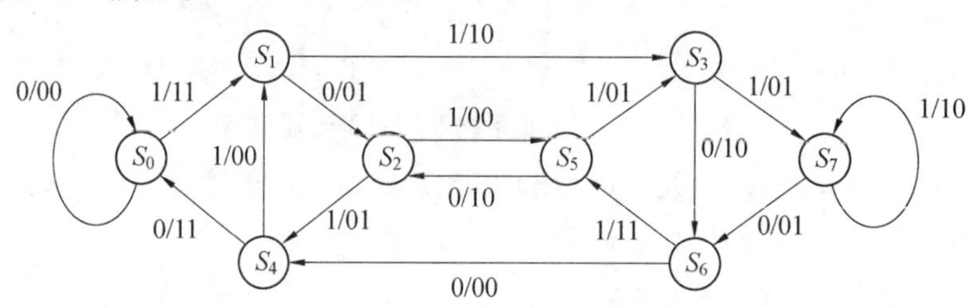

图8.10　(2,1,3)非系统卷积码状态图

在状态图中，状态转移线上的数字表示某一时刻编码器输入某一信息位后从一个状态转移到另一个状态，并给出编码器输出的码元序列。例如：1/10表示编码器输入为1时，输出为10。

如果编码器初始状态为S_0时，输入信息序列为$\boldsymbol{m}=[10111]$，则输出为$\boldsymbol{c}=[11\ 01\ 00\ 01\ 01\ 01\ 00\ 11]$，与上一节中例题计算结果相同。注意输入信息序列后面补三个0，这时编码器状态变化路径为$S_0\to S_1\to S_2\to S_5\to S_3\to S_7\to S_6\to S_4\to S_0$。

图8.8给出的(3,1,2)非系统卷积码，其编码器的状态为$S_i=[D_1,D_0]$。其状态图如图8.11所示。在编码器初始状态为S_0，输入信息序列为$\boldsymbol{m}=[11101]$时，输出为$\boldsymbol{c}=[111,010,001,110,100,101,011]$，编码器状态变化路径为$S_0\to S_1\to S_3\to S_3\to S_2\to S_1\to S_2\to S_0$。

2. 卷积码的树图

如果(n,k,m)卷积码的输入信息序列是一个有头无尾的半无限序列，则输出也是一个半无限序列，而且对于任意可能的输入序列，编码过程及输出序列可以用一个树形图来描述，把这种图称为卷积码的码树图。实际上，卷积码的码树图就是编码其状态图按时间的展

开。先给出图8.4的(2,1,2)卷积码的状态图,如图8.12所示,然后给出其码树图,如图8.13所示。

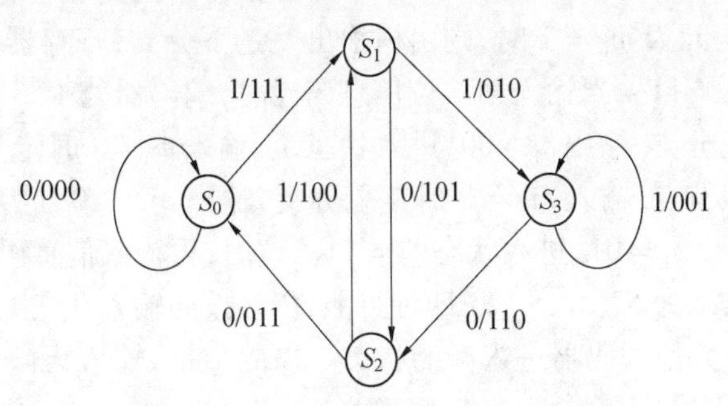

图8.11　(3,1,2)非系统卷积码状态图

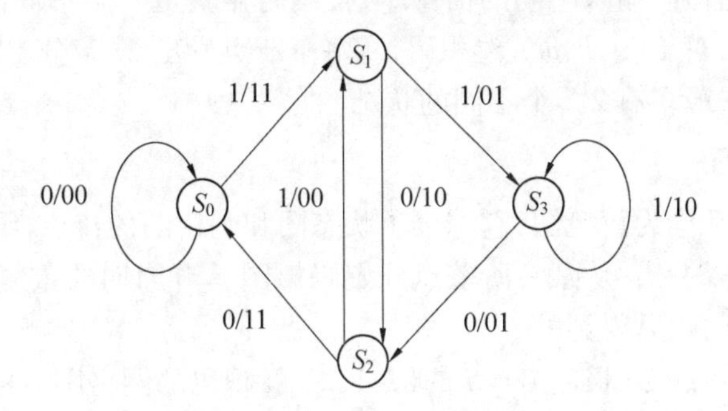

图8.12　(2,1,2)卷积码的状态图

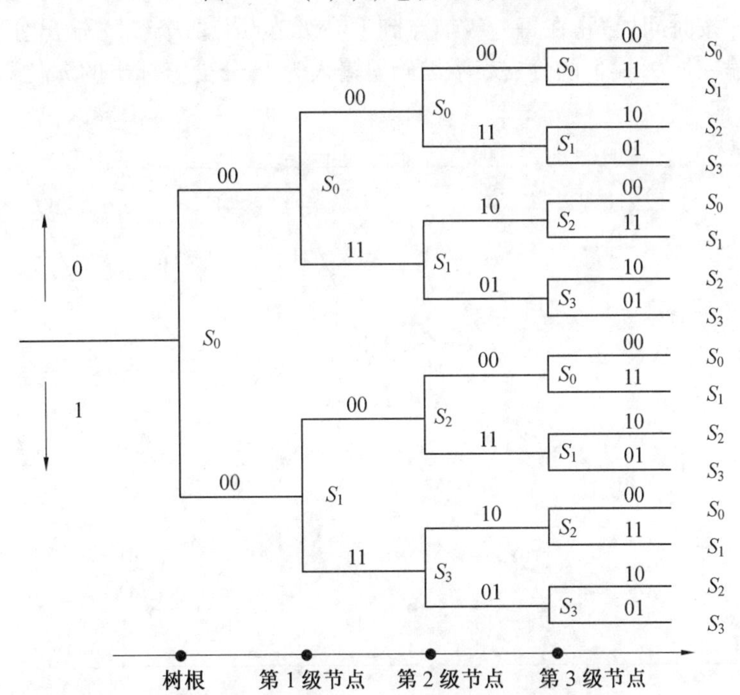

图8.13　(2,1,2)卷积码的码树图

在码树图中,节点处的符号S_i表示编码器的状态,分支路径上的数字表示编码器输出

符号，上分支表示输入信息0，下分支表示输入信息1。设编码器初始状态为$S_0=00$，当输入信息码元为$m_0=0$时，由树根出发走上分支，寄存器右移一位，状态仍然为S_0，输出码字为$c_0=00$。当输入信息码元为$m_0=1$时，则由树根出发走下分支，寄存器右移一位，状态转为$S_1=10$，输出码字为$c_0=11$。当输入第二位信息码元时，编码器处于第1级节点，若在S_0节点，输入$m_1=0$时走上分支，输出$c_1=00$，进入状态S_0；输入$m_1=1$时走下分支，输出$c_1=11$，进入状态S_1。若在S_1节点，输入$m_1=0$时走上分支，输出$c_1=10$，进入状态$S_2=01$；输入$m_1=1$时走下分支，输出$c_1=01$，进入状态$S_3=11$。这时，再输入信息码元m_2，编码器从第2级节点出发，此时的状态为S_0,S_1,S_2,S_3四种可能，仍然按照输入0走上分支，输入1走下分支，相应得到输出码字并使编码器进入新的状态。以此类推，输入无限长的信息序列，就会得到一个无限延伸的码树图。

从码树图上可以看到，输入不同的信息序列，编码器就走一条不同的路径，输出不同的码字序列。一般来讲，对于(n,k,m)卷积码，从每个节点发出2^k条分支，每条分支表示编码器输出一个n长码字，最多有2^{km}个不同的状态。

3. 卷积码的网格图

卷积码的网格图又称为篱笆图，它综合了状态图和码树图的特点，结构简单并且时序关系清楚。从码树图可以看出，从某一阶节点开始码树图具有周期的重复性。卷积码的网格图就是将这种重复性简化后得到的。

图8.14给出了信息序列长度$L=5$的$(2,1,2)$卷积码的网格图。$(2,1,2)$卷积码编码器有四个状态，网格图就有四行，每行的节点分别表示编码器处于S_0,S_1,S_2,S_3四个状态。网格图从左到右按时间展开，在每一级节点到下一级节点有两个(2^k)输出分支，偏上的分支表示编码器输入为0，偏下的分支表示编码器输入为1，分支上标出的n位数字表示编码器的输出码字。

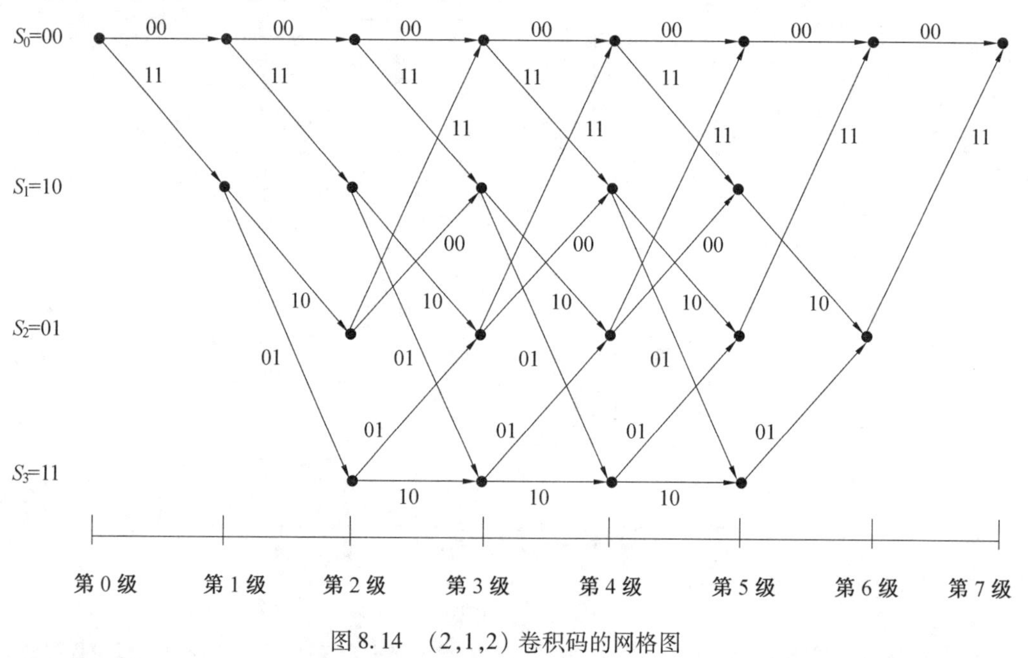

图8.14 (2,1,2)卷积码的网格图

在网格图中第0级节点表示编码器初始状态为S_0，经过$m=2$次输入后编码器可能处于四种不同状态。从第m级节点到第L级节点，编码器处于稳定的状态转移中，各节点的网络结构是一样的。在第L级节点后网格图画出了编码器输入m个0后又回到了初始状态S_0。

图8.15给出了信息序列长度$L=5$的图8.7的(3,1,2)卷积码的网格图。

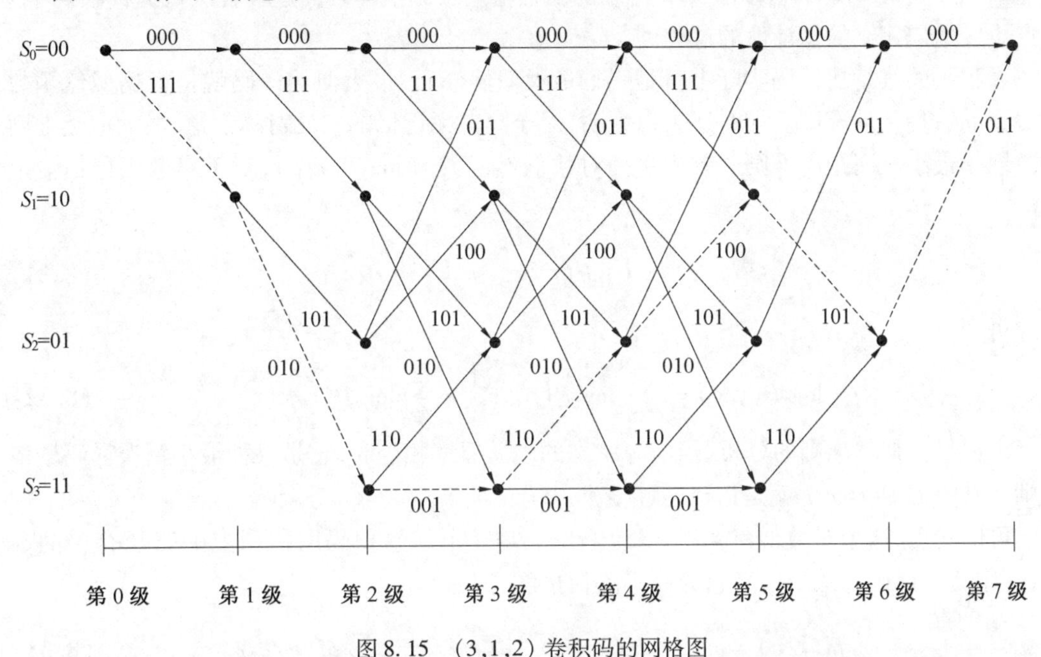

图8.15　(3,1,2)卷积码的网格图

在图8.14中可以看到，对于$L=5$的网格图一共有$L+m+1$级节点，本例中$L=5$，$m=2$，$L+m=7$，为0～7级。除了初始状态和后面$m=2$个状态外，网格图的中间状态均为两个(2^k)输入分支和两个输出分支，长度为$L+m$的2^L个码字，每个码字都对应于格子图上的唯一一条路径。在编码器初始状态为S_0，输入信息序列为$\boldsymbol{m}=[11101]$时，输出为$\boldsymbol{c}=[111,010,001,110,100,101,011]$，编码器状态变化路径为$S_0 \to S_1 \to S_3 \to S_3 \to S_2 \to S_1 \to S_2 \to S_0$，如图中虚线所表示的路径。

8.2.2　译码量度

根据前面编码理论的分析知道，最大后验概率译码是前向纠错方式的最佳译码，最大后验概率译码准则既可以用来对整个码字序列进行估值，也可以用来对相应的信息比特进行逐比特判决。这里讨论一下卷积码的译码准则问题，根据卷积码网格图的介绍，假设卷积码编码器输入为长度是L的信息码序列，对一般的二元(n,k,m)卷积码可以表示为$\boldsymbol{m}=[\boldsymbol{m}_0,\boldsymbol{m}_1,\boldsymbol{m}_2,\cdots,\boldsymbol{m}_{L-1}]$，如果是$(n,1,m)$卷积码则可以表示为$\boldsymbol{m}=[m_0,m_1,m_2,\cdots,m_{L-1}]$。编码器输出的卷积码为一个长度是$N=n(L+m)$的码字序列，可以表示为$\boldsymbol{c}=[\boldsymbol{c}_0,\boldsymbol{c}_1,\boldsymbol{c}_2,\cdots,\boldsymbol{c}_{L+m-1}]$，其中$\boldsymbol{c}_i=[c_{i0},c_{i1},c_{i2},\cdots,c_{in-1}]$。编码器输出的码字序列经过一个离散无记忆信道后，接收到的码字序列为$\boldsymbol{r}=[\boldsymbol{r}_0,\boldsymbol{r}_1,\boldsymbol{r}_2,\cdots,\boldsymbol{r}_{L+m-1}]$。可以把编码器的输入输出序列和译码器的输入输出序列分别写成如下形式

$$\boldsymbol{m}=[\boldsymbol{m}_0,\boldsymbol{m}_1,\boldsymbol{m}_2,\cdots,\boldsymbol{m}_{L-1}] \tag{8.27}$$

$$\boldsymbol{c}=[\boldsymbol{c}_0,\boldsymbol{c}_1,\boldsymbol{c}_2,\cdots,\boldsymbol{c}_{L+m-1}]=[c_0,c_1,c_2,\cdots,c_{N-1}] \tag{8.28}$$

$$\boldsymbol{r} = [\boldsymbol{r}_0, \boldsymbol{r}_1, \boldsymbol{r}_2, \cdots, \boldsymbol{r}_{L+m-1}] = [r_0, r_1, r_2, \cdots, r_{N-1}] \tag{8.29}$$

$$\hat{\boldsymbol{c}} = [\hat{\boldsymbol{c}}_0, \hat{\boldsymbol{c}}_1, \hat{\boldsymbol{c}}_2, \cdots, \hat{\boldsymbol{c}}_{L+m-1}] = [\hat{c}_0, \hat{c}_1, \hat{c}_2, \cdots, \hat{c}_{N-1}] \tag{8.30}$$

其中,$\hat{\boldsymbol{c}} = [\hat{\boldsymbol{c}}_0, \hat{\boldsymbol{c}}_1, \hat{\boldsymbol{c}}_2, \cdots, \hat{\boldsymbol{c}}_{L+m-1}]$ 为译码器根据译码准则对接收码字序列进行译码后产生的发送码字序列 $\boldsymbol{c} = [\boldsymbol{c}_0, \boldsymbol{c}_1, \boldsymbol{c}_2, \cdots, \boldsymbol{c}_{L+m-1}]$ 的估计值。实际上译码的过程就是根据接收码字 $\boldsymbol{r}$ 来产生发送码字 $\boldsymbol{c}$ 的估计值的过程。

卷积码的维特比译码实际上就是一种最大似然译码,最大似然译码就是根据似然函数为最大的一种估计准则。同时还可以证明,对于离散无记忆的二元对称信道,最大似然准则就等同于最小汉明距离准则。首先选择对数似然函数为 $\log_2 P(\boldsymbol{r}/\boldsymbol{c})$,对于离散无记忆信道有

$$P(\boldsymbol{r}/\boldsymbol{c}) = \prod_{i=0}^{L+m-1} P(\boldsymbol{r}_i/\boldsymbol{c}_i) = \prod_{i=0}^{N-1} P(r_i/c_i) \tag{8.31}$$

由此可知

$$\log_2 P(\boldsymbol{r}/\boldsymbol{c}) = \sum_{i=0}^{L+m-1} \log_2 P(\boldsymbol{r}_i/\boldsymbol{c}_i) = \sum_{i=0}^{N-1} \log_2 P(r_i/c_i) \tag{8.32}$$

根据最大似然准则的分析,当信源状态的先验概率相等时,它是一种最小错误译码概率准则。其中的 $P(r_i/c_i)$ 就是信道转移概率。

可以看出,这个对数似然函数 $\log_2 P(\boldsymbol{r}/\boldsymbol{c})$ 是一个与卷积码网格图上的路径有关的参数,在维特比译码算法中定义它为译码路径量度,记为

$$M(\boldsymbol{r}/\boldsymbol{c}) = \log_2 P(\boldsymbol{r}/\boldsymbol{c}) = \sum_{i=0}^{L+m-1} M(\boldsymbol{r}_i/\boldsymbol{c}_i) = \sum_{i=0}^{N-1} M(r_i/c_i) \tag{8.33}$$

其中,$M(\boldsymbol{r}/\boldsymbol{c})$ 为路径量度;$M(\boldsymbol{r}_i/\boldsymbol{c}_i)$ 为分支量度;$M(r_i/c_i)$ 为比特量度。

同时定义在网格图上一条译码路径的前 j 个分支的量度为部分路径量度,表示为

$$M(\boldsymbol{r}/\boldsymbol{c})_j = \sum_{i=0}^{j-1} M(r_i/c_i) \tag{8.34}$$

在卷积码的维特比译码过程中,就是根据接收到的码字序列 $\boldsymbol{r}$,在网格图上找到具有最大量度的路径,实际上就是找到最大似然路径。

下面讨论在二元对称信道(BSC)上最大似然译码等价于最小汉明距离译码的问题。假设在BSC上,其信道的码元错误概率为 $p < 0.5$,发送码字序列为 $\boldsymbol{c}$,接收码字序列为 $\boldsymbol{r}$,考虑到信道为无记忆信道,把式(8.31)中的码元序号调整为 $i = 1, 2, \cdots, N$,则有

$$P(\boldsymbol{r}/\boldsymbol{c}) = \prod_{i=1}^{N} P(r_i/c_i) \tag{8.35}$$

式中,$r_i \neq c_i$ 的概率为 $P(r_i/c_i) = p$;$r_i = c_i$ 的概率为 $P(r_i/c_i) = 1 - p$。也就是说,如果信道传输没有差错,接收码字序列 $\boldsymbol{r}$ 与发送码字序列 $\boldsymbol{c}$ 的对应码元应该是相等的,而接收码字序列 $\boldsymbol{r}$ 与发送码字序列 $\boldsymbol{c}$ 的对应码元如果不同,就是由于信道差错造成的。这样,就可以用 $\boldsymbol{r}$ 与 $\boldsymbol{c}$ 的汉明距离 $d(\boldsymbol{r},\boldsymbol{c})$ 来表示接收码序列中错误码元的个数。这时式(8.35)的序列转移概率为

$$P(\boldsymbol{r}/\boldsymbol{c}) = \prod_{i=1}^{N} P(r_i/c_i) = p^{d(r,c)} (1 - p)^{N-d(r,c)}$$

调整后上式可以写成

$$P(\boldsymbol{r}/\boldsymbol{c}) = p^{d(r,c)}\ (1-p)^{N-d(r,c)} = (1-p)^N \left(\frac{p}{1-p}\right)^{d(r,c)} \tag{8.36}$$

这时,式(8.32)的对数似然函数可以表示为

$$\log_2 P(\boldsymbol{r}/\boldsymbol{c}) = N\log_2(1-p) + d(\boldsymbol{r},\boldsymbol{c})\log_2 \frac{p}{1-p} \tag{8.37}$$

其中,$d(\boldsymbol{r},\boldsymbol{c})$ 为接收码字序列 $\boldsymbol{r}$ 与发送码字序列 $\boldsymbol{c}$ 之间的汉明距离,由于对于所有可能的接收码字序列 $\boldsymbol{r}$,都有 $\log_2 \frac{p}{1-p} < 0$,并且 $N\log_2(1-p)$ 为常数。因此,只要 $d(\boldsymbol{r},\boldsymbol{c})$ 最小,就可以使对数似然函数最大。因此,维特比算法对于 BSC 信道来说,就可以使用汉明距离作为译码量度,即选择最小汉明距离的路径作为幸存路径(Survivor)。这样,式(8.33)的译码量度也就可以被表示为用汉明距离表示的译码量度,即

$$d(\boldsymbol{r},\boldsymbol{c}) = \sum_{i=0}^{L+m-1} d(\boldsymbol{r}_i,\boldsymbol{c}_i) = \sum_{i=0}^{N-1} d(r_i,c_i) \tag{8.38}$$

8.2.3　维特比算法

这里,通过具体实例来介绍维特比译码算法。前面已经介绍,在离散无记忆信道上,维特比算法就是对于一个有限长度的接收码字序列 $\boldsymbol{r}$ 与网格图上的所有路径进行比较,这种比较就是计算路径量度。这种计算是一种迭代计算,也就是说在每一级节点处,译码器都要计算下一步所有可能路径的量度,保存一部分较大量度的路径作为幸存路径,而放弃一部分几乎不可能的路径以减少计算量。维特比译码算法的基本步骤可以描述如下。

(1) 由初始状态经过 m 个时间单位(定时),从时间 $j=m$ 开始,计算进入每一个状态的每一条路径的部分路径量度。对于每一个状态,比较进入它的各条路径的部分量度,其中量度最大(汉明距离最小)的路径及其量度被保存下来,这个路径称为进入这个状态的幸存路径。

(2) 进入下一个单位时间 $j+1$,计算进入某一个状态的分支量度,并与前一个时间的有关幸存路径的量度相加,比较此时的部分量度,选出最大者,作为进入此状态的幸存路径,存储幸存路径及其量度,删除其他路径和量度。如果一个状态的两个路径量度相等,可以都保留(也可以删除一个)。

(3) 如果 $j<L+m$,则重复(2)步,否则就停止计算,输出最大量度的幸存路径对应的码字序列。

对于 (n,k,m) 卷积码,如果发送码字序列为 L 个码字,即 Ln 个码元,则维特比译码算法到 $L+m$ 个时间单位后,应当进入到一个全零状态,这时应该只有一个幸存路径,表明迭代译码算法结束。下面通过例题来简单介绍维特比算法的译码过程。

【例8.5】　已知(3,1,2)非系统卷积码的网格图如图8.15所示,设发送码字序列为 $\boldsymbol{c}=$ [111,010,110,011,111,101,011],接收码字序列为 $\boldsymbol{r}=$ [110,110,110,111,010,101,101],试利用维特比算法求出发送码字序列的估计值。

解　根据维特比算法的步骤,第一步:计算 $j=m=2$ 级分支以前的各个状态的路径量度,利用接收码字序列[110 110]与网格图上的所有四个路径序列进行比较,得到四个部分路径的汉明量度。计算的结果分别为 $S_0=(4)$,$S_1=(3)$,$S_2=(3)$,$S_3=(2)$,括号里面的数字表示接收码字序列进入该状态的汉明距离(部分路径量度),计算结果如图8.16(a)所示。

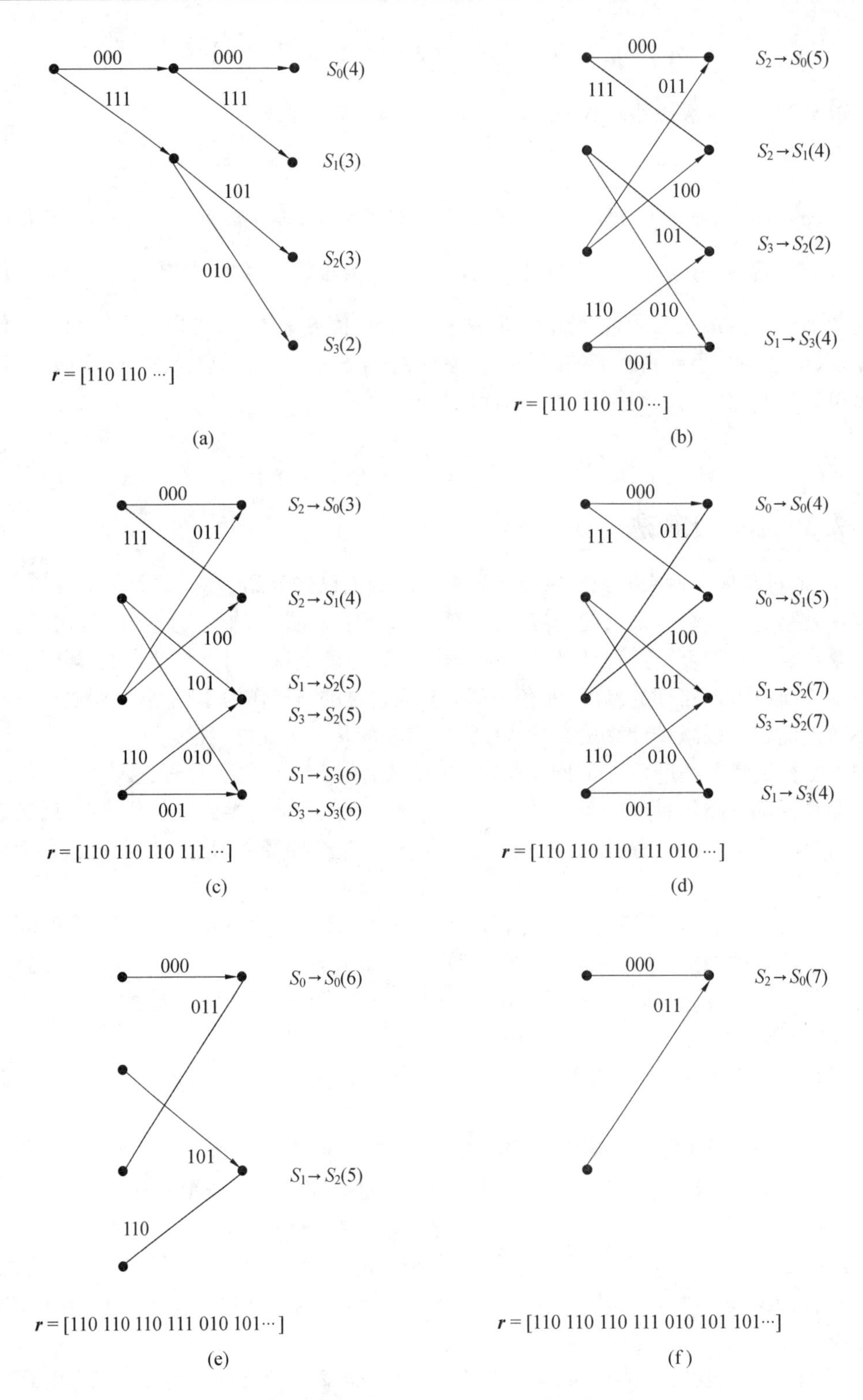

图 8.16 （3,1,2）卷积码维特比算法的图示

第二步:计算从$j=2$到$j=3$所有状态的分支量度,与原路径量度相加,对于每一个状态删除一个汉明距离较大的路径,保留一个汉明距离较小的路径(幸存路径)。其计算结果如图8.16(b)所示,其中具有箭头的路径为保留路径,没有箭头的路径为删除路径。经过第二步计算后每个状态均有一个保留路径及其部分量度,分别为$S_2 \to S_0=(5)$,$S_2 \to S_1=(4)$,$S_3 \to S_2=(2)$,$S_1 \to S_3=(4)$。

第三步:计算从$j=3$到$j=4$所有状态的分支量度,同样与原路径量度相加,对于每一个状态删除一个汉明距离较大的路径,保留一个汉明距离较小的路径(幸存路径)。其计算结果如图8.16(c)所示,这次计算出现一个问题,就是在S_2和S_3状态中都出现两个路径的部分量度相等,根据算法可以都保留,这样保留路径及其部分量度分别为$S_2 \to S_0=(3)$,$S_2 \to S_1=(4)$,$S_1 \to S_2=(5)$和$S_3 \to S_2=(5)$,$S_1 \to S_3=(6)$和$S_3 \to S_3=(6)$。

第四步:计算从$j=4$到$j=5$所有状态的分支量度,同样与原路径量度相加,对于每一个状态删除一个汉明距离较大的路径,保留一个汉明距离较小的路径(幸存路径)。其计算结果如图8.16(d)所示,保留路径及其部分量度分别为$S_0 \to S_0=(4)$,$S_0 \to S_1=(5)$,$S_1 \to S_2=(7)$和$S_3 \to S_2=(7)$,$S_1 \to S_3=(4)$。

第五步:计算从$j=5$到$j=6$所有状态的分支量度,同样与原路径量度相加,对于每一个状态删除一个汉明距离较大的路径,保留一个汉明距离较小的路径(幸存路径)。其计算结果如图8.16(e)所示,保留路径及其部分量度分别为$S_0 \to S_0=(6)$,$S_1 \to S_2=(5)$。

第六步:计算从$j=6$到$j=7$级节点的分支量度,同样与原路径量度相加,这时的网格图已经只有一个S_0状态,计算结果如图8.16(f)所示,保留路径及其部分量度为$S_2 \to S_0=(7)$。

算法最后得到的译码路径为$S_0 \to S_1 \to S_3 \to S_2 \to S_0 \to S_1 \to S_2 \to S_0$,相应的译码序列的估计值为$\hat{\boldsymbol{c}}=[111,010,110,011,111,101,011]$。比较发送码字序列和译码序列可知,接收码字序列的21个码元中有7个码元产生了差错,可见卷积码及维特比译码算法具有很强的纠错能力。

8.2.4* 卷积码的性能

上面介绍了卷积码的基本构造和维特比译码算法,分析表明卷积码是一种纠错能力很强的编码方法,这里进一步分析卷积码的纠错性能。例如,在维特比译码过程中,译码错误是指译码器输出的译码估值序列不等于发送码字序列$\hat{\boldsymbol{c}} \neq \boldsymbol{c}$的事件。考虑这样一种情况,通常在很长的时间周期内译码估值序列和发送码字序列是匹配的,但是在码序列的某些码段可能是不匹配的。用网格图上的路径可以很容易定义这样一个差错事件。我们知道,对于任意一个发送码字序列$\boldsymbol{c}$和译码估值序列$\hat{\boldsymbol{c}}$,在网格图上一定有一个路径与其对应。所谓差错事件就是从某一个码段开始$\hat{\boldsymbol{c}}$的路径开始偏离$\boldsymbol{c}$的路径,到两个路径再次合并时结束。卷积码也是一种线性编码,因此两个序列的差$\boldsymbol{c}-\hat{\boldsymbol{c}}$也是一个码字序列,当两个序列完全一致时,$\boldsymbol{c}-\hat{\boldsymbol{c}}$是一个全0序列,所以差错事件就是当$\boldsymbol{c}-\hat{\boldsymbol{c}}$开始不为0到又恢复成全0的一段码字序列。

1. 卷积码的自由距离

考虑接收码字序列为$\boldsymbol{r}=\boldsymbol{c}+\boldsymbol{e}$,其中$\boldsymbol{e}$为错误图样序列,利用最小汉明距离译码时,只有在

$$d(\boldsymbol{r},\boldsymbol{c}) = w(\boldsymbol{r} - \boldsymbol{c}) \geqslant d(\boldsymbol{r} - \hat{\boldsymbol{c}}) = w(\boldsymbol{r} - \hat{\boldsymbol{c}})$$

或者

$$w(\boldsymbol{e}) \geqslant w(\boldsymbol{c} - \hat{\boldsymbol{c}} + \boldsymbol{e}) \geqslant w(\boldsymbol{c} - \hat{\boldsymbol{c}}) - w(\boldsymbol{e})$$

时才会发生差错事件。也就是说发生差错事件的条件为错误图样序列的汉明重量满足

$$w(\boldsymbol{e}) = \frac{w(\boldsymbol{c} - \hat{\boldsymbol{c}})}{2} \tag{8.39}$$

对于二元卷积码,发送码字序列与估值序列之间的汉明距离的最小值为卷积码的自由距离,即

$$d_{\text{free}} = \min_{C \neq \hat{C}} d(\boldsymbol{c},\hat{\boldsymbol{c}}) \tag{8.40}$$

对于线性编码,可以通过考察所有非零码字序列的汉明重量来确定卷积码的自由距离,即

$$d_{\text{free}} = \min_{C \neq 0} w(\boldsymbol{c}) \tag{8.41}$$

由式(8.41)可知,卷积码的自由距离就是非零码字序列的最小汉明重量,也就是任意一个码字序列与全零码字序列之间的汉明距离的最小值,因此,卷积码的自由距离就是在网格图上任何时刻从 S_0 状态出发以最短路径到回到 S_0 状态的序列的汉明重量,也就是在状态图中从 S_0 状态出发又回到 S_0 的所有路径的最小汉明重量。由图8.10可知,(2,1,3)卷积码的自由距离为 $d_{\text{free}} = 6$,图8.11的(3,1,2)卷积码的自由距离 $d_{\text{free}} = 7$,而图8.12的(2,1,2)卷积码的自由距离 $d_{\text{free}} = 5$。

由此,可以得到卷积码的纠错能力,也就是在一个码字序列中可以纠正的错误码元个数为

$$e = \left[\frac{d_{\text{free}} - 1}{2}\right] \tag{8.42}$$

上式说明,可以导致译码差错事件发生的最少传输差错码元个数为 $e + 1$。卷积码的维特比译码算法一般可以纠正多于 e 个码元差错,例如(2,1,2)卷积码可以纠正3个码元的差错。实际上,如果考虑的码字长度更长,完全可以纠正更多的差错。

自由距离是卷积码的一个重要参数。对于给定的码率和约束长度,具有最大自由距离的卷积码称为最优自由距离卷积码。

2. 状态转移函数

研究表明,卷积码的码字重量分布也会影响其纠错性能。我们知道,分组码的整体纠错性能由它的码字重量分布决定。例如(7,4)汉明码共有16个码字,1个全零码字,7个重量为3的码字,7个重量为4的码字,1个重量为7的码字,可以用一个枚举函数来表示一个(n,k)分组码的码重分布,即

$$A(w) = \sum_{i=0}^{n} A_i w^i \tag{8.43}$$

其中,A_i 表示码重为 i 的码字的个数。(7,4)汉明码的码重枚举函数(WEF)为

$$A(w) = 1 + 7w^3 + 7w^4 + w^7 \tag{8.44}$$

卷积码一般是无限长的序列,无法得到一个特定的码字重量分布,因此提出所谓路径枚举的概念。实际上,可用卷积码的终结码的概念来讨论其码重分布问题。所谓终结码就是在考虑有限长的卷积码后面加入尾序列,使编码器返回到初始状态,这样就可以用类似于分

组码的方法讨论码重分布问题。这里,用信号流图的方法来分析卷积码编码器的状态变化,进而确定不同路径之间的码重关系。图 8.11 给出的(3,1,2) 卷积码的状态图实际上也是一种信号流图,一个状态对应一个节点,一次转移对应一个支路。这里,把两个状态之间分支路径表示的码字重量定义为信号流图两个节点的分支增益,而把两个状态之间所有分支增益之和(路径增益) 称为状态转移函数。求解信号流图可以利用图论中的等效变化解图,也可以求解有向图的状态方程。这里,通过例题来介绍状态转移函数的确定。

【例 8.6】　已知(3,1,2) 卷积码的状态图如图 8.11 所示,试使用信号流图方法确定其状态转移函数,并计算该卷积码的自由距离。

解　由于自由距离是编码器由状态 S_0 出发,又回到 S_0 状态的所有路径中汉明重量最小的路径,因此,可以用信号流图的方法把状态图的 S_0 状态拆开,一个为出发节点,一个为回归节点。分支增益 X^i 标示在分支路径上,其中 i 表示每次转移编码器输出的码字序列的汉明重量。比如从状态 S_0 转移到状态 S_1 输出码字为 111,码重为 3,分支增益为 X^3。这样,就可以确定各路径的路径增益,图 8.17 给出了(3,1,2) 卷积码的信号流图及其简化过程。简化后得到的表达式就是卷积码的状态转移函数,即

$$T(X)=\frac{X^8+X^7(1-X)}{1-X-X^4-X^3(1-X)}=\frac{X^7}{1-X-X^3}=X^7+X^8+X^9+2X^{10}+\cdots$$

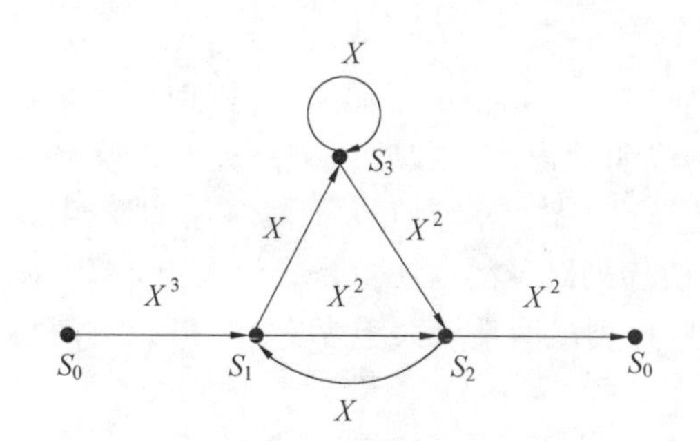

(a) (3,1,2) 卷积码的信号流图

(b) 信号流图的等效关系

(c) (3,1,2) 卷积码的信号流图简化

图 8.17　(3,1,2) 卷积码的信号流图及其简化过程

转移函数的每一项对应网格图上的一条非零路径,项的幂次表示对应路径码字序列的汉明重量即路径增益。本例题的转移函数表明,由状态 S_0 出发又回到 S_0 状态的路径有无数

条,其中汉明重量为7,8,9的路径各有一条,汉明重量为10的路径有两条,等等。其中的最低次幂7就是该卷积码的自由距离,对照图8.11可知计算结果是正确的。

由此可以得到状态转移函数的一般表达式为

$$T(X)=\sum_{i=d_{\text{free}}}^{\infty}A_iX^i \tag{8.45}$$

3.维特比界

卷积码的性能限由编码方法决定,而实际是否能够达到性能限还与译码方法有关。在发送信息码序列等概的情况下,维特比译码算法就等效于最佳译码。因此,下面以维特比译码算法为基础讨论卷积码的译码性能。先讨论卷积码序列经过离散无记忆二元对称信道(BSC)后的译码性能问题。不失一般性,假设(3,1,2)卷积码发送的是一个全零序列,则正确的译码路径就是网格图上面水平的一条全零路径,任何偏离这个正确路径的译码估值序列都是错误路径。译码器在某一时刻i从正确路径分离出去,经过若干步在j时刻又回到正确路径的这段过程称为差错事件,相应的路径就是错误路径。

根据卷积码自由距离的定义可知,错误路径与正确路径之间的汉明距离必然大于等于自由距离。错误路径的长度是不确定的,但是错误路径与正确路径之间的汉明距离的变化是有规律的。也就是说,可以通过计算错误事件的起始概率和终止概率来求得错误事件的产生概率。

在维特比译码算法中,假设发送的为全零序列,有一个可能的错误路径在j时刻回归到全零路径,如果接收序列路径与这个错误路径的汉明距离小于接收序列路径与正确路径(全零路径)的汉明距离,那么维特比算法就会选择错误路径作为最大似然路径,即产生译码错误。设这个错误路径的汉明重量为d,则接收序列路径的汉明重量必然大于$d/2$。显然,汉明重量为d的差错事件产生的概率就是接收序列汉明重量大于等于$(d+1)/2$,而小于等于d的概率。

$$P_{\text{E}}(d)=\sum_{i=(d+1)/2}^{d}\binom{d}{i}p^i\,(1-p)^{d-i} \tag{8.46}$$

式中,p为BSC信道的转移概率;i是错误路径可能的错误码元个数。利用组合公式$\sum_{i=0}^{d}\binom{d}{i}=2^d$,如果$d$为奇数,则由式(8.46)可得

$$\begin{aligned}P_{\text{E}}(d)&<\sum_{i=(d+1)/2}^{d}\binom{d}{i}p^{d/2}(1-p)^{d/2}<p^{d/2}(1-p)^{d/2}\sum_{i=0}^{d}\binom{d}{i}\\&=2^dp^{d/2}(1-p)^{d/2}=\left(\sqrt{4p(1-p)}\right)^d\end{aligned} \tag{8.47}$$

同理可知,当d为偶数时式(8.47)也是成立的。同时,根据d的取值不同,总的差错事件产生概率为

$$P_{\text{E}}=\sum_{d=d_{\text{free}}}^{\infty}A_dP_{\text{E}}(d)\leqslant\sum_{d=d_{\text{free}}}^{\infty}A_d\left(\sqrt{4p(1-p)}\right)^d \tag{8.48}$$

式中,A_d表示汉明重量为d的错误路径的条数,这个关系式被称为卷积码的维特比界。比较式(8.48)和式(8.45)可得

$$P_{\text{E}}<T(X)\big|_{X=\sqrt{4p(1-p)}} \tag{8.49}$$

式(8.49)表明,差错事件的产生概率是以某一特定值下状态转移函数为上界的。同时看到状态转移函数不仅可以计算自由距离,也可以用来估计卷积码的性能界。当BSC信道转移概率p很小时,式(8.48)的数值结果主要由求和式中的第一项确定,因此,差错事件概率可以进一步简化为

$$P_{\mathrm{E}} \approx A_{d_{\mathrm{free}}}\left(\sqrt{4p(1-p)}\right)^{d_{\mathrm{free}}} \approx A_{d_{\mathrm{free}}} 2^{d_{\mathrm{free}}} p^{d_{\mathrm{free}}/2} \tag{8.50}$$

对于(3,1,2)卷积码来说,假设BSC信道转移概率$p = 0.01$,可以估算其差错事件发生概率,即维特比界为

$$P_{\mathrm{E}} \approx A_{d_{\mathrm{free}}} 2^{d_{\mathrm{free}}} p^{d_{\mathrm{free}}/2} = 2^7 \cdot 0.01^{3.5} = 1.28 \times 10^{-5}$$

对于不同的卷积码,其自由距离对应的错误路径条数可能是不同的,对差错事件的概率会有一定的影响。应当说明的是,这里所说的差错事件概率并不是常用描述通信质量的误码率。差错事件的发生必然会导致译码估值序列的错误,但具体导致多少信息序列的差错还要根据不同码率的卷积码来分析,但其数量级是相差不多的。

8.3　卷积码的序列译码

尽管维特比译码算法被称为卷积码的最优译码,但其仍然存在运算量较大以及不能适应信道变化等弱点。因此,希望寻求一种译码算法,其译码运算量可以随信道条件动态变化,即在信道条件较好时减小平均译码运算量。本节将介绍卷积码序列译码的基本思路以及堆栈算法的译码实例。

8.3.1　序列译码算法的基本思路

维特比算法是一种最大似然译码算法,译码器选择的输出总是使接收序列似然概率最大的码字,因此说,维特比译码是最大似然译码准则下的最优译码方法。然而,维特比译码算法存在两方面缺点:

(1) 维特比算法的运算复杂度与编码约束长度密切相关。对于一个$(n,1,m)$卷积码,总的状态数为2^m,随着m的增加,将使网格图很大,译码运算量急剧增加。因此,在实际系统中的编码约束长度不会太大,译码性能也很难达到理论上的极限值。通常认为,维特比算法适合于较小的编码约束长度,$m = 8$是维特比算法的极限。

(2) 维特比算法的译码运算量不能动态地适应信道条件的变化。注意到维特比算法所需的固定数量的计算并不总是必要的,即便噪声比较小时,每译一段信息,要做的计算量仍然大概是2^m次。

由此,希望寻求一种译码算法,译码工作量能和信道条件动态适应,从而在信道干扰很小时减小译码的平均计算量。沃曾克拉夫特(Wozencraft J. M)于1957年最先提出了一种实用的概率译码算法——序列译码(Sequential Decoding)算法。1963年费诺(Gino Fano)对这种序列译码算法进行了修正,称为费诺算法;1966年扎岗奇诺夫(Kamil Zigangirov)和1969年杰利内克(Frederick Jelinek)各自提出了另一种序列译码算法——堆栈译码算法(Stack Algorithm),也称为ZJ算法。相对于维特比算法,序列译码算法通常被认为是一种卷积码的次优译码方法。

序列译码算法的基本方法是利用码树图来进行译码。前面介绍过,卷积码的编码过程

相当于在码树上“行走”。每一个发送序列对应于码树上的一条路径，该路径始于码树图的根节点（出发点），终止于树梢节点（码树终点），即深度为$L+m$的节点上。编码后的码字序列经信道传输，相当于发送序列路径受到了噪声污染，从而使译码器的接收序列为“发送序列 + 错误图样”。因此译码器的任务就是由接收序列推测出编码序列在码树图上行走过的路径。

序列译码算法也是一种最大似然算法。与维特比算法类似，我们定义一种量度来表征接收码字序列与码树图上的路径之间的差异，差异越小，该路径就越可能是真实的发送序列。序列译码的过程就是对一个接收码字序列在码树图上寻找最大似然路径的过程。序列译码算法的具体步骤为：

(1) 对一个接收码字序列，确定码树图的一个子集，对子集的要求是：① 子集包含有编码序列的各种可能路径，避免真实路径漏掉；② 子集包含的路径尽可能少以减小运算量。

(2) 从子集中拿出一条路径，依照定义好的量度进行比较，判断是否可能是发送路径，若是则继续保持；若不是则放弃。

(3) 重复上述过程，直至最终确定发送码字序列路径的估计值。

序列译码利用码树图进行译码，它的译码工作量在本质上只与码字序列长度L有关，而与编码约束长度m无关，因而可以增大编码约束长度以提高译码性能，这使得序列译码可以用于要求译码错误很小的场合。而且序列译码有适应信道干扰的能力，其译码复杂度与信道噪声电平匹配，是一个随机变量。当信道干扰较小时，它的译码速度很快，仅当信道干扰较大时，译码速度才变慢。一个好的序列译码算法应满足：① 译码器能以很大概率发现它已走在不正确路径上；② 当译码器一旦发现它是沿着错误路径前进时，能以很大的概率回到正确路径上；③ 译码设备尽可能简单，译码时间尽可能短。

8.3.2 序列译码的堆栈算法

在讨论序列译码时，通常用(n,k,m)卷积码编码器的长度为$N=L+m$的2^{kL}个码字所构成的码树图来举例说明。生成矩阵为$\boldsymbol{G}(D)=[1+D \quad 1+D^2 \quad 1+D+D^2]$的$(3,1,2)$卷积码$L=5$的码树图如图8.18所示。在这个码树图中，编码器初始状态为$S_0=00$，当输入信息码元为$m_0=0$时，由树根出发走下分支，寄存器右移一位，状态仍然为S_0，输出码字为$c_0=000$。当输入信息码元为$m_0=1$时，则由树根出发走上分支，寄存器右移一位，状态转为$S_1=10$，输出码字为$c_0=111$。以此类推，输入无限长的信息序列，就会得到一个无限延伸的码树图。

这个码树图与上一节图8.13介绍的码树图的构成方法是一样的，只是输入信息码元0和1时码树图走上下分支的方向不同，没有本质区别。另外还可以看到，图8.18给出的码树图是一个不完整的码树图。这是因为只考虑$L=5$的码序列长度，在编码器输入$L=5$个信息码元后跟随两个0码元（$m=2$个0码元），这样在码树图$t=5$时刻之后就没有画出完整的两个分支路径，以便简化码树图。例如，当编码器输入的信息码元序列$\boldsymbol{m}=[1\quad 1\quad 1\quad 0\quad 1\quad 0\quad 0]$时，编码器输出码字序列在码树图上的路径在图8.18中用粗线表示出。图8.18的码树图给出了$(3,1,2)$卷积码编码器所有2^L个不同的输入信息码序列对应的32个输出码字序列的路径。

在上一节的讨论中已经知道，对于离散无记忆信道，维特比算法的路径度量由式

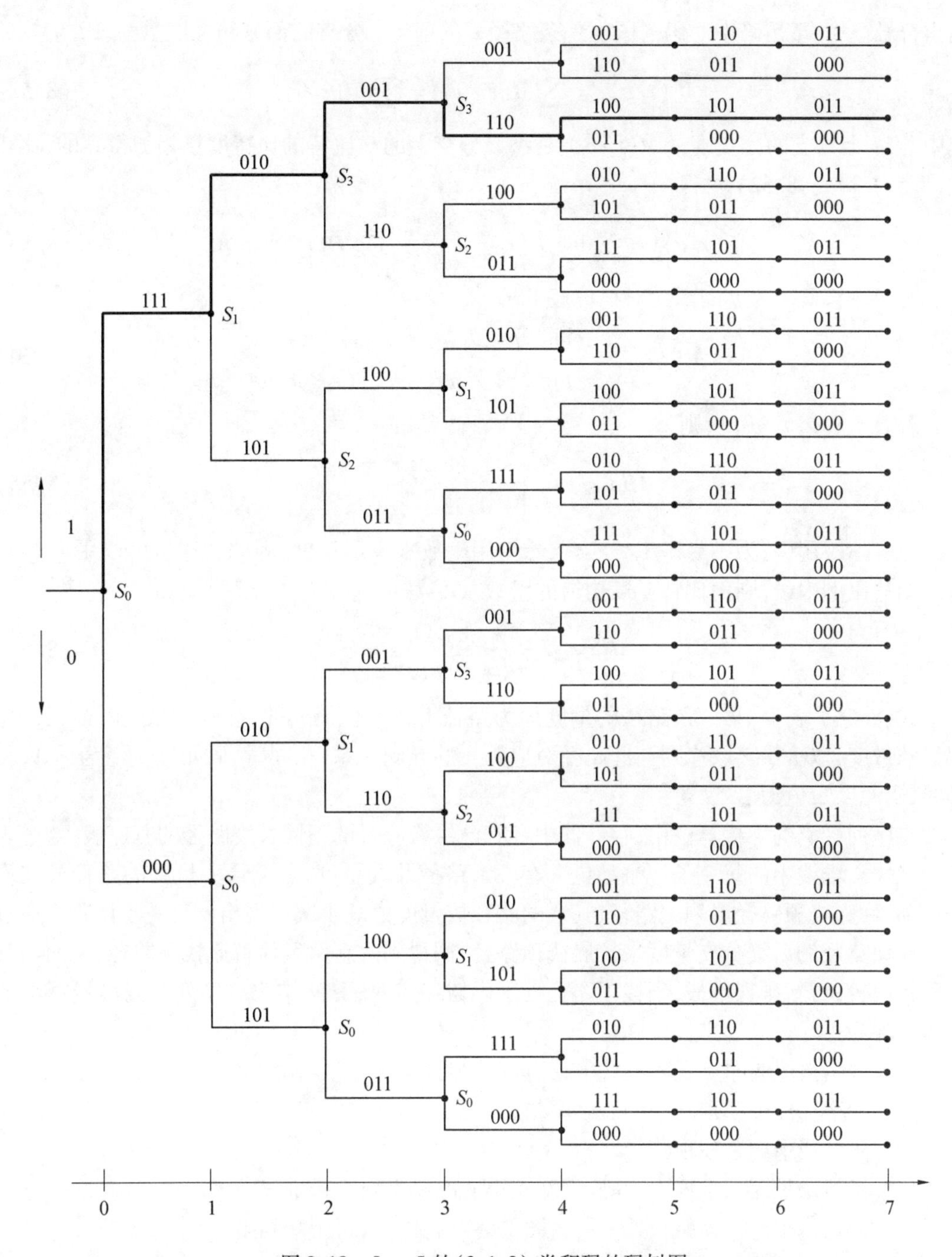

图 8.18　$L=5$ 的(3,1,2)卷积码的码树图

(8.33)的对数似然比给定。然而对于序列译码算法，在任意一个译码步骤时，被比较的路径子集中的路径长度可能是不同的，因此需要定义适合序列译码算法的译码度量。研究表明，比较不同长度路径时最优译码比特度量为

$$M(r_i/c_i)=\log_2\frac{P(r_i/c_i)}{P(r_i)}-R \tag{8.51}$$

此量度最早由费诺提出，称为费诺量度。其中 $P(r_i/c_i)$ 是信道转移概率，$P(r_i)$ 是信道

输出符号概率,R 是码率。码树图上一条路径 $\boldsymbol{c}$ 的前 t 个分支的部分路径度量为

$$M(\boldsymbol{r}/\boldsymbol{c})_t = \sum_{l=0}^{t-1} M(\boldsymbol{r}_l/\boldsymbol{c}_l) = \sum_{l=0}^{nt-1} M(r_l/c_l) \tag{8.52}$$

其中,第 l 个分支的分支度量 $M(r_l/c_l)$ 是将该分支上的 n 比特的比特度量相加得到的,比较式(8.51)和式(8.52)可得

$$M(\boldsymbol{r}/\boldsymbol{c})_t = \sum_{l=0}^{nt-1} \log_2 P(r_l/c_l) - \sum_{l=0}^{nt-1} \log_2 P(r_l) - ntR \tag{8.53}$$

对于转移概率为 p 的二元对称信道 BSC 有

$$M(r_i/c_i) = \begin{cases} \log_2 2p - R & (r_i \neq c_i) \\ \log_2 2(1-p) - R & (r_i = c_i) \end{cases} \tag{8.54}$$

若 $R = 1/3, p = 0.1$,则

$$M(r_i/c_i) = \begin{cases} -2.65 & (r_i \neq c_i) \\ +0.52 & (r_i = c_i) \end{cases} \tag{8.55}$$

在实际应用中,为了易于工程实现,希望用整数来表示量度,因此在这里可以用 1/0.52 作为调整比例因子,则由比特量度构造的整数量度为

$$M(r_i/c_i) = \begin{cases} -5 & (r_i \neq c_i) \\ +1 & (r_i = c_i) \end{cases} \tag{8.56}$$

式(8.56)表示,某一条路径的量度值为路径上每一位码元的量度累加之和,而某一位码元的量度,取决于接收序列与此路径对应码元的异同关系,相同时,码元度量值为 +1,相异时,码元度量值为 -5。

在序列译码的堆栈算法中,存储器中存有已经检验过的不同长度路径的有序表,这个表称为堆栈。堆栈中的每一条记录都包含有一条路径及其量度,具有最大量度的路径放在堆栈顶部,称为栈顶路径或领先路径,其余的路径按量度值减小次序列出。每一步译码都通过计算栈顶路径的后续分支量度来扩展栈顶路径,用得到的新路径代替原栈顶路径,继而与其余路径比较,重新排列堆栈,当栈顶路径处于码树终点时,算法结束。序列译码堆栈算法的具体步骤为:

(1) 将码树图的原点置入堆栈中,其量度取为 0。

(2) 计算堆栈中栈顶路径的后续度量。

(3) 从堆栈中删去栈顶路径。

(4) 将新路径存入堆栈中,并按量度减小的次序重新安排堆栈。

(5) 若堆栈中的栈顶路径处于码树图的终点就停止,否则转到第②步。

当译码算法终止时,堆栈中的栈顶路径就是估计的译码路径。下面以(3,1,2)卷积码为例,说明序列译码堆栈算法的译码过程。

【例8.7】 已知(3,1,2)卷积码的码树图如图8.18所示,假设信道为 $p = 0.1$ 的 BSC 信道,接收码字序列为 $\boldsymbol{r} = [010,010,001,110,100,101,011]$,试利用堆栈算法求出发送码字序列的估计值。

解 在图8.18给出的(3,1,2)卷积码的码树图的原点处开始,利用式(8.56)给出的整数度量关系式,对接收码字序列的逐个码字在各分支路径上进行度量计算。算法每进行

一步后的堆栈的内容在图 8. 19 中给出，译码过程在图 8. 20 中给出。算法在第 10 步译码后终止，且最后的译码路径是 $\hat{\boldsymbol{c}}=[111,010,001,110,100,101,011]$，对应的信息序列估计值为 $\hat{\boldsymbol{m}}=[11101]$。在本例中，在度量值相等的情况下，将最长路径置于栈顶，这将使译码总的步骤数稍有减少。但在一般情况下，相等时的取舍是任意的，并不影响译码的结果。

详细分析将发现，在信道条件较好时，序列译码会比维特比译码需要更少的译码步骤。可以验证，此例中序列译码需要 10 次基本计算，而维特比译码算法则需要 15 次基本计算。实际上，这个例题中发送序列与接收序列只有两个码元的错误，错误率为 2/21 = 0. 095，约等于信道转移概率 $p=0.1$。进一步分析还可以发现，如果信道条件变差，即码元错误概率增加，序列译码算法的步骤会随之增加。因此，序列译码还有一些改进的算法，如 Fano 序列译码算法等，这里不再详述。

第 1 步	第 2 步	第 3 步	第 4 步	第 5 步
0 (−3)	00 (−6)	000 (−9)	1 (−9)	11 (−6)
1 (−9)	1 (−9)	1 (−9)	0001 (−12)	0001 (−12)
	01 (−12)	01 (−12)	01 (−12)	01 (−12)
		001 (−12)	001 (−15)	001 (−15)
			0000 (−18)	0000 (−18)
				10 (−24)

第 6 步	第 7 步	第 8 步	第 9 步	第 10 步
111 (−3)	1110 (0)	11101 (+3)	111010 (+6)	1110100 (+9)
0001 (−12)	0001 (−12)	0001 (−12)	111011 (−12)	1110101 (+9)
01 (−12)	01 (−12)	01 (−12)	0001 (−12)	111011 (−12)
001 (−15)	001 (−15)	11100 (−15)	01 (−12)	0001 (−12)
0000 (−18)	1111 (−18)	001 (−15)	11100 (−15)	01 (−12)
110 (−21)	0000 (−18)	1111 (−18)	001 (−15)	11100 (−15)
10 (−24)	110 (−21)	0000 (−18)	1111 (−18)	001 (−15)
	10 (−24)	110 (−21)	0000 (−18)	1111 (−18)
		10 (−24)	110 (−21)	0000 (−18)
			10 (−24)	110 (−21)
				10 (−24)

图 8. 19　例 8. 7 序列译码堆栈算法的堆栈变化

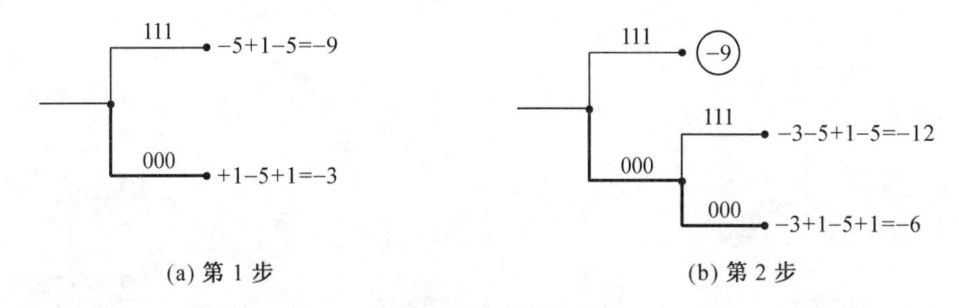

(a) 第 1 步　　(b) 第 2 步

图 8. 20　例 8. 2 序列译码堆栈算法的度量计算与路径选择

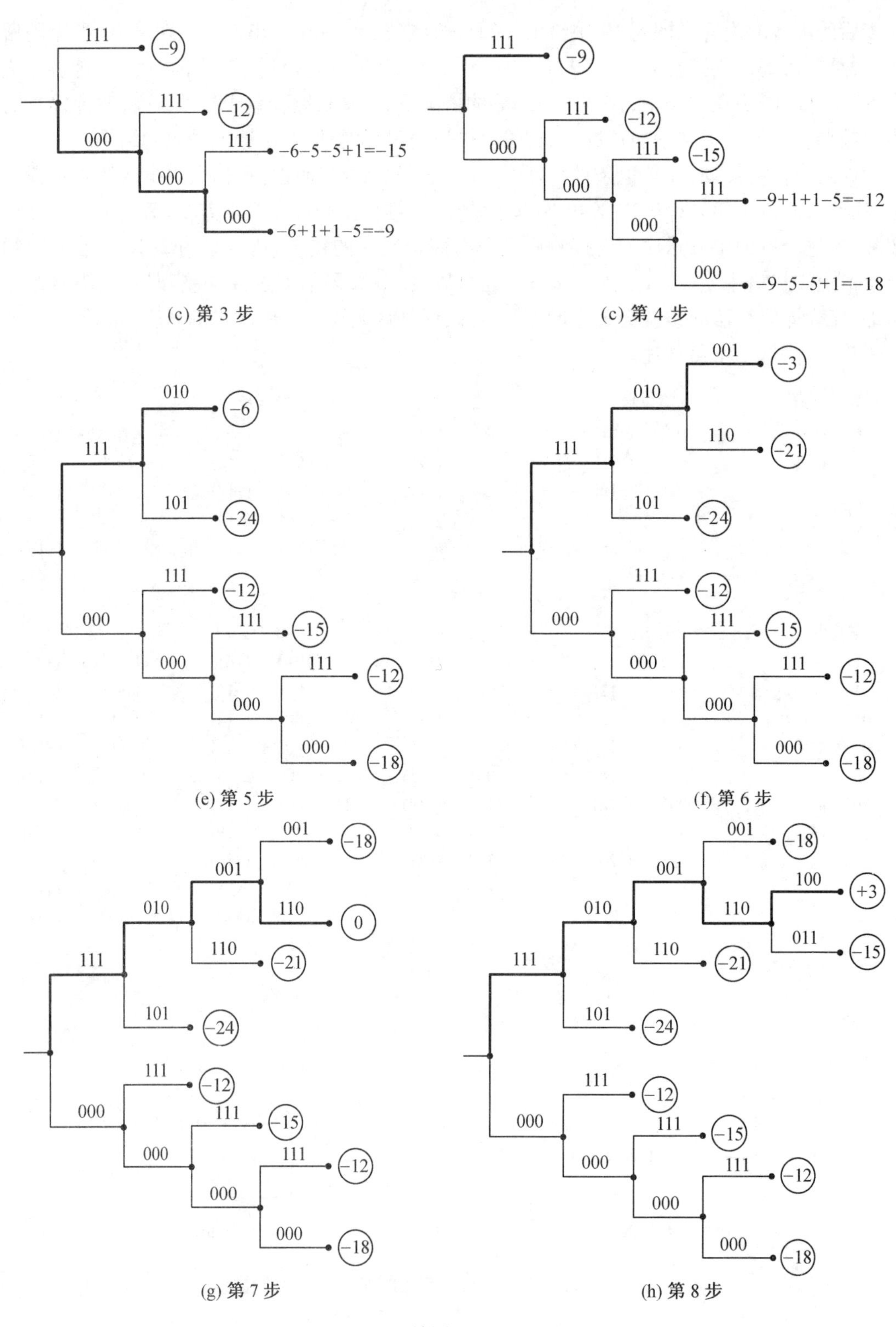
111
-9
111
-12
000
111
-6-5-5+1=-15
000
000
-6+1+1-5=-9
(c) 第 3 步
111
-9
111
-12
000
111
-15
000
111
-9+1+1-5=-12
000
000
-9-5-5+1=-18
(c) 第 4 步
010
-6
111
101
-24
111
-12
000
111
-15
000
111
-12
000
000
-18
(e) 第 5 步
001
-3
010
110
-21
111
101
-24
111
-12
000
111
-15
000
111
-12
000
000
-18
(f) 第 6 步
001
-18
001
110
0
010
110
-21
111
101
-24
111
-12
000
111
-15
000
111
-12
000
000
-18
(g) 第 7 步
001
-18
100
+3
001
110
011
-15
010
110
-21
111
101
-24
111
-12
000
111
-15
000
111
-12
000
000
-18
(h) 第 8 步

续图 8.20

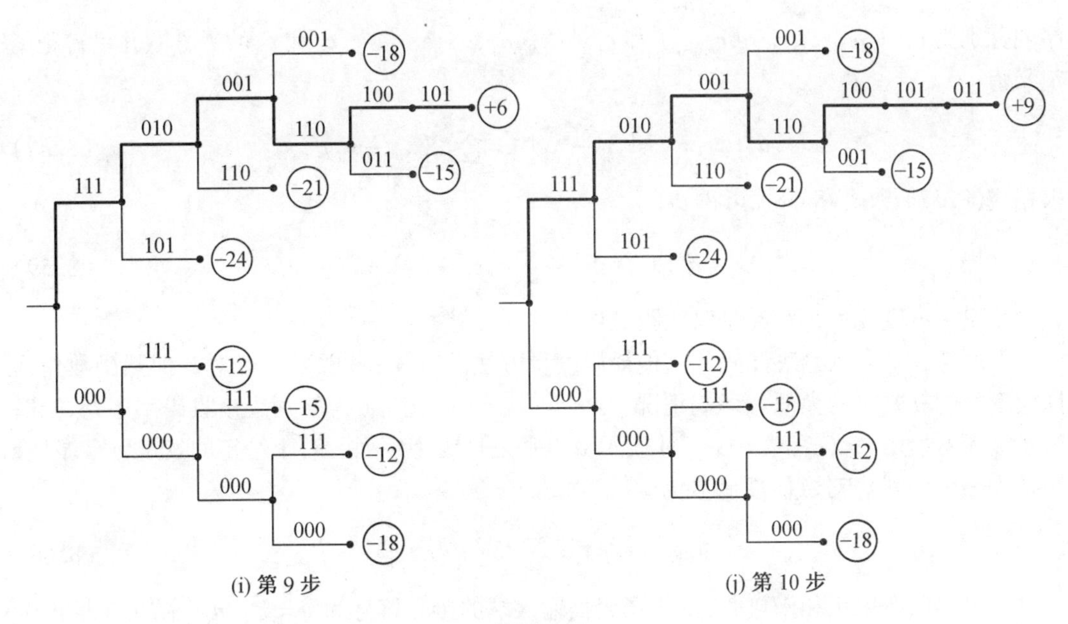

(i) 第9步　　　　(j) 第10步

续图8.20

8.4* 卷积码的其他译码方法

除了前面介绍的维特比译码和序列译码,卷积码还有其他一些译码算法,本节主要介绍卷积码的SOVA译码算法和BCJR译码算法,进而给出软判决译码和最大后验概率译码的概念和基本方法。

8.4.1 软判决译码

到目前为止,已经介绍的分组码和卷积码译码方法都属于所谓硬判决译码,即接收机解调器的输出是量化后的0或1码元,译码器的输入端就是0,1码元组成的二进制序列。这一类译码称为硬判决译码,硬判决译码实际上是以汉明距离为量度的最小距离译码。然而,目前的大多数通信系统是采用数字信号模拟传输方式建立的,信道传输的是连续信号。如果接收机解调器输出的是不经过量化的信号,或者是多电平符号,所构成的序列称为软判决序列,利用软判决序列进行译码的方法称为软判决译码。由于译码器使用了多电平符号中的额外信息,因此软判决译码通常可以具有更好的译码性能。一般情况下,软判决最大似然译码可以比代数译码多提供3 dB的译码增益。软判决译码既可以用于分组码也可以用于卷积码,而软判决译码不再使用汉明距离作为译码度量,而是使用似然函数比、欧几里得距离及相关度等作为译码度量。这里首先以分组码为例介绍软判决译码的译码度量。

设C为一个二元(n,k)线性分组码,其最小汉明距离为$d_{\min}$。考虑在AWGN信道上使用二进制相移键控(BPSK)调制系统,令$\boldsymbol{c}=(c_0,c_1,\cdots,c_{n-1})$为一个0/1码字序列,若码元$c_i$按以下关系映射到传输符号集合$\{-1,+1\}$,得到一个双电平码字序列$\boldsymbol{x}=(x_0,x_1,\cdots,x_{n-1})$。

$$x_i=2c_i-1 \tag{8.57}$$

令$\boldsymbol{x}_i=(x_{i0},x_{i-1},\cdots,x_{i,n-1})$和$\boldsymbol{x}_j=(x_{j0},x_{j1},\cdots,x_{j,n-1})$为两个发送码字序列,对应的0/1码字

序列分别为 $\boldsymbol{c}_i=(c_{i0},c_{i-1},\cdots,c_{i,n-1})$ 和 $\boldsymbol{c}_j=(c_{j0},c_{j1},\cdots,c_{j,n-1})$。$\boldsymbol{c}_i$ 和 $\boldsymbol{c}_j$ 的平方欧几里得距离定义为

$$d_{\mathrm{E}}^2(\boldsymbol{x}_i,\boldsymbol{x}_j)=|x_i-x_j|^2=\sum_{l=0}^{n-1}(x_{il}-x_{jl})^2 \tag{8.58}$$

根据式(8.57)和式(8.58)可得

$$d_{\mathrm{E}}^2(\boldsymbol{x}_i,\boldsymbol{x}_j)=4\sum_{l=0}^{n-1}(c_{il}-c_{jl})^2 \tag{8.59}$$

也就是说平方欧几里得距离是汉明距离的4倍。

下面考虑适合软判决译码的其他译码度量方法。首先,考虑一个以对数似然函数作为译码度量的软判决最大似然译码情况,令 $\boldsymbol{r}=(r_0,r_1,\cdots,r_{n-1})$ 为软判决接收码字序列,同时为了描述习惯用 $\boldsymbol{c}=(c_0,c_1,\cdots,c_{n-1})$ 表示双电平发送码字序列。对于给定的发送码字序列 $\boldsymbol{c}$ 和接收码字序列 $\boldsymbol{r}$,对数似然函数为

$$\log_2 P(\boldsymbol{r}/\boldsymbol{c})=\sum_{i=0}^{n-1}\log_2 P(r_i/c_i) \tag{8.60}$$

如果接收机采用相干接收,则在译码器输入端的接收符号为 $r_i=c_i+n_i$。随机变量 n_i 为加性高斯白噪声,则有

$$p(r_i/c_i)=\frac{1}{\sqrt{2\pi\sigma^2}}\exp\left(-\frac{(r_i-c_i)^2}{2\sigma^2}\right) \tag{8.61}$$

其中,σ^2 是加性高斯白噪声的方差。进一步假设信道是无记忆的,即噪声 n_i 各样值之间为统计独立,则信道转移特性为

$$P(\boldsymbol{r}/\boldsymbol{c})=\prod_i p(r_i/c_i)=\left(\frac{1}{\sqrt{2\pi\sigma^2}}\right)^n\exp\left\{-\sum_{i=0}^{n-1}\frac{(r_i-c_i)^2}{2\sigma^2}\right\} \tag{8.62}$$

其中的求和项就是接收序列 $\boldsymbol{r}$ 与发送序列 $\boldsymbol{c}$ 之间的平方欧几里得距离 $d_{\mathrm{E}}^2(\boldsymbol{r},\boldsymbol{c})$。从式(8.62)可以看出,使 $P(\boldsymbol{r}/\boldsymbol{c})$ 最大化即对数似然函数 $\log_2 P(\boldsymbol{r}/\boldsymbol{c})$ 最大化就是使平方欧几里得距离的最小化。因此,软判决最大似然译码可以将平方欧几里得距离作为译码度量,即译码过程可以表示为

$$\hat{\boldsymbol{c}}=\arg\max_c\left\{\prod_i\frac{1}{\sqrt{2\pi\sigma^2}}\exp\left(-\frac{(r_i-c_i)^2}{2\sigma^2}\right)\right\} \tag{8.63}$$

取对数并忽略常数因子,式(8.63)可以表示为

$$\hat{\boldsymbol{c}}=\arg\min_c\left\{\sum_i(r_i-c_i)^2\right\} \tag{8.64}$$

因此,对于AWGN连续信道,仍然可以用最小距离译码准则来表示最大似然译码准则,只是用平方欧几里得距离度量代替汉明距离度量。

考虑平方欧几里得距离为

$$d_{\mathrm{E}}^2(\boldsymbol{r},\boldsymbol{c})=\sum_{i=0}^{n-1}(r_i-c_i)^2=\sum_{i=0}^{n-1}r_i^2+n-2\sum_{i=0}^{n-1}r_i\cdot c_i \tag{8.65}$$

可以看出,使平方欧几里得距离最小等价于使下式最大

$$m(\boldsymbol{r},\boldsymbol{c})=\sum_{i=0}^{n-1}r_i\cdot c_i \tag{8.66}$$

称 $m(\boldsymbol{r},\boldsymbol{c})$ 为发送码序列 $\boldsymbol{c}$ 与接收码序列 $\boldsymbol{r}$ 之间的相关度量。

假设 R 和 $\{A_0,A_1,\cdots,A_{n-1}\}$ 分别表示码组 C 的码率和码重分布。进一步分析表明,在AWGN信道上,若噪声功率谱密度为 $N_0=2\sigma^2$,当使用软判决最大似然译码准则时,码字序列的错误译码概率,即误字率的上界为

$$P_{\mathrm{E}} \leqslant \sum_{i=1}^{n} A_i Q(\sqrt{2iRE_{\mathrm{b}}/N_0}) \tag{8.67}$$

其中,E_{b} 为每个信息码元的接收能量,Q 函数为

$$Q(\alpha)=\frac{1}{\sqrt{2\pi}}\int_{\alpha}^{\infty}\mathrm{e}^{-x^2/2}\mathrm{d}x \tag{8.68}$$

对于最小汉明距离为 $d_{\min}$ 的码组 C,有 $A_1=A_2=\cdots=A_{d_{\min}-1}=0$。由于 $Q(\sigma)$ 随 σ 呈指数减小,因此当信噪比 E_{b}/N_0 较大时,式(8.67)主要取决于第一项,即

$$P_{\mathrm{E}} < A_{d_{\min}} Q(\sqrt{2iRE_{\mathrm{b}}/N_0}) \tag{8.69}$$

对于 $1\leqslant i\leqslant n$,设 B_i 表示码字重量为 i 的码字中非0信息码元的平均个数,则误码率(信息码元错误译码概率)的上界为

$$P_{\mathrm{b}} \leqslant \frac{1}{k}\sum_{i=1}^{n} A_i B_i Q(\sqrt{2iRE_{\mathrm{b}}/N_0}) \tag{8.70}$$

分析表明,软判决最大似然译码具有良好的译码性能,但译码复杂度也很高,特别是长码实现很困难。对于有 2^k 个码字的码组,需要进行 2^k 次度量运算和 2^k-1 次比较才能确定一个码字。为了克服复杂度问题,人们提出了一些非最优或次优的软判决译码算法。

适合于分组码和卷积码的软判决译码算法可分为两类:基于码结构的译码算法和基于可靠性(概率)的译码算法。维特比算法就是基于码结构的译码算法,它利用卷积码的网格图结构,减少了译码计算复杂度。

8.4.2　卷积码的软输出维特比算法

下一章我们将讨论级联编码,在级联编码系统中,通常一个译码器将译码序列作为可靠性(置信度)信息软输出到第二个译码器,而第二个译码器采用软判决译码,这类译码方式称为软输入软输出(SISO)译码。软输出维特比算法(SOVA)是1989年由Hagenauer和Hoeher首先提出的,SOVA的实质就是在算法选择幸存路径和删除路径的过程中增加了可靠性计算,进而可以进一步提高维特比算法的译码性能。这里以二进制输入、连续输出AWGN信道的 $(n,1,m)$ 卷积码为例说明SOVA的基本思想。

SOVA的基本操作和维特比算法相同,只是对每个信息位的硬判决都附加一个置信度指示,这种将硬判决和置信度结合输出的译码方式就是所谓软输出译码。这里,假设发送端的信息码元序列为 $\boldsymbol{m}=(m_0,m_1,\cdots,m_{L-1})$,并设 $P(m_i)$ 不满足先验等概。在时间 $t=L$ 时刻,对于一个二元输入、连续输出的AWGN信道,发送码字序列为 $\boldsymbol{c}_t=(\boldsymbol{c}_0,\boldsymbol{c}_1,\cdots,\boldsymbol{c}_t)$,其中 $\boldsymbol{c}_i=(c_i^{(0)},c_i^{(1)},\cdots,c_i^{(n-1)})$,接收码字序列为 $\boldsymbol{r}_t=(\boldsymbol{r}_0,\boldsymbol{r}_1,\cdots,\boldsymbol{r}_t)$,其中 $\boldsymbol{r}_i=(r_i^{(0)},r_i^{(1)},\cdots,r_i^{(n-1)})$,这时,维特比算法的另外一种部分路径度量可以表示为

$$M(\boldsymbol{r}/\boldsymbol{c})_t=\ln\{P(\boldsymbol{r}/\boldsymbol{c})_t P(\boldsymbol{c})_t\} \tag{8.71}$$

式(8.71)与式(8.33)的不同之处在于包含了先验概率 $P(\boldsymbol{c})_t$,这里考虑的是在信息码元序列 $P(m_i)$ 为先验不等概时,发送码字序列的先验概率 $P(\boldsymbol{c})_t$ 也是不等概的。这里利用这种度量给出路径选择的可靠性度量(置信度)。根据概率关系 $P(\boldsymbol{c}/\boldsymbol{r})_t P(\boldsymbol{r})_t=$

$P(\boldsymbol{r}/\boldsymbol{c})_t P(\boldsymbol{c})_t$，在假设接收码字序列 $P(\boldsymbol{r})_t$ 为等概分布时，此关系可以给出路径选择的可靠性估计。接下来，进一步分析这种路径度量在时间 t 之前和时刻 t 两段的关系，这里简单地用 $P(m)$ 代替 $P(\boldsymbol{c})_t$，并考虑到序列的统计独立性，有

$$
\begin{aligned}
M(\boldsymbol{r}/\boldsymbol{c})_t &= \ln\{[\prod_{l=0}^{t-1} P(\boldsymbol{r}/\boldsymbol{c})_l P(m)_l]\, P(\boldsymbol{r}/\boldsymbol{c})_t P(m)_t\} \\
&= \ln\{\prod_{l=0}^{t-1} P(\boldsymbol{r}/\boldsymbol{c})_l P(m)_l\} + \ln\{[\prod_{j=0}^{n-1} P(r_t^{(j)}/c_t^{(j)})]\, P(m)_t\} \\
&= \ln\{\prod_{l=0}^{t-1} P(\boldsymbol{r}/\boldsymbol{c})_l P(m)_l\} + \{\sum_{j=0}^{n-1} \ln P(r_t^{(j)}/c_t^{(j)}) + \ln P(m)_t\}
\end{aligned} \tag{8.72}
$$

上式的路径度量包括两部分，第一部分为 t 时间之前的影响，第二部分为 t 时刻的情况。

下面单独考虑第二部分，即在 t 时刻的路径度量，引入两个常数项

$$C_r^{(j)} \equiv \ln P(r_t^{(j)}/c_t^{(j)}=+1) + \ln P(r_t^{(j)}/c_t^{(j)}=-1) \quad (j=0,1,\cdots,n-1) \tag{8.73}$$

$$C_m \equiv \ln P(m_t=+1) + \ln P(m_t=-1) \tag{8.74}$$

将 t 时刻的路径度量乘以2，并引入以上两个常数，得

$$\{\sum_{j=0}^{n-1} [2\ln P(r_t^{(j)}/c_t^{(j)}) - C_r^{(j)}] + 2\ln P(m)_t - C_m\} \tag{8.75}$$

引入的两个常数项与接收序列 $\boldsymbol{r}$ 的路径无关，只是码元映射变换 $1\to+1$ 和 $0\to-1$ 的体现，实际上就是考虑了式(8.57)的关系。类似地可以修改式(8.72)的第一部分中的每一项，即 t 时刻之前的路径度量，注意这种修改并不影响路径度量的最大化作用，这样式(8.72)可以表示为

$$
\begin{aligned}
M^*(\boldsymbol{r}/\boldsymbol{c})_t &= M^*(\boldsymbol{r}/\boldsymbol{c})_{t-1} + \{\sum_{j=0}^{n-1}[2\ln P(r_t^{(j)}/c_t^{(j)}) - C_r^{(j)}] + 2\ln P(m)_t - C_m\} \\
&= M^*(\boldsymbol{r}/\boldsymbol{c})_{t-1} + \sum_{j=0}^{n-1} c_t^{(j)} \ln \frac{P(r_t^{(j)}/c_t^{(j)}=+1)}{P(r_t^{(j)}/c_t^{(j)}=-1)} + m_t \ln \frac{P(m_t=+1)}{P(m_t=-1)}
\end{aligned} \tag{8.76}
$$

利用定义码元符号的对数似然比，可以进一步简化上式的路径度量表达式，二元输入 $c=\pm1$ 连续输出的接收符号 r 的对数似然比(L 值)为

$$L(r) = \ln \frac{P(r/c=+1)}{P(r/c=-1)} \tag{8.77}$$

类似地，信息码元 m 的对数似然比为

$$L(m) = \ln \frac{P(m=+1)}{P(m=-1)} \tag{8.78}$$

这里的 L 值可以理解为二元随机变量的可靠性度量。例如，当信息码元是等概分布，且为线性编码时，所发送的码字符号 c 的先验概率也是等概，即 $P(c=+1)=P(c=-1)=1/2$，这样，利用贝叶斯关系式(8.77)可以写成

$$L(r) = \ln \frac{P(r/c=+1)}{P(r/c=-1)} = \ln \frac{P(c=+1/r)}{P(c=-1/r)} \tag{8.79}$$

由上式可知，对于给定的接收码字符号 r，L 越大(为正) $c=+1$ 的置信度越高，L 值越小(为负) $c=-1$ 的置信度越高，L 值接近0时接收判决的可靠性最差。

如果进一步考虑一个AWGN信道BPSK系统，输入的码字符号为 $c=\pm\sqrt{E_\mathrm{b}}$，接收符号信噪比为 E_b/N_0，可以证明式(8.79)为

$$L(r) = (4E_b/N_0)r = L_c r \tag{8.80}$$

其中 r 为归一化接收码元符号,$L_c = 4E_b/N_0$ 为信道可靠性因子。这样,SOVA 译码的路径度量就可以表示为

$$M^*(\boldsymbol{r}/\boldsymbol{c})_t = M^*(\boldsymbol{r}/\boldsymbol{c})_{t-1} + \sum_{j=0}^{n-1} L_c c_t^{(j)} r_t^{(j)} + m_t P(m_t) \tag{8.81}$$

卷积码的 SOVA 的译码过程与维特比算法基本一致,只是在每个硬判决输出端增加了一个可靠性度量。假定在 t 时刻,译码器在状态 S_i 的最大似然路径 $\boldsymbol{c}$ 与任意错误路径 $\boldsymbol{c}'$ 之间的度量差为

$$\Delta_{t-1}(S_i) = \frac{1}{2}[M^*(\boldsymbol{r}/\boldsymbol{c})_t - M^*(\boldsymbol{r}/\boldsymbol{c}')_t] \tag{8.82}$$

在 t 时刻,最大似然路径被正确选择的概率为

$$P_C = \frac{P(\boldsymbol{c}/\boldsymbol{r})_t}{P(\boldsymbol{c}/\boldsymbol{r})_t + P(\boldsymbol{c}'/\boldsymbol{r})_t} \tag{8.83}$$

根据贝叶斯关系,后验概率为

$$P(\boldsymbol{c}/\boldsymbol{r})_t = \frac{P(\boldsymbol{r}/\boldsymbol{c})_t P(\boldsymbol{c})_t}{P(\boldsymbol{r})_t} = \frac{e^{M(r/c)_t}}{P(\boldsymbol{r})_t} \tag{8.84}$$

$$P(\boldsymbol{c}'/\boldsymbol{r})_t = \frac{P(\boldsymbol{r}/\boldsymbol{c}')_t P(\boldsymbol{c}')_t}{P(\boldsymbol{r})_t} = \frac{e^{M(r/c')_t}}{P(\boldsymbol{r})_t} \tag{8.85}$$

根据式(8.75)的变换思路,可以得到

$$M^*(\boldsymbol{r}/\boldsymbol{c})_t = 2M(\boldsymbol{r}/\boldsymbol{c})_t - C \tag{8.86}$$

$$M^*(\boldsymbol{r}/\boldsymbol{c}')_t = 2M(\boldsymbol{r}/\boldsymbol{c}')_t - C \tag{8.87}$$

其中 C 是不依赖于 c_t 和 c'_t 的常数。这样可以把式(8.83)改写为

$$\begin{aligned} P_C &= \frac{\exp\{M^*(\boldsymbol{r}/\boldsymbol{c})_t/2 + C\}/P(\boldsymbol{r})}{\exp\{M^*(\boldsymbol{r}/\boldsymbol{c})_t/2 + C\}/P(\boldsymbol{r}) + \exp\{M^*(\boldsymbol{r}/\boldsymbol{c}')_t/2 + C\}/P(\boldsymbol{r})} \\ &= \frac{\exp\{M^*(\boldsymbol{r}/\boldsymbol{c})_t/2 + C\}}{\exp\{M^*(\boldsymbol{r}/\boldsymbol{c})_t/2 + C\} + \exp\{M^*(\boldsymbol{r}/\boldsymbol{c}')_t/2 + C\}} = \frac{\exp\{\Delta_{t-1}(S_i)\}}{1 + \exp\{\Delta_{t-1}(S_i)\}} \end{aligned} \tag{8.88}$$

这样,就得到路径判决的对数似然比(可靠性度量)为

$$\ln\left\{\frac{P_C}{1 - P_C}\right\} = \Delta_{t-1}(S_i) \tag{8.89}$$

下面来说明路径判决的可靠性度量如何与维特比译码的硬判决相结合的。例如(3,1,2)卷积码的网格图如图8.15所示,如果发送信息码序列 $\boldsymbol{m}$ 为 L 个码元,从初始状态起,按时间可以分为 $l = 0,1,2,\cdots,L+m$ 个时间单位。从图中可见,在时刻 $l = m+1$ 编码器就进入了完整的网格图结构,每次路径判决都需要进行 $2^m = 4$ 个状态的路径选择。在状态 S_i 的路径选择的可靠性为 $\Delta_{t-1}(S_i)$,对于(3,1,2)卷积码在每个状态上都要对两个输入路径进行判决,确定一个为幸存路径,另一个为删除路径。SOVA 译码就是在路径选择的同时还要输出选择的置信度。这里,定义一个描述在时刻 $t = l = m+1$ 时刻的、状态 S_i 的路径选择可靠性向量

$$\boldsymbol{L}_{m+1}(S_i) = [L_0(S_i), L_1(S_i), \cdots, L_m(S_i)] \tag{8.90}$$

其中

$$L_l(S_i)=\begin{cases}\Delta_m(S_i) & m_l\neq m'_l\\ \infty & m_l=m'_l\end{cases}\quad (l=0,1,\cdots,m)\tag{8.91}$$

在(3,1,2)卷积码的SOVA译码过程中,在每个时刻 S_i 状态需要比较两个码字序列 $\boldsymbol{c}_t$ 和 $\boldsymbol{c}'_t$,判决输出两码信息序列 $\boldsymbol{m}_t$ 和 $\boldsymbol{m}'_t$。两个信息序列不同($m_l\neq m'_l$)就是可能的错误判决,两个信息序列相同($m_l=m'_l$)表明判决是可信的。这样,SOVA译码在每一时刻,都对每一个状态计算其可靠性向量并与幸存路径及其汉明度量一起进行存储。例如,在 t 时刻对于状态 S_i,可靠性向量的更新为

$$\boldsymbol{L}_t(S_i)=[L_0(S_i),\quad L_1(S_i),\quad \cdots,\quad L_{t-1}(S_i)]\tag{8.92}$$

其中

$$L_l(S_i)=\begin{cases}\min\{\Delta_{t-1}(S_i),L_l(S_i)\} & m_l\neq m'_l\\ L_l(S_i) & m_l=m'_l\end{cases}\quad (l=0,1,\cdots,t-1)\tag{8.93}$$

注意:这一节的信息码序列长度 L、对数似然比 $L(r)$ 及可靠性向量中的 $L_l(S_i)$ 分别表示不同的概念。图8.21给出了(3,1,2)卷积码的SOVA译码在 t 时刻沿着一条路径译码判决时更新可靠性向量的过程。

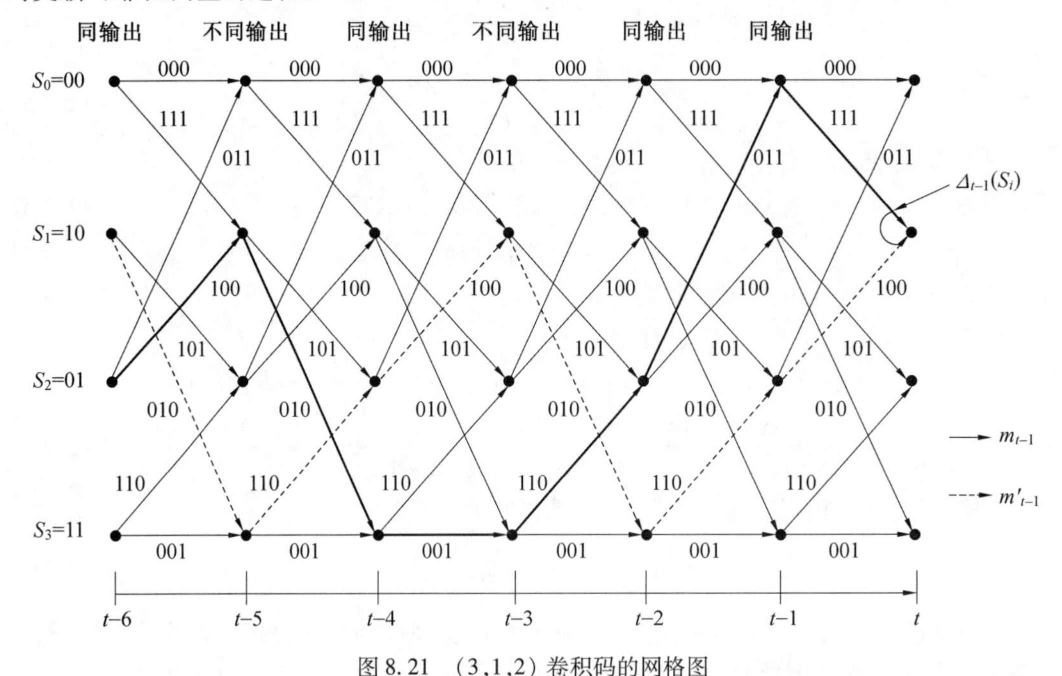

图8.21 (3,1,2)卷积码的网格图

图中粗实线表示码字序列 $\boldsymbol{c}_t$ 的路径,输出为信息序列 $\boldsymbol{m}_t$。虚线表示码字序列 $\boldsymbol{c}'_t$ 的路径,输出的信息序列为 $\boldsymbol{m}'_t$。可以看到在时刻 $t-6,t-4,t-2,t-1$,两个路径都选择相同的分支输出信息码元(上分支输出为0,下分支输出为1),即为 $m_t=m'_t$,这时可靠性度量存储 $L_l(S_i)$。而在时刻 $t-5$ 和 $t-3$,两个路径选择不同的分支输出,即为 $m_t\neq m'_t$,可靠性度量存储 $\min\{\boldsymbol{\Delta}_{t-1}(S_i),L_l(S_i)\}$。当达到译码器网格图的末尾时,与最终的幸存路径相联系的可靠性向量 $\boldsymbol{L}_{L+m}(S_0)$ 提供软输出。

可以看到SOVA译码的存储复杂度要大于维特比算法,$(n,1,m)$ 卷积码要存储 2^m 个可靠性向量,但是SOVA可以提供译码置信度信息,对于提高级联码的译码性能具有很大帮

助。

8.4.3　卷积码的BCJR译码算法

对于给定的接收码字序列 $\boldsymbol{r}$，卷积码的维特比译码算法可以估计出具有最大对数似然函数的发送码字序列 $\boldsymbol{c}$。分析表明，维特比算法得到的发送码字序列估计值具有最小码字错误概率 P_E，即在给定接收序列 $\boldsymbol{r}$ 条件下，估计序列 $\hat{\boldsymbol{c}}$ 不等于发送序列 $\boldsymbol{c}$ 的概率 $P(\hat{\boldsymbol{c}} \neq \boldsymbol{c}/\boldsymbol{r})$。然而，在很多情况下，更关心的是信息码元的错误概率 P_b 的最小化问题，即概率 $P(\hat{m}_t \neq m_t/\boldsymbol{r})$ 的最小化问题。为了使 P_b 最小，就要使 $P(\hat{m}_t = m_t/\boldsymbol{r})$ 最大，即最大后验概率译码。分析表明，对于 $(n,1,m)$ 卷积码，如果发送 L 长信息序列为 $\boldsymbol{m} = (m_0, m_1, \cdots, m_{L-1})$，信息码元错误译码概率 P_b 与信息码字序列错误概率的关系为

$$P(\hat{m}_t \neq m_t/\boldsymbol{r}) = \left(\frac{d(\hat{\boldsymbol{m}},\boldsymbol{m})}{L}\right) P(\hat{\boldsymbol{m}} \neq \boldsymbol{m}/\boldsymbol{r}) \quad (t = 0,1,2,\cdots,L-1) \tag{8.94}$$

我们知道，维特比译码算法是一种最大似然译码准则的译码方法。但从理论上讲，基于最大似然准则的维特比算法并不是最佳译码方法，因此，又有了基于针对码元符号的最大后验概率准则的译码方法研究。所谓BCJR算法是按发明者Bahl，Cocke，Jelinek和Raviv的名字命名的。BCJR算法是一种基于码元符号的最大后验概率的迭代译码算法，这类算法也称为后验概率(APP)译码方法。为了简单起见，这里针对二元输入、多元输出离散无记忆信道，以 $(n,1,m)$ 卷积码为例讨论BCJR算法的基本思想，但其方法完全可以应用于二元输入、多元输出的AWGN信道情况。

首先，和上节一样考虑，在信息序列不等概条件下，接收序列 $\boldsymbol{r}$ 时信息码元的后验概率对数似然比为

$$L(\hat{m}_t) = \ln \frac{P(m_t = 0/\boldsymbol{r})}{P(m_t = 1/\boldsymbol{r})} \quad (t = 0,1,\cdots,L-1) \tag{8.95}$$

则译码器输出的最大后验概率信息码元估计值为

$$\hat{m}_t = \begin{cases} 0 & L(\hat{m}_t) \geqslant 0 \\ 1 & L(\hat{m}_t) < 0 \end{cases} \quad (t = 0,1,\cdots,L-1) \tag{8.96}$$

可以看到，根据 L 值的正负号可以得到码元符号的最大后验概率硬判决，而绝对值 $|L(\hat{m}_t)|$ 代表了这个判决的可信度。因此，APP译码问题就等同于计算所有 t 时刻的对数似然比 $L(\hat{m}_t)$ 问题。

这里讨论一种基于卷积码网格图表示的 L 值计算方法。注意到信息码元符号的后验概率 $P(m_t = 0/\boldsymbol{r})$ 可以从码字序列的后验概率 $P(\boldsymbol{c}/\boldsymbol{r})$ 中计算得到，它对应于在时刻 t 的信息比特 $\hat{m}_t = 0$ 的概率，关系式为

$$P(m_t = 0/\boldsymbol{r}) = \sum_{\boldsymbol{c} \in C, m_t = 0} P(\boldsymbol{c}/\boldsymbol{r}) \tag{8.97}$$

同样，信息码元符号的后验概率 $P(m_t = 1/\boldsymbol{r})$ 可以从码字序列的后验概率 $P(\boldsymbol{c}/\boldsymbol{r})$ 中计算得到，即

$$P(m_t = 1/\boldsymbol{r}) = \sum_{\boldsymbol{c} \in C, m_t = 1} P(\boldsymbol{c}/r) \tag{8.98}$$

进而得到

$$L(\hat{m}_t)=\ln\frac{P(m_t=0/\boldsymbol{r})}{P(m_t=1/\boldsymbol{r})}=\ln\frac{\sum\limits_{\boldsymbol{c}\in C,m_t=0}P(\boldsymbol{c}/\boldsymbol{r})}{\sum\limits_{\boldsymbol{c}\in C,m_t=1}P(\boldsymbol{c}/\boldsymbol{r})} \tag{8.99}$$

假设信道为无记忆信道,且信息比特是统计独立的,则有

$$P(\boldsymbol{c}/\boldsymbol{r})=\frac{P(\boldsymbol{r}/\boldsymbol{c})P(\boldsymbol{c})}{P(\boldsymbol{r})}=\prod_i\frac{P(r_i/c_i)P(c_i)}{P(r_i)} \tag{8.100}$$

这时,式(8.99)变为

$$L(\hat{m}_t)=\ln\frac{\sum\limits_{\boldsymbol{c}\in C,m_t=0}\prod\limits_i P(r_i/c_i)P(c_i)}{\sum\limits_{\boldsymbol{c}\in C,m_t=1}\prod\limits_i P(r_i/c_i)P(c_i)} \tag{8.101}$$

这个表达式称为概率域的对数似然比,根据式(8.101)和式(8.96)就可以判断 t 时刻的信息码元估计值。BCJR 算法的技巧在于采用了前向递推和后向递推的迭代算法。考虑在某一时刻 t 的概率关系,即把一个时间序列的概率分布分为 t 时刻、t 之前和 t 之后三个部分来考虑,为

$$\prod_i P(c_i,r_i)=\prod_{i<t}P(c_i,r_i)\cdot P(r_t/c_t)P(c_t)\cdot\prod_{i>t}P(c_i,r_i) \tag{8.102}$$

接下来,考虑编码序列 $\boldsymbol{c}$ 在网格图上的状态转换,进而用编码器状态来表示概率关系。图 8.22 给出了卷积码的网格图片段,从时刻 t 的状态 S_t 到时刻 $t+1$ 的状态 S_{t+1} 的状态转移,对应于 k 位信息码元 m_t 和 n 位码字 c_t。利用网格图的状态转移关系,式(8.99)的对数似然比 L 可以表示为

$$L(\hat{\boldsymbol{m}}_t)=\ln\frac{\sum\limits_{S_t\to S_{t+1},m_t=0}P(S_t\to S_{t+1}/\boldsymbol{r})}{\sum\limits_{S_t\to S_{t+1},m_t=1}P(S_t\to S_{t+1}/\boldsymbol{r})}=\ln\frac{\sum\limits_{S_t\to S_{t+1},m_t=0}P(S_t\to S_{t+1},\boldsymbol{r})}{\sum\limits_{S_t\to S_{t+1},m_t=1}P(S_t\to S_{t+1},\boldsymbol{r})} \tag{8.103}$$

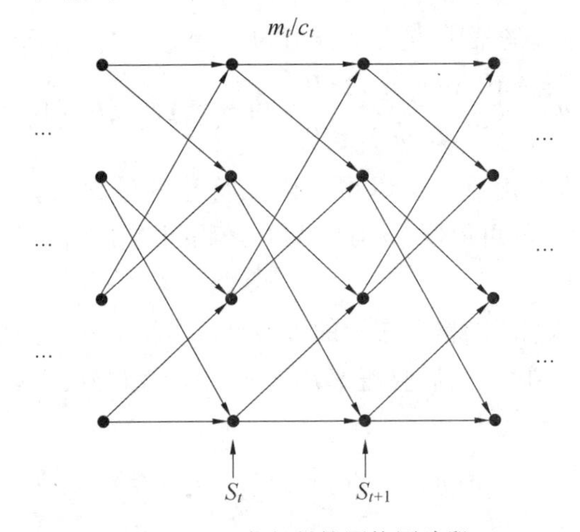

图 8.22　卷积码的网格图片段

考虑信道是无记忆信道及信息码元的统计独立特性,根据式(8.102),在信道输出序列 $\boldsymbol{r}$ 被接收时,译码器在 t 时刻的状态转移概率为

$$P(S_t\to S_{t+1},\boldsymbol{r})=P(S_t,\boldsymbol{r}_{(0,t-1)})\cdot P(S_t\to S_{t+1},\boldsymbol{r}_t)\cdot P(S_{t+1},\boldsymbol{r}_{(t+1,L+m-1)})$$

$$= \alpha_t(S_t)\gamma_t(S_t,S_{t+1})\beta_{t+1}(S_{t+1}) \tag{8.104}$$

其中，$\alpha_t(S_t) = P(S_t, \boldsymbol{r}_{(0,t-1)})$ 表示从0到 $t-1$ 时刻接收序列为 $\boldsymbol{r}_{(0,t-1)}$ 而发送序列经过状态 S_{t-1} 的联合概率，称为前向度量；$\gamma_t(S_t,S_{t+1}) = P(S_t \to S_{t+1}, \boldsymbol{r}_t)$ 表示在时刻 t 接收码字为 n 重 $\boldsymbol{r}_t$ 而发送序列状态转移为 $S_t \to S_{t+1}$ 的联合概率，称为分支度量。$\beta_{t+1}(S_{t+1}) = P(S_{t+1}, \boldsymbol{r}_{(t+1,L+m-1)})$ 为 $t+1$ 时刻接收码字序列的尾部为 $\boldsymbol{r}_{(0,L+m-1)}$ 而发送序列经过状态 S_{t+1} 的联合概率，称为后向度量。

这时的对数似然比式(8.103)可以表示为

$$L(\hat{\boldsymbol{m}}_t) = \ln \frac{\sum\limits_{S_t \to S_{t+1}, m_t = 0} \alpha_t(S_t) \cdot \gamma_t(S_t,S_{t+1}) \cdot \beta_{t+1}(S_{t+1})}{\sum\limits_{S_t \to S_{t+1}, m_t = 1} \alpha_t(S_t) \cdot \gamma_t(S_t,S_{t+1}) \cdot \beta_{t+1}(S_{t+1})} \tag{8.105}$$

最后应该说明，BCJR算法就是通过迭代方法来高效计算联合概率 $\alpha_t(S_t)$，$\gamma_t(S_t,S_{t+1})$ 和 $\beta_{t+1}(S_{t+1})$，进而实现译码度量的快速计算。

前向度量的递推从 $t=0$ 时刻，起点 S_0 开始，初始条件为 $\alpha_0(S_0)=1$，递推计算关系为

$$\alpha_t(S_t) = \sum_{S_{t-1}} \gamma_{t-1}(S_{t-1},S_t)\alpha_{t-1}(S_{t-1}) \tag{8.106}$$

其中的状态转移联合概率为

$$\gamma(S_t,S_{t+1}) = P(r_t/c_t)P(c_t) = P(r_t,c_t) \tag{8.107}$$

从式(8.106)可见，这里的前向度量的递推类似于维特比算法中的前向递推，即基于前一个状态概率 $\alpha_{t-1}(S_{t-1})$ 和状态转移概率 $\gamma_{t-1}(S_{t-1},S_t)$ 来计算当前状态的概率 $\alpha_t(S_t)$。

而后向度量的反向递推从终止节点 S_{L+m} 开始进行，初始条件为 $\beta_{L+m}(S_{L+m})=1$，递推计算关系为

$$\beta_t(S_t) = \sum_{S_{t+1}} \gamma_t(S_t,S_{t+1})\beta_{t+1}(S_{t+1}) \tag{8.108}$$

在计算分支度量时，考虑到无记忆信道和信息码元符号的统计独立性，有

$$\gamma_t(S_t,S_{t+1}) = P(\boldsymbol{r}_t/\boldsymbol{c}_t)P(\boldsymbol{c}_t) = P(\boldsymbol{r}_t/\boldsymbol{c}_t)P(\boldsymbol{m}_t) = \prod_{j=1}^{n} P(r_t^{(j)}/c_t^{(j)}) \prod_{l}^{k} P(m_t^{(l)}) \tag{8.109}$$

而对于 $(n,1,k)$ 卷积码，上式为

$$\gamma_t(S_t,S_{t+1}) = P(\boldsymbol{r}_t/\boldsymbol{c}_t)P(\boldsymbol{c}_t) = P(\boldsymbol{r}_t/\boldsymbol{c}_t)P(\boldsymbol{m}_t) = \left[\prod_{j=1}^{n} P(r_t^{(j)}/c_t^{(j)})\right] P(m_t) \tag{8.110}$$

通常的前向度量和后向度量的计算结果都是很小的数值，因此，可以采用归一化方法，归一化前向度量和归一化后向度量的关系为

$$A_t(S_t) = \frac{\alpha_t(S_t)}{\sum\limits_{S_t} \alpha_t(S_t)} \tag{8.111}$$

$$B_t(S_t) = \frac{\beta_t(S_t)}{\sum\limits_{S_t} \beta_t(S_t)} \tag{8.112}$$

这种归一化处理对计算对数似然比的结果没有影响，并且还可以提高计算的数值精度，这样，式(8.105)可以写为

$$L(\hat{m}_t)=\ln\frac{\sum\limits_{S_t\to S_{t+1},m_t=0}A_t(S_t)\cdot\gamma_t(S_t,S_{t+1})\cdot B_{t+1}(S_{t+1})}{\sum\limits_{S_t\to S_{t+1},m_t=1}A_t(S_t)\cdot\gamma_t(S_t,S_{t+1})\cdot B_{t+1}(S_{t+1})} \tag{8.113}$$

最后,BCJR 译码算法的步骤可以描述如下:

(1) 初始化前向度量 $\alpha_0(S_0)=1$ 和后向度量 $\beta_{L+m}(S_{L+m})=1$。

(2) 计算分支度量 $\gamma_t(S_t,S_{t+1})$。

(3) 计算前向度量 $\alpha_t(S_t)$。

(4) 计算后向度量 $\beta_t(S_t)$。

(5) 计算 APP 对数似然比 $L(\hat{m}_t)$。

(6) 计算硬判决输出的信息码元序列的估计值$\hat{\boldsymbol{m}}_t$。

另外,由式(8.109) 可知,在计算分支度量 $\gamma_t(S_t,S_{t+1})$ 时,需要已知信息码元的先验概率,通常这个先验概率是未知的(除非假设已知)。根据对数似然比关系式(8.95) 和式(8.96),可得

$$P(m_t=0)=\frac{1}{1+\mathrm{e}^{-L(\hat{m}_t)}} \tag{8.114}$$

$$P(m_t=1)=\frac{1}{1+\mathrm{e}^{L(\hat{m}_t)}}=\frac{\mathrm{e}^{-L(\hat{m}_t)}}{1+\mathrm{e}^{-L(\hat{m}_t)}} \tag{8.115}$$

考虑到在计算 $L(\hat{m}_t)$ 的式(8.95) 中 $P(m_t=0)$ 和 $P(m_t=1)$ 分别在分子和分母,因此式(8.114) 和式(8.115) 的分母会被消除,只用分子项代替就可以。

还有一个问题需要说明,在上面介绍的概率域 APP 译码算法中还是存在数值精度问题,特别是在实际应用中,当信道条件较好并且信息码序列长度 L 很大时,计算结果的精度会受到影响。解决的办法是用计算概率的对数来代替计算概率,称为对数域 APP 译码算法。对数域 APP 译码算法和概率域 APP 译码算法基本过程相同,这里不再详述。

下面通过(2,1,2) 非系统卷积码的例子说明 BCJR 译码的迭代译码过程。

(2,1,2) 非系统卷积码的编码器如图 8.4 所示,其网格图如图 8.14 所示。假定信道为一个二进制输入、八进制输出的离散无记忆信道。其信道转移概率由表 8.1 给出。

表 8.1　离散无记忆信道转移概率 $P(r_t^{(j)}/c_t^{(j)})$

$c_t^{(j)}$ \ $r_t^{(j)}$	O_1	O_2	O_3	O_4	I_4	I_3	I_2	I_1
0	0.434	0.197	0.167	0.111	0.058	0.023	0.008	0.002
1	0.002	0.008	0.023	0.058	0.111	0.167	0.197	0.434

设输入信息码序列长度 $L=4, L+m=6, m=(m_0,m_1,\cdots,m_5)$,发送码字序列 $\boldsymbol{c}=(c_0,c_1,\cdots,c_5)$ 为 $N=n(L+m)=12$ 位的初始截断码序列。假设信息码序列先验不等概为

$$P(m_t=0)=\begin{cases}2/3 & t=1,2,3,4(\text{信息码元})\\ 1 & t=4,5(\text{收尾码元})\end{cases} \tag{8.116}$$

假设接收码序列为 $\boldsymbol{r}=(\boldsymbol{r}_0,\boldsymbol{r}_1,\cdots,\boldsymbol{r}_5)=(I_4O_1,O_4I_3,I_4O_4,O_4I_4,O_4I_2,O_1O_2)$,图8.23 给出了(2,1,2) 卷积码的网格图并标出了接收序列。

(1) 初始化前向度量 $\alpha_0(S_0)=1$ 和后向度量 $\beta_6(S_0)=1$。

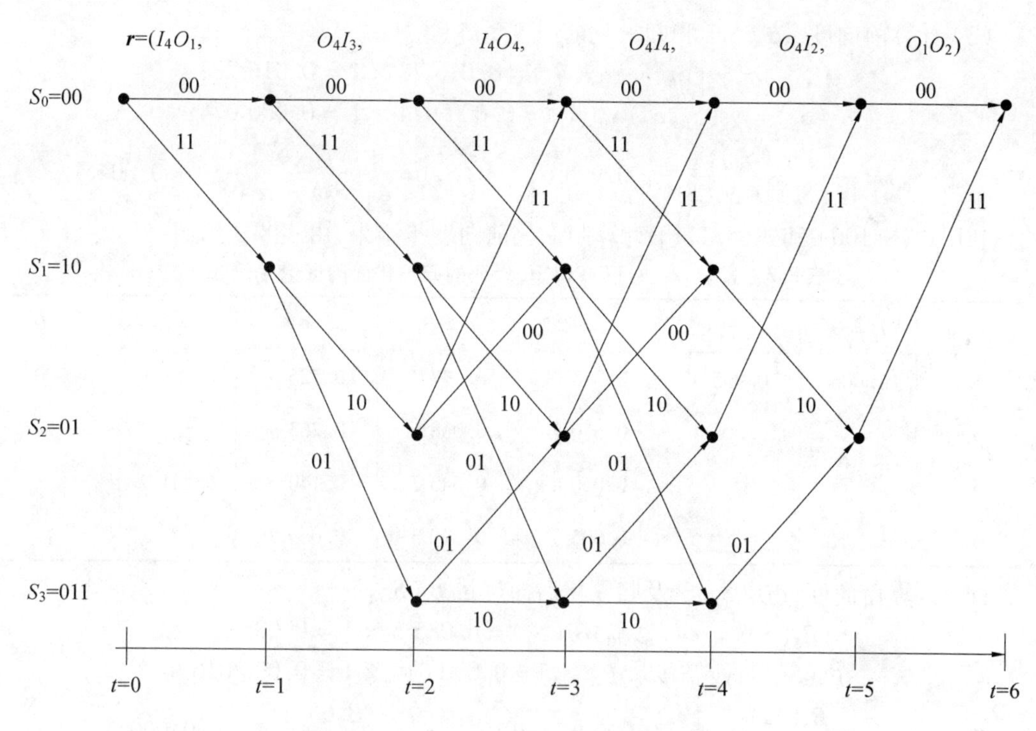

图 8.23　(2,1,2) 卷积码 $L = 4$ 的网格图

(2) 计算分支度量$\gamma_l(S_t, S_{t+1})$。

$$\gamma_0(S_0, S_0) = P(\boldsymbol{r}_0 / \boldsymbol{c}_0) P(m_0 = 0) = P(I_4 O_1 / 00) \cdot 2/3$$
$$= P(I_4/0) P(O_1/0) \cdot 2/3$$
$$= 0.016\ 78$$
$$\gamma_0(S_0, S_1) = P(\boldsymbol{r}_0 / \boldsymbol{c}_1) P(m_0 = 1)$$
$$= P(I_4 O_1 / 11) \cdot 1/3 = P(I_4/1) P(O_1/1) \cdot 1/3$$
$$= 0.000\ 074$$

利用式(8.110) 计算分支度量结果,由表 8.2 给出。

表 8.2　(2,1,2) 卷积码 BCJR 译码的分支度量 $\gamma(S_t, S_{t+1})$

$\gamma_t(S_t, S_{t+1})$	$t = 0$	$t = 1$	$t = 2$	$t = 3$	$t = 4$	$t = 5$
(S_0, S_0)	1.678×10^{-2}	1.702×10^{-3}	4.292×10^{-3}	4.292×10^{-3}	8.88×10^{-4}	8.55×10^{-2}
(S_0, S_1)	7.4×10^{-5}	3.229×10^{-3}	2.146×10^{-3}	2.146×10^{-3}		
(S_1, S_2)		8.893×10^{-4}	8.214×10^{-3}	2.243×10^{-3}	4.64×10^{-4}	
(S_1, S_3)		6.179×10^{-3}	1.121×10^{-3}	4.107×10^{-3}		
(S_2, S_0)			4.292×10^{-3}	4.292×10^{-3}	1.143×10^{-2}	1.6×10^{-5}
(S_2, S_1)			2.164×10^{-3}	2.146×10^{-3}		
(S_3, S_2)			2.243×10^{-3}	8.214×10^{-3}	2.187×10^{-2}	
(S_3, S_3)			4.107×10^{-3}	1.121×10^{-3}		

(3) 计算前向度量 $\alpha_l(S_t)$ 和归一化前向度量 $A_l(S_t)$。

$$\alpha_1(S_0)=\gamma_0(S_0,S_0)\alpha_0(S_0)=0.016\ 78\times 1=0.016\ 78;$$

$$\alpha_1(S_1)=\gamma_0(S_0,S_1)\alpha_0(S_0)=0.000\ 074\times 1=0.000\ 074;$$

$$A_1(S_0)=\frac{\alpha_1(S_0)}{\alpha_1(S_0)+\alpha_1(S_1)}=0.995\ 6;\quad A_1(S_1)=\frac{\alpha_1(S_1)}{\alpha_1(S_0)+\alpha_1(S_1)}=0.004\ 4$$

利用式(8.106)和式(8.111)计算归一化前向度量结果,由表8.3给出。

表8.3 (2,1,2)卷积码BCJR译码的归一化前向度量 $A_l(S_t)$

$A_l(S_t)$	$t=0$	$t=1$	$t=2$	$t=3$	$t=4$	$t=5$	$t=6$
S_0	1.000	0.995 6	0.343 0	0.177 3	0.526 6	0.558 1	1.000
S_1		0.004 4	0.650 7	0.088 6	0.263 3		
S_2			0.000 8	0.643 7	0.140 6	0.441 9	
S_3			0.005 5	0.090 3	0.069 5		

(4) 计算后向度量 $\beta_l(S_{t+1})$ 及归一化后向度量 $B_l(S_{t+1})$。

$$\beta_5(S_0)=\gamma_5(S_0,S_0)\beta_6(S_0)=0.085\ 5\times 1=0.085\ 5$$

$$\beta_5(S_2)=\gamma_5(S_2,S_0)\beta_6(S_0)=0.000\ 016\times 1=0.000\ 016$$

$$B_5(S_0)=\frac{\beta_5(S_0)}{\beta_5(S_0)+\beta_5(S_2)}=0.999\ 8;\quad B_5(S_2)=\frac{\beta_5(S_2)}{\beta_5(S_0)+\beta_5(S_2)}=0.000\ 2$$

利用式(8.108)和式(8.112)计算归一化后向度量结果,由表8.4给出。

表8.4 (2,1,2)卷积码BCJR译码的归一化后向度量 $B_l(S_{t+1})$

$B_l(S_{t+1})$	$t=0$	$t=1$	$t=2$	$t=3$	$t=4$	$t=5$	$t=6$
S_0	1.000	0.183 8	0.106 0	0.030 0	0.072 1	0.999 8	1.000
S_1		0.816 2	0.202 8	0.201 8	0.000 0		
S_2			0.106 0	0.030 0	0.927 6	0.000 2	
S_3			0.585 1	0.738 3	0.000 3		

(5) 利用式(8.113)计算APP对数似然比 $L(\hat{m}_t)$。

$$L(\hat{m}_0)=\ln\frac{A_0(S_0)\gamma_0(S_0,S_1)B_1(S_1)}{A_0(S_0)\gamma_0(S_0,S_0)B_1(S_0)}=\ln\frac{1\times 0.000\ 074\times 0.816\ 2}{1\times 0.016\ 78\times 0.183\ 8}=-3.933;$$

$$\begin{aligned}L(\hat{m}_1)&=\ln\frac{A_1(S_0)\gamma_1(S_0,S_1)B_2(S_1)+A_1(S_1)\gamma_1(S_1,S_3)B_2(S_3)}{A_1(S_0)\gamma_1(S_0,S_0)B_2(S_0)+A_1(S_1)\gamma_1(S_1,S_2)B_2(S_2)}\\&=\ln\frac{0.995\ 6\times 0.003\ 229\times 0.202\ 8+0.004\ 4\times 0.006\ 179\times 0.585\ 1}{0.995\ 6\times 0.001\ 702\times 0.106\ 0+0.004\ 4\times 0.000\ 889\ 3\times 0.106\ 0}\\&=+1.311\end{aligned}$$

$$\begin{aligned}&L(\hat{m}_2)\\&=\ln\frac{A_2(S_0)\gamma_2(S_0,S_1)B_3(S_1)+A_2(S_1)\gamma_2(S_1,S_3)B_3(S_3)+A_2(S_2)\gamma_2(S_2,S_1)B_3(S_1)+A_2(S_3)\gamma_2(S_3,S_3)B_3(S_3)}{A_2(S_0)\gamma_2(S_0,S_0)B_3(S_0)+A_2(S_1)\gamma_2(S_1,S_2)B_3(S_2)+A_2(S_2)\gamma_2(S_2,S_0)B_3(S_0)+A_2(S_3)\gamma_2(S_3,S_2)B_3(S_2)}\\&=+1.234\end{aligned}$$

$$L(\hat{m}_3) = \ln\frac{A_3(S_0)\gamma_3(S_0,S_1)B_4(S_1)+A_3(S_1)\gamma_3(S_1,S_3)B_4(S_3)+A_3(S_2)\gamma_3(S_2,S_1)B_4(S_1)+A_3(S_3)\gamma_3(S_3,S_3)B_4(S_3)}{A_3(S_0)\gamma_3(S_0,S_0)B_4(S_0)+A_3(S_1)\gamma_3(S_1,S_2)B_4(S_2)+A_3(S_2)\gamma_3(S_2,S_0)B_4(S_0)+A_3(S_3)\gamma_3(S_3,S_2)B_4(S_2)} = -8.817$$

(6) 计算硬判决输出$\hat{\boldsymbol{m}}_t$。根据式(8.96)，利用映射关系$0\to+1$和$1\to-1$，可以得到译码器输出的硬判决信息序列的估计值为$[\hat{m}]=[m_0,m_1,m_2,m_3]=[0,1,1,0]$。

这里，由于是前馈编码器并且收尾序列为0，因此就不必计算u_4和u_5的APPL值了，本例题是在DMC上的计算，因此没有采用对数域计算方式。实际上，概率域计算和对数域计算均可以用在DMC信道和AWGN信道。

习　题

8.1　已知(3,1,3)卷积码的监督方程为

$$\begin{cases}p_{a,i}=m_i+m_{i-1}\\ p_{b,i}=m_i+m_{i-2}\end{cases}$$

请对信源序列010110…进行编码。

8.2　已知(4,3,3)卷积码的基本监督矩阵为

$$[H]=[1\ \ 1\ \ 0\ \ 0\ \ 1\ \ 0\ \ 1\ \ 0\ \ 1\ \ 1\ \ 1\ \ 1]$$

请对输入信息码元101100110111…进行编码。

8.3　已知(3,1,2)卷积码支路多项式的向量表示分别为$\boldsymbol{g}^{(1)}=[1\ 1\ 0]$，$\boldsymbol{g}^{(2)}=[1\ 0\ 1]$，$\boldsymbol{g}^{(3)}=[1\ 1\ 1]$。试求：

(1) 编码器原理图；

(2) 生成矩阵$\boldsymbol{G}$；

(3) 当信息序列为$\boldsymbol{m}=[1\ 1\ 1\ 0\ 1]$时，写出码字序列$\boldsymbol{c}$。

8.4　已知(2,1,3)卷积码支路多项式的向量表示分别为$\boldsymbol{g}^{(1)}=[1\ 1\ 0\ 1]$，$\boldsymbol{g}^{(2)}=[1\ 1\ 1\ 1]$。试求：

(1) 生成矩阵$\boldsymbol{G}$；

(2) 多项式生成矩阵$\boldsymbol{G}(x)$；

(3) 当信息序列为$\boldsymbol{m}=[1\ 1\ 1\ 0\ 1]$时，写出码字序列$\boldsymbol{c}$。

8.5　已知(3,1,2)卷积码支路多项式为$g^{(1)}(x)=1+x+x^2$，$g^{(2)}(x)=1+x$，$g^{(3)}(x)=1+x^2$。试求：

(1) 卷积码的状态图；

(2) $L=4$的码树图和网格图；

(3) 用维特比译码算法对接收序列$\boldsymbol{r}=[1011000010]$进行译码。

8.6　已知(3,2,1)卷积码的支路多项式为$g_1^{(1)}(x)=1$，$g_1^{(2)}(x)=x$，$g_1^{(3)}(x)=1+x$，$g_2^{(1)}(x)=x$，$g_2^{(2)}(x)=1$，$g_2^{(3)}(x)=1$，求$\boldsymbol{m}(x)=[1+x+x^3\quad 1+x^2+x^3]$时的码字多项式$c(x)$。

8.7　一个卷积码编码器的原理图如图8.24所示。试求：

(1) 生成矩阵$\boldsymbol{G}$和多项式生成矩阵$\boldsymbol{G}(x)$；

（2）当 $\boldsymbol{m}=[110\ 011\ 101]$ 时求码字序列 $\boldsymbol{c}$。

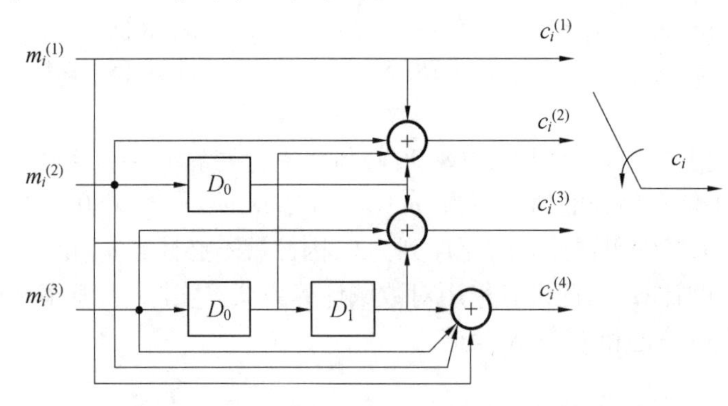

图 8.24　习题 8.5 卷积码编码器原理图

8.8　已知(2,1,2) 卷积码编码器的码字序列与信息序列的关系为 $c^{(1)}=m_0+m_1$，$c^{(2)}=m_0+m_1+m_2$，当接收码字序列为 1000100000 时，试用维特比译码算法求发送信息序列的估计值。

8.9　已知(2,1,3) 卷积码的变换域生成矩阵为 $\boldsymbol{G}(D)=[1+D^2,1+D+D^2+D^3]$，

（1）画出编码器状态图；

（2）当 $\boldsymbol{m}=[11011]$ 时求码字序列 $\boldsymbol{c}$。

8.10　针对习题 8.1 的(3,1,2) 卷积码，试求：

（1）信号流图及状态转移函数；

（2）自由距离 d_{free}。

8.11　针对习题 8.4 的(3,2,1) 卷积码，画出 $L=3$ 的信息序列的网格图，求 $\boldsymbol{m}=[11\ 01\ 10]$ 的码字序列。

8.12　已知(2,1,3) 卷积码的变换域生成矩阵为 $\boldsymbol{G}(D)=[1+D^2+D^3,1+D+D^2+D^3]$，

（1）画出 $L=4$ 的网格图；

（2）当 $\boldsymbol{m}=[1101]$ 时求码字序列 $\boldsymbol{c}$。

8.13　已知(2,1,3) 卷积码的变换域生成矩阵为 $\boldsymbol{G}(D)=[1+D^2+D^3,1+D+D^2+D^3]$，

（1）画出 $L=4$ 的信息序列的码树图；

（2）如果接收码字序列为 $\boldsymbol{r}=[11,00,11,00,01,10,11]$，使用序列译码的堆栈算法进行译码。

第 9 章*

新兴编码技术

香农第二编码定理的证明过程告诉我们,通过增加码长来增加随机性是实现有噪声信道上低误码率传输的一个基本思想。例如在码率一定的条件下,(21,12) 分组码的性能一定优于(7,4) 汉明码,而且可以推论,使平均错误译码概率趋于无限小的($7m$,$4m$) 分组码,在 $m \to \infty$ 时是存在的。然而,好码不仅要求有好的纠检错能力,还要易于工程实现。研究表明,对于一般的(n,k) 分组码,编码的复杂度为 k 或 $n-k$ 数量级,记为 $O(k)$ 或 $O(n-k)$,而最佳译码或最大似然译码的实现复杂度为与码长为指数关系 $O(2^k)$ 或 $O(2^{n-k})$。因此,人们一直在努力寻找既有好的编译码性能又易于实现的各种信道编码新方法,例如 Turbo 码、LDPC 码、Polar 码、数字喷泉码以及网络编码等。本章作为扩展内容,只是介绍几种编码方法的特点、基本思想和工作原理,对其译码算法和性能不做详细讨论。

9.1 Turbo 码

传统编码方法都有比较规则的代数结构,并且出于译码复杂度的考虑,码长也不会太长。因此传统信道编码性能与香农极限之间一直有较大的差距。1993 年,C. Berrou 等人提出了性能优异且编译码方法相对简单的 Turbo 码,由于其巧妙地结合了卷积码和随机交织器的特点,因此也称为并行级联卷积码(Paralled Concatenated Convolutional Codes, PCCC)。

一方面 Turbo 码具有香农编码定理中随机编码的随机性,另一方面由于它具有特殊的编码结构而可以使用高效的迭代译码方法进行译码。研究表明,在任何码率和信息分组长度大于 10^4 的情况下,如果信噪比在香农极限的 1 dB 范围内,采用迭代译码算法的 Turbo 码能够达到 10^{-5} 的误码率性能。尽管采用迭代译码算法会带来较大的译码延时,但是与以往同等码长和译码复杂度的编码方法相比,Turbo 码带来的几个 dB 的编码增益仍然使它具有明显的优势。

9.1.1 Turbo 码编码原理

Turbo 码的编码器有两个非常重要的组成单元,一个是交织器,另一个是分量编码器。如图 9.1 所示,它由一个随机交织器和两个递归系统卷积(RSC) 并行级联组成。随机交织器使编码具有足够的随机性,但也会增加最大似然译码的复杂性。然而,通过两个分量码的结构,可以用迭代的方法对每个分量码进行简单的软输入软输出(SISO) 译码,其中一个译码器的软输出作为另一个译码器的输入,直到最终得到译码估计序列。因此,Turbo 码的两

个基本设计思想就是,一是能够产生具有类随机性的编码方法,二是可以采用软输出迭代译码方案。

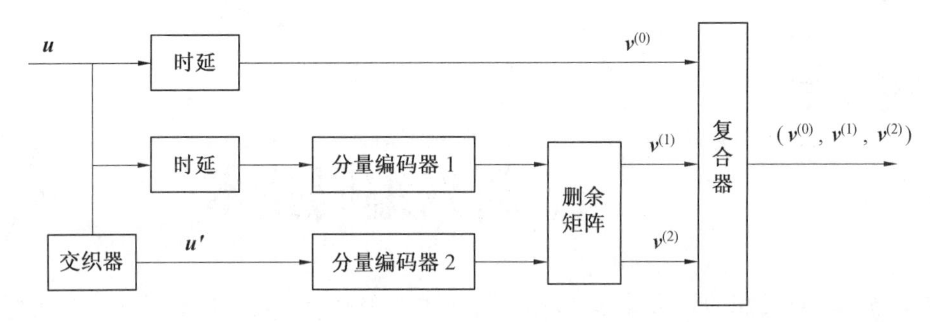

图 9.1 Turbo 码编码器原理图

在图9.1中,分量编码器为$(2,1,m)$反馈系统卷积码,假设输入的信息码序列长度为L,则使编码器返回到全零状态(补充m个码元形成收尾卷积码)时的信息序列分组长度为$K=L+m$,这时的输入信息序列为

$$\boldsymbol{u}=(u_0,u_1,\cdots,u_{K-1}) \tag{9.1}$$

输入信息序列$\boldsymbol{u}$并行地分为三个分支,第一个分支只做延时,以便与另外的分支时间匹配,可以表示为

$$\boldsymbol{u}=\boldsymbol{v}^{(0)}=(v_0^{(0)},v_1^{(0)},\cdots,v_{K-1}^{(0)}) \tag{9.2}$$

第二个分支经延时后进入分量编码器 1 产生校验序列$\boldsymbol{v}^{(1)}$,表示为

$$\boldsymbol{v}^{(1)}=(v_0^{(1)},v_1^{(1)},\cdots,v_{K-1}^{(1)}) \tag{9.3}$$

第三个分支由随机交织器变为长度相同但比特位置经重新排列的交织序列$\boldsymbol{u}'$,再通过分量编码器 2 产生校验序列$\boldsymbol{v}^{(2)}$。

$$\boldsymbol{v}^{(2)}=(v_0^{(2)},v_1^{(2)},\cdots,v_{K-1}^{(2)}) \tag{9.4}$$

一般情况下,分量编码器 1 和分量编码器 2 相同,最后复用在一起形成输出码字序列

$$\boldsymbol{v}=(v_0^{(0)},v_0^{(1)},v_0^{(2)},v_1^{(0)},v_1^{(1)},v_1^{(2)},\cdots,v_{K-1}^{(0)},v_{K-1}^{(1)},v_{K-1}^{(2)}) \tag{9.5}$$

因此,整个收尾卷积码的总长度为$N=3K$,在K值比较大的情况下,码率近似为

$$R=\frac{L}{N}=\frac{K-m}{3K}\approx\frac{1}{3} \tag{9.6}$$

为了提高码率,通常在两个分量编码器的输出端进行删余处理,交叉删除一些校验位。下面对 Turbo 编码器主要组成部分做进一步说明。

1. 交织器

编码器中交织器的使用是实现 Turbo 码近似随机编码的关键。交织器在 Turbo 码出现之前就已广泛应用于无线通信系统中,用以克服突发错误。它通常是对输入的原始信息序列进行随机置换后输出,增加信息序列随机度,即使序列随机化、均匀化。因此,交织器输出的矢量元素与其输入的矢量元素是相同的,只是元素的位置被改变。例如,(10011001)经交织器后变为(01011010)。在接收端,在一个译码器中不可纠正的错误事件,交织后在另一个译码器被打散成为可纠正的差错,也就是说交织器和解交织器共同工作可以将突发错误分散成随机错误。

交织方式主要有规则交织、不规则交织和随机交织 3 种。规则交织即行写列读,比较简

单但随机性不好。随机交织是指交织格式是随机分配的，是理论上性能最好的交织方式，但是由于要将整个交织信息的位置信息传送给译码器，因此降低了编码效率。实际应用中一般采用不规则交织，这是一种伪随机交织方式，对每一编码块采用固定的交织方式，但块与块之间交织器结构不同。大多数情况下，伪随机交织器的随机性能优于规则交织器。例如，无线移动通信系统对时延要求较高，通常采用交织长度约为400的伪随机短交织器。由于在具体的通信系统中采用Turbo码时交织器必须具有固定的结构，同时是基于信息序列的，因此，在一定条件下可以把Turbo码看成一类特殊的分组码来简化分析。

交织器和分量编码的结合可以确保Turbo码编码输出码字都具有较高的汉明重量。在Turbo编码器中交织器的作用是将信息序列中的比特顺序重置。当信息序列经过第一个分量编码器后输出的码字重量较低时，交织器可以使交织后的信息序列经过第二个分量编码器编码后以很大的概率输出较高重量的码字，从而提高码字的汉明重量。同时优异的交织器还可以明显地降低校验序列间的相关性，因此，交织器设计的好坏在很大程度上影响着Turbo码的性能。

设计交织器应当遵循以下原则：尽可能用长的交织器；尽可能地提高交织器输出序列的随机性能；尽可能地避免产生使后面的编码器输出低重量码字的序列。

2. 分量编码器

Turbo码编码器中的分量编码器一般是一个卷积码编码器。分析表明，非系统卷积码的性能在高信噪比条件下比约束长度相同的非递归系统码要好，而在低信噪比时情况却正好相反。递归系统卷积码（RSC）结合了系统卷积码和非系统卷积码的特性，虽然它与非系统卷积码具有相同的网格图结构和自由距离，但是在高码率（$R \geqslant 2/3$）的情况下，对任何信噪比，它的性能均比非系统卷积码要好。递归系统卷积码具有系统码的优点，这一特性使用户在译码时无须变换码字而直接对接收的码字进行译码。因此，在Turbo码中通常采用递归系统卷积码作为分量码。

实用的递归系统卷积码可以由非系统卷积码转换得到，其方法是将非系统卷积码的生成函数矩阵的各项都除以第一项而使之递归，其余项则成为分式。下面通过一个例子说明递归系统卷积码的编码电路组成。

【例9.1】 查表可得一个（2,1,4）非系统卷积码的生成函数矩阵为（37,21），讨论其相应的递归系统卷积码的构成。

解 将八进制表示的生成函数矩阵转换为多项式形式，有

$$(37)_{\text{oct}} = (011,111)_{\text{bin}} \to 1 + D + D^2 + D^3 + D^4$$
$$(21)_{\text{oct}} = (010,001)_{\text{bin}} \to 1 + D^4$$

得生成函数矩阵为

$$\boldsymbol{G}(D) = [1 + D + D^2 + D^3 + D^4, 1 + D^4] \tag{9.7}$$

为了构造系统卷积码，对矩阵进行变换得到

$$\boldsymbol{G}(D) = \left[1, \frac{1 + D^4}{1 + D + D^2 + D^3 + D^4}\right] \tag{9.8}$$

这样就得到了递归系统卷积码的生成函数矩阵，（2,1,4）递归系统卷积码编码器结构如图9.2所示。

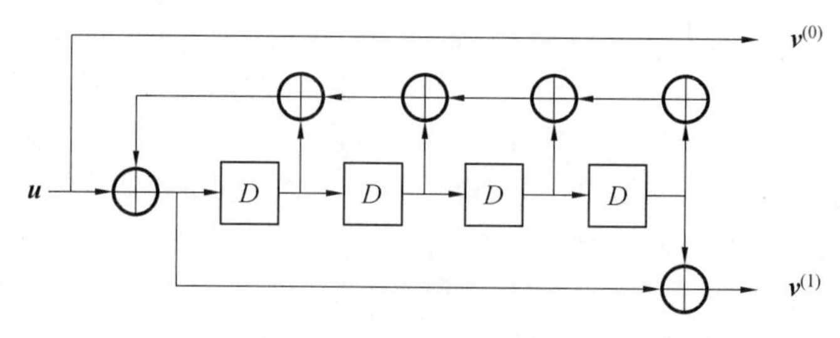

图 9.2 (2,1,4) 递归系统卷积码编码器结构图

从图 9.2 中可以看出,递归系统卷积码不同于一般的卷积码,其结构中不仅有向前结构,还有向后反馈结构。Turbo 码使用的递归系统卷积码编码器一般有 2 ~ 5 级移位寄存器,用生成多项式矩阵表示为

$$\boldsymbol{G}(D)=\left[1,\frac{g_2(D)}{g_1(D)}\right] \tag{9.9}$$

式中 1—— 系统比特;

$g_1(D)$ 和 $g_2(D)$—— 编码器的前馈多项式和反馈多项式。

如果输入为 $K=L+m$ 的信息分组,其中分组的最后 m 个收尾码元使编码器回到全零状态。注意,对于反馈型的递归卷积码,m 个收尾码元并不一定是全零码元。这样就得到一个 (N,L) 分组码,当 K 为很大时,码率近似为 1/2。

3. 校验删余

校验删余是一种提高 Turbo 码码率的方法,而提高码率就意味着节省带宽和降低通信费用。删余(Puncturing) 就是通过删除冗余的校验位来调整码率。两个分量码编码器产生的校验位是对同一组信息(尽管通过交织) 的校验,因此在很多情况下同时传输两个校验位可能是不必要的。这时可以考虑只传输其中的一部分,原则是按照一定的周期轮流地选择传送两个分量编码器产生的校验位。

删余卷积码是一种通过周期地删除码率为 $R=1/n$ 的卷积码的部分码元构成的一种特殊卷积码。例如采用两个 1/2 码率的系统卷积码作为分量编码器,如果不删余,Turbo 码的码率就是 1/3。但是如果在分量编码器 1 的输出端乘上一个删余矩阵 $\boldsymbol{P}_1=[1\quad 0]^{\mathrm{T}}$,在分量编码器 2 的输出端乘上一个删余矩阵 $\boldsymbol{P}_2=[0\quad 1]^{\mathrm{T}}$,这样就会产生在分量编码器 1 和 2 之间轮流选择校验位的效果。这时信道传输的码字只是一位信息位和一位轮流取值的校验位,实际的码率为 $R=1/2$。一般情况下,若两个分量编码器的生成矩阵分别为 $\boldsymbol{G}_1$ 和 $\boldsymbol{G}_2$,两个编码器的输出可以表示为矩阵 $[u\boldsymbol{G}_1\quad u'\boldsymbol{G}_2]^{\mathrm{T}}$,其中 u 和 u' 分别表示交织前后的信息位,$u\boldsymbol{G}_1$ 和 $u'\boldsymbol{G}_2$ 都是 $1\times N$ 向量,则删余矩阵 $\boldsymbol{P}$ 为一个 $N\times 2$ 矩阵 $[\boldsymbol{P}_1\quad \boldsymbol{P}_2]$,其中 $\boldsymbol{P}_1$ 和 $\boldsymbol{P}_2$ 均为 $N\times 1$ 的列向量。

通过使用删余矩阵,Turbo 码可以用简单的编码器(如 1/2 卷积码) 实现较高码率的编码。例如在 $R=1/2$ 的卷积码的网格图上,从一个状态到下一个状态只有两种可能性,Viterbi 算法只需要做两条路径的比较,而 $R=6/7$ 的卷积码,从一个状态到下一个状态最多可能有 $2^6=64$ 条路径。一般来说,$R=k/n$ 卷积码的每个状态要进行 2^k 次比较。可以想象,如果用 1/2 编码器产生 6/12 码,然后再将它缩短到 6/7 码,要比用 6/7 卷积码更简单,这就是 Turbo 码广泛使用删余技术的原因。

下面假设Turbo码利用图9.2给出的(2,1,4)的递归系统卷积码作为分量编码器，说明交织和校验删余的过程。

假设长度为$K = L + m = 12 + 4 = 16$的信息序列为$\boldsymbol{u} = [1000010000000000]$，某一时刻的伪随机交织图样为

$$\boldsymbol{\Pi} = [0,8,15,9,4,7,11,5,1,3,14,6,13,12,10,2]$$

则交织器输出序列为$\boldsymbol{u}' = [1000000100000000]$。从交织图样可知，原来的$u_0 = 1$交织成$u'_0 = 1$，原来的$u_5 = 1$交织成$u'_7 = 1$，依此类推。根据式(9.8)及相应的输入序列，可知第一分量编码器输出的校验序列为

$$v^{(1)}(D) = u(D)\frac{g_2(D)}{g_1(D)} = \frac{(1 + D^5)(1 + D^4)}{1 + D + D^2 + D^3 + D^4} = 1 + D + D^4 + D^5$$

即为$\boldsymbol{v}^{(1)} = [1100110000000000]$。而第二分量编码器输出的校验序列为

$$\begin{aligned} v^{(2)}(D) &= u'(D)\frac{g_2(D)}{g_1(D)} = \frac{(1 + D^7)(1 + D^4)}{1 + D + D^2 + D^3 + D^4} \\ &= 1 + D + D^4 + D^6 + D^7 + D^8 + D^9 + D^{13} + D^{14} \end{aligned}$$

即为$\boldsymbol{v}^{(2)} = [1100101111000110]$。

假设删余矩阵为

$$\boldsymbol{P} = [\boldsymbol{P}_1^{\mathrm{T}}, \boldsymbol{P}_2^{\mathrm{T}}] = \begin{bmatrix} 1 & 0 \\ 0 & 1 \end{bmatrix}$$

校验序列为[1100100101000100]，则Turbo码编码器输出的码率为1/2的复合码字序列为

$$\boldsymbol{v} = [11\ 01\ 00\ 00\ 01\ 10\ 00\ 01\ 00\ 01\ 00\ 00\ 00\ 01\ 00\ 00]$$

可以看到，在输入码字序列重量为2的情况下，交织后并行级联结构的Turbo码输出序列的码字重量为8。通过Turbo码的最大似然译码性能分析可知，Turbo码的性能主要由它的自由距离决定，而自由距离主要由重量为2的输入信息序列所产生的码字间的最小距离决定，用本原多项式作为反馈连接多项式的分量编码器所产生的码字的最小重量为最大，因此当Turbo码交织器的大小给定后，如果分量码的反馈连接多项式采用本原多项式，则Turbo码的自由距离会增加，从而Turbo码在高斯信噪比情况下的“错误平层(Errorfloor)”会降低。错误平层效应是指在中高信噪比情况下，误码曲线变平。也就是说，即使再增大信噪比，误码率也降不下来(一般的系统，比如说BPSK的误码曲线，误码率随着信噪比的增大是单调下降的)。

9.1.2 Turbo码的译码

与编码器结构相对应，Turbo码的译码器也由两个分量译码器组成。译码器利用这种结构进行迭代译码，也称为Turbo译码。图9.3是一个Turbo译码器的基本原理图，从其形象化的涡轮式结构上可以理解其称为Turbo译码的原因所在。图中每一个分量译码器都是软输入软输出的，译码器1根据接收到的$(u, r^{(1)})$，输出一个关于发送码元概率的软判决值$p(u_1)$，这个概率的测度值可以通过MAP算法或SOVA算法产生。译码器1将这个概率信息送给译码器2，译码器2根据接收的$(u, r^{(2)})$和$p(u_1)$产生另一个概率软判决值$p(u_2)$。然后把$p(u_2)$送给译码器1，译码器1再结合原始的接收码字修正概率测度$p(u_1)$。如此往复，两个分量译码器通过多次迭代不断地更新它们输出的概率值。理想的情况下，两个分量译

码器最终将给出一致的概率输出值,从而形成硬判决估计 $u=u_1=u_2$。但在实际应用中,迭代译码的终止还是一个问题,因为在一些情况下译码算法可能是不收敛的,也就是说两个分量译码器对信息位的判断并不一致。具体判断是否收敛的方法也有多种,包括方差估计法和一些基于神经网络的技术。

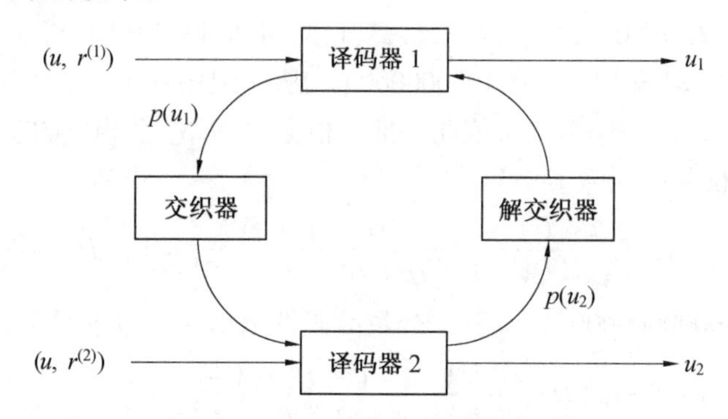

图 9.3　Turbo 译码器的基本原理图

典型的 Turbo 码译码器的基本结构如图 9.4 所示,由两个交织器、一个解交织器以及两个软输入软输出译码器 1 和译码器 2 串行级联组成。这里假设采用码率为 1/3 的并行级联编码器,即没有使用校验删余,其中交织器与 Turbo 码编码器中所使用的交织器相同。在任意时刻 k,译码器从信道接收到的三个码元,分别是一个信息位 $r_k^{(0)}$、两个检验位 $r_k^{(1)}$ 和 $r_k^{(2)}$。对应式(9.5) 的发送码字序列,接收码字序列可以表示为

$$\boldsymbol{r}=(r_0^{(0)},r_0^{(1)},r_0^{(2)},r_1^{(0)},r_1^{(1)},r_1^{(2)},\cdots,r_{K-1}^{(0)},r_{K-1}^{(1)},r_{K-1}^{(2)}) \tag{9.10}$$

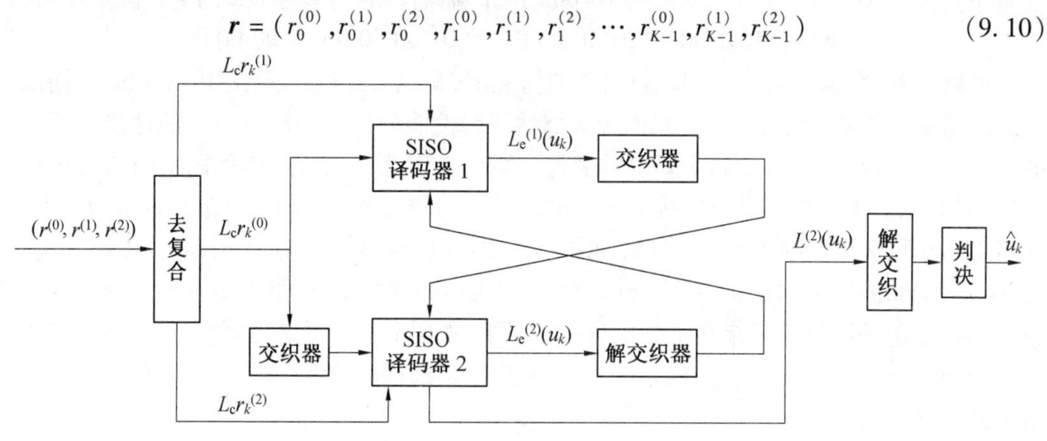

图 9.4　Turbo 码译码器的基本结构图

假设信道为软输出 AWGN 信道,每个传输码元的映射关系为 0 →- 1 和 1 →+ 1。这时,在已知接收码元符号为 $r_k^{(0)}$ 的条件下,信息码元的对数似然比 $L(v_k^{(0)}/r_k^{(0)})=L(u_k/r_k^{(0)})$ 为

$$\begin{aligned}L(u_k/r_k^{(0)})&=\ln\frac{P(u_k=+1/r_k^{(0)})}{P(u_k=-1/r_k^{(0)})}=\ln\frac{P(r_k^{(0)}/u_k=+1)P(u_k=+1)}{P(r_k^{(0)}/u_k=-1)P(u_k=-1)}\\&=\ln\frac{P(r_k^{(0)}/u_k=+1)}{P(r_k^{(0)}/u_k=-1)}+\ln\frac{P(u_k=+1)}{P(u_k=-1)}\\&=\ln\frac{\exp\{-(E_b/N_0)(r_k^{(0)}-1)^2\}}{\exp\{-(E_b/N_0)(r_k^{(0)}+1)^2\}}+\ln\frac{P(u_k=+1)}{P(u_k=-1)}\end{aligned} \tag{9.11}$$

式中 E_b/N_0—— 信噪比,并且 u_k 和 $r_k^{(0)}$ 均经过归一化。

式(9.11) 可以表示为

$$
\begin{aligned}
L(u_k/r_k^{(0)}) &= -\frac{E_b}{N_0}\{(r_k^{(0)}-1)^2-(r_k^{(0)}+1)^2\}+\ln\frac{P(u_k=+1)}{P(u_k=-1)} \\
&= 4\frac{E_b}{N_0}r_k^{(0)}+\ln\frac{P(u_k=+1)}{P(u_k=-1)} = L_c r_k^{(0)}+L_a(u_k)
\end{aligned}
\tag{9.12}
$$

式中 L_c—— 信道可靠性因子,$L_c=4(E_b/N_0)$;

$L_a(u_k)$——u_k 的先验对数似然比(译码前的 L 值)。

对于校验位的译码前的对数似然比有

$$
L(v_k^{(j)}/r_k^{(j)}) = L_c r_k^{(j)}+L_a(v_k^{(j)}) = L_c r_k^{(j)} \quad (j=1,2) \tag{9.13}
$$

这是因为对于线性码,如果输入等概,校验位也等概分布,校验位的先验对数似然比为0,即

$$
L_a(v_k^{(j)}) = \ln\frac{P(v_k^{(j)}=+1)}{P(v_k^{(j)}=-1)} = 0 \quad (j=1,2) \tag{9.14}
$$

在图9.4中可以看到,信息位和第1个校验位的信道软输出值 $L_c r_k^{(0)}$ 及 $L_c r_k^{(1)}$ 进入译码器1,而信息位经过交织器后与第2个校验位 $L_c r_k^{(2)}$ 进入译码器2。译码器1的输出为

$$
L_e^{(1)}(u_k) = \ln\frac{P(u_k=+1/\boldsymbol{r}_1,\boldsymbol{L}_a^{(1)})}{P(u_k=-1/\boldsymbol{r}_1,\boldsymbol{L}_a^{(1)})} \tag{9.15}
$$

式中,$\boldsymbol{r}_1$ 为译码器1接收的部分码字序列,即 $\boldsymbol{r}_1=[r_0^{(0)},r_0^{(1)},r_1^{(0)},r_1^{(1)},\cdots,r_{K-1}^{(0)},r_{K-1}^{(1)}]$,信息序列的先验对数似然比输入向量为 $\boldsymbol{L}_a^{(1)}=[L_a^{(1)}(u_0),L_a^{(1)}(u_1),\cdots,L_a^{(1)}(u_{K-1})]$。也就是说,译码器1根据接收的部分码字序列和先验 L 值序列来产生当前信息码元的后验 L 值。译码器产生的这个信息码元的后验 L 值,交织后发送给译码器2,作为下一个时刻的先验 L 值。类似地,译码器2的输出为

$$
L_e^{(2)}(u_k) = \ln\frac{P(u_k=+1/\boldsymbol{r}_2,\boldsymbol{L}_a^{(2)})}{P(u_k=-1/\boldsymbol{r}_2,\boldsymbol{L}_a^{(2)})} \tag{9.16}
$$

在Turbo码译码的迭代过程中,外部后验 L 值由一个译码器传递给另一个译码器当作先验对数似然比,这种传递在迭代过程中不断进行,这一过程类似于涡轮加速的效果。每经过一次迭代,似然比的估计值就变得更加可靠,经过足够的迭代次数,译码器2就可以得到足够精确的后验对数似然比 $L^{(2)}(u_k)$,最终,对此似然比进行硬判决,得到信息码元的估计值 $\hat{u}_k$。

Turbo码具有优异的传输性能,不仅在于它独特的编码结构和交织器结构,更重要的在于它采用了与编码结构相匹配的迭代译码算法。香农信息论指出,最优的译码算法是最大后验概率(MAP)算法。Turbo码的迭代译码与经典的代数译码完全不同,为了降低Turbo码译码的复杂度和时延,一些学者也相继提出了MAP算法的简化算法,如Log-MAP算法、Max-Log-MAP算法及软输出维特比算法(SOVA)等。Turbo码的出现为编码技术开启了一个新的里程碑。对它的研究主要集中在译码算法、性能界和特殊的编码结构等方面。它不仅在信噪比很低的高噪声环境下性能优越,而且还具有很强的抗衰落、抗干扰能力,因此它在信道条件差的移动通信系统中有很大的应用潜力。目前,WCDMA,CDMA2000和TD-SCDMA三个标准中都使用了Turbo码作为信道编码方案。

9.1.3 Turbo 乘积码

乘积码的概念早在 1954 年就由 Elias 提出,可以说它是香农信息理论提出后第一个在非零码率时可以实现无误码传输的纠错编码。但由于当时的硬件条件限制,几十年来它的优越性能得不到有效应用。近年来随着迭代译码算法的广泛应用,乘积码再一次受到了编码界的关注。1998 年,Pyndiah 将 Turbo 迭代译码的思想应用于乘积码之中,在 Chase 算法的基础上提出了一种乘积码的迭代译码算法,称之为 Turbo 乘积码(TPC)。因此,TPC 码实质上就是利用 Turbo 迭代译码方法进行译码的乘积码。在实际应用中,乘积码是一类能同时纠正随机错误和突发错误的好码,特别适用于信道干扰复杂的差错控制系统。

1. 乘积码的编码原理

TPC 码是由两个线性分组码构成的乘积码,通常是选用汉明码、BCH 码和 RS 码构造的乘积码。根据乘积码的概念,TPC 码可以由两个或多个线性分组码构造。如果由 M 个线性分组码构成的乘积码,待编码的信息数据可以被放置在一个 M 维超球空间中。M 维超球空间的每一维长度定义为 $\{k_1,k_2,\cdots,k_i,\cdots,k_M\}$,对所有 $i=1,\cdots,M$,第 i 个子码可以表示为 $C_i(n_i,k_i,d_{\text{mini}})$ 编码,n_i 表示码长,k_i 表示信息位长度,d_{mini} 表示最小汉明距离。第 i 个子码的码率为 $R_i=k_i/d_i$,M 维乘积码信息位长度为 $K=\prod_{i=1}^{M}k_i$,总的码率为 $R=\prod_{i=1}^{M}R_i$。

图 9.5 给出了一个二维乘积码的编码矩阵,它包含两个系统线性分组码 C_1 和 C_2,则乘积码 $C_1\odot C_2$ 的构成方法就是将码组 C_2 中的 k_1 个码字作为二维阵列的 k_1 个行向量,然后分别对 n_2 个列向量进行 C_1 编码,从而构成一个 $n_1\times n_2$ 阵列。二维乘积码的所有 n_1 行是 $C_2(n_2,k_2,d_{\min 2})$ 的码字,所有 n_2 列是 $C_1(n_1,k_{i1},d_{\min 1})$ 的码字。

以(8,4)扩展汉明码构成的 TPC 编码为例说明 TPC 的编码过程。扩展汉明码(8,4)码字长度为 8,信息位 4 位,校验位 4 位。表 9.1 说明了由(8,4)汉明码构成的二维 TPC 码的构造。

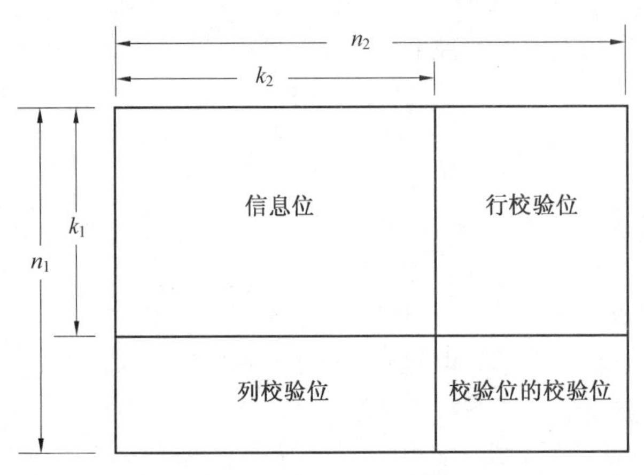

图 9.5　二维乘积码的编码矩阵

编码器从第一行开始计算校验位并增加在信息位 I 后面,记作 P_H,接着移动到第二行,每一行都进行同样的操作。接下来编码器开始从信息位的每一列开始计算校验位，记作 P_V，再移到下一列，进行重复的操作。在对信息位 I 计算校验位(行列计算全部完成)后，编码器开始对 P_H 计算校验位，记作 P_{HV}。于是扩展汉明码(8,4)经过编码后变成了(64,16)TPC 码。

表 9.1 由(8,4)汉明码构成的二维 TPC 码的构造

$I(1,1)$	$I(1,2)$	$I(1,3)$	$I(1,4)$	$P_H(1,1)$	$P_H(1,2)$	$P_H(1,3)$	$P_H(1,4)$
$I(2,1)$	$I(2,2)$	$I(2,3)$	$I(2,4)$	$P_H(2,1)$	$P_H(2,2)$	$P_H(2,3)$	$P_H(2,4)$
$I(3,1)$	$I(3,2)$	$I(3,3)$	$I(3,4)$	$P_H(3,1)$	$P_H(3,2)$	$P_H(3,3)$	$P_H(3,4)$
$I(4,1)$	$I(4,2)$	$I(4,3)$	$I(4,4)$	$P_H(4,1)$	$P_H(4,2)$	$P_H(4,3)$	$P_H(4,4)$
$P_V(1,1)$	$P_V(1,2)$	$P_V(1,3)$	$P_V(1,4)$	$P_{HV}(1,1)$	$P_{HV}(1,2)$	$P_{HV}(1,3)$	$P_{HV}(1,4)$
$P_V(2,1)$	$P_V(2,2)$	$P_V(2,3)$	$P_V(2,4)$	$P_{HV}(2,1)$	$P_{HV}(2,2)$	$P_{HV}(2,3)$	$P_{HV}(2,4)$
$P_V(3,1)$	$P_V(3,2)$	$P_V(3,3)$	$P_V(3,4)$	$P_{HV}(3,1)$	$P_{HV}(3,2)$	$P_{HV}(3,3)$	$P_{HV}(3,4)$
$P_V(4,1)$	$P_V(4,2)$	$P_V(4,3)$	$P_V(4,4)$	$P_{HV}(4,1)$	$P_{HV}(4,2)$	$P_{HV}(4,3)$	$P_{HV}(4,4)$

2. TPC 码的译码算法

TPC 码的译码算法也分为硬判决译码算法和软判决译码算法。1994 年，R. Pyndiah 等人在原有 Chase 译码算法的基础上稍加修改提出了对乘积码的软输入软输出(SISO)次优迭代译码算法，用于逐符号对数似然比的计算，该算法取得了和软输出维特比(SOVA)译码算法可以比拟的性能。同时，由于利用了线性分组码的代数结构，复杂度大为降低。可以说 TPC 码的译码算法是在 Turbo 译码算法的基础上进行改进得到的。

硬判决译码算法是根据 TPC 码的编码过程而提出的一种复杂度较低的译码算法。译码器只有两部分，由一个行硬判决译码器和一个列硬判决译码器级联组成，基本结构如图 9.6 所示。

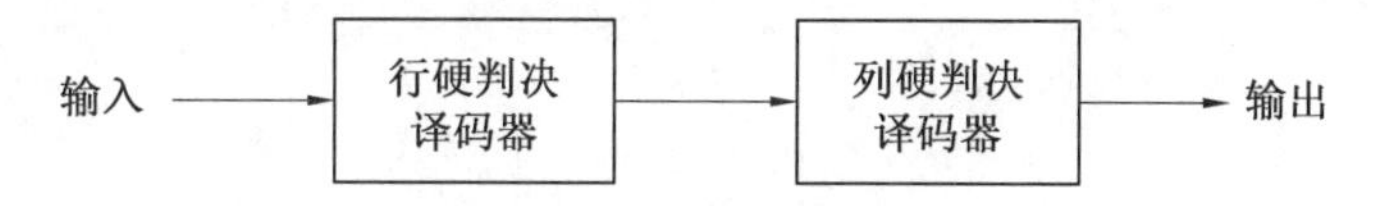

图 9.6 TPC 码硬判决译码器结构

TPC 码是按照先后顺序，分别进行行编码和列编码的，因此译码器也是先行译码再列译码来完成的。应该了解，硬判决译码是存在永久错误图样导致错误译码的。如果二维乘积码 $C_1 \odot C_2$ 的行子码和列子码是由两个相同的纠单个错误的线性分组码构成，且行列子码的最小汉明距离为 $d_{\min1} = d_{\min2} = 3$，则乘积码的最小汉明距离为 $d_{\min} = d_{\min1} \times d_{\min2} = 9$。因此，该二维乘积码 C 应该具有纠正 4 位随机错误的能力，然而实际上并不是所有情况都能成功纠错。如果乘积码字的 4 位错误图样如图 9.7 所示，则这 4 个错误图样能被行列译码器纠正，理由在于行列子码具有纠单个错误的能力。但是如果错误图样如图 9.8 所示，每行和每列都有两个错误，则行硬判决译码器和列硬判决译码器都不能纠正这些错误，便发生错误译码。这个例子说明了级联的硬判决译码器的缺陷。

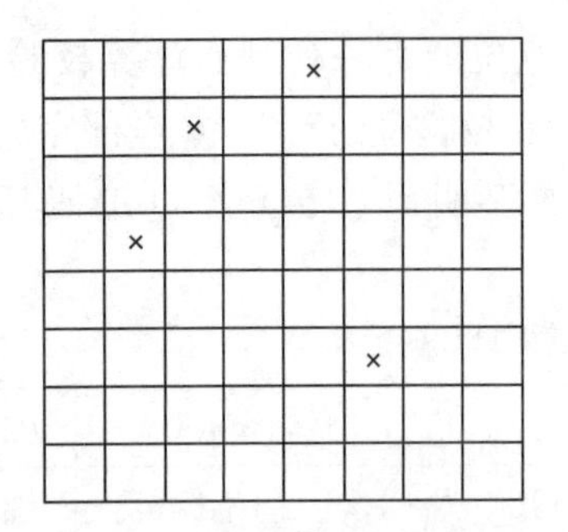

图 9.7　硬判决译码可纠正的错误图样

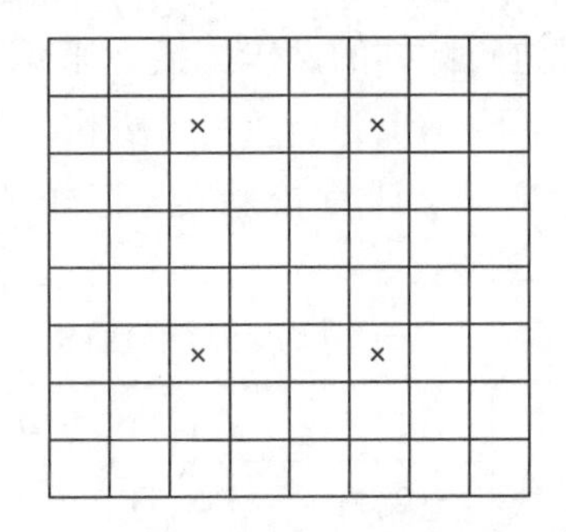

图 9.8　硬判决译码不可纠正的错误图样

虽然乘积码的硬判决译码器复杂度低,容易实现,但是采用软判决译码器能提高通信系统的性能。乘积码的软判决迭代译码算法是 TPC 的关键技术,例如软输出维特比算法(SOVA) 和改进的 Chase 译码算法等。

由于 SOVA 算法不仅能得出最大似然路径,而且能计算出每个信息码元的后验概率,这就使得该算法可以级联使用。研究表明,如果乘积码的行码为卷积码而列码为线性分组码,可以利用SOVA算法进行译码。当一个由码率为1/2的卷积码作为行码,(63,57)汉明码作为列码构成的乘积码,通过 AWGN 信道后,在 10^{-6} 比特误码率下,可获得 7.3 dB 的编码增益。

软输入软输出(SISO) 译码器相对比较复杂,对高速通信会带来一定困难。1994 年,Pyndiah 对 Chase 算法做了修改,提出了 TPC 码的迭代 SISO 次优译码算法。Chase 算法是一种针对线性分组码的软输入硬输出译码算法,迭代译码器由行译码器和列译码器级联组成,如图 9.9 所示。

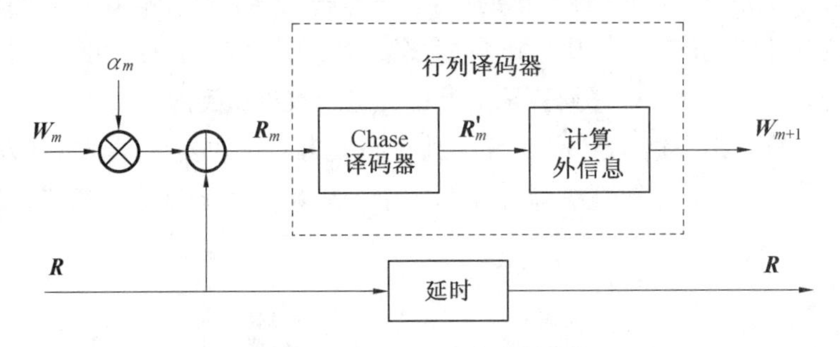

图 9.9　TPC 的迭代译码器结构

TPC 码编码器输出的码字阵列通过 AWGN 信道,经高斯信道后在解调器输出端接收矩阵为$\boldsymbol{R}$,外部信息矩阵为 $\boldsymbol{W}_m$,表示第 m 次迭代前所用的本征信息,开始设 $\boldsymbol{W}_1=\boldsymbol{0}$,其后的 $\boldsymbol{W}_m$ 通过计算得到。第 m 次迭代软信息输入矩阵可以表示为

$$\boldsymbol{R}_m=\boldsymbol{R}+\alpha_m\boldsymbol{W}_m,\quad \boldsymbol{R}_0=\boldsymbol{0} \tag{9.17}$$

式中,m 表示迭代次数;$\boldsymbol{R}_m$ 表示每次迭代译码时,传递给译码单元的软输入信息序列矩阵。α_m 是第 m 次迭代的反馈系数,理论上 α_m 需根据迭代次数进行调整,实际上往往使用经验值来减小译码复杂度。

第一次迭代 $\boldsymbol{R}_1=\boldsymbol{R}$,以后的每一次迭代将每个码元的软信息乘以反馈因子 α 并和该码元经过信道后的软符号进行相加得到$\boldsymbol{R}_2$,如此循环译码器对输入矩阵$\boldsymbol{R}_m$ 按Chase 算法进行逐行(或逐列) 译码,得到软输出矩阵 $\boldsymbol{R}'_m$,并计算下一次迭代的外部信息矩阵 $\boldsymbol{W}_{m+1}=\boldsymbol{R}'_m-\boldsymbol{R}_m$。然后用外部信息矩阵 $\boldsymbol{W}_{m+1}$ 修正 $\boldsymbol{R}_{m+1}$,按上述过程逐列(或逐行) 进行软译码。这样就完成了二维乘积码的一次完整的迭代过程。将图9.9中的单元译码器串联起来就可实现不同迭代次数的译码，如图9.10所示。

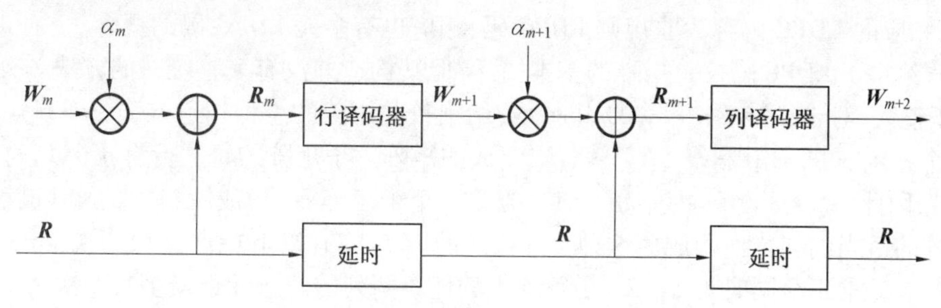

图9.10 TPC的串行迭代译码结构

TPC码以其优异的译码性能和相对的低复杂度，在地面数字电视广播、陆地移动通信、无线局域网及军事通信领域都有广泛应用。

9.2 LDPC码

除了Turbo码，低密度奇偶校验码(Low Density Parity Check，LDPC)是另一种可以逼近香农限的信道编码方法。Gallager在20世纪60年代初提出了LDPC码，然而由于当时条件的限制，缺乏有效的译码方法，LDPC码在很长的一段时间内没有得到足够的重视。1981年，Tanner用图结构的方法进一步阐述了LDPC码，又经过了十几年的研究，尤其是在Turbo码被提出之后，LDPC码才进一步得到了人们的不断重视和深入研究。研究表明，基于置信度的迭代译码算法使码长较长的LDPC码可以获得距香农限只差不到1 dB的误码性能。与Turbo码相比，LDPC码的优点包括不需要深度交织、改善误码平层效应等。本节简单介绍LDPC码的编码方法和基本译码方法。

9.2.1 LDPC码的描述

实际上，LDPC码就是一种特殊的(n,k)线性分组码。我们知道，线性分组码是由其生成矩阵$\boldsymbol{G}$和奇偶校验矩阵(监督矩阵)$\boldsymbol{H}$唯一确定的。如果(n,k)线性分组码C的校验矩阵为$\boldsymbol{H}$，那么码组C就是$\boldsymbol{H}$的零化空间。即当$GF(2)$上的n维向量$\boldsymbol{c}=(c_0,c_1,c_2,\cdots,c_{n-1})$满足$\boldsymbol{cH}^{\mathrm{T}}=\boldsymbol{0}$时，$\boldsymbol{c}$就为码组$C$中的一个码字。也就是说，码组$C$中码字的码元之间必须满足$\boldsymbol{H}$矩阵行向量确定的校验方程，由此可以给出LDPC码的定义。

定义9.1 LDPC码是满足以下条件的一致校验矩阵$\boldsymbol{H}$的零化空间。(1) 每一行有ρ个1；(2) 每一列有γ个1；(3) 任意两列之间位置相同的1的个数$\lambda=1$或$\lambda=0$；(4) 与码长n和$\boldsymbol{H}$矩阵的行数相比，ρ和γ都是很小的数。

根据上面的定义可知，LDPC码校验矩阵的行向量重量为ρ，列向量重量为γ，并且$\boldsymbol{H}$矩阵中1的密度非常小。正因为如此，$\boldsymbol{H}$矩阵也称为低密度奇偶校验矩阵，由$\boldsymbol{H}$矩阵确定的码称为LDPC码。定义$\boldsymbol{H}$矩阵的密度为

$$r=\frac{\rho}{n}=\frac{\gamma}{J} \tag{9.18}$$

式中 J—— 矩阵$\boldsymbol{H}$的行数。

低密度的校验矩阵 $\boldsymbol{H}$ 也就是一个稀疏矩阵。

上面定义给出的 LDPC 码称为二元规则 LDPC 码。如果 $\boldsymbol{H}$ 矩阵的各行和各列具有不同的重量，相应的 LDPC 码称为非规则 LDPC 码，相应也有多元 LDPC 码的概念。

尽管给出了 LDPC 码校验矩阵的基本描述，但其构造并没有完整统一的方法。令 k 为大于1的正整数，对于给定的 ρ 和 γ，Gallager 曾给出校验矩阵的一种构造方法。即 $\boldsymbol{H}$ 矩阵是一个由 γ 个 $k\times k\rho$ 的子矩阵 $\boldsymbol{H}_1,\boldsymbol{H}_2,\cdots,\boldsymbol{H}_\gamma$ 组成的矩阵。子矩阵的每一行有 ρ 个 1，每一列只有一个 1，因此，每个子矩阵共有 $k\rho$ 个 1。当第一个子矩阵 $\boldsymbol{H}_1$ 形成后，其他子矩阵就由第一个子矩阵的适当的列置换构成。这种方法构造的 $\boldsymbol{H}$ 矩阵有以下特点：(1) 子矩阵中的任意两行的对应元素不会同时为 1；(2) 子矩阵中的任意两列的对应元素最多有一次为 1。由于这样构成的 $\boldsymbol{H}$ 矩阵总的元素为 $k^2\rho\gamma$，1 元素的个数为 $k\rho\gamma$，因此，$\boldsymbol{H}$ 矩阵的密度为 $1/k$。通过选择大于 1 的 k 值，可以使 $\boldsymbol{H}$ 为一个稀疏矩阵。应当指出，Gallager 给出的这种方法并没有提供具体的子矩阵 $\boldsymbol{H}_1$ 列置换方法，以构成其他子矩阵 $\boldsymbol{H}_2,\boldsymbol{H}_3,\cdots,\boldsymbol{H}_\gamma$，使得 H 矩阵完全满足定义 9.1 的全部性质。因此，优异的 LDPC 码(长码) 往往需要通过计算机搜索来寻找。

例如，$k=5,\rho=4,\gamma=3$，利用 Gallager 的构造方法，可以得到一个 15×20 的 $\boldsymbol{H}$ 矩阵。它包括 3 个 15×20 的子矩阵 $\boldsymbol{H}_1,\boldsymbol{H}_2,\boldsymbol{H}_3$。$\boldsymbol{H}_1$ 的每一行有 4 个连续的 1，任意两行的对应列不同时为 1。子矩阵 $\boldsymbol{H}_2$ 和 $\boldsymbol{H}_3$ 分别为 $\boldsymbol{H}_1$ 的两种不同的列置换，并且使 $\boldsymbol{H}$ 矩阵的任意两行和任意两列对应元素为 1 的次数不大于 1。该矩阵的 $n=20,J=15$，密度为 $r=1/k=\rho/n=\gamma/J=0.2$。$\boldsymbol{H}$ 矩阵的零化空间为一个 LDPC 编码，它是一个(20,7) 线性分组码，$\boldsymbol{H}$ 矩阵如下：

$$\boldsymbol{H}=\begin{bmatrix}\boldsymbol{H}_1\\ \boldsymbol{H}_2\\ \boldsymbol{H}_3\end{bmatrix}=\begin{bmatrix}
1&1&1&1&0&0&0&0&0&0&0&0&0&0&0&0&0&0&0&0\\
0&0&0&0&1&1&1&1&0&0&0&0&0&0&0&0&0&0&0&0\\
0&0&0&0&0&0&0&0&1&1&1&1&0&0&0&0&0&0&0&0\\
0&0&0&0&0&0&0&0&0&0&0&0&1&1&1&1&0&0&0&0\\
0&0&0&0&0&0&0&0&0&0&0&0&0&0&0&0&1&1&1&1\\
1&0&0&0&1&0&0&0&1&0&0&0&1&0&0&0&0&0&0&0\\
0&1&0&0&0&1&0&0&0&1&0&0&0&0&0&0&1&0&0&0\\
0&0&1&0&0&0&1&0&0&0&0&0&0&1&0&0&0&1&0&0\\
0&0&0&1&0&0&0&0&0&1&0&0&0&0&1&0&0&0&1&0\\
0&0&0&0&0&0&0&1&0&0&0&1&0&0&0&1&0&0&0&1\\
1&0&0&0&0&1&0&0&0&0&0&1&0&0&0&0&0&1&0&0\\
0&1&0&0&0&0&1&0&0&0&1&0&0&0&0&1&0&0&0&0\\
0&0&1&0&0&0&0&1&0&0&0&0&1&0&0&0&0&0&1&0\\
0&0&0&1&0&0&0&0&1&0&0&0&0&1&0&0&1&0&0&0\\
0&0&0&0&1&0&0&0&0&1&0&0&0&0&1&0&0&0&0&1
\end{bmatrix} \tag{9.19}$$

一个码长为 n 的 LDPC 码由 $J\times n$ 的校验矩阵 $\boldsymbol{H}$ 确定。令 $\boldsymbol{h}_1,\boldsymbol{h}_2,\cdots,\boldsymbol{h}_j$ 表示 $\boldsymbol{H}$ 矩阵的行向量，其中

$$\boldsymbol{h}_j=(h_{j,0},h_{j,1},\cdots,h_{j,n-1})\quad(1\leqslant j\leqslant J) \tag{9.20}$$

令 $\boldsymbol{c}=(c_0,c_1,\cdots,c_{n-1})$ 为码组 C 中的一个码字，这时的校验子(伴随式) 方程为

$$s_j=\boldsymbol{c}\cdot\boldsymbol{h}_j^{\mathrm{T}}=\sum_{l=0}^{n-1}c_l h_{j,l}\quad(1\leqslant j\leqslant J) \tag{9.21}$$

由 $\boldsymbol{H}$ 矩阵的 J 个行可以确定这 J 个校验方程。如果 $\boldsymbol{H}$ 矩阵的某一个元素 $h_{j,l}=1$,则称码元 c_l 被 $\boldsymbol{h}_j$ 行所校验。对于 $0 \leqslant l \leqslant n-1$,令 $A_l=\{\boldsymbol{h}_1^{(l)},\boldsymbol{h}_2^{(l)},\cdots,\boldsymbol{h}_\gamma^{(l)}\}$ 表示 $\boldsymbol{H}$ 矩阵中专门校验 c_l 的行向量集合。因此有

$$\boldsymbol{h}_j^{(l)}=(h_{j,0}^{(l)},h_{j,1}^{(l)},\cdots,h_{j,n-1}^{(l)}) \quad (1 \leqslant j \leqslant \gamma) \tag{9.22}$$

那么 $h_{1,l}^{(l)}=h_{2,l}^{(l)}=\cdots=h_{\gamma,l}^{(l)}=1$,根据LDPC码校验矩阵的性质可知,除了 c_l 之外的任何一个码元最多被 A_l 集合中的一行所校验。也就是说,A_l 中有 γ 个向量是关于码元 c_l 正交的。令 S_l 表示由 A_l 的各行所确定的校验方程的集合,那么,S_l 中的每个校验方程都包括码元 c_l,同时,其他 $n-1$ 个码元最多被一个 S_l 中的校验方程所包含,这时称 S_l 中的校验方程是关于 c_l 正交的。研究表明,对于规则 LDPC 码的每一个码元,都有 γ 个关于它的正交校验方程。因此,LDPC 码可以按照线性分组码的大数逻辑译码方法进行译码,任何少于[$\gamma/2$]个码元的错误图样都可以被纠正。这时的最小码距为 $d_{\min} \geqslant \gamma+1$。如果 γ 很小,一步大数逻辑译码方法的纠错能力很差,针对此问题 Gallager 提出了新的硬判决算法和软判决算法,可以得到性能更好的译码方法。

9.2.2 LDPC 码的 Tanner 图

线性码可以用图论中的图模型来表示,其中线性分组码的一种图形化表示方法称为线性分组码的Tanner图。Tanner图是一种稀疏二分无向图,代表LDPC码的校验矩阵,可以用Tanner图来表示信息码元和校验码元之间的校验关系。

对于一个长度为 n 的LDPC码,已知 $\boldsymbol{H}$ 矩阵有 J 个行向量,依次为 $\boldsymbol{h}_1,\boldsymbol{h}_2,\cdots,\boldsymbol{h}_J$。可以构造一个图,图中包括两个节点集合 γ_1 和 γ_2。第一个节点集合包括 n 个节点,代表码字的 n 个信息码元,记为 $c_0,c_1,\cdots,c_{n-1}$,称为码元节点。第二个顶点集合包括 J 个节点,代表 J 个校验子,记为 $s_1,s_2,\cdots,s_J$,称为校验节点,校验顶点由式(9.21)给出。在 Tanner 图中,当且仅当校验子 s_j 中包含码元 c_l 时,码元节点 c_l 与校验节点 s_j 之间才有一条边(连线)相连,记为边 (c_l,s_l)。任意两个码元节点不相连,任何两个校验节点也不相连,因此 Tanner 图中的节点也称为顶点,这就是所谓的二分图。这种图由 Tanner 首先提出,用于研究可迭代译码的 LDPC 码的结构,因此称为 LDPC 码的 Tanner 图。

在 Tanner 图中,与某一节点相连的边的个数称为这个节点的度。可见,码元节点 c_l 的度等于与 c_l 有关的校验子的个数,校验节点 s_l 的度等于 s_l 所检验的码元的个数。在规则 LDPC 码的 Tanner 图中,所有码元节点的度都相同且等于 γ(检验矩阵的列重量),所有校验节点的度也都相同且等于 ρ(检验矩阵的行重量)。

例如,下面的 $n=7,J=7$ 的校验矩阵,可知 $\rho=\gamma=3$,其零化空间构成一个(7,3)线性分组码。

$$\boldsymbol{H}=\begin{bmatrix}1&1&0&1&0&0&0\\0&1&1&0&1&0&0\\0&0&1&1&0&1&0\\0&0&0&1&1&0&1\\1&0&0&0&1&1&0\\0&1&0&0&0&1&1\\1&0&1&0&0&0&1\end{bmatrix}$$

由式(9.21)可以得到其校验子方程为

$$s_1 = c_0 + c_1 + c_3$$
$$s_2 = c_1 + c_2 + c_4$$
$$s_3 = c_2 + c_3 + c_5$$
$$s_4 = c_3 + c_4 + c_6$$
$$s_5 = c_0 + c_4 + c_5$$
$$s_6 = c_1 + c_5 + c_6$$
$$s_7 = c_0 + c_2 + c_6$$

由校验子方程可以画出其 Tanner 图,如图 9.11 所示。

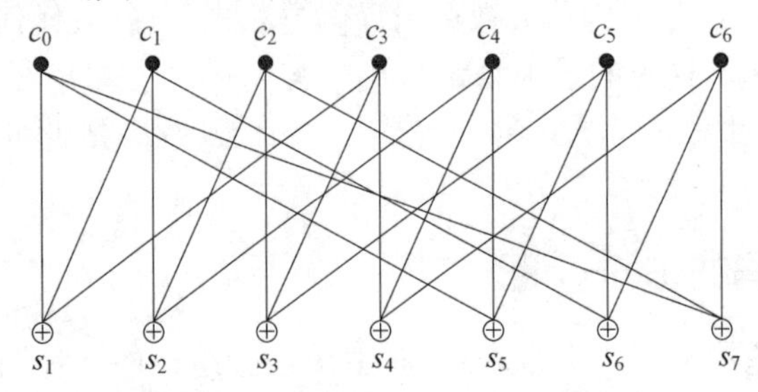

图 9.11　一个(7,3)线性分组码的 Tanner 图

对于校验子方程,在前面介绍线性分组码时已经详细讨论过,那时给出的(n,k)线性分组码的校验矩阵(一致监督矩阵)是一个$n-k$行n列的矩阵。例如,一个(7,3)分组码的校验矩阵写成

$$\boldsymbol{H} = \begin{bmatrix} 1 & 0 & 1 & 1 & 0 & 0 & 0 \\ 1 & 1 & 1 & 0 & 1 & 0 & 0 \\ 1 & 1 & 0 & 0 & 0 & 1 & 0 \\ 0 & 1 & 1 & 0 & 0 & 0 & 1 \end{bmatrix}$$

由这个校验矩阵画出的 Tanner 图如图 9.12 所示,但是可以看到,这个校验矩阵行和列的重量不相同,也就是节点的度不同,因此不满足规则 LDPC 码校验矩阵的基本条件。这类 Tanner 图称为非规则 LDPC 码的 Tanner 图。

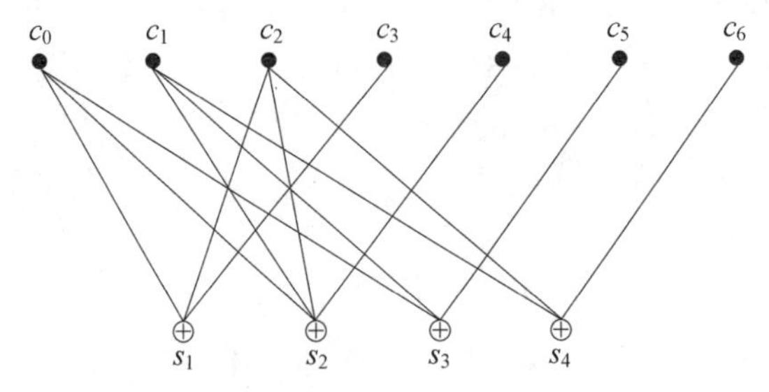

图 9.12　非规则 LDPC 码的 Tanner 图

由此可知,LDPC 码实际上就是具有特殊结构的校验矩阵的线性分组码,构造这种特殊校验矩阵的目的就是建立一个规则的、稀疏的校验关系,以便于使用更加高效的译码方法,增加码长,在有限的译码复杂度条件下提高译码性能。

在图9.11的规则LDPC码的Tanner图中，由若干节点和连接它们的边构成一个路径，路径所包含的边的个数称为路径的长度。实际上有限长度的路径也就表示一个有限长度的序列。如果一个码元节点作为一个路径的起点，经过若干节点后又回到起始节点，这个闭合路径称为环，环所包含的边的个数称为环的长度。Tanner图中环的长度都是偶数，某一个码元节点的最短环的长度称为该节点的围度。实际上，LDPC码需要构成比较长的环，而短环对译码很不利。图9.11的Tanner图中，最短的环的长度为6。

例如，下面给出一个LDPC码的检验矩阵，可以验证该矩阵的秩等于4，所以它是一个(10,6)LDPC码的校验矩阵，图9.13给出其Tanner图，可见，该LDPC码所有码元节点的围度都是6，可以说该LDPC码的围度分布是{6,6,6,6,6,6,6,6,6,6}。

$$
\boldsymbol{H}=\begin{bmatrix}
1 & 1 & 1 & 1 & 0 & 0 & 0 & 0 & 0 & 0\\
1 & 0 & 0 & 0 & 1 & 1 & 1 & 0 & 0 & 0\\
0 & 1 & 0 & 0 & 1 & 0 & 0 & 1 & 1 & 0\\
0 & 0 & 1 & 0 & 0 & 1 & 0 & 1 & 0 & 1\\
0 & 0 & 0 & 1 & 0 & 0 & 1 & 0 & 1 & 1
\end{bmatrix}
$$

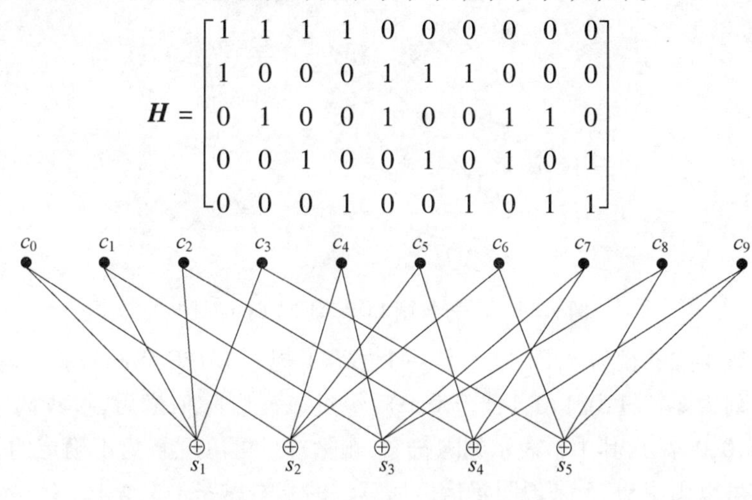

图9.13 (10,6)LDPC码的Tanner图

9.2.3 LDPC码的译码

通过前面的介绍可以知道，LDPC码实际上就是一种码长很长的线性分组码。LDPC码有多种译码方法可以选择，如大数逻辑译码、比特翻转(Bit flipping)译码、后验概率译码及基于置信度传播的迭代译码等。前两种是硬判决译码，后两种是软判决译码，其中的基于置信度传播的迭代译码算法是专门针对LDPC码提出的译码算法，也称为和积算法(SPA)或置信传播算法(BPA)。本节简单介绍LDPC码的置信传播算法。

1. 置信传播算法的思路

类似于卷积码的最大后验概率译码算法，置信传播算法也是一种逐符号的软输入软输出译码算法。在迭代过程中，每个码元符号的可靠度度量(置信度)可以采用符号的后验概率或对数自然比。每次译码迭代结束时得到的置信度计算结果被作为下一次迭代的输入，迭代过程不断进行，直到满足某种特定条件为止。

为了说明置信传播算法，考虑二元删除信道，输入为{0,1}码元序列，输出为{0,?,1}符号序列。图9.14给出一个规则LDPC码的Tanner图及其校验关系。从中可以确定其监督矩阵为

$$
\boldsymbol{H}=\begin{bmatrix}1&1&0&0&1&0&0&0&0\\1&0&1&0&0&0&1&0&0\\0&1&0&1&0&0&0&1&0\\0&0&1&1&0&1&0&0&0\\0&0&0&0&1&1&0&0&1\\0&0&0&0&0&0&1&1&1\end{bmatrix}
$$

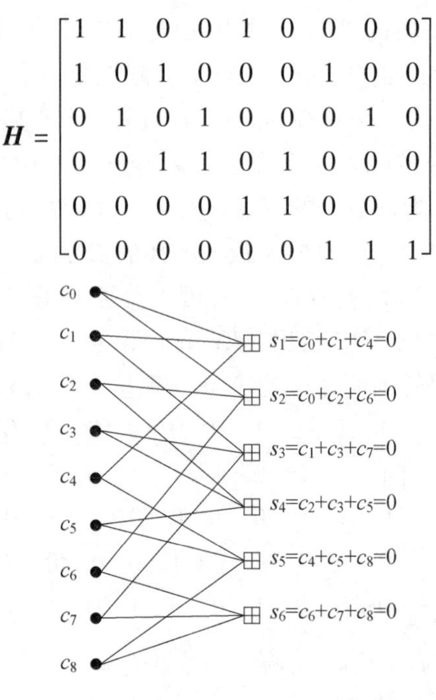

图 9.14　一种规则 LDPC 码的 Tanner 图

可以验证该矩阵的秩为 5，因此，它是一个(9,4) 规则 LDPC 码的校验矩阵。假设发送的二元码字序列为 $\boldsymbol{c}=(1,0,1,0,1,1,0,0,0)$，经过二元删除信道后，接收码字序列为 $\boldsymbol{r}=(1,?,1,?,?,1,0,0,?)$，其中？表示删除符号，删除符号可以理解为不确定的、需要进一步确认的符号。可以用图 9.15 来说明置信传播算法的基本思路。

在第 1 次迭代中，将所有码元节点接收到的数值传送到相应的校验节点，然后在各校验节点计算校验方程。如果在一个校验方程中只有一个删除符号(另外两个为确定符号)，就用两个确定符号来计算删除符号，如 $r_3=r_2+r_5=0$。如果在一个校验方程中有两个以上的删除符号，就用校验方程来进一步表示一个删除符号，如 $r_1=r_0+r_4=?$。然后将计算结果传送到下一次迭代的符号节点。从图 9.15 中可见，在第 1 次迭代中，确定了 $r_3=0$ 和 $r_8=0$。接下来，按照同样的方法进行第 2 次迭代，图中只给出了两个有用的校验方程，需要特别注意的边用虚线表示，第 2 次迭代就可以确定剩下的两个删除符号 $r_1=0$ 和 $r_8=1$。

2. 相关随机变量的对数似然比

为了说明置信传播算法，首先进一步讨论对数似然比(置信度量) 的概念。如果 x 是一个二元随机变量，其对数似然比(L 值) 为

$$
L(x)=\ln\frac{P(x=0)}{P(x=1)} \tag{9.23}
$$

反过来，随机变量 x 的概率可以表示为

$$
P(x=0)=\frac{1}{1+\mathrm{e}^{-L(x)}} \tag{9.24}
$$

$$
P(x=1)=\frac{1}{1+\mathrm{e}^{L(x)}} \tag{9.25}
$$

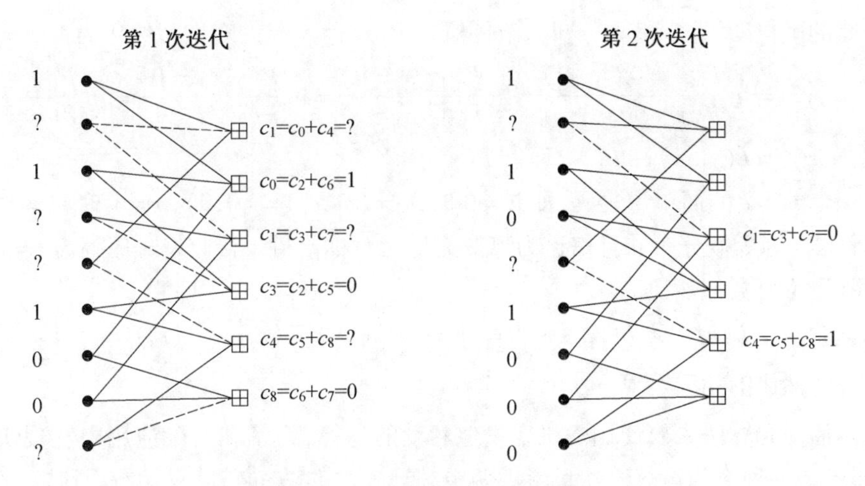

图9.15 (9,4)LDPC码的置信传播示意图

如果两个随机变量 x,y 存在相关性,即存在条件概率 $P(x/y)$,相应的对数似然比为

$$L(x/y)=\ln\frac{P(x=0/y)}{P(x=1/y)}=\ln\frac{P(y/x=0)}{P(y/x=1)}=\ln\frac{P(x=0)}{P(x=1)}=L(y/x)+L(x) \quad (9.26)$$

如果考虑一个二元符号在AWGN信道上传输,采用PBSK调制方式,$c_i=0$ 映射为 -1,$c_i=1$ 映射为 $+1$。令 r_i 为接收符号,对于噪声方差为 σ,信噪比为 $E_b/N_0=1/2\sigma^2$ 的高斯信道,概率密度函数为

$$p(r_i/c_i)=\frac{1}{\sqrt{2\pi}\,\sigma}\exp\left(\frac{-(r_i-(1-2c_i))^2}{2\sigma^2}\right) \quad (9.27)$$

对应的 L 值为

$$L(r_i/c_i)=\ln\frac{p(r_i/c_i=0)}{p(r_i/c_i=1)}=\ln\frac{\exp\left(-\frac{E_b}{N_0}(r_i-1)^2\right)}{\exp\left(-\frac{E_b}{N_0}(r_i+1)^2\right)}$$

$$=-\frac{E_b}{N_0}((r_i-1)^2-(r_i+1)^2)=4\frac{E_b}{N_0}r_i \quad (9.28)$$

由于 $L(r_i/c_i)$ 仅取决于接收符号 r_i 和信噪比,通常记为 $L(r_i/c_i)=L(r_i)$。由式(9.26)可知

$$L(c_i/r_i)=L(r_i/c_i)+L(c_i)=L(r_i)+L(c_i)=4\frac{E_b}{N_0}r_i+L(c_i) \quad (9.29)$$

这时,接收符号的硬判决估计值为

$$\hat{c}_i=\begin{cases}0, & L(c_i/r_i)>0\\1, & L(c_i/r_i)<0\end{cases} \quad (9.30)$$

这个关系式表明,硬判决是根据后验概率的对数似然比(L 值)正负来判断发送二元符号的0和1,而 L 值的绝对值的大小就是这种估计的可靠性(置信度),L 的绝对值越大置信度越高。

如果一个二元随机变量 x 与两个随机变量 y_1,y_2 有关联,可以理解为发送的一个 x,接收

为两个可能的随机变量 y_1 和 y_2,这时,条件概率 $P(x/y_1,y_2)$ 的对数似然比为

$$L(x/y_1,y_2)=\ln\frac{P(x=0/y_1,y_2)}{P(x=1/y_1,y_2)}=\ln\frac{P(y_1/x=0)}{P(y_1/x=1)}=\ln\frac{P(y_2/x=0)}{P(y_2/x=1)}=\ln\frac{P(x=0)}{P(x=1)}$$
$$=L(y_1/x)+L(y_2/x)+L(x) \tag{9.31}$$

例如一个 $n=2$ 的简单重复码,即 $u=0$ 时,$c=(c_1,c_2)=(0,0)$,$u=1$ 时,$c=(c_1,c_2)=(1,1)$。假设 u 为等概分布并且信道为离散无记忆对称信道。接收符号序列为 $r=(r_1,r_2)$,这时的后验概率对数似然比为

$$L(u/\boldsymbol{r})=L(r_1/u)=L(r_2/u)+L(u)=L(r_1)+L(r_2)$$

3. 对数似然比的和积运算

置信传播译码算法中要使用随机变量似然度的运算,为了在实际应用中实现快速译码算法,需要考虑一种新的运算。这里考虑两个统计独立的随机变量 x_1 和 x_2,其模二和 $x_1\oplus x_2$ 也是一个随机变量。考察 $x_1\oplus x_2$ 的对数似然值,考虑到模二加法的基本关系有

$$L(x_1\oplus x_2)=\ln\frac{P(x_1=0)P(x_2=0)+P(x_1=1)P(x_2=1)}{P(x_1=1)P(x_2=0)+P(x_1=0)P(x_2=1)} \tag{9.32}$$

也就是

$$P(x_1\oplus x_2=0)=P(x_1=0)P(x_2=0)+P(x_1=1)P(x_2=1)$$
$$P(x_1\oplus x_2=1)=P(x_1=1)P(x_2=0)+P(x_1=0)P(x_2=1)$$

由式(9.24)和式(9.25)可得

$$P(x_1\oplus x_2=0)=\frac{1+\mathrm{e}^{L(x_1)}\mathrm{e}^{L(x_2)}}{(1+\mathrm{e}^{L(x_1)})(1+\mathrm{e}^{L(x_2)})} \tag{9.33}$$

$$P(x_1\oplus x_2=1)=\frac{\mathrm{e}^{L(x_1)}+\mathrm{e}^{L(x_2)}}{(1+\mathrm{e}^{L(x_1)})(1+\mathrm{e}^{L(x_2)})} \tag{9.34}$$

由此可得

$$L(x_1\oplus x_2=0)=\frac{1+\mathrm{e}^{L(x_1)}\mathrm{e}^{L(x_2)}}{\mathrm{e}^{L(x_1)}+\mathrm{e}^{L(x_2)}} \tag{9.35}$$

这里定义一种运算,称为和积运算,用符号 $\odot$ 表示,基本关系为

$$L(x_1\oplus x_2)=L(x_1)\odot L(x_2)=\frac{1+\mathrm{e}^{L(x_1)}\mathrm{e}^{L(x_2)}}{\mathrm{e}^{L(x_1)}+\mathrm{e}^{L(x_2)}} \tag{9.36}$$

可见,通过定义这种和积运算可以方便地用两个随机变量的 L 值来表示模二和的 L 值。实践表明,在迭代译码过程中这种和积运算的计算量是非常大的,因此在实际工程中往往用一种近似算法来代替。有一种简单的近似方法称为最大对数近似法,表示为

$$L(x_1)\odot L(x_2)\approx\operatorname{sign}(L(x_1)\cdot L(x_2))\cdot\min\{|L(x_1)|,|L(x_2)|\} \tag{9.37}$$

这样就可以把复杂的乘除运算简化为适合于信号处理器的加法运算和比较运算。

【例9.2】 一个(3,2)线性分组码,假设经过一个信噪比为3 dB($\sigma=0.5$)的AWGN信道,发送的信息码元0/1是等概分布的。这样可知,先验 L 值为 $L(u_i)=0$。如果发送一个码字向量为 $\boldsymbol{c}=(0,1,1)$,接收的软输出码字向量为 $\boldsymbol{r}=(r_1,r_2,r_3)=(0.71,0.09,-1.07)$。求置信传播译码算法的判决。

解 由式(9.28)及式(9.29)可知

$$L(\boldsymbol{r})=(L(r_1),L(r_2),L(r_3))=\left(4\frac{E_b}{N_0}r_1,4\frac{E_b}{N_0}r_2,4\frac{E_b}{N_0}r_3\right)=(5.6,0.7,-8.5)$$

利用置信传播译码算法，需要计算后验 L 值 $L(c_i/\boldsymbol{r})$。由于发送码字向量 $\boldsymbol{c}=(c_1,c_2,c_3)=(u_1,u_2,c_3)$，根据校验关系 $c_3=c_1+c_2$（模二和），也就是 $c_1=c_2+c_3$，可知信息码元的硬判决为 $\hat{c}_1=\hat{c}_2+\hat{c}_3$。相应的对数似然比为

$$L_e(c_1)=L(r_2\oplus r_3)=L(r_2)\cdot L(r_3)\approx \text{sign}(L(r_2)\cdot L(r_3))\cdot\min\{|L(r_2)|,|L(r_3)|\}$$
$$=\text{sign}(0.7\cdot(-8.5))\cdot\min\{|0.7|,|-8.5|\}=-0.7$$

$L_e(c_1)$ 称为外对数似然比，它是利用发送码字向量的校验关系从 r_2 和 r_3 中得到的关于 c_1 的置信消息。由于这个外对数似然比与接收码元 r_1 统计独立，因此得到关于 c_1 的后验 L 值为

$$L(c_1/\boldsymbol{r})=L(r_1)+L_e(c_1)=5.6+(-0.7)\approx 4.9$$

同样可以计算另外两个接收码元的外对数似然比为 $L_e(c_2)=-5.6$ 和 $L_e(c_3)=0.7$，相应的后验 L 值分别为 $L(c_2/\boldsymbol{r})=-4.9$ 和 $L(c_3/\boldsymbol{r})=-7.7$。由式(9.30)，可以得到接收码字序列的硬判决结果为

$$\hat{\boldsymbol{c}}=(\hat{\boldsymbol{c}}_1,\hat{\boldsymbol{c}}_2,\hat{\boldsymbol{c}}_3)=(0,1,1)$$

4. 置信传播算法举例

在实际的置信传播译码算法中，迭代中传播的置信消息是对数似然比（L 值）。算法的每一次迭代包括两个步骤，第一步是针对码元节点 r_i，将置信消息 $L(r_i)$ 从码元节点发送给所有相邻的校验节点；第二步是针对检验节点 s_j，将计算后的外置信消息 $L_e(r_i)$ 从校验节点返回给所有相邻的码元节点。这里，用 $L_l[r_i\to s_j]$ 表示第 l 次迭代从码元节点 r_i 到校验节点 s_j 发送的置信消息，其关系式为

$$L_l[r_i\to s_j]=\begin{cases}L(r_i) & (\text{对于 } l=1)\\ L(r_i)+\sum\limits_{j'\in M_i(j)}L_{l-1}[s_{j'}-r_i] & (\text{对于 } l>1)\end{cases}\tag{9.38}$$

式中，$j'\in M_i(j)$ 表示在计算从 r_i 到 s_j 的置信消息传递时，求和中不包含上一次迭代从 s_j 到 r_i 置信消息；$M_i(j)$ 表示与 r_i 相邻的校验节点并排除相应的 j 项。

类似地，用 $L_l[s_j\to r_i]$ 表示第 l 次迭代校验节点 s_j 的置信消息，即在下一次迭代时准备从校验节点 s_j 返回到码元节点 r_i 发送的置信消息，对于码元节点来说就是外置信消息，其关系式为

$$L_l[r_i\to s_j]=\sum_{i'\in P_i(j)}\odot L_{l-1}[r_{i'}\to s_j]\tag{9.39}$$

式中，$i'\in P_j(i)$ 表示在计算校验节点 s_j 的外置信消息传递时，求和中不包含上一次迭代从 r_i 到 s_j 外置信消息；$P_j(i)$ 表示与 s_j 相邻的校验节点并排除相应的 i 项；而其中的 $\odot$ 表示和积运算。

【例 9.3】 如图 9.16 给出的(9,4)LDPC 码的 Tanner 图，假设为 BPSK 调制信号通过 AWGN 信道，发送码字序列为 $c=(+1,-1,-1,-1,-1,+1,-1,+1,-1)$，接收端的软判决输出的信道 L 值为

$$L(\boldsymbol{r})=4\frac{E_b}{N_0}\cdot\boldsymbol{r}=(5.6,-10.2,0.7,0.5,-7.5,12.2,-8.5,6.9,-7.7)$$

试分析其置信传播译码算法的过程。

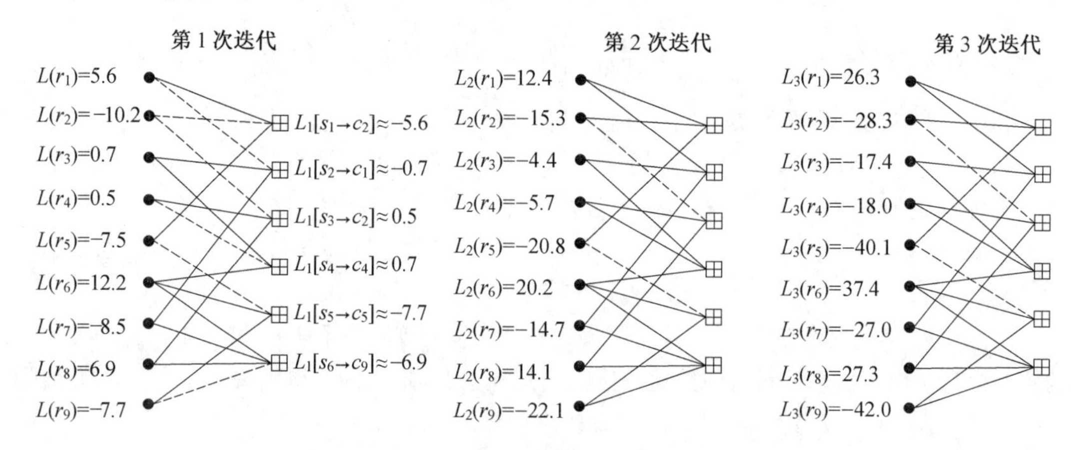

图 9.16 (9,4)LDPC 码的置信传播举例

解 首先看第 1 次迭代，根据 Tanner 图中码元节点和校验节点的连接关系，利用式(9.39)可以计算每个校验节点的外置信消息。例如，在计算校验节点 s_1 的外置信消息时，只有 r_1,r_2,r_5 码元节点相邻，校验方程为 $r_1+r_2+r_5=0$。基于校验方程，可以计算 3 个相邻码元节点的外置信消息

$$L_1[s_1\to r_1]=L_e(r_1)=L(r_2)\cdot L(r_5)\approx \mathrm{sign}((-10.2)\cdot(-7.5))\cdot \min\{|-10.2|,|-7.5|\}=7.5$$

$$L_1[s_1\to r_2]=L_e(r_2)=L(r_1)\cdot L(r_5)\approx \mathrm{sign}(5.6\cdot(-7.5))\cdot \min\{|5.6|,|-7.5|\}=-5.6$$

$$L_1[s_1\to r_5]=L_e(r_5)=L(r_1)\cdot L(r_2)\approx \mathrm{sign}(5.6\cdot(-10.2))\cdot \min\{|5.6|,|-10.2|\}=-5.6$$

同样可以计算每个校验节点的外置信消息，表9.2中对每个校验节点只标注了第1次迭代外置信消息的一个结果。校验节点的外置信消息 $L(r_i)$ 与接收码元的值 r_i 是统计独立的，因此由式(9.38)可以计算第 2 次迭代返回到码元节点的外置信消息。

表 9.2 第 1 次迭代各校验节点的外置信消息

校验节点	外置信消息	校验节点	外置信消息
	$L_e(r_1)=7.5$		$L_e(r_3)=0.5$
s_1	$L_e(r_2)=-5.6$	s_4	$L_e(r_4)=0.7$
	$L_e(r_5)=-5.6$		$L_e(r_6)=0.5$
	$L_e(r_1)=-0.7$		$L_e(r_5)=-7.7$
s_2	$L_e(r_3)=-5.6$	s_5	$L_e(r_6)=7.5$
	$L_e(r_7)=0.7$		$L_e(r_9)=-7.5$
	$L_e(r_2)=0.5$		$L_e(r_7)=-6.9$
s_3	$L_e(r_4)=-6.9$	s_6	$L_e(r_8)=7.7$
	$L_e(r_8)=-0.5$		$L_e(r_9)=-6.9$

例如对于码元节点 r_1,从 Tanner 图中可见,与其相关的校验节点是 s_1 和 s_2,排除其本身的影响,其返回的外置信消息为

$$L_2(r_1)=L(r_1)+L(r_2+r_5)+L(r_3+r_7)=L(r_1)+L(r_2)\oplus L(r_5)+L(r_3)\oplus L(r_7)$$
$$=5.6+7.5+(-0.7)=12.4$$

对于码元节点 r_2 有

$$L_2(r_2)=L(r_2)+L(r_1+r_5)+L(r_4+r_8)=L(r_1)+L(r_1)\oplus L(r_5)+L(r_4)\oplus L(r_8)$$
$$=-10.2-5.6+0.5=-15.3$$

各码元节点的第 2 次迭代的外置信消息如图 9.16 所示。

同样,可以计算第 2 次迭代每个校验节点的外置信消息,表 9.3 中对每个校验节点只标注了第 2 次迭代外置信消息的一个结果。

表 9.3　第 2 次迭代各校验节点的外置信消息

校验节点	外置信消息	校验节点	外置信消息
s_1	$L_e(r_1)=15.3$	s_4	$L_e(r_3)=-5.7$
	$L_e(r_2)=-12.4$		$L_e(r_4)=-4.4$
	$L_e(r_5)=-12.4$		$L_e(r_6)=4.4$
s_2	$L_e(r_1)=4.4$	s_5	$L_e(r_5)=-20.2$
	$L_e(r_3)=-12.4$		$L_e(r_6)=20.8$
	$L_e(r_7)=-4.4$		$L_e(r_9)=-20.2$
s_3	$L_e(r_2)=-5.7$	s_6	$L_e(r_7)=-14.1$
	$L_e(r_4)=-14.1$		$L_e(r_8)=14.7$
	$L_e(r_8)=5.7$		$L_e(r_9)=-14.1$

同理,可以进一步计算第 3 次迭代返回到码元节点的外置信消息,如图 9.16 所示,迭代结果表明码元节点的置信进一步趋于有利于正确判决的结果。最终可以得到基于置信传播译码算法的硬判决估计为 $\hat{c}=(+1,-1,-1,-1,-1,+1,-1,+1,-1)$。

这里,通过一个简单的例子说明了置信传播译码算法的基本过程,实际的 LDPC 码的码长都非常大(数千以上),译码算法将有更多具体问题和方法,以便解决算法精度和复杂性的问题,不再详述。

9.3　Polar 码

Polar 码是由土耳其比尔肯大学教授 E. Arikan 在 2007 年基于信道极化现象提出的一种线性分组码。Polar 码比前面两节提到的 Turbo 码和 LDPC 码的信道编码效率更高,是迄今为止发现的唯一能够达到香农极限理论值的编码方法,并且具有较低的编译码复杂度,因此 Polar 码自提出以来就引起了通信领域的不断关注。为了满足不同的业务需求,2016 年在 5G 通信网络中采用 LPDC 码作为数据信道编码方案(长码块编码方案),Polar 码作为信令信道编码方案(短码块编码方案)。在本节中将简单介绍 Polar 码的编码原理和基本译码

方法。

9.3.1 信道极化原理

Arikan教授从信道极化现象获得启发，从而提出了Polar码的编码方法。信道极化指的是当信道数目趋于无限大时，一部分信道将变成全损信道，信道容量接近于0，另一部分信道将变成无损信道，信道容量接近于1。Polar码利用信道极化的这种特性在无损信道上传递有效信息，在全损信道上不传信息或放置固定比特的冻结消息，从而提高信息传递的可靠性以及信道的编码效率。

1. 信道合并

对于一个二元输入的离散无记忆（B-DMC）信道 $W:X\to Y$ 来说，将其进行 N 次独立复用，得到一个组合向量信道 $W_N:X^N\to Y^N(N=2^n,n\geqslant 0)$。$n=0$ 时定义 $W_1=W$，$n=1$ 时，进行第1次递归，将两个 W_1 信道进行合并得到 $W_2:X^2\to Y^2$，合并过程如图9.17所示。

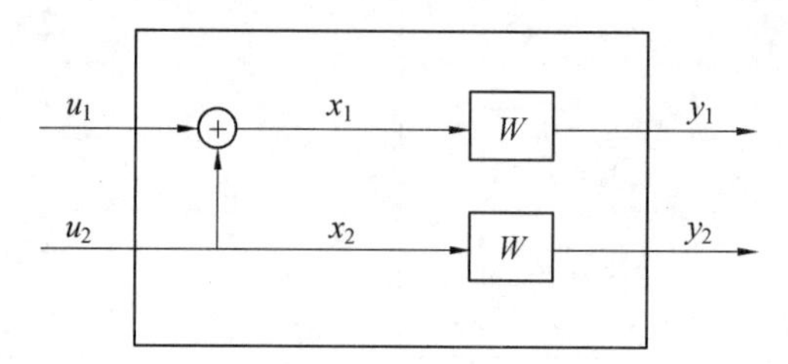

图9.17　信道 W_2 的合并过程

W_2 的信道转移概率为

$$W_2(y_1,y_2\mid u_1,u_2)=W(y_1\mid u_1\oplus u_2)W(y_2\mid u_2)\tag{9.40}$$

同理，$n=2$ 时进行第2次递归，将两个独立的 W_2 信道进行合并得到 $W_4:X^4\to Y^4$，W_4 的信道合并过程如图9.18所示。图9.18中 R_4 是将序列 (s_1,s_2,s_3,s_4) 映射到 ${v_1}^4=(v_1,v_3,v_2,v_4)$ 的比特反转操作。$\boldsymbol{u}_1^4\to\boldsymbol{x}_1^4$ 代表了从信道 W_4 的输入序列到信道 W^4 的输入序列的映射，映射关系可用公式表示为 $\boldsymbol{x}_1^4=\boldsymbol{u}_1^4\boldsymbol{G}_4$，其中 $\boldsymbol{G}_4=\begin{bmatrix}1&0&0&0\\1&0&1&0\\1&1&0&0\\1&1&1&1\end{bmatrix}$，因此 W_4 的信道转移概率可表示为

$$W_4(\boldsymbol{y}_1^4\mid\boldsymbol{u}_1^4)=W_2(\boldsymbol{y}_1^2\mid u_1\oplus u_2,u_3\oplus u_4)W_2(\boldsymbol{y}_3^4\mid u_2,u_4)=W^4(\boldsymbol{y}_1^4\mid\boldsymbol{u}_1^4\boldsymbol{G}_4)\tag{9.41}$$

由此不难得到信道合并递归结构的基本形式，如图9.19所示，信道 W_N 由两个独立信道 $W_{N/2}$ 组成。信道 W_N 的输入向量 $\boldsymbol{u}_1^N$ 首先根据关系式 $s_{2i-1}=u_{2i-1}\oplus u_{2i},s_{2i}=u_{2i}(1\leqslant i\leqslant N/2)$ 转换为 $\boldsymbol{s}_1^N$，接着 $\boldsymbol{s}_1^N$ 经过矩阵 $\boldsymbol{R}_N$ 的反转排序后得到信道 $W_{N/2}$ 的输入序列 $\boldsymbol{v}_1^N=(s_1,s_3,\cdots,s_{N-1},s_2,s_4,\cdots,s_N)$。

从信道 W_N 到信道 W^N 的映射 $\boldsymbol{u}_1^N\to\boldsymbol{x}_1^N$ 是二元域 $GF(2)$ 上的线性变换，因此有映射关系 $\boldsymbol{x}_1^N=\boldsymbol{u}_1^N\boldsymbol{G}_N$，其中 $\boldsymbol{G}_N$ 定义为 N 维生成矩阵，则 W_N 的信道转移概率为

$$W_N(\boldsymbol{y}_1^N\mid\boldsymbol{u}_1^N)=W^N(\boldsymbol{y}_1^N\mid\boldsymbol{u}_1^N\boldsymbol{G}_N)\quad(\boldsymbol{y}_1^N\in Y^N,\boldsymbol{u}_1^N\in X^N)\tag{9.42}$$

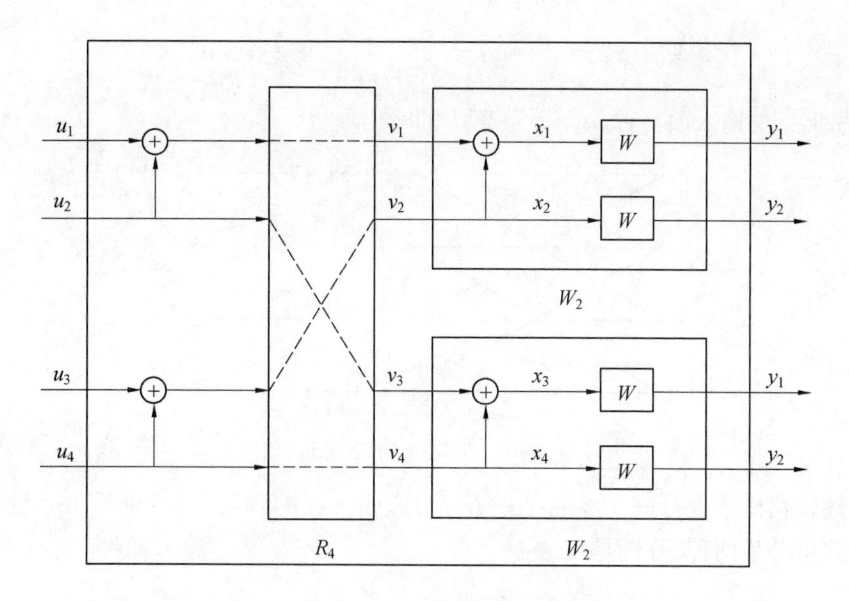

图 9.18　信道 W_4 的合并过程

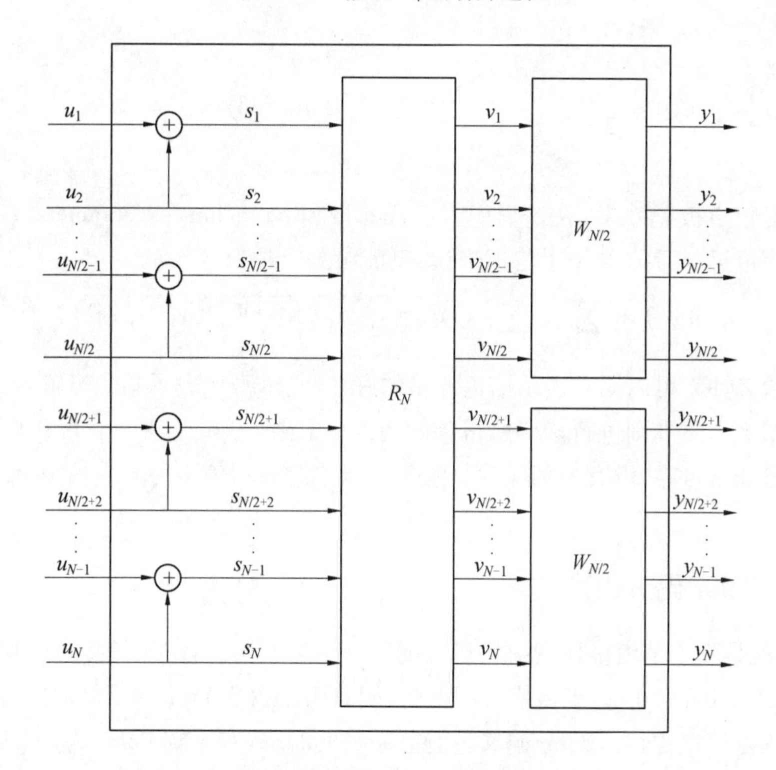

图 9.19　信道 W_N 的合并过程

2. 信道拆分

在实现了信道合并之后,信道极化进入第二步也就是信道拆分。以 $N=4$ 为例,图 9.20 展示了信道拆分的过程。信道合并得到的信道 W_N 可以被拆分为 N 个虚拟的二进制子信道 $W_N^{(i)}: X \to Y^{i-1}, 1 \leqslant i \leqslant N$,其对应的信道转移概率为

$$W_N^{(i)}(\boldsymbol{y}_1^N,\boldsymbol{u}_1^{i-1}\mid u_i)=\sum_{\boldsymbol{u}_{i+1}^N\in X^{N-i}}\frac{1}{2^{N-1}}W_N(\boldsymbol{y}_1^N\mid \boldsymbol{u}_1^N) \tag{9.43}$$

式中,u_i 为 $W_N^{(i)}$ 的输入项;$(\boldsymbol{y}_1^N,\boldsymbol{u}_1^{i-1})$ 为 $W_N^{(i)}$ 的输出项。

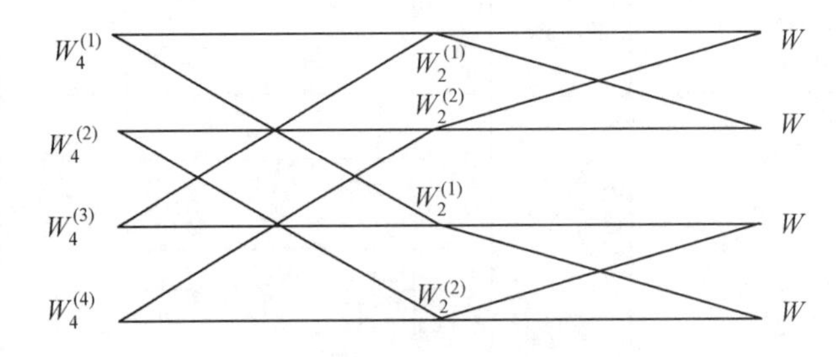

图 9.20　信道 W_4 的拆分过程

对上述转移概率进行进一步推导并结合对递归过程的观察,不难推导出其转移概率表达式按奇偶可分为两种,分别是

$$W_N^{(2i-1)}(y_1^N,u_1^{2i-2}\mid u_{2i-1})=\sum_{u_{2i}}\frac{1}{2}W_{N/2}^{(i)}(y_1^{N/2},u_{1,\mathrm{o}}^{2i-2}\oplus u_{1,\mathrm{e}}^{2i-2}\mid u_{2i-1}\oplus u_{2i})\ W_{N/2}^{(i)}(y_{N/2+1}^N,u_{1,\mathrm{e}}^{2i-2}\mid u_{2i}) \tag{9.44}$$

$$W_N^{(2i)}(y_1^N,u_1^{2i-1}\mid u_{2i})=\frac{1}{2}W_{N/2}^{(i)}(y_1^{N/2},u_{1,\mathrm{o}}^{2i-2}\oplus u_{1,\mathrm{e}}^{2i-2}\mid u_{2i-1}\oplus u_{2i})\ W_{N/2}^{(i)}(y_{N/2+1}^N,u_{1,\mathrm{e}}^{2i-2}\mid u_{2i}) \tag{9.45}$$

为了衡量信道极化效果,在这里引入巴氏参数(Bhattacharyya Parameter)对信道进行描述。对于信道拆分后的 N 个子信道来说,巴氏参数定义为

$$Z(W_N^{(i)})=\sum_{y_1^N\in y^N}\sum_{u_1^{i-1}\in x^{i-1}}\sqrt{W_N^{(i)}(y_1^N,u_1^{i-1}\mid 0)W_N^{(i)}(y_1^N,u_1^{i-1}\mid 1)} \tag{9.46}$$

巴氏参数 $Z(W)$ 可以用来表示信道质量的好坏,它本身代表了某信道输入二元码本时,输出端采用最大似然准则进行译码所得到的错误率上限。$0\leqslant Z(W)\leqslant 1$,并且当 $Z(W)=0$ 时意味着信道非常可靠,没有任何噪声,当 $Z(W)=1$ 时表示信道为全噪信道,传输错误率非常高。

9.3.2　Polar 码编码方法

Polar 码就是基于信道极化现象构造出的第一个能够达到香农限的编码,其基本思想就是利用 $Z(W_N^{(i)})=0$ 的子信道来传输有用信息,同时用 $Z(W_N^{(i)})=1$ 的子信道发送收发两端提前约定好的固定信息比特。Polar 码又分为非系统 Polar 码和系统 Polar 码,下面分别介绍这两种类型 Polar 码的编码方法。

1. 非系统 Polar 码编码

Polar 码本身也是一种线性分组码,因此其编码公式与线性分组码类似,如果用 $\boldsymbol{u}_1^N$ 代表信源输入序列,$\boldsymbol{x}_1^N$ 代表编码器输出序列,非系统 Polar 码的编码表达式为

$$\boldsymbol{x}_1^N=\boldsymbol{u}_1^N\boldsymbol{G}_N \tag{9.47}$$

式中，G_N 为 Polar 码生成矩阵，并有 $G_N = B_N F^{\otimes n}$；B_N 是比特翻转矩阵；矩阵 $F = \begin{bmatrix} 0 & 1 \\ 1 & 1 \end{bmatrix}$ 代表了 $n = 1$ 时的信道合并操作，当 $n \geqslant 2$ 时，采用 F 的 n 次 Kronecker 积的形式来表示更高级的递归合并。

2. 系统 Polar 码编码

设 $A(A \subseteq \{1,2,\cdots,N\})$ 为 Polar 码中用来传输有用信息的位数集合，A^C 为 A 的补集形式，将 N 阶方阵 G_N 拆分为由 A 决定的子阵 $G_N(A)$ 和由 A^C 决定的子阵 $G_N(A^C)$，可得到系统 Polar 码的编码表达式为

$$x_1^N = u_A G_N(A) \oplus u_{A^C} G_N(A^C) \tag{9.48}$$

式中，u_A 为信息位，用来传输有效信息；u_{A^C} 为冻结位，用来传输固定的信息。

于是 Polar 码实际上就有了系统码的形式，也就是码字的前半部分为信源比特，后半部分为冗余比特。设信息位比特数即 A 中的元素数目为 K，则编码效率可以表示为 $R = K/N$。

【例 9.4】 当 $N = 4, A = \{1,2,4\}$ 时，求 $(1,1,0,1)$ 序列的 Polar 码编码结果。

解 首先可得 $N = 4$ 时生成矩阵为

$$G_N = B_N F^{\otimes 2} = \begin{bmatrix} 1 & 0 & 0 & 0 \\ 1 & 0 & 1 & 0 \\ 1 & 1 & 0 & 0 \\ 1 & 1 & 1 & 1 \end{bmatrix}$$

由 $A = \{1,2,4\}$ 可知 1,2,4 为信息位，因此选择 G_N 的 1,2,4 三行生成 $G_N(A)$，最终编码结果为

$$x_1^N = u_A G_N(A) \oplus u_{A^C} G_N(A^C) = [1 \quad 1 \quad 1] \begin{bmatrix} 1 & 0 & 0 & 0 \\ 1 & 0 & 1 & 0 \\ 1 & 1 & 1 & 1 \end{bmatrix} \oplus [1][1 \quad 1 \quad 0 \quad 0]$$
$$= [0 \quad 0 \quad 0 \quad 1]$$

9.3.3 Polar 码译码方法

目前比较经典的 Polar 码译码方法主要有两种，一种为接续消除译码法（Successive Cancellation），即 SC 译码；另一种为接续消除列表法（Successive Cancellation List），即 SCL 译码。接下来将简单介绍两种译码方法的原理。

1. SC 译码

SC 译码是根据已经译出的比特来为未译出的码提供信息，从而逐步消除不确定性的译码方法，其译码判别准则为

$$\hat{u}_i = \begin{cases} 0, & i \in A \text{ 且 } L_N^{(i)} \geqslant 0 \\ 1, & i \in A \text{ 且 } L_N^{(i)} < 0 \\ u_i, & i \in A^C \end{cases} \tag{9.49}$$

式中，$L_N^{(i)} = \ln \dfrac{W_N^{(i)}(y_1^N, \hat{u}_1^{i-1} \mid 0)}{W_N^{(i)}(y_1^N, \hat{u}_1^{i-1} \mid 1)}$ 为后验对数似然比（Log - Likelihood Ratio，LLR）。

从表达式中可以看出，SC 译码是根据当前接收符号 y_1^N 以及前一时刻译出的符号 $\hat{u}_1^{i-1}$ 共同决定当前的译码结果。LLR 的递归结构表达式可以写成

$$L_N^{(2i-1)}(y_1^N, \hat{u}_1^{2i-2}) = f(L_{N/2}^{(i)}(y_1^{N/2}, \hat{u}_{1,o}^{2i-2} \oplus \hat{u}_{1,e}^{2i-2}), L_{N/2}^{(i)}(y_{N/2+1}^N, \hat{u}_{1,e}^{2i-2})) \tag{9.50}$$

$$L_N^{(2i)}(y_1^N, \hat{u}_1^{2i-1}) = g(L_{N/2}^{(i)}(y_1^{N/2}, \hat{u}_{1,o}^{2i-2} \oplus \hat{u}_{1,e}^{2i-2}), L_{N/2}^{(i)}(y_{N/2+1}^N, \hat{u}_{1,e}^{2i-2}), \hat{u}_{2i-1}) \tag{9.51}$$

在上面两个表达式中，函数 f 定义为 $f(a,b) = \ln((1 + e^{a+b})/(e^a + e^b))$，函数 g 定义为 $g(a,b,u_s) = (-1)^{\hat{u}_s} a + b$。$N=1$ 时递归终止，此时根据 W 的转移概率和接受符号情况直接计算 $L_1^{(1)}(y_j) = \ln(W(y_j \mid 0)/W(y_j \mid 1))$ 的值，并根据译码准则进行判决即可接收得到最终译码结果。

【例 9.5】 已知 Polar 码 $N=4, K=3$，给定发送端原始比特序列 $u_1^4 = (0,0,0,0)$，其中第 1 位为冻结位，2、3、4 位为信息位。Polar 码编码后经 AWGN 信道传输，假设接收端已知各子信道对数似然比初始化为 $L_1^4(y_1^4) = (1.5 \quad 2 \quad -1 \quad 0.5)$，求 SC 译码结果。

解 中间节点 LLR 值计算结果以及对应的译码结果如图 9.21 所示。

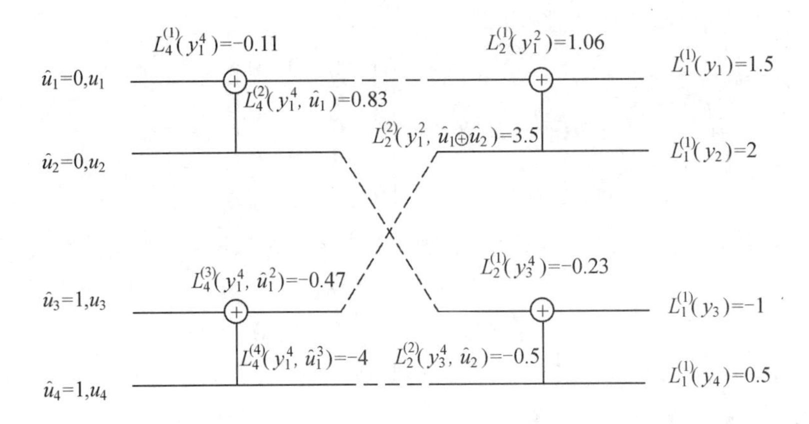

图 9.21　SC 码译码过程示例

可以看出在计算对数似然比时是从图的最右边依次向左逐级递归，值得注意的是由于第一位为冻结位，因此虽然有 $L_4^{(1)}(y_1^4) < 0$，u_1 仍然判决为 0。

2. SCL 译码

SC 译码是逐个比特进行译码的，因此前一个比特的译码错误将会对后面的译码结果产生负面影响，尤其在码长长度较短时，这种错误传递的现象更加难以纠正。针对 SC 译码方法的缺点，有学者提出 SCL 译码来减少错误传递现象发生的可能性。由于 SC 译码在每层译码时只保留唯一的译码结果，如果译码发生错误则很难寻得正确的译码结果。SCL 译码考虑在每次译码后保留 L 个候选译码结果，以尽可能地把正确译码结果保留下来，为了确定保留下来哪些译码结果，SCL 算法引入了路径度量值（Path Metrics，PM）来判定译码结果的好坏，并保留下 PM 值较小的译码路径。PM 值的表达式为

$$PM_l^{(i)} = \sum_{j=1}^{i} \ln(1 + \exp(-(1 - 2\hat{u}_j[l]L_N^{(j)}[j]))) \tag{9.52}$$

式中，$l(l \in \{1,2,\cdots,L\})$ 为路径编号。

从 PM 的表达式可以看出，选择 PM 值较小的路径实际上就是保留转移概率较大的路径。SCL 译码步骤如下：

(1) 初始化。清空译码路径集合，PM 初始化为 0。

(2) 路径选择。在每次进行下一层的路径扩展时，计算出下一层所有可能路径对应的 PM 值，并挑出其中 PM 值最小的 L 条路径作为本次的选择结果。如果遇到了冻结位则直接按约定好的 0、1 值选择对应的路径。

(3) 译码结果输出。对最终得到的 L 条路径进行排序，选择 PM 最小的那条路径作为最终路径，经过比特翻转后得到最终译码结果输出。

9.4 数字喷泉码

在数据分组打包传输的通信场景中，传统的纠错技术无法有效地发挥其性能。例如，前向纠错技术（FEC）受复杂度与灵活性的制约不能成功恢复出数据包；自动请求重传技术（ARQ）传输效率极低，甚至发生"反馈风暴"。为了提高分组网络中数据分发的可靠性，1998 年，Michael Lucy 和 John Byers 等学者提出了数字喷泉（Digital Fountain，DF）码的概念。

数字喷泉码是一种面向大规模数据分发和可靠广播应用的线性纠错编码，用于解决反馈信息造成的网络拥塞问题。特别是随着互联网技术的发展和广泛应用，数字喷泉码的研究和应用得到了充分重视。根据编码方式不同，数字喷泉码可分为随机线性喷泉码（Random Linear Fountain）、LT（Luby Transform）码和 Raptor 码。本节将介绍数字喷泉码的基本概念以及上述三种码的编、译码规则。

9.4.1 数字喷泉码的基本概念

数字喷泉码最初是根据删除信道的特点设计的，例 2.8 中的二元删除信道是最简单的删除信道模型。在基于 TCP/IP 协议的有线计算机网络数据传输中，数据包可能被接收端正确接收，也可能因为缓存或网络延迟等问题的影响产生丢包而不能被接收端接收到，这一特性非常符合删除信道模型特性。因此，删除信道被认为是一种非常适合描述现代互联网中数据包真实传输过程的信道模型。

传统纠错码的基本处理单元为符号，数字喷泉码将处理的基本单元扩展到了数据包，从而更加适合于基于 TCP/IP 协议的 Internet 网络传输。其基本思想如下：在信源端，将原始数据分成 k 个数据包，经过编码器，理论上会产生无穷多个相互独立且等价的编码包；在信宿端，译码器不必考虑编码包的顺序与种类，只关注于接收到编码包的总数量 n，如果 $n \geqslant k$ 即可以极低的译码错误概率恢复全部的原始数据包；如果恢复失败可以在保留之前接收到的编码包的前提下继续接收编码包，直到成功恢复出原始信息。编码器像喷泉一样源源不断

地产生编码包，而译码器像杯子接水一样接收编码包，如图9.22所示。换句话说，成功译码的关键仅仅取决于接收到编码包的数量，只要接收到的编码包的数量足够，即可译码成功。

图9.22　数字喷泉码的基本思想

不同于传统的Turbo码和LDPC码等信道编码方案的码率在编码信息发送之前就被确定下来，由于喷泉码可以产生无穷多个编码包，接收端亦可以实时根据自身的信道条件和处理能力动态地调整接收的编码包数量，因此喷泉码是一种无码率码(Rateless Codes)。

随着网络技术的发展以及大量多媒体业务涌现，一些应用需要多个用户能同时接收相同数据，如视频点播、电视广播、视频会议、网上教育、互动游戏等，这类多媒体业务和一般数据相比，具有数据量大、持续时间长、时延敏感等特点。当传输数据量增大、接收者数量增多及网络中的数据包丢失率较大时，采用原有的自动反馈重传技术很容易造成网络的反馈拥塞，严重时还会出现网络瘫痪。这种情况下，数字喷泉码所具备的低编译码复杂度、不固定码率、无须反馈重传、适应时变信道和异质用户等优点，使其具有十分广阔的应用前景。

9.4.2　随机线性喷泉码

随机线性喷泉码是早期的数字喷泉技术，下面通过介绍最简单的随机线性喷泉码来进一步说明喷泉码的基本思想。

在纠错编码技术理论里，符号是编解码操作的基本单元，物理上既可对应于一个比特，也可以对应于由一串比特组成的序列，为说明方便，假设每个符号都是一个二进制码元。图9.23给出了随机线性喷泉码编码符号经过删除信道的示意图。在t时刻，假设编码器的输入是长度为k的数据符号序列$\boldsymbol{s}=[s_1,s_2,\cdots,s_k]$，编码器的输出是长度为$n$的编码符号序列$\boldsymbol{c}=[c_1,c_2,\cdots,c_n]$，则其生成矩阵$\boldsymbol{g}$应为一个$k$行$n$列矩阵，且有关系$\boldsymbol{c}=\boldsymbol{s}\cdot\boldsymbol{g}$，即

$$[c_1,c_2,\cdots,c_n]=[s_1,s_2,\cdots,s_k]\cdot\begin{bmatrix}g_{1,1} & g_{2,1} & \cdots & g_{n,1}\\ g_{1,2} & g_{2,2} & \cdots & g_{n,2}\\ \vdots & \vdots & & \vdots\\ g_{1,k} & g_{2,k} & \cdots & g_{n,k}\end{bmatrix}\tag{9.53}$$

在删除信道中，编码符号c_i可能被完整传输，也可能被删除。假设接收端接收到k'个编码符号，将其重组为$\boldsymbol{r}=[r_1,r_2,\cdots,r_k{}']$后，译码器根据附加信息重构一个$k$行$k'$列的生成矩阵，进而恢复出$k$个数据符号。

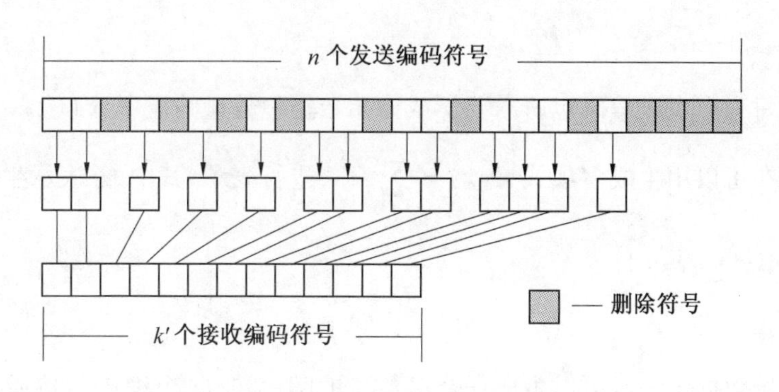

图9.23 随机线性喷泉码传输示意图

根据 k' 与 k 的大小关系,有以下三种情况:

(1) 如果 $k' < k$,表明接收机没有接收到足够多的编码符号,不可能恢复信源的数据符号序列。

(2) 如果 $k' = k$ 且生成矩阵 $\boldsymbol{g}$ 是可逆的,则可恢复信源(如利用高斯消除法)。分析表明生成矩阵 $\boldsymbol{g}$ 可逆的概率与 k 值有关。随机线性喷泉码的生成矩阵是由独立随机产生的列向量组成,并且要保证相互间是线性无关的。这样产生的生成矩阵的列向量为全0向量的概率是不同的。第一个列向量不是全0向量的概率为 $1-2^{-k}$,第二个列向量不是全0向量且与第一个列向量不同的概率为 $1-2^{-(k-1)}$,等等。如此可知生成矩阵 $\boldsymbol{g}$ 是可逆矩阵的概率为

$$(1-2^{-k})(1-2^{-(k-1)})\cdots(1-2^{-(k-1)})(1-2^{-3})(1-2^{-2})(1-2^{-1}) \tag{9.54}$$

显然希望这个矩阵可逆的概率越大越好,由计算可知,当 $k=10$ 时,这个概率为0.289。若要继续增加生成矩阵 $\boldsymbol{g}$ 是可逆矩阵的概率就需要选择很大的 k 值,但实际上无法达到理想概率(如0.99)。

(3) 当 $k' > k$ 时,令 $k' = k + e$,e 是一个很小的数,表示多接收到编码符号数。假设矩阵可逆的概率为 $1-\delta$,则 δ 为接收端接收到额外的 e 个编码符号却仍然无法译码的概率。分析表明,δ 的上界为

$$\delta(e) < 2^{-e} \tag{9.55}$$

尽管对于删除信道来说,随机线性喷泉码并不是一个完美的编码,但是在理论上它是一个好码。因为只要接收到额外的 e 个编码符号,无差错的恢复源文件的概率就至少为 $1-\delta$,其中 $\delta = 2^{-e}$。因此,随着数据符号序列长度 k 的增加,随机线性喷泉码就可以无限地接近香农理论的极限,但是其编码复杂度却高达 $O(k^2)$。

9.4.3 LT码

2002年,M. Luby等人提出了第一种实用的喷泉码——LT(Luby Transform)码,为数字喷泉码从概念走向实用迈出了关键的一步。LT码改进了随机编码的方法,第一次将度分布函数应用于喷泉码上,并构造了比较完备的度分布函数,使得编码矩阵变得稀疏,同时也将编、译码复杂度降低至 $O(\ln k)$。

1. 度分布

度分布为每一个生成编码包所需要异或原始数据包数量的概率分布。

编码度分布可以用生成多项式 $\Omega(x)=\sum_{i=1}^{k}\Omega_i x^i$ 进行表示，其中 Ω_i 表示生成的编码包的度值为 i 的概率，$\sum_{i=1}^{k}\Omega_i=1$。

2. 编码过程

对 k 个原始数据包编码可以生成任意多数量的编码包，每个编码包按照同一算法独立生成。LT 码的编码实质是一种由源符号变为编码符号的 Tanner 图的过程，如图 9.24 所示，具体步骤如下：

(1) 根据度分布 $\Omega(x)$ 选取一个度值 d_i(degree)，概率为 Ω_{d_i}；

(2) 从原始数据包中随机等概地选取 d_i 个数据包；

(3) 将选出的数据包进行异或运算，生成一个编码包 c_i 发送；

(4) 重复此编码过程，直至接收端接收到足够的编码包。

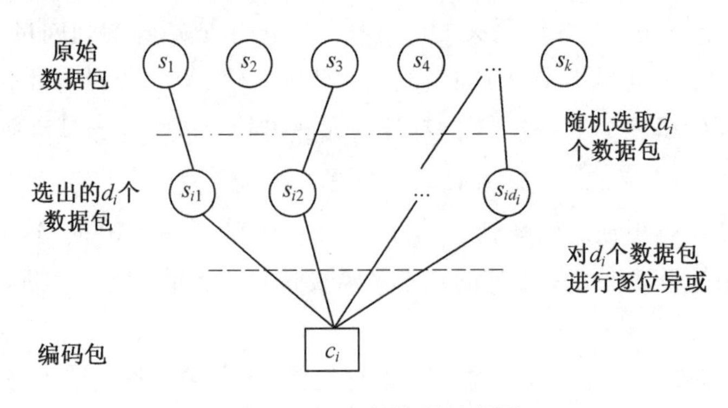

图 9.24　LT 码编码示意图

3. 译码过程

虽然度分布函数使得生成矩阵 $\boldsymbol{g}$ 不仅是稀疏矩阵，而且具有良好的结构，但随着分组数 k 的增加，运算量仍然很大。为了提高译码算法的实用性，针对删除信道，并参考改进的和积译码算法，引入置信消息传播(BP) 译码算法。

假定接收机能够准确重构 Tanner 图，即译码器知道用的是 d_i 个不同数据包来生成给定的编码包，但是不知道这些数据包的具体值，译码过程如图 9.25 所示。具体译码步骤如下：

(1) 找到度值为 1 的编码包，从而恢复与之相连的数据包；

(2) 被恢复的该数据包与所有与之相关的编码包进行异或运算使相关编码包的度值减 1；

(3) 重复上述两步，直到编码包集合中不存在任何度值为 1 的编码包。如果所有数据包被恢复，表明 LT 码译码成功，否则，译码失败。

【例 9.6】　已知接收机的 Tanner 图，如图 9.26(a) 所示。接收码字为 $\boldsymbol{r}=[r_1,r_2,r_3,r_4]=[1,0,1,1]$，接收码字的度分别为 1,3,2,2。若原始数据符号为 $\boldsymbol{s}=[s_1,s_2,s_3]$，请画出译码过程。

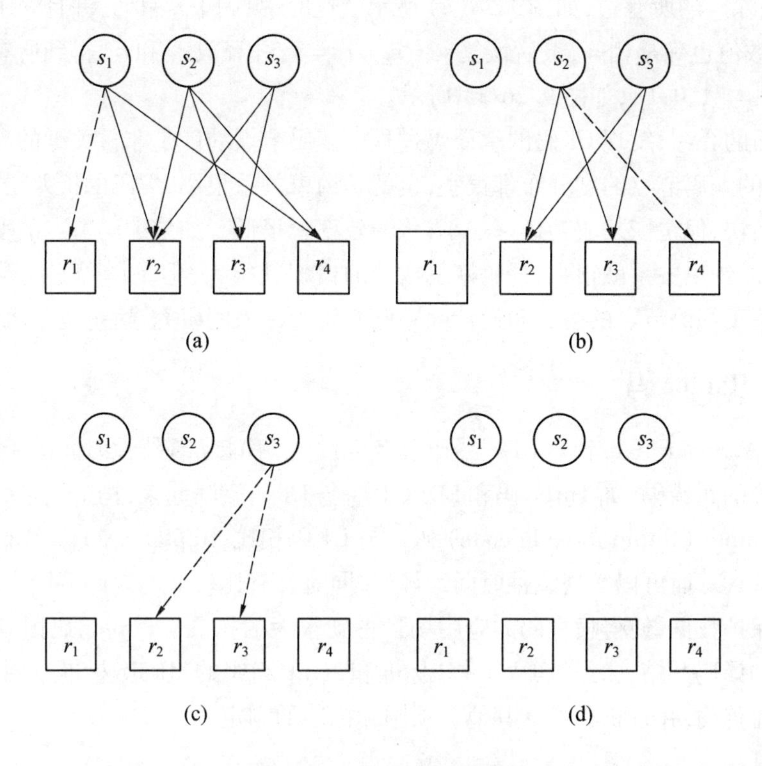

图9.25 LT码BP译码过程

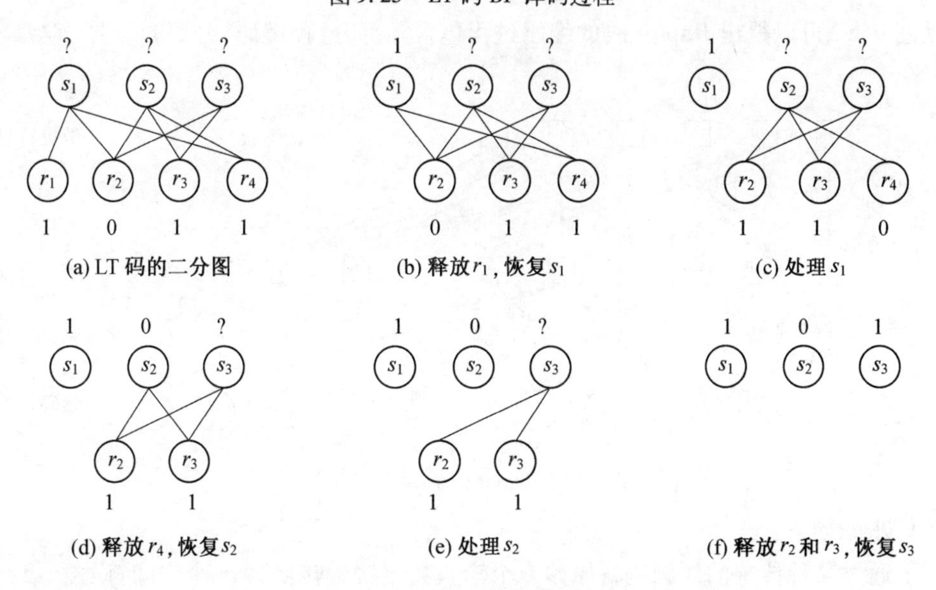

图9.26 LT码的MP译码实例

解 接收码字 r_1 的度为1，恢复 $s_1 = r_1 = 1$，同时释放校验节点 r_1 并删除边，如图9.26(b)所示。然后处理数据节点 s_1，$s_1 \oplus r_2 = 1 \rightarrow r_2$，$s_1 \oplus r_4 = 0 \rightarrow r_4$，删除 s_1 的所有边，如图9.26(c)所示。接下来进入第二次迭代，发现 r_4 的度为1，恢复 $s_2 = r_4 = 0$，同时释放校验节点 r_4 并删除它的边，如图9.26(d)所示。然后处理数据节点 s_2，$s_2 \oplus r_2 = 1 \rightarrow r_2$，$s_2 \oplus$

$r_3=1\rightarrow r_3$，删除s_2的所有边，如图9.26(e)所示。这时，只剩下r_3和r_4，并且两个节点的度都为1，节点的数值也确是相等，最后恢复$s_3=r_2=r_3=1$，并释放r_2和r_3，得到所有数据节点的估计结果为$\hat{s}=[1,0,1]$，如图9.26(f)所示。

通过上面的介绍，发现LT码的编译码过程中编码节点的度是非常关键的参数。分析可知，如果所有的编码节点的度分布都很小，也就是约束关系很小，编码的抗差错能力就很低，译码速度会很快，但是恢复成功概率很小，传输效率就很低。如果编码节点的度分布都比较大，编码符号的约束关系就很强，译码恢复成功的概率就很大，但是译码速度及复杂度也会随之增加。关于编码节点的度分布设计问题已有较为深入的研究，这里也不再详述。

9.4.4 Raptor码

2006年，A. Shokrollahi针对LT码译码复杂度过高、不能实现线性时间编译码的缺点，创造性地将传统的纠错码(如Turbo码和LDPC码)与LT码级联起来，构造出了另一种实用的喷泉码——Raptor(Rapid tornado code)码。与LT码相比，Raptor码的编、译码复杂度进一步降低为$O(k)$，从而可以实现线性时间编译码，同时具有比较低的误码平层，可以在复杂环境下更好地保护数据，使得喷泉码的应用场景得到很大的拓展。Raptor码因其较好的译码性能与较低的译码开销，已经被DVB－H标准和3GPP组织的MBMS标准采用，用于多媒体视频流的广播传输，并且正在参与其他多项国际标准的制定。

1. 编码过程

从图9.27可以得出Raptor码的编码过程包含两部分：预编码(外码)与LT码编码(内码)。

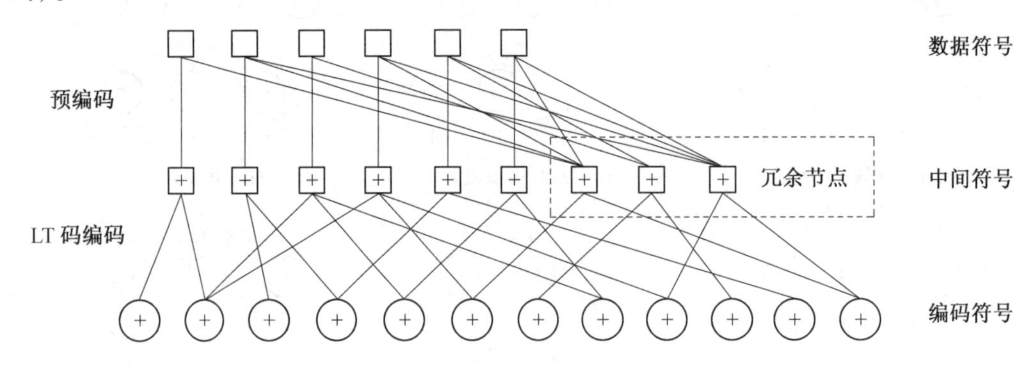

图9.27 Raptor码的编码结构图

具体步骤如下：

(1) 通过某种传统的纠删码将原始k个输入数据符号转换为m个中间符号。

(2) 将上一步中产生的m个中间符号作为LT码的输入符号来进行二次编码，从而得到Raptor码的编码符号。

其中外码为Tornado码，而内码为一个弱LT码。由于预编码具有一定的纠删能力，放宽了对于LT码的要求，因此，整体编译码复杂度可以有所降低。

在Raptor码编码过程中所采用的LT码是一种平均度$\bar{d}$较低的LT码。这是由于平均度较低的LT码具有更低的译码复杂度,它可以一定的概率恢复出绝大多数的数据符号,剩余未能恢复的数据符号就被控制在一个较小的范围内,可以利用外码的纠错能力将剩余的数据包恢复出来。

2. 译码过程

相应的译码过程也分为两部分:译出中间符号和原始输入符号。

具体步骤如下:

(1) 译码端对接收到的编码符号采用LT译码算法(如BP译码算法)。在这个译码过程中可以不必全部恢复出 m 个中间符号,只要恢复出一定比例的中间符号即可。

(2) 再利用传统纠删码的译码方式(如高斯消元法和优化的高斯消元法)对恢复出来的中间符号进行译码,如果上一步所译出的中间符号的数量能够成功恢复出全部 k 个源输入符号,那么译码成功,否则译码失败。

通过预编码纠错能力的辅助,Raptor码得以将内码LT码的工作点前移至传输效率较高的位置。它继承了LT码的无码率性质,可实现码率实时的任意调节,接收端只需保证接收到足够数量的编码符号即可恢复原始数据符号。同时,其编译码复杂度为 $O(k\ln(1/\varepsilon))$,其中 $\varepsilon=(m-k)/k$ 为外码的编码开销。这样Raptor码的编译码复杂度与码长 k 基本上为线性关系,优于LT码的对数关系。

通过上述分析可以看出,Raptor码的整体性能由预编码和内码共同决定。内码保证了Raptor码同样具有喷泉码的编译码特性,即实时码率调节,可按需无限生成编码符号。译码成功条件仅与成功接收编码符号的数量有关。而外码则保证了Raptor码在低编译码复杂度下仍具有良好的译码性能。显然,如何构造一个码率较高且兼具良好的译码性能和编译码复杂度的外码是Raptor码设计的核心。

通过以上对几种数字喷泉码的介绍应当了解,与传统的信道编码技术相比,数字喷泉码的实现是更加灵活的。传统的信道编码仅能纠正点对点链路上的噪声带来的错误,对链路层或由于网络拥塞导致的丢包则显得无能为力,因此无法为具体业务提供端到端的可靠性保障。数字喷泉码恰好可以有效解决上述问题,在传输层或应用层采用时,因碰撞或网络拥塞而导致的丢包可以被喷泉码所恢复。数字喷泉码兼有传统信道编码和自动请求重传机制的优点,因此可以有针对性地为数据业务提供一种具有良好扩展性的端到端的可靠解决方案。

9.5 网络编码

Elias在论文*A Note on the Maximum Flow Through a Network*中指出:“通信网络端到端的最大信息流,是由网络有向图的最小割决定的。”但目前传统路由器的存储–转发模式根本不可能达到香农最大流最小割(Max-Flow Min-Cut)定理规定的上界,人们也认为在网络的中间节点不需要进行数据处理。然而Ahlswede等学者在2000年提出的网络编码推翻了这一“常识”,开创了网络编码理论,也被称为网络信息流理论。

9.5.1 基本思想

网络编码的基本思想十分简单,即在网络的中间节点加入了编译码算法,替代了传统基于存储 - 转发的路由方式。该想法的提出,突破了经典信息论中商品流(Commodity flow)不能再被压缩的结论,指出网络信息流可以通过中间节点的编译码进一步被处理/压缩,从而提升网络吞吐量。

图9.28所示的"蝴蝶网络"是一个最简单的网络编码的例子,网络编码与传统路由的性能比较可以通过"蝴蝶网络"加以形象说明:在该网络拓扑中,信源节点S要将2 bit消息b_1和b_2通过中间节点T、U、W、X发送给两个信宿节点Y和Z(图9.28(a))。假设每条链路的容量均为单位容量1 bit,采用什么方式可以让信宿节点Y和Z同时接收到消息b_1和b_2呢?

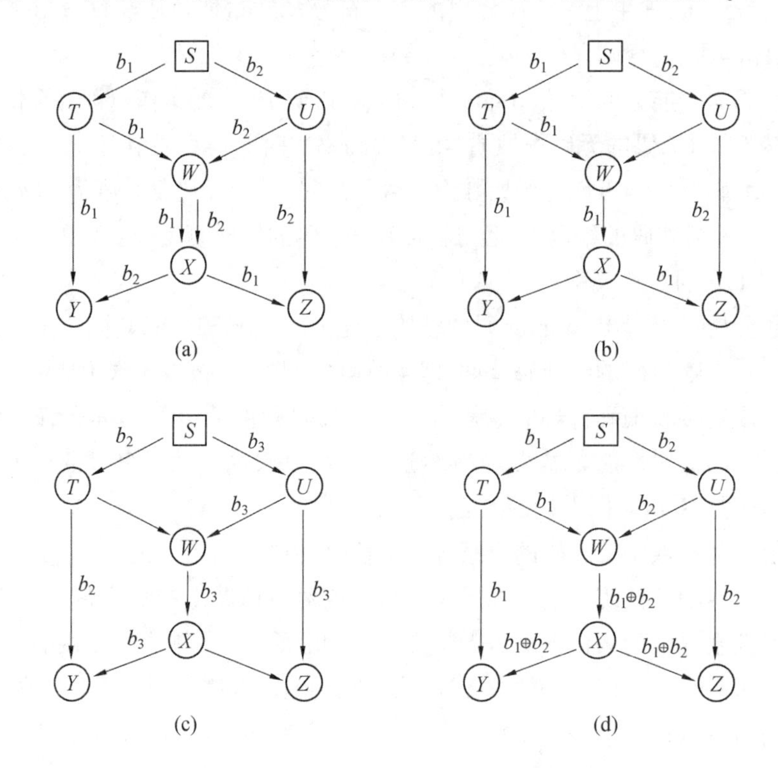

图9.28 蝴蝶网络中网络编码与传统路由的比较

如果采用传统路由的方式,如图9.28(b)和(c)所示,经过T节点到Z的消息b_1和经过U节点到Y的消息b_2都要经过链路$W-X$,则链路$W-X$成为整个传输过程的容量瓶颈。那么,在单位时间内,两个信宿节点Y和Z只能一共收到3 bit信息,平均每个信宿节点的吞吐量为1.5 bit/单位时间。

如果采用网络编码的方式,如图9.28(d)所示,节点W接收到消息b_1和b_2后,不直接发送给X,而是将b_1和b_2进行异或生成$b_1 \oplus b_2$之后再发送给X。那么,信宿节点Y根据收到的消息b_1和消息$b_1 \oplus b_2$就可以通过异或运算$b_1 \oplus b_1 \oplus b_2 = b_2$恢复消息$b_2$。同时,信宿节点$Z$也可以用同样的方式恢复消息$b_2$和$b_1$。此时,在单位时间内,两个信宿节点$Y$和$Z$只能一共收到4 bit信息,平均每个信宿节点的吞吐量为2 bit/单位时间。可见,采用网络编码方式所达到的吞吐量相对于传统路由提升了33%。

这里需要指明的是,网络编码的性能与网络拓扑有较直接的关系。蝶形网络的拓扑比较特殊,网络编码的吞吐量能够“严格大于”传统路由。但是,在一般的拓扑网络中,并不能保证“严格大于”。因此,一般认为,网络编码的吞吐量“大于等于”传统路由。

9.5.2 线性网络编码

中间节点对成功接收的数据进行线性操作的网络编码称为线性网络编码。与非线性处理相比,这种编码方式复杂度较低。下面将根据编码系数的选取方式对线性网络编码进行简单介绍。

1. 随机线性网络编码

随机线性网络编码(Random Linear Network Coding,RLNC)选取有限域F_q的随机数作为网络编码系数,将多条链路上的数据通过线性组合的方式组成多个线性无关的编码包。RLNC码无须知道网络中的全局信息,因此灵活性与安全性更高。

2. 线性网络编码

线性网络编码根据相关算法选取编码系数。线性网络编码的码构造算法中最主要的是确定局部编码矩阵和全局编码向量。

有向无环网络中,对网络中某节点k的输入数据进行线性组合的编码系数矩阵为局部编码矩阵,记为$\boldsymbol{g}_k$。对于任意节点k,其输入信息向量$\boldsymbol{s}_k$与输出信息向量$\boldsymbol{y}_k$可以用下式表示:

$$\boldsymbol{y}_k = \boldsymbol{g}_k \boldsymbol{s}_k$$

有向无环网络中,任意节点的流入信息$\boldsymbol{y}$和全部原始信息$\boldsymbol{s}$之间的映射关系称为全局编码矩阵,记为$\boldsymbol{G}$,取值范围为有限域F_q。对于任意节点,则有如下映射关系:

$$\boldsymbol{y} = \boldsymbol{G}\boldsymbol{s}$$

线性网络编码的基本思想如图9.29所示,与图9.28的例子类似,只是异或(xor)运算用有限域中的线性合并代替,从而增加了分组合并的灵活度。其中$\boldsymbol{s} = [s_1, s_2, s_3]$是原始信息向量,$s_1, s_2, s_3 \in GF(q)$。设$(a,b)$是该节点的局部编码向量,$(\alpha,\beta,\gamma)$是全局编码向量,则分别有如下关系:

$$y'_A = ax_1 + bx_2$$

$$y''_A = \alpha s_1 + \beta s_2 + \gamma s_3$$

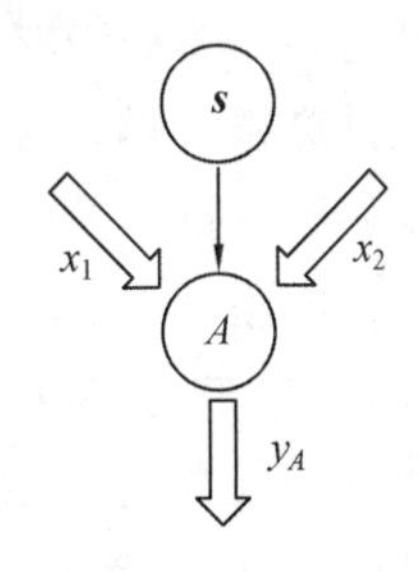

图9.29 线性网络编码示意图

【例9.7】 若某节点的三个流入信息与全部原始信息$\boldsymbol{s}$的关系为:$y_2 = 5s_1 + 2s_2 + 3s_3$,$y_1 = 4s_3$,$y_3 = 2s_1 + s_2$,则其译码表达式为

$$\begin{bmatrix} s_1 \\ s_2 \\ s_3 \end{bmatrix} = \begin{bmatrix} 0 & 0 & 4 \\ 5 & 2 & 3 \\ 2 & 1 & 0 \end{bmatrix}^{-1} \cdot \begin{bmatrix} y_1 \\ y_2 \\ y_3 \end{bmatrix}$$

9.5.3 应用场景

网络编码理论发展迅速，目前已成为一项融合信息论、代数学、图论、网络流理论和优化理论等多学科的交叉技术，日益引起更多研究者的关注。在提高网络吞吐量、改善负载均衡、减小传输延迟、节省节点能耗、增强网络鲁棒性等方面均显示出其卓越的性能，可广泛应用于 P2P 网络、Ad Hoc 网络、无线传感器网络、分布式文件存储和网络安全等领域。

1. P2P 网络

网络编码的首次提出就是解决 P2P 网络中的吞吐量问题。将网络编码应用到 P2P 的过程称为雪崩（Avalanche），在雪崩的开始，服务器发布原始文件分组的任意线性组合，与之相类似的是，网络节点会发布已得到分组的任意线性组合，具体编码过程如图 9.30 所示。

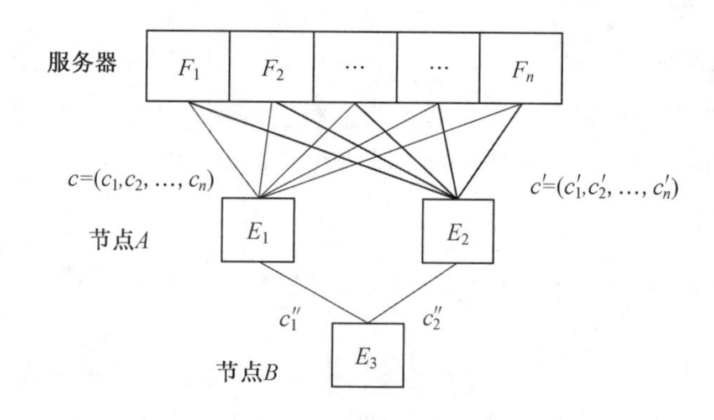

图 9.30 P2P 网络中的网络编码过程

服务器文件采用源编码，各节点采用网络编码，二者都是通过线性编码把本地多个文件块组合成单个数据块然后再完成发送任务。开始时，节点 A 从服务器获得一个编码文件块 $E_1=C_1F_1+C_2F_2+\cdots+C_nF_n$，其相应的编码向量为 $\boldsymbol{c}=(c_1,c_2,\cdots,c_n)$。然后，节点 A 从服务器获得另一个编码数据块 E_2，其相应的编码向量为 $\boldsymbol{c}'=(c'_1,c'_2,\cdots,c'_n)$。最后，节点 A 把得到的数据进行编码后发送给节点 B。节点 B 只要获得 n 个编码数据块就可以通过求解线性方程来还原数据。

在应用网络编码的 P2P 网络中，单个数据包中包含着多个文件块的信息，收到该数据包的任意一个节点都可以解码出自己需要的文件块。即使某个节点突然离开网络，也不会对其邻近节点产生太大影响。因此，网络编码有效提高了整个系统的可靠性。

2. Ad Hoc 网络

Ad Hoc 网络吞吐量优化问题可以利用跨层优化的思想，转化为两个子问题：① 优化网络层的多跳路由；② 优化物理层的能量分配。在网络层和物理层链路带宽平衡的状态时，运用网络编码可以在很大程度上提高网络吞吐量，但是不可避免地会增加网络的复杂性。

有学者提出在组播方式下采用网络编码以实现 Ad hoc 网络能耗最小化的方法。Ad Hoc 网络能够被抽象成组播树，而树型结构的每条边可以代表广播链路的每比特能耗。因此，最小化能耗的组播问题就转化为在组播速率一定的条件下最小化沿着组播树路径的代

价总和的问题,但这个问题属于NP - Hard问题;而将网络编码引入路由算法中,可以将该问题转化为线性规划的问题,在多项式时间内可解,并且在能耗和计算量上都要优于传统路由。

3. 无线传感器网络

相对于Ad Hoc网络,无线传感器网络(Wireless Sensor Networks,WSN)通常随机分布在无人值守的远程环境中,如何有效地减少能耗、提高数据聚合的效率是WSN面临的核心问题。

由于WSN具有以数据为中心的特性,因此非常适合采用网络编码技术。对于节能问题,MIT的Petrovic等人提出了一种结合网络编码的、对无线信号不进行调制的策略,采用随机分布式网络编码,可以让未经调制的无线信号拥有和经过调制的无线信号一样的吞吐量。在传感器网络保证一定的节点密度的条件下,这种方法节省了模拟器调制信号消耗的能量的同时,还降低节点的成本。

针对数据聚合问题,Dimakis等提出一个基于网络编码的算法。在该算法中,每个单独的节点只保存一个数据包,当监听到邻居节点的数据包时,就在有限域上乘一个随机系数并和自身数据相加。在面临单个普通传感器节点不能解码数据的情况时,Sink节点就能够以很高的概率通过查询仅仅n个节点而重建n个数据包,该方法极大程度上提高了传感器网络数据聚合的效率。

习 题

9.1 证明:最小码距为d_1的(n_1,k_1)内码与最小码距为d_2的(n_2,k_2)外码级联,则级联码的最小码距至少为d_1d_2。

9.2 已知一个递归系统卷积码的生成矩阵如下,画出其编码器结构图。

$$\boldsymbol{G}(D)=\left[1,\frac{1+D+D^2+D^4}{1+D^3+D^4}\right]$$

9.3 已知码率为1/2的PCCC结构的系统Turbo码的RSC1和RSC2的生成多项式都为$\left[1,\frac{1+D^2}{1+D+D^2}\right]$,删余矩阵$\boldsymbol{P}=\begin{bmatrix}1&0\\0&1\end{bmatrix}$,

(1) 画出PCCC结构的电路图;

(2) 设输入信息码为(1011001),交织器输出序列为(1101010),求Turbo码的输出码字。

9.4 设一个码率为1/2的PCCC结构Turbo码的RSC1和RSC2的生成多项式为

$$\boldsymbol{G}(D)=\left[1,\frac{1+D^4}{1+D+D^2+D^3+D^4}\right]$$

即采用(37,21)系统递归卷积码,取删余矩阵$\boldsymbol{P}=\begin{bmatrix}1&0\\0&1\end{bmatrix}$,交织器对输入码元按倒序排列,即输入为$\boldsymbol{x}=(x_1,x_2,x_3,\cdots,x_N)$,经交织器的输出为$\boldsymbol{v}=(x_N,x_{N-1},\cdots,x_2,x_1)$。

(1) 画出 PCCC 结构的电路图;

(2) 当输入为 $\boldsymbol{x}=(1101010)$ 时,求 Turbo 码的输出码字。

9.5　验证如下一致校验矩阵的零化空间确定的一个(7,3) 线性分组码是一个 LDPC 码,画出其 Tanner 图,并计算其最小距离。

$$\boldsymbol{H}=\begin{bmatrix}1&1&0&1&0&0&0\\0&1&1&0&1&0&0\\0&0&1&1&0&1&0\\0&0&0&1&1&0&1\\1&0&0&0&1&1&0\\0&1&0&0&0&1&1\\1&0&1&0&0&0&1\end{bmatrix}$$

第10章* 网络信息论

前面各章讨论的都是只有一个信源和一个信宿的单向信息传输的问题,在信息论中称为单用户信道问题。而实际的通信系统如电话交换网、移动通信、卫星通信及广播系统往往涉及两个或两个以上的信源和信宿。当信息在这类通信系统中多用户和多方向流通时,如何让信息有效而可靠地传输,这与单信道情况有很大的不同。随着近年来通信技术的发展,城市信息化与信息网络覆盖已成为当前发展的主题,对信息处理的网络化技术要求也越来越高,信息网络的规划、建设和管理也变得越来越重要。随着信息论的发展,信息论的研究也逐步涉及多用户信道领域,网络信息论的出现和发展信息网络的高效传输有着重要的指导意义。

网络信息论在现实中有着丰富的应用场景。网络信息下载场景中,P2P 模式的下载速度相比于传统的网站点对点模式具有很大的提升。多媒体广播场景中,分布式的信源编码使得不同的信源能够自适应调整码率,保证低误码率的同时减少传输带宽。传感器网络信息采集场景中,在给定信源概率分布与信道转移函数后利用不同信源的相关性可以精简传输信息的数量。这些都是利用了网络信息论相关的研究成果。

网络信息论最初的研究集中在基于香农理论的多用户信道容量问题上,近年来,一些突破性的研究集中在网络信息流和网格编码中,这些理论拓宽了人们对传统网络容量的认识,为提高网络容量、提升传输效率提供了重要的理论基础,也为无线自组网和无线传感网等网络的研究提供了方法。未来网络信息论的研究方向包括但不限于特殊网络,无限随机网络的容量分析,网路编码及新的编码方式,网络的跨层设计模式,异构网络的互联,等等。

网络信息论研究的范围很广,甚至可以作为单独的研究内容或课程。网络信息研究的主要内容有:评估信息网络的网络容量;如何有效地利用网络的承载能力使网络资源使用效率最大化;通信工程中信息网络的多网合一、信息传输一体化问题。第一个问题侧重于理论上和逻辑上的网络容量,第二个问题则偏向于实际,需要考虑选用何种传输模式,还需考虑节点的处理能力、传输条件、控制策略等来最大化信息效率。第三个问题则更加抽象和困难,需要借助新一代的交换技术实现多网融合。

本章主要研究的内容偏向于由经典香农理论推导出的多终端模型和网络容量相关的结论,包括多用户信道、相关信源编码,最终给出一般多终端问题的容量上限。

10.1 多用户信道

多用户信道就是指多个用户通过一定接入方式和基于通信资源的某种正交分割方式,同时共享该信道资源,简而言之,多用户通信问题就是一个信道被多个用户同时高效使用的

问题。本节内容主要研究几种典型多用户信道多接入信道、广播信道、中继信道的定义和信道容量问题。还有一些多用户信道模型如反馈信道、干扰信道、双程信道,其信道容量结论尚不完备,留给感兴趣的读者自行研究。

10.1.1 多接入信道

首先研究多用户接入信道。这种情况下,两个或多个发送器对同一个接收器发送消息,一群手机与某个基站通信就是典型的例子。在实际通信系统中,多接入信道是通过时间分割、频率分割或码字分割等方法将一个物理信道分成若干独立的子信道来实现的,也可称为多址接入信道,各个发送器要面对来自接收端的噪声和自身间的相互干扰。本节中,我们主要研究两个发送器与一个接收器的情形,给出多用户接入信道下的一些定义和性质。当信源是离散的,则为离散多接入信道。当信源是连续的且信道为加性高斯白噪声信道,则为高斯多接入信道。

1. 离散多接入信道

定义 10.1 若离散信道有两个输入随机变量 X_1, X_2,一个输出随机变量 Y,多接入信道转移概率 $p(y/x_1, x_2)$,则称为双输入单输出多接入信道。信道模型如图 10.1 所示。当信道是离散无记忆时,有

$$p(y/x_1, x_2) = \prod_{i=1}^{n} p(y_i/x_{i1}, x_{i2}) \tag{10.1}$$

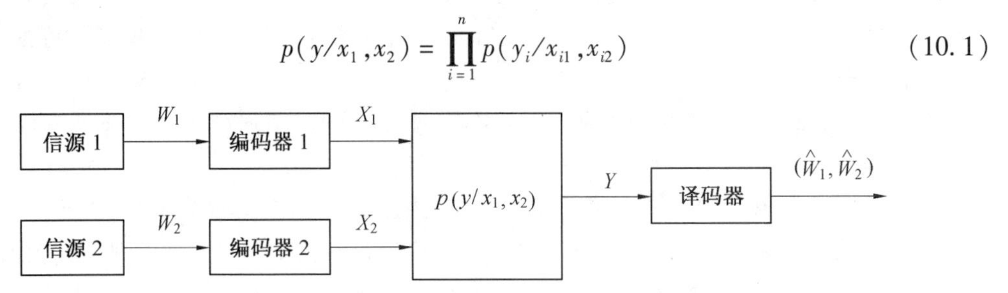

图 10.1 双输入单输出多接入信道模型

定义 10.2 对于离散信源 W_1, W_2 的消息,如果采用 n 位二进制随机编码,由消息集映射到编码序列 X_1, X_2,所采用的码称为多接入信道的$[(2^{nR_1}, 2^{nR_2}), n]$ 码。如果信道输入的 X_1, X_2 对应的信源符号为 W_1, W_2,而信宿接收的码序列不是 W_1, W_2 的概率为 $P[Y \neq (W_1, W_2)/(W_1, W_2)]$,码$[(2^{nR_1}, 2^{nR_2}), n]$ 的平均错误译码概率为

$$P_E = \frac{1}{2^{n(R_1+R_2)}} \sum_{W_1, W_2} P[Y \neq (W_1, W_2)/(W_1, W_2)] \tag{10.2}$$

定义 10.3 如果存在使平均错误译码概率 P_E 趋于零的码序列$[(2^{nR_1}, 2^{nR_2}), n]$,则称 (R_1, R_2) 为双输入单输出接入信道的一个可达速率对。称多接入信道的容量区域为所有可达速率对(R_1, R_2) 组成的闭集,熵速率(R_1, R_2) 的取值范围称为可达值域。

定义 10.4 通过改变编码器以得到最合适的概率分布 $P(X_1)$ 和 $P(X_2)$,从而使条件交互信息量 $I(X_1;Y/X_2)$ 或 $I(X_2;Y/X_1)$ 达到最大值。定义这个最大值为相应的条件信道容量 C_1 和 C_2,即

$$C_1 = \max_{P(X_1), P(X_2)} \{I(X_1;Y/X_2)\} = \max_{P(X_1), P(X_2)} \{H(Y/X_2) - H(Y/X_1X_2)\} \tag{10.3}$$

$$C_2 = \max_{P(X_1), P(X_2)} \{I(X_2;Y/X_1)\} = \max_{P(X_1), P(X_2)} \{H(Y/X_1) - H(Y/X_1X_2)\} \tag{10.4}$$

可知双输入单输出多址接入信道的信道容量 C_{12} 为

$$C_{12} = \max_{P(X_1),P(X_2)} \{I(X_1X_2;Y)\} \tag{10.5}$$

定理 10.1 设双输入单输出多址接入信道的输入为编码序列 X_1 和 X_2,对应的条件信道容量为 C_1 和 C_2,则双输入单输出多址接入信道的信道容量 C_{12} 满足

$$C_{12} \geqslant \max\{C_1, C_2\} \tag{10.6}$$

证明 在 C_1 和 C_2 中,假设 $C_1 > C_2$。根据独立熵总是大于条件熵,即有

$$H(Y) \geqslant H(Y/X_2) \tag{10.7}$$

$$H(Y) - H(Y/X_1X_2) \geqslant H(Y/X_2) - H(Y/X_1X_2) \tag{10.8}$$

设 $P_0(X_1)$ 和 $P_0(X_2)$ 是使式(10.8)右边达到极大值的输入随机变量 X_1 和 X_2 的概率分布,则由式(10.3)可得

$$\{H(Y) - H(Y/X_1X_2)\}_{P_0(X_1)P_0(X_2)} \geqslant \{H(Y/X_2) - H(Y/X_1X_2)\}_{P_0(X_1)P_0(X_2)} \tag{10.9}$$

由式(10.5)则有

$$\begin{aligned} C_{12} &= \max_{P(X_1),P(X_2)} \{H(Y) - H(Y/X_1X_2)\} \geqslant \{H(Y) - H(Y/X_1X_2)\}_{P_0(X_1)P_0(X_2)} \\ &\geqslant \{H(Y/X_2) - H(Y/X_1X_2)\}_{P_0(X_1)P_0(X_2)} = C_1 \end{aligned} \tag{10.10}$$

根据假设 $C_1 > C_2$ 则有式(10.6)。

证毕。

定理 10.2 设双输入单输出多址接入信道的输入为编码序列 X_1 和 X_2,对应的条件信道容量为 C_1 和 C_2,则双输入单输出多址接入信道的信道容量 C_{12} 满足

$$C_{12} \leqslant C_1 + C_2 \tag{10.11}$$

证明 假设

$$\begin{aligned} \Delta &= I(X_1;Y/X_2) + I(X_2;Y/X_1) - I(X_1X_2;Y) \\ &= H(X_1/X_2) - H(X_1/YX_2) + H(X_2/X_1) - H(X_2/YX_1) - \\ &\quad H(X_1X_2) + H(X_1X_2/Y) \end{aligned} \tag{10.12}$$

若 X_1 和 X_2 统计独立,则有

$$\begin{cases} H(X_1/X_2) = H(X_1) \\ H(X_2/X_1) = H(X_2) \\ H(X_1X_2) = H(X_1) + H(X_2) \end{cases} \tag{10.13}$$

同时考虑熵函数的关系

$$H(X_1X_2/Y) = H(X_1/Y) + H(X_2/YX_1) \tag{10.14}$$

由式(10.12) ~ (10.14),在 X_1 和 X_2 统计独立的情况下,有

$$\Delta = H(X_1/Y) - H(X_1/YX_2) \tag{10.15}$$

再根据条件熵小于等于非条件熵,有

$$H(X_1/YX_2) \leqslant H(X_1/Y) \tag{10.16}$$

因此有

$$\Delta = H(X_1/Y) - H(X_1/YX_2) \geqslant 0 \tag{10.17}$$

由式(10.12)可得

$$I(X_1;Y/X_2) + I(X_2;Y/X_1) \geqslant I(X_1X_2;Y) \tag{10.18}$$

设 $P_0(X_1)$ 和 $P_0(X_2)$ 是使 $I(X_1X_2;Y)$ 达到极大值的输入随机变量 X_1 和 X_2 的概率分布,

则由式(10.18)可得

$$\{I(X_1;Y/X_2)+I(X_2;Y/X_1)\}_{P_0(X_1)P_0(X_2)} \geqslant \{I(X_1X_2;Y)\}_{P_0(X_1)P_0(X_2)} \tag{10.19}$$

因此有

$$\begin{aligned}\max_{P(X_1),P(X_2)}\{I(X_1;Y/X_2)+I(X_2;Y/X_1)\} &= \max_{P(X_1),P(X_2)}\{I(X_1;Y/X_2)\}+\max_{P(X_1),P(X_2)}\{I(X_2;Y/X_1)\}\\ &\geqslant \{I(X_1;Y/X_2)+I(X_2;Y/X_1)\}_{P_0(X_1)P_0(X_2)}\\ &\geqslant \{I(X_1X_2;Y)\}_{P_0(X_1)P_0(X_2)}\end{aligned} \tag{10.20}$$

由式(10.20)及相关定义即可证明 $C_{12} \leqslant C_1 + C_2$。

证毕。

定理 10.3 双输入单输出信道的可达值域为

$$R_1 \leqslant C_1,\quad R_2 \leqslant C_2,\quad R_1 + R_2 \leqslant C_{12} \tag{10.21}$$

详细的证明可参照相关参考书。

根据上面的分析,可以绘出双输入单输出接入信道的容量区域。从图 10.2 中可以看出条件信道容量 C_1 和 C_2,多接入信道的信道容量 C_{12} 及熵速率(R_1,R_2)可行值域之间的关系。

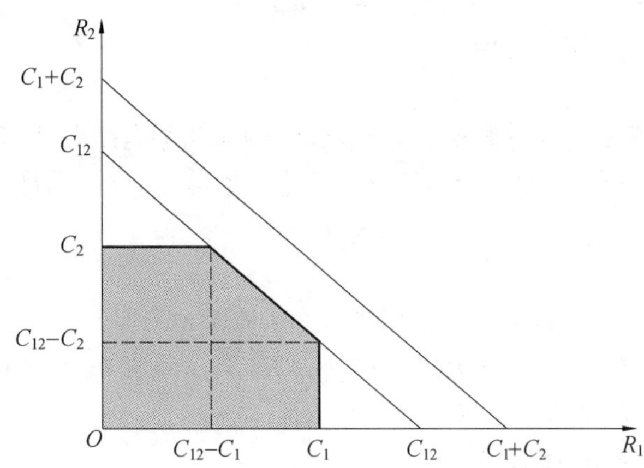

图 10.2 双输入单输出多址接入信道熵速率值域图

【例 10.1】 已知一个双输入单输出多址接入信道为二元删除信道,信道转移概率如图 10.3 所示,信道输入随机变量 X_1 和 X_2 为相互独立且为等概分布的二元信源,$X_1=\{0,1\}$,$X_2=\{0,1\}$;信道输出为 $Y=\{0,1,2\}$,即信道输出符号为 $Y=X_1+X_2$,为代数和关系,这个信道称为二元和多址接入信道。求这个多址接入信道的熵速率对的可达值域图。

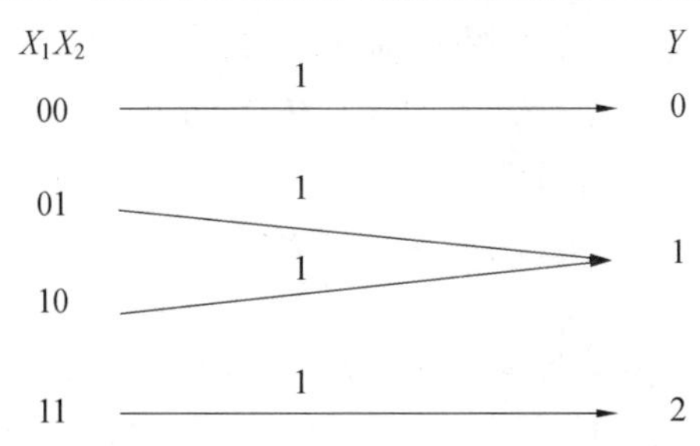

图 10.3 二元和多址接入信道转移概率图

解 由于 X_1 和 X_2 为独立等概分布,则对于联合信源 X_1X_2 有

$$P(00)=P(01)=P(10)=P(11)=1/4$$

信道输出随机变量 Y 有

$$P_Y(0)=P(00)=1/4;\quad P_Y(1)=P(10)+P(10)=1/2;\quad P_Y(2)=P(11)=1/4$$

根据定义

$$C_1=\max_{P(X_1),P(X_2)}\{I(X_1;Y/X_2)\}=\max_{P(X_1),P(X_2)}\{H(X_1)-H(X_1/YX_2)\}$$

从图10.3中可以看到，当 X_2 为确定时，X_1 与 Y 是一一确定无噪声信道，根据熵函数的分析结果，这时的噪声熵和可疑度均为零，即有 $H(X_1/YX_2)=0$，所以有

$$C_1=\max_{P(X_1),P(X_2)}\{I(X_1;Y/X_2)\}=\max_{P(X_1),P(X_2)}\{H(X_1)\}=H_{\max}(X_1)=1$$

同理有

$$C_2=\max_{P(X_1),P(X_2)}\{I(X_2;Y/X_1)\}=\max_{P(X_1),P(X_2)}\{H(X_2)-H(X_2/YX_1)\}=H_{\max}(X_2)=1$$

由式(10.12)有

$$\begin{aligned}C_{12}&=\max_{P(X_1),P(X_2)}\{I(X_1X_2;Y)\}=\max_{P(X_1),P(X_2)}\{H(X_1X_2)-H(X_1X_2/Y)\}\\&=H_{\max}\{H(Y)-H(Y/X_1X_2)\}\end{aligned}$$

同样根据信道转移概率图可以看到，双输入单输出信道为归并性无噪声信道，对于任何的输入 X_1X_2 都有噪声熵等于零，即有 $H(Y/X_1X_2)=0$，即

$$C_{12}=\max_{P(X_1),P(X_2)}\{H(Y)\}=\frac{1}{4}\log_2 4+\frac{1}{2}\log_2 2+\frac{1}{4}\log_2 4=1.5$$

当然，也可以利用概率关系来计算可疑度，已知信道转移概率矩阵为

$$[P(Y/X_1X_2)]=\begin{bmatrix}1&0&0\\0&1&0\\0&1&0\\0&0&1\end{bmatrix}$$

由 $P(X_1X_2,Y)=P(X_1X_2)P(Y/X_1X_2)=P(Y)P(X_1X_2/Y)$，可以计算得到

$$[P(X_1X_2,Y)]=\begin{bmatrix}\frac{1}{4}&0&0\\0&\frac{1}{4}&0\\0&\frac{1}{4}&0\\0&0&\frac{1}{4}\end{bmatrix}$$

$$[P(Y)]=[\frac{1}{4}\quad\frac{1}{2}\quad\frac{1}{4}]$$

$$[P(X_1X_2/Y)]=\begin{bmatrix}1&0&0\\0&\frac{1}{2}&0\\0&\frac{1}{2}&0\\0&0&1\end{bmatrix}$$

这样就可以计算可疑度为 $H(X_1X_2/Y)=0.5$,也可以计算得到

$$C_{12}=\max_{P(X_1),P(X_2)}\{H(X_1X_2)-H(X_1X_2/Y)\}=2-0.5=1.5$$

由此可知此信道的可达熵速率对 (R_1,R_2) 的可达值域为

$$\{(R_1,R_2);0\leqslant R_1\leqslant 1;0\leqslant R_2\leqslant 1;0\leqslant R_1+R_2\leqslant 1.5\}$$

二元和接入信道熵速率可达值域图如图 10.4 所示。

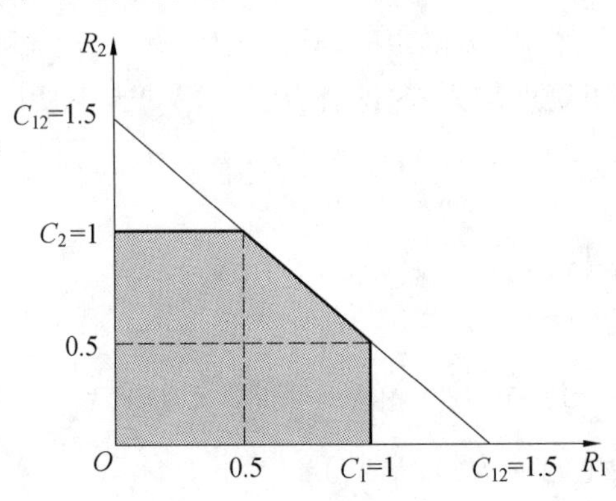

图 10.4　二元和接入信道熵速率可达值域图

【例 10.2】　已知一个双输入单输出多址接入信道转移概率如图 10.5 所示,信道输入随机变量 X_1 和 X_2 为二元信源,$X_1=\{0,1\}$,$X_2=\{0,1\}$;信道输出符号为 $Y=X_1X_2$,这个信道称为二元乘积多址接入信道。求这个多址接入信道的熵速率对的可达值域图。

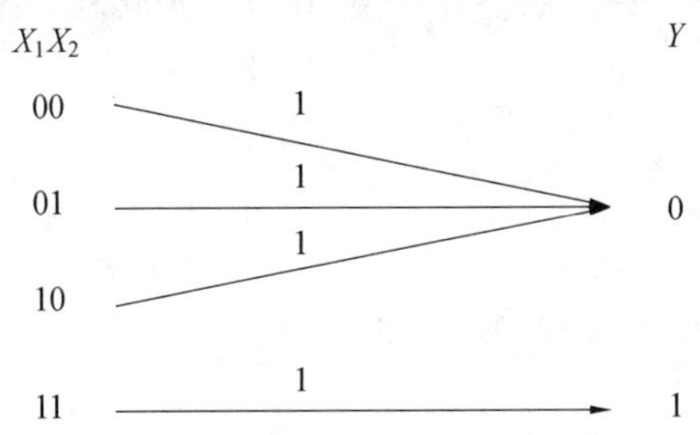

图 10.5　二元乘积多址接入信道转移概率图

解　根据定义,C_1 是在 X_2 为某一状态下,发送 X_1 的最大交互信息量,从信道转移概率图中可知,当 $X_2=0$ 时,交互信息量为零;而当 $X_2=1$ 时,$I(X_1,Y/X_2)$ 为最大,这时信道为一一对应的无噪声信道,显然有当 X_1 为等概分布时得到最大交互信息量,因此有

$$C_1=\max_{P(X_1),P(X_2)}\{I(X_1;Y/X_2)\}=\max_{P(X_1),P(X_2)}\{H(X_1)\}=1$$

同理有

$$C_2=\max_{P(X_1),P(X_2)}\{I(X_2;Y/X_1)\}=\max_{P(X_1),P(X_2)}\{H(X_2)\}=1$$

同样从信道转移概率图中看到,二元乘积信道为归并性无噪声信道,对于任何的输入 X_1X_2 都有噪声熵等于零,即有 $H(Y/X_1X_2)=0$,即

$$C_{12}=\max_{P(X_1),P(X_2)}\{I(X_1X_2;Y)\}=\max_{P(X_1),P(X_2)}\{H(Y)-H(Y/X_1X_2)\}=H_{\max}(Y)=1$$

由此可知二元乘积信道的可达熵速率对 (R_1,R_2) 的可达值域为

$$\{(R_1,R_2);0\leqslant R_1\leqslant 1;0\leqslant R_2\leqslant 1;0\leqslant R_1+R_2\leqslant 1.5\}$$

二元乘积多址接入信道熵速率可达值域图如图 10.6 所示。

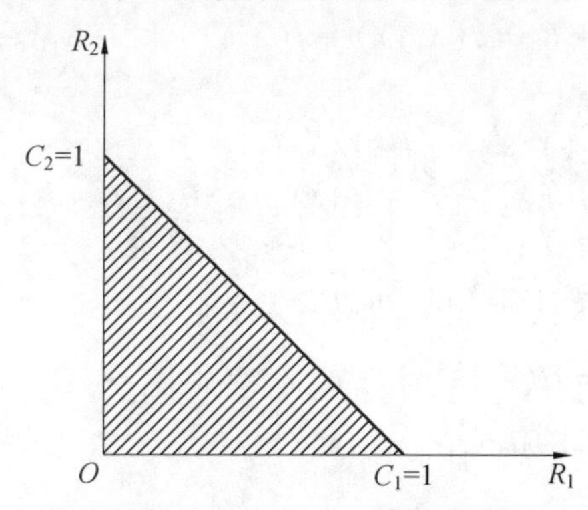

图 10.6 二元乘积多址接入信道熵速率可达值域图

上面讨论了双输入的多址接入信道，实际上可以推广到 N 个输入的情况。假设 N 个用户接入信道，第 k 个输入的熵速率为 R_k，相应的信道容量为 C_k，则

$$C_k = \max_{P(X_1)\cdots P(X_2)} \{I(X_k;Y/X_1,X_2,\cdots,X_{r-1},X_{r+1},\cdots,x_N)\} \tag{10.22}$$

对于 N 个接入信道的任意子集 A，$A=\{k_1,k_2,\cdots,k_i\}$，$k\in A$；另有 A 的补集 S，$S=\{s_1,s_2,\cdots,s_m\}$，$s\notin A$，$i+m=N$。则有

$$C_A = \max_{P(X_1)\cdots P(X_2)} \{I(X_{k_1},X_{k_2},\cdots,X_{k_l};Y/X_{s_1},X_{s_2},\cdots,X_{s_m})\} \tag{10.23}$$

可以得到联合熵速率限制条件为

$$\sum_{k\in A} R_k \leqslant C_A \tag{10.24}$$

并且有

$$\max_{k\in A} C_k \leqslant C_A \leqslant \sum_{k\in A} C_k \tag{10.25}$$

比较以上结果可知，两输入多址接入信道只是 N 输入多址接入信道的一个特例。

2. 高斯多接入信道

在第 3 章已经讨论了在单用户的情况下加性高斯白噪声信道的信道容量问题，假设加性高斯白噪声信道的单符号输入信号功率为 P，相应的噪声功率（方差）为 N，则信道容量为

$$C = \frac{1}{2}\log_2\left(1+\frac{P}{N}\right) \tag{10.26}$$

首先讨论双输入单输出的高斯多址接入信道的情况。

定义 10.5 如果双输入多址接入信道的输入 X_1 和 X_2 为相互统计独立的单符号连续随机变量，信道为加性高斯白噪声信道，信道的输出为 $Y=X_1+X_2+Z$，其中 Z 为均值为0、方差为 $N=\sigma^2$ 的高斯分布随机变量，这种信道称为双输入单输出加性高斯多址接入信道，如图 10.7 所示。

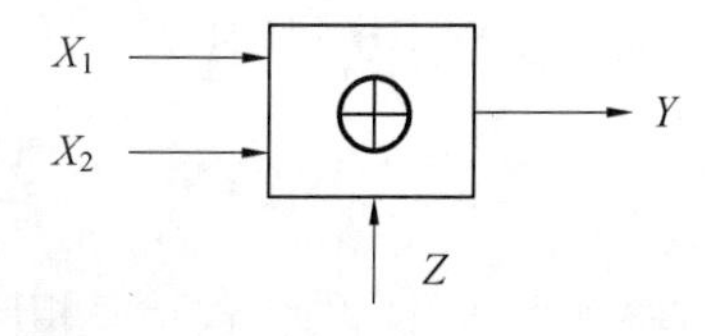

图 10.7 两用户高斯接入信道示意图

离散多接入信道的分析结果可以推广到高斯多址接入信道的情况。如果 X_1 和 X_2 的概率密度函数为 $p(X_1)$ 和 $p(X_2)$，其平均功率分别为 P_1 和 P_2，分析可得可达速率区为

$$R_1 = I(X_1;Y) \leqslant I(X_1;Y/X_2) \tag{10.27}$$

$$R_2 = I(X_2;Y) \leqslant I(X_2;Y/X_1) \tag{10.28}$$

$$R_1 + R_2 = I(X_1;Y) + I(X_2;Y) \leqslant I(X_1X_2;Y) \tag{10.29}$$

进一步分析

$$\begin{aligned} I(X_1;Y/X_2) &= H(Y/X_2) - H(Y/X_1X_2) \\ &= H((X_1 + X_2 + Z)/X_2) - H((X_1 + X_2 + Z)/X_1X_2) \\ &= H((X_1 + Z)/X_2) - H(Z/X_1X_2) \end{aligned} \tag{10.30}$$

由于 X_1, X_2 和 Z 之间都是统计独立的,所以有

$$I(X_1;Y/X_2) = H(X_1 + Z) - H(Z) = H(X_1 + Z) - \frac{1}{2}\log_2 2\pi e\sigma^2 \tag{10.31}$$

根据连续信源的最大熵定理,有

$$I(X_1;Y/X_2) \leqslant \frac{1}{2}\log_2 2\pi e(P_1 + N) - \frac{1}{2}\log_2 2\pi eN = \frac{1}{2}\log_2\left(1 + \frac{P_1}{N}\right) \tag{10.32}$$

从而可以得到两输入高斯多址接入信道的信道容量值域为

$$R_1 \leqslant C_1 = \max_{P(X_1)P(X_2)} \{I(X_1;Y/X_2)\} = \frac{1}{2}\log_2\left(1 + \frac{P_1}{N}\right) \tag{10.33}$$

$$R_2 \leqslant C_2 = \max_{P(X_1)P(X_2)} \{I(X_2;Y/X_1)\} = \frac{1}{2}\log_2\left(1 + \frac{P_2}{N}\right) \tag{10.34}$$

$$R_1 + R_2 \leqslant C_{12} = \max_{P(X_1)P(X_2)} \{I(X_1X_2;Y)\} = \frac{1}{2}\log_2\left(1 + \frac{P_1 + P_2}{N}\right) \tag{10.35}$$

为了书写方便,通常定义所谓信道容量函数,即

$$C(x) \equiv \frac{1}{2}\log_2(1 + x)$$

由此,两输入高斯多址接入信道的信道容量值域可表示为

$$R_1 \leqslant C\left(\frac{P_1}{N}\right) \tag{10.36}$$

$$R_2 \leqslant C\left(\frac{P_2}{N}\right) \tag{10.37}$$

$$R_1 + R_2 \leqslant C\left(\frac{P_1 + P_2}{N}\right) \tag{10.38}$$

图 10.8 给出了两输入高斯多址接入信道的信道容量值域图。

对于 M 个用户的高斯多址接入信道,可以根据两个用户的分析方式进行讨论。假设 M 个输入信号的功率约束为 $P_1, P_2, \cdots, P_M$,噪声功率为 N,则对任意一个用户子集 $S \in \{1, 2, \cdots, M\}$,系统中用户的传输信息熵速率满足如下关系式:

$$\sum_{i \in S} R_i \leqslant \frac{1}{2}\log_2\left(1 + \frac{\sum_{i \in S} P_1}{N}\right) \tag{10.39}$$

假设所有用户的传输功率相同,即 $P_1 = P_2 = \cdots = P_M = P$,则可达熵速率满足

$$\begin{cases} R_i \leqslant C\left(\frac{P}{N}\right) R_i + R_j \leqslant C\left(\frac{P}{N}\right) \\ \qquad \vdots \\ \sum_{i=1}^{M} R_i \leqslant C\left(\frac{MP}{N}\right) \end{cases} \tag{10.40}$$

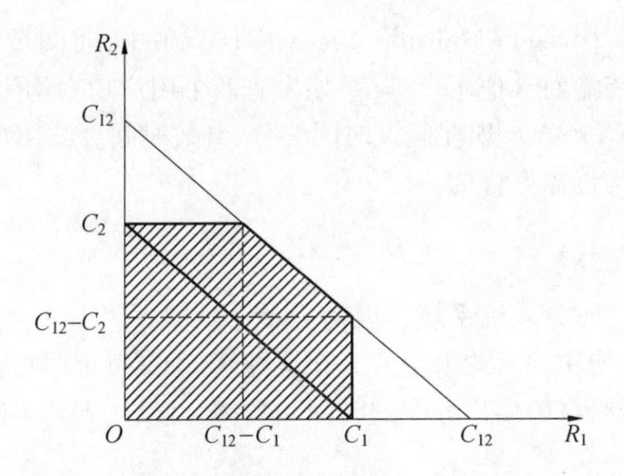

图10.8 两输入高斯多址接入信道的信道容量值域图

式(10.40)表明,当M增大时,总的信息熵速率之和也随之增大。但是各用户的平均熵速率为

$$\bar{R}=\frac{1}{M}\sum_{i=1}^{M}R_i\leqslant\frac{1}{2M}\log_2\left(1+\frac{MP}{N}\right)\tag{10.41}$$

当M趋于无穷时,这个平均信息熵速率将趋于很小,这说明,对于多址系统而言,当系统接入的用户数足够大时,系统中总的信息传输速率可以很大,但是每个用户的平均信息传输速率近似为0,即每个用户几乎不可以通信,这就是在实际系统中要引入接入控制的主要原因。

上述容量区域的讨论对应着码分多址(Code Division Multiple Access,CDMA),其中对应不同的发送者编码是分区处理的,接受译码则是逐个处理。在许多情形中,则是采用较为简单的方案,比如频分多路和时分多址技术。由频分多路可知,码率取决于分配给每个单个发送器的带宽。考虑到具有功率P_1和P_2的两个发送器的情形,使用不相交的带宽W_1和W_2,且$W_1+W_2=W$(总带宽)。利用有限信道单用户容量公式,两个用户可达码率分别为

$$R_1=W_1\log_2\left(1+\frac{P_1}{NW_1}\right),\quad R_2=W_2\log_2\left(1+\frac{P_2}{NW_2}\right)$$

当改变带宽时,可以得到图10.9所示的曲线。该曲线与容量区域有一个接触点,该点表示分配给每个信道的带宽与对应的功率呈正比时,对应的频带分配才是最优的。

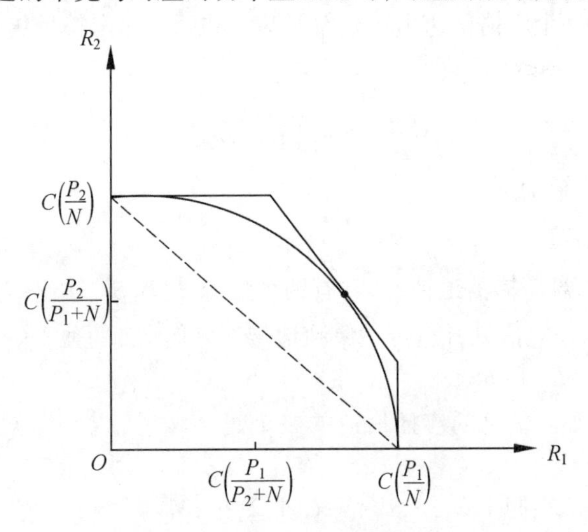

图10.9 TDMA,FDMA容量区域曲线

在时分多址(Time Division Multiple Access,TDMA) 中,时间被分割成时段,每个用户仅允许在指定的时段传输而其他用户等待,如果有两个用户功率均为 P,那么一个发送另一个等待的情形码率为 $C(P/N)$,现在假设时间等分,奇数时间分给用户 1,偶数时间分给用户 2,那么每个用户的平均传输率仅为

$$R=\frac{1}{2}C(P/N)$$

该系统称为朴素的时分多址系统。但是,如果用户 1 只发送一半的时间,且使用两倍的功率,可以依然保持平均功率的约束条件。在这种修正下,每个用户使用该传输速率发送消息是可能的,通过改变给每个用户分配的时间和功率,可以达到与不同频带分配的FDMA方法相同的容量区域。

如图 10.9 所示,容量区域一般大于分时操作和分频操作所达到的码率集合。注意,对于所有发送器,只需要一个译码器就可以达到前面导出的多接入容量区域。CDMA 采用了单用户编码达到了整个容量区域,并在不改变当前用户编码的条件下使新用户更容易接入。TDMA 和 FDMA 通常为固定群体设计,可以让一些时段空置(实际用户少于频段数时)或者让一些用户离线(用户数大于时段数时)。前面介绍的用多接入的想法来提高信道容量,我们发现容量区域的扩大不是复杂度提高的充分条件,从而并不影响实际系统设计的简洁性。

10.1.2 广播信道

广播信道(BC) 是一种单个输入端多个输出端的信道,这里的广播信道是广义的,实际的电视广播、语音广播、卫星广播都属于这类信道,演讲者对多位倾听者也可以视为广播信道,这里仅讨论广播信道中的信息论问题。各接收者接受的信息可能相同也可能不同,根据信息传输的种类,可以分成三类:独立信息广播信道、公共信息广播信道、降阶广播信道。为简化说明,本节仅研究单输入双输出的简单广播信道,给出定义和容量区域,一般的信道容量区域分析仍是比较复杂的,只是在某些特殊条件下可以求得它们的信道容量区域,在本节仅给出一些关于容量区域的定理而不加证明。

定义 10.6 如果一个广播信道由输入符号集 x 和两个输出符号集 y_1 和 y_2 以及信道转移概率分布 $p(y_1,y_2/x)$ 组成,若满足

$$p(y_1^n,y_2^n \cdot x^n)=\prod_{i=1}^{n}p(y_{1i},y_{2i}/x_i) \tag{10.42}$$

则称该广播为无记忆广播信道。

1. 独立信息广播信道

图 10.10 是独立信息广播信道情况,它有两个信源 S_1 和 S_2,输出信息为 i 和 j,信息 i 是单独地传送到信宿1的独立信息,信息 j 是单独地传送到信宿2的独立信息,且它们分别在广播信道中传输的速率为 R_1 和 R_2。

定义 10.7 具有独立信息的广播信道的一个码字 $[2^{nR_1},2^{nR_2},n]$ 对应一个编码器和两个译码器,即

$$\boldsymbol{X}:\{(1,2,\cdots,2^{nR_1})\times(1,2,\cdots,2^{nR_2})\}\times x^n \tag{10.43}$$

$$g_1:y_1^n\to\{1,2,\cdots,2^{nR_1}\},\quad g_2:y_2^n\to\{1,2,\cdots,2^{nR_2}\} \tag{10.44}$$

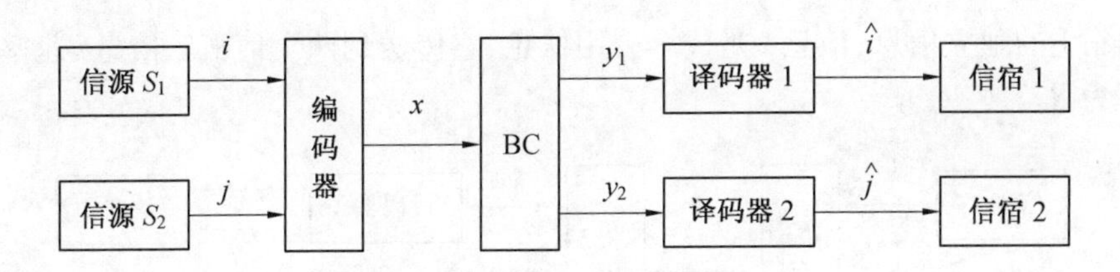

图 10.10 独立信息广播信道

将平均错误译码概率定义为译码信息不同于发送信息的概率，即为

$$p_e^n = P\{g_1(Y_1^n) \neq W_1 \quad \text{或} \quad g_2(Y_2^n) \neq W_2\} \tag{10.45}$$

这里的信息熵速率对 (R_1, R_2) 是信息通过广播信道传递到两个接收机的速率，并假设 (W_1, W_2) 在 $2^{nR_1} \times 2^{nR_2}$ 上服从均匀分布。

定义 10.8 如果在 $p_e^n \to 0$ 时，存在码序列 $[(2^{nR_1}, 2^{nR_2}), n]$，就可以认为 (R_1, R_2) 是独立信息广播信道上的可达信息熵速率对。

2. 公共信息广播信道

图 10.11 可视为一般带有公共信息的广播信道情况，这时有三个信源，它们产生三个信息 i,j,k。信息 i 单独地传送到信宿 1，信息 j 单独地传送到信宿 2，而公用信息 k 分别传送到两个信宿。它们相应的传输速率为 R_1, R_2 和 R_0，因此 S_1 和 S_2 分别称为信宿 1 和 2 的私信源，而 S_0 称为两个信宿的公用信源。

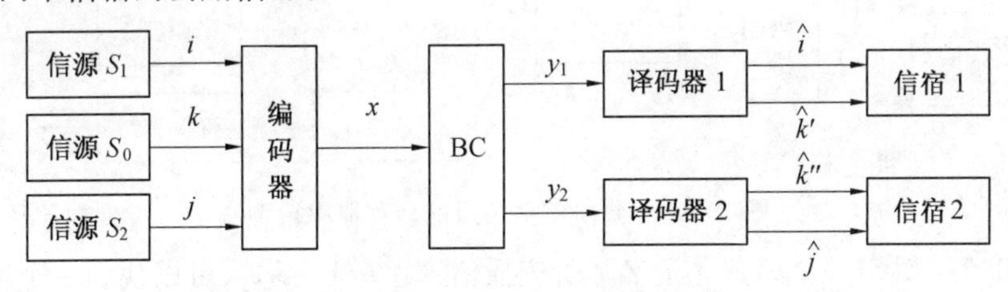

图 10.11 带有公共信息的广播信道

定义 10.9 具有公共信息的一个广播信道的一个码字序列对应的一个编码器 $[(2^{nR_0}, 2^{nR_1}, 2^{nR_2}), n]$ 和两个译码器，即

$$\boldsymbol{X}: \{(1,2,\cdots,2^{nR_0}) \times (1,2,\cdots,2^{nR_1}) \times (1,2,\cdots,2^{nR_2})\} \to x^n \tag{10.46}$$

$$g_1: y_1^n \to \{(1,2,\cdots,2^{nR_0}) \times (1,2,\cdots,2^{nR_1})\}; g_2: y_2^n \to \{(1,2,\cdots,2^{nR_0}) \times (1,2,\cdots,2^{nR_2})\} \tag{10.47}$$

这里的 R_0 是广播信道公共信息速率，并假设 (W_0, W_1, W_2) 在 $(2^{nR_0} \times 2^{nR_1} \times 2^{nR_2})$ 上均匀分布。可以将平均错误译码概率定义为

$$P_e^n = P\{g_1(Y_1^n) \neq (W_0, W_1) \quad \text{或} \quad g_2(Y_2^n) \neq (W_0, W_2)\} \tag{10.48}$$

对于给定的广播信道，如果存在一个编码方法及足够的码长 $[n, (2^{nR_0} \times 2^{nR_1} \times 2^{nR_2})]$，使 $P_e^{(n)} \to 0$ 成立，则称 (R_0, R_1, R_2) 为可达速率组。所有可达速率组的闭合区域就是广播信道容量区域。

定理 10.4 如果广播信道传送独立信息时的可达速率对为 (R_1, R_2)，假设 $R_0 \leq \min(R_1, R_2)$，则具有公共信息速率 R_0 的速率组合 $(R_0, R_1 - R_0, R_2 - R_0)$ 是可以实现的。

3. 降阶广播信道

图 10.12 可视为降阶广播信道情况，这种情况中信源也产生两个信息 i 和 k，信息 i 仍是

传送到信宿1的独立信息,信息 k 是一个公用信息,它传送到两个信宿。信息 i 速率为 R_1,信息 k 速率为 R_0。

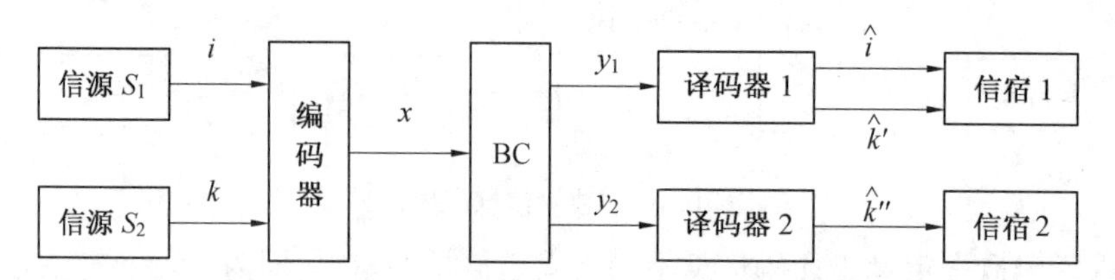

图 10.12　降阶广播信道

定义 10.10　对于一个广播信道$[X,p(y_1,y_2/x),Y_1Y_2]$,如果对于所有的 $x\in X,z\in Z$,存在有转移概率 $p(y_2/y_1)$,使下式成立:

$$P(y_2/x)=\sum_{y_1\in Y_1}P(y_1y_2/x)=\sum_{y_1\in Y_1}P(y_2/y_1)P(y_1/x) \tag{10.49}$$

则称该广播信道为降阶的广播信道,其信道模型如图 10.13 所示。可见,在这个信道下,X,Y_1,Y_2 为一个马尔可夫链。$X\to Y_1$ 的信道 K_1 为$[X,p(y_1/x),Y_1]$,$X\to Y_2$ 的信道 K_2 为$[X,p(y_2/x),Y_2]$,一般情况下 K_2 信道干扰比 K_1 要大,变坏的程度主要依赖于辅助信道 K_3 为$[Y_1,p(y_2/y_1),Y_2]$。

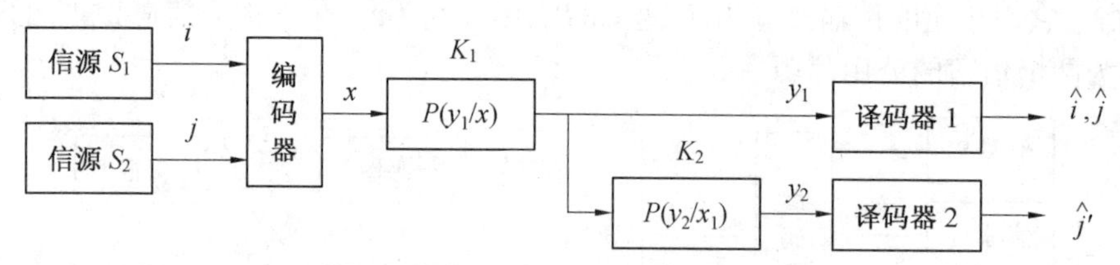

图 10.13　降阶广播信道的转移概率模型

定理 10.5　对于一个离散无记忆降阶广播信道 $X\to Y_1\to Y_2$,可以找到一个辅助的随机变量 U,使得 $p(u,x,y_1,y_2)=p(u)p(x/u)p(y_1y_2/x)$ 及 $\|U\|\leqslant\min\{\|X\|,\|Y_1\|,\|Y_2\|\}$,其容量区及可达速率对为

$$C=\{(R_1,R_2):R_1\geqslant 0,R_2\geqslant 0\}$$
$$R_1<I(X;Y_1/U),\quad R_2<I(U;Y_2) \tag{10.50}$$

式中,$\|U\|$ 表示辅助变量 U 的基数(符号个数)。

定理 10.6　如果信息速率对(R_1,R_2)在降阶广播信道上是可达的,若 $R_0<R_2$,则对于具有公用信道的广播信道,速率组合(R_0,R_1,R_2-R_0)是可以实现的。

可见,在降阶广播信道中,关于可达速率的定理 10.4 通常可以达到更好的效果。因为可以通过编码使得接收效果较好的接收机(如信宿 1)将发送到接收效果较差的接收机(如信宿 2)的信息正确译码。因此,在具有公共信息时,不需要减少对接收效果较好的信宿发送的信息量。

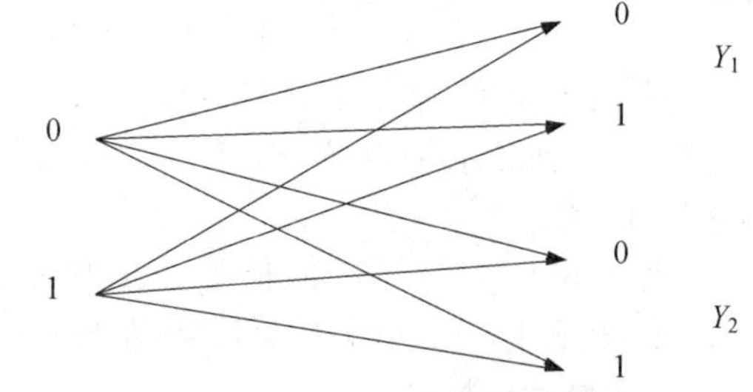

图 10.14　二元广播信道转移概率图

【例 10.3】　一个单输入双输出的二元广播信道,它是由两个二元对称信道组合而成的,如图 10.14 所示。考察该广播信道的

容量区域。

解 为了不失一般性，认为该信道为一个降阶广播信道。假设$p_1 < 1/2$为二元对称信道$X \to Y_1$的转移概率参数，$p_2 < 1/2$为二元对称信道$X \to Y_2$的转移概率参数，且有$p_1 < p_2$。

利用级联信道的关系，把信道$X \to Y_2$等效为信道$X \to Y_1$与另一个二元对称信道的级联，这个新引入的二元对称信道的转移概率参数为α，因此有

$$p_1(1-\alpha)+(1-p_1)\alpha = p_2 \quad 或 \quad \alpha = \frac{p_2-p_1}{1-2p_1}$$

用卷积的概念可以表示为$p_2 = \alpha * p_1$。

这个级联等效信道的关系可由图10.15来描述。

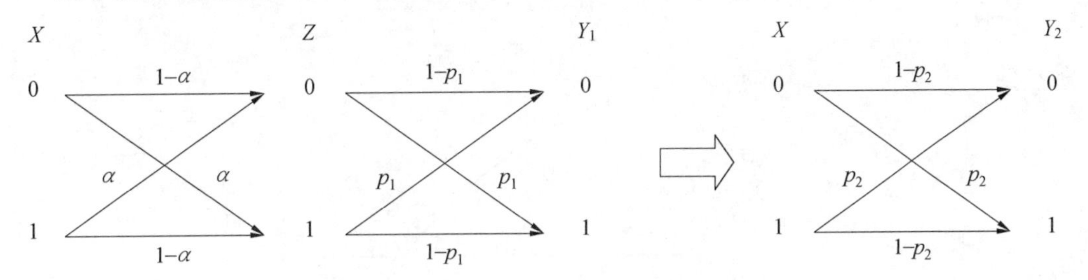

图10.15 信道$X \to Y_2$的级联等效信道关系

如果用转移概率矩阵来描述有

$$\begin{bmatrix} 1-\alpha & \alpha \\ \alpha & 1-\alpha \end{bmatrix} \cdot \begin{bmatrix} 1-p_1 & p_1 \\ p_1 & 1-p_1 \end{bmatrix} = \begin{bmatrix} 1-p_2 & p_2 \\ p_2 & 1-p_2 \end{bmatrix} \Rightarrow$$

$$[p(z/x)] \cdot [p(y_1/z)] = [p(y_2/x)]$$

这时，再一次利用级联信道的思路来考虑二元广播信道的交互信息量。假设一个二元信源U为等概分布，通过一个二元对称信道，而信道转移概率参数为β。这样构成一个级联信道如图10.16所示。

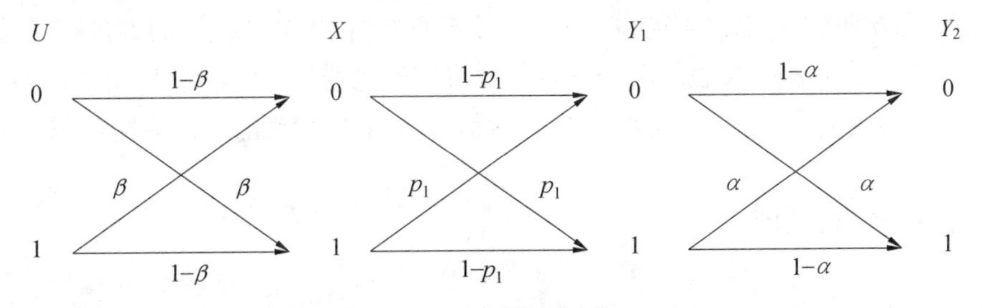

图10.16 二元广播信道的级联等效信道

在这个级联等效信道中，通过控制参数β来调整信源X的先验概率分布，进而分析此二元广播信道的平均交互信息量。

这时$X \to Y_2$的平均交互信息量的最大值为

$$\max\{I(U;Y_2)\} = \max\{H(Y_2) - H(Y_2/U)\} = 1 - H(\beta * p_2)$$

式中，$\beta * p_2 = \beta(1-p_2) + (1-\beta)p_2$，其含义是在辅助信源$U$为均匀分布的情况下，通过调节参数$\alpha$和$\beta$，对于任意给定的信道参数$p_1$和$p_2$，总可以使信源$X$达到某种分布，使平均交

互信息量达到最大值。

类似地，$X \to Y_1$ 的平均交互信息量的最大值为

$$\max\{I(X;Y_1/U)\} = \max\{H(Y_1/U) - H(Y_1/X,U)\} = H(Y_1/U) - H(Y_1/X)$$
$$= H(\beta * p_1) - H(p_1)$$

式中，$\beta * p_1 = \beta(1-p_1) + (1-\beta)p_1$。

这样就可以得到该广播信道的容量区域为

$$R_1 < I(X;Y_1/U) = H(\beta * p_1) - H(p_1)$$
$$R_2 < I(U;Y_2) = 1 - H(\beta * p_2)$$

单输入双输出二元广播信道的信道容量值域图如图 10.17 所示。

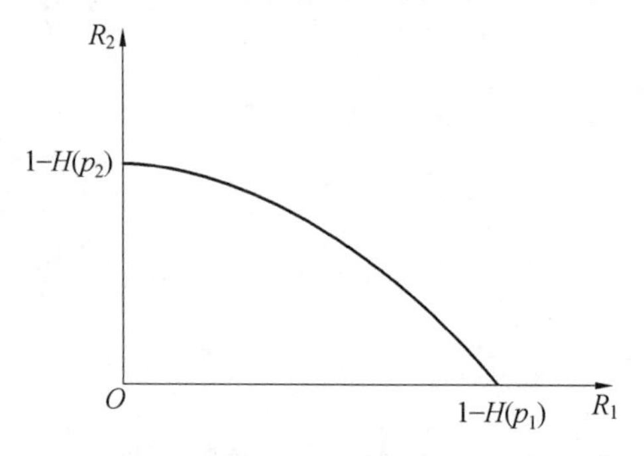

图 10.17　单输入双输出二元广播信道的信道容量值域图

当 $\beta = 0$ 时，传送到 Y_2 的信息量达到最大值，即有 $R_2 = 1 - H(p_2)$，$R_1 = 0$；当 $\beta = 1/2$ 时，传送到 Y_1 的信息量达到最大值，即有 $R_1 = 1 - H(p_1)$，$R_2 = 0$。

4. 高斯广播信道

下面通过一个例题讨论一种特殊的广播信道，即高斯广播信道。

【例 10.4】（高斯广播信道）假设信道输入端发送信号的平均功率为 P_s，有两个接收端。两个信道均为加性高斯白噪声信道，其均值为0，方差分别为 σ_1^2 和 σ_2^2。不失一般性，可设 $\sigma_1^2 \leqslant \sigma_2^2$，即接收端 Y_1 优于接收端 Y_2。信道模型如图 10.18 所示，假设信道输出为 $Y_1 = X + Z_1$，$Y_2 = X + Z_2$，Z_1 和 Z_2 表示两个信道的噪声。发送端希望以速率 R_1 和 R_2 分别将独立的消息传送到接收端 Y_1 和 Y_2。这种高斯广播信道也可以模型化一种降阶广播信道，如图 10.19 所示。

接收端 Y_2 可以表示为

$$Y_2 = X + Z_2 = Y_1 + Z_2' \tag{10.51}$$

式中，Z_2' 为均值为零、方差为 $(\sigma_2^2 - \sigma_1^2)$ 的高斯噪声。

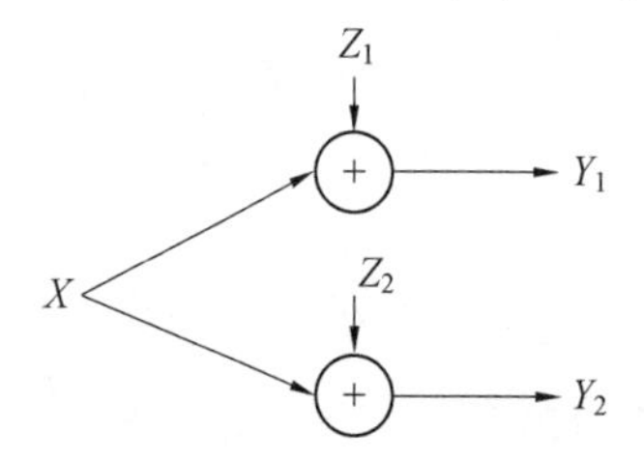

图 10.18　高斯广播信道

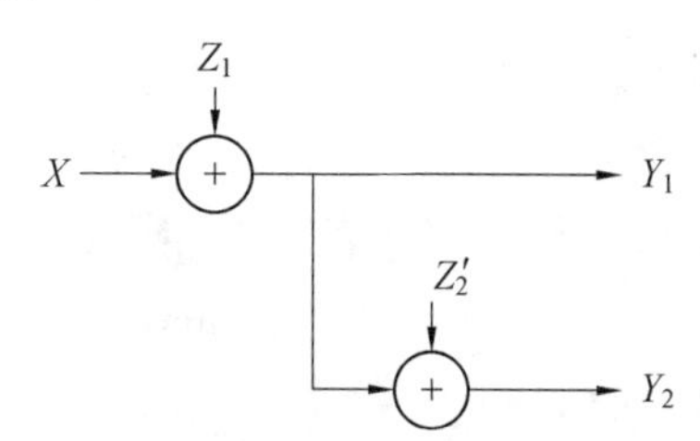

图 10.19　降阶高斯广播信道

现将输入信号功率 P_s 分为两部分，αP_s 和 $(1-\alpha)P_s$，其中 $0 \leqslant \alpha \leqslant 1$。为了对消息进行编码，发送端产生两个码。输入信号 u_1 的平均功率为 αP_s，而输入信号 u_2 的平均功率为 $(1-\alpha)P_s$，将 u_1 和 u_2 信号之和在信道中传输。则有

$$y_1 = u_1 + u_2 + z_1$$

$$y_2 = u_1 + u_2 + z_2$$

首先考虑较差的信道 Y_2，在这个信道中，对于接收端 Y_2 来说，Y_1 的消息就是噪声，所以信道的信号噪声功率比为 $(1-\alpha)P_s/(\alpha P_s + \sigma_2^2)$。在平均功率受限的情况下，为了可靠传输，其最大信息速率为

$$C_2 = \frac{1}{2}\log_2\left(1 + \frac{(1-\alpha)P_s}{\alpha P_s + \sigma_2^2}\right) \tag{10.52}$$

这时的信道 Y_2 的信息速率为 $R_2 < C_2$。因为 $\sigma_1^2 \leqslant \sigma_2^2$，对于接收端 Y_1，可以精确地确定 u_2，从而从 y_1 中减去 u_2 得 $\hat{y}_1 \approx y_1 - u_2 = u_1 + z_1$。

这时接收端 Y_1 的信号功率为 αP_s，噪声功率为 σ_1^2。因此，为了可靠传输，其最大信息速率为

$$C_1 = \frac{1}{2}\log_2\left(1 + \frac{\alpha P_s}{\sigma_1^2}\right) \tag{10.53}$$

即，信道 Y_1 的信息速率为 $R_1 < C_1$。

由此可以得到容量区域为

$$R_1 < C_1 = C\left(\frac{\alpha P_s}{\sigma_1^2}\right) \tag{10.54}$$

$$R_2 < C_2 = C\left(\frac{(1-\alpha)P_s}{\alpha P_s + \sigma_2^2}\right) \tag{10.55}$$

单输入双输出高斯广播信道的容量值域如图 10.20 所示。

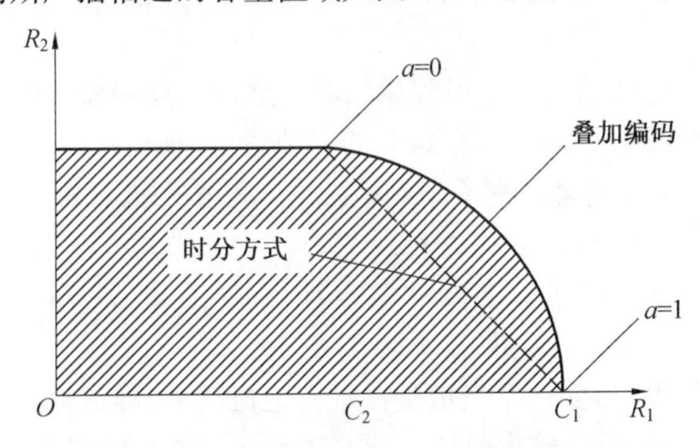

图 10.20 单输入双输出高斯广播信道的信道容量值域图

10.1.3 中继信道

中继信道是一种通信模式的信道模型，在中继信道模型中，中继节点可以协助完成信源与信宿的信息传输。

中继信道是广播信道和多址接入信道的一种组合，如图 10.21 所示。它是两个用户之间通过多种途径进行中转通信时所用到的单向信道。信源在传输过程中经过广播信道同时

送至中继器(可以是多级)和终端,中继器的输出(也可能是多个)和原始信源再以多址接入信道的方式送至终端,此时的广播信道和多址接入信道构成中继信道。

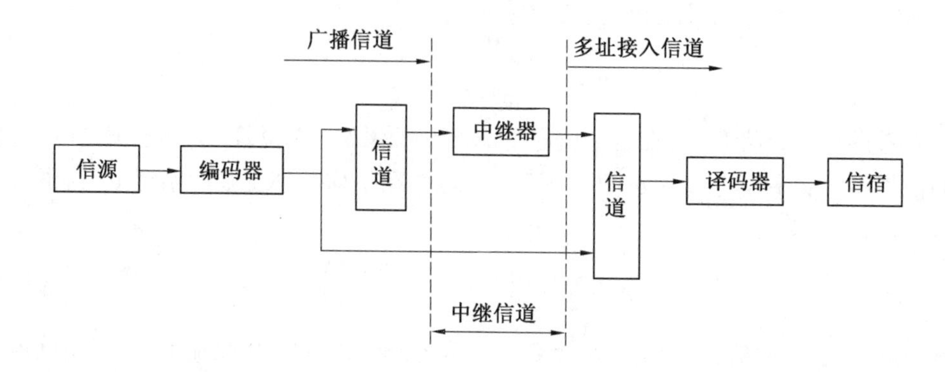

图 10.21　中继信道模型

1. 一般中继信道

这里只讨论一种最简单的三点协作中继信道,即假设系统中存在一个中继节点,中继节点和信源节点协作为信宿节点服务。对于多节点协作中继信道,即源节点与多个中继节点协作为同一个目的节点服务,其分析方法与三节点协作中继信道的分析方法类似,可以进行推广。

三点协作中继信道模型如图 10.22 所示。信道模型中有 4 个有限符号集 A,A_1,B,B_1,和一组概率分布 $p(yy_1/xx_1)$,其中$(y,y_1)\in B\times B_1$,$(x,x_1)\in A\times A_1$。X 是信道输入随机变量,Y 是信道输出随机变量,Y_1 是中继节点接收随机变量,X_1 是中继节点发送随机变量。

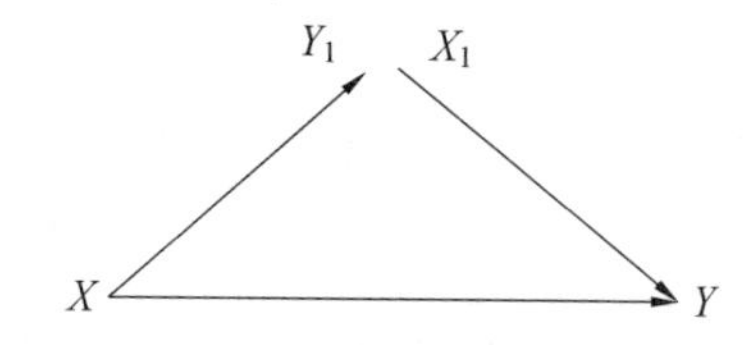

图 10.22　三点协作中继信道模型

下面讨论这种简单中继信道的信道容量问题。这种三点协作中继信道可以看成由一个 X 到 Y 及 Y_1 的广播信道和一个 X 及 X_1 到 Y 的多址信道组成。

对于中继信道,设有 M 的消息的一个码组$(2^{nR},n)$,M 个消息用整数集合 $M=\{1,2,\cdots,2^{nR}\}$ 表示,其编码函数为 $F:\{1,2,\cdots,2^{nR}\}\to X^n$。

另有一组中继函数 $x_{1i}=f_i(Y_{11},Y_{12},\cdots,Y_{1i-1})(1\leqslant i\leqslant n)$。

译码函数为 $g:Y^n\to\{1,2,\cdots,2^{nR}\}$。

根据中继信道的模型,可知这个信道是一个有记忆信道,即信道的输出 Y 是可以依赖于中继节点的输入 Y_1 的。信道的输出(y_i,y_{1i}) 通过当前的输入符号(x_i,x_{1i}) 依赖于过去的输出。所以,在随机变量空间 $M\times X^n\times X_1^n\times Y^n\times Y_1^n$ 上,任意选择消息 $w\in M$,码字 $X:\{1,2,\cdots,2^{nR}\}$ 以及中继函数的联合概率为

$$p(w,x,x_1,y,y_1)=p(w)\prod_{i=1}^{n}p(x_i/w)p(x_{1i}/y_{11},y_{12},\cdots,y_{1i-1})p(y_i,y_{i1}/x_i,x_{i1})\tag{10.56}$$

若发送消息为 $w\in\{1,2^{nR}\}$,且为均匀分布,其译码错误概率为

$$p(w)=P\{g(y\neq w)/w\}$$

则平均错误译码概率为

$$\bar{P}_{\mathrm{E}} = \frac{1}{2^{nR}} \sum_{w} p(w) \tag{10.57}$$

如果存在这样一个码组 $w \in \{1, 2^{nR}\}$，使得 $\bar{P}_{\mathrm{E}} \to 0$，则速率 R 就是中继信道的可达速率，信道容量就是这个可达速率的上界。

定理 10.7 对于任意给定的三点协作中继信道 $[X \times X_1, p(yy_1/xx_1), Y \times Y_1]$，其信道容量的上界为

$$C \leqslant \sup_{p(x,x_1)} \min\{I(XX_1;Y), I(X;YY_1/X_1)\} \tag{10.58}$$

该定理的证明可由一般的最大信息流最小划分定理来推导，这里从略。

不等式中右侧第一项是从发送端 X 和 X_1 到接收端 Y 的交互信息量，第二项是从发送端 X 到接收端 Y 和 Y_1 的交互信息量。

2. 物理降阶(退化)中继信道

在三点协作中继信道中，有可能中继节点的接收效果比 X 直接传输到 Y 的传输效果更好。若中继信道 $[X \times X_1, p(yy_1/xx_1), Y \times Y_1]$ 的传输概率满足

$$p(yy_1/xx_1) = p(y_1/xx_1)p(y/y_1x_1) \tag{10.59}$$

则称这类中继信道为物理降阶中继信道。

由式(10.59)可知，由条件概率

$$p(yy_1/xx_1) = p(y_1/xx_1)p(y/xx_1y_1)$$

可得

$$p(y/xx_1y) = p(y/y_1x_1) \tag{10.60}$$

由式(10.60)可知，最终的接收端随机变量 Y 只依赖于 y_1 和 x_1，而与 x 无关，也就是说 X 直接传输到 Y 的信道较差，Y 获取的信息主要来自于中继节点。

对于物理降阶中继信道，其信道容量由以下定理给出。

定理 10.8 物理降阶中继信道的信道容量为

$$C = \sup_{p(x,x_1)} \min\{I(XX_1;Y), I(X;Y_1/X)\} \tag{10.61}$$

这个容量上界是在 $[X \times X_1]$ 空间中，对所有联合概率分布 $p(xx_1)$ 计算求得的。

因为在降阶中继信道情况下，式(10.59)和式(10.60)成立，因此有

$$\begin{aligned} I(X;YY_1/X_1) &= H(YY_1/X_1) - H(YY_1/X_1X) \\ &= H(YY_1/X_1) - H(Y_1/X_1X) - H(Y/Y_1X_1X) \\ &= H(YY_1/X_1) - H(Y_1/X_1X) - H(Y/Y_1X_1) \\ &= H(Y_1/X_1) + H(Y/Y_1X_1) - H(Y_1/X_1X) - H(Y/Y_1X_1) \\ &= H(Y_1/X_1) - H(Y_1/X_1X) \\ &= I(X;Y_1/X_1) \end{aligned} \tag{10.62}$$

可见，定理 10.8 可以由定理 10.7 的结论直接得到，而定理的详细证明过程这里从略。

3. 高斯中继信道

在三点中继协作信道模型中，如果

$$Y_1 = X + Z_1 \tag{10.63}$$

$$Y = X + Z_1 + X_1 + Z_2 \tag{10.64}$$

式中，Z_1 和 Z_2 是两个统计独立的零均值，方差分别为 σ_1^2 和 σ_2^2 的高斯随机变量，则信道称为

高斯中继信道。发送端随机变量 X 的功率为 P，中继发送端随机变量 X_1 的功率为 P_1，则中继端所允许的编码函数为

$$x_{1i}=f_i(Y_{11},Y_{12},\cdots,Y_{1i-1}) \tag{10.65}$$

假设 $0\leqslant\alpha\leqslant 1$，利用参数 α 对发送端 X 进行功率分配。根据式(10.61)可得到高斯中继信道的信道容量为

$$C=\max_{0\leqslant\alpha\leqslant 1}\min\left\{C\left(\frac{P+P_1+2\sqrt{\bar{\alpha}PP_1}}{\sigma_1^2+\sigma_2^2}\right),C\left(\frac{\alpha P}{\sigma_1^2}\right)\right\} \tag{10.66}$$

式中，$\bar{\alpha}=1-\alpha$。

由式(10.66)知，当

$$C=C\left(\frac{P}{\sigma^2}\right) \tag{10.67}$$

且 $\alpha=1$ 时，$C=C(P/\sigma^2)$。这时的中继信道相当于在中继节点之后为无噪声传输，而这个信道容量是从发送端 X 到中继节点所能达到的容量。当没有中继节点时，信息传输速率为 $C=C(P/\sigma_1^2+\sigma_2^2)$，有了中继节点，信息传输速率提高到 $C=C(P/\sigma_1^2)$。当 σ_2^2 足够大的时候，即 Z_2 的噪声功率比较大时，对于 $P_1/\sigma_2^2>P/\sigma_1^2$ 情况下，可以看到，有了中继节点将使信息传输速率从 $C(P/\sigma_1^2+\sigma_2^2)$ 增加到 $C(P/\sigma_1^2)$。

那么，在这种高斯中继信道中要达到信道容量应采用什么样的编码策略，更复杂的中继信道的容量分析方法等问题这里不再赘述，有些问题仍然在不断的研究探索中。

10.2 相关信源编码

10.2.1 Slepian - Wolf 定理及其可达性

在第4章中讨论了单个信源的无失真信源编码问题，然而现实世界中信宿收到的信息往往来自不同的信源，当这些信源发送的信息相互独立时，可以将问题看成单个信源的编码问题，但当这些信源具有相关性时如何对多个相关信源进行联合编码并保证无失真传输就是一个值得研究的问题。本节主要讨论相关信源的编码问题，目的在于减少信源发送信息的比特数，从而提高信源编码效率。

首先研究最简单的两个相关信源的编码，图10.23给出了一种编码译码情况，其中两个信源均为离散无记忆信源。假如有两个信源 $(X,Y)\sim p(x,y)$，如果将 X,Y 一起编码，也就是将 X,Y 看成是一个统一的信源，则根据信源编码定理，码率 R 只需要满足 $R>H(X,Y)$，即可实现信宿端无失真译码，但是这种情况会造成两个信源的混淆，对于有些希望从编码后的信源分别重构出 X,Y 的用户来说，需要在 X 信源与 Y 信源相关的情况下对两个信源分别进行信源编码，显然，码率 $R=R_x+R_y>H(X)+H(Y)$ 能够满足要求，但是这种编码方式相当于没有考虑 X 与 Y 的相关性，故得到的码率不具有参考价值。那么，针对相关信源，不同信源分开编码这种情况，怎样的码率才能带来最佳的编码效率呢？Slepian 和 Wolf 给出了答案，他们证明了即使对相关信源分开编码，总码率 $R=H(X,Y)$ 也是充分的。

在证明这一结论之前，先给出一些定义。

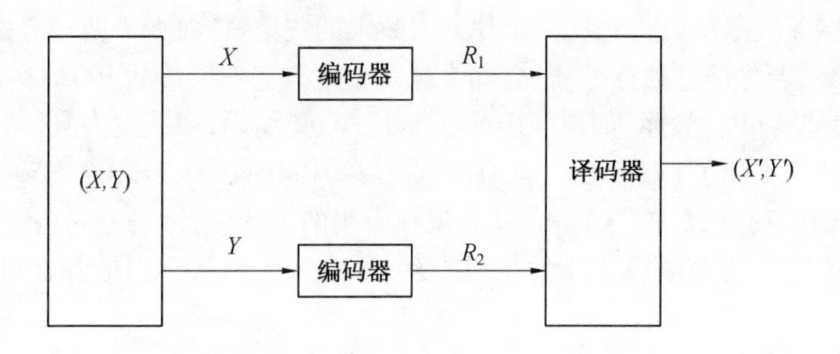

图 10.23 两个相关信源编码的基本结构

定义 10.11 联合信源(X,Y)的$((2^{nR_1},2^{nR_2}),n)$分布式信源编码包含两个编码映射

$$f_1:\chi^n \to \{1,2,\cdots,2^{nR_1}\} \tag{10.68}$$

$$f_2:\gamma^n \to \{1,2,\cdots,2^{nR_2}\} \tag{10.69}$$

与一个译码映射

$$g:\{1,2,\cdots,2^{nR_1}\} \times \{1,2,\cdots,2^{nR_2}\} \to \chi^n \times \gamma^n \tag{10.70}$$

式中,$\chi^n = \{s_{11},s_{12},\cdots,s_{1n}\}$,$\gamma^n = \{s_{21},s_{22},\cdots,s_{2n}\}$为两个信源生成的长度为$n$的消息序列。

(R_1,R_2)为编码的码率对,采用$(2^{nR_1},2^{nR_2})$的原因是对每一个符号分别以(R_1,R_2)的码率以二进制编码后,消息序列χ^n,γ^n的长度变为nR_1,nR_2,因此共可能出现2^{nR_1},2^{nR_2}种可能的组合,因此采用$((2^{nR_1},2^{nR_2}),n)$这种形式,可以保证对长度为n的信源消息序列建立完备的映射关系。

定义 10.12 分布式信源编码的误差概率定义为

$$P_e^{(n)} = P(g(f_1(\chi^n),f_2(\gamma^n)) \neq (\chi^n,\gamma^n))) \tag{10.71}$$

式中,χ^n,γ^n代表信源码字;$f_1(\chi^n)$,$f_2(\gamma^n)$代表经过编码映射后;χ^n,γ^n对应的整数值。

定义 10.13 如果存在一列$((2^{nR_1},2^{nR_2}),n)$分布式码源,其误差概率$P_e^{(n)} \to 0$,则称码率对(R_1,R_2)关于分布式信源是可达的。容量区域为所有可达码率集合的闭包。

基于上述定义,给出 Slepian - Wolf 定理。

定理 10.9 相关信源编码定理(Slepian - Wolf 定理) 对于 i. i. d. ~$p(x,y)$的信源(X,Y)的分布式信源编码问题,可达码率区域由下面的公式给出:

$$\begin{cases} R_1 \geqslant H(X \mid Y) \\ R_2 \geqslant H(Y \mid X) \\ R_1 + R_2 \geqslant H(X,Y) \end{cases} \tag{10.72}$$

为了对这一定理有直观理解,在证明之前,给出几个例子来对定理进行说明。

【例 10.5】 考虑大庆和哈尔滨的天气情况。假设大庆为晴天的概率为 0.5,大庆和哈尔滨有相同天气的概率为 0.89。天气的联合分布见表 10.1。

表 10.1 天气联合分布

$p(x,y)$	哈尔滨下雨	哈尔滨晴天
大庆下雨	0.445	0.055
大庆晴天	0.055	0.445

现在要向国家气象部门传送这两个地方 100 天的气象资料，如果两地分别传送，则一共需要传送 200 bit，若将信息独立地压缩，那么在每个地方仍然要传送 $100H(0.5)=100$ bit 的信息，总计也是 200 bit。然而，如果使用 Slepian - Wolf 编码，根据无失真信源编码定理，那么总共只需要传送 $H(X)+H(Y|X)=100H(0.5)+100H(0.89)=100+50=150$ bit，这是因为 $H(X,Y)=H(X)+H(Y|X)$。也就是说在译码的过程中，译码器先按照 X 独立压缩的方式对 X 进行译码，之后根据 X 与 Y 的相关关系，对 Y 进行译码，利用信源之间的相关性增加了编码效率。

【例 10.6】 设有这样几个二元信源，第一个为 $S_1=[s_{11}=0,s_{12}=1]$，$p(s_{11})=p(s_{12})=1/2$。另一个为 $S_0=[s_{01}=0,s_{02}=1]$，$p(s_{01})=1-p=0.89$，$p(s_{02})=p=0.11$。第三个信源为 $S_2=S_1\oplus S_0$，可知 S_2 也是二元信源，并且有 $p(s_{21})=p(s_{22})=1/2$。由此可得 $H(S_1)=H(S_2)=1$ bit，而 $H(S_1/S_2)=H(p)=0.5$ bit。因此，在已知 S_2 情况下要确定 S_1，只需要 0.5 bit，而不是 1 bit。这是因为 S_2 与 S_1 是相关的，在已知 S_2 时，就已经提供了一些关于 S_1 的信息。在获得了大于 $H(S_1/S_2)$ bit 的信息量之后，就可以完全确定 S_1。由此可见，若在编码时保证 $R_2>H(S_2)$，$R_1>H(S_1/S_2)$ 就能够完全确定 S_1。这种由 S_2 所提供的关于 S_1 的信息，称为边信息。

【例 10.7】 设一个二元信源为 $S_1=[s_{11}=0,s_{12}=1]$，$p(s_{11})=2/3$，$p(s_{12})=1/3$。而另一个二元信源为 $S_2=[s_{21}=0,s_{22}=1]$，$p(s_{11})=1/3$，$p(s_{12})=2/3$。假设它们是相关信源，其联合概率分布为

$$[P(S_1,S_2)]=\begin{bmatrix}\frac{1}{3} & \frac{1}{3}\\ 0 & \frac{1}{3}\end{bmatrix}$$

如果不考虑两个信源之间的相关性，独立地对信源进行编码，根据无失真信源编码定理，必须使 $R_1>H(S_1)$ 和 $R_2>H(S_2)$，即必须为 $R_1>0.918$ bit 和 $R_2>0.918$ bit。根据 Slepain - Wolf 的研究结论，这两个相关信源所需要的总的信息熵速率为 $H(S_1,S_2)=H(S_1)+H(S_2/S_1)=\log_2 3=1.58$ bit，而不是 $H(S_1)+H(S_2)=1.84$ bit。同样，若编码时保证 $R_1>H(S_1)$，那么只要 $R_2>H(S_2/S_1)$，就可以完全确定 S_2，因为在 S_1 中包含有 S_2 的边信息。

现在证明 Slepian - Wolf 定理中的码率可达性。在进入证明之前，先介绍随机盒子方法的基本思想。随机盒子的基本思想与散列函数非常类似：为每个信源序列 $x^n\in\chi^n$ 随机地选取一个下标。若典型信源序列集足够小或者随机盒子的取值空间足够大，则不同的信源序列下标不同的概率很高，并且可以用对应的下标恢复出信源序列。

考虑下面的流程：对每个信源序列 $x^n\in\chi^n$ 从 $\{1,2,\cdots,2^{nR}\}$ 中随机选取一个下标。由相同下标的序列 x^n 构成的集合可以视为一个盒子。可以认为首先放置了一排盒子，然后将 x^n 随机地投入到盒子中。要想通过盒子的下标将信源译码，从盒子中找出一个典型的 x^n 序列。如果该盒子中有且仅有唯一的典型序列 x^n，则将其作为对信源序列的估计 $\hat{x}^n$，否则，认为出错。

上面的流程定义了一个信源码。为了分析改编码的误差概率，现将 x^n 序列分为两类：典型序列与非典型序列。我们只针对典型序列进行编码，出现非典型序列时直接认为是误

码。若信源序列是典型的,则对应该典型序列的盒子将至少包含一个典型序列(信源序列本身)。因此,只有当盒子中超过一个典型序列时才会出错。如果信源序列是非典型的则总出错。由此可见,若盒子的数目远远大于典型序列的数目,则一个盒子中含有超过一个典型序列的概率非常小。因此,典型序列译码出错的概率也会非常小。

接下来进行严格的证明。假设$f(x^n)$对应于x^n的盒子下标,译码函数为g,$A_\varepsilon^{(n)}$为所有典型序列构成的集合,$p(\boldsymbol{x})$为符号$\boldsymbol{x}$出现的概率。则误差概率(关于随机选取的编码f取均值)为

$$
\begin{aligned}
P(g(f(\boldsymbol{X}))\neq\boldsymbol{X}) &\leqslant P(\boldsymbol{X}\notin A_\varepsilon^{(n)})+\sum_{\boldsymbol{x}}P(\exists\boldsymbol{x}'\neq\boldsymbol{x}:\boldsymbol{x}'\in A_\varepsilon^{(n)},f(\boldsymbol{x}')=f(\boldsymbol{x}))p(\boldsymbol{x})\\
&\leqslant \varepsilon+\sum_{\boldsymbol{x}}\sum_{\substack{\boldsymbol{x}'\in A_\varepsilon^{(n)}\\ \boldsymbol{x}'\neq\boldsymbol{x}}}P(f(\boldsymbol{x}')=f(\boldsymbol{x}))p(\boldsymbol{x})\\
&\leqslant \varepsilon+\sum_{\boldsymbol{x}}\sum_{\boldsymbol{x}'\in A_\varepsilon^{(n)}}2^{-nR}p(\boldsymbol{x})\\
&\leqslant \varepsilon+\sum_{\boldsymbol{x}'\in A_\varepsilon^{(n)}}2^{-nR}\sum_{\boldsymbol{x}}p(\boldsymbol{x})\\
&\leqslant \varepsilon+\sum_{\boldsymbol{x}'\in A_\varepsilon^{(n)}}2^{-nR}\\
&\leqslant \varepsilon+2^{n(H(X)+\varepsilon)}2^{-nR}\\
&\leqslant 2\varepsilon
\end{aligned}
\tag{10.73}
$$

如果$R>H(\boldsymbol{X})+\varepsilon$且$n$充分大,则误差概率可以达到任意小,这说明了这样一个事实:有很多的方法可以构造具有很低的误差概率且码率大于信源熵的编码。另外,装盒子方法中,除了译码器之外,编码器并不要求对典型集的特性有清楚认识,这个性质使得该方案能够适用于分布式信源情形,即是一个分布式信源编码、统一译码的过程。

继续Slepian - Wolf定理码率可达性的证明。由之前的论述,可以看出证明的基本思想是将χ^n空间和γ^n空间分别划分为2^{nR_1}和2^{nR_2}个盒子,根据$\{1,2,\cdots,2^{nR_1}\}$上的均匀分布,将每个$\boldsymbol{X}\in\chi^n$独立地分配到2^{nR_1}个盒子中的一个,类似地,随机将$\boldsymbol{Y}\in\gamma^n$分配到$2^{nR_2}$个盒子中的一个。然后将分配方案$f_1$和$f_2$对编码器和译码器都公开。之后发送器1发送$\boldsymbol{X}$所在盒子的下标$i$,发送器2发送$\boldsymbol{Y}$所在盒子的下标$j$,给定接收到的下标对$(i,j)$,如果存在且只存在一对序列$(\boldsymbol{X},\boldsymbol{Y})\in A_\varepsilon^{(n)}$使得$f_1(\boldsymbol{X})=i$,$f_2(\boldsymbol{Y})=j$,那么认为没有出错,即$(\hat{\boldsymbol{X}},\hat{\boldsymbol{Y}})=(\boldsymbol{X},\boldsymbol{Y})$。否则认为出错,方案示意图如图10.24所示。

$\boldsymbol{x}$序列和$\boldsymbol{y}$序列构成的集合按如下方式分配到盒子中:一对下标特指一个乘积盒子。之后计算误差概率,设$(\boldsymbol{X}_i,\boldsymbol{Y}_i)\sim p(\boldsymbol{x},\boldsymbol{y})$,定义发生错误译码的四种事件分别为:(1)当信源序列对$(\boldsymbol{X}_i,\boldsymbol{Y}_i)$不在典型序列集合时;(2)当$\boldsymbol{x}'\neq\boldsymbol{X}_i$,但盒子中对应$\boldsymbol{x}'$的映射$f_1(\boldsymbol{x}')=f_1(\boldsymbol{X}_i)$时;(3)当$\boldsymbol{y}'\neq\boldsymbol{Y}_i$,但盒子中对应$\boldsymbol{y}'$的映射$f_1(\boldsymbol{y}')=f_1(\boldsymbol{Y}_i)$时;(4)当$\boldsymbol{x}'\neq\boldsymbol{X}_i,\boldsymbol{y}'\neq\boldsymbol{Y}_i$,但盒子中对应$(\boldsymbol{x}',\boldsymbol{y}')$的映射$f_1(\boldsymbol{x}')=f_1(\boldsymbol{X})$,$f_1(\boldsymbol{y}')=f_1(\boldsymbol{Y})$时。用数学语言描述如下:

$$
\begin{cases}
E_0=\{(\boldsymbol{X},\boldsymbol{Y})\notin A_\varepsilon^{(n)}\}\\
E_1=\{\exists\boldsymbol{x}'\neq\boldsymbol{X}:f_1(\boldsymbol{x}')=f_1(\boldsymbol{X})\text{ 且}(\boldsymbol{x}',\boldsymbol{Y})\in A_\varepsilon^{(n)}\}\\
E_2=\{\exists\boldsymbol{y}'\neq\boldsymbol{Y}:f_1(\boldsymbol{y}')=f_1(\boldsymbol{Y})\text{ 且}(\boldsymbol{X},\boldsymbol{y}')\in A_\varepsilon^{(n)}\}\\
E_3=\{\exists(\boldsymbol{x}',\boldsymbol{y}'):\boldsymbol{x}'\neq\boldsymbol{X},\boldsymbol{y}'\neq\boldsymbol{Y},f_1(\boldsymbol{x}')=f_1(\boldsymbol{X}),f_1(\boldsymbol{y}')=f_1(\boldsymbol{Y})\text{ 且}(\boldsymbol{x}',\boldsymbol{y}')\in A_\varepsilon^{(n)}\}
\end{cases}
\tag{10.74}
$$

式中，$\boldsymbol{X},\boldsymbol{Y},f_1,f_2$ 是随机的。

则总的误码概率为

$$P_{\mathrm{e}}^{(n)}=P(E_0\cup E_1\cup E_2\cup E_3)\leqslant P(E_0)+P(E_1)+P(E_2)+P(E_3) \quad (10.75)$$

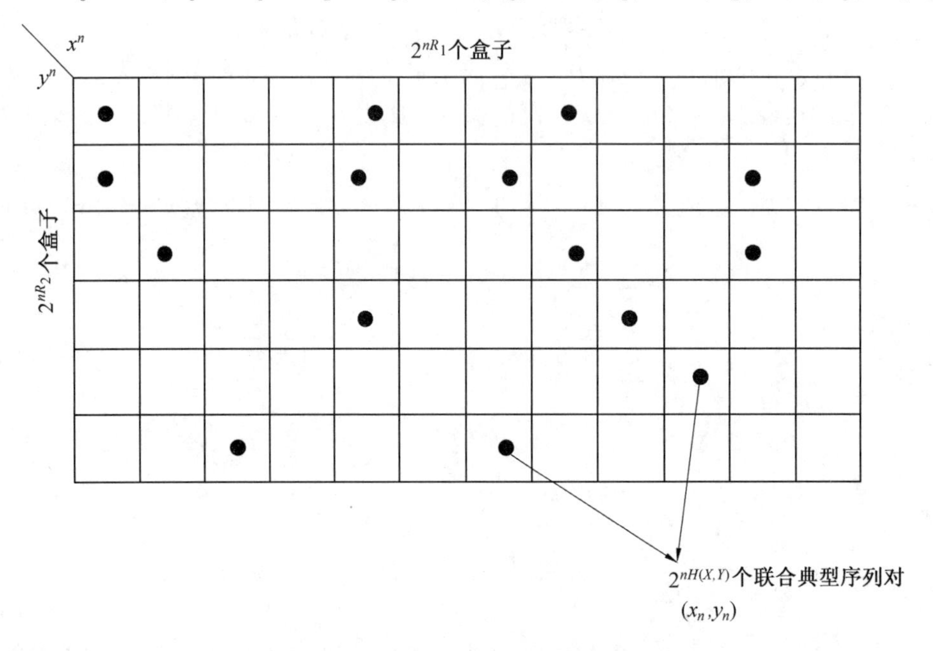

图 10.24 Slepian - Wolf 编码：联合典型对由乘积盒子分开

首先考虑 E_0，由之前的定理可知，$P(E_0)\to 0$，从而，当 n 充分大时，$P(E_0)<\varepsilon$，之后考虑 E_1，为了界定 E_1，有

$$\begin{aligned}
P(E_1)&=P\{\exists \boldsymbol{x}'\neq \boldsymbol{X}:f_1(\boldsymbol{x}')=f_1(\boldsymbol{X}_i)\text{ 且}(\boldsymbol{x}',\boldsymbol{Y})\in A_{\varepsilon}^{(n)}\}\\
&=\sum_{(\boldsymbol{x},\boldsymbol{y})}p(\boldsymbol{x},\boldsymbol{y})P\{\exists \boldsymbol{x}'\neq \boldsymbol{x}:f_1(\boldsymbol{x}')=f_1(\boldsymbol{x})\text{ 且}(\boldsymbol{x}',\boldsymbol{y})\in A_{\varepsilon}^{(n)}\}\\
&=\sum_{(\boldsymbol{x},\boldsymbol{y})}p(\boldsymbol{x},\boldsymbol{y})\sum_{\substack{(\boldsymbol{x}',\boldsymbol{y})\in A_{\varepsilon}^{(n)}\\ \boldsymbol{x}'\neq\boldsymbol{x}}}P(f_1(\boldsymbol{x}')=f_1(\boldsymbol{x}))\\
&=\sum_{(\boldsymbol{x},\boldsymbol{y})}p(\boldsymbol{x},\boldsymbol{y})2^{-nR_1}\sum_{(\boldsymbol{x}',\boldsymbol{y})\in A_{\varepsilon}^{(n)}}\\
&=\sum_{(\boldsymbol{x},\boldsymbol{y})}p(\boldsymbol{x},\boldsymbol{y})2^{-nR_1}\mid A_{\varepsilon}^{(n)}(\boldsymbol{X}\mid \boldsymbol{y})\mid\\
&\leqslant\sum_{(\boldsymbol{x},\boldsymbol{y})}p(\boldsymbol{x},\boldsymbol{y})2^{-nR_1}2^{n(H(X\mid Y)+\varepsilon)}\\
&=2^{-nR_1}2^{n(H(X\mid Y)+\varepsilon)}
\end{aligned} \quad (10.76)$$

所以，当 $R_1>H(\boldsymbol{X}\mid \boldsymbol{Y})$ 时，$P(E_1)\to 0$。因此，当 n 充分大时，有 $P(E_1)<\varepsilon$。同理，当 $R_2>H(\boldsymbol{Y}\mid \boldsymbol{X})$ 且 n 充分大时，有 $P(E_2)<\varepsilon$，以及当 $R_1+R_2>H(\boldsymbol{X},\boldsymbol{Y})$ 时，有 $P(E_3)<\varepsilon$。故总的误差概率小于 4ε，至少存在一种编码方式 (f_1^*,f_2^*,g^*)，其误差概率小于 4ε。因此，可以构造出一个码序列使得，$P_{\mathrm{e}}^{(n)}\to 0$。至此完成了可达性的证明。

Slepian - Wolf 定理的逆定理同样存在，但由于证明过程大量使用 Fano 不等式，在这里不予赘述。

下面介绍多信源的 Slepian - Wolf 定理。

定理 10.10 设 $(X_{1i}, X_{2i}, \cdots, X_{mi})$ 为 i. i. d ~ $p(x_1, x_2, \cdots, x_m)$，那么对任何具有多个分开的编码器与一个公共译码器的分布式信源编码，它的所有可达码率向量的集合满足对任意的 $S \subseteq \{1, 2, \cdots, m\}$，有

$$R(S) > H(X(S) \mid X(S^c)) \tag{10.77}$$

式中，$R(S) = \sum_{i \in S} R_i$，且 $X(S) = \{X_j : j \in S\}$。

证明方式与两个相关信源的情况完全相同，这里不予展开。对 i. i. d. 相关信源的 Slepian - Wolf 编码的可达性已经得到了证明，进一步地，该证明可轻易地推广到满足 AEP 的任意联合信源情形；特别地，其可推广到所有的联合遍历信源情形。此时，码率区域定义中的熵用相应的熵率替代即可。

10.2.2 Slepian - Wolf 编码定理的解释

现在利用图着色的方式给出 Slepian - Wolf 编码定理汇总码率区域的转角点的直观解释。考虑码率为 $R_1 = H(X)$，$R_2 = H(Y \mid X)$ 的点。使用 $nH(X)$ 比特，可以对 X^n 进行有效编码，且译码器能够以任意小的误差概率对 X^n 进行重构。但是怎样才能用 $nH(Y \mid X)$ 比特将 Y^n 编码？如图 10.25 所示，用典型集的观点可以看出，给定一个 X^n，X^n 与能够和 X^n 形成联合典型序列的所有 Y^n 序列组成一个典型扇区。

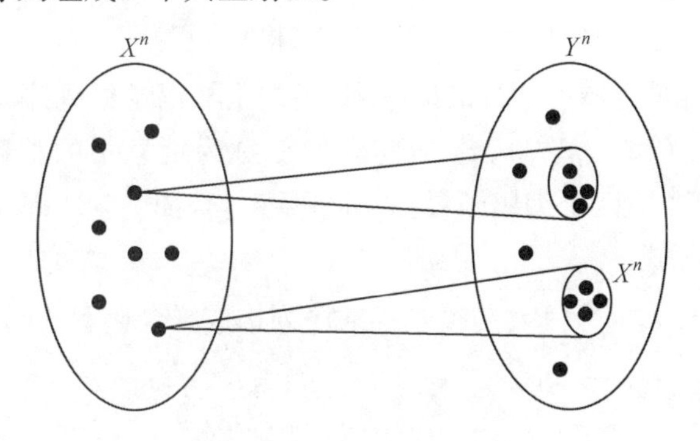

图 10.25 联合典型扇区示意图

若 Y 编码器知道 Y^n，编码器可发送该典型扇区中的 Y^n 的下标。由于译码器知道 X^n，则可以建立起该典型扇区，从而重构出 Y^n。但是 Y 编码器并不知道 X^n。因此，不尝试确定典型扇区，改换成随机地用 2^{nR_2} 中颜色对所有 Y^n 序列着色。若颜色的数目足够大，则在特定扇区中的 Y^n 序列颜色将会不同，且 Y^n 序列的颜色将会唯一地定义 X^n 扇区中的 Y^n 序列。若码率 $R_2 > H(Y \mid X)$，则扇区中的颜色数目相对扇区中的元素数目呈指数上升趋势，可以证明该方案的误差概率以指数衰减。

10.2.3 Slepian - Wolf 编码与多接入信道之间的对偶性

本节主要讨论 Slepian - Wolf 编码与多接入信道之间的对偶性，对于多接入信道，考虑了在一个双输入与单输出的信道上发送独立消息的问题。而对 Slepian - Wolf 编码考虑了在无噪声信道上发送相关信源，并使用一个公共的译码器重构两个信源的问题。

图 10.26(a) 中，两则独立的消息以序列 X_1^n 与 X_2^n 的形式经信道发送出去。接收器通过接收到的序列来估计这两则消息。在图 10.26(b) 中，相关信源编码为“独立”消息 i 与 j。

接收机利用 i 与 j 来估计信源序列。

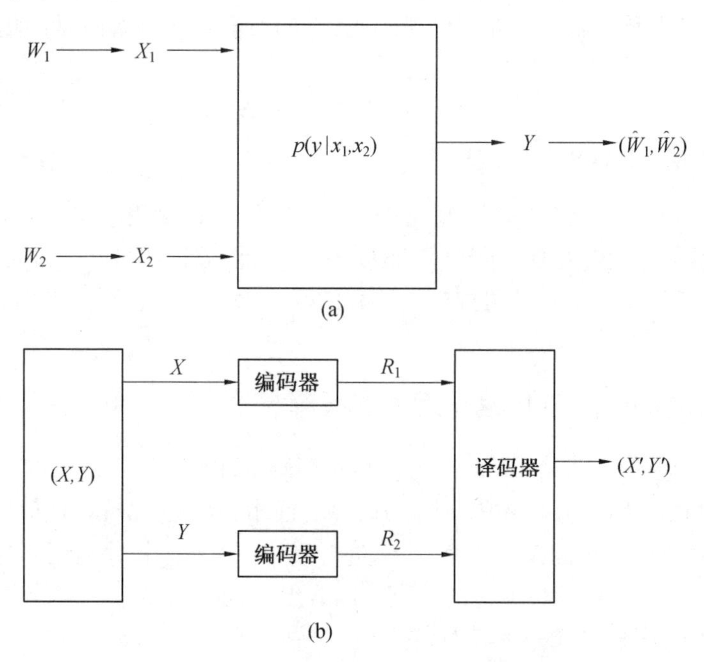

图 10.26　多接入信道与相关信源编码

在多接入信道的容量区域可达性的证明中，用到了从消息集到序列 X_1^n 与 X_2^n 的一个随机映射：多接入信道的 $((2^{nR_1},2^{nR_2}),n)$ 码包含两个称为消息集的整数集，$W_1=\{1,2,\cdots,2^{nR_1}\}$，$W_2=\{1,2,\cdots,2^{nR_2}\}$；两个编码函数：$X_1:W_1\to\chi_1^n$，$X_2:W_2\to\chi_2^n$；译码函数 $g:\gamma^n\to W_1\times W_2$。误差概率满足不等式

$$\begin{aligned}P_{\mathrm{e}}^{(n)} &\leqslant \varepsilon+\sum_{\text{码字}}\Pr(\text{与接收到的序列构成联合典型的码字})\\&=\varepsilon+\sum_{2^{nR_1}\text{项}}2^{-nI_1}+\sum_{2^{nR_2}\text{项}}2^{-nI_2}+\sum_{2^{n(R_1+R_2)}\text{项}}2^{-nI_3}\end{aligned}\tag{10.78}$$

式中，ε 为序列是非典型序列的概率；R_i 为码率；I_i 为相应的互信息，为接收码字对应的信源序列为联合典型序列的概率。

而在 Slepian - Wolf 编码中，这一映射过程恰好是反过来的：联合信源 (X,Y) 的 $((2^{nR_1},2^{nR_2}),n)$ 分布式信源编码包含两个编码映射，$f_1:\chi^n\to\{1,2,\cdots,2^{nR_1}\}$，$f_2:\gamma^n\to\{1,2,\cdots,2^{nR_2}\}$；一个译码映射，$g:\{1,2,\cdots,2^{nR_1}\}\times\{1,2,\cdots,2^{nR_2}\}\to\chi^n\times\gamma^n$。误差概率可以表达为

$$P_{\mathrm{e}}^{(n)}\leqslant\varepsilon+\sum_{\text{联合典型序列}}\Pr(\text{具有相同码字})=\varepsilon+\sum_{2^{nH_1}\text{项}}2^{-nR_1}+\sum_{2^{nH_2}\text{项}}2^{-nR_2}+\sum_{2^{nH_3}\text{项}}2^{-n(R_1+R_2)}\tag{10.79}$$

式中，ε 仍为序列是非典型序列的概率；另外三项则表示：当给定信源对时，接收序列与原始序列的映射出现在同一盒子的不同情况。

至此，多接入信道与相关信源编码的对偶性已是显而易见了。

10.2.4　具有边信息的信源编码

边信息指的是信源 X 无损传输的情况下，与 X 相关的 Y 信源无须传输全部信息，在解码

端借助于解码获得的信源X的信息，估计出信源Y的近似信息$\hat{Y}$。现在考虑一种特殊的分布式信源编码问题，即两个随机变量X与Y分开编码，但仅需要将X恢复。如果可以用R_2比特描述Y，那么需要用来描述X的码率R_1是多少？如果$R_2 > H(Y)$，则显然Y可完美描述，再根据Slepian－Wolf编码的结论，需要用来描述X的比特数$R_1 = H(X|Y)$。从另一极端情形来看，若$R_2 = 0$，则必须在没有其他相关信息的情况下描述X，因此，至少要用$R_1 = H(X)$比特才能描述X。一般地，用$R_2 = I(Y;\hat{Y})$来描述Y的一个逼近$\hat{Y}$，那么在已知边信息$\hat{Y}$的条件下，用$H(X|\hat{Y})$比特就可以描述X。下面的定理与这个直观结论相一致。

定理10.11 设$(X,Y) \sim p(x,y)$。如果Y以码率R_2编码，X以码率R_1编码，那么能以任意小的误差规律将X恢复，当且仅当存在某个联合概率密度函数$p(x,y)p(u|y)$，使得

$$R_1 \geqslant H(X|U), \quad R_2 \geqslant I(Y;U) \tag{10.80}$$

由于定理的证明涉及本书没有介绍的理论，故不在此展开证明。相关信源编码的知识到此介绍完毕。

10.3 一般多终端问题

下面考虑最一般的多终端问题，即多个发送器与多个接收器组成的网络系统，并给出这样的网络系统中的可达码率的界限。

假设有m个节点，节点i有传送变量$X^{(i)}$与接收变量$Y^{(i)}$，节点i以码率$R^{(ij)}$向节点j发送消息，假设节点i传送到节点j的消息都是独立的，且在各自的取值空间服从均匀分布。信道可由信道转移概率函数$p(y^{(1)},\cdots,y^{(m)} | x^{(1)},\cdots,x^{(m)})$表达，它是已知输入的情况下，输出结果的条件概率密度，刻画了网络中的噪声与干扰影响。假设信道是无记忆的，任何瞬时时刻的输出仅依赖于当前的输入，而与以往的输入条件独立。

编码器：$X_k^{(i)}(W^{(i1)},W^{(i2)},\cdots,W^{(im)},Y_1^{(i)},Y_2^{(i)},\cdots,Y_{k-1}^{(i)})$，$k=1,2,\cdots,n$。编码器将消息与过去接收到的字符映射为时刻$k$被传输的字符$X_k^{(i)}$。

译码器：$\hat{W}^{(ji)}(Y_1^{(i)},Y_2^{(i)},\cdots,Y_{k-1}^{(i)},W^{(i1)},W^{(i2)},\cdots,W^{(im)})$，$j=1,2,\cdots,m$。节点$i$处的译码器$j$将根据每组传输中接收到的字符与自身的传输消息，估计出从节点$j(j=1,2,\cdots,m)$传送给它的消息。

与每对节点相伴的误差概率，表示该消息无法被正确译码：

$$P_e^{n(ij)} = \Pr(\hat{W}^{(ij)}(Y^{(j)},W^{(j1)},W^{(j2)},\cdots,W^{(jm)}) \neq W^{(ij)}) \tag{10.81}$$

该误差概率的定义基于所有消息相互独立，且服从各自取值区间上的均匀分布。

如果对于所有$i,j \in \{1,2,\cdots,m\}$，存在分组长度为n的编码器和译码器，使得当$n \to \infty$时，均有$P_e^{n(ij)} \to 0$，则称码率集$\{R^{(ij)}\}$是可达的。

利用上述定义来推导出任意多终端网络中信息流的上界。将所有节点分为集合S和它的补集S^c。

定理10.12 如果码率集$\{R^{(ij)}\}$是可达的，则存在一个联合概率分布$p(x^{(1)},x^{(2)},\cdots,x^{(m)})$，使得对任意割集（从$S$到$S^c$）$S \subset \{1,2,\cdots,m\}$，均有

$$\sum_{i \in S, j \in S^c} R^{(ij)} \leqslant I(X^{(S)},Y^{(S^c)} | X^{(S^c)}) \tag{10.82}$$

因此，穿过割集（从S到S^c）的信息流的总码率由条件互信息所界定。

证明 设 $T=\{(i,j):i\in S,j\in S^c\}$ 是从 S 到 S^c 的连接构成的集合，记 T^c 为网络中其他的连接。则

$$n\sum_{i\in S,j\in S^c}R^{(ij)} \tag{10.83}$$

由于消息符合各自信息空间上的均匀分布，上式

$$=\sum_{i\in S,j\in S^c}H(W^{(ij)}) \tag{10.84}$$

由定义 $W^{(T)}=\{W^{ij}:i\in S,j\in S^c\}$，从而消息相互独立，则

$$=H(W^{(T)}) \tag{10.85}$$

关于 T 和 T^c 消息相互独立，上式

$$=H(W^{(T)}\mid W^{(T^c)}) \tag{10.86}$$

$$=I(W^{(T)};Y_1^{(S^c)},\cdots,Y_n^{(S^c)}\mid W^{(T^c)})+H(W^{(T)};Y_1^{(S^c)},\cdots,Y_n^{(S^c)},W^{(T^c)}) \tag{10.87}$$

消息 $W^{(T)}$ 可由 $W^{(T^c)},Y^{(S)}$ 译码得到，由费诺不等式，上式

$$\leqslant I(W^{(T)};Y_1^{(S^c)},\cdots,Y_n^{(S^c)}\mid W^{(T^c)})+n\varepsilon_n \tag{10.88}$$

由互信息的链式法则，上式

$$=\sum_{k=1}^{n}I(W^{(T)};Y_k^{(S^c)}\mid Y_1^{(S^c)},\cdots,Y_{k-1}^{(S^c)},W^{(T^c)})+n\varepsilon_n \tag{10.89}$$

由互信息的定义，上式

$$=\sum_{k=1}^{n}H(Y_k^{(S^c)}\mid Y_1^{(S^c)},\cdots,Y_{k-1}^{(S^c)},W^{(T^c)})-H(Y_k^{(S^c)}\mid Y_1^{(S^c)},\cdots,Y_{k-1}^{(S^c)},W^{(T^c)},W^{(T)})+n\varepsilon_n \tag{10.90}$$

由于 $X_k^{(S^c)}$ 为过去接收到的字符 $Y^{(S^c)}$ 与消息 $W^{(T^c)}$ 的函数，以及加入条件使第二项减小，上式

$$\begin{aligned}\leqslant&\sum_{k=1}^{n}H(Y_k^{(S^c)}\mid Y_1^{(S^c)},\cdots,Y_{k-1}^{(S^c)},W^{(T^c)},X_k^{(S^c)})-\\&H(Y_k^{(S^c)}\mid Y_1^{(S^c)},\cdots,Y_{k-1}^{(S^c)},W^{(T^c)},W^{(T)},X_k^{(S)},X_k^{(S^c)})+n\varepsilon_n\end{aligned} \tag{10.91}$$

由于 $Y_k^{(S^c)}$ 仅依赖于当前的输入字符 $X_k^{(S)}$ 与 $X_k^{(S^c)}$，上式

$$\leqslant\sum_{k=1}^{n}H(Y_k^{(S^c)}\mid X_k^{(S^c)})-H(Y_k^{(S^c)}\mid X_k^{(S^c)},X_k^{(S)})+n\varepsilon_n \tag{10.92}$$

$$=\sum_{k=1}^{n}I(X_k^{(S)};Y_k^{(S^c)}\mid X_k^{(S^c)})+n\varepsilon_n \tag{10.93}$$

只要引入一个服从 $\{1,2,\cdots,n\}$ 上均匀分布的随机变量 Q，就可以得到

$$=n\frac{1}{n}\sum_{k=1}^{n}I(X_Q^{(S)};Y_Q^{(S^c)}\mid X_Q^{(S^c)},Q=k)+n\varepsilon_n \tag{10.94}$$

由互信息的定义，上式

$$=nI(X_Q^{(S)};Y_Q^{(S^c)}\mid X_Q^{(S^c)},Q)+n\varepsilon_n \tag{10.95}$$

$$=n(H(Y_Q^{(S^c)}\mid X_Q^{(S^c)},Q)-H(Y_Q^{(S^c)}\mid X_Q^{(S^c)},X_Q^{(S)},Q))+n\varepsilon_n \tag{10.96}$$

由于加入条件使熵减小，上式

$$\leqslant n(H(Y_Q^{(S^c)}\mid X_Q^{(S^c)})-H(Y_Q^{(S^c)}\mid X_Q^{(S)},X_Q^{(S^c)},Q))+n\varepsilon_n \tag{10.97}$$

由 $Y_Q^{(S^c)}$ 仅依赖于输入 $X_Q^{(S)}$ 与 $X_Q^{(S^c)}$ 且独立于 Q，可以得到

$$= n(H(Y_Q^{(S^c)} \mid X_Q^{(S^c)}) - H(Y_Q^{(S^c)} \mid X_Q^{(S)}, X_Q^{(S^c)})) + n\varepsilon_n \tag{10.98}$$

$$= nI(X_Q^{(S)}; Y_Q^{(S^c)} \mid X_Q^{(S^c)}) + n\varepsilon_n \tag{10.99}$$

因此,存在满足定理中不等式的某个联合分布的随机变量 $X_Q^{(S)}$ 与 $X_Q^{(S^c)}$。

上述定理也可以用最大流最小割定理简单解释。考虑网络中任何一个分界线的一侧和另一侧,穿过该分界线的信息流码率不超过在给定另一侧的输入条件下,一侧的输入与另一侧输出之间的条件互信息。

如果定理不等式中的等号可以成立,那么网络中的信息流问题就可以得到解决。但即使一些简单的信号,等号都不会成立。前文介绍的多接入和中继信道都可以看作是一般多终端问题的简单情况,可以用前文的结论来验证不等式的成立。

关于网络信息流还没有统一的理论,但一套完整的网络通信理论将会对通信和计算机行业产生巨大的贡献。

习 题

10.1 请简述网络信息论的研究内容,并举例说明网络信息论的应用场景。

10.2 设双输入单输出二元多址接入信道,输入为 X_1, X_2,输出为 Y,信道转移概率矩阵为 $[P(\boldsymbol{Y}/X_1X_2)] = \begin{bmatrix} 1-\varepsilon & \varepsilon \\ 1/2 & 1/2 \\ 1/2 & 1/2 \\ \varepsilon & 1-\varepsilon \end{bmatrix}$,其中 $\varepsilon < 1/2$。求信道熵速率的可达域(信道容量域值)。

10.3 设一个单输入双输出二元广播信道,输入为 X,输出为 Y_1, Y_2,信道转移概率矩阵为 $[P(Y_1/X)] = \begin{bmatrix} 1-\varepsilon_1 & \varepsilon_1 \\ \varepsilon_1 & 1-\varepsilon_1 \end{bmatrix}$;$[P(Y_2/X)] = \begin{bmatrix} 1-\varepsilon_2 & \varepsilon_2 \\ \varepsilon_2 & 1-\varepsilon_2 \end{bmatrix}$,其中 $\varepsilon_1 < 1/2, \varepsilon_2 < 1/2$。求信道熵速率的可达域(信道容量域值)。

10.4 试计算下列多址信道的信道容量界。

(1) 模2加法多址信道,$X_1 \in \{0,1\}, X_2 \in \{0,1\}, Y = X_1 \oplus X_2$;

(2) 乘法多址信道,$X_1 \in \{-1,1\}, X_2 \in \{-1,1\}, Y = X_1 \cdot X_2$。

10.5 多接入信道的输出 $Y = X_1 + \mathrm{sgn}(X_2)$,其中 X_1, X_2 都是实数且 $E(X_1^2) \leqslant P_1$,$E(X_2^2) \leqslant P_2$,注意,此信道中有干扰但没有噪声。

(1) 找出容量区域;

(2) 给出一种能达到此容量区域的编码方案。

10.6 找出并描述下面乘法多接入信道的容量区域:

其中,输入端 $X_1 \in \{0,1\}, X_2 \in \{1,2,3\}$,输出端 $Y = X_1X_2$。

10.7 试求图10.27中的降阶广播信道的信道容量。其中 $X \to Y$ 是二元对称信道,$Y \to Z$ 是二元删除信道。

10.8 找出并简述关于信源 (X,Y) 的同步数据压缩的 Slepian - Wolf 码率区域,其中 $y = f(x)$ 为关于 x 的某个确定性函数。

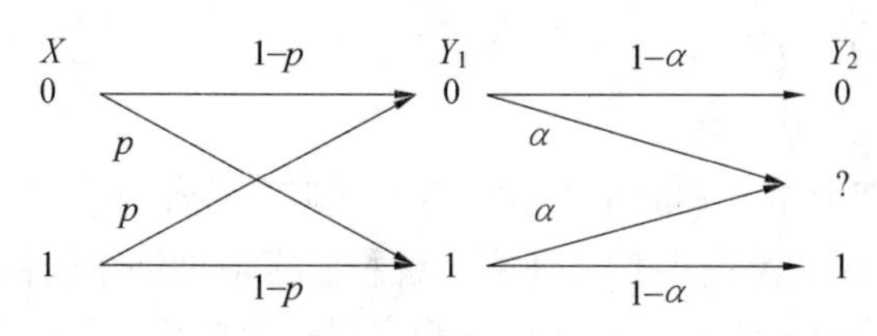

图 10.27　二元对称信道与删除信道构成的降阶广播信道

10.9　设 X_i 为 i. i. d ~ Bernoulli(p)，Z_i 为 i. i. d ~ Bernoulli(r)，且 $\boldsymbol{Z}$ 独立于 $\boldsymbol{X}$，并令 $\boldsymbol{Y}=\boldsymbol{X}\oplus\boldsymbol{Z}$。假定以码率 R_1 描述 $\boldsymbol{X}$，以码率 R_2 描述 $\boldsymbol{Y}$，则允许以误差概率趋于0使得 $\boldsymbol{X}$ 和 $\boldsymbol{Y}$ 恢复的码率区域是什么?

10.10　设(X,Y)有联合概率分布函数 $p(x,y)$，见表 10.2。其中，$\beta=\frac{1}{6}-\frac{\alpha}{2}$(联合而非条件概率分布函数)。

表 10.2　$p(x,y)$ 联合概率分布

$p(x,y)$	1	2	3
1	α	β	β
2	β	α	β
3	β	β	α

(1) 找出信源的 Slepian - Wolf 码率区域;

(2) 用 α 来表示 $\Pr\{X=Y\}$;

(3) 如果 $\alpha=1/3$，码率区域是多少?

(4) 如果 $\alpha=1/9$，码率区域是多少?

参考文献

REFERENCE

[1] 周炯槃. 信息理论基础[M]. 北京:人民邮电出版社,1983.
[2] 樊昌信. 通信原理[M]. 北京:国防工业出版社,2004.
[3] 姜丹,钱玉美. 信息理论与编码[M]. 合肥:中国科技大学出版社,1992.
[4] 傅祖芸. 信息论——基础理论与应用[M]. 北京:电子工业出版社,2001.
[5] 沈连丰,叶芝慧. 信息论与编码[M]. 北京:科学出版社,2004.
[6] ROBERT J M. 信息与编码理论[M]. 李斗,译. 2 版. 北京:电子工业出版社,2004.
[7] 吴伟陵. 信息处理与编码(修订版)[M]. 北京:人民邮电出版社,2003.
[8] 曹雪虹,张宗橙. 信息论与编码[M]. 2 版. 北京:清华大学出版社,2009.
[9] 孙丽华,陈荣伶. 信息论与纠错编码[M]. 北京:电子工业出版社,2009.
[10] 王新梅,肖国镇. 纠错码——原理与方法[M]. 西安:西安电子科技大学出版社,2001.
[11] SHU Lin. 差错控制编码[M]. 晏坚,译. 2 版. 北京:机械工业出版社,2007.
[12] ANDRE N. 编码理论——算法、结构和应用[M]. 张宗橙,译. 北京:人民邮电出版社,2009.
[13] YEUNG R W. Network Coding Theory[M]. Hong Kong:Now Publishers Inc,2006.
[14] COVER T M, THOMAS J A. 信息论基础[M]. 阮吉寿,译. 2 版. 北京:机械工业出版社,2007.
[15] 樊平毅. 网络信息论[M]. 北京:清华大学出版社,2009.